규　토
라이트
N　제

CONTENTS

규토 라이트 N제

오리엔테이션

개념, 유형, 기출을 한 권으로 Compact하게

규토 라이트 N제는 기출문제와 개념 간의 격차를 최소화하고 1등급으로 도약하기 위한 탄탄한 base를 만들어 주기위해 기획한 교재입니다. 학생들이 처음 개념을 학습한 뒤 막상 기출문제를 풀면 그 방대한 양과 난이도에 압도당하기 쉽습니다. 이를 최소화하기 위해 4단계로 구성하였고 책에 적혀 있는 규토 라이트 N제 100% 공부법으로 꾸준히 학습하다보면 역으로 기출문제를 압도하실 수 있습니다.

Gyu To Math (규토 수학)에서 첫 글자를 따서 총 4단계로 구성하였습니다.

---

1. Guide step (개념 익히기편)

교과 개념, 실전 개념, 예제, 개념 확인문제, '규토의 Tip'을 모두 담았습니다.
단순히 문제만 푸는 것이 아니라 개념도 함께 복습하실 수 있습니다.
교과서에 직접적인 서술이 없더라도 수능에서 자주 출제되는 포인트들을 녹여내려고 노력하였습니다.

---

2. Training – 1 step (필수 유형편)

기출문제를 풀기 전의 Warming up 단계로 수능에서 자주 출제되는 유형들을 분석하여
수능최적화 자작으로 구성하였습니다.
기초적인 문제뿐만 아니라 학생들이 어렵게 느낄 수 있는 문제들도 다수 수록하였습니다.
단시간 내에 최신 빈출 테마들을 Compact하게 정리하실 수 있습니다.

---

3. Training – 2 step (기출 적용편)

사관, 교육청, 수능, 평가원에서 3~4점 문제를 선별하여 구성하였습니다.
필수 유형편에서 배운 내용을 바탕으로 실제 기출문제를 풀어보면서 사고력과 논리력을 증진시킬 수 있습니다.
실제 기출 적용연습을 위하여 유형 순이 아니라 전반적으로 난이도 순으로 배열했습니다.

---

4. Master step (심화 문제편)

사관, 교육청, 수능, 평가원에서 난이도 있는 문제를 선별하여 준킬러 자작문제와 함께 구성하였습니다.
과하게 어려운 킬러문제는 최대한 지양하였고 킬러 또는 준킬러 문제 중에서도
1등급을 목표로 하는 학생이 반드시 정복해야 하는 문제들로 구성하였습니다.

책소개

교과서 개념유제부터 어려운 기출 4점까지 모두 수록

단순히 유형서가 아니라 생기초부터 점점 살을 붙여가며 기출킬러까지 다루는 올인원 교재입니다.
즉, 교과서 개념유제부터 수능에서 킬러로 출제된 문제까지 모두 수록하였습니다.
규토 라이트 N제 확률과 통계의 경우 총 656제이고
문제집의 취지에 맞게 중 ~ 중상 난이도 문제들이 제일 많이 분포되어 있습니다.

규토 라이트 N제의 추천 대상

1. 개념강의와 병행할 교재를 찾는 학생
2. 개념을 끝내고 본격적으로 기출문제를 들어가기 전인 학생
3. 해당 과목을 compact하게 정리하고 싶은 학생
4. 무엇을 해야 할지 갈피를 못 잡는 3~4등급 학생
5. 기출문제가 너무 어렵게 느껴지는 학생
6. 아무리 공부해도 수학성적이 잘 오르지 않는 학생

정지영 / 울산대학교 의학과

안녕하세요, 검토자 정지영입니다. 올해에는 이른 겨울에 규토를 만나게 됐네요. 아직 입시도 끝나지 않아, 새 시작의 열기가 아직까지는 오지 않은 것 같습니다.

확통은 재미있는 과목입니다. 정말 간단한 원리들로, 복잡하고 치밀한 문제 상황이 구성되고, 역시 간단한 원리들로 문제 상황이 해결되기 때문입니다. 그래서 기초를 탄탄히 다져야 하고, '어떻게 풀어나갈지'에 대한 방법론을 열심히 익혀야 하는 과목이기도 합니다. 규토 라이트 확통은 기초에 해당하는 내용을 차근차근 잘 설명하고, 다양한 기출 및 자작 문항, 그리고 그 풀이를 통해 '어떻게 풀어나가야 하는지'를 다양하고 상세하게 설명해주는 교재입니다. 문항의 양과 난이도 구성, 풀이의 실전성 모두 우수하여, 한 권만으로도 수능 확통 영역에 대한 충분한 준비가 되는 교재라고 생각합니다.

수능은, 단연코 아주 중요한 일들 중 하나입니다. 지금 당장은 더더욱 그럴 것입니다. 하지만 수능도, 그 자체가 목표인 것이 아니라 여러분의 목표를 위한 하나의 수단일 뿐임을 기억하면 좋겠습니다. 목표보다 중요한 수단은 없듯이, 힘든 시간이겠지만 여러분의 목표를 잊고 수능에만 빠져들고 억눌리는 없기를 바랍니다. 과정에 너무 매몰되지 않고 여러분의 꿈으로 나아가실 수 있기를, 그리고 그 과정에 규토가 도움이 될 수 있기를 바라겠습니다.

감사합니다.

문지유 / 울산대학교 의학과

안녕하세요. 규토 라이트 N제 검토진 문지유입니다. 규토 라이트 N제는 N제임에도 개념이 탄탄하고 실전용 Tip이 많이 들어있어 아주 유용하게 쓰실 수 있는 문제집이라 생각합니다. 해가 바뀔 때마다 개정 되는 문제들을 보며 고심 끝에 세상에 나오는 문제집이라는 것을 실감합니다. 수험생 여러분이 여러 번 풀어보며 자신의 약점을 채워나갈 수 있을 것이라 생각합니다. 모두 파이팅, 응원합니다!

조윤환 / 대성여자고등학교 교사

규토 라이트 N제는 개념 설명 + 기출 문제 + 자작 N제로 구성되어 있어 세 마리 토끼를 한 번에 잡을 수 있는 독학서입니다. 특히 수능 대비에 알맞은 컴팩트한 볼륨의 Guide step(개념 익히기편)에서 수능에 자주 출제되는 중요한 개념을 빠르게 훑고 문제 풀이로 넘어갈 수 있습니다. Guide step에서는 실전에서 사용할 수 있는 유용한 테크닉과 학생들이 개념을 공부하면서 궁금할 수 있는 포인트까지 따로 자세하게 설명해주어서 교과서나 시중 개념서에서 해결할 수 없는 의문점까지 해결할 수 있습니다.

기출 문제에 추가로 자작 문제가 포함되어 있어서 기출 문제가 부족한 삼각함수의 그래프, 삼각함수의 활용 단원에서 트렌디한 평가원 스타일의 문제를 다양하게 풀어볼 수 있다는 것은 규토 라이트 N제 만의 큰 장점이라고 생각합니다.

저자의 TIP이 문제집과 해설집 곳곳에서 여러분들을 도와줄 것입니다. 규토 시리즈 특유의 유쾌한 해설이 무척 상세해서 규토 라이트 N제로 공부하다 보면 친절한 과외선생님이 옆에서 설명해주는 듯한 느낌을 받을 수 있을 것입니다. 특히 책 안에 나와있는 규토 시리즈의 100% 공부법을 참고하면 수학 공부 방법에 고민이 많은 학생들에게 큰 도움이 될 것이라고 생각합니다.

박도현 / 성균관대학교 수학과

안녕하세요~ 규토 N제 시리즈 검토자 박도현입니다. 규토 N제 시리즈의 검토가 벌써 5년차에 들어가고 있습니다. 저를 믿어주시고 검토를 맡겨주신 저자 유성민 선생님께 감사를 표합니다. ㅎㅎ

올해 개정판은 최신 기출 트랜드에 따라 문제 배치가 크게 바뀌었습니다. 특히 Master Step에는 라이트 N제의 전작 고득점 N제의 우수한 자작 문제들이 추가되었습니다. Guide Step, Training 1step과 2step에서 배운 문제 풀이 스킬들을 가지고 Master Step을 도전하시면 한 단계 더 도약하실 수 있습니다.

규토 라이트 N제가 수학 영역 고득점으로의 길을 만들어줄 것입니다. 끝까지 포기하지 마시고, 올해 수험생 여러분 모두 건승을 기원합니다!

3등급에서 수능 미적분 원점수 96점(백분위 99%)으로, 규토 라이트 N제 추천사

안녕하세요. 규토의 도움으로 현역 수능 3등급에서 6, 9, 수능 전부 다 1등급으로 성적을 올리게 되어서 추천사를 적게 되었습니다. 저는 고3 수능 때 수학 과목에서 평소보다 좋지 않은 성적을 얻게 되었습니다. 그래서 이번 수능 수학 공부를 시작할 때 현역 당시 평소보다 부진한 성적을 얻게 된 원인을 분석하고 그 점을 보완하는 것을 우선으로 했습니다. 공부량이 원인이라기에는 그 당시에도 수학 공부에 대부분의 시간을 투자했었고 그럼에도 성적이 쉽사리 오르지 않았던 것이었습니다. 그래서 저는 공부하는 방법 자체가 잘못되었던 것이라고 생각했습니다.

저는 2,3점짜리 문제나 쉬운 4점은 항상 다 맞고 준킬러~킬러 4점짜리만 틀려서 심화 문제만 못 푼다는 자만한 생각을 갖고 심화 문제를 푸는 데만 집중했었습니다. 하지만 이런 방식으로 공부를 해도 심화 문제는 전혀 풀릴 기미가 안 보였고 결국 매번 답지에 의존하게 되었습니다. 다시 수능을 준비할 때는 이런 공부 방식이 시간 낭비에 불과하다는 것을 깨닫고 개념을 다시 제대로 익혀서 수학 개념에 빈틈을 없애야겠다고 생각했습니다.

개념서로 규토 라이트 N 제를 고르게 된 이유는 규토 고난도 N 제를 먼저 접해봤는데 문제의 질도 좋고 무엇보다 풀이가 자세하게 써져 있어서 혼자 개념을 익힐 때 도움이 될 것 같다고 생각했기 때문입니다. 저는 평소에 다른 시중의 개념서를 풀 때 풀이가 자세하지 않아서 불편함을 느낀 적이 많았습니다. 풀이에서 이런 식이 어떤 과정에서 도출되었고 왜 이 식이 필요한지에 대한 설명이 일절 없이 바로 식만 나열하는 풀이에서는 별 도움을 느끼지 못했습니다. 하지만 규토 라이트의 풀이는 단계별로 정리가 잘 되어있어서 가독성도 좋았고 이 식이 도출된 과정을 세세히 설명해 줘서 혼자서 공부하는데 정말 편했습니다. 또한 여러 풀이 방법도 써져있고 팁 박스에 필요로 하는 기본 개념이 친절하게 설명되어 있어서 다양한 방법으로 정확하게 사고하는 능력을 기르는 데 도움 되었습니다.

문제집의 구성도 정말 훌륭하다고 생각했습니다. 1스텝에서 기본 개념을 제대로 익히고 2스텝에서 응용하는 방식을 익히고 그 모든 것을 종합해야 풀 수 있는 마스터 스텝 단계로 넘어가는 구성이 완벽하다고 생각했습니다. 이 구성이 완벽하다고 생각하는 이유는 제대로 단계별로 학습하면 마스터 스텝 문제를 푸는 방법이 눈에 보이기 시작하기 때문입니다. 현역 당시에 심화 문제를 못 풀었던 이유는 1,2 스텝을 건너뛰고 무작정 마스터 스텝 문제에 손을 대려고 했기 때문입니다. 하지만 이번에는 스텝을 단계별로 익히고 내가 학습한 내용들을 이용해서 문제를 풀려고 노력했기 때문에 심화 문제들을 풀어나갈 수 있었습니다.

수학 문제는 사용되는 개념은 다 똑같고 그 개념을 풀어내는 방식에 따라 난이도가 달라진다고 생각합니다. 그래서 문제를 보고 이 문제가 어떤 개념을 필요로 하는지 분석하면 익힌 개념들로 충분히 풀 수 있을 것이기에 스스로 생각해서 문제를 분석하는 힘을 기르는 것이 수학 공부에서 가장 중요한 부분이라 생각합니다. 이 과정에서 규토 라이트는 정말 큰 도움이 될 것입니다. 제가 규토 라이트를 1년 내내 열심히 복습한 결과 도저히 안 풀리던 심화 문제들도 풀린다는 느낌을 확실히 받았기 때문입니다. 아마도 1,2 스텝 학습 후 마스터 스텝을 푸는데 어려움을 겪는 경우가 많을 것이라 생각합니다. 저도 마스터 스텝을 처음 풀 때는 계속 답지를 보고 싶다는 생각을 했습니다. 하지만 최대한 규토에서 배운 개념을 사용해서 혼자 힘으로 풀이를 도출해나가는 과정을 생각해 내면 문제 풀이의 실마리를 찾아나가게 될 것이고 심화 문제를 풀어나갈 수 있게 될 것입니다. 이 책은 배운 개념을 응용하기에 좋은 구성을 가졌기에 다른 개념서들로 공부하는 것보다 효율적으로 이 과정을 체화하는 데 도움 될 것이라고 생각합니다.

처음에 수학 공부하는 법의 갈피를 못 잡아서 책의 서두에 있는 100% 공부법을 정독하고 그것의 80% 정도 비슷하게 했습니다. 이 책은 정말 친절하게 공부법도 세세히 써져있기 때문에 제대로 활용하겠다는 의지만 있다면 수학 성적을 무조건 올릴 수 있을 것이라고 장담합니다. 저는 현역 시절 수학 때문에 목표보다 아주 이하의 대학을 갔습니다. 하지만 규토 라이트로 제대로 수학 공부를 시작한 후 이번에는 수학 덕분에 목표 대학을 노릴 수 있게 되었습니다. 여러분들도 규토 라이트를 이용해서 수학이라는 과목이 나의 적이 아닌 무기가 될 수 있기를 바라겠습니다.

정시로 인서울 의대 합격 후기, 규토 라이트 N제 추천사 (윤종원)

안녕하세요. 저는 규토의 도움으로 이번에 인서울 의대에 정시로 합격하게 된 학생입니다. 저는 총 세 번의 수능을 치르면서 규토 라이트 N제의 효과를 몸소 느끼게 되어서 이번 추천서를 작성하게 되었습니다.

우선 저는 22, 23, 24, 총 세 차례의 수능을 겪은 삼수생입니다. 첫 수능에서는 간신히 2등급 컷트라인을 맞췄고, 두 번째 수능에서는 1등급 컷 점수를, 마지막 수능에는 원점수 96점을 받으며 성공적으로 입시를 마칠 수 있었습니다. 제가 이렇게 성적을 향상한 데에는 규토 라이트 N 제가 정말 큰 도움을 주었습니다.

제가 고등학교 3학년일 때, 저는 오르지 않는 수학 성적을 두고 정말 많이 고민했는데요, 사실 그때는 제가 정확히 어느 부분이 부족한지, 또 어느 부분을 잘하는지 잘 알지도 못했습니다. 그저 최고난도 문항(킬러문항)이 풀리지 않으니 그저 어려운 문제만 끊임없이 반복해서 풀었죠. 그렇게 실망스러운 22 수능 성적을 받고, 재수를 결심한 이후로는 아예 개념부터 다지기로 생각했고, 그때 제가 개념을 다질 때 도움을 받은 책이 규토 라이트 N제였습니다.

이 책은 정말 낮은 난도의 문제부터, 최고난도라고 해도 손색이 없을 정도의 문제들까지 다양하게 수록이 되어있습니다. 특히 규토님이 직접 만드신 문제들이 정말 높은 퀄리티를 보여주며 문제를 풀수록 감탄하게 만들죠. 문제에 대한 평가는 여러분이 직접 풀면서 몸으로, 손으로 느끼는 것이 가장 정확하니 말을 아끼지만, 여타 시중의 다른 문제집들과 비교했을 때 절대 뒤지지 않는, 오히려 압도하는 품질을 보여준다는 것만은 명백합니다.

하지만, 문제의 퀄리티가 아무리 좋다 하더라도 본인이 체화하지 못한다면 소용이 없을 겁니다. 그러나 규토 라이트 N제는 그럴 걱정이 없습니다. 문제집보다 훨씬 두꺼운 해설지를 보시면 아시겠지만, 마치 과외선생님이 옆에서 하시는 말씀을 그대로 옮겨적은 것만 같은 해설지는 문제의 해설보다도 학생의 이해를 최우선으로 두고 작성되었습니다. 헷갈릴 만한 포인트들은 옆에 다른 문제들을 이용해서 추가로 설명을 해준다거나 하는 식으로 구성된 해설은 마치 수준이 높은 과외선생님이 옆에 있다는 착각마저 들게 합니다.

그렇다 보니 이 규토 라이트N제를 완벽하게 습득하기 위해서는 답지를 어떻게 이용하는지가 굉장히 중요합니다. 규토의 100% 공부법을 읽어보시면 아시겠지만, 문제를 맞히더라도 내가 어떻게 맞추었는지 그 풀이법을 나 자신이 인지하고 있는 것이 굉장히 중요합니다. 내가 푼 방법에 논리적 비약이 있지는 않았는지, 내가 정확한 방법으로 푼 건지 끊임없이 점검해야 하죠. 이럴 때 답지가 정말 유용하게 사용됩니다. 정확하고 세심한 풀이를 통해, 빠뜨린 부분은 없는지, 넘겨짚은 부분은 없는지 끊임없이 옆에서 점검해 줍니다. 위에서 서술한 바와 같이, 과외를 받는 기분이 들 정도로요.

그렇다면 여기서 궁금한 점이 생기실 겁니다. 과연 규토 라이트 N제는 나에게 맞는 문제집일까? 너무 어렵지는 않을까? 혹은 너무 쉽지는 않을까? 위 질문에 대한 답은, 여러분의 실력에 따라 달라지게 됩니다. 냉정히 말해서 규토 라이트 N제는 이름과는 다르게 라이트하기만 한 문제집은 아닙니다. 아무것도 모르는 상태에서, 즉 기초가 다져지지 않은 상태에서 하기에는 쉽지 않죠. 하지만, 개념을 한 번이라도 봤다면 얼마든지 도전할 수 있는 난이도입니다. 문제집의 구조상 난이도별로 파트가 나누어지기도 하고, 답지와 함께 풀면 조금 어렵더라도 이해하기에 어렵지는 않을 겁니다. 그렇다면 최상위수험생들에게는 필요가 없는 문제집일까요? 그렇지도 않습니다. 최상위수험생이더라도 틀리는 문제가 있다면 어딘가 불안정한 부분이 있다는 뜻입니다. 규토 라이트N제는 흔들리는 기초를 단단하게 굳힐 수 있는 교재입니다. 혹시라도 내가 불안한 부분은 없는지, 나의 약점은 없는지 등을 알 수 있는, 그러한 교재입니다. 내가 지금껏 쌓아온 기초에 불안한 부분은 없는지, 내가 안다고 생각했던 부분에 허점은 없는지 점검할 때에도 규토 라이트 N제는 최고의 파트너가 되어줄 겁니다.

내가 가야 할 길이 멀게만 느껴질 때, 내가 지금 하고 있는 방법이 옳은 방법인지 알 수 없을 때, 규토 라이트 N제는 여러분의 곁에서 충실히 길잡이 역할을 해줄 겁니다. 그렇게 규토와 함께, 문제 하나하나를 곱씹으며 나아가다 보면 그 길의 끝에는 여러분이 목표하고 있던 수학 성적이 여러분을 기다리고 있을 것입니다.

규토와 함께하게 된 여러분을 진심으로 응원하며, 이만 글을 줄이겠습니다. 감사합니다.

규토 라이트 N제와 함께 1년 내내 수학 모의고사 1등급!! (김준한)

–4등급부터 시작해서 현재 수학 백분위 99%까지 달성 후기–

안녕하세요~ 저는 작년 고1 때는 모의고사 성적이 3,4등급에 머물러 있다가 올해 규토 라이트 N제 수1,2로 공부하면서 2022년에 시행된 고2 6,9,11월 모의고사에서 모두 1등급을 쟁취하게 되어 추천사를 작성하게 되었습니다. 제가 이 책을 처음 접했을 때 책의 구성도 물론 좋았지만 가장 눈에 들어온 것은 공부법이었습니다. 성적대가 낮은 학생들이 공부해도 큰 효과를 볼 수 있는 책이지만 평소에 수학 공부법에 회의감을 가지고 있는 학생들도 공부하면 더 큰 효과를 볼 수 있을 거라고 생각합니다!

고등학교 1학년 때의 저는 수학을 아주 잘하지도 못 하지도 않는 학생이었습니다. 단지 다다익선이라는 말처럼 시중에 나와 있는 문제집을 다 풀어 보며 성적이 잘 나오겠지하며 기대하는 학생에 불과했습니다. 그랬던 성적이 3등급이었고 저는 심각한 고민에 빠졌습니다. 그러던 도중에 한 커뮤니티 사이트에서 '규토 라이트 N제' 후기를 보았습니다. 후기를 읽어보며 나도 저런 드라마틱한 성장을 이뤄낼 수 것 같다는 느낌을 받았고 그 중심인 '100% 공부법'을 알게 되어 바로 책을 구입하게 되었습니다.

규토 라이트 N제를 보면서 구성이 참 놀라웠습니다. 현 교육과정에 따른 개념이 모두 수록되어 있을 뿐만 아니라 규토님 특유의 테크니컬한 팁들이 다 들어 있어서 자작문제 (t1)에 적용하여 체화를 시키고 이에 따라 배운 것들을 기출문제 (t2)에 또 적용할 수 있어 개념–기출의 괴리감을 최소화 시켜준다는 장점이 있습니다. 그리고 규토 라이트 N제의 고난도 문제의 집합이라고 할 수 있는 마스터 스텝 (mt) 인데 저는 개인적으로 푸는데 너무 재밌었습니다. 저는 문제를 풀면서 규토쌤이 괜히 문제 배치를 마지막에 하신 게 아니구나라는 것을 느꼈습니다. 이 문제들은 약간 방금 전에 언급한 t1,t2 문제들을 믹스 시킨 문제, 즉 기본 예제 들의 집합이라고 느꼈습니다. 마스터 스텝 문제까지 책의 공부법으로 완전히 흡수시켜야 비로소 책의 취지에 맞게 안정적인 1등급에 도달한다고 느끼게 되었습니다.

이제 공부법에 대해 얘기해보려 합니다. 사실 제가 제일 강조하고 싶은 부분입니다!! 제 성적향상의 근원이기도 합니다. ㅎ 올해 3월 달... 저의 수학 성경책을 받은 날이었죠.. 저는 책과 물아일체가 되겠다는 마음가짐으로 임했습니다. 규토 선생님께서 강조하시는 수학 공부법이 처음에는 어색했지만 계속 적용해보니까 수능 수학에 가장 이상적이고 적합한 방법이라는 것을 깨달았습니다. 제가 세 번의 모의고사에서 1등급을 받은 그 공부법! 100% 공부법의 핵심은 "누군가에게 설명할 수 있다"입니다. 사실 혹자께서는 문제를 잘 푸는 거랑 어떤 차이냐고 물으실 수 있는데 사실은 엄청난 차이가 있다고 생각합니다. 문제를 완벽하게 설명하려면 풀이를 써 내려갈 때 개념 간의 논리를 정확하게 이해하고 남을 이해시킨다는 마음으로 문제를 정확히 자기것으로 만들어야 합니다. 저는 이 과정이 정말 힘들었습니다. 하지만, 계속 거듭하고 묵묵히 하다보니 가속도가 붙더라고요! 내년에 공부하실 2024 규토 수험생 분들도 이 부분을 강조하며 공부하시면 충분히 좋은 결과 있으실 거라고 믿습니다!!

마지막으로 규토 선생님! 제 수학 성적을 눈부시게 끌어올려 주셔서 감사합니다! ㅎㅎ

수능 수학의 시작과 마무리, 규토 라이트 N제 (오세욱)

–규토 N제 수1,수2,미적분 풀커리(라이트~고득점)로 수능 미적분 백분위 98% 달성 후기–

저는 현역 때 운 좋게 대학입시에 성공해 인서울 대학에 합격했지만 수능에 미련이 남아있는 학생 중 한명이었습니다. 수학을 잘한다고 생각했고 자부심을 가지고 있었지만 막상 수능에서는 3등급 백분위 78을 받았습니다. 수능 시험장에서 문제를 풀면서 '나는 개념을 놓치고 있고 조건을 해석할 줄 모르는구나'를 깨달았습니다.

그렇게 대학에 진학했다는 생각으로 놀며 2020년을 보냈고 2021년이 되자 이대로 끝내면 후회가 남을 것 같다는 생각에 다시 한번 입시 속으로 뛰어들었습니다. 대학을 병행하며 진행하고 싶었기에 과외나 학원을 다니기에는 시간이 촉박하다고 판단하여 구매하게 된 책이 바로 과외식 해설을 담은 '규토 라이트 N제' 입니다.

규토 라이트 N제를 만나게 되면서 앞에 적힌 공부방법에 따라 개념 부분과 개념형 유제부터 자세히 읽고 풀어보며 사소하지만 실전 문제풀이에 도움이 되는 팁을 얻었습니다. 또한 함께 실린 자작문제와 기출문제에 개념을 적용해 풀며 답안지와 내 풀이의 차이점을 비교하였고 잘못되게 풀이한 부분이 있다면 다시 한번 적어보며 틀린문제는 풀이의 길을 외울 정도로 반복해서 풀었습니다. 솔직히 이러한 과정이 빠르고 쉽다 한다면 거짓말입니다. 처음 시작할 때는 막막할 정도로 문제가 벽으로 느껴졌고 모르면 아직도 모르는게 많다는 것에 화가 나기도 했습니다. 하지만 한 문제, 한 단원 넘어갈 때마다 확실하게 개념이 탄탄해지고 새로운 문제를 만나도 개념을 중심으로 풀이가 진행되는 경우가 많아 자신감과 재미를 느끼게 되었습니다. 이렇게 수1, 수2부터 미적분까지 3권을 모두 마무리하고 반복하여 풀이하다 보니 평가원 시험에서 고정적으로 1등급을 받게 되었습니다.

규토 라이트 N제는 이름과 달리 절대 '라이트' 하지만은 않습니다. 선택과목 체재에서 규토 라이트 N제는 시작이며 마무리인 단계입니다. 기출을 이미 많이 접해본 N수나 고3분들 중 컴팩트하고 완전하게 개념과 기출을 정리하고 싶은 분들부터 수능 수학을 처음으로 공부해 개념을 탄탄하게 쌓고 싶은 분들까지 규토 라이트 N제를 자신있게 추천드립니다.

[중요] 만약 책을 구매하게 된다면, 규토 선생님의 방법으로 공부하세요.

추신) 여담으로 타 문제집(쎈)과 규토 라이트N제를 비교하는 글이 많아 두 문제집 모두 풀어본 입장에서 남긴다면 해설의 자세함, 친절도, 수능 수학을 할 때 필요한 문제의 질, 개념의 자세함 모두 규토 라이트 N제가 좋다고 생각합니다. 그리고 N제라는 이름 때문에 그런지 몰라도 두 책의 목적은 완전하게 다른데 비교하는 경우가 많은 것 같습니다. 이 책은 자세한 개념부터 심화문제(30번)까지 모두 다룹니다. 과장 없이 미적분2022평가원문제 모두 이 책에 있는 문제를 규토 선생님의 방식으로 다뤘다면 모두 맞출 수 있었다고 생각합니다.

나는 수능에서 처음으로 수학 1등급을 받았다. (이나현)

안녕하세요! 9월 백분위 89에서 수능 백분위 96으로 오르는 데 있어 규토 라이트의 도움을 크게 받아 작성하게 되었습니다. 핵심은 규토라이트를 통해 개념과 기출의 중요성을 깨닫게 되었다는 점입니다. 규토라이트는 1-4등급 모두에게 좋은 책이지만, 저는 특히 2-3등급에 머무르는 학생들에게 추천하고 싶습니다.

백분위 89에서 1등급은 드라마틱한 성적 변화가 아니라고 생각하실 수도 있습니다. 하지만 저는 고등학교와 재수 생활을 통틀어 평가원 모의고사에서 1등급은 맞아본 적도 없고 2등급 후반 ~ 3등급 초반을 진동했습니다. 저는 수학을 일주일에 적어도 40시간 이상 투자했고, 유명한 강의와 문제집을 다양하게 접해봤음에도 1등급을 맞지 못하는 원인을 파악하지 못했었는데요. 9월부터 규토 라이트로 두 달동안 공부하며 제 약점을 파악했고 결국 수능에서 처음으로 1등급을 맞았습니다. 규토 라이트를 처음 접하게 된 건 9월 모의고사에서 2등급을 간신히 걸친 후였는데요. 저는 1등급을 맞게 된 원인이 크게 두 가지라고 생각합니다.

첫 번째로 규토 라이트의 구성입니다. 기출과 N제 그리고 ebs까지 적절하게 섞인 구성이 너무 좋았습니다. 또한 가이드 스텝을 스킵하지 마시고 꼭 정독하시는 것을 추천드립니다. 규토님의 농축된 팁까지 얻어갈 수 있습니다. 마스터 스텝에서도 배워갈 점이 많으니 겁먹지 말고 몇 번이고 풀어보시는 것을 추천드립니다. 저는 규토 라이트를 접하기 전까진 왜 수학에서 개념과 기출을 강조하는지 이해가 가지 않았습니다. 기출은 지겹기만 했고 개념은 다 아는 것만 같았습니다. 하지만 규토 라이트를 통해 제대로 된 기출 학습과 약점훈련을 할 수 있었습니다.

두 번째는 규토님입니다. 일단 규토님은 등급에 따라 커리큘럼과 학습법을 알려주시는데 이대로만 하면 100점도 가능하다고 생각합니다. 가장 도움되었던 학습법은 복습입니다. 뻔한 것 같지만, 알면서도 꺼려지는 게 복습입니다. 그리고 틀린 문제를 생각 없이 계속 푸는 것이 아니라, 제대로 된 복습 가이드를 정해주셔서 이대로만 하면 된다는 점이 좋았습니다. 저는 비록 9월 중순부터 시작해서 전체적으로는 3회독밖에 못했지만... 설명할 수 있을 때까지 계속 풀고 또 풀었습니다. 또한 이메일로 직접 질문을 받아주시는데요. 질문하는 문제에 따라서 가끔 제게 필요한 보충문제나 영상 덕분에 빠르게 이해할 수 있었습니다. 그리고 똑같은 문제를 계속 틀리거나, 사설 모의고사에서 안 좋은 점수를 받는 등 막막할 때가 많았는데요. 그 때마다 실질적인 말씀을 많이 해주셨습니다. 'theme 안의 문제들은 서로 다른 문제들이지만 이 문제들이 똑같게 느껴질 때 비로소 이해한 것' 이라는 말이 아직도 기억에 남네요. 전 이 말을 듣고 깨달음이 크게 왔고 그 뒤로 수학에 대한 감을 제대로 잡았던 것 같아서 써봅니다. 이외에, 6월 9월 보충프린트도 너무 감사했습니다.

저는 비록 9월 중순부터 규토 라이트를 시작했지만 재수 초기로 돌아간다면 규토 라이트로 시작해서 규토 고득점으로 끝내지 않았을까 싶습니다. 제대로 된 기출 학습을 원하시는 분들은 규토 라이트하세요 !!

9월 수학 3등급에서 수능 수학 1등급으로! (노유정)

규토 라이트 수1, 수2로 학습하여 짧은 기간 동안 9월 3 →⟩ 수능 1의 성적향상을 이루었습니다. 저는 8월에 수시 지원 계획이 바뀌며 급하게 수능 준비를 하게 되었습니다. 수능은 100일 정도 밖에 남지 않았는데 개념은 거의 다 까먹었고, 원래 수학을 못하는 학생이었기 때문에 (1,2 학년 학평은 대부분 3등급) 수학이 가장 걱정되는 과목이었습니다. 그래서 짧은 기간 동안 개념 숙지와 문제 풀이를 할 수 있는 교재를 찾다가 규토 라이트를 접하게 되었습니다.

개념 인강을 들으면서 해당되는 단원의 문제를 하루에 약 60문제 정도 풀어서 10월 말 정도에 규토 1회독을 끝냈습니다. 그 후에는 시간이 부족해서 1회독 후 틀린 문제와 기출 위주로만 반복적으로 보았습니다.

규토라이트는 효율적인 학습을 가능하게 하는 책입니다. 기존의 기출 문제집을 풀 때는 난이도별로 구분이 되어있지 않아 제 수준에 맞지 않는 문제를 풀면서 시간을 낭비했던 적이 많습니다. 그러나 규토 라이트를 통해 공부할 때는 개념 숙지에서 고난도 문제 풀이로 넘어가는 과정이 효율적이었습니다. 특히, 지나치게 어려운 문제도 쉬운 문제도 없기 때문에 실력 향상에 큰 도움이 되었습니다. 가이드에 적혀있는 대로 충분히 고민을 하고, 안 풀릴 경우에는 다음 날 다시 풀거나 2회독 때 풀기로 표시를 해두었습니다. 마스터 스텝을 제외하고는 이렇게 하면 대부분 해결할 수 있었던 것 같습니다.

이러한 교재 특성 때문에 수학을 잘 못하는 학생이었음에도 원하는 성적을 얻을 수 있었습니다. 제 사례와 같이 급하게 수능 준비를 하거나, 스스로 수학머리가 없다고 생각하는 수험생들에게 규토를 추천해주고 싶습니다.

[수2 공부법] 수포자에서 수능 수학 백분위 92%!

규토 라이트 n제 수2 리뷰를 할 수 있어서 정말 영광입니다. 먼저 전 나형 수포자였습니다. 현역시절 맨 앞장에 4문제정도 풀고 운이 좋으면 7~8번까지도 풀리더라구요. 그리고 주관식 앞에 쉬운 2문제 정도 풀고 다 찍었습니다. 항상 6~7등급 찍은게 몇 개 맞으면 5등급까지 갔습니다. 생각해보면 수학을 제대로 공부해본 적이 없었고 주위에서 수학은 절대 단기간에 할 수 없다. 그냥 그 시간에 영어나 탐구를 더하라는 말에 현역시절 수학을 제대로 집중해서 문제를 푼 적이 없었습니다. 현역시절 제가 받은 성적은 6등급 타과목도 잘치지 못한 탓에 재수를 결정했고 불현듯 수학공부를 해봐야겠다는 생각을 했습니다. 어쩌면 내 일생에 단 한 번뿐인데 수학공부 한 번 해보자라고 마음먹었습니다. 다른 과목보다 수2가 문제였습니다. 확통이나 수1에 비해 분명히 해야 할 부분이 저에게 많았기 때문이었습니다. 2월에 본격적으로 수2과목을 빠르게 개념정리를 했습니다. 수2만은 전년도와 교육과정이 크게 바뀌지 않은 탓에 빠르게 개념인강과 교과서로 정독했습니다. 아주 쉬운 기초부터 시작한 셈이죠. 교과서와 개념인강을 3회독정도 해보니 아주 쉬운 유형들은 풀 수 있게 되었습니다. (이를테면 함수의 극한에서 그래프를 주고 좌극한과 우극한의 합차 유형이나 간단한 미분 적분 계산문제 함수의 극한꼴 정적분의 활용 중 속도 가속도문제등) 교과서 유제에도 그리고 평가원 기출에도 매번 나오는 유형들은 교과서만으로도 풀 수 있었습니다. 하지만 처음 보는 낯선 유형과 함수의 추론등 기초가 부족한 저에게 이런 문제들은 거대한 벽과 다름없었습니다. 과연 1년 안에 내가 이런 문제를 극복가능한 것일까. 교과서와 개념인강만으로는 해결할 수 없었습니다. 충분히 고민한 뒤에 제가 내린 결론은 문제의 양을 늘려야한다는 것이었습니다. 소위 수포자는 당연하게도 수학경험치가 현저히 낮습니다. 특히 함수 나오고 그래프 나오면 정말 무너지기 쉽죠. 그렇다고 1년도 안 남은 시점에서 중학수학과 고1수학을 체계적으로 본다는 것은 너무 어려운 일입니다. 1년안에 승부를 봐야하는 제 입장에선 현명한 선택이 아니었습니다. 그러다 우연히 커뮤니티에서 규토라이트n제를 알게 됐고 많은 리뷰와 블로그 내용을 꼼꼼히 보고 선택하기로 결정했습니다. 제가 규토 라이트 수2 n제를 택했던 근본적 이유는 충분한 문제양과 더불어 제 기본기를 탄탄하게 보완시켜줄 문제들이 다수 실려있었기 때문입니다.

개념익히기와 ⟨1 step⟩ 필수유형편에서 기초적인 문제와 더불어 조금 심화된 문제까지 정말 질 좋은 문제들을 많이 풀었습니다. 양과 질을 동시에 확보한 셈이죠. 수능은 이차함수나 일차함수등 중학수학을 대놓고 물어보진 않습니다. 문제에서 가볍게 쓰이는 정도이죠. 수2를 공부하시면 많은 다항함수를 접하시게 될텐데 라이트n제 필수유형편으로 충분히 커버됩니다.

다음으로는 제가 가장 애정했던 〈2 step〉 기출적용편입니다. 시중에는 정말 많은 기출문제집이 있지만 규토n제 수2만이 갖는 특별함은 바로 최신경향을 반영한 교육청 사관학교 평가원 기출들만으로 공부할 수 있다는 점입니다. 일부 기출문제집은 최근 트렌드에 맞지않는 문제들도 있고 또한 교육과정이 변했음에도 이전 교육과정의 문제들도 있는 반면 라이트n제 수2는 규토님의 꼼꼼한 안목으로 꼭 필요한 기출만을 선별했고 따로 다른 기출을 살 필요 없이 실린 문제들만 잘 소화해도 기출을 잘 풀었다는 느낌을 받을 수 있을 겁니다. 저도 성적향상에 가장 도움이 됐던 step이었습니다. 하지만 이 단계부터 문제가 어렵습니다. 특히나 수포자나 수학이 약하시분들은 정말 힘들 수 있습니다. 하지만 저는 포기하지 않고 끝까지 풀었습니다. 심지어 위에 빈칸에 체크가 7개가 되는 문제도 있었습니다. 시간차를 두고 보고 또봤습니다. 서두에서 규토님께서 제시한 수학 학습법에 의거해 복습날짜도 정확히 지키며 공부했습니다. 수학이 어려운 학생부터 조금 부족한 학생까지 〈2 step〉만큼은 꼭 공을 들여서라도 여러 번 회독하셨으면 좋겠습니다. 수능은 어찌 보면 기출의 진화라고 할 만큼 기출에서 크게 벗어나지 않습니다. 꼭 여러 번 회독하셔서 시험장에서 비슷한 유형은 빠른 시간 안에 처리하실 수 있을 만큼 두고두고 보셨으면 좋겠습니다. 〈2 step〉를 잘소화했더니 6월과 9월을 응시했을때 어?! 이거 규토라이트 n제 수2에서 풀었던 느낌을 다수문제에서 받았습니다. (다항함수에서의 실근의 개수 정적분의 넓이 미분계수의 정의등 단골로 나오는 유형이있습니다.) 역시나 기출의 반복이었습니다. 규토라이트 n제 수2를 통해 최신 트렌드 경향에 맞는 유형을 여러 문제를 통해 접하다 보니 정말 신기하게 풀렸고 어렵지 않게 풀 수 있었습니다. 규토 라이트n제는 해설이 정말 좋습니다. 제가 기본기가 부족했던 시기에도 규토 해설만큼은 이해될 만큼 자세히 해설되어있고 현장에서 사용할 수 있을만큼 완벽한 해설지라고 생각합니다. 제 풀이와 규토님 풀이를 비교해보면서 좀 더 현실적인 풀이를 찾는 과정에서 제 실력도 많이 향상되었습니다.

마지막 마스터 스텝은 굉장한 난이도의 기출과 규토님의 자작문제들이 실려있습니다. 제가 굉장히 고생한 스텝이었고 실제로 수능 전날까지 정말 안되는 문제들도 몇 개 있었습니다. 1등급을 원하시는 분들은 꼭 넘어야할 산이라고 생각합니다. 1등급이 목표가 아니더라도 마스터 스텝에 문제는 꼭 풀어보실만한 가치가 있습니다. 문제가 풀리지 않더라도 그 속에서 수학적 사고력이 향상되는 경우가 있고 저도 올해 수능 20번을 맞출만큼 실력이 올라온 것도 마스터스텝 문제를 여러 번 심도 있게 고민해본 결과가 아닐까 싶습니다. 시간이 조금만 남았더라면 30번도 풀 수 있을 만큼 제 수학실력이 많이 올라와 있었습니다. 라이트 n제 수2를 구매하시는 분들은 1문제도 거르지 마시고 완벽하게 다 풀어보는 것을 목표로 삼고 공부하시면 좋은 성과가 꼭 나올거라 생각합니다.

끝으로 저는 수포자였지만 결국 이번 수능에서 2등급을 쟁취하였고 목표한 대학에 붙을 점수가 나온 것 같습니다. ㅎㅎㅎ 수학이 힘드신 문과생분들! 수학에서 가장 중요한 것은 제가 생각하기에 정확한 개념과 많은 문제양을 풀어 수학에 대한 자신감을 키우는 것 이라고 생각합니다. 특히나 수2는 절대적인 양 확보가 정말 중요합니다. 하지만 교과서와 쉬운 개념서로는 한계가 있고 다른 기출문제집을 보자니 너무 두껍고 양이 많습니다. 라이트n제 수2 각유형별로 기본부터 심화까지 한 권으로서 문제풀이의 시작과 마무리를 다할 수 있는 교재라고 자부합니다. 올해만 하더라도 규토라이트 n제 수2교재로 다항함수 특히 3차함수 개형 그리기만도 수백번이 넘었던 것 같습니다. 시중 문제집과 컨텐츠가 난무하는 시기에 규토 라이트n제를 우연히 알게 되고 끝까지 믿고 풀었던 것에 감사하며 수포자도 노력하면 할 수있다는 말씀드립니다. 규토 라이트n제 수2 강추합니다!! 끝으로 규토님께도 감사드립니다 :)

수학에 자신이 없었지만 수능 수학 100점! (김은주)

저는 유독 수학에 자신이 없었던, 2등급만 나오면 대박이라고 여겼던 학생이었습니다. 그랬던 제가 규토 라이트 N제를 공부하고 수능에서 100점을 받을 수 있었습니다.

코로나 19와 개인적인 사정으로 인해 학원에 다닐 수 없었던 저는 시중에 출판된 여러 문제집을 비교하며 독학에 적합한 교재를 찾는 중에 규토 라이트를 고르게 되었습니다.

많은 장점 중 제가 꼽은 이 책의 가장 큰 장점은 바로, "이 책을 공부하는 방법(?)"이 마치 과외를 받는 기분이 들도록 수험생의 입장을 고려해서 세세하게 서술되어있기 때문이었습니다.

규토 N제를 만나기 전의 저는 나쁜 습관이 가득한 학생이었고, 그것이 제 성적을 갉아먹는 요인이었습니다. (찍어서 우연히 맞은 문제, 알고 보니 풀이 과정에서 오류가 있었는데 답만 맞은 문제도 그저 답이 맞으면 동그라미표시를 하고 다시 보지 않았고, 조금 복잡하거나 어려워보이는 문제는 지레 겁을 먹고 풀기를 꺼리는 등) 그래서인지 처음 책을 접했을 때는 문제를 풀고 풀이과정을 해설지와 일일이 대조해보고 백지에 다시 풀이과정을 써보느라 한 문제를 푸는데도 시간이 오래 걸렸고, 생각보다 쉽게 풀리지 않는 문제들이 많아서 충격을 받기도 했습니다. 그럴 때마다 앞부분에 실려있는, 과거 이 책으로 공부했던 다른 분들의 후기를 읽으며 잘하고 있는 거라고 스스로를 다독였습니다. 그러다보니 뒤로 갈수록 문제가 조금씩 풀리기 시작했고, 처음 풀어서 완벽히 맞는 문제가 나오면 (책 앞부분에 선생님께서 언급하신) 희열을 느끼기도 했습니다. 그렇게 1회독을 하고 나니 다른 모의고사를 볼 때에도 규토를 풀며 체계적으로 훈련했던 감각들이 되살아나서 예전이라면 손도 못 대었을 문제도 풀 수 있게 되었습니다.

책 제목인 라이트와 다르게, 문제들이 분명 쉽지만은 않은 것은 사실입니다. 그렇지만 시간이 오래 걸리더라도 책에 실린 방법대로 끈질기게 물고 늘어지고 스스로에게 엄격해진다면 분명 이 책이 끝날 시점에는 실력 향상이 있을거라고 자신합니다.

늘 고민을 안겨주는 과목이었던 수학을 하면 되는 과목으로 생각할 수 있도록 좋은 책 집필해주신 규토선생님께 진심으로 감사드리고 내년 수능을 준비하시는 분들에게도 이 책을 추천합니다. (규토 고득점 N제도 추천합니다.!)

참고로 모든 추천사는 라이트 N제 구매 인증과 성적표 인증 후 수록하였습니다.
자세한 인증내역은 네이버 카페 (규토의 가능세계)에서 확인하실 수 있습니다.

1 충분한 시간을 갖고 푼다. 자신이 가지고 있는 사고의 벽을 깬다고 생각하면서 머리에 쥐가 날 정도로 사고해본다.

2 문제를 풀고 나서 바로 다음 문제로 넘어가지 말고 백지에 논리적 흐름을 느끼면서 다시 풀어본다.

자기풀이가 논리적으로 맞는지 체계화를 해본다. (1번 문제를 풀고 바로 2번 문제로 넘어가지 말고 1번 문제를 정리해본 후 넘어가라는 의미)
☆ 굉장히 중요합니다!

3 각 Step이 끝나면 해설지를 본다. **해설지를 보고나서** 내가 생각하지 못했던 풀이들과 skill을 모조리 흡수한다.

해설지를 보지 않고 해설지에 적힌 풀이를 체화시킨다는 느낌으로 백지에 논리적 흐름을 느끼면서 다시 풀어본다.
☆ 굉장히 중요합니다!

4 추천 학습 순서

① 전 범위를 학습한 학생 또는 총정리 목적으로 푸는 학생

　　Guide step → Training -1step → Training - 2step → Master step

② 전 범위를 학습하지 못한 학생 또는 등급대가 낮은 학생

　　Guide step → Training - 1step → Training - 2step → (책 전체 한 바퀴 돌고 난 뒤) → Master step

　　(Master step은 단원 통합형 문제도 수록되어 있기 때문에 위와 같이 학습하시는 것을 추천 드립니다.)

③ 찐노베 학생 (목표 : 우선 큰 틀을 잡고 세부적으로 들어가기)

　　Guide step → Training - 1step (각 theme당 3문제씩) → Training - 2step (3점) → (책 전체 한 바퀴 돌고 난 뒤)
　　→ Training - 1step (나머지 문제) → Training - 2step (4점) → (책 전체 한 바퀴 돌고 난 뒤)
　　→ Master step (하루에 조금씩 진도 나가면서 나머지 파트 복습)

5 6~7일 후에 다시 푼다. (자세한 방법은 「수능 수학영역에 대한 고찰」 을 참고)

☆ 굉장히 중요합니다!

〈수능 수학영역에 대한 고찰 中 made by 규토〉 블로그에서 전문 확인 가능합니다.

학원에서 강의 할 때나 과외를 할 때 첫 시간에 꼭 설명하는 것이 있습니다. 바로 수학 공부법입니다.

저도 이렇게 했었고 제 학생들도 성적 향상이 되는 것을 보아왔습니다.

문제를 풀고 채점할 때 X 와 O 로 나눌 수 있습니다. 가끔씩 세모를 치는 학생들도 있는데 세모를 친다는 것은 자기 자신에 대한 관대한 행위입니다.

수학은 자신에게 엄격할수록 수학 성적이 는다고 생각합니다. **정말 확실히 알고 누구에게 설명할 수 있는 정도일 때** O 를 합니다.

만약 문제 ㄱ ㄴ ㄷ 중에서 ㄱ이 반드시 맞는데 ㄱ이 들어간 것이 한 개만 있다고 해서 그 문제의 답을 체크하고 맞다고 하면 절대로 안 됩니다.

X 유형은 크게 4가지로 분류할 수 있습니다.

1. 계산 실수
2. 이게 뭐지 ?
3. 완전 모르겠다.
4. 스스로 엄밀히 진단했을 때 "다시 풀어봐야겠다"고 느낀 문제

1번의 경우는 흔히 하는 계산 실수입니다. 항상 하던 실수를 반복하기 쉽기 때문에 계산 실수라도 과감히 X표를 칩니다. 저 같은 경우에도 2X3 을 매일 5라고 써서 실수를 많이 했었는데 이제는 항상 2X3만 나오면 실수 하지 말아야지 라는 생각을 하게 됩니다. 2번의 경우가 중요할 수 있습니다. 자기가 분명히 맞다고 생각하는 풀이가 답이 아닐 경우 거기에는 논리의 비약과 오류가 있을 수 있습니다. 그 것들을 조언이나 풀이를 통해 교정합니다. 물론 과감히 X표를 칩니다.

3번의 경우는 X표를 치고 충분한 고민과 생각 끝에 답이 나오지 않으면 풀이나 조언을 통해 해결합니다.

마지막 4번의 경우는 비록 맞았지만 논리 없이 찍어서 맞았거나 스스로 엄밀히 진단했을 때 다시 풀어 봐야할 것 같은 문항을 의미합니다. 역시나 과감히 X표를 칩니다.

여기서 중요합니다!!!!

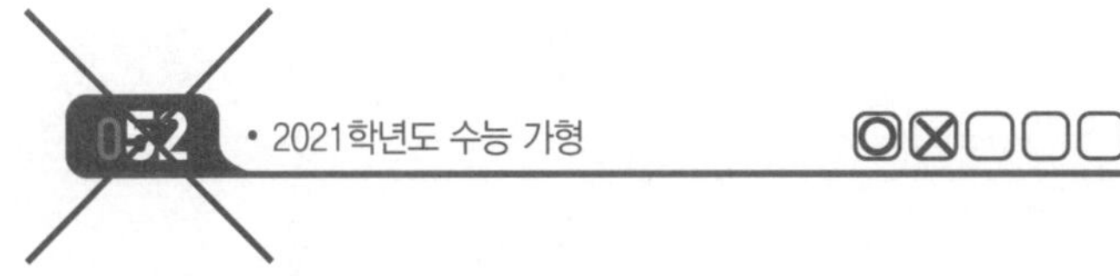

틀린 문제는 6~7일 뒤에 다시 봅니다. 다시 봤을 때 맞았다면 문제 오른쪽 위에 있는 네모 BOX칸에 O를 칩니다.

(단, 연속 동그라미가 많이 되어있는 문제라면 기간을 늘려 2주 ~ 3주 후에 다시 봐도 됩니다.)

그렇게 왼쪽 끝부터 연속해서 O가 4개 될 때까지 풀면 그 문제는 다시 안 봐도 됩니다. 만약 다시 봤을 때 못 풀면 X를 칩니다. 연속해서 O가 4개 될 때까지 이므로 X이후에서부터 다시 연속해서 4개 될 때까지 풀면 됩니다. (이걸 학생들한테 가르쳐줬더니 O를 할 때 아래에 날짜를 써놓고 푸는 아이도 있었습니다.)

처음에는 30분 걸리던 문제가 10분으로 10분이 5분으로 5분이 3분 안에 논리적으로 설명 할 수 있을 정도의 수준으로 바뀔 것입니다. 이렇게 계속하다보면 자신도 모르는 사이에 강해질 것입니다. 이 훈련의 핵심은 틀린 문제를 완전히 자기 것으로 만드는데 있습니다.

대부분 학생들은 틀린 문제를 또 다시 틀리는 경우가 다반사입니다. 그러면 아무것도 늘지 않기 때문에 틀린 문제를 완벽히 정복하는 것만이 질적인 성적향상으로 가는 지름길이라고 생각합니다. 책을 고를 때도 조금 밖에 틀리지 않는 교재는 자신에게 맞지 않다고 생각합니다.

이 훈련의 전제조건은 문제에는 절대로 아무런 힌트나 풀이나 답을 적지 않는 것입니다.

문제를 다시 풀 때 항상 새 문제처럼 느껴지는 것이 훨씬 더 도움이 됩니다. 사람 심리상 ㄱㄴㄷ의 문제를 풀 때 ㄱ에 빨간 동그라미가 되어있으면 다시 풀어도 ㄱ에 동그라미를 칠 수 밖에 없습니다. 이 방법을 실천하기란 정말 어렵지만 했을 때의 효과는 보장합니다.

6 마지막 화룡점정은 누구에게 직접 설명해주는 것이다! 정확한 논리 구조로 알려줄 때 진정한 자기 것이 된다!

설명을 계속 강조하는 이유는 누구에게 설명해주기 위해서는 풀이가 머릿속에 체계적이고 논리적으로 그려지는 단계에 왔을 때 비로소 가능하기 때문이다.
(개인 여건상 설명하기 힘든 경우는 백지에 자신의 사고를 정리하는 연습으로 대체해도 됩니다.)

솔직히 이렇게 하는 사람은 1% 정도겠지만 만약 한다고 하면 난 그 사람을 지지한다.

그냥 풀고 넘어가는 것은 딱히 도움이 안 된다. 이건 Fact 다!

이렇게 하면 실력이 안 늘래야 안 늘 수가 없다!

추천
계획표

★ 필 독 ★

아래 계획표에는 일주일 혹은 하루에 대단원 한 개씩이라고 되어있지만
이는 학생에 따라서는 매우 큰 부담감으로 작용할 수 있습니다.

도리어 '빨리 풀어야한다'는 압박감에 정작 가장 중요한 100% 공부법을
제대로 이행하지 못하는 부작용이 생길 수 있습니다.

따라서 대단원이 부담되시면 대단원을 쪼개서
중단원을 기준으로 하셔도 됩니다.

저는 큰 틀을 제시한 것이고 각자의 상황에 맞게
조금씩 변화를 주시면 됩니다.

건투를 빌겠습니다.

화이팅입니다~!

선택 ① 개념강의 + 개념부교재(워크북) + 규토 라이트 N제 병행 (1~2등급 학생)

선택 ② 개념강의 + 개념부교재(워크북) + 규토 라이트 N제 병행 (3등급 학생)

선택 ③ 개념강의 + 규토 라이트 N제 병행 (찐노베 학생)
　　　(개념부교재까지 보는 것은 학습에 부담을 줄 수 있기　때문에 라이트 N제로 단권화 / 100%공부법에 적힌 찐노베추천 순서대로
　　　학습 개념부교재를 추가할 수는 있으나 만약 추가한다면 학습에 부담을 주지 않는 선에서 계산연습용으로 쉬운 문제집 선택 권장)

선택 ④ 개념강좌 완강 후 규토 라이트 N제 (1~2등급 학생)

선택 ⑤ 개념강좌 완강 후 규토 라이트 N제 (3등급 학생)

선택 ⑥ 개념강좌 완강 후 규토 라이트 N제 (찐노베 학생)

선택 ⑦ 수1+수2 병행 (①~⑥을 참고하여 개별 맞춤 진행)

선택 ⑧ 수1+수2+선택과목 병행 (①~⑥을 참고하여 개별 맞춤 진행)

선택 ① 개념강의 + 개념부교재(워크북) + 규토 라이트 N제 병행 (1~2등급 학생)

전체 1회독 기준 4주 완성 커리큘럼

월	화	수	목	금	토	일
* 1단원 개념강의 수강 (수강 후 10분이 지나기 전에 복습) * 개념부교재	* 1단원 개념강의 수강 (수강 후 10분이 지나기 전에 복습) * 개념부교재	* 1단원 개념강의 수강 (수강 후 10분이 지나기 전에 복습) * 개념부교재	* 1단원에 수록된 규토 라이트 N제 (Guide step ~ Training – 2step)	* 1단원에 수록된 규토 라이트 N제 (Guide step ~ Training – 2step)	* 1단원에 수록된 규토 라이트 N제 (Guide step ~ Training – 2step)	* 새로운 문제 금지 * 복습의 날 (일주일동안 했던 것 복습 및 누적 복습) * 동그라미 커리큘럼 이행하기 (전주, 전전주 틀린 문제 다시 풀기)
* 2단원 개념강의 수강 (수강 후 10분이 지나기 전에 복습) * 개념부교재	* 2단원 개념강의 수강 (수강 후 10분이 지나기 전에 복습) * 개념부교재	* 2단원 개념강의 수강 (수강 후 10분이 지나기 전에 복습) * 개념부교재	* 2단원에 수록된 규토 라이트 N제 (Guide step ~ Training – 2step)	* 2단원에 수록된 규토 라이트 N제 (Guide step ~ Training – 2step)	* 2단원에 수록된 규토 라이트 N제 (Guide step ~ Training – 2step)	* 새로운 문제 금지 * 복습의 날 (일주일동안 했던 것 복습 및 누적 복습) * 동그라미 커리큘럼 이행하기 (전주, 전전주 틀린 문제 다시 풀기)
* 3단원 개념강의 수강 (수강 후 10분이 지나기 전에 복습) * 개념부교재	* 3단원 개념강의 수강 (수강 후 10분이 지나기 전에 복습) * 개념부교재	* 3단원 개념강의 수강 (수강 후 10분이 지나기 전에 복습) * 개념부교재	* 3단원에 수록된 규토 라이트 N제 (Guide step ~ Training – 2step)	* 3단원에 수록된 규토 라이트 N제 (Guide step ~ Training – 2step)	* 3단원에 수록된 규토 라이트 N제 (Guide step ~ Training – 2step)	* 새로운 문제 금지 * 복습의 날 (일주일동안 했던 것 복습 및 누적 복습) * 동그라미 커리큘럼 이행하기 (전주, 전전주 틀린 문제 다시 풀기)
* 1단원 Guide step 복습 *1단원 Guide step ~Training – 2step 틀린 문제 다시보기 * 1단원에 수록된 규토 라이트 N제 (Master step)	* 1단원 Guide step 복습 *1단원 Guide step ~Training – 2step 틀린 문제 다시보기 * 1단원에 수록된 규토 라이트 N제 (Master step)	* 2단원 Guide step 복습 *2단원 Guide step ~Training – 2step 틀린 문제 다시보기 * 2단원에 수록된 규토 라이트 N제 (Master step)	* 2단원 Guide step 복습 *2단원 Guide step ~Training – 2step 틀린 문제 다시보기 * 2단원에 수록된 규토 라이트 N제 (Master step)	* 3단원 Guide step 복습 *3단원 Guide step ~Training – 2step 틀린 문제 다시보기 * 3단원에 수록된 규토 라이트 N제 (Master step)	* 3단원 Guide step 복습 *3단원 Guide step ~Training – 2step 틀린 문제 다시보기 * 3단원에 수록된 규토 라이트 N제 (Master step)	* 새로운 문제 금지 * 복습의 날 (일주일동안 했던 것 복습 및 누적 복습) * 동그라미 커리큘럼 이행하기 (전주, 전전주 틀린 문제 다시 풀기)

* 추후에 계속 틀린 문제 복습해야 함 (동그라미 커리큘럼, 최대한 책에 적힌 100%공부법으로 학습할 것!) / 개념도 반드시 누적 복습할 것
* 각 Step이 끝날 때마다 해설보기 (해설지로 공부한다고 생각)
  ex) Training - 1step 문제 풀고 → 해설보기 → Training - 2step 문제 풀고 → 해설보기
* 실전개념강좌는 도구정리 느낌으로 라이트 N제 체화 후 볼 것 (라이트 N제에도 저자가 쓰는 실전개념 모두 수록 / 해설지에도 수록)
* 복습량이 많아 일요일로 벅차다면 다른 요일에 학습량 일부를 복습에 투자해도 된다.

선택 ② 개념강의 + 개념부교재(워크북) + 규토 라이트 N제 병행 (3등급 학생)

전체 1회독 기준 5주 완성 커리큘럼

월	화	수	목	금	토	일
* 1단원에 수록된 규토 라이트 N제 (Guide step) 정독 후 해당 중단원 개념강의 수강 (수강 후 10분이 지나기 전에 복습) * 개념부교재	* 1단원에 수록된 규토 라이트 N제 (Guide step) 정독 후 해당 중단원 개념강의 수강 (수강 후 10분이 지나기 전에 복습) * 개념부교재	* 1단원에 수록된 규토 라이트 N제 (Guide step) 정독 후 해당 중단원 개념강의 수강 (수강 후 10분이 지나기 전에 복습) * 개념부교재	* 1단원에 수록된 규토 라이트 N제 (Guide step ~ Training – 2step)	* 1단원에 수록된 규토 라이트 N제 (Guide step ~ Training – 2step)	* 1단원에 수록된 규토 라이트 N제 (Guide step ~ Training – 2step)	* 새로운 문제 금지 * 복습의 날 (일주일동안 했던 것 복습 및 누적 복습) * 동그라미 커리큘럼 이행하기 (전주, 전전주 틀린 문제 다시 풀기)
* 2단원에 수록된 규토 라이트 N제 (Guide step) 정독 후 해당 중단원 개념강의 수강 (수강 후 10분이 지나기 전에 복습) * 개념부교재	* 2단원에 수록된 규토 라이트 N제 (Guide step) 정독 후 해당 중단원 개념강의 수강 (수강 후 10분이 지나기 전에 복습) * 개념부교재	* 2단원에 수록된 규토 라이트 N제 (Guide step) 정독 후 해당 중단원 개념강의 수강 (수강 후 10분이 지나기 전에 복습) * 개념부교재	* 2단원에 수록된 규토 라이트 N제 (Guide step ~ Training – 2step)	* 2단원에 수록된 규토 라이트 N제 (Guide step ~ Training – 2step)	* 2단원에 수록된 규토 라이트 N제 (Guide step ~ Training – 2step)	* 새로운 문제 금지 * 복습의 날 (일주일동안 했던 것 복습 및 누적 복습) * 동그라미 커리큘럼 이행하기 (전주, 전전주 틀린 문제 다시 풀기)
* 3단원에 수록된 규토 라이트 N제 (Guide step) 정독 후 해당 중단원 개념강의 수강 (수강 후 10분이 지나기 전에 복습) * 개념부교재	* 3단원에 수록된 규토 라이트 N제 (Guide step) 정독 후 해당 중단원 개념강의 수강 (수강 후 10분이 지나기 전에 복습) * 개념부교재	* 3단원에 수록된 규토 라이트 N제 (Guide step) 정독 후 해당 중단원 개념강의 수강 (수강 후 10분이 지나기 전에 복습) * 개념부교재	* 3단원에 수록된 규토 라이트 N제 (Guide step ~ Training – 2step)	* 3단원에 수록된 규토 라이트 N제 (Guide step ~ Training – 2step)	* 3단원에 수록된 규토 라이트 N제 (Guide step ~ Training – 2step)	* 새로운 문제 금지 * 복습의 날 (일주일동안 했던 것 복습 및 누적 복습) * 동그라미 커리큘럼 이행하기 (전주, 전전주 틀린 문제 다시 풀기)
* 1단원 Guide step 복습 *1단원 Guide step ~Training – 2step 틀린 문제 다시보기 * 1단원에 수록된 규토 라이트 N제 (Master step)	* 1단원 Guide step 복습 *1단원 Guide step ~Training – 2step 틀린 문제 다시보기 * 1단원에 수록된 규토 라이트 N제 (Master step)	* 1단원 Guide step 복습 *1단원 Guide step ~Training – 2step 틀린 문제 다시보기 * 1단원에 수록된 규토 라이트 N제 (Master step)	* 2단원 Guide step 복습 *2단원 Guide step ~Training – 2step 틀린 문제 다시보기 * 2단원에 수록된 규토 라이트 N제 (Master step)	* 2단원 Guide step 복습 *2단원 Guide step ~Training – 2step 틀린 문제 다시보기 * 2단원에 수록된 규토 라이트 N제 (Master step)	* 2단원 Guide step 복습 *2단원 Guide step ~Training – 2step 틀린 문제 다시보기 * 2단원에 수록된 규토 라이트 N제 (Master step)	* 새로운 문제 금지 * 복습의 날 (일주일동안 했던 것 복습 및 누적 복습) * 동그라미 커리큘럼 이행하기 (전주, 전전주 틀린 문제 다시 풀기)
* 3단원 Guide step 복습 *3단원 Guide step ~Training – 2step 틀린 문제 다시보기 * 3단원에 수록된 규토 라이트 N제 (Master step)	* 3단원 Guide step 복습 *3단원 Guide step ~Training – 2step 틀린 문제 다시보기 * 3단원에 수록된 규토 라이트 N제 (Master step)	* 3단원 Guide step 복습 *3단원 Guide step ~Training – 2step 틀린 문제 다시보기 * 3단원에 수록된 규토 라이트 N제 (Master step)	보충	보충	보충	* 새로운 문제 금지 * 복습의 날 (일주일동안 했던 것 복습 및 누적 복습) * 동그라미 커리큘럼 이행하기 (전주, 전전주 틀린 문제 다시 풀기)

* 추후에 계속 틀린 문제 복습해야 함 (동그라미 커리큘럼, 최대한 책에 적힌 100%공부법으로 학습할 것!) / 개념도 반드시 누적 복습할 것
* 각 Step이 끝날 때마다 해설보기 (해설지로 공부한다고 생각)
　　ex) Training - 1step 문제 풀고 → 해설보기 → Training - 2step 문제 풀고 → 해설보기
* 실전개념강좌는 도구정리 느낌으로 라이트 N제 체화 후 볼 것 (라이트 N제에도 저자가 쓰는 실전개념 모두 수록 / 해설지에도 수록)
* 복습량이 많아 일요일로 벅차다면 다른 요일에 학습량 일부를 복습에 투자해도 된다.

training-2step까지 1회독 기준 5주 완성 커리큘럼 (Master step은 추후 학습)

월	화	수	목	금	토	일
* 1단원에 수록된 규토 라이트 N제 (Guide step) 정독 후 해당 중단원 개념강의 수강 (수강 후 10분이 지나기 전에 복습)	* 1단원에 수록된 규토 라이트 N제 (Guide step) 정독 후 해당 중단원 개념강의 수강 (수강 후 10분이 지나기 전에 복습)	* 1단원에 수록된 규토 라이트 N제 (Guide step) 정독 후 해당 중단원 개념강의 수강 (수강 후 10분이 지나기 전에 복습)	* 1단원에 수록된 규토 라이트 N제 (Guide step ~ Training - 2step) t1 theme당 3문제씩 t2 3점	* 1단원에 수록된 규토 라이트 N제 (Guide step ~ Training - 2step) t1 theme당 3문제씩 t2 3점	* 1단원에 수록된 규토 라이트 N제 (Guide step ~ Training - 2step) t1 theme당 3문제씩 t2 3점	* 새로운 문제 금지 * 복습의 날 (일주일동안 했던 것 복습 및 누적 복습) * 동그라미 커리큘럼 이행하기 (전주, 전전주 틀린 문제 다시 풀기)
* 2단원에 수록된 규토 라이트 N제 (Guide step) 정독 후 해당 중단원 개념강의 수강 (수강 후 10분이 지나기 전에 복습)	* 2단원에 수록된 규토 라이트 N제 (Guide step) 정독 후 해당 중단원 개념강의 수강 (수강 후 10분이 지나기 전에 복습)	* 2단원에 수록된 규토 라이트 N제 (Guide step) 정독 후 해당 중단원 개념강의 수강 (수강 후 10분이 지나기 전에 복습)	* 2단원에 수록된 규토 라이트 N제 (Guide step ~ Training - 2step) t1 theme당 3문제씩 t2 3점	* 2단원에 수록된 규토 라이트 N제 (Guide step ~ Training - 2step) t1 theme당 3문제씩 t2 3점	* 2단원에 수록된 규토 라이트 N제 (Guide step ~ Training - 2step) t1 theme당 3문제씩 t2 3점	* 새로운 문제 금지 * 복습의 날 (일주일동안 했던 것 복습 및 누적 복습) * 동그라미 커리큘럼 이행하기 (전주, 전전주 틀린 문제 다시 풀기)
* 3단원에 수록된 규토 라이트 N제 (Guide step) 정독 후 해당 중단원 개념강의 수강 (수강 후 10분이 지나기 전에 복습)	* 3단원에 수록된 규토 라이트 N제 (Guide step) 정독 후 해당 중단원 개념강의 수강 (수강 후 10분이 지나기 전에 복습)	* 3단원에 수록된 규토 라이트 N제 (Guide step) 정독 후 해당 중단원 개념강의 수강 (수강 후 10분이 지나기 전에 복습)	* 3단원에 수록된 규토 라이트 N제 (Guide step ~ Training - 2step) t1 theme당 3문제씩 t2 3점	* 3단원에 수록된 규토 라이트 N제 (Guide step ~ Training - 2step) t1 theme당 3문제씩 t2 3점	* 3단원에 수록된 규토 라이트 N제 (Guide step ~ Training - 2step) t1 theme당 3문제씩 t2 3점	* 새로운 문제 금지 * 복습의 날 (일주일동안 했던 것 복습 및 누적 복습) * 동그라미 커리큘럼 이행하기 (전주, 전전주 틀린 문제 다시 풀기)
* 1단원에 수록된 규토 라이트 N제 (Guide step ~ Training - 2step) t1 남은 문제 t2 4점	* 1단원에 수록된 규토 라이트 N제 (Guide step ~ Training - 2step) t1 남은 문제 t2 4점	* 1단원에 수록된 규토 라이트 N제 (Guide step ~ Training - 2step) t1 남은 문제 t2 4점	* 1단원에 수록된 규토 라이트 N제 (Guide step ~ Training - 2step) t1 남은 문제 t2 4점	* 2단원에 수록된 규토 라이트 N제 (Guide step ~ Training - 2step) t1 남은 문제 t2 4점	* 2단원에 수록된 규토 라이트 N제 (Guide step ~ Training - 2step) t1 남은 문제 t2 4점	* 새로운 문제 금지 * 복습의 날 (일주일동안 했던 것 복습 및 누적 복습) * 동그라미 커리큘럼 이행하기 (전주, 전전주 틀린 문제 다시 풀기)
* 2단원에 수록된 규토 라이트 N제 (Guide step ~ Training - 2step) t1 남은 문제 t2 4점	* 2단원에 수록된 규토 라이트 N제 (Guide step ~ Training - 2step) t1 남은 문제 t2 4점	* 3단원에 수록된 규토 라이트 N제 (Guide step ~ Training - 2step) t1 남은 문제 t2 4점	* 3단원에 수록된 규토 라이트 N제 (Guide step ~ Training - 2step) t1 남은 문제 t2 4점	* 3단원에 수록된 규토 라이트 N제 (Guide step ~ Training - 2step) t1 남은 문제 t2 4점	* 3단원에 수록된 규토 라이트 N제 (Guide step ~ Training - 2step) t1 남은 문제 t2 4점	* 새로운 문제 금지 * 복습의 날 (일주일동안 했던 것 복습 및 누적 복습) * 동그라미 커리큘럼 이행하기 (전주, 전전주 틀린 문제 다시 풀기)

* 100% 공부법에 적힌 찐노베 추천순서대로 학습할 것 / 개념부교재까지 보는 것은 부담이 될 수 있기 때문에 라이트 N제로 단권화하도록 하자.
　　개념부교재를 추가할 수는 있으나 만약 추가한다면 학습에 부담을 주지 않는 선에서 계산연습용으로 쉬운 문제집 선택 권장
* 추후에 계속 틀린 문제 복습해야 함 (동그라미 커리큘럼, 최대한 책에 적힌 100%공부법으로 학습할 것!) / 개념도 반드시 누적 복습할 것
* 각 Step이 끝날 때마다 해설보기 (해설지로 공부한다고 생각)
　　ex) Training - 1step 문제 풀고 → 해설보기 → Training - 2step 문제 풀고 → 해설보기
* 실전개념강좌는 도구정리 느낌으로 라이트 N제 체화 후 볼 것 (라이트 N제에도 저자가 쓰는 실전개념 모두 수록 / 해설지에도 수록)
* 복습량이 많아 일요일로 벅차다면 다른 요일에 학습량 일부를 복습에 투자해도 된다.

선택 ④ 개념강좌 완강 후 규토 라이트 N제 (1~2등급 학생)

전체 1회독 기준 2주 완성 커리큘럼

월	화	수	목	금	토	일
* 1단원에 수록된 규토 라이트 N제 (Guide step ~ Training – 2step)	* 1단원에 수록된 규토 라이트 N제 (Guide step ~ Training – 2step)	* 2단원에 수록된 규토 라이트 N제 (Guide step ~ Training – 2step)	* 2단원에 수록된 규토 라이트 N제 (Guide step ~ Training – 2step)	* 3단원에 수록된 규토 라이트 N제 (Guide step ~ Training – 2step)	* 3단원에 수록된 규토 라이트 N제 (Guide step ~ Training – 2step)	* 새로운 문제 금지 * 복습의 날 (일주일동안 했던 것 복습 및 누적 복습) * 동그라미 커리큘럼 이행하기 (전주, 전전주 틀린 문제 다시 풀기)
* 1단원 Guide step 복습 *1단원 Guide step ~Training – 2step 틀린 문제 다시보기 * 1단원에 수록된 규토 라이트 N제 (Master step)	* 1단원 Guide step 복습 *1단원 Guide step ~Training – 2step 틀린 문제 다시보기 * 1단원에 수록된 규토 라이트 N제 (Master step)	* 2단원 Guide step 복습 *2단원 Guide step ~Training – 2step 틀린 문제 다시보기 * 2단원에 수록된 규토 라이트 N제 (Master step)	* 2단원 Guide step 복습 *2단원 Guide step ~Training – 2step 틀린 문제 다시보기 * 2단원에 수록된 규토 라이트 N제 (Master step)	* 3단원 Guide step 복습 *3단원 Guide step ~Training – 2step 틀린 문제 다시보기 * 3단원에 수록된 규토 라이트 N제 (Master step)	* 3단원 Guide step 복습 *3단원 Guide step ~Training – 2step 틀린 문제 다시보기 * 3단원에 수록된 규토 라이트 N제 (Master step)	* 새로운 문제 금지 * 복습의 날 (일주일동안 했던 것 복습 및 누적 복습) * 동그라미 커리큘럼 이행하기 (전주, 전전주 틀린 문제 다시 풀기)

* 추후에 계속 틀린 문제 복습해야 함 (동그라미 커리큘럼, 최대한 책에 적힌 100%공부법으로 학습할 것!) / 개념도 반드시 누적 복습할 것
* 각 Step이 끝날 때마다 해설보기 (해설지로 공부한다고 생각)

   ex) Training – 1step 문제 풀고 → 해설보기 → Training – 2step 문제 풀고 → 해설보기
* 실전개념강좌는 도구정리 느낌으로 라이트 N제 체화 후 볼 것 (라이트 N제에도 저자가 쓰는 실전개념 모두 수록 / 해설지에도 수록)
* 복습량이 많아 일요일로 벅차다면 다른 요일에 학습량 일부를 복습에 투자해도 된다.

선택 ⑤ 개념강좌 완강 후 규토 라이트 N제 (3등급 학생)

전체 1회독 기준 3주 완성 커리큘럼

월	화	수	목	금	토	일
* 1단원에 수록된 규토 라이트 N제 (Guide step ~ Training – 2step)	* 1단원에 수록된 규토 라이트 N제 (Guide step ~ Training – 2step)	* 1단원에 수록된 규토 라이트 N제 (Guide step ~ Training – 2step)	* 2단원에 수록된 규토 라이트 N제 (Guide step ~ Training – 2step)	* 2단원에 수록된 규토 라이트 N제 (Guide step ~ Training – 2step)	* 2단원에 수록된 규토 라이트 N제 (Guide step ~ Training – 2step)	* 새로운 문제 금지 * 복습의 날 (일주일동안 했던 것 복습 및 누적 복습) * 동그라미 커리큘럼 이행하기 (전주, 전전주 틀린 문제 다시 풀기)
* 3단원에 수록된 규토 라이트 N제 (Guide step ~ Training – 2step)	* 3단원에 수록된 규토 라이트 N제 (Guide step ~ Training – 2step)	* 3단원에 수록된 규토 라이트 N제 (Guide step ~ Training – 2step)	* 1단원 Guide step 복습 *1단원 Guide step ~Training – 2step 틀린 문제 다시보기 * 1단원에 수록된 규토 라이트 N제 (Master step)	* 1단원 Guide step 복습 *1단원 Guide step ~Training – 2step 틀린 문제 다시보기 * 1단원에 수록된 규토 라이트 N제 (Master step)	* 1단원 Guide step 복습 *1단원 Guide step ~Training – 2step 틀린 문제 다시보기 * 1단원에 수록된 규토 라이트 N제 (Master step)	* 새로운 문제 금지 * 복습의 날 (일주일동안 했던 것 복습 및 누적 복습) * 동그라미 커리큘럼 이행하기 (전주, 전전주 틀린 문제 다시 풀기)
* 2단원 Guide step 복습 *2단원 Guide step ~Training – 2step 틀린 문제 다시보기 * 2단원에 수록된 규토 라이트 N제 (Master step)	* 2단원 Guide step 복습 *2단원 Guide step ~Training – 2step 틀린 문제 다시보기 * 2단원에 수록된 규토 라이트 N제 (Master step)	* 2단원 Guide step 복습 *2단원 Guide step ~Training – 2step 틀린 문제 다시보기 * 2단원에 수록된 규토 라이트 N제 (Master step)	* 3단원 Guide step 복습 *3단원 Guide step ~Training – 2step 틀린 문제 다시보기 * 3단원에 수록된 규토 라이트 N제 (Master step)	* 3단원 Guide step 복습 *3단원 Guide step ~Training – 2step 틀린 문제 다시보기 * 3단원에 수록된 규토 라이트 N제 (Master step)	* 3단원 Guide step 복습 *3단원 Guide step ~Training – 2step 틀린 문제 다시보기 * 3단원에 수록된 규토 라이트 N제 (Master step)	* 새로운 문제 금지 * 복습의 날 (일주일동안 했던 것 복습 및 누적 복습) * 동그라미 커리큘럼 이행하기 (전주, 전전주 틀린 문제 다시 풀기)

* 추후에 계속 틀린 문제 복습해야함 (동그라미 커리큘럼, 최대한 책에 적힌 100%공부법으로 학습할 것!) / 개념도 반드시 누적 복습할 것
* 각 Step이 끝날 때마다 해설보기 (해설지로 공부한다고 생각)
　ex) Training - 1step 문제 풀고 → 해설보기 → Training - 2step 문제 풀고 → 해설보기
* 실전개념강좌는 도구정리 느낌으로 라이트 N제 체화 후 볼 것 (라이트 N제에도 저자가 쓰는 실전개념 모두 수록 / 해설지에도 수록)
* 복습량이 많아 일요일로 벅차다면 다른 요일에 학습량 일부를 복습에 투자해도 된다.

선택 ⑥ 개념강좌 완강 후 규토 라이트 N제 (찐노베 학생)

training–2step까지 1회독 기준 4주 완성 커리큘럼 (Master step은 추후 학습)

월	화	수	목	금	토	일
* 1단원에 수록된 규토 라이트 N제 (Guide step ~ Training – 2step) t1 theme당 3문제씩 t2 3점	* 1단원에 수록된 규토 라이트 N제 (Guide step ~ Training – 2step) t1 theme당 3문제씩 t2 3점	* 1단원에 수록된 규토 라이트 N제 (Guide step ~ Training – 2step) t1 theme당 3문제씩 t2 3점	* 2단원에 수록된 규토 라이트 N제 (Guide step ~ Training – 2step) t1 theme당 3문제씩 t2 3점	* 2단원에 수록된 규토 라이트 N제 (Guide step ~ Training – 2step) t1 theme당 3문제씩 t2 3점	* 2단원에 수록된 규토 라이트 N제 (Guide step ~ Training – 2step) t1 theme당 3문제씩 t2 3점	* 새로운 문제 금지 * 복습의 날 (일주일동안 했던 것 복습 및 누적 복습) * 동그라미 커리큘럼 이행하기 (전주, 전전주 틀린 문제 다시 풀기)
* 3단원에 수록된 규토 라이트 N제 (Guide step ~ Training – 2step) t1 theme당 3문제씩 t2 3점	* 3단원에 수록된 규토 라이트 N제 (Guide step ~ Training – 2step) t1 theme당 3문제씩 t2 3점	* 3단원에 수록된 규토 라이트 N제 (Guide step ~ Training – 2step) t1 theme당 3문제씩 t2 3점	* 1단원에 수록된 규토 라이트 N제 (Guide step ~ Training – 2step) t1 남은 문제 t2 4점	* 1단원에 수록된 규토 라이트 N제 (Guide step ~ Training – 2step) t1 남은 문제 t2 4점	* 1단원에 수록된 규토 라이트 N제 (Guide step ~ Training – 2step) t1 남은 문제 t2 4점	* 새로운 문제 금지 * 복습의 날 (일주일동안 했던 것 복습 및 누적 복습) * 동그라미 커리큘럼 이행하기 (전주, 전전주 틀린 문제 다시 풀기)
* 1단원에 수록된 규토 라이트 N제 (Guide step ~ Training – 2step) t1 남은 문제 t2 4점	* 2단원에 수록된 규토 라이트 N제 (Guide step ~ Training – 2step) t1 남은 문제 t2 4점	* 2단원에 수록된 규토 라이트 N제 (Guide step ~ Training – 2step) t1 남은 문제 t2 4점	* 2단원에 수록된 규토 라이트 N제 (Guide step ~ Training – 2step) t1 남은 문제 t2 4점	* 2단원에 수록된 규토 라이트 N제 (Guide step ~ Training – 2step) t1 남은 문제 t2 4점	* 3단원에 수록된 규토 라이트 N제 (Guide step ~ Training – 2step) t1 남은 문제 t2 4점	* 새로운 문제 금지 * 복습의 날 (일주일동안 했던 것 복습 및 누적 복습) * 동그라미 커리큘럼 이행하기 (전주, 전전주 틀린 문제 다시 풀기)
* 3단원에 수록된 규토 라이트 N제 (Guide step ~ Training – 2step) t1 남은 문제 t2 4점	* 3단원에 수록된 규토 라이트 N제 (Guide step ~ Training – 2step) t1 남은 문제 t2 4점	* 3단원에 수록된 규토 라이트 N제 (Guide step ~ Training – 2step) t1 남은 문제 t2 4점	보충	보충	보충	* 새로운 문제 금지 * 복습의 날 (일주일동안 했던 것 복습 및 누적 복습) * 동그라미 커리큘럼 이행하기 (전주, 전전주 틀린 문제 다시 풀기)

* 100% 공부법에 적힌 찐노베 추천순서대로 학습할 것
* 추후에 계속 틀린 문제 복습해야 함 (동그라미 커리큘럼, 최대한 책에 적힌 100%공부법으로 학습할 것!) / 개념도 반드시 누적 복습할 것
* 각 Step이 끝날 때마다 해설보기 (해설지로 공부한다고 생각)
  ex) Training – 1step 문제 풀고 → 해설보기 → Training – 2step 문제 풀고 → 해설보기
* 실전개념강좌는 도구정리 느낌으로 라이트 N제 체화 후 볼 것 (라이트 N제에도 저자가 쓰는 실전개념 모두 수록 / 해설지에도 수록)
* 복습량이 많아 일요일로 벅차다면 다른 요일에 학습량 일부를 복습에 투자해도 된다.

선택 ⑦ 수1+수2 병행 (①~⑥을 참고하여 개별 맞춤 진행)

월화수(수1) 목금토(수2) 일(복습)

월	화	수	목	금	토	일
수1	수1	수1	수2	수2	수2	* 새로운 문제 금지 * 복습의 날 (일주일동안 했던 것 복습 및 누적 복습) * 동그라미 커리큘럼 이행하기 (전주, 전전주 틀린 문제 다시 풀기)

* ①~⑥를 참고하여 각자의 상황에 맞춰 진행 / 기존 6일 분량을 3일 분량으로 줄여서 일주일 진행
* 추후에 계속 틀린 문제 복습해야함 (동그라미 커리큘럼, 최대한 책에 적힌 100%공부법으로 학습할 것!) / 개념도 반드시 누적 복습할 것
* 각 Step이 끝날 때마다 해설보기 (해설지로 공부한다고 생각)
  ex) Training - 1step 문제 풀고 → 해설보기 → Training - 2step 문제 풀고 → 해설보기
* 실전개념강좌는 도구정리 느낌으로 라이트 N제 체화 후 볼 것 (라이트 N제에도 저자가 쓰는 실전개념 모두 수록 / 해설지에도 수록)
* 복습량이 많아 일요일로 벅차다면 다른 요일에 학습량 일부를 복습에 투자해도 된다.

선택 ⑧ 수1+수2+선택과목 병행 (①~⑥을 참고하여 개별 맞춤 진행)

월화수(수1) 목금토(수2) 일(복습) 월~토(꾸준히 조금씩 선택과목)

월	화	수	목	금	토	일
수1 + 선택과목	수1 + 선택과목	수1 + 선택과목	수2 + 선택과목	수2 + 선택과목	수2 + 선택과목	* 새로운 문제 금지 * 복습의 날 (일주일동안 했던 것 복습 및 누적 복습) * 동그라미 커리큘럼 이행하기 (전주, 전전주 틀린 문제 다시 풀기)

* ①~⑥를 참고하여 각자의 상황에 맞춰 진행 / 기존 6일 분량을 3일 분량으로 줄여서 일주일 진행
* 추후에 계속 틀린 문제 복습해야함 (동그라미 커리큘럼, 최대한 책에 적힌 100%공부법으로 학습할 것!) / 개념도 반드시 누적 복습할 것
* 각 Step이 끝날 때마다 해설보기 (해설지로 공부한다고 생각)
  ex) Training - 1step 문제 풀고 → 해설보기 → Training - 2step 문제 풀고 → 해설보기
* 실전개념강좌는 도구정리 느낌으로 라이트 N제 체화 후 볼 것 (라이트 N제에도 저자가 쓰는 실전개념 모두 수록 / 해설지에도 수록)
* 복습량이 많아 일요일로 벅차다면 다른 요일에 학습량 일부를 복습에 투자해도 된다.

1. **무조건 책에 적혀있는 100%공부법으로 학습한다.**

그냥 문제만 풀면 딱히 도움 안 된다. 이건 Fact다.

보통 학생들은 주어 담을 생각만 하지 정작 빠져나가고 있는 것은 생각하지 않는다. 진짜다.
근데 혹시 그거 아나? 빠져나가는 것이 훨씬 더 많다는 것을....
규토 라이트 N제를 푸는 자랑스러운 학생으로서 **절대 해서는 안 될 짓**이다.
100% 공부법으로 학습하면 아주 효율적으로 3~4회독 할 수 있다.

제발 책에다 풀지 말고 노트에 풀도록 하자. (답, 풀이, 힌트 금지 / 틀린 이유를 쓰려면 별도의 노트를 만들어라.)
(단, Guide step에 답을 제외한 필기는 가능)
팁을 주자면 문제는 노트에 풀고 답은 포스트잇에다 적어 놓으면 나중에 채점하기 편하다.
가끔 문제 질문할 때 책에 풀려 있는 거 보면 마음이 아프다; ; ;
(속으로 하..ㅠㅠ 이분은 과연 100%공부법을 지키시는 중일까? 읽어는 봤을까?...하는 생각에 근심걱정 한가득하게 된다.)

다시 풀 때 항상 새 문제처럼 느껴지는 것이 훨씬 더 도움 되기 때문이니 반드시 지키도록 하자.

즉, 오로지 책에 표시되는 것은 아래와 같이 문제번호에 OX와 box표에 OX뿐이다.

ex)

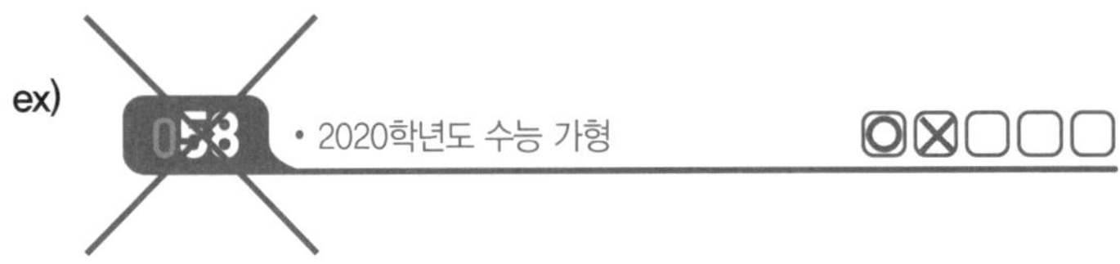

100% 공부법 2번을 잘 지키도록 하자. 문제를 풀고 나서 바로 다음 문제로 넘어가지 말고
백지에 깔끔하게 다시 풀어본다. 어떤 개념이 쓰였고 여기서 왜 이런 생각을 해야 하는 것인지
A에서 B로 갈 때 어떤 논리적 근거가 있는지 등등 생각하면서 다시 풀도록 하자.
반드시 백지에 다시 풀면서 자신의 풀이가 논리적으로 맞는지 체계화를 해본다.

동그라미 커리큘럼은 틀린 문제만 하는 것이 원칙이지만 1달 정도 지난 뒤에 전체를 다시 풀어준다.
분명히 맞았던 것도 틀리는 경우가 생길 것이다.
이때 틀린 문제들은 마찬가지로 동그라미 커리큘럼으로 처리하도록 하자.

2. 규토 라이트 N제 추천 계획표를 기본 틀로 하여 자신에게 맞는 계획표를 짠다.

계획이 있어야 체계적이고 효율적으로 학습할 수 있다.

3. 각 스텝이 끝난 후 해설지를 본다. (100%공부법에도 명시되어 있음)

ex) Training – 1step 문제 풀기 → 해설지 보기 → Training – 2step 문제 풀기 → 해설지 보기

4. 가져야할 마인드

① Training – 1step은 "문제를 풀어야지"라는 생각보다는 **"공부한다."**는 생각을 갖도록 하자.

진정한 실전 적용연습은 Training –2step부터라고 생각하자.

(더욱이 실전연습에 적합하도록 Training –2step부터는 유형별이 아니라 난이도순으로 배치하였다.)

즉, Training – 1step에 있는 문항들을 학습한 후 **도전!** 이라는 마음가짐으로 Training –2step에 임하도록 하자.

만약 Training – 1step에서 특정한 유형을 전부 못 풀었다면?

Training – 1step을 끝내고 해설지를 볼 때, 그 특정 유형에서 제일 첫 번째 문제에 대한 해설을 보고 확실히 이해한 뒤 같은 유형에서 그 다음에 수록된 문제를 도전해본다. (이 경우 풀릴 가능성이 높다.)

② Training – 1step이 Training – 2step 보다 반드시 쉬운 것은 아니다. 단원마다 난이도가 다르기도 하고

쉬운문제도 있고 어려운 문제도 있으니 틀리는 문제가 많다고 괴로워할 필요 전~혀 없다.

문제를 보자마자 어떻게 해야겠다는 기본값이 있는데 특히 노베 학생의 경우에는 이러한 기본값이

전무하기 때문에 당연히 어려울 수밖에 없다. 처음부터 잘하는 사람은 아무도 없다.

어차피 나중에 100% 공부법으로 계속 공부하다보면 다 아무것도 아니게 되니 걱정하지 않아도 된다.

즉, 동그라미 커리큘럼을 통해 계속 주기적으로 반복하여 자기 것으로 만들면 그만이다.

5. 고민하는 시간에 대한 가이드라인

Training – 1step : 10~15분 / T1은 공부용이므로 해설지를 본다는 것에 너무 부담을 갖지 말도록 하자.

Training – 2step : 15~20분

Master step : 20~30분

(치열하게 고민해야 질적 성장이 가능하다.)

6. 약점 노트 만들기

수능 당일 1교시가 끝나면 대략 15~20분 정도 시간이 난다. 이때 볼 약점 노트를 만들자. 수학공식, 자신이 매번 실수하는 유형들, 조건을 보고 떠올려야 하는 발상들, 자신만의 약점 등을 노트에 정리해보자. 자기가 직접 만들었기 때문에 5분 안에 충분히 다 볼 수 있고 수능만이 아니라 모의고사 응시 10분 전에 자신이 직접 만든 약점 노트를 보고 시험에 응시하도록 하자.

7. 해설보기 (feat.실전개념)

모든 문항은 해설을 봐야 한다. 가이드 스텝에 모든 것을 설명하지 않고 문제를 통해 배울 수 있도록 해설지에 실전개념을 설명해 놓은 것도 있다. 상담을 하다 보면 정말 많은 학생들이 질문하는 것 중에 하나가 바로 실전개념강의이다. 남들은 다 실전개념강의를 듣고 있는데 자기만 뒤쳐져 있다고 느껴져 걱정된다는 글이 대다수이다. 수학은 단계라는 것이 있다. 자기는 A단계인데 남들 한다고 C단계부터 학습하면 나중에 실전에서 무너질 확률이 매우 높다. 안타깝게도 14년동안 수능판에 있으면서 이러한 케이스를 너무도 많이 보아왔다. 라이트 N제에도 저자가 실전에서 사용하는 실전개념이 모두 수록되어 있다. 저자가 아는 것을 모두 나열한 것이 아니라 정말 실전에서 사용하는 것들만 수록하였다. 그렇니 너무 걱정하지 말도록 하자. 다만 보통 실전개념 강의와 달리 Theme별로 실전개념을 다루기보다는 쌩기초부터 점점 살을 붙여가며 기출킬러까지 다루는 올인원 성격의 교재라는 점에서 차이가 있다. 따라서 해설지를 최대한 꼼꼼히 보고 자신의 풀이와 다르면 다~ 흡수하여 자기 것으로 만들도록 하자. 개인적으로 실전개념강의는 필수유형과 기출이 어느 정도 되어 있는 상태에서 보는 것이 좋다. 그래야 더 많은 것이 보이기 때문이다. 실전개념강의를 듣고 싶다면 라이트 N제를 체화한 후에 도구 정리 느낌으로 보는 것을 추천한다. 그리고 킬러문제가 안 풀리는 이유는 실전개념이 부족하기보다는 문제해결력이 부족하기 때문이다.

8. 만약 라이트 수1 수2를 병행한다면?

라이트 수1 수2를 병행한다면 라이트 수1 지수함수와 로그함수 가이드스텝 (평행이동, 대칭이동, 절댓값 함수 그리기)부터 먼저 학습하고 수2를 들어가도록 하자.

9. 규토 라이트 N제 무료개념강의 활용하기

규토의 가능세계(규토 N제 네이버 질문카페)에서 수1,수2,미적분의 경우 전 범위 개념강의를 무료로 들을 수 있다. 단순히 개념설명뿐만 아니라 t1~t2 대표유형도 풀어주기 때문에 초반 접근이 쉬워질 수 있어 노베학생들의 경우 무료개념강의를 적극 활용하도록 하자.

10. 진심 및 최종목표

제가 괜히 라이트 N제를 씹어먹으라고 한 게 아닙니다. 그냥 단순히 1회독? 2회독? 그 정도로는 턱도 없습니다. 제가 분명히 단언합니다. 얼마 지나면 다 까먹을 거예요. 기억도 안 날 겁니다. 진짜입니다. 실제로 변별력 있는 문제들은 온갖 요소들이 복합적으로 결합되어 출제됩니다. 이런 문제들을 현장에서 타파하기 위해서는 배운 내용들이 확실하게 체화되어 있어야 합니다. 그래야 비로소 실전에서 배운 것이 발휘됩니다. 그냥 단순히 강의 좀 듣고 문제 몇 번 풀고 해설지 몇 번 읽어 본다고 해서 체화되는 게 아니거든요. 정말 치열하게 고민해 보고 진짜 보고 또 보고 또 보고 해야 합니다. 그러면 결국 됩니다. 이건 진짜입니다. 라이트 N제로 공부하시는 분들은 반드시! 학습법 가이드를 기초로 학습하시길 바랍니다. 처음에는 정말 힘들 거예요. 제가 괜히 1% 지지자라고 쓴 게 아닙니다. 하지만 효과는 보장합니다. 원래 질적 성장에는 당연히 고통이 수반되거든요. 당연한 고통이니 즐기시기 바랍니다. 반복하면 반복할수록 속도는 빨라질 겁니다. 틀리면 될 때까지 반복하면 되는 겁니다. 그리고 모든 문제가 손쉽게 풀리면 그게 무슨 도움이 되겠습니까? 오직 틀린 문제만이 당신을 강하게 만들어 줄겁니다.

기준은 "라이트 N제에 있는 모든 문제를 설명할 수 있다"입니다. 이외에 그 어떤 것도 기준이 될 수 없습니다.

요약 : 치열하게 고민하고! 반복해서 체화하자! 라이트 N제에 있는 모든 문제를 누구에게 설명할 수 있을 때까지!

유일하게 부족한 것은 노력뿐!

맺음말

지금으로부터 21년 전 중학교 2학년이었던 규토는 "버킷리스트"라는 것을 작성하게 됩니다.
많은 항목들이 있었지만 그 중에서 가장 기억에 남는 것은 바로 저 만의 책을 만드는 것이었습니다.
그로부터 12년 후 규토 수학 고득점 N제를 발간하게 됩니다.
첫 책을 받았을 때의 감동... 아직도 잊을 수가 없네요..ㅠㅠ

벌써 8년이라는 세월이 흘렀네요.

규토 수학 고득점 n제 2017 ⇒ 규토 수학 고득점 n제 2019 ⇒ 규토 수학 고득점 n제 2020 (가/나)
⇒ 규토 수학 라이트 N제 2021 (수1/ 수2) + 고득점 N제 2021 (가/나)
⇒ 규토 라이트 N제 2022 (수1/수2/확통/미적), 고득점 N제 2022 (수1+수2/미적)
⇒ 규토 라이트 N제 2023 (수1/수2/확통/미적/기하), 고득점 N제 2023 (수1+수2/미적)
⇒ 규토 라이트 N제 2024 (수1/수2/확통/미적/기하), 고득점 N제 2024 (수1+수2/미적)
⇒ 규토 라이트 N제 2025 (수1/수2/확통/미적/기하)

올해 나오게 될 규토 라이트 N제 2026 (수1/수2/확통/미적)까지 아주 감개무량하네요. ㅎㅎ

규토 라이트 N제는 16년간 수능판에 있으면서 쌓아왔던 저자의 데이터를 바탕으로 기출문제와 개념 간의 격차를 최소화하고
고정 1등급으로 도약하기 위한 탄탄한 base를 만들어 주기 위해 기획한 교재입니다.
규토 라이트 N제로 더 많은 학생들과 만날 수 있게 되어 진심으로 기쁩니다.
규토 라이트 N제로 폭풍 성장한 여러분들이 벌써부터 눈에 아른거리는 군요. ㅎㅎ

계속해서 발전해 나가는 규토 N제가 되겠습니다! 내년 개정판은 더 더욱 좋아지겠죠?-_-;;
2021년부터 네이버 카페 (규토의 가능세계)를 통해 질문을 받고 있습니다~
https ://cafe.naver.com/gyutomath

많은 가입부탁드립니다 ː D

질문뿐만 아니라 각종 자료도 업로드하면서 차츰차츰 업그레이드 해나가겠습니다~ㅎㅎ
(수1,수2,미적분의 경우 전 범위무료 개념강의도 들으실 수 있습니다.)

규토 N제를 푸시는 모든 분들께 감사의 인사를 전하면서 저는 해설로 찾아뵐게요~ ː D

참고로
① 네이버 블로그 (규토의 특별한 수학) 이웃추가
② 오르비에서 (닉네임 ː 규토) 팔로우
③ 네이버 카페 (규토의 가능세계) 가입
하시면 규토 N제에 대한 최신 소식(정오표 or 보충자료 등)을 누구보다 빠르게 받아 보실 수 있습니다~

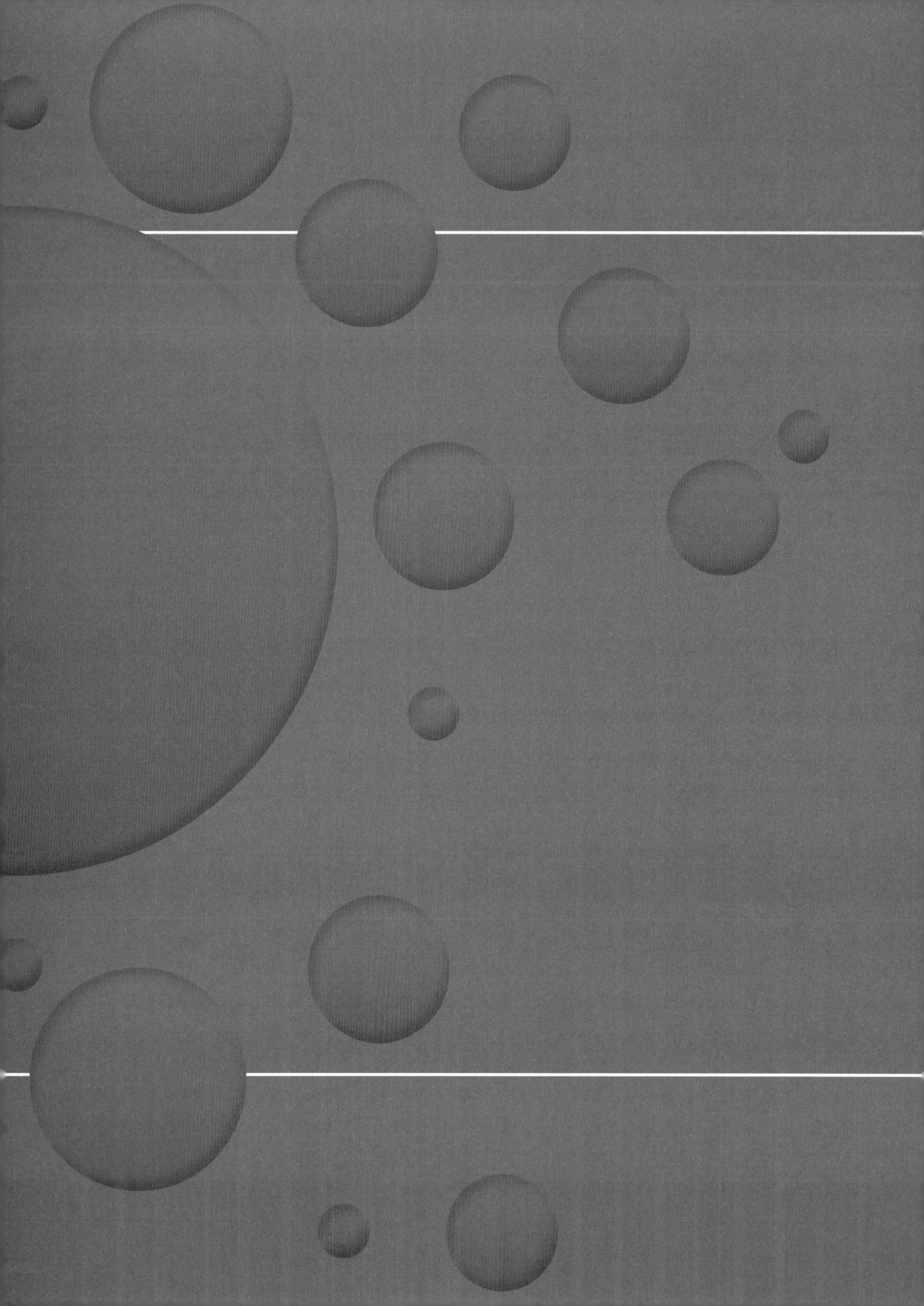

규토 라이트 N제

경우의 수

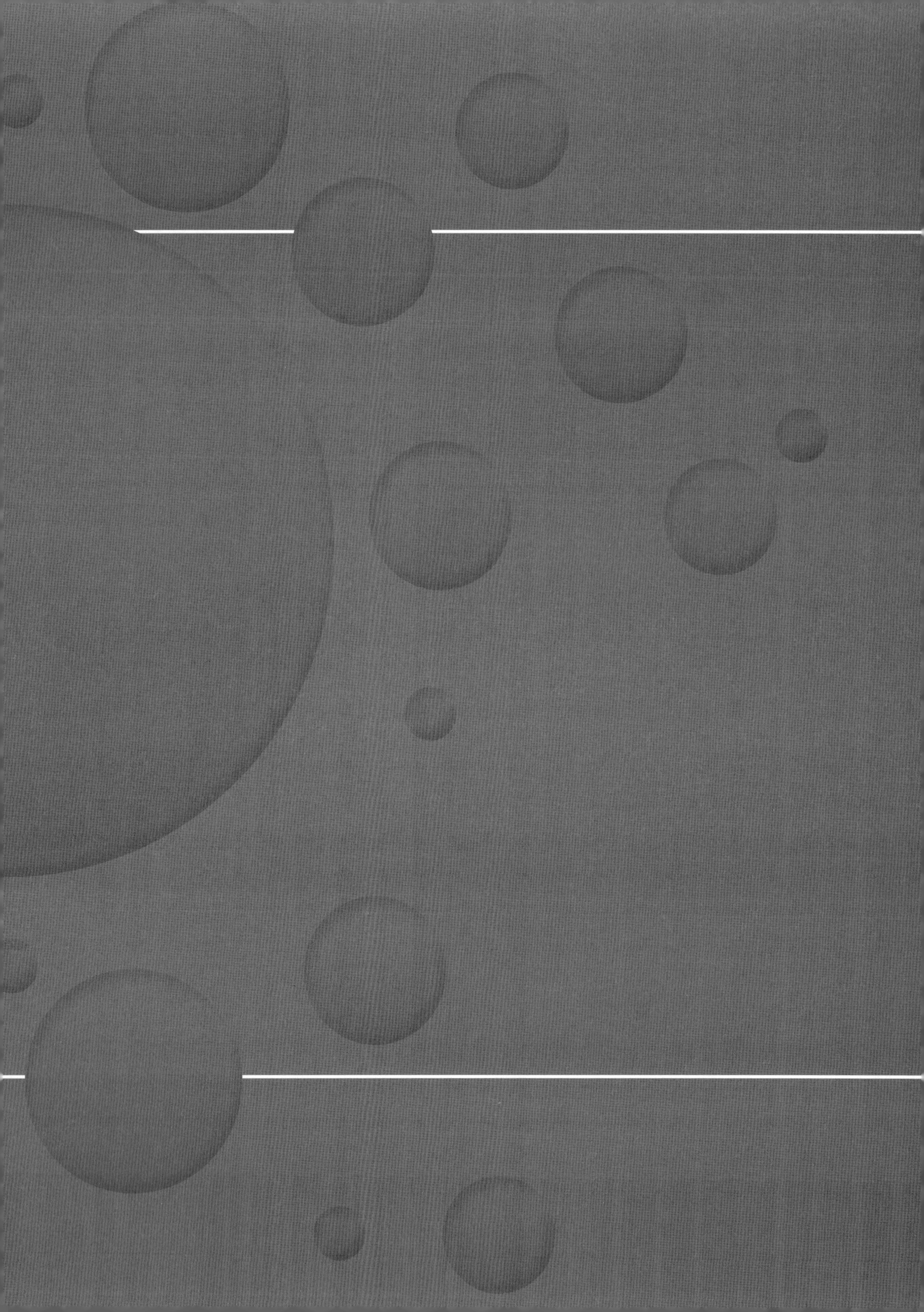

규토 라이트 N제

경우의 수

Guide step

개념 익히기편

1. 여러 가지 순열과 중복조합

01 경우의 수 (고1 내용 복습)

성취 기준 – 합의 법칙과 곱의 법칙이란 무엇일까?

개념 파악하기 　(1) 합의 법칙이란 무엇일까?

합의 법칙

일반적으로 두 사건 A, B가 동시에 일어나지 않을 때, 사건 A가 일어나는 경우의 수를 m,
사건 B가 일어나는 경우의 수를 n이라 하면 사건 A 또는 사건 B가 일어나는 경우의 수는 $m+n$이다.
이것을 합의 법칙이라 한다.

> **Tip 1**　합의 법칙은 어느 두 사건도 동시에 일어나지 않는 셋 이상의 사건에 대해서도 성립한다.

> **Tip 2**　간단히 말해서 사건이 일어나는 경우를 case분류한 뒤 각각의 경우를 더해준다고
> 생각하면 된다. 여기서 point는 빠짐없이 세는 것이다.

ex　서로 다른 3개의 빵 A, B, C 와 서로 다른 2개의 음료수 P, Q 중 하나를 선택하는
경우의 수를 구하시오.

하나를 선택할 때, 빵을 선택하는 경우와 음료수를 선택하는 경우 이렇게 2가지로 case분류할 수 있다.
(하나를 선택할 때, 빵과 음료수 이외의 case는 가능하지 않다는 것이 point이다.)
① 빵을 선택하는 경우 = 3가지
② 음료수를 선택하는 경우 = 2가지

따라서 $3+2=5$, 총 5가지이다.

직접 다 센다!

일일이 직접 나열하여 세는 것이 오히려 문제를 푸는 강력한 Tool이 될 수 있다.
효율적으로 세기 위해서는 **나름의 체계와 Technique**이 필요하다.

① 기준을 정해서 체계적으로 센다. (개수, 크기 순서, 사전식 배열(알파벳 순서) 등등)

ex1　검은색 공 3개, 흰 공 2개 중 2개의 공을 뽑는 경우의 수를 구하시오.

검은색 공의 개수에 따라 case분류할 수 있다.
ⅰ) 검은색 0개일 때, 흰 공 2개
ⅱ) 검은색 1개일 때, 흰 공 1개
ⅲ) 검은색 2개일 때, 흰 공 0개

따라서 총 3가지이다.

ex2 ●●●○○를 일렬로 나열할 때, 흰색끼리 이웃하지 않는 경우의 수를 구하시오.

    ⅰ) 첫 번째부터 ○로 시작하는 경우 : ○●○●●, ○●●○●, ○●●●○
    ⅱ) 두 번째부터 ○로 시작하는 경우 : ●○●○●, ●○●●○
    ⅲ) 세 번째부터 ○로 시작하는 경우 : ●●○●○

따라서 총 6가지이다.

Tip 1 중구난방으로 세는 것이 아니라 기준을 잡아 체계적으로 세야 실수를 줄일 수 있다.

Tip 2 물론 **ex2**를 풀 때, V●V●V●V에서 4개의 V중 ○가 갈 2곳을 선택하여 $_4C_2=6$으로 풀 수도 있다. 하지만 문제에 특별한 전제 조건이 주어지면 직접 세는 편이 유리할 수 있다.

Tip 3 '기준을 정해서 체계적으로 빠짐없이 센다.'는 아무것도 아닌 것 같지만 경우의 수, 확률문제에서 뼈대 역할을 하는 가장 중요한 Technique 중 하나이다.

② 수형도를 이용할 수 있다. (樹型圖 : 나무 수 / 모양 형 / 그림 도 = 나뭇가지 모양의 그림)

ex a, b, c, d 네 명의 학생이 시험을 보고 서로 답안지를 바꿔서 채점할 때,
채점할 수 있는 경우의 수를 구하시오.

a의 시험지를 A, b의 시험지를 B, c의 시험지를 C, d의 시험지를 D라 하고
순서대로 a, b, c, d 학생이 채점한다고 가정하면 아래와 같이 수형도를 그릴 수 있다.

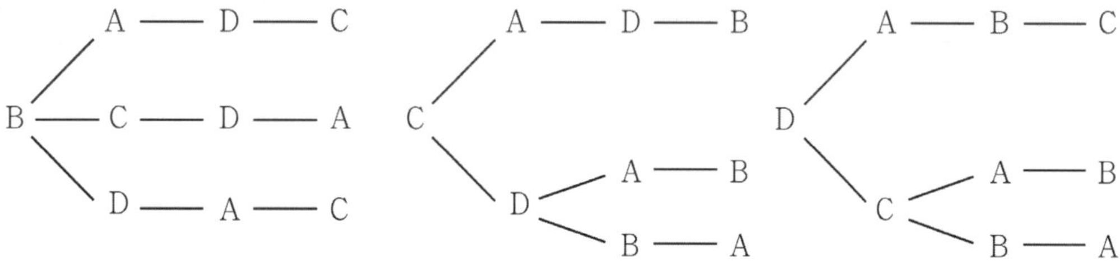

따라서 총 9가지이다.

③ 순서쌍을 이용할 수 있다.

ex 각각 1, 2, 3, 4가 적혀 있는 네 장의 카드가 들어있는 상자에서 두 장의 카드를 연이어 뽑는 경우의 수를 구하시오. (단, 한 번 꺼낸 카드는 상자에 다시 넣지 않는다.)

첫 번째 뽑는 카드에 적힌 수를 a, 두 번째 뽑는 카드에 적힌 수를 b라 하고 (a, b)로 나타내면
$(1, 2)$, $(1, 3)$, $(1, 4)$, $(2, 1)$, $(2, 3)$, $(2, 4)$, $(3, 1)$, $(3, 2)$, $(3, 4)$, $(4, 1)$, $(4, 2)$, $(4, 3)$

따라서 총 12가지이다.

④ 변수 2개 표 그리기!

 서로 다른 두 개의 주사위를 동시에 던질 때, 나오는 눈의 수의 합이 5의 배수가 되는 경우의 수를 구하시오.

변수 두 개이니 표를 그리면 아래와 같다.

b \ a	1	2	3	4	5	6
1	2	3	4	5	6	7
2	3	4	5	6	7	8
3	4	5	6	7	8	9
4	5	6	7	8	9	10
5	6	7	8	9	10	11
6	7	8	9	10	11	12

ⅰ) 눈의 수의 합이 5가 되는 경우 = 4가지
ⅱ) 눈의 수의 합이 10이 되는 경우 = 3가지

따라서 총 7가지이다.

Tip 1 변수 2개가 나오면 표를 그리는 것이 유리하다. (특히, 주사위 문제)
오히려 직접 세는 편이 실수를 줄여줄 수 있다.

Tip 2 나오는 눈의 수의 합이 5의 배수가 되는 경우는 5 또는 10이 되는 경우이고 이는 동시에 일어날 수 없다. 따라서 합의 법칙에 의해 눈의 합이 5가 되는 경우의 수와 10이 되는 경우의 수를 각각 더해주면 된다.

곱의 법칙

일반적으로 사건 A가 일어나는 경우의 수가 m이고, 그 각각에 대하여 사건 B가 일어나는 경우의 수가
n일 때, 두 사건 A, B가 잇달아(연이어, 동시에) 일어나는 경우의 수는 $m \times n$이다.
이것을 곱의 법칙이라 한다.

> **Tip 1**　곱의 법칙은 잇달아 일어나는 셋 이상의 사건에 대해서도 성립한다.

> **Tip 2**　간단히 말해서 한 사건이 일어나는 경우의 수, 그 각각에 대하여 다른 사건이 일어나는 경우의 수가
> 반복되어 나타날 때 곱의 법칙을 사용하면 된다.

ex1　A운동장 또는 B운동장 중 한 곳에서 축구, 농구, 야구 중 하나를 하며 운동하려고 할 때,
운동하는 경우의 수를 구하시오.

A운동장에서 ① 축구 ② 농구 ③ 야구 ＝ 3 가지
B운동장에서 ① 축구 ② 농구 ③ 야구 ＝ 3 가지

A운동장과 B운동장 중에서 한 곳을 선택하는 경우는 2 가지이고, 그 각각의 장소에서 하는
활동을 선택하는 경우는 3 가지이므로 운동하는 경우의 수는 $2 \times 3 = 6$이다.
따라서 총 6 가지이다.

ex2　수학문제집 3 권과 국어문제집 4 권이 있다. 수학문제집과 국어문제집을 한 권씩 고르는 경우의 수를 구하시오.

수학문제집 A, B, C라 하고 국어문제집은 a, b, c, d라 하면
수학문제집 A 와 국어문제집 a, b, c, d ＝ 4 가지
수학문제집 B와 국어문제집 a, b, c, d ＝ 4 가지
수학문제집 C와 국어문제집 a, b, c, d ＝ 4 가지

수학문제집 3 권중 한 권을 선택하는 경우는 3 가지이고, 그 각각의 수학책에 대하여
국어문제집을 선택하는 경우는 4 가지이므로 한 권씩 고르는 경우의 수는 $3 \times 4 = 12$이다.
따라서 총 12 가지이다.

ex3　12 의 양의 약수의 개수를 구하시오.

12를 소인수분해하면 $12 = 2^2 \times 3$이므로 12 의 약수는 오른쪽 표와 같이
2^2 의 약수와 3 의 약수를 각각 곱하여 구할 수 있다.

$\times$	1	3^1
1	1	3
2^1	2	6
2^2	4	12

2^2 의 약수는 1, 2^1, 2^2 의 3 개
3 의 약수는 1, 3^1 의 2 개
따라서 12 의 양의 약수의 개수는 곱의 법칙에 의하여 $3 \times 2 = 6$이다.

> **Tip**　A의 소인수분해가 $p^m \times q^n \times r^l$일 때, A의 양의 약수의 개수는 $(m+1)(n+1)(l+1)$이다.

ex4 $(a+b+c)(x+y)$ 의 식을 전개할 때, 몇 개의 항이 생기는지 구하시오.

$ax+ay+bx+by+cx+cy$

첫 번째 괄호에서 문자를 선택하는 경우는 3가지이고, 그 각각의 항에 대하여
두 번째 괄호에서 문자를 선택하는 경우는 2가지이므로 서로 다른 항의 개수는 $3\times2=6$이다.

ex5 다음 그림은 세 지점 A, B, C, D 사이의 도로망을 나타낸 것이다.
도로를 따라 지점 A에서 지점 D까지 가는 방법의 수를 구하시오.
(단, 한 번 지나간 지점은 다시 지나지 않는다.)

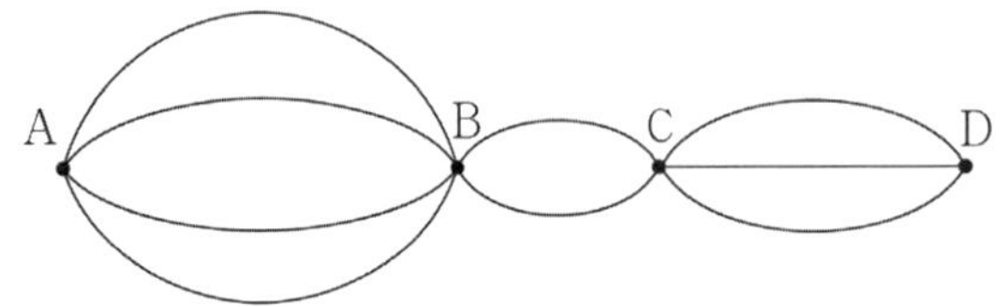

지점 A에서 지점 B까지 가는 방법의 수는 4가지이고, 그 각각의 가는 방법에 대하여
지점 B에서 지점 C까지 가는 방법의 수는 2가지이고, 다시 그 각각의 가는 방법에 대하여
지점 C에서 지점 D까지 가는 방법의 수는 3가지이므로
지점 A에서 지점 D까지 가는 방법의 수는 $4\times2\times3=24$이다.

02 순열 (고1 내용 복습)

성취 기준 - 순열의 의미를 이해하고, 순열의 수를 구할 수 있다.

개념 파악하기 (3) 순열이란 무엇일까?

순열

1, 2, 3, 4가 각각 적힌 4장의 카드 중에서 2장을 뽑아 두 자리 자연수를 만드는 방법은 아래와 같으므로 그 경우의 수는 곱의 법칙에 의하여 $4 \times 3 = 12$ 이다.

이처럼 서로 다른 n개에서 $r(r \leq n)$개를 택하여 일렬로 나열하는 것을 n개에서 r개를 택하는 순열이라 하고, 이 순열의 수를 기호로 ${}_n\mathrm{P}_r$와 같이 나타낸다.

> **Tip**
>
> $${}_n\mathrm{P}_r$$
> 서로 다른 것의 개수 ←┘   └→ 택하는 것의 개수

순열의 수 ${}_n\mathrm{P}_r$을 구하는 방법

서로 다른 n개에서 r개를 택하여 일렬로 나열할 때, 첫 번째 자리에 올 수 있는 것은 n가지이고, 그 각각에 대하여 두 번째 자리에 올 수 있는 것은 첫 번째 자리의 것을 제외한 $(n-1)$가지이다. 이처럼 계속하면 r번째 자리에 올 수 있는 것은 이미 정해진 $(r-1)$개를 제외한 $n-(r-1)$, 즉, $(n-r+1)$가지이다.

첫 번째	두 번째	세 번째	$\cdots$	r 번째
n 가지	$(n-1)$ 가지	$(n-2)$ 가지	$\cdots$	$(n-r+1)$ 가지

따라서 곱의 법칙에 의하여 다음이 성립함을 알 수 있다.

$$\underbrace{{}_n\mathrm{P}_r = n(n-1)(n-2)\cdots(n-r+1)}_{r개}$$

순열의 수 (1)

서로 다른 n개에서 r개를 택하는 순열의 수는

$${}_n\mathrm{P}_r = n(n-1)(n-2)\cdots(n-r+1) \quad (단, \ 0 < r \leq n)$$

ex ${}_5\mathrm{P}_3 = 5 \times 4 \times 3 = 60$

계승

서로 다른 n개에서 n개를 모두 택하는 순열의 수는 $_n\mathrm{P}_r$에서 $r=n$인 경우이므로

$_n\mathrm{P}_n = n(n-1)(n-2) \cdots 3 \times 2 \times 1$ 이다.

이때 이 식의 우변과 같이 1부터 n까지의 자연수를 차례로 곱한 것을 n의 **계승**이라 하고, 기호 $\boldsymbol{n!}$로 나타낸다.

즉, $n! = n(n-1)(n-2) \cdots 3 \times 2 \times 1$ 이다.

> **Tip 1** $n!$은 'n factorial' 라 읽는다.

> **Tip 2** $n!$은 '서로 다른 n개를 일렬로 배열하는 경우의 수'라고 기억하는 편이 좋다.
>
> **ex** $a,\ b,\ c$ 세 문자를 일렬로 배열하는 경우의 수를 구하시오.
>
> $3! = 3 \times 2 \times 1 = 6$

순열의 수 $_n\mathrm{P}_r$를 계승을 이용하여 나타내기

$0 < r < n$일 때,

$$_n\mathrm{P}_r = n(n-1)(n-2) \cdots (n-r+1)$$

$$= \frac{n(n-1)(n-2) \cdots (n-r+1)(n-r) \cdots 3 \times 2 \times 1}{(n-r) \cdots 3 \times 2 \times 1}$$

$$= \frac{n!}{(n-r)!}$$

이때 $r=n$일 때, $_n\mathrm{P}_n = \dfrac{n!}{(n-n)!} = \dfrac{n!}{0!}$ 이 성립하도록 $0! = 1$로 정의한다.

또한 $r=0$일 때, $_n\mathrm{P}_0 = \dfrac{n!}{(n-0)!}$ 이 성립하도록 $_n\mathrm{P}_0 = 1$로 정의한다.

> **Tip** $_n\mathrm{P}_r = n(n-1)(n-2) \cdots (n-r+1)$ 의 마지막 인수는 $(n-r)$이 아니고
> $n-(r-1) = n-r+1$ 임을 유의하자.

순열의 수 (2)

① $_n\mathrm{P}_r = \dfrac{n!}{(n-r)!}$ (단, $0 \le r \le n$)

② $_n\mathrm{P}_n = n!$, $0! = 1$, $_n\mathrm{P}_0 = 1$

> **ex1** $_3\mathrm{P}_3 = 3! = 3 \times 2 \times 1 = 6$
>
> **ex2** $_5\mathrm{P}_3 = \dfrac{5!}{(5-3)!} = \dfrac{5!}{2!} = \dfrac{5 \times 4 \times 3 \times 2 \times 1}{2 \times 1} = 5 \times 4 \times 3 = 60$
>
> **ex3** $_4\mathrm{P}_0 = \dfrac{4!}{(4-0)!} = \dfrac{4!}{4!} = 1$
>
> **ex4** $_n\mathrm{P}_3 = n(n-1)(n-2)$
>
> **ex5** $_n\mathrm{P}_2 = 42$을 만족시키는 자연수 n의 값을 구하시오.
>
> $n(n-1) = 42 \Rightarrow n = 7$

> **Tip** 문자로 된 공식 $_n\mathrm{P}_r = \dfrac{n!}{(n-r)!}$ 을 기억하고 있어야 한다.

예제 1

5명으로 이루어진 어떤 그룹에서 2명을 뽑아 발표자와 사회자를 정하는 경우의 수를 구하시오.

풀이

서로 다른 5개에서 2개를 뽑아 배열하는 경우와 같은 구조이므로 $_5P_2 = 5 \times 4 = 20$ 이다.

Tip 서로 다른 n개 중에 r개를 선택하여 배열까지 해준다는 것이 point이다.
여기서 배열이라고 쓴 이유가 낯설게 느껴질 수도 있는데 2명을 뽑아 발표자와 사회자를 정하는
경우의 수가 2명을 일렬로 줄을 세우는 경우의 수와 구조가 같기 때문이다.
선택된 2명을 A, B라 할 때, 발표자와 사회자를 정하는 경우의 수는 아래와 같다.
(발표자 바로 밑에 A가 있으면 발표자가 A라는 의미)

발표자	사회자		발표자	사회자
A	B		B	A

여기서 발표자와 사회자를 정하는 경우의 수를 구할 때, 첫 번째 줄에 있는 발표자와 사회자는
고정시키고 두 번째 줄에 있는 A B를 배열해준다고 생각하면 된다. 예를 들어 3명이 서로 다른
3개의 의자에 앉는 경우의 수를 구할 때도 위와 같은 논리를 적용시킬 수 있다.
세 사람을 A, B, C 이라 하고 서로 다른 세 의자를 ①, ②, ③ 이라 하자.
(A 바로 밑에 ①이 있으면 A가 ①번 의자에 앉는다는 의미)

A B C	A B C	A B C	A B C	A B C	A B C
① ② ③	① ③ ②	② ① ③	② ③ ①	③ ① ②	③ ② ①

3명이 서로 다른 3개의 의자에 앉는 경우의 수는 첫 번째 줄에 있는 A B C는 고정시키고
두 번째 줄에 있는 ① ② ③을 배열해주는 경우와 같다.
따라서 구하는 경우의 수는 $3! = 3 \times 2 \times 1 = 6$ 이다.

매칭시키는 경우의 수는 자주 출제되므로 위와 같은 논리를 확실히 알아두도록 하자.

예제 2

5개의 숫자 1, 2, 3, 4, 5 중에서 서로 다른 3개의 숫자를 택하여 세 자리 자연수를 만들 때,

400보다 큰 자연수의 개수를 구하시오.

풀이

400보다 크려면 두 가지 경우가 가능하다.
① 백의 자리가 4인 경우 $\Rightarrow$ 1, 2, 3, 5중에서 2개를 선택하여 십의 자리와 일의 자리 배열 $= _4P_2 = 4 \times 3 = 12$
② 백의 자리가 5인 경우 $\Rightarrow$ 1, 2, 3, 4중에서 2개를 선택하여 십의 자리와 일의 자리 배열 $= _4P_2 = 4 \times 3 = 12$
따라서 합의 법칙에 의하여 $12 + 12 = 24$개이다.

03 조합 (고1 내용 복습)

성취 기준 – 조합의 의미를 이해하고, 조합의 수를 구할 수 있다.

개념 파악하기 | **(4) 조합이란 무엇일까?**

조합

세 개의 문자 a, b, c 중에서 순서를 생각하지 않고 두 개를 택하는 경우는 다음과 같이 3가지이다.

$$\{a,\ b\},\ \{a,\ c\},\ \{b,\ c\}$$

이처럼 서로 다른 n개에서 순서를 생각하지 않고 $r(r \leq n)$개를 택하는 것을 n개에서 r개를 택하는 조합이라 하고, 이 조합의 수를 기호로 $_n\mathrm{C}_r$ 와 같이 나타낸다.

> **Tip**
>
> $$_n\mathrm{C}_r$$
>
> 서로 다른 것의 개수 ←┘ └→ 택하는 것의 개수

조합의 수 $_n\mathrm{C}_r$ 를 구하는 방법

네 자연수 1, 2, 3, 4에서 3개를 택하는 조합의 수는 $_4\mathrm{C}_3$ 이고, 그 각각에 대하여 다음과 같이 3! 가지의 순열을 만들 수 있다.

조합 $_4\mathrm{C}_3$		순열 $_4\mathrm{P}_3$
$\{1,\ 2,\ 3\}$	$\rightarrow$	123, 132, 213, 231, 312, 321
$\{1,\ 2,\ 4\}$	$\rightarrow$	124, 142, 214, 241, 412, 421
$\{1,\ 3,\ 4\}$	$\rightarrow$	134, 143, 314, 341, 413, 431
$\{2,\ 3,\ 4\}$	$\rightarrow$	234, 243, 324, 342, 423, 432

그러므로 1, 2, 3, 4에서 3개를 택하여 일렬로 나열하는 경우의 수는 곱의 법칙에 의하여 $_4\mathrm{C}_3 \times 3!$ 이다.

이는 1, 2, 3, 4에서 3개를 택하는 순열의 수 $_4\mathrm{P}_3$ 과 같으므로 $_4\mathrm{C}_3 \times 3! = {}_4\mathrm{P}_3$ 이다.

따라서 서로 다른 4개에서 3개를 택하는 조합의 수는 다음과 같이 구할 수 있다.

$$_4\mathrm{C}_3 = \frac{_4\mathrm{P}_3}{3!} = \frac{4 \times 3 \times 2}{3 \times 2 \times 1} = 4$$

서로 다른 n개에서 $r(0 < r \leq n)$개를 택하는 조합의 수는 $_n\mathrm{C}_r$ 이고, 그 각각에 대하여 r개를 일렬로 나열하는 경우의 수는 $r!$ 이다. 그런데 서로 다른 n개에서 r개를 택하여 일렬로 배열하는 순열의 수는 $_n\mathrm{P}_r$ 이므로 $_n\mathrm{C}_r \times r! = {}_n\mathrm{P}_r$ 이다. 따라서 다음이 성립함을 알 수 있다.

$$_n\mathrm{C}_r = \frac{_n\mathrm{P}_r}{r!} = \frac{n(n-1)\cdots(n-r+1)}{r!} = \frac{n!}{r!(n-r)!}$$

이때 $r = 0$ 일 때, $_n\mathrm{C}_0 = \dfrac{n!}{0!(n-0)!}$ 이 성립하도록 $_n\mathrm{C}_0 = 1$ 로 정의한다.

$$_n\mathrm{C}_r = {}_n\mathrm{C}_{n-r}$$

$$_n\mathrm{C}_r = \frac{n!}{r!(n-r)!}$$

$$_n\mathrm{C}_{n-r} = \frac{n!}{(n-r)!\{n-(n-r)\}!} = \frac{n!}{(n-r)!\,r!}$$

이므로 $_n\mathrm{C}_r = {}_n\mathrm{C}_{n-r}$ 가 성립한다.

Tip 1 서로 다른 n개 중에서 r개를 택하는 조합의 수와 $(n-r)$개를 택하는 조합의 수는 같다.

Tip 2 $_n\mathrm{C}_r$에서 $r > \dfrac{n}{2}$ 일 때, $_n\mathrm{C}_r = {}_n\mathrm{C}_{n-r}$를 이용하면 편하다.

ex $_7\mathrm{C}_5$을 계산할 때, $5 > \dfrac{7}{2}$ 이므로 $_7\mathrm{C}_5 = {}_7\mathrm{C}_2$를 이용하면 $_7\mathrm{C}_5 = {}_7\mathrm{C}_2 = \dfrac{7 \times 6}{2} = 21$

Tip 3 $_n\mathrm{C}_r = {}_n\mathrm{C}_{n-r}$ 이지만 $_n\mathrm{P}_r \neq {}_n\mathrm{P}_{n-r}$ 임을 유의하자.

$$_n\mathrm{C}_r = {}_{n-1}\mathrm{C}_{r-1} + {}_{n-1}\mathrm{C}_r$$

서로 다른 n개를 1, 2, 3, $\cdots$, n이라 하고, 이 중에서 r개를 택할 때 특정 원소 $k(1 \leq k \leq n)$에 대하여 case분류하면

(1) k가 r개에 포함되는 경우

1개는 택했으므로 k를 제외한 $(n-1)$개에서 $(r-1)$개를 택하는 조합의 수는 $_{n-1}\mathrm{C}_{r-1}$이다.

(2) k가 r개에 포함되지 않는 경우

k를 제외한 $(n-1)$개에서 r개를 택하는 조합의 수는 $_{n-1}\mathrm{C}_r$이다.

(1), (2)는 동시에 일어나지 않으므로 합의 법칙에 의해 $_n\mathrm{C}_r = {}_{n-1}\mathrm{C}_{r-1} + {}_{n-1}\mathrm{C}_r$ 가 성립한다.

조합의 수

서로 다른 n개에서 r개를 택하는 조합의 수는 $_n\mathrm{C}_r = \dfrac{_n\mathrm{P}_r}{r!} = \dfrac{n!}{r!(n-r)!}$ (단, $0 \leq r \leq n$)

ex1 $_5\mathrm{C}_3 = \dfrac{_5\mathrm{P}_3}{3!} = \dfrac{5 \times 4 \times 3}{3 \times 2 \times 1} = 10$

ex2 $_9\mathrm{C}_0 = 1$

ex3 $_4\mathrm{C}_4 = 1$

ex4 $_n\mathrm{C}_3 = \dfrac{n(n-1)(n-2)}{3!}$

ex5 $_n\mathrm{C}_2 = 15$을 만족시키는 자연수 n의 값을 구하시오.

$_n\mathrm{C}_2 = \dfrac{n(n-1)}{2!} = \dfrac{n(n-1)}{2} = 15 \Rightarrow n(n-1) = 30 \Rightarrow n = 6$

Tip 문자로 된 공식 $_n\mathrm{C}_r = \dfrac{n!}{r!(n-r)!}$ 을 기억하고 있어야 한다.

1부터 9까지의 자연수 중에서 서로 다른 세 수를 택할 때, 세 수의 곱이 홀수가 되는 경우의 수를 구하시오.

풀이

세 수의 곱이 홀수가 되려면 세 수 모두 홀수이어야 한다.
1부터 9까지의 자연수 중 홀수는 1, 3, 5, 7, 9이므로 서로 다른 5개 중 3개를 선택하면 된다.

따라서 구하는 경우의 수는 $_5C_3 = \dfrac{5 \times 4 \times 3}{3 \times 2 \times 1} = 10$ 이다.

5명으로 이루어진 어떤 그룹에서 2명을 뽑아 발표자와 사회자를 정하는 경우의 수를 구하시오.

풀이

[예제 1]에서는 순열로 접근하였지만 조합으로 접근할 수도 있다.

사실 필자는 순열을 사용하지 않고 조합을 사용한다.

항상 대상 선택 $\times$ 짝짓기 라는 태도로 문제를 접근한다.

필자의 사고대로 위 문제를 해석하면 다음과 같다.

서로 다른 5명에서 2명을 선택하는 경우의 수는 $_5C_2$
2명을 뽑았다고 가정하고 그 2명 중에서 발표자와 사회자를 정하는 경우의 수는 $2!$

따라서 $_5C_2 \times 2! = 10 \times 2 = 20$ 이다.

> **Tip** 필자가 순열로 계산하지 않고 조합을 이용하여 대상 선택 $\times$ 짝짓기를 주로 사용하는 이유는 문제에 따라 짝짓기에 해당하는 것이 단순히 $r!$이 아니라 특별한 조건이 가해져 직접 세어야 하는 경우도 있기 때문이다. (특히, 고난이도 문제에서 빈번하게 발생한다.)
>
> **ex** 나이가 모두 다른 5명으로 이루어진 어떤 그룹에서 2명을 뽑아 발표자와 사회자를 정하는 경우의 수를 구하시오. (단, 뽑힌 사람 중 연장자를 사회자로 정한다.)
>
> 서로 다른 5명에서 2명은 선택하는 경우의 수는 $_5C_2$
> 2명을 뽑았다고 가정하고 그 2명 중에서 발표자와 사회자를 정하는 경우의 수는 1
> 따라서 $_5C_2 \times 1 = 10 \times 1 = 10$ 이다.

이웃하는 경우

이웃하는 것들을 한 묶음으로 보고 배열한 뒤 묶음 안을 고려한다.

ex 승원이와 성민이를 포함한 5명이 사진을 찍으려고 한다. 이 5명이 일렬로 서서 사진을 찍을 때, 승원이와 성민이가 이웃하게 서는 경우의 수를 구하시오.

이웃하게 서는 승원이와 성민이를 한 사람으로 생각하면 모두 4명이고 4명이 일렬로 서는
경우의 수는 $4!$
일렬로 배열했다고 가정하고 그 한 경우에 대하여 승원이와 성민이가 서로 자리를 바꾸어 서는
경우의 수는 $2!$
따라서 구하는 경우의 수는 $4! \times 2! = 24 \times 2 = 48$ 이다.

이웃하지 않는 경우

이웃해도 괜찮은 것들을 먼저 배열한 뒤 나머지는 사이사이에 배치한다.

ex 남자 3명과 여자 4명을 일렬로 줄을 세울 때, 남자끼리 이웃하지 않도록 세우는 경우의 수를 구하시오.

여자를 ○라 하고 남자가 들어갈 수 있는 자리를 V라 하면 V ○ V ○ V ○ V ○ V
여자 4명이 일렬로 서는 경우의 수는 $4!$
일렬로 배열했다고 가정하고 그 한 경우에 대하여 남자가 설 자리를 선택하는 경우의 수는 $_5C_3$
남자 3명이 일렬로 서는 경우의 수는 $3!$
따라서 구하는 경우의 수는 $4! \times _5C_3 \times 3! = 24 \times 10 \times 6 = 1440$ 이다.

> **Tip** 전체에서 이웃한 경우를 빼서 구할 수도 있다.
> 다만 이웃하는 대상이 3명 이상일 때는 각별히 조심해야 한다.
> 남자를 ● 라 하면 ●●○○○○●인 case도 제거해줘야 하기 때문이다.
> 즉, 위와 같이 남자가 두 명만 이웃하는 경우도 제거해줘야 한다.

자리가 정해진 경우

특정한 자리를 먼저 고정시킨 후, 나머지 자리를 생각하여 경우의 수를 구한다.

ex 5개의 문자 a, b, c, d, e를 일렬로 나열할 때, a, b를 양 끝에 오게 나열하는 경우의 수를 구하시오.

a, b를 양 끝에 배열하는 경우의 수 $2!$
그중 한 가지 case를 나타내면 a ○ ○ ○ b
c, d, e를 일렬로 배열하는 경우의 수 $3!$
따라서 구하는 경우의 수는 $2! \times 3! = 2 \times 6 = 12$ 이다.

분할 (조합을 이용하여 조를 나누기)

서로 다른 여러 개의 물건을 몇 개의 묶음으로 나누는 것을 분할이라 한다.

서로 다른 n개의 물건을 p개, q개, r개 $(p+q+r=n)$의 세 묶음으로 분할하는 방법의 수를 예로 들어보자.

① p, q, r가 모두 다른 수이면 $\Rightarrow {}_n\mathrm{C}_p \times {}_{n-p}\mathrm{C}_q \times {}_r\mathrm{C}_r$

ex 4개의 물건 a, b, c, d를 1개, 3개로 분할하는 경우의 수를 구하시오.

$$a-bcd,\quad b-acd,\quad c-abd,\quad d-abc$$

a, b, c, d에서 1개를 뽑고, 나머지 3개에서 3개를 뽑으면 되므로
구하는 경우의 수는 ${}_4\mathrm{C}_1 \times {}_3\mathrm{C}_3 = 4 \times 1 = 4$ 이다.

② p, q, r 중 어느 두 수가 같으면 $\Rightarrow {}_n\mathrm{C}_p \times {}_{n-p}\mathrm{C}_q \times {}_r\mathrm{C}_r \times \dfrac{1}{2!}$

ex 4개의 물건 a, b, c, d를 2개, 2개로 분할하는 경우의 수를 구하시오.

$$ab-cd = cd-ab,\quad ac-bd = bd-ac,\quad ad-bc = bc-ad$$

a, b, c, d에서 2개를 뽑고, 나머지 2개에서 2개를 뽑으면 되므로 ${}_4\mathrm{C}_2 \times {}_2\mathrm{C}_2$ 이다.
그런데 이 경우 위와 같이 같은 것이 2!개씩 있으므로 구하는 경우의 수는
${}_4\mathrm{C}_2 \times {}_2\mathrm{C}_2 \times \dfrac{1}{2!} = 6 \times 1 \times \dfrac{1}{2} = 3$ 이다.

> **Tip** 6개의 물건 a, b, c, d, e, f를 3개, 3개로 분할하는 경우의 수는
> ${}_6\mathrm{C}_3 \times {}_3\mathrm{C}_3 \times \dfrac{1}{2!}$ 이다. $\times \dfrac{1}{3!}$ 을 하지 않도록 유의해야 한다.
> $abc-def = def-abc$ 에서 알 수 있듯이 같은 것이 2!개씩 있으므로 2!로 나누어야 한다.

③ p, q, r의 세 수가 모두 같으면 $\Rightarrow {}_n\mathrm{C}_p \times {}_{n-p}\mathrm{C}_q \times {}_r\mathrm{C}_r \times \dfrac{1}{3!}$

ex 6개의 물건 a, b, c, d, e, f를 2개, 2개, 2개로 분할하는 경우의 수를 구하시오.
a, b, c, d, e, f에서 2개를 뽑고, 나머지 4개에서 2개를 뽑고, 나머지 2개에서 2개를 뽑으면 되므로
${}_6\mathrm{C}_2 \times {}_4\mathrm{C}_2 \times {}_2\mathrm{C}_2$ 이다.
$$ab-cd-ef = ab-ef-cd = cd-ab-ef = cd-ef-ab = ef-ab-cd = ef-cd-ab$$
그런데 이 경우 위와 같이 같은 것이 3!개씩 있으므로 구하는 경우의 수는
${}_6\mathrm{C}_2 \times {}_4\mathrm{C}_2 \times {}_2\mathrm{C}_2 \times \dfrac{1}{3!} = 15 \times 6 \times 1 \times \dfrac{1}{6} = 15$ 이다.

이번에는 10개의 물건 a, b, c, d, e, f, g, h, i, j을 분할해 보자.

ex1 2개, 2개, 3개, 3개로 분할하는 경우의 수를 구하시오.

a, b, c, d, e, f, g, h, i, j에서 2개를 뽑고, 나머지 8개에서 2개를 뽑고, 나머지 6개에서 3개를 뽑고, 나머지 3개에서 3개를 뽑으면 되므로 $_{10}C_2 \times {_8}C_2 \times {_6}C_3 \times {_3}C_3$ 이다.

$ab - cd - efg - hij$ 의 경우
$ab - cd$ 자리 바꾸기 2!, $efg - hij$ 자리 바꾸기 2!이므로 같은 것이 $2! \times 2!$개씩 있으므로
구하는 경우의 수는 $\dfrac{_{10}C_2 \times {_8}C_2 \times {_6}C_3 \times {_3}C_3}{2! \times 2!}$ 이다.

$2! \times 2!$ 으로 나눠야지 $\dfrac{4!}{2! \times 2!}$ 과 같이 같은 것을 포함하는 순열로 나누지 않도록 유의하자.

2개, 2개, 3개, 3개 이러한 순서대로 뽑았을 때, 같은 경우의 수만큼 나눠주어야 한다.

ex2 3개, 3개, 3개, 1개로 분할하는 경우의 수를 구하시오.

a, b, c, d, e, f, g, h, i, j에서 3개를 뽑고, 나머지 7개에서 3개를 뽑고, 나머지 4개에서 3개를 뽑고, 나머지 1개에서 1개를 뽑으면 되므로 $_{10}C_3 \times {_7}C_3 \times {_4}C_3 \times {_1}C_1$ 이다.

$abc - def - ghi - j$ 의 경우
$abc - def - ghi$ 자리 바꾸기 3!이므로 같은 것이 3!개씩 있으므로
구하는 경우의 수는 $\dfrac{_{10}C_3 \times {_7}C_3 \times {_4}C_3 \times {_1}C_1}{3!}$ 이다.

분배

분할된 묶음을 나누어 주는(일렬로 배열하는) 것을 분배라고 한다.

n묶음으로 분할하여 n명에게 분배하는 방법의 수는

$\Rightarrow$ (n묶음으로 분할하는 방법의 수) $\times n!$

Tip 1 다시 말해 분할은 나누는 것만 하는 것이고 분배는 배열해주는 것이라고 생각하면 된다.

Tip 2 나누어 주는 것이 일렬로 배열하는 것과 같다고 한 이유는 [예제1] 풀이 Tip에 수록한
논리를 사용했기 때문이다. (매칭시키는 방법 = 고정시킨 후 배열)

서로 다른 종류의 연필 5자루를 3명의 학생에게 나누어 주려고 한다. 각 학생이 적어도 1자루 이상씩 받을 수 있도록 나누어 주는 경우의 수를 구하시오.

풀이

서로 다른 종류의 연필 5자루를 1자루 이상씩 3개로 분할하는 방법은 2가지이다.

① 2자루, 2자루, 1자루로 분할하는 경우

$$\frac{{}_5\mathrm{C}_2 \times {}_3\mathrm{C}_2 \times {}_1\mathrm{C}_1}{2!} = \frac{10 \times 3}{2} = 15$$

　　3명에게 분배하는 경우의 수는 $3! = 6$이므로 $15 \times 6 = 90$

② 3자루, 1자루, 1자루로 분할하는 경우

$$\frac{{}_5\mathrm{C}_3 \times {}_2\mathrm{C}_1 \times {}_1\mathrm{C}_1}{2!} = \frac{10 \times 2}{2} = 10$$

　　3명에게 분배하는 경우의 수는 $3! = 6$이므로 $10 \times 6 = 60$

따라서 구하는 경우의 수는 $90 + 60 = 150$이다.

여학생 4명과 남학생 3명으로 구성된 7명의 학생을 3개의 조로 나누려고 한다.

각 조에는 여자 1명과 남자 1명을 반드시 포함시킬 때, 조를 나누는 경우의 수를 구하시오.

풀이

남학생 A, B, C는 각각 다른 조에 속해야 하고 각 조에 이름이 생긴다.
남학생 A가 속한 조를 A, 남학생 B가 속한 조를 B, 남학생 C가 속한 조를 C라 할 수 있다.

여학생 4명을 1명 이상씩 3조로 분할하는 방법은 4명을 2명, 1명, 1명으로 분할하는 방법과 같으므로

$$\frac{{}_4\mathrm{C}_2 \times {}_2\mathrm{C}_1 \times {}_1\mathrm{C}_1}{2!} = \frac{6 \times 2}{2} = 6$$

서로 다른 3개의 조 A, B, C에 분배하는 경우의 수는 $3! = 6$

따라서 구하는 경우의 수는 $6 \times 6 = 36$이다.

04) 여러 가지 순열

성취 기준 – 원순열, 중복순열, 같은 것이 있는 순열을 이해하고, 그 순열의 수를 구할 수 있다.

개념 파악하기 〉 **(7) 원순열이란 무엇일까?**

원순열

서로 다른 것을 원형으로 배열하는 경우의 수를 구하는 방법을 알아보자.

4명의 학생 A, B, C, D를 일렬로 나열하면 다음은 서로 다른 배열이다.

ABCD / BCDA / CDAB / DABC

그러나 원형으로 배열하면 ABCD, BCDA, CDAB, DABC는 회전하였을 때 일치하므로 서로 같다.

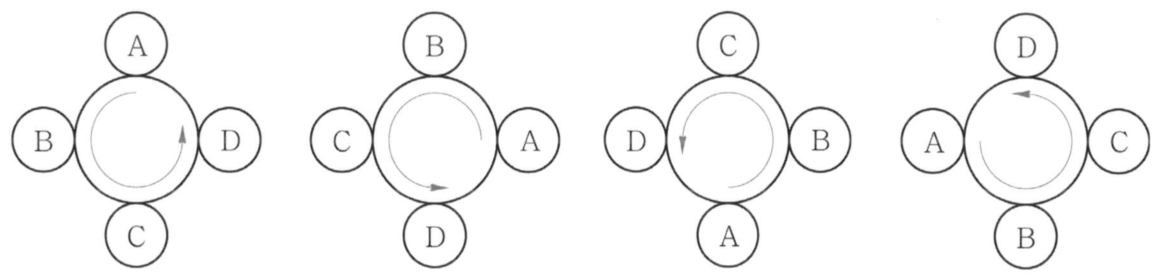

따라서 4명을 일렬로 배열하는 방법의 수는 $4!$이지만 원형으로 배열하면 서로 같은 경우가 4가지씩

있으므로 4명을 원형으로 배열하는 모든 방법의 수는 $\dfrac{4!}{4} = 3!$이다.

이와 같이 서로 다른 대상을 원형으로 배열하는 순열을 **원순열**이라고 한다.

서로 다른 n개를 일렬로 배열하는 순열의 수는 $n!$이고, 각 경우를 원 모양으로 배열하면

같은 것이 각각 n가지씩 있으므로 서로 다른 n개를 원 모양으로 배열하는 원순열의 수는 $\dfrac{n!}{n} = (n-1)!$이다.

> **Tip** 원순열에서는 회전하여 일치하는 경우를 모두 같은 것으로 본다.
> 즉, 전체를 나열해주고 돌렸을 때 같은 것의 개수로 나누어주면 된다.

원순열의 수

서로 다른 n개를 원형으로 배열하는 원순열의 수는 $\dfrac{n!}{n} = (n-1)!$

원순열을 해석하는 또 하나의 관점 (고정시키기)

"어느 1개를 고정시키는 경우의 수 × 배열"의 관점으로 해석할 수 있다.

예를 들어 4명을 원형으로 배열하는 원순열의 수에 이를 적용해보자.
처음 A를 고정시키는 경우의 수는 1가지이다. (어디에 A를 위치시키던 원순열이니 상황은 동일하다.)

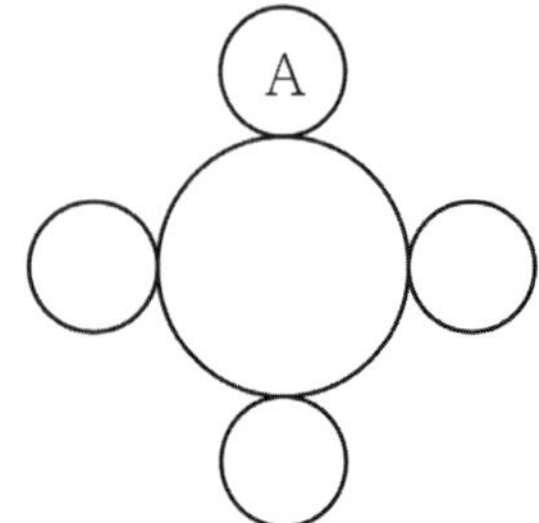

A를 고정시키고 나면 위치가 정해지므로 더 이상 원순열로 볼 수 없다.
(A의 왼쪽, A의 오른쪽, A의 앞 이렇게 위치가 구별된다.)

B, C, D를 일렬로 배열하는 경우의 수는 3!이므로
따라서 4명을 원형으로 배열하는 방법의 수는
1(A를 고정시키는 경우의 수)×3!(B, C, D를 일렬로 배열하는 경우의 수)=6이다.

Tip n개에 대한 원순열의 수는 어느 1개를 고정시키고 나머지 $(n-1)$개를 일렬로 배열하는 경우의 수
$1\times(n-1)!=(n-1)!$로 볼 수 있다.

예제 7

부모와 3명의 자녀로 이루어진 가족이 원탁에 둘러앉아 회의를 하려고 할 때, 다음을 구하시오.

(1) 5명이 원탁에 둘러앉는 경우의 수

(2) 부모가 이웃하여 앉는 경우의 수

풀이

(1) 5명이 원탁에 둘러앉는 경우의 수는 원순열의 수이므로 $(5-1)!=4!=24$이다.

(2) 부모를 한 명으로 생각하여 4명이 원탁에 둘러앉는 경우의 수는 $(4-1)!=3!$
  그 각각의 경우에 대하여 부모가 자리를 바꾸어 앉는 경우가 2!가지씩 있으므로
  구하는 경우의 수는 $3!\times2!=12$이다.

Tip (2)에서 부모를 한 명으로 생각하여 4명이 원탁에 둘러앉는 경우의 수가 $(4-1)!=3!$인데
3!을 해준 순간부터 위치가 구별되므로 원순열이 아니게 된다.
즉, 3! 해준 순간부터는 원순열로 보지 않아도 된다.

개념 확인문제 1 도형이와 유진이를 포함한 6명이 원탁에 둘러앉아 식사를 할 때, 다음을 구하시오.

(1) 6명이 원탁에 둘러앉는 경우의 수
(2) 도형이와 유진이가 마주 보게 둘러앉는 경우의 수

예제 8

8명의 학생이 다음 그림과 같은 정사각형 모양의 탁자에 각각 둘러앉는 모든 경우의 수를 구하시오.

(단, 회전해서 일치하는 경우는 모두 같은 것으로 본다.)

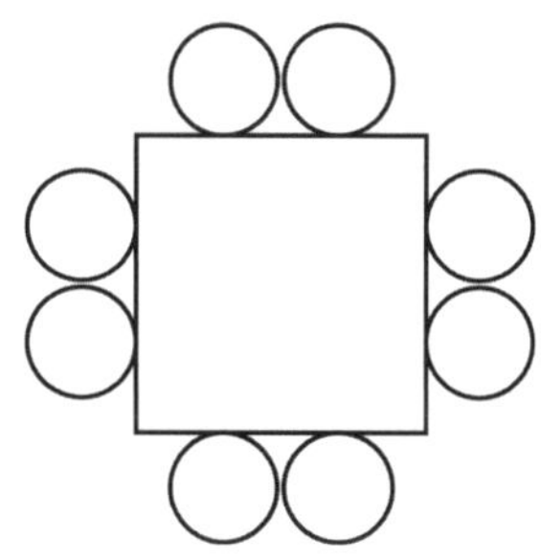

풀이

풀이1) 같은 것의 개수로 나누어주는 관점

8명을 일렬로 배열하는 경우의 수는 8!이다.

한 학생을 A라 하면 돌렸을 때 같은 것의 개수가 4이다.

따라서 $\dfrac{8!}{4}$ 이다.

풀이2) 한 명을 고정시키는 관점

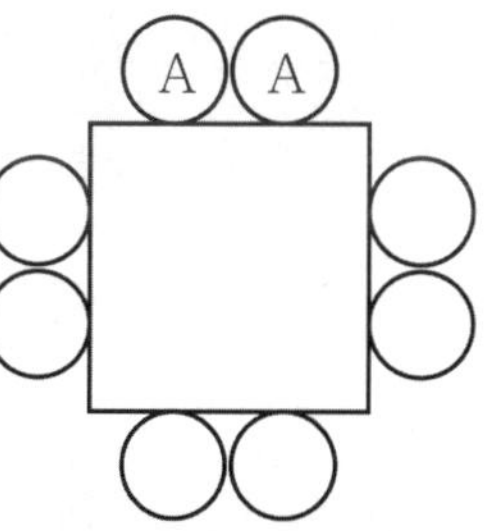

한 학생을 A라 하면 A를 고정시키는 경우의 수는 2가지이고

나머지 7명을 일렬로 배열하는 경우의 수는 7!이다.

따라서 $2 \times 7!$ 이다.

Tip 필자는 풀이2) 고정시키는 관점을 좀 더 선호하는 편이다.

개념 확인문제 2 6명의 학생이 다음 그림과 같이 정삼각형의 탁자에 둘러앉는 경우의 수를 구하시오.
(단, 회전해서 일치하는 경우는 모두 같은 것으로 본다.)

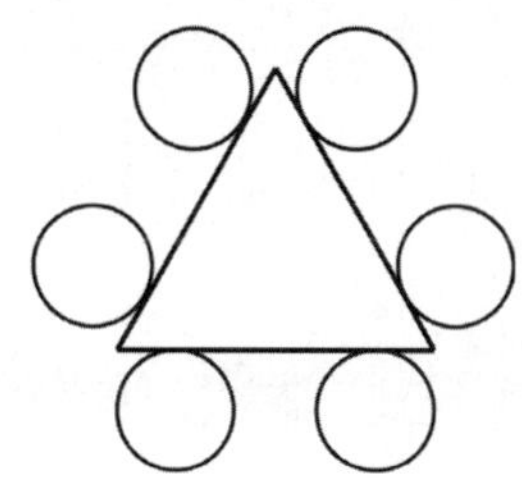

중복순열

3개의 숫자 $1,\ 2,\ 3$ 중에서 중복을 허용하여 2개를 택하여 일렬로 나열할 때,
만들 수 있는 두 자리 수는 다음과 같다.

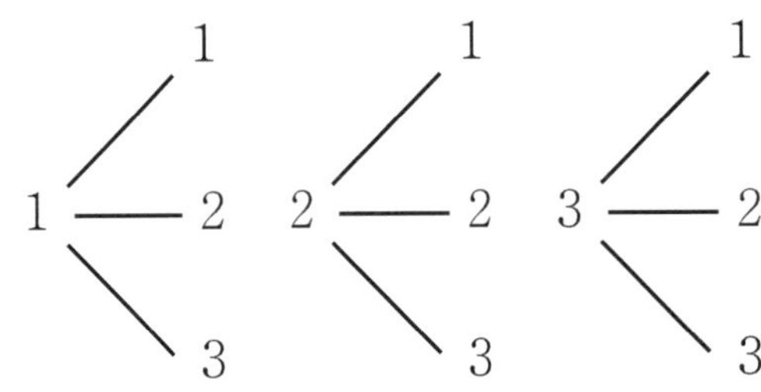

따라서 경우의 수는 곱의 법칙에 의하여 $3 \times 3 = 9$이다.

이처럼 서로 다른 n개에서 중복을 허용하여 r개를 택하여 일렬로 나열하는 순열을
n개에서 r개를 택하는 중복순열이라 하고, 이러한 중복순열의 수를 기호로 $_n\Pi_r$와 같이 나타낸다.

> **Tip 1**　$_n\Pi_r$에서 Π는 곱을 뜻하는 "Product"의 첫 글자 P에 해당하는 그리스 문자로 "파이"라 읽는다.

> **Tip 2**　중복순열은 이 문제가 중복순열을 물어보는 것인지 파악하는 게 가장 어렵다.

중복순열의 수 $_n\Pi_r$를 구하는 방법

서로 다른 n개에서 중복을 허용하여 r개를 택하여 일렬로 나열할 때, 첫 번째, 두 번째, 세 번째, $\cdots$, r 번째에
올 수 있는 경우는 모두 n가지씩이다.

첫 번째	두 번째	세 번째	$\cdots$	r 번째
n가지	n가지	n가지		n가지

따라서 곱의 법칙에 의하여 다음이 성립한다.
$$_n\Pi_r = n \times n \times n \times \cdots \times n = n^r$$

중복순열의 수

서로 다른 n개에서 r개를 택하는 중복순열의 수는 $_n\Pi_r = n^r$

> **Tip**　$_n\Pi_r$에서 r의 범위는 어떻게 될까?
> $_n\mathrm{P}_r$에서는 $0 \le r \le n$이어야 하지만 $_n\Pi_r$에서는 중복하여 택할 수 있기 때문에 $r > n$일 수도 있다.

ex1 $_2\Pi_3 = 2^3 = 8$　　　　　　　　　　**ex2** $_3\Pi_3 = 3^3 = 27$

예제 9

중복을 허용하여 4개의 숫자 0, 1, 2, 3으로 만들 수 있는 세 자리 자연수의 개수를 구하시오.

풀이

백의 자리는 0을 제외한 1, 2, 3이 올 수 있으므로 경우의 수는 3가지

십의 자리, 일의 자리에는 각각 0, 1, 2, 3이 모두 올 수 있으므로 경우의 수는 $4^2 = 16$ 가지

따라서 구하는 세 자리 자연수의 개수는 $3 \times 4^2 = 48$ 이다.

개념 확인문제 3 중복을 허용하여 5개의 숫자 0, 1, 2, 3, 4로 만들 수 있는 네 자리 자연수의 개수를 구하시오.

개념 확인문제 4 중복을 허용하여 6개의 숫자 0, 1, 2, 3, 4, 5로 만들 수 있는 네 자리 자연수 중에서 짝수의 개수를 구하시오.

서로 다른 4개의 상자 A, B, C, D에 서로 다른 3개의 공을 넣는 경우의 수를 구하시오.

(단, 한 상자에 공을 여러 개 넣을 수 있다.)

풀이

공에게 물어본다. 서로 다른 4개의 상자 중 어디에 갈래? 4가지

$$\boxed{공\,a} \quad \boxed{공\,b} \quad \boxed{공\,c}$$

$$4 \quad \times \quad 4 \quad \times \quad 4 \quad = 4^3$$

따라서 $4^3 = 64$ 이다.

Tip 3^4 인지 4^3 인지 헷갈릴 수 있다. 물론 문제를 보자마자 $_4\Pi_3 = 4^3$ 인 것이 당연히 느껴진다면 더할 나위 없이 좋겠지만 현실적으로 그렇게 생각하기 쉽지만은 않다.

헷갈리지 않기 위한 다양한 방법이 존재하지만 필자가 추천하는 판별법은 다음과 같다.
이름하여 "몰빵 판별법"

먼저 공한테 어디가고 싶니? 라고 물어본다면 4^3 가지 중에 다음과 같은 경우가 가능하다.

$$\boxed{공\,a} \quad \boxed{공\,b} \quad \boxed{공\,c}$$

$$\text{A} \qquad \text{A} \qquad \text{A}$$

즉, 모든 공들을 상자 A에 넣는 경우이다. (몰빵)
이러한 상황은 가능하므로 4^3 이 맞다.

반면 상자한테 어디가고 싶니? 라고 물어본다면 3^4 가지 중에 다음과 같은 경우가 가능하다.

$$\boxed{상자\,A} \quad \boxed{상자\,B} \quad \boxed{상자\,C} \quad \boxed{상자\,D}$$

$$공\,a \qquad 공\,a \qquad 공\,a \qquad 공\,a$$

즉, 공 a를 네 상자에 모두 넣는 경우이다. (몰빵)
이러한 상황은 불가능하므로 3^4 이 될 수 없다.

개념 확인문제 **5** 서로 다른 종류의 사탕 5개를 3명에게 남김없이 나누어 주는 경우의 수를 구하시오.
(단, 사탕을 받지 못하는 학생이 있을 수 있다.)

개념 파악하기 | (9) 같은 것이 있는 순열

같은 것이 있는 순열

5개의 문자 a, a, b, b, b를 일렬로 배열하는 경우의 수를 구해보자.
구하는 경우의 수를 x라 하고, 그중에 하나인 $aabbb$에 대하여 생각해 보자.

이때 2개의 a를 a_1, a_2로 3개의 b를 b_1, b_2, b_3으로 구별한다면 다음과 같이 서로 다른 $2! \times 3!$개의
배열이 존재한다.

$$a_1a_2 \ b_1b_2b_3 \qquad a_1a_2 \ b_1b_3b_2 \qquad a_2a_1 \ b_1b_2b_3 \qquad a_2a_1 \ b_1b_3b_2$$
$$a_1a_2 \ b_2b_1b_3 \qquad a_1a_2 \ b_2b_3b_1 \qquad a_2a_1 \ b_2b_1b_3 \qquad a_2a_1 \ b_2b_3b_1$$
$$a_1a_2 \ b_3b_1b_2 \qquad a_1a_2 \ b_3b_2b_1 \qquad a_2a_1 \ b_3b_1b_2 \qquad a_2a_1 \ b_3b_2b_1$$

마찬가지로 x가지 각각에 대해서도 2개의 a와 3개의 b를 각각 구별한다면
서로 다른 $2! \times 3!$개의 배열이 존재한다.

따라서 a, a, b, b, b에서 2개의 a를 a_1, a_2로, 3개의 b를 b_1, b_2, b_3으로 구별하여 일렬로
배열하는 경우의 수는 $x \times 2! \times 3!$이다.

이것은 서로 다른 5개의 문자 a_1, a_2, b_1, b_2, b_3을 일렬로 배열하는 순열의 수 $5!$과 같으므로
$x \times 2! \times 3! = 5!$이다.

따라서 구하는 경우의 수는 $x = \dfrac{5!}{2! \times 3!} = 10$이다.

> **Tip** 같은 것이 있는 순열의 수는 조합으로도 해석할 수 있다.
>
> a, a, b, b, b을 일렬로 배열하는 순열의 수 $\dfrac{5!}{2! \times 3!} = 10$ 는
>
> ①, ②, ③, ④, ⑤에서 a가 들어갈 자리 2곳을 선택하는 경우의 수 $_5C_2$와 같고
> ①, ②, ③, ④, ⑤에서 b가 들어갈 자리 3곳을 선택하는 경우의 수 $_5C_3$과 같다.

같은 것이 있는 순열의 수

n개 중에서 같은 것이 각각 p개, q개, $\cdots$, r개씩 있을 때, n개를 일렬로 배열하는 순열의 수는
$$\dfrac{n!}{p!q!\cdots r!} \quad (단, \ p+q+\cdots+r=n)$$

다음을 구하시오.

(1) 6개의 숫자 1, 1, 1, 2, 2, 2를 일렬로 배열하여 만들 수 있는 여섯 자리의 자연수의 개수

(2) 빨간색 깃발 2개, 파란색 깃발 4개, 노란색 깃발 4개를 일렬로 배열하여 신호를 만들 때,

　양 끝에 노란색 깃발이 오도록 만들 수 있는 서로 다른 모든 신호의 개수 (단, 같은 색깔의 깃발은 서로 구별되지 않는다.)

(3) 호기와 현지를 포함한 5명을 일렬로 세울 때, 호기는 현지보다 오른쪽에 세우는 경우의 수

풀이

(1) $\dfrac{6!}{3! \times 3!} = 20$

(2) 양 끝에 노란색 깃발이 오도록 배치하면 　노 / 빨 빨 파 파 파 파 노 노 / 노

　빨 빨 파 파 파 파 노 노를 일렬로 배열하는 경우의 수는 $\dfrac{8!}{2! \times 4! \times 2!} = 420$

(3) 호기와 현지는 순서가 정해져 있으므로 똑같은 문자 A라 두고

　첫 번째 A는 현지로, 두 번째 A는 호기로 바꾸면 된다.

　따라서 A, A, B, C, D를 일렬로 배열하는 경우의 수와 같으므로 $\dfrac{5!}{2!} = 60$ 이다.

Tip 순서가 정해져 있는 것은 같은 문자로 두고 같은 것이 있는 순열로 계산한다.

개념 확인문제　6 다음을 구하시오.

(1) 6개의 문자 a, a, b, b, b, c를 일렬로 나열할 때, 만들 수 있는 서로 다른 문자열의 개수

(2) 1부터 5까지의 자연수가 하나씩 적혀있는 5장의 카드가 있다. 홀수가 적혀있는 카드는 작은 수부터

　크기 순서로 왼쪽부터 나열하는 경우의 수

예제 12

아래 그림과 같이 직사각형으로 이루어진 도로망이 있다.

A 지점에서 출발하여 B 지점까지 최단 거리로 가는 경우의 수를 구하시오.

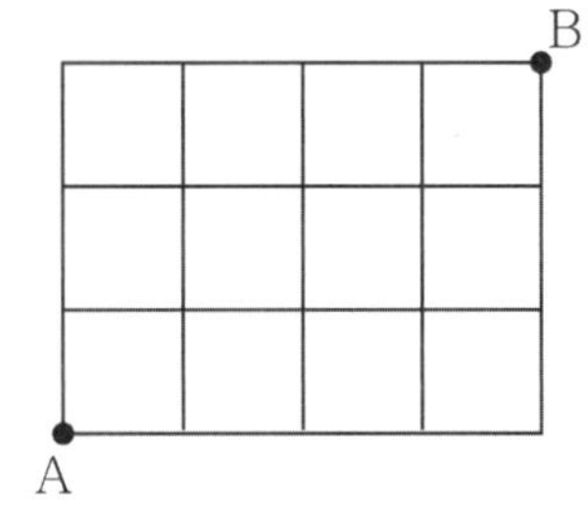

풀이

풀이1) 같은 것이 있는 순열 이용하기

오른쪽으로 한 칸 가는 것을 $a(\rightarrow)$, 위쪽으로 한 칸 가는 것을 $b(\uparrow)$로 나타내면
오른쪽 그림과 같이 최단 거리로 가는 경우는 $aaabbba$로 나타낼 수 있다.
즉, A 지점에서 출발하여 B 지점까지 최단 거리로 가는 경우의 수는
4개의 a와 3개의 b를 일렬로 나열하는 순열의 수와 같으므로

구하는 경우의 수는 $\dfrac{7!}{4! \times 3!} = 35$ 이다.

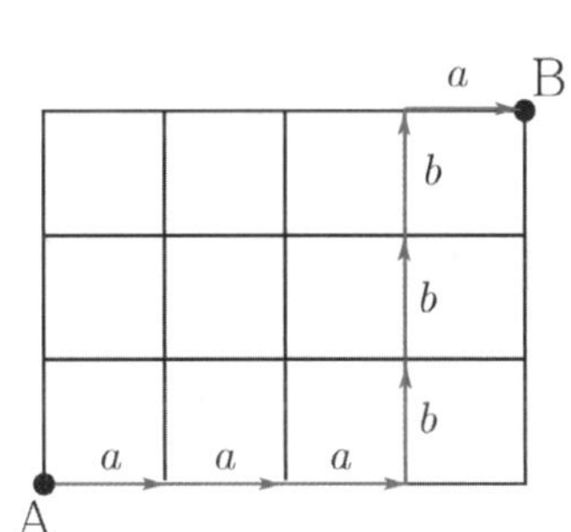

풀이2) 합의 법칙 이용하기 (직접 세기)

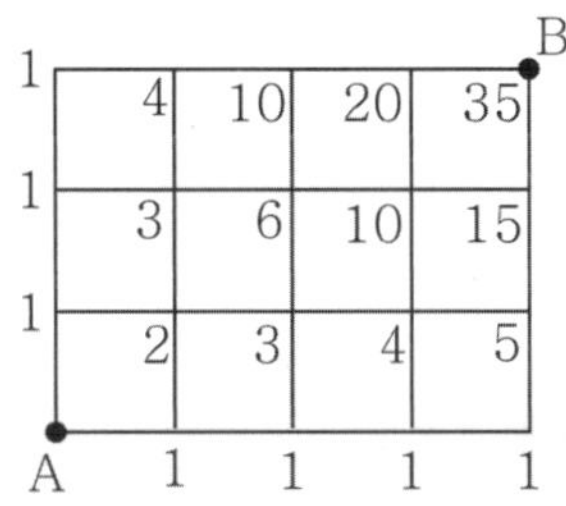

Tip 1 풀이2)로 구할 경우 방향성(↗)을 고려하여 더해줘야 한다.

Tip 2 장애물이 있을 때나 같은 것이 있는 순열로 구하기 어려운 경우
직접 세는 풀이가 더 효율적일 수 있다.

개념 확인문제 7

아래 그림과 같이 정사각형으로 이루어진 도로망이 있다. 다음을 구하시오.

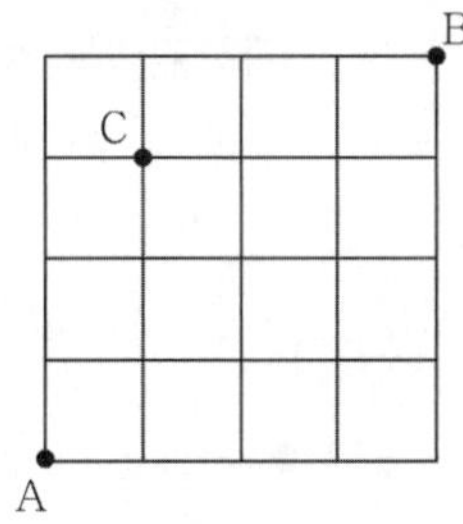

(1) A 지점에서 출발하여 B 지점까지 최단 거리로 가는 경우의 수를 구하시오.

(2) A 지점에서 출발하여 C 지점을 거쳐서 B 지점까지 최단 거리로 가는 경우의 수를 구하시오.

05 중복조합

성취 기준 – 중복조합을 이해하고, 중복조합의 수를 구할 수 있다.

개념 파악하기 | (10) 중복조합이란 무엇일까?

중복조합

중복순열과 같이 조합에서도 같은 것을 중복하여 택하는 경우가 있다.

서로 다른 문자 a, b, c 중에서 중복을 허용하여 3개를 택하는 경우는

$$aaa, \ aab, \ aac, \ abb, \ abc, \ acc, \ bbb, \ bbc, \ bcc, \ ccc$$

이렇게 10가지가 있다.

> **Tip** 순서를 고려하지 않으므로 aab, aba, baa는 같은 것으로 본다.

이처럼 서로 다른 n개를 중복을 허용하여 r개를 택하는 조합을 중복조합이라 하고,
이러한 중복조합의 수를 기호로 $_n\mathrm{H}_r$와 같이 나타낸다.

> **Tip** $_n\mathrm{H}_r$에서 H는 "Homogeneous"의 첫 글자이다.

중복조합의 수 $_n\mathrm{H}_r$를 구하는 방법 (칸막이 Technique)

세 문자 a, b, c 중에서 중복을 허용하여 3개를 택하는 중복조합을 그림으로 나타내면 다음과 같다.

$$aaa \ \rightarrow \ \bullet\bullet\bullet \ \| \qquad \| \qquad \rightarrow \ \bullet\bullet\bullet \ \| \ \|$$
$$aab \ \rightarrow \ \bullet\bullet \ \| \ \bullet \qquad \| \qquad \rightarrow \ \bullet\bullet \ \| \ \bullet \ \|$$
$$aac \ \rightarrow \ \bullet\bullet \ \| \qquad \| \ \bullet \qquad \rightarrow \ \bullet\bullet \ \| \ \| \ \bullet$$
$$abb \ \rightarrow \ \bullet \ \| \ \bullet\bullet \qquad \| \qquad \rightarrow \ \bullet \ \| \ \bullet\bullet \ \|$$
$$abc \ \rightarrow \ \bullet \ \| \ \bullet \ \| \ \bullet \qquad \rightarrow \ \bullet \ \| \ \bullet \ \| \ \bullet$$
$$acc \ \rightarrow \ \bullet \ \| \qquad \| \ \bullet\bullet \ \rightarrow \ \bullet \ \| \ \| \ \bullet\bullet$$
$$bbb \ \rightarrow \qquad \| \ \bullet\bullet\bullet \ \| \qquad \rightarrow \ \| \ \bullet\bullet\bullet \ \|$$
$$bbc \ \rightarrow \qquad \| \ \bullet\bullet \ \| \ \bullet \qquad \rightarrow \ \| \ \bullet\bullet \ \| \ \bullet$$
$$bcc \ \rightarrow \qquad \| \ \bullet \ \| \ \bullet\bullet \ \rightarrow \ \| \ \bullet \ \| \ \bullet\bullet$$
$$ccc \ \rightarrow \qquad \| \qquad \| \ \bullet\bullet\bullet \ \rightarrow \ \| \ \| \ \bullet\bullet\bullet$$

문자를 a, b, c의 순서로 놓은 후 문자를 나타내는 $\bullet$ 3개와 서로 다른 문자 사이의 경계를 나타내는 $\|$ 2개를 이용하면 위의 그림과 같이 3개의 $\bullet$와 2개의 $\|$를 일렬로 나열한 같은 것이 있는 순열과 구조가 같다.

따라서 구하는 중복조합의 수 $_3\mathrm{H}_3$은 3개의 $\bullet$와 2개의 $\|$를 일렬로 나열하는 순열의 수와 같으므로

$$_3\mathrm{H}_3 = \frac{5!}{3!2!} = 10 \text{ 이다.}$$

일반적으로 중복조합의 수 $_n\mathrm{H}_r$는 r개의 $\bullet$와 $(n-1)$개의 $\|$를 모두 일렬로 나열하는 순열의 수와 같으므로 다음이 성립한다.

$$_n\mathrm{H}_r = \frac{\{r+(n-1)\}!}{r!\,(n-1)!} = {}_{r+(n-1)}\mathrm{C}_r = {}_{n+r-1}\mathrm{C}_r$$

중복조합의 수

서로 다른 n개에서 r개를 택하는 중복조합의 수는

$$_n\mathrm{H}_r = {}_{n+r-1}\mathrm{C}_r$$

Tip $_n\mathrm{C}_r$에서는 $0 \leq r \leq n$이어야 하지만 $_n\mathrm{H}_r$에서는 중복하여 택할 수 있기 때문에 $r > n$일 수도 있다.

ex1 $_2\mathrm{H}_4 = {}_{2+4-1}\mathrm{C}_4 = {}_5\mathrm{C}_4 = 5$

ex2 $_3\mathrm{H}_3 = {}_{3+3-1}\mathrm{C}_3 = {}_5\mathrm{C}_3 = 10$

개념 확인문제 8 철수는 빵집에서 빵을 사려고 한다. 도넛, 꽈배기, 소보루, 크림빵의 4종류의 빵 중에서 8개를 사는 경우의 수를 구하시오.
(단, 4종류의 빵은 각각 8개 이상이고 같은 종류의 빵은 서로 구별하지 않는다.)

방정식 $x+y+z=5$ 에 대하여 다음을 구하시오.

(1) 음이 아닌 정수해의 개수

(2) 양의 정수해의 개수

풀이

(1) 방정식 $x+y+z=5$ 의 음이 아닌 정수해의 하나인 $x=2$, $y=2$, $z=1$ 의 경우는
$xxyyz$ 와 같이 나타낼 수 있다.
따라서 구하는 해의 개수는 3 개의 문자 x, y, z 중에서 5 개를 택하는
중복조합의 수와 같으므로 $_3H_5 =\ _{3+5-1}C_5 =\ _7C_5 =\ _7C_2 = \dfrac{7\times 6}{2!} = 21$ 이다.

> **Tip 1** 방정식의 해를 순서쌍으로 나타내면 $(2, 2, 1) \Leftrightarrow xxyyz$ 와 같이 일대일대응으로 볼 수 있다.
> 즉, $x=2$, $y=2$, $z=1$ 를 각각 x 를 두 번, y 를 두 번, z 를 한 번 선택하는 것과 같다고
> 생각하면 된다.

> **Tip 2** 방정식 $x_1+x_2+\cdots+x_n=r$ 의 음이 아닌 정수해의 개수를 구할 때,
> 서로 다른 문자의 개수를 H 의 왼쪽에 써주고 $(_nH)$
> r 를 H 의 오른쪽에 써준다고 기억하면 편하다. (H_r)
> $\therefore\ _nH_r$

(2) 방정식 $x+y+z=5$ 의 양의 정수의 해의 개수는 $x=x'+1$, $y=y'+1$, $z=z'+1$ 로 놓으면
방정식 $x'+y'+z'=2$ 의 음이 아닌 정수해의 개수와 같다.
따라서 구하는 해의 개수는 3 개의 문자 x', y' z' 중에서 2 개를 택하는 중복조합의 수와 같으므로
$_3H_2 =\ _{3+2-1}C_2 =\ _4C_2 = 6$ 이다.

> **Tip** 방정식 $x+y+z=n$ (n 은 자연수)의 해의 개수를 중복조합으로 해석하기 위해서는
> x, y, z 가 모두 0 이상인 정수이어야 한다. 만약 $x=x'+1$ 라 두면 $x'=0, 1, 2, 3, \cdots$ 일 때,
> 각각 $x=1, 2, 3, 4, \cdots$ 에 대응되고 x' 는 0 이상인 정수이므로 중복조합을 사용할 수 있다.
> 만약 x 가 $x \geq 2$ 인 정수이면 $x=x'+2$ $(x' \geq 0)$ 로 치환하면 되고
> x 가 양의 정수 중 짝수$(x=2, 4, 6, \cdots)$ 이면 $x=2x'+2(x' \geq 0)$ 로 치환하면 된다.

개념 확인문제 9 방정식 $x+y+z=4$ 에 대하여 다음을 구하시오.

(1) 음이 아닌 정수해의 개수

(2) -1 이상의 정수해의 개수

개념 파악하기 | **(11) 중복조합의 유형에는 어떤 것이 있을까?**

중복조합의 유형

① 정의를 직접 묻는 유형

서로 다른 n개에서 중복을 허락하여 r개를 선택하는 경우의 수 : ${}_nH_r$

> **ex** 서로 다른 3종류의 볼펜 중에서 4개의 볼펜을 선택하는 경우의 수를 구하시오.
> (단, 각 종류의 볼펜은 4개 이상씩 있고, 같은 종류의 볼펜은 서로 구별하지 않는다.)
>
> $${}_3H_4 = {}_{3+4-1}C_2 = {}_6C_2 = 15$$

② 방정식 $x+y+z+\cdots=n$ 으로 파악할 수 있는 유형 (분배하는 유형)

서로 같은 r개의 물건을 서로 다른 n개의 상자에 넣는 경우의 수 : ${}_nH_r$

> **ex** 같은 종류의 지우개 5개를 세 사람에게 나누어 주는 경우의 수를 구하시오.
> (단, 지우개를 하나도 받지 못하는 사람이 있을 수 있다.)
>
> 세 사람이 받는 지우개 개수를 각각 x, y, z라 하면 $x+y+z=5$를 만족시키는
> 음이 아닌 정수 x, y, z의 모든 순서쌍 (x, y, z)의 개수와 구조가 같으므로
> $${}_3H_5 = {}_{3+5-1}C_5 = {}_7C_5 = {}_7C_2 = 21$$

> **Tip 1** 모든 중복조합은 $x+y+z+\cdots=n$ (음이 아닌 정수 x, y, $z\cdots$) 형태로 나타낼 수 있다.
> 보통 실전에서 자주 볼 수 있는 유형은 ②번이고 분배하는 유형은 방정식 형태로
> 변환하여 생각하면 된다.

> **Tip 2** "서로 같은" r개의 물건과 "서로 다른" n개의 상자가 point이다.

개념 확인문제 | **10** | 같은 사탕 6개를 학생 3명에게 모두 나누어 주는 경우의 수를 구하시오.
(단, 각 학생에게 적어도 하나씩 나누어준다.)

$(a+b+c)^4$의 전개식에서 서로 다른 항의 개수를 구하시오.

풀이

$(a+b+c)^4 = (a+b+c)(a+b+c)(a+b+c)(a+b+c)$ 이므로 $(a+b+c)^4$의 전개식의 항의 개수는
3개의 문자 a, b, c 중에서 중복을 허용하여 4개를 택하는 중복조합의 수와 같다.
따라서 구하는 항의 개수는 $_3H_4 = {_{3+4-1}C_4} = {_6C_4} = {_6C_2} = 15$ 이다.

Tip A를 a가 선택되는 개수, B를 b가 선택되는 개수, C를 c가 선택되는 개수라고 한다면
방정식 $A+B+C=4$ (A, B, C는 음이 아닌 정수) 라고 나타낼 수 있다.

개념 확인문제 11 다음 물음에 답하시오.

(1) $(a+b+c)^6$의 전개식에서 서로 다른 항의 개수를 구하시오.

(2) $(a+b)^3(x+y+z)^4$의 전개식에서 서로 다른 항의 개수를 구하시오.

개념 확인문제 12

(1) 서로 다른 사탕 5개를 서로 같은 그릇 3개에 모두 담는 경우의 수를 구하시오.
(단, 하나의 그릇에는 적어도 하나의 사탕을 담는다.)

(2) 서로 다른 사탕 5개를 서로 다른 그릇 3개에 모두 담는 경우의 수를 구하시오.
(단, 하나의 그릇에는 적어도 하나의 사탕을 담는다.)

(3) 서로 다른 사탕 5개를 서로 다른 그릇 3개에 모두 담는 경우의 수를 구하시오.
(단, 사탕을 담지 못하는 그릇이 생길 수 있다.)

(4) 서로 같은 사탕 8개를 서로 다른 그릇 3개에 모두 담는 경우의 수를 구하시오.
(단, 사탕을 담지 못하는 그릇이 생길 수 있다.)

(5) 서로 같은 사탕 8개를 서로 다른 그릇 3개에 모두 담는 경우의 수를 구하시오.
(단, 하나의 그릇에는 적어도 하나의 사탕을 담는다.)

Training – 1 step
필수 유형편

1. 여러 가지 순열과 중복조합

001

서로 다른 6개의 접시를 원 모양의 식탁에 일정한 간격을
두고 원형으로 놓는 경우의 수는?
(단, 회전하여 일치하는 것은 같은 것으로 본다.)

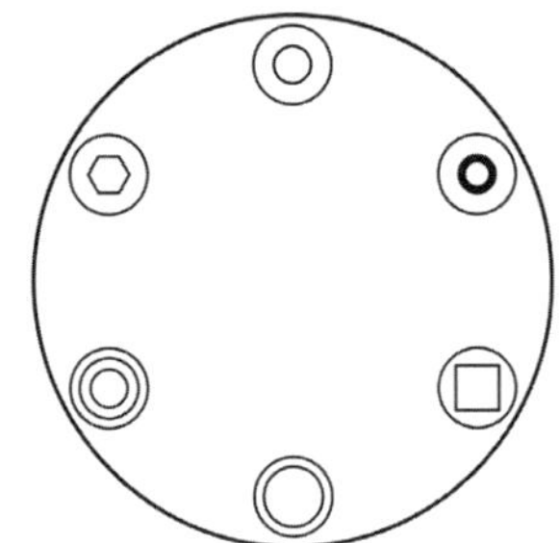

002

3쌍의 남녀 커플이 일정한 간격을 두고 원탁에
둘러앉을 때, 커플끼리 이웃하게 앉는 방법의 수를
구하시오. (단, 회전하여 일치하는 것은 같은 것으로 본다.)

003

남자 3명과 여자 4명이 일정한 간격을 두고 원탁에
둘러앉을 때, 남자끼리 이웃하지 않게 앉는 방법의 수를
구하시오. (단, 회전하여 일치하는 것은 같은 것으로 본다.)

004

어느 고등학교에서 1학년 학생 1명, 2학년 학생 4명,
3학년 학생 2명이 일정한 간격으로 놓인 원탁에
둘러앉으려고 한다. 1학년 학생의 옆에 적어도 한 명의
3학년 학생이 앉는 경우의 수를 구하시오.
(단, 회전하여 일치하는 것은 같은 것으로 본다.)

005

남자 4명과 여자 4명이 일정한 간격을 두고 원탁에
둘러앉을 때, 남녀가 교대로 앉는 방법의 수를 구하시오.
(단, 회전하여 일치하는 것은 같은 것으로 본다.)

006

서로 같은 접시를 일정한 간격을 두고 원형으로 놓은
원 모양의 식탁과 김치, 콩나물무침, 가지볶음을 포함한
서로 다른 반찬 7개가 있다. 이 서로 다른 반찬 7개
중에서 김치, 콩나물무침, 가지볶음을 포함하여 5개를
선택하고 이 5개의 반찬 모두를 일정한 간격으로 식탁에
올려놓을 때, 김치와 가지볶음이 콩나물무침과 모두
이웃하게 놓여 있는 경우의 수를 구하시오.
(단, 한 접시에는 한 가지의 반찬만 올려놓고, 회전하여
일치하는 것은 같은 것으로 본다.)

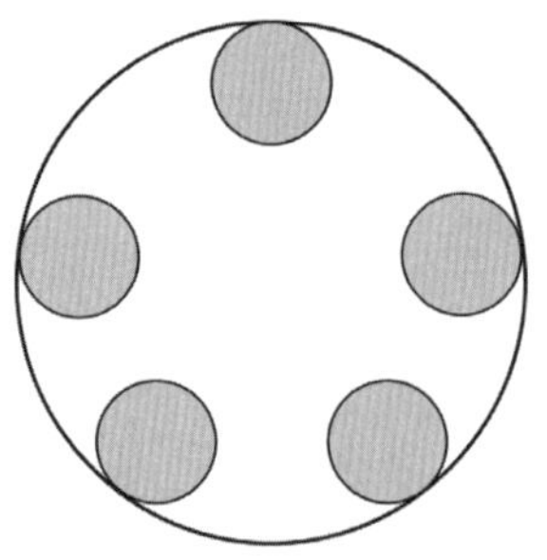

007

어느 회사의 다섯 부서에서 대표 2명씩 모두 10명의
임원이 참석하는 회의를 한다. 이 10명의 임원이 일정한
간격을 두고 원 모양의 탁자에 모두 둘러앉을 때, 같은
부서의 임원끼리 서로 이웃하게 되는 경우의 수를 구하시오.
(단, 회전하여 일치하는 것은 같은 것으로 본다.)

008

선생님 2명과 학생 3명을 포함한 5명이 일정한 간격을
두고 원탁에 둘러앉을 때, 학생 3명이 모두 적어도 한 명의
선생님과 이웃하여 앉는 경우의 수를 구하시오.
(단, 회전하여 일치하는 것은 같은 것으로 본다.)

009

서로 다른 5개의 의자를 원 모양의 탁자에 일정한 간격을
두고 원형으로 놓은 후 5개의 의자 중에서 2개의 의자
위에 서로 다른 2개의 방석을 각각 한 개씩 올려놓을 때,
방석을 올려놓은 의자 2개가 서로 이웃하지 않는
경우의 수를 구하시오. (단, 회전하여 일치하는 것은 같은
것으로 본다.)

Theme 2 · 중복순열

010

서로 다른 5장의 카드를 서로 다른 3개의 주머니에
남김없이 나누어 넣는 경우의 수를 구하시오.
(단, 빈 주머니가 있을 수 있다.)

011

숫자 2, 3, 4, 5, 6 중에서 중복을 허락하여
네 자리의 비밀번호를 만들 때, 마지막 자리의 숫자가
소수인 비밀번호의 개수를 구하시오.

012

5명의 학생이 서로 다른 세 시험지 A, B, C 중에서
각자 한 가지의 시험지를 선택하여 응시할 때, 적어도
한 명은 시험지 A를 응시하는 경우의 수를 구하시오.

숫자 0, 1, 2, 3, 4, 5 중에서 중복을 허락하여 세 개를
선택해 일렬로 나열하여 만들 수 있는 세 자리 자연수
중에서 짝수의 개수를 구하시오.

같은 종류의 구슬 15개를 서로 다른 3개의 상자에
넣을 때, 서로 다른 3개의 상자 모두 1개 이상 5개
이하의 구슬을 넣는 경우의 수를 구하시오.
(단, 상자에 넣지 않은 구슬이 있을 수 있다.)

한 개의 주사위를 5번 던져 나온 눈의 수를 차례대로
a_1, a_2, a_3, a_4, a_5 라 할 때, 다음 조건을 만족시키도록
주사위의 눈이 나오는 경우의 수를 구하시오.

(가) $\dfrac{10}{a_2}$ 은 자연수이다.

(나) $a_1 \le a_2 < a_3$

(다) $a_4 \le a_2 < a_5$

Theme 3 같은 것이 있는 순열

6개의 문자 a, b, c, d, e, f를 일렬로 나열할 때,
a는 b보다 앞에 오고 c는 d보다 뒤에 오도록 나열하는
경우의 수를 구하시오.

빨간 공 4개, 파란 공 5개를 일렬로 모두 나열할 때,
양 끝에 빨간 공이 놓이는 경우의 수를 구하시오.
(단, 같은 색 공끼리는 서로 구별하지 않는다.)

키가 모두 다른 세 학생 A, B, C를 포함한 6명의
학생을 일렬로 세울 때, A, B, C는 키가 작은 순서대로
앞에 있도록 세우는 경우의 수를 구하시오.

019

7개의 숫자 1, 1, 2, 2, 3, 3, 3을 일렬로 나열하여
일곱 자리의 자연수를 만들 때, 숫자 1이 서로 이웃하지
않는 자연수의 개수는?

020

3개의 숫자 1, 2, 3 중에서 중복을 허락하여 4개를 택해
일렬로 나열할 때, 숫자 1이 숫자 2보다 적지 않도록
나오는 경우의 수를 구하시오.

021

1부터 7까지의 자연수가 각각 하나씩 적힌 7장의
번호표를 일렬로 나열할 때, 짝수가 적힌 번호표는 작은
수부터 크기순으로 왼쪽부터 나열하고 양 끝에는 홀수가
적힌 번호표가 오도록 나열하는 경우의 수를 구하시오.

022

3개의 문자 a, b, c를 포함하는 서로 다른 6개의 문자를
일렬로 나열할 때, 두 문자 a, b 사이에 문자 c를 포함하여
2개 이상의 문자가 있도록 나열하는 경우의 수를 구하시오.

023

어느 고등학교의 하루 동안의 수업 계획을 세우려고 한다.
국어, 수학, 영어를 포함하여 모두 7가지 과목에 대한
수업을 계획하고 있다. 이때 국어는 수학 수업 전에 수업을
진행하고, 영어는 수학 수업 후에 수업을 진행하며,
수학과 영어 사이에는 나머지 4가지 과목 중에서 적어도
한 가지 과목에 대한 수업을 진행하도록 수업계획을 정하는
경우의 수를 구하시오.

024

서로 다른 세 종류의 볼펜이 각각 3개씩 총 9개가 있다.
6명의 학생 모두에게 볼펜을 하나씩 나누어 주는 경우의
수를 구하시오. (단, 같은 종류의 볼펜끼리는 서로 구별하지
않는다.)

025

그림과 같이 직사각형 모양으로 연결된 도로망이 있다.
이 도로망을 따라 A 지점에서 출발하여 B 지점까지
최단 거리로 가는 경우의 수를 구하시오.

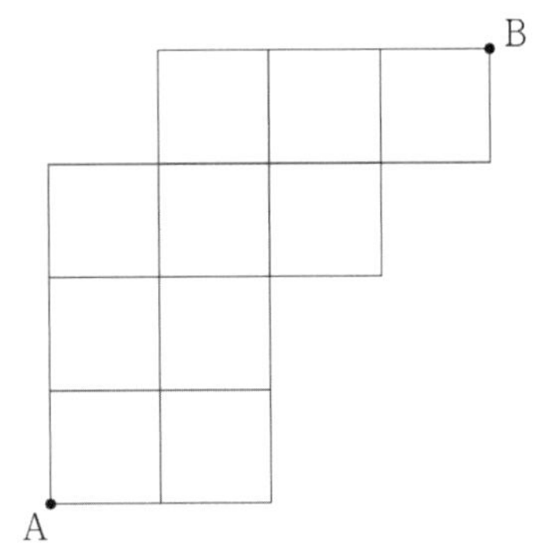

026

그림과 같이 마름모 모양으로 연결된 도로망이 있다.
이 도로망을 따라 A 지점에서 출발하여 C 지점을
지나지 않고, D 지점도 지나지 않으면서 B 지점까지
최단 거리로 가는 경우의 수를 구하시오.

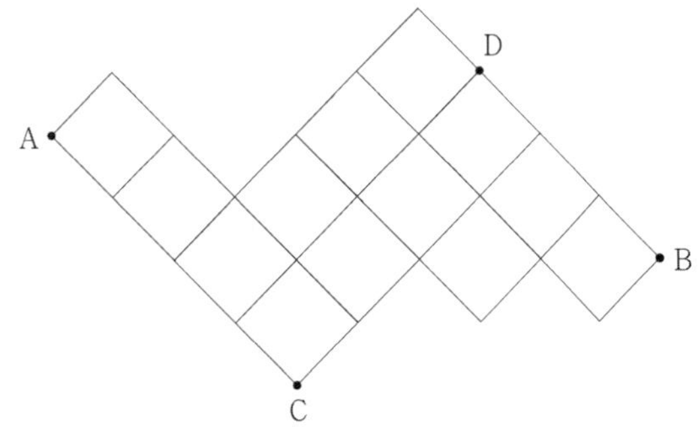

027

그림과 같이 직사각형 모양으로 연결된 도로망이 있다.
두 지점 P_1, P_2를 연결하는 도로와 두 지점 Q_1, Q_2를
연결하는 도로를 지날 수 없을 때, A 지점에서 출발하여
B 지점까지 최단 거리로 가는 경우의 수를 구하시오.
(단, 4개의 지점 P_1, P_2, Q_1, Q_2는 지날 수 있다.)

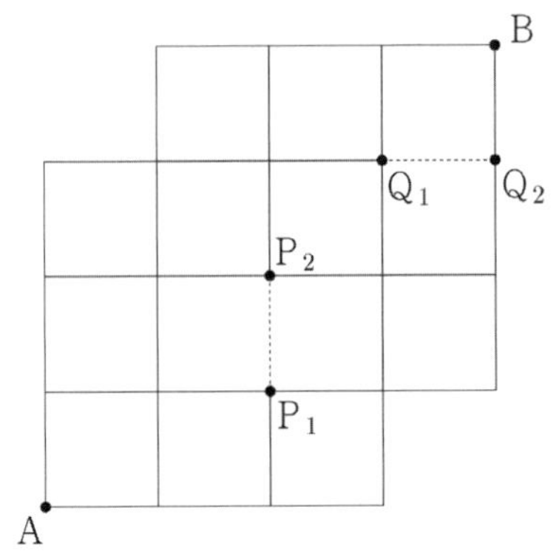

028

$_4\mathrm{H}_{n-1} = 10$ 일 때, 자연수 n의 값을 구하시오.

029

자연수 n에 대하여 $_5\mathrm{H}_n = {}_8\mathrm{C}_4$ 일 때, $_3\mathrm{H}_n$의 값을 구하시오.

030 ⬜⬜⬜⬜⬜

$(a+b+c+d)^{15}$의 전개식에서 a의 차수가 9의 약수이고,
d의 차수가 3 이상인 서로 다른 항의 개수를 구하시오.

031 ⬜⬜⬜⬜⬜

숫자 1, 2, 3, 4, 5에서 중복을 허락하여 6개를 택할 때,
숫자 5가 두 개 이하가 되는 경우의 수를 구하시오.

032 ⬜⬜⬜⬜⬜

축구공 5개, 농구공 5개, 배구공 5개, 탁구공 2개 중에서
6개의 공을 택하는 경우의 수를 구하시오.
(단, 같은 종류의 공은 구분하지 않는다.)

033 ⬜⬜⬜⬜⬜

같은 종류의 탁구공 11개를 4명의 회원 a, b, c, d에게
남김없이 나누어 줄 때, a는 2개 이상의 탁구공을
받고 b는 3개 이상의 탁구공을 받도록 나누어주는
경우의 수를 구하시오. (단, 탁구공을 받지 못하는 회원이
있을 수 있다.)

034 ⬜⬜⬜⬜⬜

같은 종류의 별사탕 6개와 같은 종류의 건빵 4개를
세 명의 훈련병에게 남김없이 나누어 주려고 한다.
각 훈련병이 적어도 한 개의 별사탕을 받도록 나누어
주는 경우의 수를 구하시오. (단, 건빵을 받지 못하는
훈련병이 있을 수 있다.)

035 ⬜⬜⬜⬜⬜

같은 종류의 연필 4개, 같은 종류의 볼펜 3개,
지우개 1개를 3명에게 남김없이 나누어 주는 경우의 수를
구하시오. (단, 학용품을 1개도 받지 못하는 사람이 있을 수
있다.)

36

같은 종류의 과자 10개를 승원이를 포함한 4명의 학생에게
남김없이 나누어 주려고 한다. 승원이가 3개 이상 받도록
나누어 주는 경우의 수를 구하시오. (단, 각 학생은 적어도
1개의 과자를 받는다.)

37

'A' 초콜릿 8개와 'B' 초콜릿 3개를 세 학생에게
남김없이 나누어 줄 때, 각 학생이 적어도 2개 이상의
초콜릿을 받도록 나누어 주는 경우의 수를 구하시오.
(단, 같은 종류의 초콜릿은 구분하지 않는다.)

38

흰 바둑돌 6개와 검은 바둑돌 6개를 3개의 비어 있는
상자 A, B, C에 남김없이 나누어 담으려고 한다.
3개의 상자에 들어있는 바둑돌의 개수가 모두 같도록
나누어 담는 경우의 수를 구하시오. (단, 같은 색의
바둑돌은 구분하지 않는다.)

39

네 자리의 자연수 중에서 각 자리의 수의 합이 11인
5의 배수의 개수를 구하시오.

Theme 6 — 중복조합의 활용

40

$3 \leq a \leq b \leq c \leq 7 \leq d \leq e \leq 10$를 만족시키는 자연수
a, b, c, d, e의 모든 순서쌍 $(a,\ b,\ c,\ d,\ e)$의 개수를
구하시오.

41

다음 조건을 만족시키는 음이 아닌 정수 x, y, z, w의
모든 순서쌍 $(x,\ y,\ z,\ w)$의 개수를 구하시오.

> (가) $x+y+z+w=11$
> (나) $x \geq 2,\quad w \leq 1$

042 ⬚⬚⬚⬚⬚

다음 조건을 만족시키는 음이 아닌 정수 a, b, c, d, e 의 모든 순서쌍 (a, b, c, d, e) 의 개수를 구하시오.

> (가) $a+b+c+d+e=6$
> (나) $a+b<3$

043 ⬚⬚⬚⬚⬚

다음 조건을 만족시키는 -1 이상의 정수 x, y, z, w 의 모든 순서쌍 (x, y, z, w) 의 개수를 구하시오.

> (가) $x+y+z+w=9$
> (나) $xy>0$

044 ⬚⬚⬚⬚⬚

다음 조건을 만족시키는 자연수 a, b, c, d, e, f 의 모든 순서쌍 (a, b, c, d, e, f) 의 개수를 구하시오.

> (가) $10=ab+c^2$
> (나) $d+e+f=ab+c$

045 ⬚⬚⬚⬚⬚

다음 조건을 만족시키는 음이 아닌 정수 x, y, z, w 의 모든 순서쌍 (x, y, z, w) 의 개수를 구하시오.

> (가) $x+y+z+w=10$
> (나) $xy \neq z^2$

046 ⬚⬚⬚⬚⬚

주사위를 연속해서 3번 던질 때, 나오는 눈의 수를 순서대로 x, y, z 라고 하자. 다음 조건을 만족시키는 x, y, z 의 모든 순서쌍 (x, y, z) 의 개수를 구하시오.

> (가) $\dfrac{80}{x+y+z}$ 는 자연수이다.
> (나) $(x+y+z)$ 의 양의 약수의 개수는 4 이다.

047 ⬚⬚⬚⬚⬚

같은 종류의 ♦ 모양의 카드, 같은 종류의 ♥ 모양의 카드, 같은 종류의 ♠ 모양의 카드 중에서 각 모양의 카드를 1개 이상씩 고르면서 카드의 총 개수가 8 이하가 되도록 고르는 경우의 수를 구하시오. (단, 각 모양의 카드는 충분히 많다.)

048

다음 조건을 만족시키는 자연수 A, B, C, D의 모든
순서쌍 $(A,\ B,\ C,\ D)$의 개수를 구하시오.

> (가) $A \times B \times C \times D = 1024$
>
> (나) $\dfrac{A}{C} \neq \dfrac{D}{B}$

049

집합 $X = \{1,\ 2,\ 3\}$에서 집합 $Y = \{1,\ 2,\ 3,\ 4,\ 5\}$로의
함수 f에 대하여 다음을 구하시오.

(1) 모든 함수 $f : X \to Y$의 개수
(2) 치역의 원소의 개수가 1인 함수 f의 개수
(3) 치역의 원소의 개수가 2인 함수 f의 개수
(4) 치역의 원소의 개수가 3인 함수 f의 개수
(5) $f(1) > f(2) > f(3)$을 만족시키는 함수 f의 개수
(6) $f(1) \leq f(2) \leq f(3)$을 만족시키는 함수 f의 개수
(7) $f(1) \leq f(2) < f(3)$을 만족시키는 함수 f의 개수

050

집합 $X = \{1,\ 2,\ 3,\ 4,\ 5\}$에 대하여 다음 조건을
만족시키는 모든 함수 $f : X \to X$의 개수를 구하시오.

> 집합 X와 함수 f에 대하여 $A = \{f(x) \mid x \in X\}$라
> 할 때, $A \subset \{1,\ 2,\ 4\}$이다.

051

집합 $X = \{1,\ 2,\ 3,\ 4,\ 5,\ 6\}$에 대하여 다음 조건을
만족시키는 모든 함수 $f : X \to X$의 개수를 구하시오.

> (가) 어떤 자연수 n에 대하여 $f(4) = 3n$이다.
>
> (나) 집합 X의 임의의 두 원소 x_1, x_2에 대하여
> $\quad x_1 < x_2$이면 $f(x_1) \leq f(x_2)$이다.

052

집합 $X = \{1,\ 2,\ 3,\ 4,\ 5,\ 6\}$에 대하여 다음 조건을
만족시키는 모든 함수 $f : X \to X$의 개수는 k이다.
$\dfrac{k}{10}$의 값을 구하시오.

> (가) 함수 f의 치역의 원소의 개수는 4이다.
>
> (나) $f(a) = a$인 X의 원소 a의 개수는 3이다.

053

집합 $X = \{1,\ 2,\ 3,\ 5\}$에 대하여 X에서 X로의 함수
중에서 치역의 모든 원소의 합이 8인 함수의 개수를
구하시오.

Training – 2 step

기출 적용편

1. 여러 가지 순열과 중복조합

숫자 1, 2, 3, 4, 5 중에서 중복을 허락하여 네 개를 택해 일렬로 나열하여 만든 네 자리의 자연수가 5의 배수인 경우의 수는? [3점]

① 115　　② 120　　③ 125

④ 130　　⑤ 135

흰색 깃발 5개, 파란색 깃발 5개를 일렬로 모두 나열할 때, 양 끝에 흰색 깃발이 놓이는 경우의 수는? [3점]

① 56　　② 63　　③ 70

④ 77　　⑤ 84

그림과 같이 마름모 모양으로 연결된 도로망이 있다. 이 도로망을 따라 A 지점에서 출발하여 B 지점까지 최단 거리로 가는 경우의 수는? [3점]

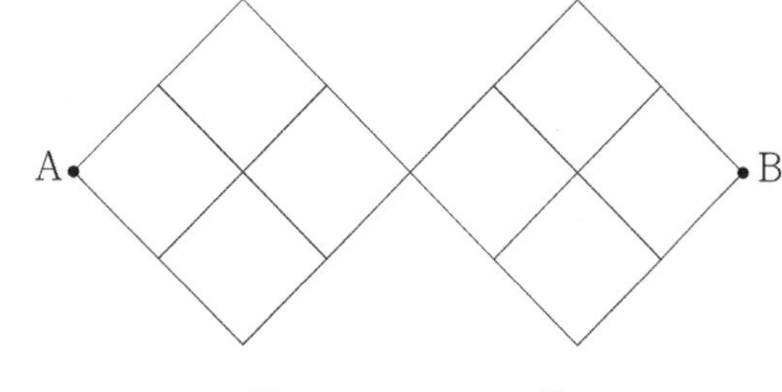

① 24　　② 28　　③ 32

④ 36　　⑤ 40

그림과 같이 최대 6개의 용기를 넣을 수 있는 원형의 실험기구가 있다. 서로 다른 6개의 용기 A, B, C, D, E, F 를 이 실험 기구에 모두 넣을 때, A와 B가 이웃하게 되는 경우의 수는? (단, 회전하여 일치하는 것은 같은 것으로 본다.) [3점]

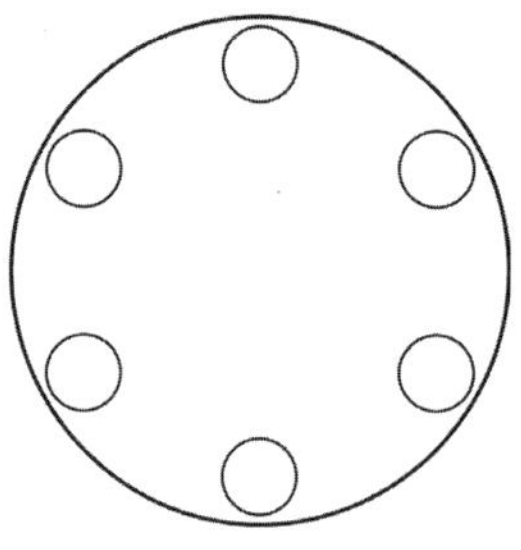

① 36　　② 48　　③ 60

④ 72　　⑤ 84

1부터 6까지의 자연수가 하나씩 적혀 있는 6장의 카드가 있다. 이 카드를 모두 한 번씩 사용하여 일렬로 나열할 때, 2가 적혀 있는 카드는 4가 적혀 있는 카드보다 왼쪽에 나열하고 홀수가 적혀 있는 카드는 작은 수부터 크기 순서로 왼쪽부터 나열하는 경우의 수는? [3점]

① 56　　② 60　　③ 64

④ 68　　⑤ 72

059 2018학년도 고3 6월 평가원 나형

그림과 같이 직사각형 모양으로 연결된 도로망이 있다. 이 도로망을 따라 A 지점에서 출발하여 P 지점을 지나 B 지점까지 최단 거리로 가는 경우의 수는? [3점]

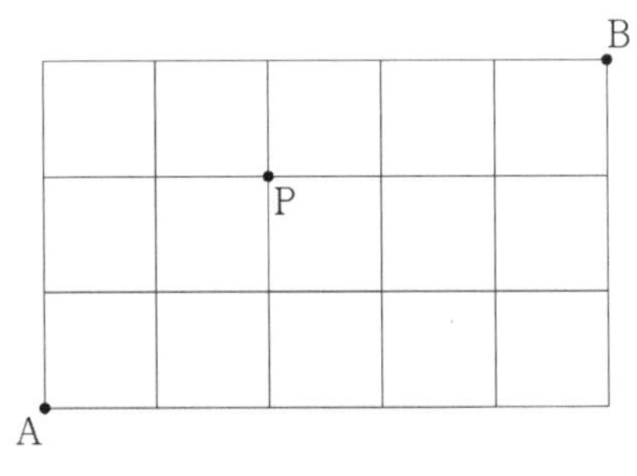

① 16   ② 18   ③ 20

④ 22   ⑤ 24

060 2021학년도 사관학교 나형

그림과 같이 원형 탁자에 7개의 의자가 일정한 간격으로 놓여 있다. A, B, C를 포함한 7명의 학생이 모두 이 7개의 의자에 앉으려고 할 때, A, B, C 세 명 중 어느 두 명도 서로 이웃하지 않도록 앉는 경우의 수는? (단, 회전하여 일치하는 것은 같은 것으로 본다.) [3점]

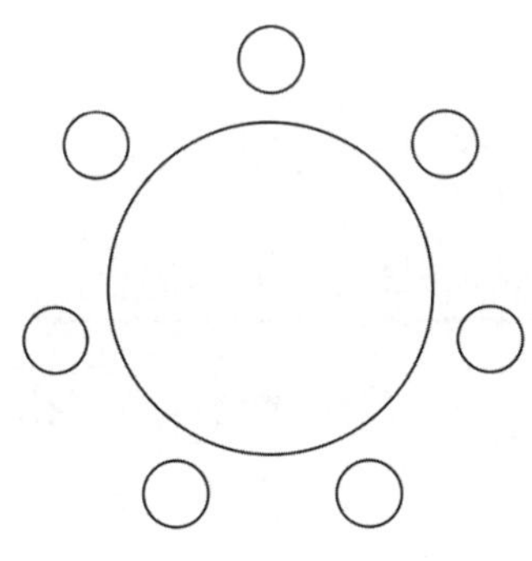

① 120   ② 132   ③ 144

④ 156   ⑤ 168

061 2014학년도 수능 B형

숫자 1, 2, 3, 4에서 중복을 허락하여 5개를 택할 때, 숫자 4가 한 개 이하가 되는 경우의 수는? [3점]

① 33   ② 36   ③ 39

④ 42   ⑤ 45

062 2023학년도 수능 확통

숫자 1, 2, 3, 4, 5 중에서 중복을 허락하여 4개를 택해 일렬로 나열하여 만들 수 있는 네 자리의 자연수 중 4000 이상인 홀수의 개수는? [3점]

① 125   ② 150   ③ 175

④ 200   ⑤ 225

063 2019년 고3 3월 교육청 가형

그림과 같은 원형 탁자에 5개의 의자가 일정한 간격으로 놓여 있다. 1학년 학생 2명, 2학년 학생 2명, 3학년 학생 1명이 모두 이 5개의 의자에 앉으려고 할 때, 1학년 학생 2명이 서로 이웃하도록 앉는 경우의 수는? (단, 회전하여 일치하는 것은 같은 것으로 본다.) [3점]

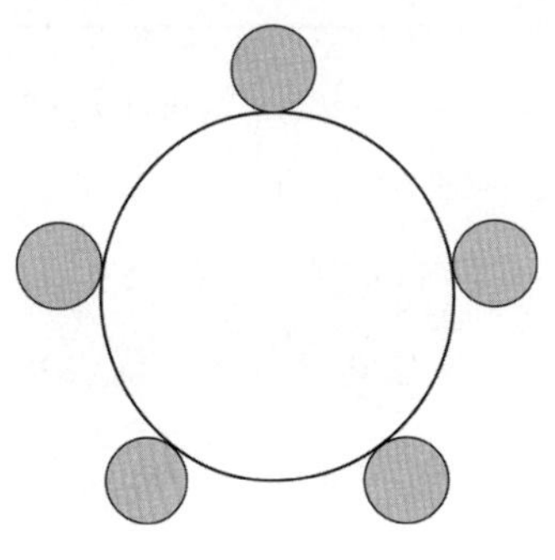

① 12   ② 14   ③ 16

④ 18   ⑤ 20

같은 종류의 공 6개를 남김없이 서로 다른 3개의 상자에 나누어 넣으려고 한다. 각 상자에 공이 1개 이상씩 들어가도록 나누어 넣는 경우의 수는? [3점]

① 6 ② 7 ③ 8
④ 9 ⑤ 10

다섯 명이 둘러앉을 수 있는 원 모양의 탁자와 두 학생 A, B를 포함한 8명의 학생이 있다. 이 8명의 학생 중에서 A, B를 포함하여 5명을 선택하고 이 5명의 학생 모두를 일정한 간격으로 탁자에 둘러앉게 할 때, A와 B가 이웃하게 되는 경우의 수는? (단, 회전하여 일치하는 것은 같은 것으로 본다.) [3점]

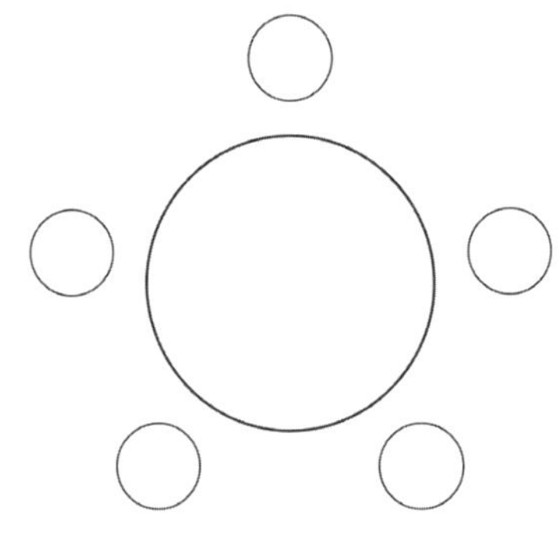

① 180 ② 200 ③ 220
④ 240 ⑤ 260

서로 다른 종류의 연필 5자루를 4명의 학생 A, B, C, D에게 남김없이 나누어 주는 경우의 수는? (단, 연필을 받지 못하는 학생이 있을 수 있다.) [3점]

① 625 ② 635 ③ 825
④ 1024 ⑤ 1034

1부터 6까지의 자연수가 하나씩 적혀 있는 6개의 의자가 있다. 이 6개의 의자를 일정한 간격을 두고 원형으로 배열할 때, 서로 이웃한 2개의 의자에 적혀 있는 수의 합이 11이 되지 않도록 배열하는 경우의 수는? (단, 회전하여 일치하는 것은 같은 것으로 본다.) [3점]

① 72 ② 78 ③ 84
④ 90 ⑤ 96

같은 종류의 주스 4병, 같은 종류의 생수 2병, 우유 1병을 3명에게 남김없이 나누어 주는 경우의 수는? (단, 1병도 받지 못하는 사람이 있을 수 있다.) [3점]

① 270 ② 285 ③ 300
④ 315 ⑤ 330

집합 $X = \{1, 2, 3, 4\}$에 대하여 다음 조건을 만족시키는 함수 $f : X \to X$의 개수는? [3점]

$$f(2) \le f(3) \le f(4)$$

① 64 ② 68 ③ 72
④ 76 ⑤ 80

070 2021학년도 고3 6월 평가원 가형

1학년 학생 2명, 2학년 학생 2명, 3학년 학생 3명이 있다. 이 7명의 학생이 일정한 간격을 두고 원 모양의 탁자에 모두 둘러앉을 때, 1학년 학생끼리 이웃하고 2학년 학생끼리 이웃하게 되는 경우의 수는? (단, 회전하여 일치하는 것은 같은 것으로 본다.) [3점]

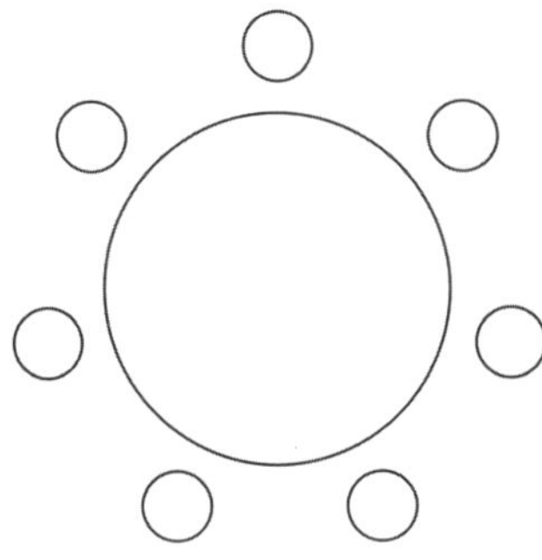

① 96 ② 100 ③ 104
④ 108 ⑤ 112

071 2020년 고3 10월 교육청 가형

A, B, B, C, C, C의 문자가 하나씩 적혀 있는 6장의 카드가 있다. 이 6장의 카드 중에서 5장의 카드를 택하여 이 5장의 카드를 왼쪽부터 모두 일렬로 나열할 때, C가 적힌 카드가 왼쪽에서 두 번째의 위치에 놓이도록 나열하는 경우의 수는? (단, 같은 문자가 적힌 카드끼리는 서로 구별하지 않는다.) [3점]

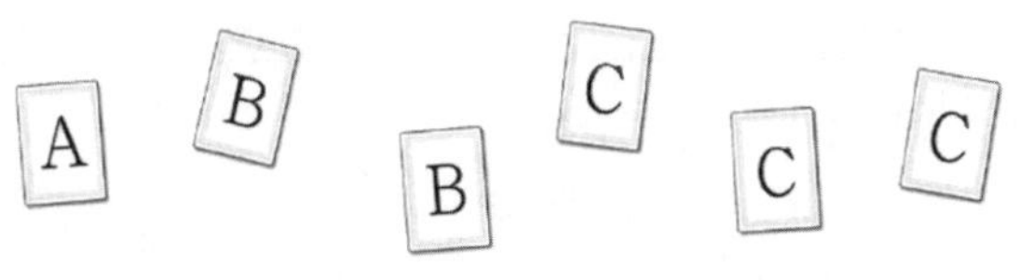

① 24 ② 26 ③ 28
④ 30 ⑤ 32

072 2022학년도 수능 확통

다음 조건을 만족시키는 자연수 a, b, c, d, e의 모든 순서쌍 (a, b, c, d, e)의 개수는? [3점]

> (가) $a+b+c+d+e=12$
> (나) $|a^2-b^2|=5$

① 30 ② 32 ③ 34
④ 36 ⑤ 38

073 2022년 고3 3월 교육청 확통

그림과 같이 같은 종류의 책 8권과 이 책을 각 칸에 최대 5권, 5권, 8권을 꽂을 수 있는 3개의 칸으로 이루어진 책장이 있다. 이 책 8권을 책장에 남김없이 나누어 꽂는 경우의 수는? (단, 비어 있는 칸이 있을 수 있다.) [3점]

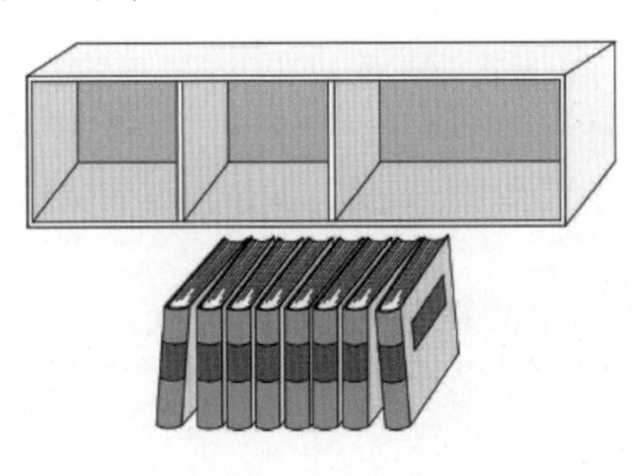

① 31 ② 32 ③ 33
④ 34 ⑤ 35

네 문자 a, b, X, Y 중에서 중복을 허락하여 6개를 택해 일렬로 나열하고 한다. 다음 조건이 성립하도록 나열하는 경우의 수는? [3점]

> (가) 양 끝 모두에 대문자가 나온다.
> (나) a는 한 번만 나온다.

① 384 ② 408 ③ 432
④ 456 ⑤ 480

빨간색 카드 4장, 파란색 카드 2장, 노란색 카드 1장이 있다. 이 7장의 카드를 세 명의 학생에게 남김없이 나누어 줄 때, 3가지 색의 카드를 각각 한 장 이상 받는 학생이 있도록 나누어 주는 경우의 수는? (단, 같은 색 카드끼리는 서로 구별하지 않고, 카드를 받지 못하는 학생이 있을 수 있다.) [3점]

① 78 ② 84 ③ 90
④ 96 ⑤ 102

숫자 1, 2, 3, 4, 5 중에서 중복을 허락하여 5개를 택해 일렬로 나열하여 만든 다섯 자리의 자연수 중에서 다음 조건을 만족시키는 N의 개수는? [3점]

> (가) N은 홀수이다.
> (나) $10000 < N < 30000$

① 720 ② 730 ③ 740
④ 750 ⑤ 760

어느 행사장에는 현수막을 1개씩 설치할 수 있는 장소가 5곳이 있다. 현수막은 A, B, C 세 종류가 있고, A는 1개, B는 4개, C는 2개가 있다. 다음 조건을 만족시키도록 현수막 5개를 택하여 5곳에 설치할 때, 그 결과로 나타날 수 있는 경우의 수는? (단, 같은 종류의 현수막끼리는 구분하지 않는다.) [3점]

> (가) A는 반드시 설치한다.
> (나) B는 2곳 이상 설치한다.

① 55 ② 65 ③ 75
④ 85 ⑤ 95

078 2014학년도 고3 6월 평가원 B형

고구마피자, 새우피자, 불고기피자 중에서 m개를 주문하는
경우의 수가 36일 때, 고구마피자, 새우피자, 불고기피자를
적어도 하나씩 포함하여 m개를 주문하는 경우의 수는? [3점]

① 12 ② 15 ③ 18

④ 21 ⑤ 24

079 2021년 고3 3월 교육청 확통

숫자 $1, 2, 3, 3, 4, 4, 4$가 하나씩 적힌 7장의 카드를 모두
한 번씩 사용하여 일렬로 나열할 때, 1이 적힌 카드와 2가
적힌 카드 사이에 두 장 이상의 카드가 있도록 나열하는
경우의 수는? [3점]

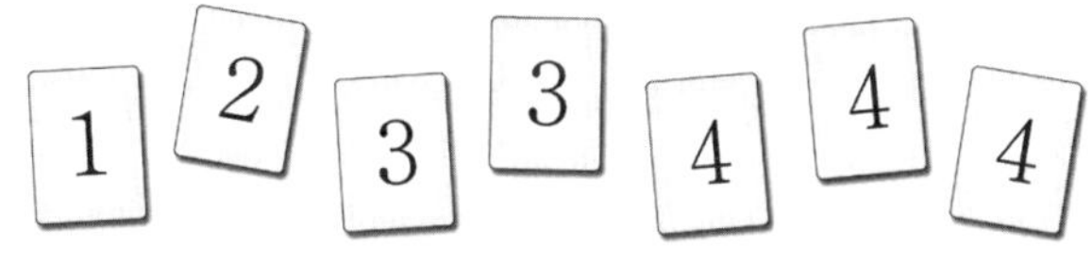

① 180 ② 185 ③ 190

④ 195 ⑤ 200

080 2019학년도 수능 가형

네 명의 학생 A, B, C, D에게 같은 종류의 초콜릿 8개를
다음 규칙에 따라 남김없이 나누어 주는 경우의 수는? [3점]

> (가) 각 학생은 적어도 1개의 초콜릿을 받는다.
> (나) 학생 A는 학생 B보다 더 많은 초콜릿을 받는다.

① 11 ② 13 ③ 15

④ 17 ⑤ 19

081 2022학년도 수능예비시행 확통

집합 $X=\{1, 2, 3, 4\}$에 대하여 다음 조건을 만족시키는
모든 함수 $f : X \to X$의 개수는? [3점]

> (가) $f(1)+f(2)+f(3) \geq 3f(4)$
> (나) $k=1, 2, 3$일 때, $f(k) \neq f(4)$이다.

① 41 ② 45 ③ 49

④ 53 ⑤ 57

082 2010학년도 고3 9월 평가원 나형

다음 표와 같이 3개 과목에 각각 2개의 수준으로 구성된
6개의 과제가 있다. 각 과목의 과제는 수준 Ⅰ의 과제를
제출한 후에만 수준 Ⅱ의 과제를 제출할 수 있다.

예를 들어

'국어 A → 수학 A → 국어 B → 영어 A → 영어 B → 수학 B'

순서로 과제를 제출할 수 있다.

수준 \ 과목	국어	수학	영어
Ⅰ	국어 A	수학 A	영어 A
Ⅱ	국어 B	수학 B	영어 B

6개의 과제를 모두 제출할 때, 제출 순서를 정하는 경우의
수를 구하시오. [4점]

083 2021년 고3 3월 교육청 확통

5 이하의 자연수 a, b, c, d에 대하여 부등식

$$a \leq b+1 \leq c \leq d$$

를 만족시키는 모든 순서쌍 (a, b, c, d)의 개수를 구하시오.
[4점]

세 정수 a, b, c 에 대하여

$$1 \leq |a| \leq |b| \leq |c| \leq 5$$

를 만족시키는 모든 순서쌍 (a, b, c) 의 개수는? [4점]

① 360   ② 320   ③ 280

④ 240   ⑤ 200

다음 조건을 만족시키는 음이 아닌 정수 a, b, c의 모든 순서쌍 (a, b, c) 의 개수를 구하시오. [4점]

(가) $a+b+c=14$
(나) $(a-2)(b-2)(c-2) \neq 0$

세 학생 A, B, C를 포함한 6명의 학생이 있다. 이 6명의 학생이 일정한 간격을 두고 원 모양의 탁자에 다음 조건을 만족시키도록 모두 둘러앉는 경우의 수를 구하시오. (단, 회전하여 일치하는 것은 같은 것으로 본다.) [4점]

(가) A와 B는 이웃한다.
(나) B와 C는 이웃하지 않는다.

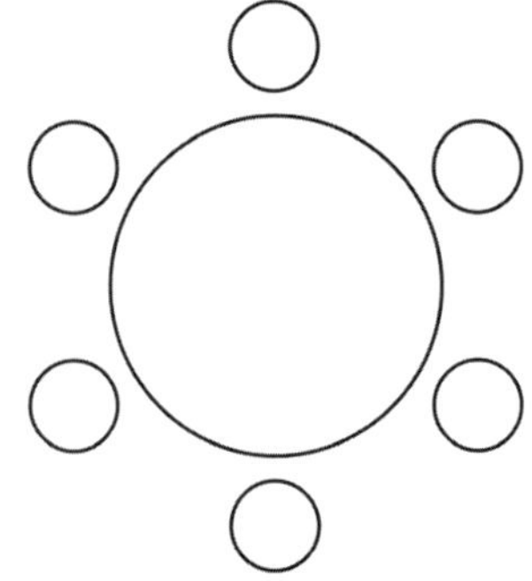

방정식 $x+y+z+5w=14$를 만족시키는 양의 정수 x, y, z, w의 모든 순서쌍 (x, y, z, w) 의 개수는? [4점]

① 27   ② 29   ③ 31

④ 33   ⑤ 35

같은 종류의 볼펜 6개, 같은 종류의 연필 6개, 같은 종류의 지우개 6개가 필통에 들어 있다. 이 필통에서 8개를 동시에 꺼내는 경우의 수는? (단, 같은 종류끼리는 서로 구별하지 않는다.) [4점]

① 18   ② 24   ③ 30

④ 36   ⑤ 42

네 개의 자연수 1, 2, 4, 8 중에서 중복을 허락하여 세 수를 선택할 때, 세 수의 곱이 100 이하가 되도록 선택하는 경우의 수는? [4점]

① 12   ② 14   ③ 16

④ 18   ⑤ 20

090 2022학년도 고3 6월 평가원 확통 ☐☐☐☐☐

1 부터 6까지의 자연수가 하나씩 적혀 있는 6개의 의자가
있다. 이 6개의 의자를 일정한 간격을 두고 원형으로
배열할 때, 서로 이웃한 2개의 의자에 적혀 있는 수의 곱이
12가 되지 않도록 배열하는 경우의 수를 구하시오.
(단, 회전하여 일치하는 것은 같은 것으로 본다.) [4점]

091 2019학년도 사관학교 나형 ☐☐☐☐☐

흰색 탁구공 3개와 주황색 탁구공 4개를 서로 다른 3개의
비어 있는 상자 A, B, C에 남김없이 넣으려고 할 때,
다음 조건을 만족시키도록 넣는 경우의 수는? (단, 탁구공을
하나도 넣지 않은 상자가 있을 수 있다.) [4점]

> (가) 상자 A에는 흰색 탁구공을 1개 이상 넣는다.
> (나) 흰색 탁구공만 들어 있는 상자는 없도록 넣는다.

① 35　　② 37　　③ 39
④ 41　　⑤ 43

092 2017학년도 고3 9월 평가원 가형 ☐☐☐☐☐

각 자리의 수가 0이 아닌 네 자리의 자연수 중 각 자리의
수의 합이 7인 모든 자연수의 개수는? [4점]

① 11　　② 14　　③ 17
④ 20　　⑤ 23

093 2017년 고3 3월 교육청 가형 ☐☐☐☐☐

여학생 3명과 남학생 6명이 원탁에 같은 간격으로
둘러앉으려고 한다. 각각의 여학생 사이에는 1명 이상의
남학생이 앉고 각각의 여학생 사이에 앉은 남학생의 수는
모두 다르다. 9명의 학생이 모두 앉는 경우의 수가
$n \times 6!$ 일 때, 자연수 n의 값은? (단, 회전하여 일치하는
것들은 같은 것으로 본다.) [4점]

① 10　　② 12　　③ 14
④ 16　　⑤ 18

094 2018학년도 고3 9월 평가원 나형 ☐☐☐☐☐

다음 조건을 만족시키는 음이 아닌 정수 x, y, z의 모든 순서쌍 (x, y, z)의 개수는? [4점]

> (가) $x+y+z=10$
> (나) $0 < y+z < 10$

① 39 ② 44 ③ 49

④ 54 ⑤ 59

---

095 2019학년도 고3 9월 평가원 나형 ☐☐☐☐☐

서로 다른 종류의 사탕 3개와 같은 종류의 구슬 7개를 같은 종류의 주머니 3개에 남김없이 나누어 넣으려고 한다. 각 주머니에 사탕과 구슬이 각각 1개 이상씩 들어가도록 나누어 넣는 경우의 수는? [4점]

① 11 ② 12 ③ 13

④ 14 ⑤ 15

---

096 2016학년도 고3 9월 평가원 A형 ☐☐☐☐☐

다음 조건을 만족시키는 음이 아닌 정수 a, b, c, d의 모든 순서쌍 (a, b, c, d)의 개수는? [4점]

> (가) $a+b+c+3d=10$
> (나) $a+b+c \leq 5$

① 18 ② 20 ③ 22

④ 24 ⑤ 26

---

097 2016학년도 수능 A형 ☐☐☐☐☐

다음 조건을 만족시키는 음이 아닌 정수 a, b, c, d, e의 모든 순서쌍 (a, b, c, d, e)의 개수는? [4점]

> (가) a, b, c, d, e 중에서 0의 개수는 2이다.
> (나) $a+b+c+d+e=10$

① 240 ② 280 ③ 320

④ 360 ⑤ 400

---

098 2015학년도 수능 A형 ☐☐☐☐☐

연립방정식 $\begin{cases} x+y+z+3w=14 \\ x+y+z+w=10 \end{cases}$ 을 만족시키는 음이 아닌 정수 x, y, z, w의 모든 순서쌍 (x, y, z, w)의 개수는? [4점]

① 40 ② 45 ③ 50

④ 55 ⑤ 60

---

099 2021학년도 고3 6월 평가원 나형 ☐☐☐☐☐

다음 조건을 만족시키는 음이 아닌 정수 a, b, c, d의 모든 순서쌍 (a, b, c, d)의 개수를 구하시오. [4점]

> (가) $a+b+c+d=6$
> (나) a, b, c, d 중에서 적어도 하나는 0이다.

100 2021학년도 사관학교 나형 ◯◯◯◯◯

다음 조건을 만족시키는 자연수 a, b, c, d, e 의 모든 순서쌍 (a, b, c, d, e) 의 개수를 구하시오. [4점]

> (가) $a+b+c+d+e=10$
> (나) ab 는 홀수이다.

101 2021년 고3 3월 교육청 확통 ◯◯◯◯◯

두 집합

$$X=\{1, 2, 3, 4, 5\}, \quad Y=\{2, 4, 6, 8, 10, 12\}$$

에 대하여 X 에서 Y 로의 함수 f 중에서 다음 조건을 만족시키는 함수의 개수는? [4점]

> (가) $f(2) < f(3) < f(4)$
> (나) $f(1) > f(3) > f(5)$

① 100   ② 102   ③ 104

④ 106   ⑤ 108

102 2018년 고3 3월 교육청 가형 ◯◯◯◯◯

세 문자 A, B, C에서 중복을 허락하여 각각 홀수 개씩 모두 7개를 선택하여 일렬로 나열하는 경우의 수를 구하시오. (단, 모든 문자는 한 개 이상씩 선택한다.) [4점]

103 2019학년도 고3 6월 평가원 가형 ◯◯◯◯◯

세 문자 a, b, c 중에서 중복을 허락하여 4개를 택해 일렬로 나열할 때, 문자 a 가 두 번 이상 나오는 경우의 수를 구하시오. [4점]

104 2015학년도 고3 9월 평가원 B형 ◯◯◯◯◯

자연수 n 에 대하여 $abc=2^n$ 을 만족시키는 1보다 큰 자연수 a, b, c 의 순서쌍 (a, b, c) 의 개수가 28일 때, n 의 값을 구하시오. [4점]

105 2020년 고3 10월 교육청 가형 ◯◯◯◯◯

세 명의 학생 A, B, C에게 같은 종류의 빵 3개와 같은 종류의 우유 4개를 남김없이 나누어 주려고 한다. 빵만 받는 학생은 없고, 학생 A는 빵을 1개 이상 받도록 나누어 주는 경우의 수를 구하시오. (단, 우유를 받지 못하는 학생이 있을 수 있다.) [4점]

다음 조건을 만족시키는 자연수 a, b, c의 모든 순서쌍 (a, b, c)의 개수를 구하시오. [4점]

> (가) $a \times b \times c$는 홀수이다.
> (나) $a \leq b \leq c \leq 20$

사과, 감, 배, 귤 네 종류의 과일 중에서 8개를 선택하려고 한다. 사과는 1개 이하를 선택하고, 감, 배, 귤은 각각 1개 이상을 선택하는 경우의 수를 구하시오. (단, 각 종류의 과일은 8개 이상씩 있다.) [4점]

그림과 같이 서로 접하고 크기가 같은 원 3개와 이 세 원의 중심을 꼭짓점으로 하는 정삼각형이 있다. 원의 내부 또는 정삼각형의 내부에 만들어지는 7개의 영역에 서로 다른 7가지 색을 모두 사용하여 칠하려고 한다. 한 영역에 한 가지 색만을 칠할 때, 색칠한 결과로 나올 수 있는 경우의 수는? (단, 회전하여 일치하는 것은 같은 것으로 본다.) [4점]

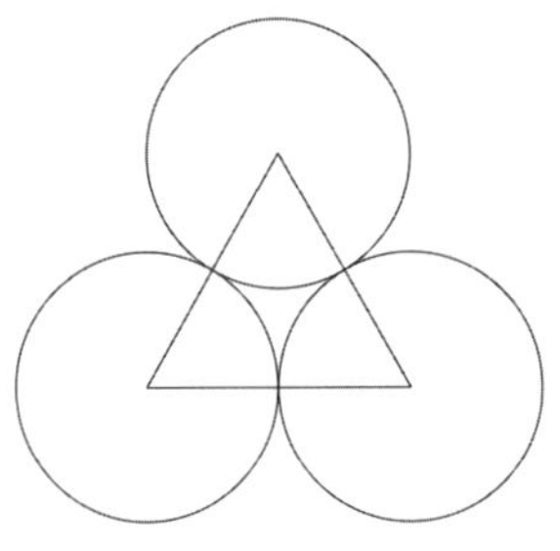

① 1260　　② 1680　　③ 2520

④ 3760　　⑤ 5040

다음 조건을 만족시키는 2 이상의 자연수 a, b, c, d의 모든 순서쌍 (a, b, c, d)의 개수를 구하시오. [4점]

> (가) $a + b + c + d = 20$
> (나) a, b, c는 모두 d의 배수이다.

다음 조건을 만족시키는 음이 아닌 정수 a, b, c의 모든 순서쌍 (a, b, c)의 개수는? [4점]

> (가) $a + b + c = 6$
> (나) 좌표평면에서 세 점 $(1, a)$, $(2, b)$, $(3, c)$가 한 직선 위에 있지 않다.

① 19　　② 20　　③ 21

④ 22　　⑤ 23

서로 다른 과일 5개를 3개의 그릇 A, B, C에 남김없이 담으려고 할 때, 그릇 A에는 과일 2개만 담는 경우의 수는? (단, 과일을 하나도 담지 않은 그릇이 있을 수 있다.) [4점]

① 60　　② 65　　③ 70

④ 75　　⑤ 80

112 

다음 조건을 만족시키는 음이 아닌 정수 x, y, z, u의 모든 순서쌍 (x, y, z, u)의 개수를 구하시오. [4점]

> (가) $x+y+z+u=6$
> (나) $x \neq u$

113 2020학년도 수능 가형

다음 조건을 만족시키는 음이 아닌 정수 a, b, c, d의 모든 순서쌍 (a, b, c, d)의 개수는? [4점]

> (가) $a+b+c-d=9$
> (나) $d \leq 4$이고 $c \geq d$이다.

① 265   ② 270   ③ 275

④ 280   ⑤ 285

114 2018학년도 수능 가형

서로 다른 공 4개를 남김없이 서로 다른 상자 4개에 나누어 넣으려고 할 때, 넣은 공의 개수가 1인 상자가 있도록 넣는 경우의 수는? (단, 공을 하나도 넣지 않은 상자가 있을 수 있다.) [4점]

① 204   ② 208   ③ 212

④ 216   ⑤ 220

115

집합 $X=\{1, 2, 3, 4, 5, 6, 7\}$에 대하여 다음 조건을 만족시키는 함수 $f : X \to X$의 개수를 구하시오. [4점]

> (가) 함수 f의 치역의 원소의 개수는 3이다.
> (나) 집합 X의 임의의 두 원소 x_1, x_2에 대하여
> $x_1 < x_2$이면 $f(x_1) \leq f(x_2)$이다.

116

어느 수영장에 1번부터 8번까지 8개의 레인이 있다. 3명의 학생이 서로 다른 레인의 번호를 각각 1개씩 선택할 때, 3명의 학생이 선택한 레인의 세 번호 중 어느 두 번호도 연속되지 않도록 선택하는 경우의 수를 구하시오. [4점]

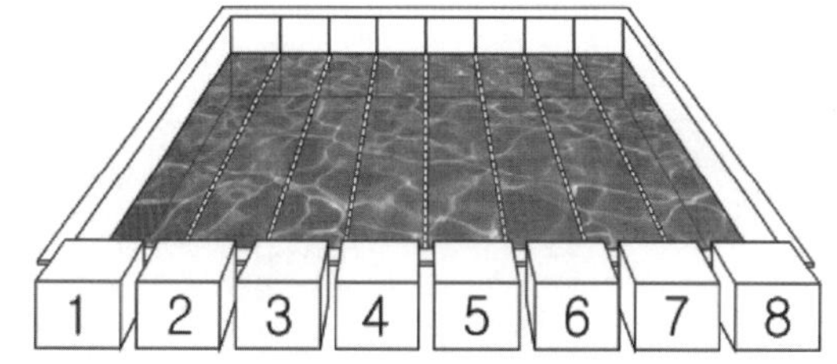

117 2017학년도 수능 가형

다음 조건을 만족시키는 음이 아닌 정수 a, b, c의 모든 순서쌍 (a, b, c)의 개수를 구하시오. [4점]

> (가) $a+b+c=7$
> (나) $2^a \times 4^b$은 8의 배수이다.

다음 조건을 만족시키는 음이 아닌 정수 a, b, c, d의 모든 순서쌍 (a, b, c, d)의 개수를 구하시오. [4점]

(가) $a+b+c+d=12$
(나) $a \neq 2$이고 $a+b+c \neq 10$이다.

다음 조건을 만족시키는 모든 자연수의 개수를 구하시오. [4점]

(가) 네 자리의 홀수이다.
(나) 각 자리의 합이 8보다 작다.

숫자 1, 2, 3, 4, 5, 6 중에서 중복을 허락하여 다섯 개를 다음 조건을 만족시키도록 선택한 후, 일렬로 나열하여 만들 수 있는 모든 다섯 자리의 자연수의 개수를 구하시오. [4점]

(가) 각각의 홀수는 선택하지 않거나 한 번만 선택한다.
(나) 각각의 짝수는 선택하지 않거나 두 번만 선택한다.

한 개의 주사위를 한 번 던져 나온 눈의 수가 3 이하이면 나온 눈의 수를 점수를 얻고, 나온 눈의 수가 4 이상이면 0점을 얻는다. 이 주사위를 네 번 던져 나온 눈의 수를 차례로 a, b, c, d라 할 때, 얻은 네 점수의 합이 4가 되는 모든 순서쌍 (a, b, c, d)의 개수는? [4점]

① 187   ② 190   ③ 193

④ 196   ⑤ 199

집합 $X = \{1, 2, 3, 4, 5, 6\}$에 대하여 다음 조건을 만족시키는 함수 $f : X \rightarrow X$의 개수는? [4점]

(가) $f(3)+f(4)$는 5의 배수이다.
(나) $f(1) < f(3)$이고 $f(2) < f(3)$이다.
(다) $f(4) < f(5)$이고 $f(4) < f(6)$이다.

① 384   ② 394   ③ 404

④ 414   ⑤ 424

집합 $X = \{1, 2, 3, 4, 5\}$에 대하여 다음 조건을 만족시키는 함수 $f : X \rightarrow X$의 개수를 구하시오. [4점]

(가) $f(f(1))=4$
(나) $f(1) \leq f(3) \leq f(5)$

124 2022년 고3 3월 교육청 확통

세 명의 학생 A, B, C에게 서로 다른 종류의 사탕 5개를 다음 규칙에 따라 남김없이 나누어 주는 경우의 수는? (단, 사탕을 받지 못하는 학생이 있을 수 있다.) [4점]

> (가) 학생 A는 적어도 하나의 사탕을 받는다.
> (나) 학생 B가 받는 사탕의 개수는 2 이하이다.

① 167 　　② 170 　　③ 173

④ 176 　　⑤ 179

125 2022학년도 수능 확통

두 집합 $X=\{1, 2, 3, 4, 5\}$, $Y=\{1, 2, 3, 4\}$에 대하여 다음 조건을 만족시키는 X에서 Y로의 함수 f의 개수는? [4점]

> (가) 집합 X의 모든 원소 x에 대하여 $f(x) \geq \sqrt{x}$ 이다.
> (나) 함수 f의 치역의 원소의 개수는 3이다.

① 128 　　② 138 　　③ 148

④ 158 　　⑤ 168

126 2024학년도 수능 확통

다음 조건을 만족시키는 6 이하의 자연수 a, b, c, d의 모든 순서쌍 (a, b, c, d)의 개수를 구하시오. [4점]

> $a \leq c \leq d$이고 $b \leq c \leq d$이다.

127 2024학년도 고3 6월 평가원 확통

그림과 같이 2장의 검은색 카드와 1부터 8까지의 자연수가 하나씩 적혀 있는 8장의 흰색 카드가 있다. 이 카드를 모두 한 번씩 사용하여 왼쪽에서 오른쪽으로 일렬로 배열할 때, 다음 조건을 만족시키는 경우의 수를 구하시오. (단, 검은색 카드는 서로 구별하지 않는다.) [4점]

> (가) 흰색 카드에 적힌 수가 작은 수부터 크기순으로 왼쪽에서 오른쪽으로 배열되도록 카드가 놓여 있다.
> (나) 검은색 카드 사이에는 흰색 카드가 2장 이상 놓여 있다.
> (다) 검은색 카드 사이에는 3의 배수가 적힌 흰색 카드가 1장 이상 놓여 있다.

128 2024학년도 고3 6월 평가원 확통

집합 $X=\{1, 2, 3, 4, 5\}$에 대하여 다음 조건을 만족시키는 함수 $f : X \to X$의 개수는? [4점]

> (가) $f(1) \times f(3) \times f(5)$는 홀수이다.
> (나) $f(2) < f(4)$
> (다) 함수 f의 치역의 원소의 개수는 3이다.

① 128 　　② 132 　　③ 136

④ 140 　　⑤ 144

129 2024학년도 고3 9월 평가원 확통 ⬡⬡⬡⬡⬡

다음 조건을 만족시키는 13 이하의 자연수 a, b, c, d의 모든 순서쌍 (a, b, c, d)의 개수를 구하시오. [4점]

> (가) $a \leq b \leq c \leq d$
> (나) $a \times d$는 홀수이고, $b+c$는 짝수이다.

---

130 2025학년도 고3 6월 평가원 확통 ⬡⬡⬡⬡⬡

집합 $X = \{-2, -1, 0, 1, 2\}$에 대하여 다음 조건을 만족시키는 함수 $f : X \to X$의 개수를 구하시오. [4점]

> (가) X의 모든 원소 x에 대하여 $x + f(x) \in X$이다.
> (나) $x = -2, -1, 0, 1$일 때 $f(x) \geq f(x+1)$이다.

---

131 2025학년도 고3 9월 평가원 확통 ⬡⬡⬡⬡⬡

흰 공 4개와 검은 공 4개를 세 명의 학생 A, B, C에게 다음 규칙에 따라 남김없이 나누어 주는 경우의 수를 구하시오. (단, 같은 색 공끼리는 서로 구별하지 않고, 공을 받지 못하는 학생이 있을 수 있다.) [4점]

> (가) 학생 A가 받는 공의 개수는 0 이상 2 이하이다.
> (나) 학생 B가 받는 공의 개수는 2 이상이다.

---

132 2025학년도 수능 확통 ⬡⬡⬡⬡⬡

집합 $X = \{1, 2, 3, 4, 5, 6\}$에 대하여 다음 조건을 만족시키는 함수 $f : X \to X$의 개수는? [4점]

> (가) $f(1) \times f(6)$의 값이 6의 약수이다.
> (나) $2f(1) \leq f(2) \leq f(3) \leq f(4) \leq f(5) \leq 2f(6)$

① 166 ② 171 ③ 176
④ 181 ⑤ 186

1. 여러 가지 순열과 중복조합

세 명의 학생 A, B, C에게 같은 종류의 사탕 6개와 같은 종류의 초콜릿 5개를 다음 규칙에 따라 남김없이 나누어 주는 경우의 수를 구하시오. [4점]

> (가) 학생 A가 받는 사탕의 개수는 1 이상이다.
> (나) 학생 B가 받는 초콜릿의 개수는 1 이상이다.
> (다) 학생 C가 받는 사탕의 개수와 초콜릿의 개수의 합은 1 이상이다.

다음 조건을 만족시키는 1보다 큰 자연수 a, b, c, d의 모든 순서쌍 (a, b, c, d)의 개수를 구하시오.

> (가) $abcd = 2^{14}$
> (나) $(\log a)(\log b) \neq 6(\log 2)^2$

주머니 속에 네 개의 숫자 0, 1, 2, 3이 각각 하나씩 적혀 있는 공 4개가 들어 있다. 이 주머니에서 1개의 공을 꺼내어 공에 적혀 있는 수를 확인한 후 다시 넣는다. 이 과정을 3번 반복할 때, 꺼낸 공에 적혀 있는 수를 차례로 a, b, c라 하자. $\dfrac{bc}{a}$가 정수가 되도록 하는 모든 순서쌍 (a, b, c)의 개수를 구하시오. [4점]

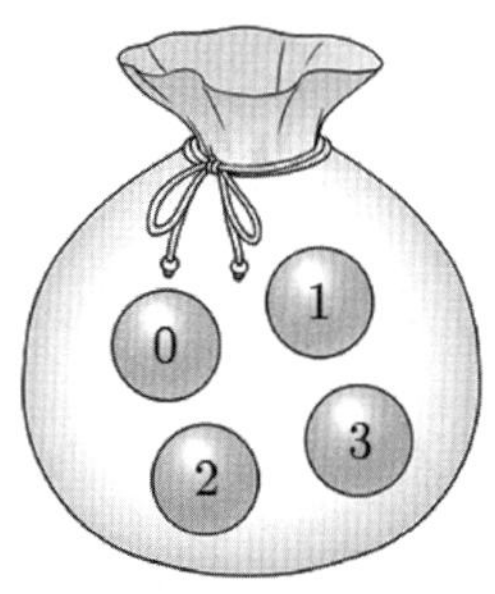

세 수 0, 1, 2 중에서 중복을 허락하여 다섯 개의 수를 택해 다음 조건을 만족시키도록 일렬로 배열하여 자연수를 만든다.

> (가) 다섯 자리의 자연수가 되도록 배열한다.
> (나) 1끼리는 서로 이웃하지 않도록 배열한다.

예를 들어 20200, 12201은 조건을 만족시키는 자연수이고 11020은 조건을 만족시키지 않는 자연수이다. 만들 수 있는 모든 자연수의 개수는? [4점]

① 88　　　　② 92　　　　③ 96

④ 100　　　　⑤ 104

137

전체집합 $U = \{1,\ 2,\ 3,\ 4,\ 5\}$ 의 두 부분집합 A, B에 대하여

$$A \cup B = U, \quad n(A \cap B) \leq 2$$

를 만족시키는 두 집합 A, B의 모든 순서쌍 $(A,\ B)$ 의 개수를 구하시오.

138

다음 조건을 만족시키는 음이 아닌 정수 $x,\ y,\ z,\ w$ 의 모든 순서쌍 $(x,\ y,\ z,\ w)$ 의 개수를 구하시오.

(가) $x + y + z + w = 5$
(나) $x \neq z$ 이고 $(x-z)(y-w) \geq 0$ 이다.

139

1, 2, 3, 4, 5를 중복 사용해서 세 자리 자연수를 만들려고 한다. 이때 3의 배수인 세 자리 자연수의 개수를 구하시오.

140

규토는 숫자 '0' 5개와 숫자 '1' 5개를 가지고 다음 규칙을 적용하여 프로그램 코드를 만들려고 한다.

[규칙] 연속한 두 숫자가 01이면 오류가 발생한다.
  예를 들어 111은 정상으로 작동하고 101은
  오류가 발생한다.

10개의 숫자 중에서 6개를 택하고 나열하여 코드를 만들 때, 오류가 한 번만 발생하는 경우의 수를 구하시오.

연필 7자루와 볼펜 4자루를 다음 조건을 만족시키도록
여학생 3명과 남학생 2명에게 남김없이 나누어 주는
경우의 수를 구하시오. (단, 연필끼리는 서로 구별하지 않고,
볼펜끼리도 서로 구별하지 않는다.) [4점]

> (가) 여학생이 각각 받는 연필의 개수는 서로 같고,
> 　　　남학생이 각각 받는 볼펜의 개수도 서로 같다.
> (나) 여학생은 연필을 1자루 이상 받고, 볼펜을 받지
> 　　　못하는 여학생이 있을 수 있다.
> (다) 남학생은 볼펜을 1자루 이상 받고, 연필을 받지
> 　　　못하는 남학생이 있을 수 있다.

흰 공 4개와 검은 공 6개를 세 상자 A, B, C에 남김없이
나누어 넣을 때, 각 상자에 공이 2개 이상씩 들어가도록
나누어 넣는 경우의 수를 구하시오. (단, 같은 색 공끼리는
서로 구별하지 않는다.) [4점]

다음 조건을 만족시키는 자연수 x, y, z의 모든 순서쌍
$(x,\ y,\ z)$의 개수를 구하시오.

> (가) $xyz = 700$
> (나) $\dfrac{10}{x} \neq \dfrac{y}{10}$

다음 조건을 만족시키는 음이 아닌 정수 x_1, x_2, x_3, x_4의
모든 순서쌍 $(x_1,\ x_2,\ x_3,\ x_4)$의 개수는? [4점]

> (가) $n = 1,\ 2,\ 3$일 때, $x_{n+1} - x_n \geq 2$ 이다.
> (나) $x_4 \leq 12$

① 210　　　② 220　　　③ 230

④ 240　　　⑤ 250

145 2021학년도 고3 6월 평가원 가형

검은색 볼펜 1자루, 파란색 볼펜 4자루, 빨간색 볼펜
4자루 가 있다. 이 9자루의 볼펜 중에서 5자루를 선택하여
2명의 학생에게 남김없이 나누어 주는 경우의 수를
구하시오. (단, 같은 색 볼펜끼리는 서로 구별하지 않고,
볼펜을 1자루도 받지 못하는 학생이 있을 수 있다.) [4점]

146 2020년 고3 7월 교육청 나형

흰 공 2개, 빨간 공 3개, 검은 공 3개를 3명의 학생에게
남김없이 나누어 주려고 한다. 흰 공을 받은 학생은
빨간 공과 검은 공도 반드시 각각 1개 이상 받도록 나누어
주는 경우의 수를 구하시오. (단, 같은 색의 공은 서로 구별
하지 않고, 공을 하나도 받지 못하는 학생은 없다.) [4점]

147

같은 종류의 흰 공 5개와 서로 다른 종류의 검은 공 2개를
같은 종류의 비어 있는 주머니 3개에 빈 주머니가 없도록
남김없이 나누어 넣는 경우의 수를 구하시오.

148

다음 조건을 만족시키는 음이 아닌 정수 x, y, z, w의
모든 순서쌍 (x, y, z, w)의 개수를 구하시오.

> (가) $x+y+z+w=6$
>
> (나) $xy \neq zw$

숫자 1, 2, 3, 4 중에서 중복을 허락하여 네 개를 선택한 후 일렬로 나열할 때, 다음 조건을 만족시키도록 나열하는 경우의 수를 구하시오. [4점]

> (가) 숫자 1은 한 번 이상 나온다.
> (나) 이웃한 두 수의 차는 모두 2 이하이다.

네 명의 학생 A, B, C, D에게 같은 종류의 사인펜 14개를 다음 규칙에 따라 남김없이 나누어 주는 경우의 수를 구하시오. [4점]

> (가) 각 학생은 1개 이상의 사인펜을 받는다.
> (나) 각 학생이 받는 사인펜의 개수는 9 이하이다.
> (다) 적어도 한 학생은 짝수 개의 사인펜을 받는다.

두 집합 $X = \{1, 2, 3, 4, 5, 6, 7, 8\}$, $Y = \{1, 2, 3\}$에 대하여 다음 조건을 만족시키는 모든 함수 $f : X \to Y$의 개수는? [4점]

> (가) 집합 X의 임의의 두 원소 x_1, x_2에 대하여
> $x_1 < x_2$ 이면 $f(x_1) \le f(x_2)$ 이다.
> (나) 집합 X의 모든 원소 x에 대하여
> $(f \circ f \circ f)(x) = 1$ 이다.

① 24   ② 27   ③ 30

④ 33   ⑤ 36

집합 $X = \{1, 2, 3, 4, 5\}$와 함수 $f : X \to X$에 대하여 함수 f의 치역을 A, 합성함수 $f \circ f$의 치역을 B라 할 때, 다음 조건을 만족시키는 함수 f의 개수를 구하시오. [4점]

> (가) $n(A) \le 3$
> (나) $n(A) = n(B)$
> (다) 집합 X의 모든 원소 x에 대하여 $f(x) \ne x$ 이다.

153 2023학년도 수능 확통

집합 $X = \{x \mid x$는 10 이하의 자연수$\}$에 대하여 다음 조건을 만족시키는 함수 $f : X \to X$의 개수를 구하시오. [4점]

> (가) 9 이하의 모든 자연수 x에 대하여
> $\quad f(x) \le f(x+1)$이다.
> (나) $1 \le x \le 5$일 때 $f(x) \le x$이고,
> $\quad 6 \le x \le 10$일 때 $f(x) \ge x$이다.
> (다) $f(6) = f(5) + 6$

154 2022년 고3 3월 교육청 확통

흰색 원판 4개와 검은색 원판 4개에 각각 A, B, C, D의 문자가 하나씩 적혀 있다. 이 8개의 원판 중에서 4개를 택하여 다음 규칙에 따라 원기둥 모양으로 쌓는 경우의 수를 구하시오. (단, 원판의 크기는 모두 같고, 원판의 두 밑면은 서로 구별하지 않는다.) [4점]

> (가) 선택된 4개의 원판 중 같은 문자가 적힌 원판이
> 있으면 같은 문자가 적힌 원판끼리는 검은색
> 원판이 흰색 원판보다 아래쪽에 놓이도록 쌓는다.
> (나) 선택된 4개의 원판 중 같은 문자가 적힌 원판이
> 없으면 D가 적힌 원판이 맨 아래에 놓이도록
> 쌓는다.

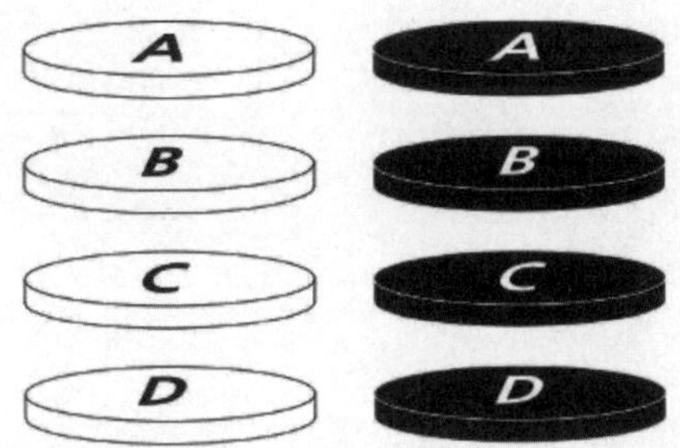

155 2021학년도 수능 가형

네 명의 학생 A, B, C, D에게 검은색 모자 6개와 흰색 모자 6개를 다음 규칙에 따라 남김없이 나누어 주는 경우의 수를 구하시오. (단, 같은 색 모자끼리는 서로 구별하지 않는다.) [4점]

> (가) 각 학생은 1개 이상의 모자를 받는다.
> (나) 학생 A가 받는 검은색 모자의 개수는 4 이상이다.
> (다) 흰색 모자보다 검은색 모자를 더 많이 받는 학생은
> A를 포함하여 2명뿐이다.

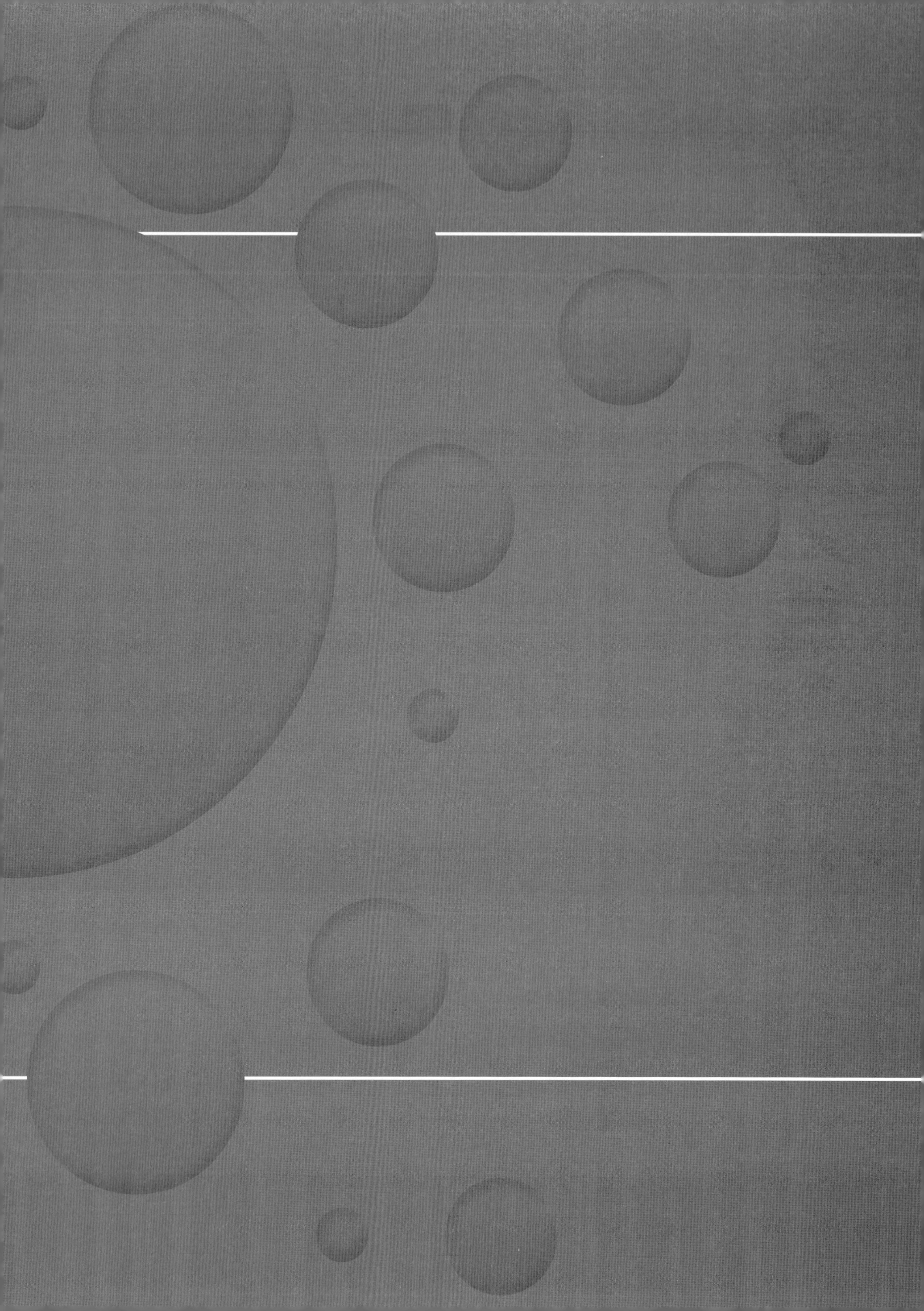

규토 라이트 N제
경우의 수

Guide step
개념 익히기편

2. 이항정리

01 이항정리

성취 기준 – 이항정리를 이해하고, 이를 이용하여 문제를 해결할 수 있다.

개념 파악하기 ▶ (1) 이항정리란 무엇일까?

이항정리의 뜻

조합을 이용하여 $(a+b)^3$의 전개식을 나타내보자.

$(a+b)^3 = (a+b)(a+b)(a+b)$의 전개식에서 a^2b는 세 개의 인수 $(a+b)$ 중 두 개에서 a를 택하고,
남은 한 개에서 b를 택하여 곱한 경우이다.

$$(a+b)(a+b)(a+b)$$

$$\Downarrow \quad \Downarrow \quad \Downarrow$$

$$a \times a \times b = a^2b$$
$$a \times b \times a = a^2b \qquad \Rightarrow \qquad 3a^2b$$
$$b \times a \times a = a^2b$$

즉, a^2b의 계수는 세 인수 중에서 a를 택할 인수 두 개를 뽑는 조합의 수인 $_3\mathrm{C}_2$과 같다.
마찬가지로 생각하면 a^3, ab^2, b^3의 계수는 각각 $_3\mathrm{C}_3$, $_3\mathrm{C}_1$, $_3\mathrm{C}_0$임을 알 수 있다.
따라서 $(a+b)^3$의 전개식은 다음과 같이 나타낼 수 있다.

$$(a+b)^3 = {_3\mathrm{C}_0}b^3 + {_3\mathrm{C}_1}ab^2 + {_3\mathrm{C}_2}a^2b + {_3\mathrm{C}_3}a^3$$

일반적으로 자연수 n에 대하여 $(a+b)^n$의 전개식은 n개의 인수 $(a+b)$에서 각각 a 또는 b를 하나씩 택하여
곱한 항을 모두 더한 것이다. 이때 a^rb^{n-r}은 n개의 인수 $(a+b)$ 중 $r\,(0 \le r \le n)$개의 a를 택하고 남은
$(n-r)$개에서 b를 택하여 이를 곱한 것으로 이 항의 계수는 서로 다른 n개에서 r개를 택하는 조합의 수인 $_n\mathrm{C}_r$와
같다. 따라서 $(a+b)^n$의 전개식은 다음과 같이 나타낼 수 있다.

$$(a+b)^n = {_n\mathrm{C}_0}b^n + {_n\mathrm{C}_1}ab^{n-1} + \cdots + {_n\mathrm{C}_r}a^rb^{n-r} + \cdots + {_n\mathrm{C}_n}a^n$$

이를 **이항정리**라 한다. 각 항의 계수 $_n\mathrm{C}_0$, $_n\mathrm{C}_1$, $\cdots$, $_n\mathrm{C}_r$, $\cdots$, $_n\mathrm{C}_n$을 **이항계수**라 하고,
항 $_n\mathrm{C}_r a^r b^{n-r}$을 **일반항**이라 한다.

Tip 1 $_n\mathrm{C}_0 = {_n\mathrm{C}_n}$, $_n\mathrm{C}_1 = {_n\mathrm{C}_{n-1}}$, $_n\mathrm{C}_2 = {_n\mathrm{C}_{n-2}}$, $\cdots$ 이므로 a^rb^{n-r}과 $a^{n-r}b^r$의 계수는 서로 같다.

Tip 2 같은 것이 있는 순열과 조합은 구조가 같으므로 a^2b의 계수를 a, a, b를 일렬로 배열하는
경우의 수인 $\dfrac{3!}{2!1!}$로 볼 수 있다. $\left(\dfrac{3!}{2!1!} = {_3\mathrm{C}_2} \right)$

Tip 3 n개의 인수 중 a를 n개 택하고 b를 하나도 택하지 않은 것을 a^nb^0으로 나타내고,
$b \ne 0$일 때, $b^0 = 1$로 정한다.

> **이항정리**
>
> n이 자연수일 때, $(a+b)^n = {}_n\mathrm{C}_0 b^n + {}_n\mathrm{C}_1 a b^{n-1} + \cdots + {}_n\mathrm{C}_r a^r b^{n-r} + \cdots + {}_n\mathrm{C}_n a^n$

예제 1

이항정리를 이용하여 다음 식을 전개하시오.

(1) $(x-y)^4$　　　　　　　　　　　　　　　　　　(2) $(a+2b)^3$

풀이

(1) ${}_4\mathrm{C}_0(-y)^4 + {}_4\mathrm{C}_1 x(-y)^3 + {}_4\mathrm{C}_2 x^2(-y)^2 + {}_4\mathrm{C}_3 x^3(-y) + {}_4\mathrm{C}_4 x^4$

$\quad = y^4 - 4xy^3 + 6x^2y^2 - 4x^3y + x^4$

(2) ${}_3\mathrm{C}_0(2b)^3 + {}_3\mathrm{C}_1 a(2b)^2 + {}_3\mathrm{C}_2 a^2(2b) + {}_3\mathrm{C}_3 a^3$

$\quad = 8b^3 + 12ab^2 + 6a^2b + a^3$

개념 확인문제　1　　이항정리를 이용하여 다음 식을 전개하시오.

(1) $(x+y)^4$　　　　　　　(2) $(x-1)^5$　　　　　　　(3) $(2x+1)^3$

예제 2

$\left(x+\dfrac{2}{x}\right)^5$의 전개식에서 x^3의 계수를 구하시오.

풀이

전개식의 일반항은 ${}_5\mathrm{C}_r \, x^r \left(\dfrac{2}{x}\right)^{5-r} = {}_5\mathrm{C}_r \times x^r \times 2^{5-r} \times x^{r-5}$

이때 x^3인 항은 $r+r-5=3$인 경우이므로 $2r-5=3 \Rightarrow 2r=8 \Rightarrow r=4$

따라서 x^3의 계수는 ${}_5\mathrm{C}_4 \times 2 = 10$이다.

개념 확인문제　2　　다음을 구하시오.

(1) $\left(2x+\dfrac{1}{x}\right)^7$의 전개식에서 x^3의 계수　　　　(2) $\left(x-\dfrac{3}{x^2}\right)^6$의 전개식에서 상수항

파스칼의 삼각형

$n=1,\ 2,\ 3,\ \cdots$ 일 때, $(a+b)^n$ 의 이항계수를 차례로 나열하면 다음과 같다.

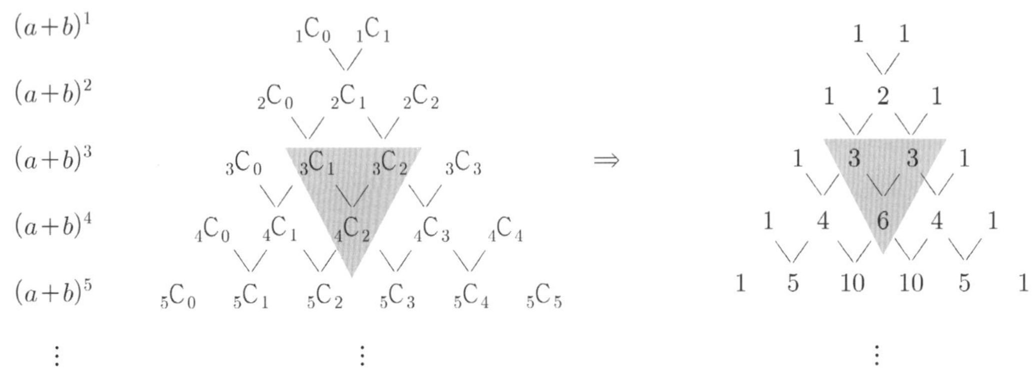

이와 같이 이항계수를 배열한 것을 파스칼의 삼각형이라 한다.
파스칼의 삼각형에서 각 단계의 수는 그 위 단계의 이웃하는 두 수의 합과 같으므로
$_nC_r = {}_{n-1}C_{r-1} + {}_{n-1}C_r$ (단, $1 \le r < n$)이고,
각 단계의 배열은 좌우 대칭이므로 $_nC_r = {}_nC_{n-r}$ 임을 확인할 수 있다.

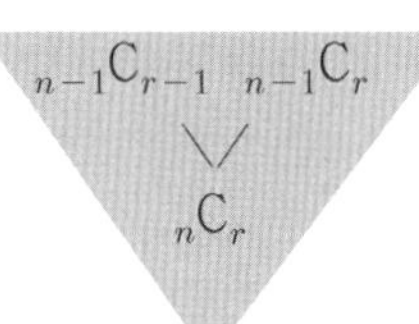

Tip　하키스틱 패턴으로 해석할 수도 있지만 식을 적절히 변형한 뒤 $_nC_r = {}_{n-1}C_{r-1} + {}_{n-1}C_r$ 을
이용하여 계산하는 것을 추천한다. (하키스틱 패턴을 모른다면 굳이 학습할 필요는 없다.)

ex1　$_2C_2 + {}_3C_2 + {}_4C_2$ 의 값을 구하시오.

$_2C_2 = {}_3C_3$ 이므로 $_3C_3 + {}_3C_2 + {}_4C_2 = {}_4C_3 + {}_4C_2 = {}_5C_3$

ex2　$_3C_0 + {}_4C_1 + {}_5C_2 + {}_6C_3$ 의 값을 구하시오.

$_3C_0 = {}_4C_4,\ {}_4C_1 = {}_4C_3,\ {}_5C_2 = {}_5C_3$ 이므로 $_3C_0 + {}_4C_1 + {}_5C_2 + {}_6C_3 = {}_4C_4 + {}_4C_3 + {}_5C_3 + {}_6C_3$ 이고
$_4C_4 + {}_4C_3 + {}_5C_3 + {}_6C_3 = {}_5C_4 + {}_5C_3 + {}_6C_3 = {}_6C_4 + {}_6C_3 = {}_7C_4$

ex3　$x+y+z \le 3$ 를 만족시키는 음이 아닌 정수 $x,\ y,\ z$ 의 모든 순서쌍 $(x,\ y,\ z)$ 의 개수를
구하시오.

여러 가지 순열과 중복조합 training-1step 047번에서 배운 〈쓰레기통 idea〉를 이용하면
$x+y+z+w = 3 \Rightarrow {}_4H_3 = {}_6C_3 = 20$

이번에는 파스칼의 삼각형을 이용하여 구해보자.
$x+y+z = 0 \Rightarrow {}_3H_0 = {}_2C_0 = {}_2C_2$　　　　$x+y+z = 1 \Rightarrow {}_3H_1 = {}_3C_1 = {}_3C_2$

$x+y+z = 2 \Rightarrow {}_3H_2 = {}_4C_2$　　　　$x+y+z = 3 \Rightarrow {}_3H_3 = {}_5C_3 = {}_5C_2$

$\therefore\ {}_2C_2 + {}_3C_2 + {}_4C_2 + {}_5C_2 = {}_3C_3 + {}_3C_2 + {}_4C_2 + {}_5C_2 = {}_4C_3 + {}_4C_2 + {}_5C_2 = {}_5C_3 + {}_5C_2 = {}_6C_3 = 20$

이항계수의 성질

이항정리를 사용하여 $(x+1)^n$ 을 전개하면 $(x+1)^n = {}_n\mathrm{C}_0 + {}_n\mathrm{C}_1 x + {}_n\mathrm{C}_2 x^2 + \cdots + {}_n\mathrm{C}_n x^n$ 이다.

① $\ {}_n\mathrm{C}_0 + {}_n\mathrm{C}_1 + {}_n\mathrm{C}_2 + \cdots + {}_n\mathrm{C}_n = 2^n$

$\quad (x+1)^n = {}_n\mathrm{C}_0 + {}_n\mathrm{C}_1 x + {}_n\mathrm{C}_2 x^2 + \cdots + {}_n\mathrm{C}_n x^n$

이 식에 $x = 1$ 을 대입하면

$2^n = {}_n\mathrm{C}_0 + {}_n\mathrm{C}_1 + {}_n\mathrm{C}_2 + \cdots + {}_n\mathrm{C}_n$

Tip $\ {}_n\mathrm{C}_1$ 이 아니라 ${}_n\mathrm{C}_0$ 부터임을 조심하자.

② $\ {}_n\mathrm{C}_0 + {}_n\mathrm{C}_2 + {}_n\mathrm{C}_4 + \cdots = 2^{n-1}$

$\quad (x+1)^n = {}_n\mathrm{C}_0 + {}_n\mathrm{C}_1 x + {}_n\mathrm{C}_2 x^2 + \cdots + {}_n\mathrm{C}_n x^n$

이 식에 $x = 1$ 을 대입하면

$2^n = {}_n\mathrm{C}_0 + {}_n\mathrm{C}_1 + {}_n\mathrm{C}_2 + \cdots + {}_n\mathrm{C}_n \qquad \cdots \ ㉠$

$\quad (x+1)^n = {}_n\mathrm{C}_0 + {}_n\mathrm{C}_1 x + {}_n\mathrm{C}_2 x^2 + \cdots + {}_n\mathrm{C}_n x^n$

이 식에 $x = -1$ 을 대입하면

$0 = {}_n\mathrm{C}_0 - {}_n\mathrm{C}_1 + {}_n\mathrm{C}_2 - {}_n\mathrm{C}_3 + \cdots \qquad \cdots \ ㉡$

㉠ + ㉡하면

$2^n = 2\left({}_n\mathrm{C}_0 + {}_n\mathrm{C}_2 + {}_n\mathrm{C}_4 + \cdots \right)$

$2^{n-1} = {}_n\mathrm{C}_0 + {}_n\mathrm{C}_2 + {}_n\mathrm{C}_4 + \cdots$

Tip $\ {}_n\mathrm{C}_2$ 이 아니라 ${}_n\mathrm{C}_0$ 부터임을 조심하자.

③ $\ {}_n\mathrm{C}_1 + {}_n\mathrm{C}_3 + {}_n\mathrm{C}_5 + \cdots = 2^{n-1}$

$\quad (x+1)^n = {}_n\mathrm{C}_0 + {}_n\mathrm{C}_1 x + {}_n\mathrm{C}_2 x^2 + \cdots + {}_n\mathrm{C}_n x^n$

이 식에 $x = 1$ 을 대입하면

$2^n = {}_n\mathrm{C}_0 + {}_n\mathrm{C}_1 + {}_n\mathrm{C}_2 + \cdots + {}_n\mathrm{C}_n \qquad \cdots \ ㉠$

$\quad (x+1)^n = {}_n\mathrm{C}_0 + {}_n\mathrm{C}_1 x + {}_n\mathrm{C}_2 x^2 + \cdots + {}_n\mathrm{C}_n x^n$

이 식에 $x = -1$ 을 대입하면

$0 = {}_n\mathrm{C}_0 - {}_n\mathrm{C}_1 + {}_n\mathrm{C}_2 - {}_n\mathrm{C}_3 + \cdots \qquad \cdots \ ㉡$

㉠ − ㉡하면

$2^n = 2\left({}_n\mathrm{C}_1 + {}_n\mathrm{C}_3 + {}_n\mathrm{C}_5 + \cdots \right)$

$2^{n-1} = {}_n\mathrm{C}_1 + {}_n\mathrm{C}_3 + {}_n\mathrm{C}_5 + \cdots$

④ $_{2n-1}C_0 + {}_{2n-1}C_1 + {}_{2n-1}C_2 + \cdots + {}_{2n-1}C_{n-1} = {}_{2n-1}C_n + {}_{2n-1}C_{n+1} + {}_{2n-1}C_{n+2} + \cdots + {}_{2n-1}C_{2n-1}$

$= 2^{2n-1-1} = 2^{2n-2}$

앞 절반의 합과 뒤 절반의 합이 서로 같다.

Tip 1 $_{2n-1}C_r = {}_{2n-1}C_{2n-1-r}$ 임을 이용하면 된다.

Tip 2 $2n-1$ 이니 홀수개인 것처럼 보이지만 $_{2n-1}C_0$ 부터 출발하므로 $2n-1+1 = 2n$ 개다.
즉, 짝수개이다.

개념 확인문제 3 다음의 값을 구하시오.

(1) $_5C_0 + {}_5C_1 + {}_5C_2 + {}_5C_3 + {}_5C_4 + {}_5C_5$

(2) $_9C_1 + {}_9C_3 + {}_9C_5 + {}_9C_7 + {}_9C_9$

(3) $_7C_0 + {}_7C_1 + {}_7C_2 + {}_7C_3$

Training – 1 step
필수 유형편

2. 이항정리

001 □□□□□

다항식 $(2x+1)^5$ 의 전개식에서 x^2 의 계수를 구하시오.

002 □□□□□

다항식 $(ax+2)^4$ 의 전개식에서 x 의 계수와 x^2 의 계수가 같을 때, 양수 a 에 대하여 $60a$ 의 값을 구하시오.

003 □□□□□

$\left(\dfrac{x}{2}+\dfrac{2}{x}\right)^6$ 의 전개식에서 상수항과 x^2 의 계수의 곱을 구하시오.

004 □□□□□

$\left(3x^2+\dfrac{1}{x}\right)^4$ 의 전개식에서 x^5 의 계수를 구하시오.

005 □□□□□

$\left(ax-\dfrac{1}{x}\right)^6$ 의 전개식에서 상수항이 -160 일 때, x^2 의 계수를 구하시오. (단, a 는 상수이다.)

006 □□□□□

다항식 $(x-1)(x+2)^4$ 의 전개식에서 x^2 의 계수를 구하시오.

007 □□□□□

$\left(2x+\dfrac{1}{x^2}\right)(x+a)^6$ 의 전개식에서 x^4 의 계수가 41 일 때, 상수 a 의 값을 구하시오.

008 □□□□□

다항식 $(2x+1)^3(x-3)^4$ 의 전개식에서 x 의 계수를 구하시오.

009 ☐☐☐☐☐

$(x+\sqrt[3]{3})^6$ 의 전개식에서 계수가 유리수인 모든 항의 계수의 합을 구하시오.

010 ☐☐☐☐☐

다항식 $(x^2+3)^5(x^2-3)^5$ 의 전개식에서 x^{12} 의 계수를 구하시오.

Theme 2 이항정리의 활용

011 ☐☐☐☐☐

$\displaystyle\sum_{k=0}^{8} {}_{16}\mathrm{C}_{2k} = a$ 라 할 때, $\log_8 a$ 의 값을 구하시오.

012 ☐☐☐☐☐

$\displaystyle\sum_{k=1}^{5} {}_{5}\mathrm{H}_{k}$ 의 값을 구하시오.

013 ☐☐☐☐☐

$\displaystyle\sum_{k=0}^{12} {}_{12}\mathrm{C}_{k}\left(\frac{1}{2}\right)^{k}\left(\frac{3}{2}\right)^{12-k} = a \times \sum_{k=0}^{4} {}_{4}\mathrm{C}_{k}\,3^{k}$ 를 만족시키는 상수 a 의 값을 구하시오.

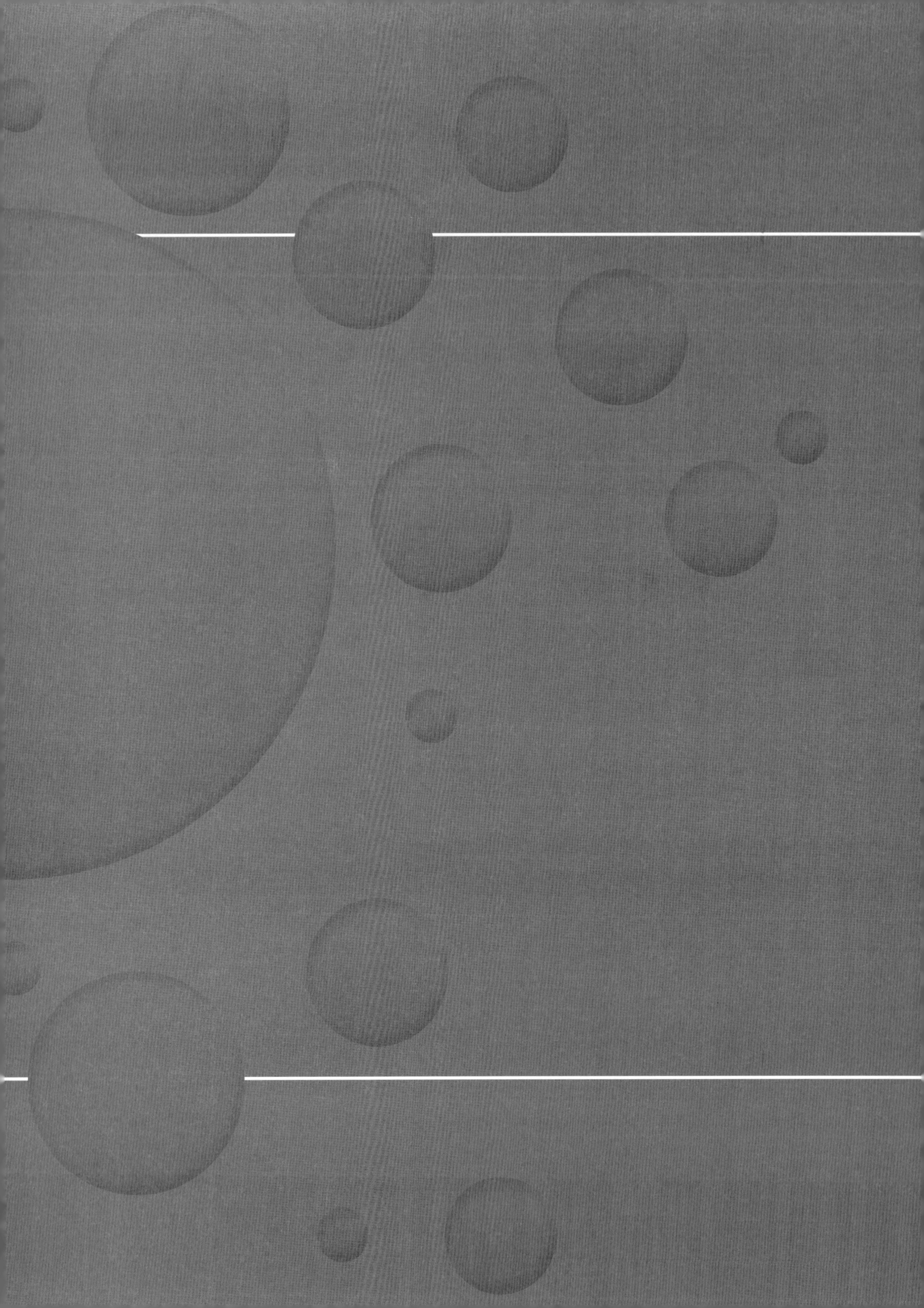

Training – 2 step

기출 적용편

2. 이항정리

 2025학년도 수능 확통

다항식 $(x^3+2)^5$ 의 전개식에서 x^6 의 계수는? [2점]

① 40 　　② 50 　　③ 60

④ 70 　　⑤ 80

015 2019학년도 고3 9월 평가원 나형

다항식 $(x+a)^5$ 의 전개식에서 x^3 의 계수가 40일 때, x 의 계수는? (단, a 는 상수이다.) [3점]

① 60 　　② 65 　　③ 70

④ 75 　　⑤ 80

016 2018학년도 수능 가형

$\left(x+\dfrac{2}{x}\right)^8$ 의 전개식에서 x^4 의 계수는? [3점]

① 108 　　② 112 　　③ 116

④ 120 　　⑤ 124

017 2015학년도 고3 6월 평가원 B형

$\left(ax+\dfrac{1}{x}\right)^4$ 의 전개식에서 상수항이 54일 때, 양수 a 의 값을 구하시오. [3점]

018 2017학년도 고3 6월 평가원 가형

$\left(x+\dfrac{1}{3x}\right)^6$ 의 전개식에서 x^2 의 계수는? [3점]

① $\dfrac{4}{3}$ 　　② $\dfrac{13}{9}$ 　　③ $\dfrac{14}{9}$

④ $\dfrac{5}{3}$ 　　⑤ $\dfrac{16}{9}$

019 2024학년도 고3 6월 평가원 확통

다항식 $(x-1)^6(2x+1)^7$ 의 전개식에서 x^2 의 계수는? [3점]

① 15 　　② 20 　　③ 25

④ 30 　　⑤ 35

020 2020학년도 수능 가형

$\left(2x+\dfrac{1}{x^2}\right)^4$ 의 전개식에서 x 의 계수는? [3점]

① 16 　　② 20 　　③ 24

④ 28 　　⑤ 32

021 2020년 고3 7월 교육청 가형

$\left(x^2+\dfrac{2}{x}\right)^6$ 의 전개식에서 x^6 의 계수를 구하시오. [3점]

022

$_4C_0 + {}_4C_1 \times 3 + {}_4C_2 \times 3^2 + {}_4C_3 \times 3^3 + {}_4C_4 \times 3^4$ 의 값은? [3점]

① 240　　　② 244　　　③ 248

④ 252　　　⑤ 256

023

$\left(x^5 + \dfrac{1}{x^2}\right)^6$ 의 전개식에서 x^2 의 계수는? [3점]

① 3　　　② 6　　　③ 9

④ 12　　　⑤ 15

024

다항식 $(1+2x)^6(1-x)$ 의 전개식에서 x^4 의 계수는? [3점]

① 40　　　② 50　　　③ 60

④ 70　　　⑤ 80

025

다항식 $(1+x)^n$ 의 전개식에서 x^2 의 계수가 45 일 때, 자연수 n 의 값을 구하시오. [3점]

026

다항식 $(x^2+1)^4(x^3+1)^n$ 의 전개식에서 x^5 의 계수가 12 일 때, x^6 의 계수는? (단, n 은 자연수이다.) [3점]

① 6　　　② 7　　　③ 8

④ 9　　　⑤ 10

027

다항식 $(1+2x)(1+x)^5$ 의 전개식에서 x^4 의 계수를 구하시오. [4점]

028

다항식 $(2+x)^4(1+3x)^3$ 의 전개식에서 x 의 계수는? [3점]

① 174　　　② 176　　　③ 178

④ 180　　　⑤ 182

029

$\left(x^2 - \dfrac{1}{x}\right)\left(x + \dfrac{a}{x^2}\right)^4$ 의 전개식에서 x^3 의 계수가 7 일 때, 상수 a 의 값은? [4점]

① 1　　　② 2　　　③ 3

④ 4　　　⑤ 5

다항식 $(x+a)^5$ 의 전개식에서 x^3 의 계수와 x^4 의 계수가 같을 때, $60a$ 의 값을 구하시오. (단, a 는 양수이다.) [4점]

---

031 2022학년도 고3 9월 평가원 확통

$\left(x^2 + \dfrac{a}{x}\right)^5$ 의 전개식에서 $\dfrac{1}{x^2}$ 의 계수와 x 의 계수가 같을 때, 양수 a 의 값은? [3점]

① 1　　　　② 2　　　　③ 3

④ 4　　　　⑤ 5

---

032 2021년 고3 4월 교육청 확통 

자연수 n 에 대하여 $f(n) = \displaystyle\sum_{k=1}^{n} {}_{2n+1}\mathrm{C}_{2k}$ 일 때, $f(n) = 1023$ 을 만족시키는 n 의 값은? [3점]

① 3　　　　② 4　　　　③ 5

④ 6　　　　⑤ 7

---

033 2019학년도 고3 9월 평가원 가형 

다항식 $(x+2)^{19}$ 의 전개식에서 x^k 의 계수가 x^{k+1} 의 계수보다 크게 되는 자연수 k 의 최솟값은? [3점]

① 4　　　　② 5　　　　③ 6

④ 7　　　　⑤ 8

---

034 2010학년도 고3 6월 평가원 나형

50 이하의 자연수 n 중에서 $\displaystyle\sum_{k=1}^{n} {}_{n}\mathrm{C}_{k}$ 의 값이 3 의 배수가 되도록 하는 n 의 개수를 구하시오. [4점]

---

035 2006학년도 고3 9월 평가원 가형 

자연수 n 에 대하여

$$f(n) = \sum_{k=1}^{n} \left({}_{2k}\mathrm{C}_1 + {}_{2k}\mathrm{C}_3 + {}_{2k}\mathrm{C}_5 + \cdots + {}_{2k}\mathrm{C}_{2k-1} \right)$$

일 때, $f(5)$ 의 값을 구하시오. [4점]

규토 라이트 N제

경우의 수

Master step

심화 문제편

2. 이항정리

20 이하의 자연수 n에 대하여

$$f(n)=\sum_{k=1}^{n} {}_{2n-1}C_{2k-1}$$

일 때, $f(n)$이 64의 배수가 되도록 하는 모든 자연수 n의 값의 합을 구하시오.

자연수 n에 대하여

$$f(n)=\sum_{k=0}^{n} \left({}_{n}C_{k} \times 3^{k} \right)$$

일 때, 부등식 $60 < f(n+1)-f(n) < 6000$을 만족시키는 모든 자연수 n의 값의 합을 구하시오.

자연수 n에 대하여 $(x+1)^{2n}$의 전개식에서 x^{2k-2} $(k=1,\ 2,\ 3,\ \cdots,\ n+1)$의 계수를 a_k라 할 때, $f(n)=\sum_{k=1}^{n+1} a_k$라 하자. $f(n) < f(3)f(9)$를 만족시키는 자연수 n의 최댓값을 구하시오.

$\left(2x^2+\dfrac{1}{x}\right)^{n}$의 전개식에서 x의 계수가 0이 되지 않도록 하는 모든 자연수 n을 크기가 작은 것부터 크기순으로 $n_1,\ n_2,\ n_3,\ \cdots$ 이라 하고 $n=n_k(k=1,\ 2,\ 3,\ \cdots)$일 때, x의 계수를 a_k라 하자. a_2+a_3의 값을 구하시오.

확률

1. 확률의 뜻과 활용

2. 조건부확률

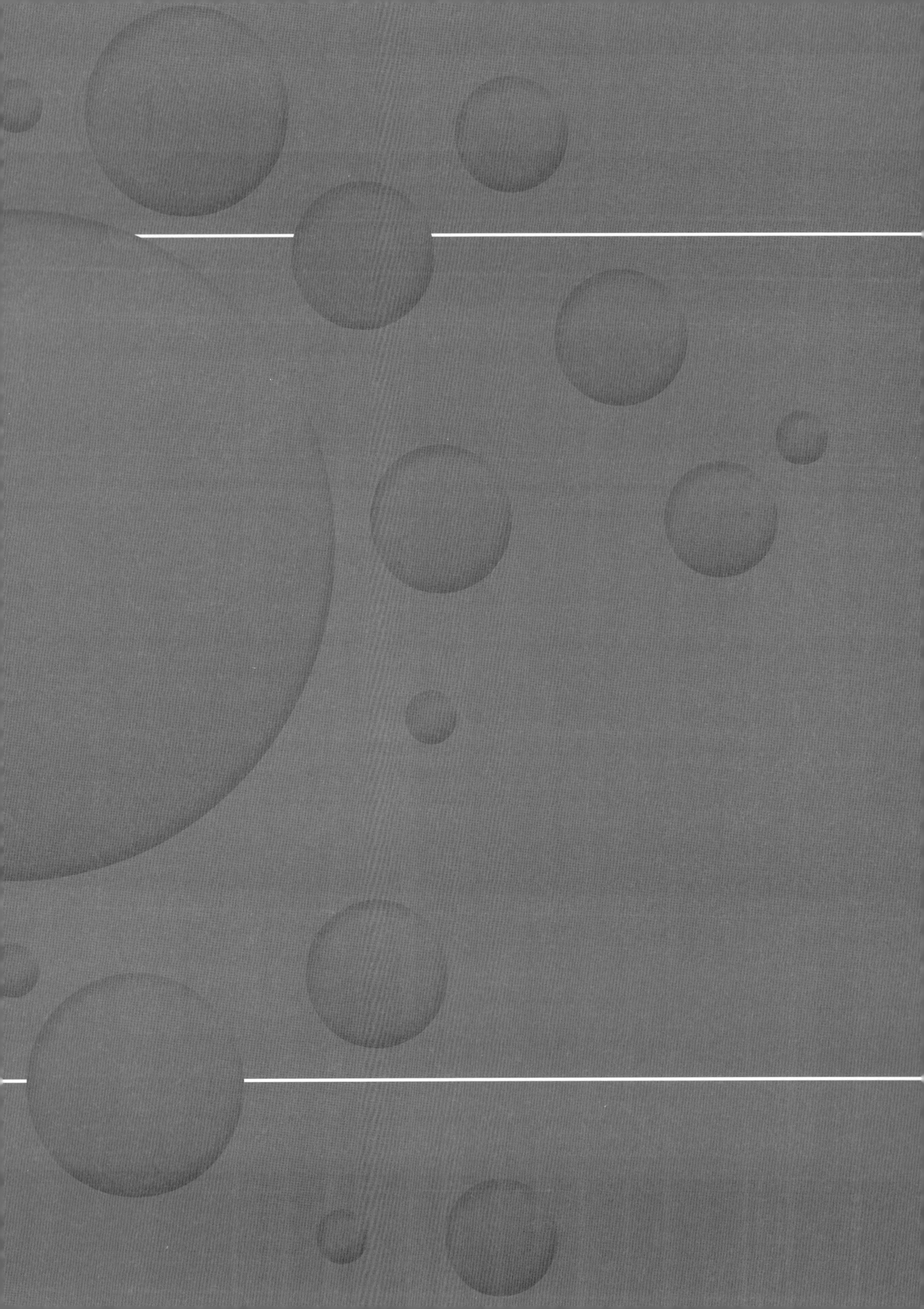

규토 라이트 N제

확률

Guide step

개념 익히기편

1. 확률의 뜻과 활용

01 확률의 뜻

성취 기준 – 통계적 확률과 수학적 확률의 의미를 이해한다.
– 확률의 기본 성질을 이해한다.

개념 파악하기 **(1) 시행과 사건이란 무엇일까?**

시행과 사건

주사위나 동전 던지기와 같이 같은 조건에서 반복할 수 있고, 그 결과가 우연에 의하여 정해지는
실험이나 관찰을 시행이라 한다.

어떤 시행에서 일어날 수 있는 모든 결과의 집합을 표본공간이라 하고, 표본공간의 부분집합을 사건이라 한다.
이때, 표본공간 S의 부분집합 중에서 한 개의 원소로 이루어진 사건을 근원사건이라 한다.

ex1 주사위 한 개를 던지는 시행에 대하여 다음을 구하시오.

(1) 표본공간 $S = \{1,\ 2,\ 3,\ 4,\ 5,\ 6\}$
(2) 근원사건은 $\{1\}$, $\{2\}$, $\{3\}$, $\{4\}$, $\{5\}$, $\{6\}$
(3) 짝수의 눈이 나오는 사건을 A라 하면 $A = \{2,\ 4,\ 6\}$

ex2 서로 다른 두 개의 동전을 동시에 던지는 시행에 대하여 다음을 구하시오.

(1) 표본공간 $S = \{(앞,\ 뒤),\ (앞,\ 앞),\ (뒤,\ 앞),\ (뒤,\ 뒤)\}$
(2) 서로 같은 면이 나오는 사건을 A라 하면 $A = \{(앞,\ 앞),\ (뒤,\ 뒤)\}$

Tip 표본공간은 보통 S로 나타내고 공집합이 아닌 경우만 생각한다.

배반사건과 여사건

표본공간 S의 두 사건 A, B에 대하여 A 또는 B가 일어나는 사건을
기호로 $A \cup B$와 같이 나타낸다.
또 두 사건 A, B가 동시에 일어나는 사건을 기호로 $A \cap B$와 같이 나타낸다.

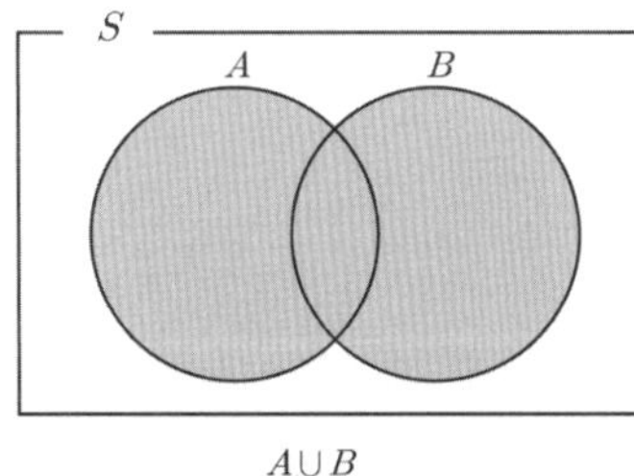
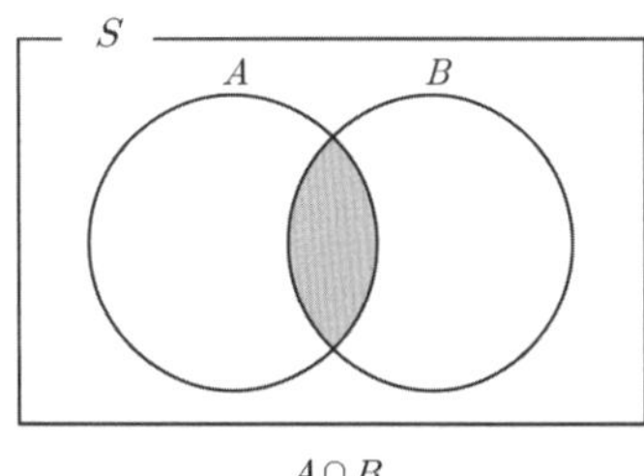

특히 두 사건 A, B가 동시에 일어나지 않을 때, 즉 $A \cap B = \varnothing$ 일 때, A와 B는 서로 배반이라 하고,
이 두 사건을 서로 **배반사건**이라 한다.
또 사건 A에 대하여 A가 일어나지 않는 사건을 A의 **여사건**이라 하고, 이것을 기호로 A^c와 같이 나타낸다.

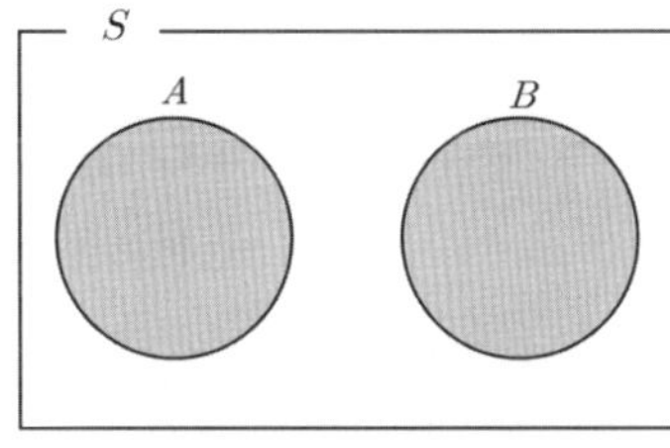
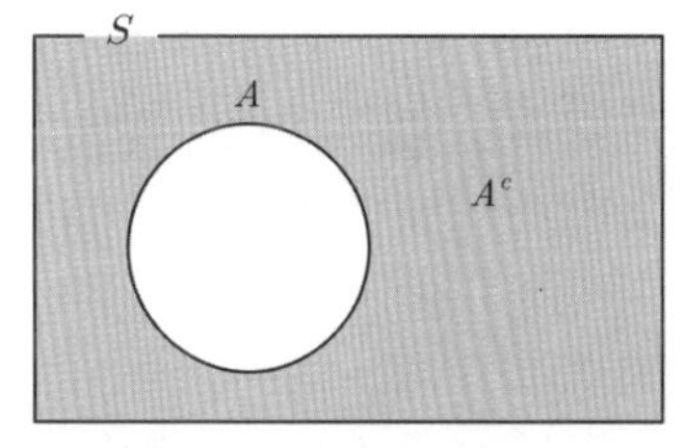

ex 한 개의 주사위를 던지는 시행에서 소수의 눈이 나오는 사건 A, 6의 눈이 나오는 사건을 B라 하자.
$A = \{2,\ 3,\ 5\}$, $B = \{6\}$ $\Rightarrow$ $A \cap B = \varnothing$ 이므로 A와 B는 서로 배반사건이다.

Tip 1 배반사건과 여사건을 혼동하지 않도록 유의하자.

Tip 2 $A \cap A^c = \varnothing$ 이므로 사건 A와 그 여사건 A^c은 서로 배반사건이다.

개념 확인문제 **1** 각 면에 1부터 12까지 자연수가 각각 적힌 정십이면체 모양의 주사위 한 개를 던지는
시행에서 소수의 눈이 나오는 사건을 A, 3의 배수가 나오는 사건을 B라 하자.
다음을 구하시오.

(1) $A \cup B$ (2) $A \cap B$ (3) A^c

수학적 확률

어떤 시행에서 사건 A 가 일어날 가능성을 수로 나타낸 것을 사건 A 의 확률이라 하고,
이것을 기호로 $\mathrm{P}(A)$ 와 같이 나타낸다.

일반적으로 어떤 시행에서 표본공간 S 에 대하여 **각 근원사건이 일어날 가능성이 모두 같을 때**,
사건 A 가 일어날 확률은

$$\mathrm{P}(A) = \frac{(\text{사건 } A\text{의 원소의 개수})}{(\text{표본공간 } S\text{의 원소의 개수})} = \frac{n(A)}{n(S)}$$

이다. 이 확률을 사건 A 가 일어날 수학적 확률이라고 한다.

Tip 각 근원사건이 일어날 가능성이 모두 같을 때라는 전제조건이 중요하다.
오른쪽 그림과 같은 직육면체 모양의 주사위를 던졌을 때,

1이 적힌 눈이 나올 확률은 $\dfrac{1}{6}$ 일까?

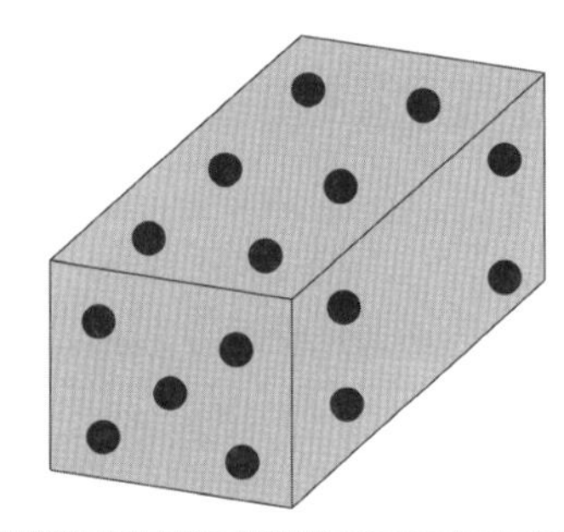

정육면체와는 달리 오른쪽 그림의 직육면체는 각 면에 적힌
눈이 나올 가능성이 모두 동일하지 않기 때문에

1이 적힌 눈이 나올 확률은 $\dfrac{1}{6}$ 이 될 수 없다.

다른 예시를 살펴보자.

주머니 속에 흰 공 2개, 검은 공 1개가 있다.
이 주머니 속에서 1개의 공을 꺼냈을 때, 흰 공일 확률을 구하시오.

(흰1, 흰2, 검)으로 보면 근원사건의 발생가능성이 $\dfrac{1}{3}$ 로 동일하기 때문에

답은 $\dfrac{\text{흰}1+\text{흰}2}{\text{흰}1+\text{흰}2+\text{검}} = \dfrac{2}{3}$ 이다.

그런데 여기서 의문이 들 수 있다. (흰, 검)이니 왜 $\dfrac{1}{2}$ 은 답이 되지 않을까?

$\dfrac{1}{2}$ 이 아닌 이유는 "각 근원사건이 일어날 가능성이 모두 같을 때"라는 전제조건에 위배되기

때문이다. 흰 공이 나타날 확률은 $\dfrac{2}{3}$ 이고 검은 공이 나타날 확률은 $\dfrac{1}{3}$ 이다.
즉, 근원사건이 일어날 가능성이 동일하지 않기 때문에 위와 같이 구한 확률은 수학적 확률이
될 수 없다. 따라서 $\dfrac{\text{흰 공}}{\text{흰 공 + 검은 공}} = \dfrac{1}{1+1} = \dfrac{1}{2}$ 이라고 할 수 없다.

그런데 같다고 보고 (흰1 흰2 가 아니라 모두 같은 흰 색으로 본다는 뜻) 확률계산을 해도
답이 같을 때가 존재한다. 그 때는 각 근원사건이 일어날 가능성이 모두 같다는 전제조건을
만족시켰을 때이다.

ex 1, 1, 2 를 일렬로 나열할 때, 2가 가운데 올 확률을 구하시오.

풀이1) 1을 서로 같게 보기

$(1,\ 1,\ 2)$, $(1,\ 2,\ 1)$, $(2,\ 1,\ 1)$ 이 나타날 확률은 모두 $\dfrac{2!}{3!}=\dfrac{1}{3}$ 으로 동일하므로

각 근원사건이 일어날 가능성이 모두 같다는 전제조건을 만족시킨다.

따라서 $\dfrac{1}{\frac{3!}{2!}}=\dfrac{1}{3}$ 이다.

문제를 어떤 식으로 출제하느냐에 따라 같게 보았을 때 답이 틀리도록 설정할 수 있다.
솔직히 실전적으로 봤을 때 위 문제 풀이1)과 같이 근원사건이 일어날 가능성이 같다는 것이
자명한 경우를 제외하면 각 근원사건이 일어날 가능성이 동일한지 매번 따질 수는 없다.
따라서 확률 계산할 때는 같은 것도 서로 다르게 보고 계산하도록 하자.

풀이2) 1을 서로 다르게 보기

1_a, 1_b, 2 을 일렬로 나열하는 경우의 수 $3!$ 이고 양 끝에 1_a, 1_b 자리 바꾸기 $2!$ 이므로

$\dfrac{2!}{3!}=\dfrac{1}{3}$ 이다.

예제 1

서로 다른 두 개의 주사위를 동시에 던질 때, 나오는 눈의 수의 합이 4가 될 확률을 구하시오.

> **풀이**
>
> 표본공간을 S 라 하면
> $S=\{(1,\ 1),\ (1,\ 2),\ \cdots,\ (6,\ 5),\ (6,\ 6)\}$ 이므로 $n(S)=36$
>
> 나오는 눈의 수의 합이 4인 사건을 A 라 하면
> $A=\{(1,\ 3),\ (2,\ 2),\ (3,\ 1)\}$ 이므로 $n(A)=3$
>
> 따라서 구하고자 하는 확률은 $P(A)=\dfrac{n(A)}{n(S)}=\dfrac{3}{36}=\dfrac{1}{12}$ 이다.

개념 확인문제 **2** 　 서로 다른 세 개의 동전을 동시에 던질 때, 뒷면이 한 번 나올 확률을 구하시오.

주머니 속에 흰 공 4개와 검은 공 3개가 들어 있다. 이 주머니에서 임의로 3개의 공을 동시에 꺼낼 때,

흰 공 2개와 검은 공 1개가 나올 확률을 구하시오.

풀이

표본공간을 S라 하면

$n(S) = {}_7C_3 = 35$

흰 공 4개 중에서 2개, 검은 공 3개 중에서 1개를 꺼내는 사건을 A라 하면

$n(A) = {}_4C_2 \times {}_3C_1 = 18$

따라서 구하고자 하는 확률은

$P(A) = \dfrac{n(A)}{n(S)} = \dfrac{18}{35}$ 이다.

Tip ${}_7C_3$으로 표본공간의 개수를 구할 때, "7개의 공들을 모두 다른 공으로 간주한다." 는 전제가 내포되어 있다고 볼 수 있다. (흰1, 흰2, 흰3, 흰4, 검1, 검2, 검3)

개념 확인문제 3 1부터 8까지의 자연수가 하나씩 적힌 8장의 카드가 있다. 이 8장의 카드 중에서 임의로 3장의 카드를 동시에 뽑을 때, 3장 모두 짝수가 적힌 카드가 나올 확률을 구하시오.

통계적 확률

수학적 확률은 각 근원사건이 일어날 가능성이 모두 같다고 가정된 시행에서 정의하였다.
그러나 우리 주변의 여러 가지 현상 중에는 일어날 가능성이 모두 같다고 생각하기 어려운 경우도 있다.
예를 들어 윷짝 1개를 던지는 시행에서 평평한 면이 나올 가능성과 둥근 면이 나올 가능성이 같다고 볼 수 없고
내일 비가 올 확률과 같은 자연 현상이나 어떤 축구 선수가 골을 넣을 확률과 같은 사회 현상 중에는
각 경우가 일어날 가능성이 모두 같다고 생각하기 어려운 경우가 많이 있다.

이와 같은 경우에는 같은 시행을 여러 번 반복함으로써 얻어지는 상대도수가 어떤 일정한 값에 가까워지는 것을
보고 그 사건이 일어나는 경향을 알아볼 수 있다.

> **Tip** 〈중1 내용 복습〉
> 각 계급에 속하는 자료의 수를 그 계급의 도수라고 하고,
> 도수의 총합에 대한 각 계급의 도수의 비율을 그 계급의 상대도수라고 한다.
>
> $$(\text{어떤 계급의 상대도수}) = \frac{(\text{그 계급의 도수})}{(\text{도수의 총합})}$$

다음 표는 공학적 도구를 이용하여 어떤 윷짝 1개를 던지는 시행을 여러 번 반복한 것을 나타낸 것이다.

시행 횟수 (n)	50	100	200	400	600	800	1000
평평한 면이 나온 횟수 (r_n)	32	64	129	250	365	484	593
상대도수 $\left(\dfrac{r_n}{n}\right)$	0.64	0.64	0.645	0.625	0.608	0.605	0.593

위 표를 그래프로 나타내면 다음과 같고,
시행 횟수를 충분히 크게 하면 상대도수는
일정한 값 0.6에 가까워짐을 알 수 있다.

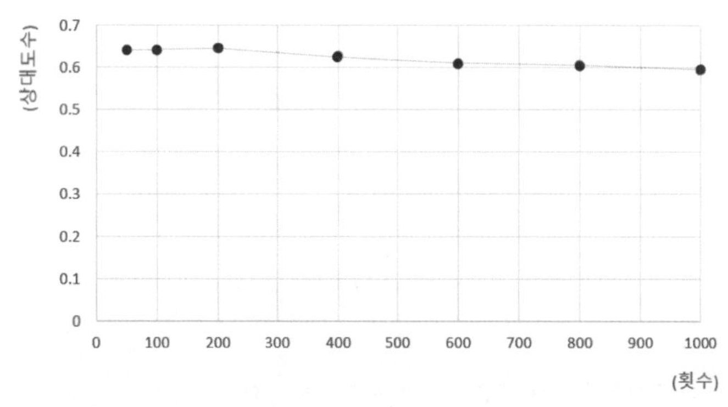

일반적으로 같은 시행을 n번 반복하였을 때,
사건 A가 일어난 횟수를 r_n이라 하자.

이때 n을 한없이 크게 함에 따라 상대도수 $\dfrac{r_n}{n}$이

일정한 값 p에 가까워지면 이 값 p를 사건 A가 일어날 통계적 확률이라 한다.
그러나 실제로 통계적 확률을 구할 때, n의 값을 한없이 크게 할 수는 없으므로 n이 충분히

클 때의 $\dfrac{r_n}{n}$을 통계적 확률 p로 생각한다.

ex 윷짝 한 개를 던지는 시행을 500번 반복하였을 때, 평평한 면이 나온 횟수가 300번이라고 하면

평평한 면이 나올 사건의 통계적 확률은 $\dfrac{300}{500}=0.6$이다.

한편 어떤 사건 A가 일어날 수학적 확률이 p일 때, 시행 횟수를 충분히 크게 하면
사건 A가 일어나는 상대도수는 수학적 확률 p에 가까워진다는 것이 알려져 있다.
따라서 수학적 확률을 구하기 어려운 경우에는 통계적 확률을 대신 사용할 수 있다.

확률의 기본 성질

표본공간의 각 근원사건이 일어날 가능성이 같은 시행에서 성립하는 확률의 기본 성질을 알아보자.

이 시행의 표본공간을 S, 임의의 사건을 A, 절대로 일어나지 않는 사건을 $\varnothing$ 이라고 하면
$\varnothing \subset A \subset S$ 이므로 $0 \leq n(A) \leq n(S)$ 가 성립한다. $(\because n(\varnothing)=0)$

이 부등식의 각 변을 $n(S)$ 로 나누면 $0 \leq \dfrac{n(A)}{n(S)} \leq 1$ 이고

확률의 정의에 의해서 $\mathrm{P}(A)=\dfrac{n(A)}{n(S)}$ 이므로 $0 \leq \mathrm{P}(A) \leq 1$ 이다.

특히 반드시 일어나는 사건은 S 와 같고, 절대로 일어나지 않는 사건은 $\varnothing$ 이므로
$$\mathrm{P}(S)=\dfrac{n(S)}{n(S)}=1, \quad \mathrm{P}(\varnothing)=\dfrac{n(\varnothing)}{n(S)}=0 \text{ 이다.}$$

확률의 기본 성질 요약

표본공간 S 와 사건 A 에서

① 임의의 사건 A 에 대하여 $0 \leq \mathrm{P}(A) \leq 1$

② 표본공간 S 에 대하여 $\mathrm{P}(S)=1$

③ 절대로 일어나지 않는 사건 $\varnothing$ 에 대하여 $\mathrm{P}(\varnothing)=0$

ex1 서로 다른 두 개의 주사위를 동시에 던지는 시행에 대하여

두 눈의 수의 합이 1 일 확률은 0

두 눈의 수의 합이 13 보다 작을 확률은 1

ex2 흰 공 2 개와 검은 공 4 개가 들어 있는 주머니에서 임의로 3 개의 공을 뽑을 때,

흰 공이 3 개 나올 확률은 0

검은 공이 1 개 이상 나올 확률은 1

개념 파악하기 (5) 확률의 덧셈정리란 무엇일까?

확률의 덧셈정리

표본공간 S의 두 사건 A, B에 대하여 A 또는 B가 일어날 확률을 구하여 보자.

두 사건 A, B에 대하여

$n(A \cup B) = n(A) + n(B) - n(A \cap B)$ 이므로 A 또는 B가 일어날 확률은 다음과 같다.

$$P(A \cup B) = \frac{n(A \cup B)}{n(S)} = \frac{n(A)}{n(S)} + \frac{n(B)}{n(S)} - \frac{n(A \cap B)}{n(S)} = P(A) + P(B) - P(A \cap B)$$

특히 두 사건 A, B가 서로 배반사건이면 $P(A \cap B) = 0$이므로 $P(A \cup B) = P(A) + P(B)$ 이다.

확률의 덧셈정리 요약

① 두 사건 A, B에 대하여

  $P(A \cup B) = P(A) + P(B) - P(A \cap B)$

② 두 사건 A, B가 서로 배반사건이면

  $P(A \cup B) = P(A) + P(B)$

예제 3

한 개의 주사위를 던질 때, 홀수 또는 3의 배수의 눈이 나올 확률을 구하시오.

> **풀이**
>
> 홀수의 눈이 나오는 사건을 A, 3의 배수의 눈이 나오는 사건을 B 라 하면
>
> $A = \{1,\ 3,\ 5\}$, $B = \{3,\ 6\}$, $A \cap B = \{3\}$ 이므로 $P(A) = \dfrac{3}{6}$, $P(B) = \dfrac{2}{6}$, $P(A \cap B) = \dfrac{1}{6}$
>
> 따라서 구하고자 하는 확률은
>
> $P(A \cup B) = P(A) + P(B) - P(A \cap B) = \dfrac{3}{6} + \dfrac{2}{6} - \dfrac{1}{6} = \dfrac{4}{6} = \dfrac{2}{3}$ 이다.

개념 확인문제 4 1부터 10까지의 자연수가 하나씩 적힌 10장의 카드 중에서 임의로 한 장을 뽑을 때, 소수 또는 10의 약수가 적힌 카드를 뽑을 확률을 구하시오.

개념 확인문제 5 빨간 공 4개와 파란 공 5개가 있다. 이 중에서 임의로 2개를 동시에 택할 때, 같은 색의 공만 2개 택할 확률을 구하시오.

여사건의 확률

표본공간 S 의 사건 A 에 대하여 여사건 A^c 의 확률을 구하여 보자.

사건 A 에 대하여 $A \cap A^c = \varnothing$ 이므로 두 사건 A, A^c 는 서로 배반사건이다.
따라서 확률의 덧셈정리에 의해서 $P(A \cup A^c) = P(A) + P(A^c)$ 이다.
이때 $P(A \cup A^c) = P(S) = 1$ 이므로 $P(A^c) = 1 - P(A)$ 가 성립한다.

여사건의 확률 요약

사건 A 의 여사건 A^c 의 확률은 $P(A^c) = 1 - P(A)$

Tip 1 실전에서는 "이 문제는 여사건을 써야한다."라고 나와 있지 않기 때문에 어려운 것이다.
여사건의 확률은 빈출주제이므로 항상 쓸 준비가 되어있어야 한다.

Tip 2 반드시 여사건의 확률을 써야 좋은 것은 아니다. 오히려 직접 세는 것이 빠른 경우도
존재하기 때문이다. 결국 여사건의 확률을 쓸지 말지 결정하는 판단의 기준은 경험이다.

Tip 3 $P(A^c \cap B^c) = 1 - P(A \cup B)$, $P(A^c \cup B^c) = 1 - P(A \cap B)$
(드모르간 법칙 : $A^c \cap B^c = (A \cup B)^c$, $A^c \cup B^c = (A \cap B)^c$)
$A \cap B^c = A - B = A - (A \cap B)$ 도 기억해두자.

예제 4

호진이와 인태를 포함한 6명의 학생이 있다. 이 중에서 2명을 임의로 뽑을 때,
호진이와 인태 중에서 적어도 한 명이 뽑힐 확률을 구하시오.

풀이

2명 중에서 적어도 1명이 뽑힐 사건을 A 라 하면, 그 여사건 A^c 는 2명 모두 뽑히지 않는 사건이다.

여사건 A^c 의 확률은 $P(A^c) = \dfrac{{}_4 C_2}{{}_6 C_2} = \dfrac{6}{15} = \dfrac{2}{5}$

따라서 구하고자 하는 확률은 $P(A) = 1 - P(A^c) = 1 - \dfrac{2}{5} = \dfrac{3}{5}$ 이다.

Tip 적어도 ~인 사건, ~ 이상인 사건, ~ 이하인 사건 등의 확률에서 여사건의 확률을 이용하여
구할 수 있다.

개념 확인문제 6 재영이와 철오를 포함한 6명이 한 명씩 차례로 장기자랑을 할 때,
재영이와 철오의 순서가 연달아 있지 않을 확률을 구하시오.

001 ☐☐☐☐☐

한 개의 주사위를 두 번 던질 때 나오는 눈의 수를 차례로 a, b 라 하자. $\dfrac{4}{ab}$ 가 자연수일 확률은?

① $\dfrac{1}{9}$ ② $\dfrac{5}{36}$ ③ $\dfrac{1}{6}$

④ $\dfrac{7}{36}$ ⑤ $\dfrac{2}{9}$

002 ☐☐☐☐☐

한 개의 주사위를 세 번 던져서 나오는 눈의 수를 차례로 a, b, c 라 할 때, $a+3 < b \leq c+3$ 일 확률은?

① $\dfrac{11}{216}$ ② $\dfrac{13}{216}$ ③ $\dfrac{5}{72}$

④ $\dfrac{17}{216}$ ⑤ $\dfrac{19}{216}$

003 ☐☐☐☐☐

상자에 1부터 7까지의 자연수가 각각 하나씩 적힌 7개의 공이 들어 있다. 이 상자에서 임의로 공을 한 개씩 두 번 꺼내어 공에 적힌 수를 차례로 a, b 라 할 때, $a+b$ 가 짝수일 확률은? (단, 꺼낸 공은 다시 상자에 넣지 않는다.)

① $\dfrac{17}{42}$ ② $\dfrac{3}{7}$ ③ $\dfrac{19}{42}$

④ $\dfrac{10}{21}$ ⑤ $\dfrac{7}{14}$

004 ☐☐☐☐☐

집합 $X = \{1,\ 2,\ 3\}$ 에서 집합 $Y = \{1,\ 2,\ 3,\ 4,\ 5,\ 6\}$ 로의 모든 함수 f 중에서 임의로 하나를 선택할 때, 이 함수가 다음 조건을 만족시킬 확률은 $\dfrac{q}{p}$ 이다.

$p+q$ 의 값을 구하시오. (단, p 와 q 는 서로소인 자연수이다.)

> (가) $f(1)+f(2)$ 가 4의 배수이다.
> (나) $f(1) \times f(2) \times f(3) \leq 80$

005

두 주머니 A와 B에는 숫자 1, 2, 4, 8, 16 가 하나씩 적혀있는 5 개의 공이 각각 들어 있다. 갑은 주머니 A에서, 을은 주머니 B에서 각자 임의로 두 개의 공을 꺼내어 가진다. 갑이 가진 두 개의 공에 적힌 수의 곱과 을이 가진 두 개의 공에 적힌 수의 곱이 같을 확률은 $\dfrac{q}{p}$ 이다. $p+q$ 의 값을 구하시오. (단, p와 q는 서로소인 자연수이다.)

006

집합 $X=\{1,\ 2,\ 3,\ 4,\ 5\}$ 에 대하여 X에서 X로의 모든 함수 f 중에서 임의로 하나를 선택할 때, $\sqrt{10-f(1)f(2)f(3)}$ 가 자연수일 확률은 p이다. $100p$ 의 값을 구하시오.

007

1부터 10까지의 자연수가 하나씩 적힌 10장의 카드가 들어 있는 주머니가 있다. 이 주머니에서 임의로 한 장의 카드를 꺼내어 그 카드에 적힌 수를 a 라 할 때, 방정식 $x^3-6x^2+9x-a=0$ 이 허근을 갖지 않도록 하는 수가 적힌 카드를 꺼낼 확률은?

① $\dfrac{1}{5}$ ② $\dfrac{3}{10}$ ③ $\dfrac{2}{5}$

④ $\dfrac{1}{2}$ ⑤ $\dfrac{3}{5}$

008

집합 $A=\{1,\ 2,\ 3,\ 4,\ 5,\ 6\}$ 에 대하여 A에서 A로의 모든 함수 f 중에서 임의로 하나를 선택할 때, 이 함수가 다음 조건을 만족시킬 확률은 p이다. $6^5 \times p$ 의 값을 구하시오.

> (가) 함수 f의 치역의 원소의 개수는 5 이다.
> (나) $f(a)=a$인 A의 원소 a의 개수는 4 이다.

009

어느 블로그에는 10개의 포스트가 기재되어있다.
이 블로그에서 각각의 포스트마다 하나씩 붙은 본문광고
위치를 조사하였더니 상(上)이 2개, 중(中)이 5개, 하(下)가
3개이었다. 이 블로그에 기재된 10개의 포스트 중에서
임의로 2개를 뽑을 때, 포스트에 붙은 본문광고 위치가
같을 확률은?

① $\dfrac{11}{45}$　　② $\dfrac{4}{15}$　　③ $\dfrac{13}{45}$

④ $\dfrac{14}{45}$　　⑤ $\dfrac{1}{3}$

010

1부터 6까지의 자연수가 하나씩 적힌 6장의 카드를
임의로 일렬로 나열할 때, 홀수가 적힌 카드끼리는
서로 이웃하지 않게 나열될 확률은 p이다. $50p$의 값을
구하시오.

011

학년이 모두 다른 남학생 3명, 학년이 모두 다른 여학생
2명으로 구성된 어느 조가 발표 순서를 정하려고 한다.
한 명씩 나가서 발표할 때, 성별이 같은 학생들끼리는
학년이 높은 순서대로 발표할 확률은?

① $\dfrac{1}{24}$　　② $\dfrac{1}{12}$　　③ $\dfrac{1}{8}$

④ $\dfrac{1}{6}$　　⑤ $\dfrac{5}{24}$

012

주머니 A에는 1과 -1이 적힌 구슬이 각각 3개씩 모두
6개 들어있고, 주머니 B에는 1과 -1이 적힌 구슬이 각각
2개씩 모두 4개가 들어 있다. 두 주머니에서 각각 임의로
2개의 구슬을 동시에 꺼내서 버릴 때, 각 주머니에
남아있는 구슬들에 적힌 숫자들의 곱이 서로 같을 확률은
p이다. $30p$의 값을 구하시오.

013

1부터 8까지의 자연수가 하나씩 적힌 8개의 구슬을
임의로 4개씩 같은 종류의 주머니 2개에 나누어 넣을 때,
각 주머니에 들어있는 네 구슬에 적힌 번호의 합이 모두
짝수일 확률은 p이다. $70p$의 값을 구하시오.

015

어느 학급에서 1번부터 6번까지인 6명의 학생을 임의로
3개의 교실 A, B, C에 각각 2명씩 배치시킬 때,
교실 A에 배치된 두 학생의 번호의 합이 소수일 확률은?

① $\dfrac{1}{5}$ ② $\dfrac{4}{15}$ ③ $\dfrac{1}{3}$

④ $\dfrac{2}{5}$ ⑤ $\dfrac{7}{15}$

014

부모님과 아들 3명, 딸 1명으로 구성된 어느 가족이 있다.
이 가족이 모두 원 모양의 탁자에 일정한 간격으로 놓인
의자 6개에 임의로 앉을 때, 딸이 적어도 부모님 중
한 분과 이웃하여 앉을 확률은 p이다. $50p$의 값을
구하시오. (단, 회전하여 일치하는 것은 같은 것으로 본다.)

016

1부터 8까지 자연수가 하나씩 적혀있는 8장의 카드를
그림과 같이 $A \cdots H$가 새겨진 ㅁ모양의 좌석에

다음 조건을 만족시키면서 놓을 확률은 $\dfrac{q}{p}$이다.

$p+q$의 값을 구하시오. (단, p와 q는 서로소인
자연수이고, 하나의 좌석에는 하나의 카드만 놓는다.)

> (가) 홀수 번호가 적혀있는 카드끼리는 서로 이웃하지
>   않는다. (단, 두 카드가 바로 옆이나 앞뒤로 있을 때
>   이웃한 것으로 본다.)
> (나) B가 새겨진 좌석에 놓을 카드의 번호와 G가
>   새겨진 좌석에 놓을 카드의 번호의 합은 8이상이다.

A	B	C
D		E
F	G	H

Theme 3 확률의 덧셈정리
– 확률로 확률 계산

017 ☐☐☐☐☐

두 사건 A, B에 대하여

$$\mathrm{P}(A)+\mathrm{P}(B)=\frac{9}{10}, \ \mathrm{P}(A\cup B)=\frac{3}{5}$$

일 때, $\mathrm{P}(A\cap B)$의 값은?

① $\dfrac{3}{5}$ ② $\dfrac{1}{2}$ ③ $\dfrac{2}{5}$

④ $\dfrac{3}{10}$ ⑤ $\dfrac{1}{5}$

018 ☐☐☐☐☐

두 사건 A와 B는 서로 배반사건이고

$$\mathrm{P}(A)=3\mathrm{P}(B), \ \mathrm{P}(A)\mathrm{P}(B)=\frac{3}{25}$$

일 때, $\mathrm{P}(A\cup B)$의 값은?

① $\dfrac{12}{25}$ ② $\dfrac{14}{25}$ ③ $\dfrac{16}{25}$

④ $\dfrac{18}{25}$ ⑤ $\dfrac{4}{5}$

019 ☐☐☐☐☐

두 사건 A, B에 대하여

$$\mathrm{P}(A\cap B^c)=\frac{1}{6}, \ \mathrm{P}(A)=\frac{5}{12}$$

일 때, $\mathrm{P}(A\cap B)$의 값은? (단, B^c는 B의 여사건이다.)

① $\dfrac{1}{12}$ ② $\dfrac{1}{4}$ ③ $\dfrac{5}{12}$

④ $\dfrac{7}{12}$ ⑤ $\dfrac{3}{4}$

020 ☐☐☐☐☐

두 사건 A, B에 대하여

$$\mathrm{P}(A)=\frac{3}{5}, \ \mathrm{P}(A\cap B)=\frac{1}{6}$$

일 때, $\mathrm{P}(A^c\cup B)$의 값은? (단, A^c는 A의 여사건이다.)

① $\dfrac{13}{30}$ ② $\dfrac{1}{2}$ ③ $\dfrac{17}{30}$

④ $\dfrac{19}{30}$ ⑤ $\dfrac{7}{10}$

021 ☐☐☐☐☐

두 사건 A, B에 대하여

$$\mathrm{P}(A^c)=\frac{1}{3}, \ \mathrm{P}(A\cap B^c)=\frac{1}{12}$$

일 때, $\mathrm{P}(A^c\cup B^c)$의 값은? (단, A^c는 A의 여사건이다.)

① $\dfrac{1}{12}$ ② $\dfrac{1}{4}$ ③ $\dfrac{5}{12}$

④ $\dfrac{7}{12}$ ⑤ $\dfrac{3}{4}$

022 ☐☐☐☐☐

두 사건 A, B에 대하여 A^c과 B는 서로 배반사건이고

$$\mathrm{P}(A)=2\mathrm{P}(B)=\frac{3}{7}$$

일 때, $\mathrm{P}(A\cap B^c)$의 값은? (단, A^c는 A의 여사건이다.)

① $\dfrac{1}{14}$ ② $\dfrac{3}{14}$ ③ $\dfrac{5}{14}$

④ $\dfrac{1}{2}$ ⑤ $\dfrac{9}{14}$

Theme 4 — 확률의 덧셈정리의 활용

023 ☐☐☐☐☐

6개의 자연수 1, 2, 2, 3, 4, 5를 일렬로 임의로 나열할 때, k 번째에 나열된 자연수를 a_k라 하자. $a_2 = 2$ 또는 $a_4 = 4$를 만족시킬 확률은?

① $\dfrac{11}{30}$　　② $\dfrac{13}{30}$　　③ $\dfrac{1}{2}$

④ $\dfrac{17}{30}$　　⑤ $\dfrac{19}{30}$

024 ☐☐☐☐☐

흰 공 5개와 검은 공 2개가 있다. 7개의 공을 임의로 일렬로 나열할 때, 검은 공 사이에 흰 공이 1개만 있거나 양쪽 끝에 모두 흰 공이 있을 확률은?

① $\dfrac{10}{21}$　　② $\dfrac{4}{7}$　　③ $\dfrac{2}{3}$

④ $\dfrac{16}{21}$　　⑤ $\dfrac{6}{7}$

025 ☐☐☐☐☐

집합 $X = \{\, x \mid x$ 는 10 이하의 자연수$\}$의 원소 중에서 임의로 택한 서로 다른 세 원소를 각각 a, b, c라 할 때, 세 수 a, b, c가 등식 $(a-2b)(a-3c)=0$ 을 만족시킬 확률은 p 이다. $240p$ 의 값을 구하시오.

026 ☐☐☐☐☐

남학생 3명과 여학생 5명이 담임 선생님과 하루에 한 명씩 8일 동안 진학상담을 하려고 한다. 이 8명의 학생이 진학상담 순번을 임의로 정할 때, 첫째 날 또는 여덟째 날에 남학생이 진학상담을 하게 될 확률은?

① $\dfrac{3}{14}$　　② $\dfrac{5}{14}$　　③ $\dfrac{1}{2}$

④ $\dfrac{9}{14}$　　⑤ $\dfrac{11}{14}$

027 ▢▢▢▢▢

흰 공 3 개, 검은 공 5 개가 들어 있는 상자가 있다.
이 상자에서 임의로 3 개의 공을 동시에 꺼낼 때,
꺼낸 3 개의 공 중 적어도 한 개가 흰 공일 확률은?

① $\dfrac{17}{28}$ ② $\dfrac{19}{28}$ ③ $\dfrac{3}{4}$

④ $\dfrac{23}{28}$ ⑤ $\dfrac{25}{28}$

028 ▢▢▢▢▢

빵 4 개와 과자 2 개가 있다. 이 6 개의 간식을 임의로
2 개씩 학생 3 명에게 나누어 줄 때, 2 개의 과자를 동일한
학생에게 나누어 주지 않을 확률은 p 이다. $20p$ 의 값을
구하시오.

029 ▢▢▢▢▢

확률과 통계 5 문항과 수학Ⅱ 2 문항을 모두 출제하여 총
7 문항으로 구성된 시험지를 만들려고 한다. 이 7 문항의
번호를 임의로 정할 때, 수학Ⅱ 2 문항 사이에 적어도
확률과 통계 2 문항이 출제되는 순서로 번호가 정해질
확률은?

① $\dfrac{8}{21}$ ② $\dfrac{3}{7}$ ③ $\dfrac{10}{21}$

④ $\dfrac{11}{21}$ ⑤ $\dfrac{4}{7}$

030 ▢▢▢▢▢

상자에 1 부터 5 까지의 자연수가 하나씩 적힌 5 개의 공이
들어 있다. 이 상자에서 임의로 한 개의 공을 꺼내어 공에
적힌 숫자를 확인하고 상자에 다시 넣는 시행을 3 번
반복할 때, 꺼낸 공에 적힌 수를 차례로 a, b, c 라 하자.
두 직선 $ax+cy+1=0$, $bx+ay+1=0$ 이 오직 한 점에서
만날 확률은 p 이다. $250p$ 의 값을 구하시오.

규토 라이트 N제
확률

Training – 2 step
기출 적용편

1. 확률의 뜻과 활용

두 사건 A와 B는 서로 배반사건이고

$$\mathrm{P}(A^c)=\frac{5}{6},\quad \mathrm{P}(A\cup B)=\frac{3}{4}$$

일 때, $\mathrm{P}(B^c)$의 값은? [3점]

① $\dfrac{3}{8}$ 　 ② $\dfrac{5}{12}$ 　 ③ $\dfrac{11}{24}$

④ $\dfrac{1}{2}$ 　 ⑤ $\dfrac{13}{24}$

두 사건 A, B에 대하여

$$\mathrm{P}(A^c)=\frac{2}{3},\quad \mathrm{P}(A^c\cap B)=\frac{1}{4}$$

일 때, $\mathrm{P}(A\cup B)$의 값은? (단, A^c은 A의 여사건이다.)
[3점]

① $\dfrac{1}{2}$ 　 ② $\dfrac{7}{12}$ 　 ③ $\dfrac{2}{3}$

④ $\dfrac{3}{4}$ 　 ⑤ $\dfrac{5}{6}$

두 사건 A, B에 대하여

$$\mathrm{P}(A^c\cup B^c)=\frac{4}{5},\quad \mathrm{P}(A\cap B^c)=\frac{1}{4}$$

일 때, $\mathrm{P}(A^c)$의 값은? (단, A^c은 A의 여사건이다.) [3점]

① $\dfrac{1}{2}$ 　 ② $\dfrac{11}{20}$ 　 ③ $\dfrac{3}{5}$

④ $\dfrac{13}{20}$ 　 ⑤ $\dfrac{7}{10}$

두 사건 A, B에 대하여 A^c과 B는 서로 배반사건이고

$$\mathrm{P}(A)=2\mathrm{P}(B)=\frac{3}{5}$$

일 때, $\mathrm{P}(A\cap B^c)$의 값은?
(단, A^c은 A의 여사건이다.) [3점]

① $\dfrac{7}{20}$ 　 ② $\dfrac{3}{10}$ 　 ③ $\dfrac{1}{4}$

④ $\dfrac{1}{5}$ 　 ⑤ $\dfrac{3}{20}$

흰 공 3개, 검은 공 4개가 들어 있는 주머니가 있다. 이 주머니에서 임의로 네 개의 공을 동시에 꺼낼 때, 흰 공 2개와 검은 공 2개가 나올 확률은? [3점]

① $\dfrac{2}{5}$ 　 ② $\dfrac{16}{35}$ 　 ③ $\dfrac{18}{35}$

④ $\dfrac{4}{7}$ 　 ⑤ $\dfrac{22}{35}$

두 사건 A, B에 대하여

$$\mathrm{P}(A\cap B)=\frac{2}{3}\mathrm{P}(A)=\frac{2}{5}\mathrm{P}(B)$$

일 때, $\dfrac{\mathrm{P}(A\cup B)}{\mathrm{P}(A\cap B)}$의 값은? (단, $\mathrm{P}(A\cap B)\neq 0$이다.) [3점]

① 3 　 ② $\dfrac{7}{2}$ 　 ③ 4

④ $\dfrac{9}{2}$ 　 ⑤ 5

037 2019학년도 수능 가형

두 사건 A, B에 대하여 A와 B^c은 서로 배반사건이고

$$P(A)=\frac{1}{3}, \ P(A^c \cap B)=\frac{1}{6}$$

일 때, $P(B)$의 값은? (단, A^c은 A의 여사건이다.) [3점]

① $\dfrac{5}{12}$ ② $\dfrac{1}{2}$ ③ $\dfrac{7}{12}$

④ $\dfrac{2}{3}$ ⑤ $\dfrac{3}{4}$

038 2025학년도 고3 9월 평가원 확통

1부터 11까지의 자연수 중에서 임의로 서로 다른 2개의
수를 선택한다. 선택한 2개의 수 중 적어도 하나가
7 이상의 홀수일 확률은? [3점]

① $\dfrac{23}{55}$ ② $\dfrac{24}{55}$ ③ $\dfrac{5}{11}$

④ $\dfrac{26}{55}$ ⑤ $\dfrac{27}{55}$

039 2019학년도 수능 가형

주머니 속에 2부터 8까지의 자연수가 각각 하나씩 적힌
구슬 7개가 들어 있다. 이 주머니에서 임의로 2개의
구슬을 동시에 꺼낼 때, 꺼낸 구슬에 적힌 두 자연수가
서로소일 확률은? [3점]

① $\dfrac{8}{21}$ ② $\dfrac{10}{21}$ ③ $\dfrac{4}{7}$

④ $\dfrac{2}{3}$ ⑤ $\dfrac{16}{21}$

040 2019학년도 고3 6월 평가원 가형

어느 지구대에서는 학생들의 안전한 통학을 위한
귀가 도우미 프로그램에 참여하기로 하였다. 이 지구대의
경찰관은 모두 9명이고, 각 경찰관은 두 개의 근무조 A, B
중 한 조에 속해 있다. 이 지구대의 근무조 A는 5명,
근무조 B는 4명의 경찰관으로 구성되어 있다. 이 지구대의
경찰관 9명 중에서 임의로 3명을 동시에 귀가도우미로
선택할 때, 근무조 A와 근무조 B에서 적어도 1명씩
선택될 확률은? [3점]

① $\dfrac{1}{2}$ ② $\dfrac{7}{12}$ ③ $\dfrac{2}{3}$

④ $\dfrac{3}{4}$ ⑤ $\dfrac{5}{6}$

041 2016학년도 고3 9월 평가원 A형

두 사건 A, B에 대하여

$$P(A \cap B^c)=P(A^c \cap B)=\frac{1}{6}, \ P(A \cup B)=\frac{2}{3}$$

일 때, $P(A \cap B)$의 값은? (단, A^c은 A의 여사건이다.)
[4점]

① $\dfrac{1}{12}$ ② $\dfrac{1}{6}$ ③ $\dfrac{1}{4}$

④ $\dfrac{1}{3}$ ⑤ $\dfrac{5}{12}$

042 2024학년도 고3 9월 평가원 확통

두 사건 A, B에 대하여 A와 B^c은 서로 배반사건이고

$$P(A \cap B)=\frac{1}{5}, \ \ P(A)+P(B)=\frac{7}{10}$$

일 때, $P(A^c \cap B)$의 값은? (단, A^c은 A의 여사건이다.)
[3점]

① $\dfrac{1}{10}$ ② $\dfrac{1}{5}$ ③ $\dfrac{3}{10}$

④ $\dfrac{2}{5}$ ⑤ $\dfrac{1}{2}$

숫자 1, 2, 3, 4, 5, 6이 하나씩 적혀 있는 6장의 카드가 있다. 이 6장의 카드를 모두 한 번씩 사용하여 일렬로 임의로 나열할 때, 양 끝에 놓인 카드에 적힌 두 수의 합이 10 이하가 되도록 카드가 놓일 확률은? [3점]

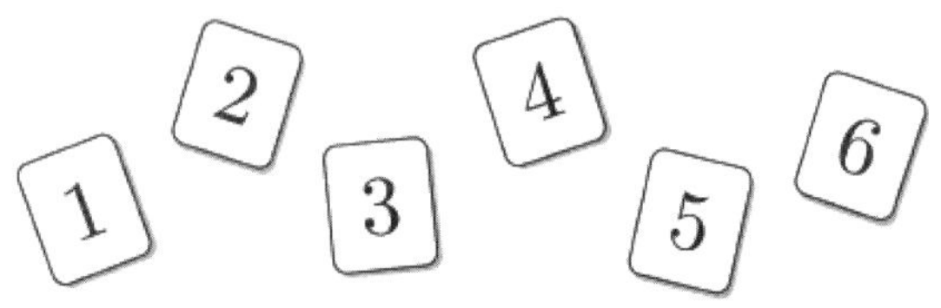

① $\dfrac{8}{15}$　　② $\dfrac{19}{30}$　　③ $\dfrac{11}{15}$

④ $\dfrac{5}{6}$　　⑤ $\dfrac{14}{15}$

흰색 손수건 4장, 검은색 손수건 5장이 들어 있는 상자가 있다. 이 상자에서 임의로 4장의 손수건을 동시에 꺼낼 때, 꺼낸 4장의 손수건 중에서 흰색 손수건이 2장 이상일 확률은? [3점]

① $\dfrac{1}{2}$　　② $\dfrac{4}{7}$　　③ $\dfrac{9}{14}$

④ $\dfrac{5}{7}$　　⑤ $\dfrac{11}{14}$

두 집합 $X=\{1,\ 2,\ 3,\ 4\}$, $Y=\{1,\ 2,\ 3,\ 4,\ 5,\ 6,\ 7\}$에 대하여 X에서 Y로의 모든 일대일함수 f 중에서 임의로 하나를 선택할 때, 이 함수가 다음 조건을 만족시킬 확률은? [3점]

> (가) $f(2)=2$
> (나) $f(1)\times f(2)\times f(3)\times f(4)$는 4의 배수이다.

① $\dfrac{1}{14}$　　② $\dfrac{3}{35}$　　③ $\dfrac{1}{10}$

④ $\dfrac{4}{35}$　　⑤ $\dfrac{9}{70}$

한 개의 주사위를 세 번 던져서 나오는 눈의 수를 차례로 a, b, c라 할 때, $a\times b\times c=4$일 확률은? [3점]

① $\dfrac{1}{54}$　　② $\dfrac{1}{36}$　　③ $\dfrac{1}{27}$

④ $\dfrac{5}{108}$　　⑤ $\dfrac{1}{18}$

1부터 7까지의 자연수 중에서 임의로 서로 다른 3개의 수를 선택한다. 선택된 3개의 수의 곱을 a, 선택되지 않은 4개의 수의 곱을 b라 할 때, a와 b가 모두 짝수일 확률은? [3점]

① $\dfrac{4}{7}$　　② $\dfrac{9}{14}$　　③ $\dfrac{5}{7}$

④ $\dfrac{11}{14}$　　⑤ $\dfrac{6}{7}$

주머니 안에 1, 2, 3, 4의 숫자가 하나씩 적혀 있는 4장의 카드가 있다. 주머니에서 갑이 2장의 카드를 임의로 뽑고 을이 남은 2장의 카드 중에서 1장의 카드를 임의로 뽑을 때, 갑이 뽑은 2장의 카드에 적힌 수의 곱이 을이 뽑은 카드에 적힌 수보다 작을 확률은? [3점]

① $\dfrac{1}{12}$　　② $\dfrac{1}{6}$　　③ $\dfrac{1}{4}$

④ $\dfrac{1}{3}$　　⑤ $\dfrac{5}{12}$

049 2025학년도 고3 6월 평가원 확통

문자 a, b, c, d 중에서 중복을 허락하여 4개를 택해 일렬로 나열하여 만들 수 있는 모든 문자열 중에서 임의로 하나를 선택할 때, 문자 a가 한 개만 포함되거나 문자 b가 한 개만 포함된 문자열이 선택될 확률은? [3점]

① $\dfrac{5}{8}$ ② $\dfrac{41}{64}$ ③ $\dfrac{21}{32}$

④ $\dfrac{43}{64}$ ⑤ $\dfrac{11}{16}$

050 2018학년도 고3 9월 평가원 가형

A, A, A, B, B, C의 문자가 하나씩 적혀 있는 6장의 카드가 있다. 이 카드를 모두 한 번씩 사용하여 일렬로 임의로 나열할 때, 양 끝 모두에 A가 적힌 카드가 나오게 나열될 확률은? [3점]

① $\dfrac{3}{20}$ ② $\dfrac{1}{5}$ ③ $\dfrac{1}{4}$

④ $\dfrac{3}{10}$ ⑤ $\dfrac{7}{20}$

051 2025학년도 수능 확통

어느 학급의 학생 16명을 대상으로 과목 A와 과목 B에 대한 선호도를 조사하였다. 이 조사에 참여한 학생은 과목 A와 과목 B 중 하나를 선택하였고, 과목 A를 선택한 학생은 9명, 과목 B를 선택한 학생은 7명이다. 이 조사에 참여한 학생 16명 중에서 임의로 3명을 선택할 때, 선택한 3명의 학생 중에서 적어도 한 명이 과목 B를 선택한 학생일 확률은? [3점]

① $\dfrac{3}{4}$ ② $\dfrac{4}{5}$ ③ $\dfrac{17}{20}$

④ $\dfrac{9}{10}$ ⑤ $\dfrac{19}{20}$

052 2021학년도 고3 6월 평가원 가형

한 개의 주사위를 두 번 던져서 나오는 눈의 수를 차례로 a, b라 할 때, $|a-3|+|b-3|=2$ 이거나 $a=b$일 확률은? [3점]

① $\dfrac{1}{4}$ ② $\dfrac{1}{3}$ ③ $\dfrac{5}{12}$

④ $\dfrac{1}{2}$ ⑤ $\dfrac{7}{12}$

053 2022학년도 고3 9월 평가원 확통

네 개의 수 1, 3, 5, 7 중에서 임의로 선택한 한 개의 수를 a라 하고, 네 개의 수 2, 4, 6, 8 중에서 임의로 선택한 한 개의 수를 b라 하자. $a \times b > 31$일 확률은? [3점]

① $\dfrac{1}{16}$ ② $\dfrac{1}{8}$ ③ $\dfrac{3}{16}$

④ $\dfrac{1}{4}$ ⑤ $\dfrac{5}{16}$

054 2022학년도 고3 6월 평가원 확통

숫자 1, 2, 3, 4, 5 중에서 중복을 허락하여 4개를 택해 일렬로 나열하여 만들 수 있는 모든 네 자리의 자연수 중에서 임의로 하나의 수를 선택할 때, 선택한 수가 3500보다 클 확률은? [3점]

① $\dfrac{9}{25}$ ② $\dfrac{2}{5}$ ③ $\dfrac{11}{25}$

④ $\dfrac{12}{25}$ ⑤ $\dfrac{13}{25}$

40개의 공이 들어 있는 주머니가 있다. 각각의 공은 흰 공 또는 검은 공 중 하나이다.
이 주머니에서 임의로 2개의 공을 동시에 꺼낼 때, 흰 공 2개를 꺼낼 확률은 p, 흰 공 1개와 검은 공 1개를 꺼낼 확률은 q, 검은 공 2개를 꺼낼 확률을 r이라 하자. $p=q$일 때, $60r$의 값을 구하시오. (단, $p>0$) [4점]

1부터 10까지 자연수가 하나씩 적혀 있는 10장의 카드가 들어 있는 주머니가 있다. 이 주머니에서 임의로 카드 3장을 동시에 꺼낼 때, 꺼낸 카드에 적혀 있는 세 자연수 중에서 가장 작은 수가 4 이하이거나 7 이상일 확률은? [3점]

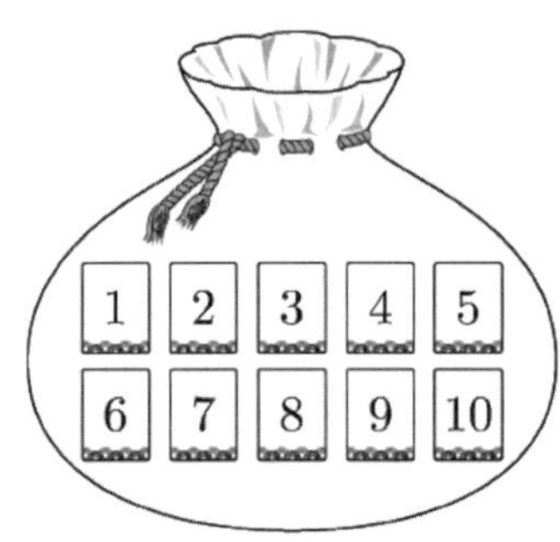

① $\dfrac{4}{5}$　　② $\dfrac{5}{6}$　　③ $\dfrac{13}{15}$

④ $\dfrac{9}{10}$　　⑤ $\dfrac{14}{15}$

1부터 10까지의 자연수가 하나씩 적혀 있는 10장의 카드가 있다. 이 10장의 카드 중에서 임의로 선택한 서로 다른 3장의 카드에 적혀 있는 세 수의 곱이 4의 배수일 확률은? [3점]

① $\dfrac{1}{6}$　　② $\dfrac{1}{3}$　　③ $\dfrac{1}{2}$

④ $\dfrac{2}{3}$　　⑤ $\dfrac{5}{6}$

문자 A, B, C, D, E가 하나씩 적혀 있는 5장의 카드와 숫자 1, 2, 3, 4가 하나씩 적혀 있는 4장의 카드가 있다. 이 9장의 카드를 모두 한 번씩 사용하여 일렬로 임의로 나열할 때, 문자 A가 적혀 있는 카드의 바로 양옆에 각각 숫자가 적혀 있는 카드가 놓일 확률은? [3점]

① $\dfrac{5}{12}$　　② $\dfrac{1}{3}$　　③ $\dfrac{1}{4}$

④ $\dfrac{1}{6}$　　⑤ $\dfrac{1}{12}$

059 2023학년도 수능 확통

흰색 마스크 5개, 검은색 마스크 9개가 들어 있는 상자가 있다. 이 상자에서 임의로 3개의 마스크를 동시에 꺼낼 때, 꺼낸 3개의 마스크 중에서 적어도 한 개가 흰색 마스크일 확률은? [3점]

① $\dfrac{8}{13}$ ② $\dfrac{17}{26}$ ③ $\dfrac{9}{13}$

④ $\dfrac{19}{26}$ ⑤ $\dfrac{10}{13}$

060 2023학년도 수능 확통

주머니에 1이 적힌 흰 공 1개, 2가 적힌 흰 공 1개, 1이 적힌 검은 공 1개, 2가 적힌 검은 공 3개가 들어 있다. 이 주머니에서 임의로 3개의 공을 동시에 꺼내는 시행을 한다. 이 시행에서 꺼낸 3개의 공 중에서 흰 공이 1개이고 검은 공이 2개인 사건을 A, 꺼낸 3개의 공에 적혀 있는 수를 모두 곱한 값이 8인 사건을 B라 할 때, $P(A \cup B)$의 값은? [3점]

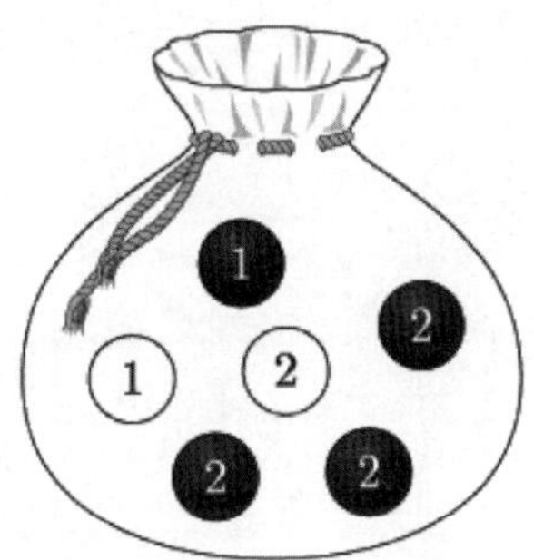

① $\dfrac{11}{20}$ ② $\dfrac{3}{5}$ ③ $\dfrac{13}{20}$

④ $\dfrac{7}{10}$ ⑤ $\dfrac{3}{4}$

061 2023학년도 고3 9월 평가원 확통

세 학생 A, B, C를 포함한 7명의 학생이 원 모양의 탁자에 일정한 간격을 두고 임의로 모두 둘러앉을 때, A가 B 또는 C와 이웃하게 될 확률은? [3점]

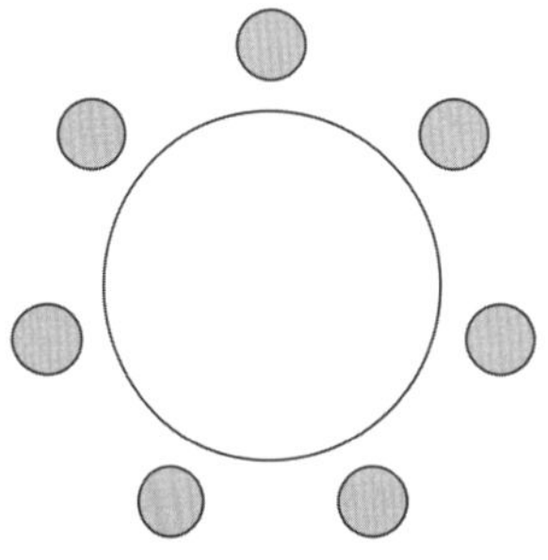

① $\dfrac{1}{2}$ ② $\dfrac{3}{5}$ ③ $\dfrac{7}{10}$

④ $\dfrac{4}{5}$ ⑤ $\dfrac{9}{10}$

062 2020학년도 고3 9월 평가원 나형

다음 조건을 만족시키는 좌표평면 위의 점 (a, b) 중에서 임의로 서로 다른 두 점을 선택할 때, 선택된 두 점 사이의 거리가 1보다 클 확률은? [4점]

> (가) a, b는 자연수이다.
> (나) $1 \le a \le 4, \ 1 \le b \le 3$

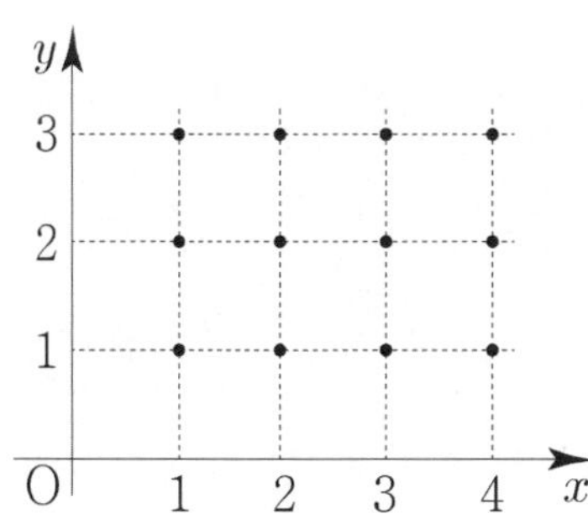

① $\dfrac{41}{66}$ ② $\dfrac{43}{66}$ ③ $\dfrac{15}{22}$

④ $\dfrac{47}{66}$ ⑤ $\dfrac{49}{66}$

 **063** 2017학년도 고3 6월 평가원 가형

한 개의 주사위를 두 번 던질 때 나오는 눈의 수를 차례로
a, b라 하자. 이차함수 $f(x) = x^2 - 7x + 10$에 대하여
$f(a)f(b) < 0$이 성립할 확률은? [4점]

① $\dfrac{1}{18}$ ② $\dfrac{1}{9}$ ③ $\dfrac{1}{6}$

④ $\dfrac{2}{9}$ ⑤ $\dfrac{5}{18}$

 **064** 2020학년도 고3 6월 평가원 가형

한 개의 주사위를 세 번 던져서 나오는 눈의 수를 차례로
a, b, c라 할 때, $a > b$이고 $a > c$일 확률은? [4점]

① $\dfrac{13}{54}$ ② $\dfrac{55}{216}$ ③ $\dfrac{29}{108}$

④ $\dfrac{61}{216}$ ⑤ $\dfrac{8}{27}$

 **065** 2020년 고3 10월 교육청 가형

집합 $\{x \mid x$는 10 이하의 자연수$\}$의 원소의 개수가 4인
부분집합 중 임의로 하나의 집합을 택하여 X라 할 때,
집합 X가 다음 조건을 만족시킬 확률은? [4점]

> 집합 X의 서로 다른 세 원소의 합은
> 항상 3의 배수가 아니다.

① $\dfrac{3}{14}$ ② $\dfrac{2}{7}$ ③ $\dfrac{5}{14}$

④ $\dfrac{3}{7}$ ⑤ $\dfrac{1}{2}$

 **066** 2017학년도 수능 가형

두 주머니 A와 B에는 숫자 1, 2, 3, 4가 하나씩 적혀
있는 4장의 카드가 각각 들어 있다. 갑은 주머니 A에서,
을은 주머니 B에서 각자 임의로 두 장의 카드를 꺼내어
가진다. 갑이 가진 두 장의 카드에 적힌 수의 합과 을이
가진 두 장의 카드에 적힌 수의 합이 같을 확률은 $\dfrac{q}{p}$이다.
$p+q$의 값을 구하시오. (단, p, q는 서로소인 자연수이다.)
[4점]

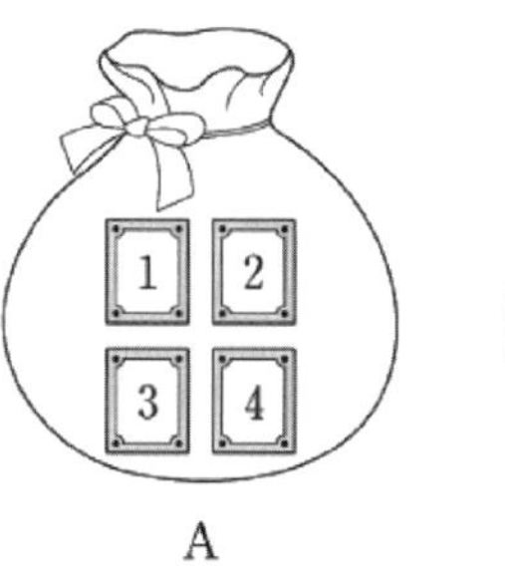

067 2018학년도 고3 6월 평가원 가형

그림과 같이 1, 2, 3, 4의 숫자가 하나씩 적혀 있는 카드가 각각 3장씩 12장이 있다. 이 12장의 카드 중에서 임의로 3장의 카드를 선택할 때, 선택한 카드 중에 같은 숫자가 적혀 있는 카드가 2장 이상일 확률은? [4점]

① $\dfrac{12}{55}$ ② $\dfrac{16}{55}$ ③ $\dfrac{4}{11}$

④ $\dfrac{24}{55}$ ⑤ $\dfrac{28}{55}$

068 2020학년도 고3 6월 평가원 나형

한 개의 주사위를 네 번 던질 때 나오는 눈의 수를 차례로 a, b, c, d라 하자. 네 수 a, b, c, d의 곱 $a \times b \times c \times d$가 12일 확률은? [4점]

① $\dfrac{1}{36}$ ② $\dfrac{5}{72}$ ③ $\dfrac{1}{9}$

④ $\dfrac{11}{72}$ ⑤ $\dfrac{7}{36}$

069 2019학년도 고3 6월 평가원 나형

한 개의 주사위를 세 번 던져서 나오는 눈의 수를 차례로 a, b, c라 할 때, 세 수 a, b, c가 $a < b-2 \le c$를 만족시킬 확률은? [4점]

① $\dfrac{2}{27}$ ② $\dfrac{1}{12}$ ③ $\dfrac{5}{54}$

④ $\dfrac{11}{108}$ ⑤ $\dfrac{1}{9}$

070 2019학년도 수능 나형

숫자 1, 2, 3, 4가 하나씩 적혀 있는 흰 공 4개와 숫자 4, 5, 6이 하나씩 적혀 있는 검은 공 3개가 있다. 이 7개의 공을 임의로 일렬로 나열할 때, 같은 숫자가 적혀 있는 공이 서로 이웃하지 않게 나열될 확률은 $\dfrac{q}{p}$이다. $p+q$의 값을 구하시오. (단, p와 q는 서로소인 자연수이다.) [4점]

그림과 같이 15개의 자리가 있는 일자형의 놀이기구에 5명이 타려고 할 때, 5명이 어느 누구와도 서로 이웃하지 않게 탈 확률은? [4점]

① $\dfrac{1}{26}$ ② $\dfrac{1}{13}$ ③ $\dfrac{3}{26}$

④ $\dfrac{2}{13}$ ⑤ $\dfrac{5}{26}$

숫자 1, 2, 3, 4, 5, 6, 7이 하나씩 적혀 있는 7장의 카드가 있다. 이 7장의 카드를 모두 한 번씩 사용하여 일렬로 임의로 나열할 때, 다음 조건을 만족시킬 확률은? [4점]

> (가) 4가 적혀 있는 카드의 바로 양옆에는 각각 4보다 큰 수가 적혀 있는 카드가 있다.
> (나) 5가 적혀 있는 카드의 바로 양옆에는 각각 5보다 작은 수가 적혀 있는 카드가 있다.

① $\dfrac{1}{28}$ ② $\dfrac{1}{14}$ ③ $\dfrac{3}{28}$

④ $\dfrac{1}{7}$ ⑤ $\dfrac{5}{28}$

○표가 있는 4개의 제비와 ×표가 있는 4개의 제비가 있다. 이 8개의 제비 중에서 4개를 뽑았을 때, ○표가 있는 제비가 3개 이상이 나오거나 4개 모두 ×표인 제비가 나올 확률을 $\dfrac{q}{p}$ 라 하자. $p+q$의 값을 구하시오. (단, p와 q는 서로소인 자연수이다.) [4점]

방정식 $x+y+z=10$을 만족시키는 음이 아닌 정수 $x,\ y,\ z$의 모든 순서쌍 $(x,\ y,\ z)$ 중에서 임의로 한 개를 선택한다. 선택한 순서쌍 $(x,\ y,\ z)$가 $(x-y)(y-z)(z-x) \neq 0$을 만족시킬 확률은 $\dfrac{q}{p}$ 이다. $p+q$의 값을 구하시오.

(단, p와 q는 서로소인 자연수이다.) [4점]

075 2011학년도 수능 나형

한국, 중국, 일본 학생이 2명씩 있다. 이 6명이 그림과 같이 좌석 번호가 지정된 6개의 좌석 중 임의로 1개씩 선택하여 앉을 때, 같은 나라의 두 학생끼리는 좌석 번호의 차가 1 또는 10이 되도록 앉게 될 확률은? [4점]

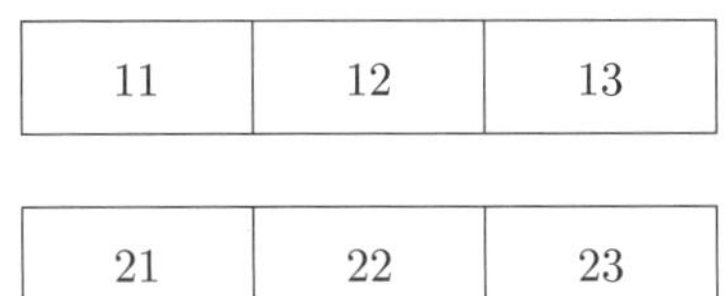

11	12	13
21	22	23

① $\dfrac{1}{20}$ ② $\dfrac{1}{10}$ ③ $\dfrac{3}{20}$

④ $\dfrac{1}{5}$ ⑤ $\dfrac{1}{4}$

076 2021학년도 고3 6월 평가원 가형

두 집합 $A = \{1, 2, 3, 4\}$, $B = \{1, 2, 3\}$에 대하여 A에서 B로의 모든 함수 f 중에서 임의로 하나를 선택할 때, 이 함수가 다음 조건을 만족시킬 확률은? [4점]

> $f(1) \geq 2$ 이거나 함수 f의 치역은 B이다.

① $\dfrac{16}{27}$ ② $\dfrac{2}{3}$ ③ $\dfrac{20}{27}$

④ $\dfrac{22}{27}$ ⑤ $\dfrac{8}{9}$

077 2013학년도 수능 나형

다음 좌석표에서 2행 2열 좌석을 제외한 8개의 좌석에 여학생 4명과 남학생 4명을 1명씩 임의로 배정할 때, 적어도 2명의 남학생이 서로 이웃하게 배정될 확률은 p이다. $70p$의 값을 구하시오. (단, 2명이 같은 행의 바로 옆이나 같은 열의 바로 앞뒤에 있을 때 이웃한 것으로 본다.) [4점]

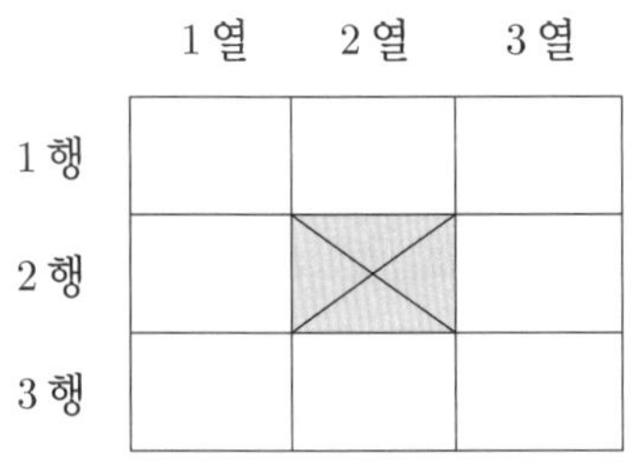

078 2018학년도 사관학교 가형

집합 $S = \{a, b, c, d\}$의 공집합이 아닌 모든 부분집합 중에서 임의로 한 개씩 두 개의 부분집합을 차례로 택한다. 첫 번째로 택한 집합을 A, 두 번째로 택한 집합을 B라 할 때, $n(A) \times n(B) = 2 \times n(A \cap B)$가 성립할 확률은? (단, 한 번 택한 집합은 다시 택하지 않는다.) [4점]

① $\dfrac{2}{35}$ ② $\dfrac{3}{35}$ ③ $\dfrac{4}{35}$

④ $\dfrac{1}{7}$ ⑤ $\dfrac{6}{35}$

주머니에 1, 1, 2, 3, 4의 숫자가 하나씩 적혀 있는 5개의 공이 들어 있다. 이 주머니에서 임의로 4개의 공을 동시에 꺼내어 임의로 일렬로 나열하고, 나열된 순서대로 공에 적혀 있는 수를 a, b, c, d라 할 때, $a \le b \le c \le d$일 확률은? [4점]

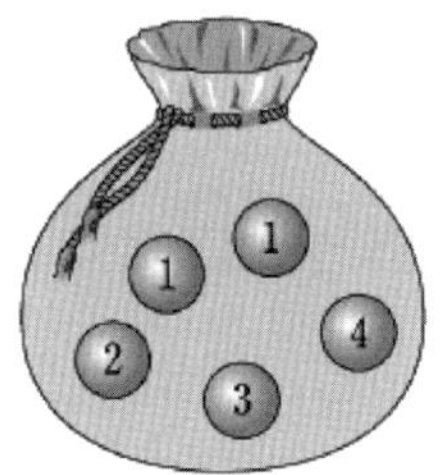

① $\dfrac{1}{15}$　　② $\dfrac{1}{12}$　　③ $\dfrac{1}{9}$

④ $\dfrac{1}{6}$　　⑤ $\dfrac{1}{3}$

어느 고등학교에는 5개의 과학 동아리와 2개의 수학 동아리 A, B가 있다. 동아리 학술 발표회에서 이 7개 동아리가 모두 발표하도록 발표 순서를 임의로 정할 때, 수학 동아리 A가 수학 동아리 B보다 먼저 발표하는 순서로 정해지거나 두 수학 동아리의 발표 사이에는 2개의 과학 동아리만이 발표하는 순서로 정해질 확률은? (단, 발표는 한 동아리씩 하고, 각 동아리는 1회만 발표한다.) [4점]

① $\dfrac{4}{7}$　　② $\dfrac{7}{12}$　　③ $\dfrac{25}{42}$

④ $\dfrac{17}{28}$　　⑤ $\dfrac{13}{21}$

1부터 6까지의 자연수가 하나씩 적혀 있는 6장의 카드가 들어 있는 주머니가 있다. 이 주머니에서 임의로 두 장의 카드를 동시에 꺼내어 적혀 있는 수를 확인한 후 다시 넣는 시행을 두 번 반복한다. 첫 번째 시행에서 확인한 두 수 중 작은 수를 a_1, 큰 수를 a_2라 하고, 두 번째 시행에서 확인한 두 수 중 작은 수를 b_1, 큰 수를 b_2라 하자. 두 집합 A, B를

$$A = \{x \,|\, a_1 \le x \le a_2\}, \quad B = \{x \,|\, b_1 \le x \le b_2\}$$

라 할 때, $A \cap B \ne \varnothing$일 확률은? [4점]

① $\dfrac{3}{5}$　　② $\dfrac{2}{3}$　　③ $\dfrac{11}{15}$

④ $\dfrac{4}{5}$　　⑤ $\dfrac{13}{15}$

좌표평면 위에 두 점 A(0, 4), B(0, −4)가 있다. 한 개의 주사위를 두 번 던질 때 나오는 눈의 수를 차례로 m, n이라 하자. 점 $\mathrm{C}\left(m\cos\dfrac{n\pi}{3}, \ m\sin\dfrac{n\pi}{3}\right)$에 대하여 삼각형 ABC의 넓이가 12보다 작을 확률은? [4점]

① $\dfrac{1}{2}$　　② $\dfrac{5}{9}$　　③ $\dfrac{11}{18}$

④ $\dfrac{2}{3}$　　⑤ $\dfrac{13}{18}$

083 2019학년도 고3 9월 평가원 가형

방정식 $a+b+c=9$를 만족시키는 음이 아닌 정수 a, b, c의 모든 순서쌍 $(a,\ b,\ c)$ 중에서 임의로 한 개를 선택할 때, 선택한 순서쌍 $(a,\ b,\ c)$ 가

$$a < 2 \ \ \text{또는} \ \ b < 2$$

를 만족시킬 확률은 $\dfrac{q}{p}$ 이다. $p+q$의 값을 구하시오.

(단, p 와 q는 서로소인 자연수이다.) [4점]

084 2023학년도 고3 6월 평가원 확통

숫자 1, 2, 3, 4, 5 중에서 서로 다른 4개를 택해 일렬로 나열하여 만들 수 있는 모든 네 자리의 자연수 중에서 임의로 하나의 수를 택할 때, 택한 수가 5의 배수 또는 3500 이상일 확률은? [4점]

① $\dfrac{9}{20}$　　　② $\dfrac{1}{2}$　　　③ $\dfrac{11}{20}$

④ $\dfrac{3}{5}$　　　⑤ $\dfrac{13}{20}$

085 2023학년도 고3 9월 평가원 확통

1부터 10까지의 자연수 중에서 임의로 서로 다른 3개의 수를 선택한다. 선택된 세 개의 수의 곱이 5의 배수이고 합은 3의 배수일 확률은? [4점]

① $\dfrac{3}{20}$　　　② $\dfrac{1}{6}$　　　③ $\dfrac{11}{60}$

④ $\dfrac{1}{5}$　　　⑤ $\dfrac{13}{60}$

086 2021학년도 고3 9월 평가원 가형

집합 $X=\{1,\ 2,\ 3,\ 4\}$의 공집합이 아닌 모든 부분집합 15개 중에서 임의로 서로 다른 세 부분집합을 뽑아 임의로 일렬로 나열하고, 나열된 순서대로 A, B, C라 할 때, $A \subset B \subset C$일 확률은? [4점]

① $\dfrac{1}{91}$　　　② $\dfrac{2}{91}$　　　③ $\dfrac{3}{91}$

④ $\dfrac{4}{91}$　　　⑤ $\dfrac{5}{91}$

1부터 9까지 자연수가 하나씩 적혀 있는 9개의 공이 주머니에 들어 있다. 이 주머니에서 임의로 3개의 공을 동시에 꺼낼 때, 꺼낸 공에 적혀 있는 수 a, b, c $(a < b < c)$ 가 다음 조건을 만족시킬 확률은? [4점]

> (가) $a+b+c$는 홀수이다.
> (나) $a \times b \times c$ 는 3의 배수이다.

① $\dfrac{5}{14}$ ② $\dfrac{8}{21}$ ③ $\dfrac{17}{42}$

④ $\dfrac{3}{7}$ ⑤ $\dfrac{19}{42}$

주머니에 숫자 1, 2, 3, 4가 하나씩 적혀 있는 흰 공 4개와 숫자 4, 5, 6, 7이 하나씩 적혀 있는 검은 공 4개가 들어 있다. 이 주머니를 사용하여 다음 규칙에 따라 점수를 얻는 시행을 한다.

> 주머니에서 임의로 2개의 공을 동시에 꺼내어 꺼낸 공이 서로 다른 색이면 12를 점수로 얻고, 꺼낸 공이 서로 같은 색이면 꺼낸 두 공에 적힌 수의 곱을 점수로 얻는다.

이 시행을 한 번 하여 얻은 점수가 24 이하의 짝수일 확률이 $\dfrac{q}{p}$ 일 때, $p+q$의 값을 구하시오. (단, p와 q는 서로소인 자연수이다.) [4점]

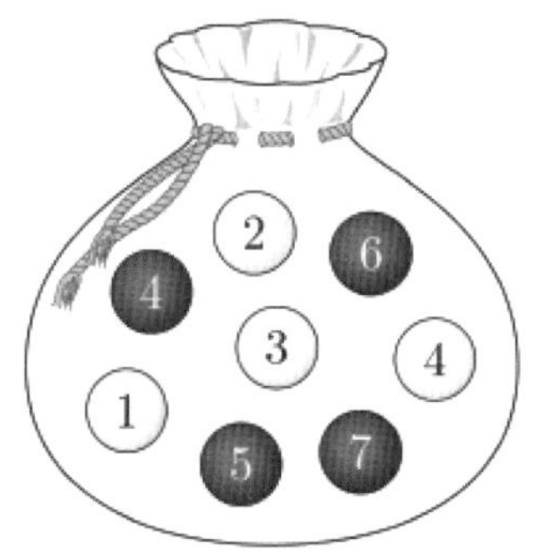

숫자 1, 2, 3이 하나씩 적혀 있는 3개의 공이 들어 있는 주머니가 있다. 이 주머니에서 임의로 한 개의 공을 꺼내어 공에 적혀 있는 수를 확인한 후 다시 넣는 시행을 한다. 이 시행을 5번 반복하여 확인한 5개의 수의 곱이 6의 배수일 확률이 $\dfrac{q}{p}$일 때, $p+q$의 값을 구하시오. (단, p와 q는 서로소인 자연수이다.) [4점]

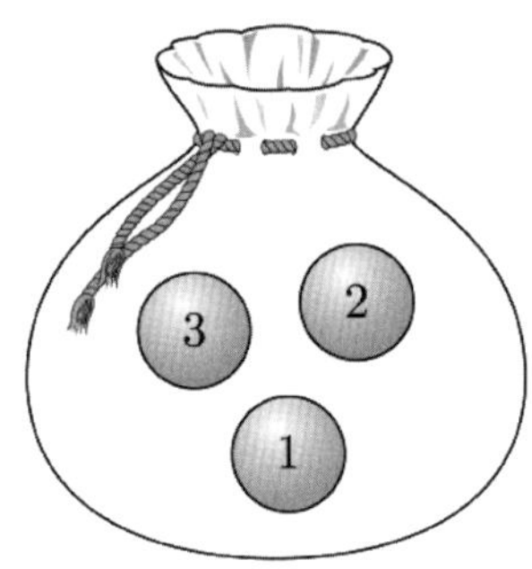

그림과 같이 어떤 강의실 자리의 번호가 1번부터 8번까지 있다. A음료 2개, B음료 1개, C음료 1개, D음료 1개를 각 자리에 모두 놓을 때, A음료를 놓은 자리들은 서로 이웃하지 않고 B음료를 놓은 자리의 번호가 C음료를 놓은 자리의 번호보다 클 확률은 p이다. $56p$의 값을 구하시오. (단, 한 자리에 한 개의 음료만 놓을 수 있고 대각선에 놓여있는 경우는 이웃하지 않는 것으로 간주한다.)

1	2	3	4
5	6	7	8

1, 2, 3, 4, 5를 일렬로 배열하여 5자리 자연수로 이루어진 120개의 패턴을 만들었다. 다음 규칙을 적용하여 기존 패턴을 변환하려고 한다.

> 각 자리 숫자를 3으로 나눈 나머지로 변환한다.
> [예시] 12345 → 12012

기존 패턴 120개 중에서 2개를 선택했을 때, 변환된 패턴이 같을 확률은 $\dfrac{q}{p}$이다. $p+q$의 값을 구하시오. (단, p와 q는 서로소인 자연수이다.)

어느 동호회 회원 21명이 5인승, 7인승, 9인승의 차 3대에 나누어 타고 여행을 떠나려고 한다. 현재 5인승, 7인승, 9인승의 차에 각각 4명, 5명, 6명이 타고 있고, A와 B를 포함한 6명이 아직 도착하지 않았다. 이 6명을 차 3대에 임의로 배정할 때, A와 B가 같은 차에 배정될 확률은 $\dfrac{q}{p}$이다. $10p+q$의 값을 구하시오. (단, p와 q는 서로소인 자연수이다.) [4점]

093 2021학년도 고3 6월 평가원 나형

집합 $A=\{1,\ 2,\ 3,\ 4\}$에 대하여 A에서 A로의 모든 함수 f 중에서 임의로 하나를 선택할 때, 이 함수가 다음 조건을 만족시킬 확률은 p이다. $120p$의 값을 구하시오. [4점]

> (가) $f(1)\times f(2) \geq 9$
> (나) 함수 f의 치역의 원소의 개수는 3이다.

094

1부터 11까지 자연수가 하나씩 적혀 있는 11개의 공이 주머니에 들어 있다. 이 주머니에서 임의로 3개의 공을 동시에 꺼낼 때, 꺼낸 공에 적혀 있는 수 $a,\ b,\ c\,(a<b<c)$가 다음 조건을 만족시킬 확률은 $\dfrac{q}{p}$이다. $p+q$의 값을 구하시오. (단, p와 q는 서로소인 자연수이다.)

> $a+b+c$는 3의 배수인 홀수이다.

095 2020년 고3 7월 교육청 가형

그림과 같이 원탁 위에 1부터 6까지 자연수가 하나씩 적혀 있는 6개의 접시가 놓여 있고 같은 종류의 쿠키 9개를 접시 위에 담으려고 한다. 한 개의 주사위를 던져 나온 눈의 수가 적혀 있는 접시와 그 접시에 이웃하는 양 옆의 접시 위에 3개의 쿠키를 각각 1개씩 담는 시행을 한다. 예를 들어, 주사위를 던져 나온 눈의 수가 1인 경우 $6,\ 1,\ 2$가 적혀 있는 접시 위에 쿠키를 각각 1개씩 담는다. 이 시행을 3번 반복하여 9개의 쿠키를 모두 접시 위에 담을 때, 6개의 접시 위에 각각 한 개 이상의 쿠키가 담겨 있을 확률은? [4점]

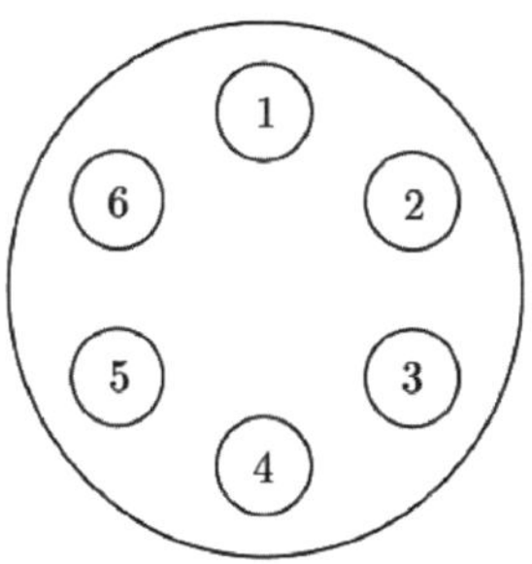

① $\dfrac{7}{18}$ ② $\dfrac{17}{36}$ ③ $\dfrac{5}{9}$

④ $\dfrac{23}{36}$ ⑤ $\dfrac{13}{18}$

숫자 1, 1, 2, 2, 3, 3이 하나씩 적혀 있는 6개의 공이 들어 있는 주머니가 있다. 이 주머니에서 한 개의 공을 임의로 꺼내어 공에 적힌 수를 확인한 후 다시 넣지 않는다. 이와 같은 시행을 6번 반복할 때, $k\,(1 \le k \le 6)$ 번째 꺼낸 공에 적힌 수를 a_k라 하자. 두 자연수 m, n을

$$m = a_1 \times 100 + a_2 \times 10 + a_3,$$

$$n = a_4 \times 100 + a_5 \times 10 + a_6$$

이라 할 때, $m > n$일 확률은 $\dfrac{q}{p}$이다. $p+q$의 값을 구하시오. (단, p와 q는 서로소인 자연수이다.) [4점]

1부터 10까지의 자연수 중에서 임의로 서로 다른 3개의 수를 선택한다. 선택한 세 개의 수의 곱이 짝수일 때, 그 세 개의 수의 합이 3의 배수일 확률은? [4점]

① $\dfrac{14}{55}$　　② $\dfrac{3}{10}$　　③ $\dfrac{19}{55}$

④ $\dfrac{43}{110}$　　⑤ $\dfrac{24}{55}$

상자에 -1, -1, 1, 2, 3, 4의 숫자가 하나씩 적혀 있는 6개의 카드가 들어 있다. 이 상자에서 임의로 4개의 카드를 동시에 꺼내어 임의로 일렬로 나열하고, 나열된 순서대로 카드에 적혀 있는 수를 x, y, z, w라 할 때, $x \le |y| \le |z| \le w$일 확률은 $\dfrac{q}{p}$이다. $p+q$의 값을 구하시오. (단, p와 q는 서로소인 자연수이다.)

서로 다른 세 상자에는 숫자 1, 2, 3, 4가 하나씩 적힌 4개의 공이 각각 들어 있다. 갑이 서로 다른 세 상자에서 각각 공을 한 개씩 임의로 꺼내고 꺼낸 공은 다시 넣지 않는다. 갑이 공을 꺼낸 후 을도 서로 다른 세 상자에서 각각 공을 한 개씩 임의로 꺼낸다. 갑이 꺼낸 3개의 공에 적힌 숫자를 크기순으로 x_1, x_2, $x_3\,(x_1 \le x_2 \le x_3)$이라 하고 을이 꺼낸 3개의 공에 적힌 숫자를 크기순으로 y_1, y_2, $y_3\,(y_1 \le y_2 \le y_3)$이라 할 때, $x_k \ne y_k$인 $k\,(k=1,\ 2,\ 3)$가 존재할 확률은 $\dfrac{q}{p}$이다. $p+q$의 값을 구하시오. (단, p와 q는 서로소인 자연수이다.)

규토 라이트 N제

확률

Guide step

개념 익히기편

2. 조건부확률

01 조건부확률

성취 기준 – 조건부확률의 의미를 이해하고, 이를 구할 수 있다.
 – 확률의 곱셈정리를 이해하고, 이를 활용할 수 있다.

개념 파악하기 | **(1) 조건부확률이란 무엇일까?**

조건부확률

다음은 100명의 중·고등학생을 대상으로 등교시 대중교통의 이용유무를 조사하여 나타낸 것이다.

	대중교통 이용함	대중교통을 이용하지 않음	합계
중학생	14	34	48
고등학생	16	36	52
합계	30	70	100

전체 조사자 대상자 중에서 임의로 한 명을 택할 때, 그 학생이 대중교통을 이용할 확률을 구해보자.

표본공간을 S, 고등학생을 택하는 사건을 A, 대중교통을 이용하는 사건을 B라 하면

전체 조사자 대상자 중에서 임의로 한 명을 택할 때, 그 학생이 대중교통을 이용할 확률은 $\dfrac{n(B)}{n(S)} = \dfrac{30}{100} = \dfrac{3}{10}$ 이다.

그런데 고등학생 중에서 한 명을 택한다는 조건 아래에서 그 학생이 대중교통을 이용할 확률은 $\dfrac{n(A \cap B)}{n(A)} = \dfrac{16}{52} = \dfrac{4}{13}$ 이다.

이때 이 확률은 다음과 같이 나타낼 수 있다.

$$\dfrac{n(A \cap B)}{n(A)} = \dfrac{\dfrac{n(A \cap B)}{n(S)}}{\dfrac{n(A)}{n(S)}} = \dfrac{\mathrm{P}(A \cap B)}{\mathrm{P}(A)}$$

일반적으로 표본공간 S의 두 사건 A, B에 대하여 확률이 0이 아닌
사건 A가 일어났을 때, 사건 B가 일어날 확률을 사건 A가 일어났을 때의
사건 B의 조건부확률이라 하고, 기호로 $\mathrm{P}(B|A)$와 같이 나타낸다. (“P B 바 A”와 같이 읽는다.)

표본공간 S에서 사건 A가 일어났을 때의 사건 B의 조건부확률은 $\mathrm{P}(B|A) = \dfrac{n(A \cap B)}{n(A)}$ 이다.

이때 이 식의 우변의 분자와 분모를 각각 $n(S)$로 나누면 $\mathrm{P}(B|A) = \dfrac{n(A \cap B)}{n(A)} = \dfrac{\dfrac{n(A \cap B)}{n(S)}}{\dfrac{n(A)}{n(S)}} = \dfrac{\mathrm{P}(A \cap B)}{\mathrm{P}(A)}$ 이다.

Tip 1 $\mathrm{P}(B|A) = \dfrac{n(A \cap B)}{n(A)}$ 는 사건 A를 새로운 표본공간으로 생각하고 표본공간 A에서 사건 $A \cap B$가
일어날 확률을 의미한다. 반면 $\mathrm{P}(A \cap B)$는 표본공간 S에서 사건 $A \cap B$가 일어날 확률이다.
즉, 조건부확률은 표본공간이 제한된다는 특징이 있다.

Tip 2 “~일 때(어떤 전제 조건하에), ~일 확률을 구하시오.” 와 같은 물음에서
조건부확률이라는 힌트를 얻을 수 있다.

조건부확률 요약

사건 A가 일어났을 때의 사건 B의 조건부확률은

$$P(B \mid A) = \frac{P(A \cap B)}{P(A)} \quad (\text{단, } P(A) > 0)$$

예제 1

한 개의 주사위를 던져서 짝수의 눈이 나왔을 때, 그 눈의 수가 소수일 확률을 구하시오.

풀이

짝수의 눈이 나오는 사건을 A, 소수의 눈이 나오는 사건을 B라고 하면

$A = \{2,\ 4,\ 6\},\ B = \{2,\ 3,\ 5\},\ A \cap B = \{2\}$ 이므로

$$P(A) = \frac{1}{2},\ P(A \cap B) = \frac{1}{6}$$

따라서 구하는 확률은 사건 A가 일어났을 때의 사건 B의 조건부확률이므로

$$P(B \mid A) = \frac{P(A \cap B)}{P(A)} = \frac{\dfrac{1}{6}}{\dfrac{1}{2}} = \frac{2}{6} = \frac{1}{3}$$

개념 확인문제 1 한 개의 주사위를 던져서 홀수의 눈이 나왔을 때, 그 눈의 수가 3의 약수일 확률을 구하시오.

확률의 곱셈정리

두 사건 A, B에 대하여 사건 $A \cap B$의 확률을 조건부확률을 이용하여 구해보자.

$P(A) > 0$, $P(B) > 0$인 두 사건 A, B에 대하여 $P(B|A) = \dfrac{P(A \cap B)}{P(A)}$, $P(A|B) = \dfrac{P(A \cap B)}{P(B)}$ 이므로

다음을 알 수 있다.

$P(A \cap B) = P(A)P(B|A) = P(B)P(A|B)$

Tip 1　$\langle P(B|A)$와 $P(A \cap B)$의 차이$\rangle$

① $P(B|A)$: 어떤 시행에서 사건 A가 일어날 때, 그 중에서 사건 B가 일어날 확률이다.

　즉, A를 전사건으로 했을 때 사건 $A \cap B$가 일어날 확률이다.

　ex 　한 개의 주사위를 던져(어떤 시행) 홀수의 눈이 나왔을 때(사건 A),

　　　그 수가 소수(사건 B)일 확률

② $P(A \cap B)$: 어떤 시행에서 사건 A가 일어나고 사건 B가 일어날 확률이다.

　즉, 표본공간 S를 전사건으로 했을 때 사건 $A \cap B$가 일어날 확률이다.

　ex 　한 개의 주사위를 던져(어떤 시행) 나온 눈이 홀수(사건 A)이고 소수(사건 B)일 확률

Tip 2　확률의 곱셈정리는 조건부확률로부터 유도되는데 이때 조건부확률은 확률이 0이 아닌
사건 A, B에 대하여 정의되므로 $P(A) = 0$ 또는 $P(B) = 0$인 경우 조건부확률과 상관없이
$P(A \cap B) = 0$이다.

Tip 3　두 사건 A, B에 대하여 두 사건 $A \cap B$와 $A \cap B^c$는 서로 배반사건이므로
$P(A) = P(A \cap B) + P(A \cap B^c)$이다. 따라서 $P(B|A) = \dfrac{P(A \cap B)}{P(A)} = \dfrac{P(A \cap B)}{P(A \cap B) + P(A \cap B^c)}$이다.

즉, 조건부확률에서 분모($P(A)$)를 계산할 때, ① $P(A \cap B)$와 ② $P(A \cap B^c)$로 case분류 후
① $P(A \cap B)$ + ② $P(A \cap B^c)$으로 구할 수 있다.

확률의 곱셈정리에 의하여
① $P(A \cap B) = P(B)P(A|B)$
② $P(A^c \cap B) = P(B)P(A^c|B)$

확률의 곱셈정리 요약

두 사건 A, B에 대하여
$P(A \cap B) = P(A)P(B|A) = P(B)P(A|B)$ (단, $P(A) > 0$, $P(B) > 0$)

예제 2

주머니 안에 흰 공 4개와 검은 공 3개가 들어 있다. 이 주머니에서 임의로 공을 한 개씩 두 번 꺼낼 때,

2개가 모두 흰 공일 확률을 구하시오. (단, 꺼낸 공은 다시 넣지 않는다.)

풀이

첫 번째에 꺼낸 공이 흰 공인 사건을 A라 하면 $P(A)=\dfrac{4}{7}$

두 번째에 꺼낸 공이 흰 공인 사건을 B라 하면

사건 A가 일어났을 때의 사건 B의 조건부확률은 $P(B|A)=\dfrac{3}{6}$

따라서 2개가 모두 흰 공일 사건은 $A\cap B$이므로

구하는 확률은 $P(A\cap B)=P(A)P(B|A)=\dfrac{4}{7}\times\dfrac{3}{6}=\dfrac{2}{7}$

개념 확인문제 2 상자 안에 10개의 추첨용지 중에서 3개에는 당첨이 적혀 있고 나머지 7개에는 꽝이
적혀 있다. 이 상자에서 임의로 추첨용지를 한 개씩 두 번 꺼낼 때, 두 용지 모두 당첨이
적혀있을 확률을 구하시오. (단, 꺼낸 투표용지는 다시 넣지 않는다.)

어느 고등학교 남학생은 전체 학생의 60% 이다. 남학생의 $\dfrac{1}{3}$ 은 안경을 쓰고, 여학생의 $\dfrac{1}{4}$ 은 안경을 쓴다.

이 고등학교 전체 학생 중 임의로 선택한 1명이 안경을 쓸 때, 이 학생이 남학생일 확률을 구하시오.

풀이

풀이1) 정석적 풀이
남학생인 사건을 A, 안경을 쓰는 학생인 사건을 B 라 하면
$$\mathrm{P}(A)=0.6,\ \mathrm{P}(A^c)=0.4$$
$$\mathrm{P}(B\,|\,A)=\frac{1}{3},\ \mathrm{P}(B\,|\,A^c)=\frac{1}{4}$$

안경을 쓴 학생일 확률은 $\mathrm{P}(B)=\mathrm{P}(A\cap B)+\mathrm{P}(A^c\cap B)=\mathrm{P}(A)\mathrm{P}(B\,|\,A)+\mathrm{P}(A^c)\mathrm{P}(B\,|\,A^c)=\dfrac{6}{10}\times\dfrac{1}{3}+\dfrac{4}{10}\times\dfrac{1}{4}=\dfrac{3}{10}$

따라서 구하는 확률은 $\mathrm{P}(A\,|\,B)=\dfrac{\mathrm{P}(A\cap B)}{\mathrm{P}(B)}=\dfrac{\mathrm{P}(A)\mathrm{P}(B\,|\,A)}{\mathrm{P}(B)}=\dfrac{\dfrac{6}{10}\times\dfrac{1}{3}}{\dfrac{3}{10}}=\dfrac{2}{3}$

풀이2) 실전적 풀이
$$\mathrm{P}(\text{남학생}\ \cap\ \text{안경})=\frac{6}{10}\times\frac{1}{3}=\frac{2}{10},\ \ \mathrm{P}(\text{여학생}\ \cap\ \text{안경})=\frac{4}{10}\times\frac{1}{4}=\frac{1}{10}$$

$$\mathrm{P}(\text{남학생}\ |\ \text{안경})=\frac{\mathrm{P}(\text{남학생}\ \cap\ \text{안경})}{\mathrm{P}(\text{남학생}\ \cap\ \text{안경})+\mathrm{P}(\text{여학생}\ \cap\ \text{안경})}=\frac{\dfrac{2}{10}}{\dfrac{2}{10}+\dfrac{1}{10}}=\frac{2}{3}$$

풀이3) 실전적 풀이 (표그리기)
전체 학생을 100명으로 가정하면 남학생은 60명, 여학생은 40명이다.
남학생 60명 중 안경을 쓴 사람은 20명, 여학생 40명 중 안경을 쓴 사람은 10명이다.
이를 바탕으로 표를 그리면 다음과 같다.

	남학생	여학생
안경 씀	20	10
안경 쓰지 않음	40	30
합계	60	40

$$\mathrm{P}(\text{남학생}\ |\ \text{안경})=\frac{n(\text{남학생}\ \cap\ \text{안경})}{n(\text{안경})}=\frac{20}{30}=\frac{2}{3}$$

Tip 필자는 풀이3) 실전적 풀이(표그리기)를 선호하는 편이다.

개념 확인문제　3　어느 회사는 두 공장 $A,\ B$에서 같은 제품을 생산하고 있다. 두 공장 $A,\ B$에서 각각 전체 제품의 30%, 70%를 생산하고 있는데 두 공장에서 생산된 제품의 불량률은 각각 20%, 10% 라 한다. 이 두 공장에서 생산된 제품 중에서 임의로 고른 한 개가 불량품이었을 때, 이 제품이 B 공장에서 생산되었을 확률을 구하시오.

02 확률
사건의 독립과 종속

성취 기준 – 사건의 독립과 종속의 의미를 이해하고, 이를 설명할 수 있다.

개념 파악하기 **(3) 사건의 독립과 종속이란 무엇일까?**

독립과 종속

한 개의 주사위를 던질 때, 홀수의 눈이 나오는 사건을 A, 3 이상의 눈이 나오는 사건을 B라 할 때, $\mathrm{P}(B)$ 와 $\mathrm{P}(B|A)$ 를 각각 구해보자.

$B = \{3,\ 4,\ 5,\ 6\}$ 이므로 $\mathrm{P}(B) = \dfrac{4}{6} = \dfrac{2}{3}$ 이고

$A = \{1,\ 3,\ 5\}$, $A \cap B = \{3,\ 5\}$ 이므로 $\mathrm{P}(B|A) = \dfrac{\mathrm{P}(A \cap B)}{\mathrm{P}(A)} = \dfrac{\frac{2}{6}}{\frac{3}{6}} = \dfrac{2}{3}$ 이다.

$\mathrm{P}(B) = \mathrm{P}(B|A)$ 를 만족시키는 두 사건 A, B는 서로 어떤 관계가 있을까?

두 사건 A, B에 대하여 한 사건이 일어나는 것이 다른 사건이 일어날 확률에 아무런 영향을 주지 않을 때, 즉, $\mathrm{P}(B|A) = \mathrm{P}(B)$ (또는 $\mathrm{P}(A|B) = \mathrm{P}(A)$) 일 때, 두 사건 A, B는 서로 독립이라 한다.
또 두 사건 A, B가 서로 독립이 아닐 때, 두 사건 A, B는 서로 종속이라 한다.

$\mathrm{P}(A) > 0$, $\mathrm{P}(B) > 0$ 인 두 사건 A, B가 서로 독립이면 $\mathrm{P}(B|A) = \mathrm{P}(B)$ 이므로
$\mathrm{P}(A \cap B) = \mathrm{P}(A)\mathrm{P}(B|A) = \mathrm{P}(A)\mathrm{P}(B)$ 가 성립한다.
역으로 $\mathrm{P}(A) > 0$, $\mathrm{P}(B) > 0$ 이고, $\mathrm{P}(A \cap B) = \mathrm{P}(A)\mathrm{P}(B)$ 이면
$\mathrm{P}(B|A) = \dfrac{\mathrm{P}(A \cap B)}{\mathrm{P}(A)} = \dfrac{\mathrm{P}(A)\mathrm{P}(B)}{\mathrm{P}(A)} = \mathrm{P}(B)$ 이므로 두 사건 A, B는 서로 독립이다.

두 사건이 서로 독립일 조건

두 사건 A, B에 대하여 서로 독립이기 위한 필요충분조건은
$\mathrm{P}(A \cap B) = \mathrm{P}(A)\mathrm{P}(B)$ (단, $\mathrm{P}(A) > 0$, $\mathrm{P}(B) > 0$)

Tip 1 독립이라는 표현이 나오면 바로 $\mathrm{P}(A \cap B) = \mathrm{P}(A)\mathrm{P}(B)$ 을 떠올리도록 하자.
독립이 아니면 종속이므로 종속이라는 표현이 나와도 독립을 떠올리도록 하자.
$\mathrm{P}(A \cap B) = \mathrm{P}(A)\mathrm{P}(B)$ $\Rightarrow$ 두 사건 A, B가 서로 독립
$\mathrm{P}(A \cap B) \neq \mathrm{P}(A)\mathrm{P}(B)$ $\Rightarrow$ 두 사건 A, B가 서로 종속

Tip 2 두 사건 A, B가 서로 독립이면 A, B^c / A^c, B / A^c, B^c 도 각각 서로 독립이다.
$\mathrm{P}(A \cap B^c) = \mathrm{P}(A) - \mathrm{P}(A \cap B) = \mathrm{P}(A) - \mathrm{P}(A)\mathrm{P}(B) = \mathrm{P}(A)(1 - \mathrm{P}(B)) = \mathrm{P}(A)\mathrm{P}(B^c)$
$\mathrm{P}(A^c \cap B^c) = \mathrm{P}((A \cup B)^c) = 1 - \mathrm{P}(A \cup B) = 1 - (\mathrm{P}(A) + \mathrm{P}(B) - \mathrm{P}(A \cap B))$

$\qquad\qquad = 1 - \mathrm{P}(A) - \mathrm{P}(B) + \mathrm{P}(A)\mathrm{P}(B) = (1 - \mathrm{P}(A))(1 - \mathrm{P}(B)) = \mathrm{P}(A^c)\mathrm{P}(B^c)$
즉, 사건 A, B가 서로 독립이면 사건 B는 사건 A가 일어나거나 일어나지 않은 것에
아무런 영향을 받지 않는다.

1부터 8까지의 자연수가 하나씩 적힌 8장의 카드 중에서 임의로 한 장의 카드를 뽑을 때,

카드에 적힌 수가 짝수인 사건을 A, 3의 배수인 사건을 B라 하자.

이때 두 사건 A, B는 서로 독립인지 종속인지 구하시오.

풀이

$A = \{2,\ 4,\ 6,\ 8\}$, $B = \{3,\ 6\}$ 이므로 $\mathrm{P}(A) = \dfrac{1}{2}$, $\mathrm{P}(B) = \dfrac{1}{4}$

$\mathrm{P}(A)\mathrm{P}(B) = \dfrac{1}{2} \times \dfrac{1}{4} = \dfrac{1}{8}$

$A \cap B = \{6\}$ 이므로 $\mathrm{P}(A \cap B) = \dfrac{1}{8}$

따라서 $\mathrm{P}(A \cap B) = \mathrm{P}(A)\mathrm{P}(B)$ 이므로 두 사건 A, B는 서로 독립이다.

개념 확인문제　**4**　한 개의 주사위를 던질 때, 4의 약수의 눈이 나오는 사건을 A,
짝수의 눈이 나오는 사건을 B라 하자.
이때 두 사건 A, B는 서로 독립인지 종속인지 구하시오.

개념 파악하기 (4) 독립시행이란 무엇일까?

독립시행의 확률

한 개의 주사위를 던지는 시행을 다섯 번 반복하였더니 1의 눈이 연속으로 다섯 번 나왔다.
여섯째 시행에서 1의 눈이 나올 확률은 무엇일까?

6개의 눈이 나올 가능성이 각각 같은 주사위라면 앞의 주사위를 던지는 시행에서 나온 결과와 상관없이
다음 시행에서 1의 눈이 나올 확률은 $\dfrac{1}{6}$ 이다.

주사위나 동전을 여러 번 던지는 시행과 같이 어떤 시행을 반복하는 경우 각 시행의 결과가 다른 시행의 결과에
아무런 영향을 주지 않을 때, 즉 각 시행마다 일어나는 사건이 서로 독립일 때, 이러한 시행을 **독립시행**이라 한다.

독립시행에서는 각 시행에서 일어나는 사건이 서로 독립이므로 독립시행의 확률은 각 사건의 확률을 곱하여
구할 수 있다.

ex 한 개의 주사위를 3번 던지는 시행에서 3의 배수의 눈이 2번 나올 확률을 구하시오.

한 개의 주사위를 3번 던지는 시행에서 각 시행의 결과는 다른 시행의 결과에 아무런 영향을 주지 않는다.
이때 각 시행에서 3의 배수의 눈이 나올 확률은 $\dfrac{1}{3}$ 이고, 3의 배수의 눈이 나오지 않을 확률은 $\dfrac{2}{3}$ 이다.

한 개의 주사위를 3번 던져 3의 배수의 눈이 2번 나오는 경우는 아래 표와 같이 $_3C_2$ 가지이고
각 경우의 확률은 모두 $\left(\dfrac{1}{3}\right)^2\left(\dfrac{2}{3}\right)$ 이다.
(3의 배수의 눈이 나오는 경우를 ○, 나오지 않는 경우를 ×)

첫 번째	두 번째	세 번째	확률
○	○	×	$\left(\dfrac{1}{3}\right)^2\left(\dfrac{2}{3}\right)$
○	×	○	$\left(\dfrac{1}{3}\right)^2\left(\dfrac{2}{3}\right)$
×	○	○	$\left(\dfrac{1}{3}\right)^2\left(\dfrac{2}{3}\right)$

따라서 한 개의 주사위를 3번 던지는 독립시행에서 3의 배수의 눈이 2번 나올 확률은 $_3C_2\left(\dfrac{1}{3}\right)^2\left(\dfrac{2}{3}\right)$ 이다.

Tip 1 $_3C_2$ 가 하는 역할은 같은 것이 반복되는 총 개수임을 기억하자.

Tip 2 같은 것이 반복되는 총 개수를 구할 때, 같은 것이 있는 순열로 처리해줘도 무방하다.
OOX을 일렬로 배열하는 경우의 수 $\dfrac{3!}{2!}=3$ 이므로 3가지이다.

독립시행의 확률 요약

1회의 시행에서 사건 A가 일어날 확률이 p일 때, n회의 독립시행에서 사건 A가 r회 일어날 확률은

① $_n\mathrm{C}_r\, p^r(1-p)^{n-r}$ (단, $r=1,\ 2,\ 3,\ \cdots,\ n-1$)

② $r=0$일 때 $(1-p)^n$

③ $r=n$일 때 p^n

ex 어떤 시행에서 사건 A가 일어날 확률이 $\dfrac{1}{5}$일 때, 이 시행을 3회 반복하는 독립시행에서

사건 A가 2회 일어날 확률을 구하시오.

$$_3\mathrm{C}_2\times\left(\frac{1}{5}\right)^2\times\left(\frac{4}{5}\right)^1=\frac{12}{125}$$

Tip 1 $_n\mathrm{C}_r$가 하는 역할은 같은 것이 반복되는 **총 개수**임을 기억하자.
문제에 따라서는 직접 세어야 하는 경우도 있으니 상황을 봐가면서 공식을 써야 한다.

ex 한 개의 주사위를 3번 던지는 시행에서 3의 배수의 눈이 2번 나올 확률을 구하시오.

앞에서 다룬 위 문제에 "3의 배수의 눈이 연속해서 나오지 않는다."라는 조건을 추가하면

○×○ 만 가능하므로 총 개수는 1이 된다. 따라서 구하고자 하는 확률은 $1\times\left(\dfrac{1}{3}\right)^2\left(\dfrac{2}{3}\right)$이다.

Tip 2 이항정리 $\{p+(1-p)\}^n=\displaystyle\sum_{r=0}^{n}{}_n\mathrm{C}_r\,p^r(1-p)^{n-r}$에서 일반항 $_n\mathrm{C}_r\,p^r(1-p)^{n-r}$ 은 독립시행의 확률과 같다.

예제 5

승원이가 다트를 던져서 정중앙에 맞힐 확률이 $\dfrac{1}{3}$ 이라 한다. 승원이가 다트를 4번 던질 때, 다음을 구하시오.

(1) 정중앙을 2번 맞힐 확률

(2) 정중앙을 2번 이상 맞힐 확률

풀이

(1) 정중앙을 맞히지 못할 확률은 $\dfrac{2}{3}$ 이므로 정중앙을 2번 맞힐 확률은

$${}_4\mathrm{C}_2\left(\dfrac{1}{3}\right)^2\left(\dfrac{2}{3}\right)^2=\dfrac{8}{27}$$

(2) 풀이1) 확률의 덧셈정리

정중앙을 2번 맞힐 확률은 ${}_4\mathrm{C}_2\left(\dfrac{1}{3}\right)^2\left(\dfrac{2}{3}\right)^2=\dfrac{24}{81}$

정중앙을 3번 맞힐 확률은 ${}_4\mathrm{C}_3\left(\dfrac{1}{3}\right)^3\left(\dfrac{2}{3}\right)^1=\dfrac{8}{81}$

정중앙을 4번 맞힐 확률은 ${}_4\mathrm{C}_4\left(\dfrac{1}{3}\right)^4=\dfrac{1}{81}$

따라서 구하고자 하는 확률은 $\dfrac{24}{81}+\dfrac{8}{81}+\dfrac{1}{81}=\dfrac{33}{81}=\dfrac{11}{27}$

풀이2) 여사건의 확률

정중앙을 0번 맞힐 확률은 ${}_4\mathrm{C}_0\left(\dfrac{2}{3}\right)^4=\dfrac{16}{81}$

정중앙을 1번 맞힐 확률은 ${}_4\mathrm{C}_1\left(\dfrac{1}{3}\right)^1\left(\dfrac{2}{3}\right)^3=\dfrac{32}{81}$

따라서 구하고자 하는 확률은 $1-\left(\dfrac{16}{81}+\dfrac{32}{81}\right)=1-\dfrac{48}{81}=\dfrac{33}{81}=\dfrac{11}{27}$ 이다.

Tip 풀이2)에서 여사건의 확률로 접근할 때, **정중앙을 0번 맞추는 것**도 고려해줘야 한다는 것을 잊지 말자. 이는 자주 실수하는 포인트 중 하나이니 각별히 유의하도록 하자.

개념 확인문제 **5** 100원짜리 동전 1개와 500원짜리 동전 1개를 동시에 던지는 시행을 5번 반복할 때, 두 동전이 동시에 뒷면이 나오는 사건이 2번 일어날 확률을 구하시오.

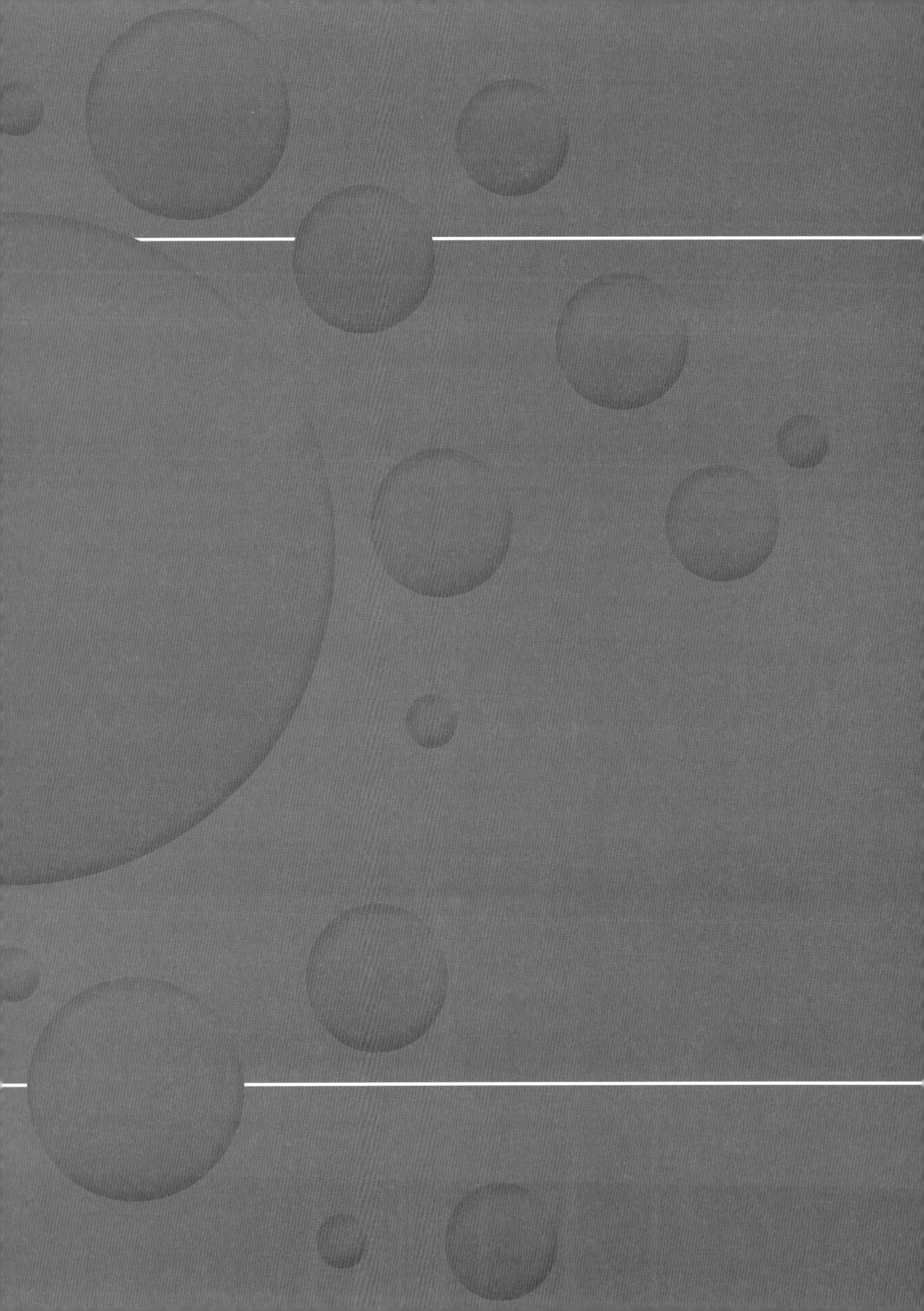

Training – 1 step

필수 유형편

2. 조건부확률

001

두 사건 A, B에 대하여 $\mathrm{P}(A)=\mathrm{P}(B|A)=\dfrac{3}{4}$ 일 때,

$\mathrm{P}(A\cap B)$ 의 값은?

① $\dfrac{7}{16}$ ② $\dfrac{9}{16}$ ③ $\dfrac{11}{16}$

④ $\dfrac{13}{16}$ ⑤ $\dfrac{15}{16}$

002

두 사건 A, B에 대하여

$$\mathrm{P}(A)=\frac{5}{12},\ \mathrm{P}(A\cap B^c)=\frac{1}{4}$$

일 때, $\mathrm{P}(B|A)$ 의 값은? (단, B^c은 B의 여사건이다.)

① $\dfrac{2}{5}$ ② $\dfrac{1}{2}$ ③ $\dfrac{3}{5}$

④ $\dfrac{7}{10}$ ⑤ $\dfrac{4}{5}$

003

두 사건 A와 B가 서로 배반사건이고

$$\mathrm{P}(A)=\frac{1}{8},\ \mathrm{P}(A|B^c)=\frac{1}{4}$$

일 때, $\mathrm{P}(B)$ 의 값은? (단, B^c은 B의 여사건이다.)

① $\dfrac{1}{4}$ ② $\dfrac{3}{8}$ ③ $\dfrac{1}{2}$

④ $\dfrac{5}{8}$ ⑤ $\dfrac{3}{4}$

004

두 사건 A, B에 대하여

$$\mathrm{P}(A\cup B)=\frac{7}{20},\ \mathrm{P}(B)=\frac{1}{5}$$

일 때, $\mathrm{P}(A|B^c)$의 값은? (단, B^c은 B의 여사건이다.)

① $\dfrac{3}{16}$ ② $\dfrac{5}{16}$ ③ $\dfrac{7}{16}$

④ $\dfrac{9}{16}$ ⑤ $\dfrac{11}{16}$

005

두 사건 A, B에 대하여

$$\mathrm{P}(A)=\frac{1}{4},\ \mathrm{P}(B^c)=\frac{2}{3},\ \mathrm{P}(B|A)=\frac{1}{6}$$

일 때, $\mathrm{P}(A^c|B)$ 의 값은? (단, A^c은 A의 여사건이다.)

① $\dfrac{3}{8}$ ② $\dfrac{1}{2}$ ③ $\dfrac{5}{8}$

④ $\dfrac{3}{4}$ ⑤ $\dfrac{7}{8}$

Theme 2 — 조건부확률 – 표가 주어진 경우

006

어느 행사에 참가한 200명의 A 고등학교 1, 2학년 학생 중 남학생과 여학생의 수는 다음과 같다.

구분	남학생	여학생
1학년	40	60
2학년	70	30

이 행사에 참가한 A 고등학교 1, 2학년 학생 중에서 임의로 선택한 1명이 남학생일 때, 이 학생이 2학년 학생일 확률은?

① $\dfrac{4}{11}$ ② $\dfrac{5}{11}$ ③ $\dfrac{6}{11}$

④ $\dfrac{7}{11}$ ⑤ $\dfrac{8}{11}$

007

다음은 어느 고등학교 학생 200명을 대상으로 혈액형을 조사한 표이다.

(단위 : 명)

구분	A형	B형	AB형	O형
Rh^+형	30	52	40	60
Rh^-형	8	8	1	1

이 200명의 학생 중에서 선택한 한 학생의 혈액형이 B형일 때, 이 학생이 Rh^-형일 확률은?

① $\dfrac{2}{15}$ ② $\dfrac{4}{15}$ ③ $\dfrac{2}{5}$

④ $\dfrac{8}{15}$ ⑤ $\dfrac{2}{3}$

008

휴대 전화의 이어폰 단자 또는 액정 화면 고장으로 서비스센터에 접수된 200건에 대하여 접수 시기를 품질보증 기간 이내, 이후로 구분한 결과는 다음과 같다.

(단위 : 건)

구분	이어폰 단자 고장	액정 화면 고장	합계
품질보증 기간 이내	80	40	120
품질보증 기간 이후	a	b	80

접수된 200건 중에서 임의로 선택한 1건이 이어폰 단자 고장 건일 때, 이 건의 접수 시기가 품질보증 기간 이내일 확률이 $\dfrac{4}{7}$이다. $a-b$의 값을 구하시오. (단, 이어폰 단자와 액정 화면 둘 다 고장인 경우는 고려하지 않는다.)

Theme 3 — 조건부확률 – 표가 주어지지 않은 경우

009

어느 공장의 직원은 모두 90명이고, 각 직원은 주간과 야간 중 하나를 선택하여 근무하고 있다. 이 공장의 근무시간을 조사한 결과 주간 근무는 50명, 야간 근무는 40명이었다. 이 공장에서 주간 근무를 하는 60%가 여성이다. 이 공장 여성 직원의 25%가 야간 근무를 하고 있다. 이 공장의 직원 90명 중에서 임의로 선택한 한 명이 야간 근무를 할 때, 이 직원이 남성일 확률은 p이다. $100p$의 값을 구하시오.

어느 학급은 남학생 20명, 여학생 15명으로 이루어져 있다. 이 학급의 모든 학생은 영어와 일본어 중 한 과목만 수업을 받는다고 한다. 남학생 중에서 영어 수업을 받는 학생은 15명이고, 여학생 중에서 일본어 수업을 받는 학생은 10명이다. 이 학급에서 선택된 한 학생이 영어 수업을 받는다고 할 때, 이 학생이 여학생일 확률은?

① $\dfrac{3}{20}$ ② $\dfrac{1}{5}$ ③ $\dfrac{1}{4}$

④ $\dfrac{3}{10}$ ⑤ $\dfrac{7}{20}$

한 달 동안 성민이가 길거리에서 받은 물티슈의 20%는 헬스장을 홍보하기 위해 제작되었다. 헬스장을 홍보하기 위해 제작된 물티슈의 50%가 캡형이고, 헬스장을 홍보하기 위해 제작되지 않은 물티슈의 10%가 캡형이다. 성민이가 받은 물티슈가 캡형일 때, 이 물티슈가 헬스장을 홍보하기 위해 제작되었을 확률은?

① $\dfrac{1}{2}$ ② $\dfrac{5}{9}$ ③ $\dfrac{11}{18}$

④ $\dfrac{2}{3}$ ⑤ $\dfrac{13}{18}$

남학생 수와 여학생 수의 비가 $2:3$인 어느 고등학교에서 전체 학생의 30%가 야간자율학습을 하고, 나머지 70%는 야간자율학습을 하지 않는다. 이 학교의 학생 중에서 임의로 한 명을 선택할 때, 이 학생이 야간자율학습을 하는 여학생일 확률은 $\dfrac{1}{10}$이다. 이 학교의 학생 중에서 임의로 선택한 학생이 야간자율학습을 하지 않을 때, 이 학생이 남학생일 확률은?

① $\dfrac{1}{7}$ ② $\dfrac{2}{7}$ ③ $\dfrac{3}{7}$

④ $\dfrac{4}{7}$ ⑤ $\dfrac{5}{7}$

어느 지하철역에는 A, B 두 대의 교통카드 단말기만 있으며, 지하철 탑승 전에는 반드시 교통카드 단말기를 이용해야 한다. 남학생 10명, 여학생 10명이 모두 A, B 단말기를 이용하였는데, A 단말기를 이용한 남학생은 6명, B 단말기를 이용한 남학생은 4명이다. 여학생 중에서 한 학생을 임의로 선택할 때, 이 학생이 A 단말기를 이용한 여학생일 확률을 p라 하자. B 단말기를 이용한 학생 중에서 한 학생을 임의로 선택할 때, 이 학생이 남학생일 확률을 q라 하자. $8p = 9q$일 때, A 단말기를 이용한 여학생의 수를 구하시오. (단, 두 단말기를 모두 이용한 학생은 없으며, 각 단말기를 적어도 2명의 여학생이 이용하였다.)

Theme 4 — 조건부확률의 활용

014 □□□□□

상자 안에 1, 1, 2, 2, 2가 하나씩 적힌 흰 공 5개와
2, 2, 3, 3, 3이 하나씩 적힌 검은 공 5개가 들어 있다.
이 상자에서 임의로 2개의 공을 동시에 꺼냈더니 모두
2가 적혀 있었을 때, 두 공이 서로 다른 색일 확률은?

① $\dfrac{3}{10}$ ② $\dfrac{2}{5}$ ③ $\dfrac{1}{2}$

④ $\dfrac{3}{5}$ ⑤ $\dfrac{7}{10}$

015 □□□□□

집합 $X=\{1,\ 2,\ 3,\ 4\}$에 대하여 X에서 X로의 함수
중에서 임의로 택한 한 함수를 f라 하자. $f(1)=f(2)$일 때,
$f(k) \neq k\ (k=1,\ 2,\ 3,\ 4)$일 확률은 $\dfrac{q}{p}$이다. $p+q$의 값을
구하시오. (단, p와 q는 서로소인 자연수이다.)

016 □□□□□

15명의 대학생이 배낭여행을 가고 싶은 지역을 다음과
같이 하나씩 선택하였다.

유럽	일본	미국
6명	4명	5명

15명의 학생 중에서 임의로 뽑은 3명이 선택한 지역이
모두 같을 때, 그 지역이 유럽이나 미국일 확률은 $\dfrac{q}{p}$이다.
$p+q$의 값을 구하시오. (단, p와 q는 서로소인
자연수이다.)

017 □□□□□

주머니 A에는 흰 공 3개, 검은 공 4개가 들어 있고,
주머니 B에는 흰 공 4개, 검은 공 2개가 들어 있다.
주머니 A에서 한 개의 공을 임의로 꺼내어 주머니 B에
넣은 다음 다시 주머니 B에서 두 개의 공을 동시에
꺼내기로 한다. 주머니 B에서 꺼낸 공이 모두 흰 공일 때,
주머니 A에서 주머니 B로 옮겨진 공이 검은 공이었을
확률은?

① $\dfrac{1}{9}$ ② $\dfrac{2}{9}$ ③ $\dfrac{1}{3}$

④ $\dfrac{4}{9}$ ⑤ $\dfrac{5}{9}$

018 □□□□□

한 개의 주사위를 두 번 던질 때 나오는 눈의 수를 차례로
$a,\ b$라 하자. $|a-b| \leq 2$일 때, ab가 홀수일 확률은
$\dfrac{q}{p}$이다. $p+q$의 값을 구하시오. (단, p와 q는 서로소인
자연수이다.)

019

숫자 1, 2, 3, 4가 각각 하나씩 적혀 있는 흰 구슬 4개와 숫자 1, 2, 6 이 각각 하나씩 적혀 있는 검은 구슬 3개가 들어 있는 상자가 있다. 이 상자에서 임의로 4개의 구슬을 동시에 꺼내는 시행에서 나온 4개의 구슬에 적힌 숫자가 모두 다를 때, 검은 구슬이 1개 나올 확률은 $\dfrac{q}{p}$ 이다.

$p+q$의 값을 구하시오. (단, p와 q는 서로소인 자연수이다.)

어느 영화관에 그림과 같이 6개의 좌석이 남아있다.

F1	F2	F3

G1	G2	✕

✕	H1	✕

이 6개의 좌석에 갑과 을을 포함한 6명이 임의로 한 명씩 앉기로 한다. 갑과 을은 서로 이웃하여 앉을 때, 갑과 을이 F열에 앉을 확률은 p 이다. $60p$ 의 값을 구하시오.
(단, 양옆 좌석인 경우에만 이웃하는 것으로 간주한다.)

021

1부터 10까지의 자연수가 하나씩 적혀 있는 10장의 카드가 들어 있는 상자에서 임의로 4장의 카드를 동시에 꺼낸다. 꺼낸 4장의 카드에 적혀 있는 자연수를 작은 수부터 크기순으로 나열한 것을 a_1, a_2, a_3, a_4 라 하자.

a_2가 소수일 때, a_3가 4 이하일 확률은 $\dfrac{q}{p}$ 이다.

$p+q$의 값을 구하시오. (단, p와 q는 서로소인 자연수이다.)

주머니 A에는 1, 2, 3, 4의 숫자가 각각 하나씩 적혀 있는 4개의 공이 들어 있고, 주머니 B에는 1, 1, 2의 숫자가 각각 하나씩 적혀 있는 3개의 공이 들어 있다.
두 주머니 A, B 중 임의로 선택한 하나의 주머니에서 동시에 2개의 공을 꺼내고, 나머지 주머니에서 1개의 공을 꺼낸다. 처음 꺼낸 2개의 공에 적힌 수의 차가 나중에 꺼낸 1개의 공에 적힌 수와 같을 때, 나중에 꺼낸 1개의 공에 적힌 수가 1일 확률은 $\dfrac{q}{p}$ 이다. $p+q$의 값을 구하시오. (단, p와 q는 서로소인 자연수이다.)

023 ☐☐☐☐☐

한 개의 주사위를 한 번 던져서 나온 눈의 수가 2
이하이면 나온 눈의 수의 3배를 점수로 얻고,
3 이상이 면 한 개의 주사위를 한 번 더 던져서 나온 눈의
수를 점수로 얻는 게임이 있다. 이 게임을 한번하여 얻은
점수가 4 이상일 확률은 p 이다. $60p$ 의 값을 구하시오.

024 ☐☐☐☐☐

각 면에 1, 1, 2, 2, 2, 3 의 숫자가 하나씩 적혀 있는
정육면체 모양의 상자를 던져 윗면에 적힌 수를 읽기로
한다. 이 상자를 3번 던질 때, 첫 번째와 두 번째 나온
수의 합이 4이고 세 번째 나온 수가 2 이상일 확률은?

① $\dfrac{11}{54}$ ② $\dfrac{13}{54}$ ③ $\dfrac{5}{18}$

④ $\dfrac{17}{54}$ ⑤ $\dfrac{19}{54}$

025 ☐☐☐☐☐

상자에 1이 하나씩 적혀있는 3개의 공과 2가 하나씩
적혀있는 4개의 공이 들어 있다. 이 상자에서 임의로
한 개의 공을 꺼낸 후 꺼낸 공에 적혀있는 숫자와 같은
숫자가 적혀있는 공을 공에 적혀있는 수만큼의 개수를
추가하여 꺼낸 공과 함께 상자에 넣는다. 이 상자에서
다시 임의로 3개의 공을 동시에 꺼낼 때, 꺼낸 3개의
공에 적혀있는 수의 합이 짝수일 확률은?

① $\dfrac{45}{98}$ ② $\dfrac{137}{294}$ ③ $\dfrac{139}{294}$

④ $\dfrac{47}{98}$ ⑤ $\dfrac{143}{294}$

026 ☐☐☐☐☐

주머니 A 에는 흰 공 5개와 검은 공 3개가 들어 있고,
주머니 B 는 비어있다. 주머니 A 에서 임의로 2개의 공을
꺼내어 흰 공이 나오면 [실행 1]을, 흰 공이 나오지 않으면
[실행 2]를 할 때, 주머니 B 에 있는 흰 공과 검은 공의
개수가 서로 같을 확률은?

[실행 1] 꺼낸 공을 주머니 B 에 넣는다.
[실행 2] 꺼낸 공을 주머니 B 에 넣고, 주머니 A 에서
　　　　 임의로 4개의 공을 더 꺼내 주머니 B 에
　　　　 넣는다.

① $\dfrac{11}{28}$ ② $\dfrac{13}{28}$ ③ $\dfrac{15}{28}$

④ $\dfrac{17}{28}$ ⑤ $\dfrac{19}{28}$

Theme 6 — 사건의 독립과 종속 – 확률로 확률 계산

027

두 사건 A와 B는 서로 독립이고
$$P(A)=\frac{3}{7},\ P(A\cap B)=\frac{1}{7}$$
일 때, $P(A\cup B)$의 값은?

① $\dfrac{11}{21}$ ② $\dfrac{13}{21}$ ③ $\dfrac{5}{7}$

④ $\dfrac{17}{21}$ ⑤ $\dfrac{19}{21}$

028

두 사건 A와 B는 서로 독립이고
$$P(A)=\frac{2}{5},\ P(A\cap B)=P(A)-P(B)$$
일 때, $P(B\,|\,A)$의 값은?

① $\dfrac{1}{7}$ ② $\dfrac{2}{7}$ ③ $\dfrac{3}{7}$

④ $\dfrac{4}{7}$ ⑤ $\dfrac{5}{7}$

029

두 사건 A와 B는 서로 독립이고
$$P(A)=\frac{1}{3},\ P(A\cap B^c)=\frac{1}{4}$$
일 때, $P(B)$의 값은? (단, B^c은 B의 여사건이다.)

① $\dfrac{1}{4}$ ② $\dfrac{3}{8}$ ③ $\dfrac{1}{2}$

④ $\dfrac{5}{8}$ ⑤ $\dfrac{3}{4}$

030

두 사건 A와 B는 서로 독립이고
$$P(A\cup B)=\frac{3}{4},\ P(A\,|\,B)=\frac{5}{12}$$
일 때, $P(A\cap B^c)$의 값은? (단, B^c은 B의 여사건이다.)

① $\dfrac{1}{28}$ ② $\dfrac{3}{28}$ ③ $\dfrac{5}{28}$

④ $\dfrac{7}{28}$ ⑤ $\dfrac{9}{28}$

031

두 사건 A와 B는 서로 독립이고
$$P(A\cap B)=4P(A\cap B^c),\ P(A^c\cap B)=\frac{1}{10}$$
일 때, $P(A)$의 값은? (단, A^c은 A의 여사건이고 $P(A)\neq 0$이다.)

① $\dfrac{3}{8}$ ② $\dfrac{1}{2}$ ③ $\dfrac{5}{8}$

④ $\dfrac{3}{4}$ ⑤ $\dfrac{7}{8}$

032

두 사건 A와 B는 서로 독립이고
$$P(A^c\cap B)=\frac{2}{5},\ P(A^c\,|\,B)-P(B\,|\,A^c)=\frac{1}{15}$$
일 때, $P(B)$의 값은? (단, A^c은 A의 여사건이다.)

① $\dfrac{2}{5}$ ② $\dfrac{1}{2}$ ③ $\dfrac{3}{5}$

④ $\dfrac{7}{10}$ ⑤ $\dfrac{4}{5}$

Theme 7 독립사건의 활용

033

카드 A, B가 총 90개가 있다. 표와 같이 카드에는 ★, ♥ 스티커가 붙어있고, 카드 A를 선택할 확률과 ★스티커가 붙어 있을 확률은 서로 독립이다.

(단위 : 개)

	♥스티커	★스티커
카드 A	10	x
카드 B	y	40

90개의 카드 중에서 임의로 선택한 카드가 카드 B일 때, ♥스티커가 붙어 있을 확률은?

① $\dfrac{1}{6}$　　② $\dfrac{1}{3}$　　③ $\dfrac{1}{2}$

④ $\dfrac{2}{3}$　　⑤ $\dfrac{5}{6}$

034

1부터 8까지의 자연수가 하나씩 적혀 있는 8장의 카드에서 임의로 한 장의 카드를 뽑는 시행을 한다. 이 시행에서 소수가 적혀 있는 카드를 뽑는 사건을 A라 하고, 5 이하의 자연수 n에 대하여 n, $n+3$이 적혀 있는 카드를 뽑는 사건을 B_n이라 하자. 두 사건 A와 B_n이 서로 종속이 되도록 하는 모든 n의 값의 합을 구하시오.

035

1부터 10까지의 자연수가 하나씩 적혀 있는 10장의 카드에서 임의로 한 장의 카드를 뽑는 시행을 할 때, 홀수가 적혀 있는 카드를 뽑는 사건을 A라 하자. 이 시행에서 나오는 사건 B가 다음 조건을 만족시킬 때, 사건 B의 개수를 구하시오.

> (가) 두 사건 A와 B는 서로 독립이다.
> (나) $n(A \cup B) = 8$

Theme 8 독립시행의 확률

036

네 개의 동전을 동시에 한 번 던질 때, 앞면이 나온 동전의 개수가 뒷면이 나온 동전의 개수보다 많지 않을 확률은?

① $\dfrac{5}{8}$　　② $\dfrac{11}{16}$　　③ $\dfrac{3}{4}$

④ $\dfrac{13}{16}$　　⑤ $\dfrac{7}{8}$

주사위 A를 4번 던질 때 홀수의 눈이 나오는 횟수를 a라 하고, 주사위 B를 3번 던질 때 3의 배수의 눈이 나오는 횟수를 b라 하자. $a = 3b$일 확률은?

① $\dfrac{5}{54}$ ② $\dfrac{1}{9}$ ③ $\dfrac{7}{54}$

④ $\dfrac{4}{27}$ ⑤ $\dfrac{1}{6}$

민우와 지훈이는 9일 동안 하루에 하나씩 블로그에 올라오는 규토 자작문제를 가지고 내기하기로 결정했다. 자작문제가 올라오자마자 동시에 풀되 1시간 내에 먼저 푼 사람이 이긴다는 규칙을 세우고 9일 동안 총 5번 이상 이긴 사람에게 아이스크림을 사주기로 했다. 내기 시작 후 현재 지훈이는 2승 3패로 뒤져있다. 지훈이가 민우를 이길 확률은 $\dfrac{3}{4}$으로 일정할 때, 민우가 지훈이에게 아이스크림을 사줄 확률은 p이다. $256p$의 값을 구하시오. (단, 비기는 경우는 없다.)

규토 백화점에서 다음과 같이 경품행사를 진행한다.

[시행 방법] '규'와 '토'가 적힌 공이 각각 1개씩 있고, '꽝'이 적힌 공이 7개가 있는 상자에서 동시에 4개를 뽑아 확인한 후 다시 넣는다.

[경품 조건] '규', '토'가 적힌 공을 모두 뽑는 사람에게 백화점 상품권을 지급한다.

3명의 사람이 경품행사에 참여할 때, 적어도 한 사람이 경품을 받을 확률은 $\dfrac{q}{p}$이다. $p+q$의 값을 구하시오. (단, p와 q는 서로소인 자연수이다.)

좌표평면의 원점에 점 P가 있다. 한 개의 주사위를 한 번 던져서 나온 눈의 수가 6의 약수이면 점 P를 x축의 방향으로 1만큼, 나온 눈의 수가 6의 약수가 아니면 점 P를 y축의 방향으로 1만큼 이동시키기로 한다. 한 개의 주사위를 7번 던져서 차례대로 점 P를 이동시킬 때, 점 P가 점 $(2,\ 1)$을 지나서 $(4,\ 3)$으로 이동될 확률은 $\dfrac{q}{p}$이다. $p+q$의 값을 구하시오. (단, p와 q는 서로소인 자연수이다.)

041 ⬡⬡⬡⬡⬡

수직선의 원점에 점 A가 있다. 한 개의 동전을 한 번
던져서 앞면이 나오면 점 A를 2만큼, 뒷면이 나오면
점 A를 -1만큼 이동시키는 시행을 한다. 이 시행을
8번 반복할 때, n번 시행 후 점 A의 좌표를 x_n이라 하자.
$(x_5-1)(x_8-4)=0$일 확률은 $\dfrac{q}{p}$이다. $p+q$의 값을
구하시오. (단, p와 q는 서로소인 자연수이다.)

042 ⬡⬡⬡⬡⬡

서로 다른 2개의 주사위를 동시에 던져 나온 눈의 합이
6의 배수이면 한 개의 동전을 6번 던지고, 나온 눈의 합이
6의 배수가 아니면 한 개의 동전을 3번 던진다.
이 시행에서 동전의 앞면이 나온 횟수가 뒷면이 나온
횟수의 2배일 때, 동전을 3번 던졌을 확률은?

① $\dfrac{4}{9}$ 　　② $\dfrac{5}{9}$ 　　③ $\dfrac{2}{3}$

④ $\dfrac{7}{9}$ 　　⑤ $\dfrac{8}{9}$

043 ⬡⬡⬡⬡⬡

각 면에 숫자 1, 1, 3, 3, 9, 9가 하나씩 적혀 있는
정육면체 모양의 상자를 4번 던져서 밑면에 적힌 수를 모두
곱한 값을 a라 하자. $\sqrt{a}$가 자연수일 확률은?

① $\dfrac{13}{27}$ 　　② $\dfrac{41}{81}$ 　　③ $\dfrac{43}{81}$

④ $\dfrac{5}{9}$ 　　⑤ $\dfrac{47}{81}$

044 2024학년도 수능 확통

두 사건 A와 B는 서로 독립이고

$$\mathrm{P}(A\cap B)=\frac{1}{4},\quad \mathrm{P}(A^c)=2\mathrm{P}(A)$$

일 때, $\mathrm{P}(B)$의 값은? (단, A^c은 A의 여사건이다.) [3점]

① $\dfrac{3}{8}$ ② $\dfrac{1}{2}$ ③ $\dfrac{5}{8}$

④ $\dfrac{3}{4}$ ⑤ $\dfrac{7}{8}$

045 2025학년도 수능 확통

두 사건 A와 B에 대하여

$$\mathrm{P}(A\,|\,B)=\mathrm{P}(A)=\frac{1}{2},\quad \mathrm{P}(A\cap B)=\frac{1}{5}$$

일 때, $\mathrm{P}(A\cup B)$의 값은? [3점]

① $\dfrac{1}{2}$ ② $\dfrac{3}{5}$ ③ $\dfrac{7}{10}$

④ $\dfrac{4}{5}$ ⑤ $\dfrac{9}{10}$

046 2017학년도 고3 6월 평가원 가형

두 사건 A, B에 대하여

$$\mathrm{P}(A)=\frac{13}{16},\ \mathrm{P}(A\cap B^c)=\frac{1}{4}$$

일 때, $\mathrm{P}(B\,|\,A)$의 값은? (단, A^c은 A의 여사건이다.) [3점]

① $\dfrac{5}{13}$ ② $\dfrac{6}{13}$ ③ $\dfrac{7}{13}$

④ $\dfrac{8}{13}$ ⑤ $\dfrac{9}{13}$

047 2014학년도 수능예비시행 B형

두 사건 A와 B는 서로 독립이고

$$\mathrm{P}(A^c)=\frac{3}{4},\ \mathrm{P}(A\cup B^c)=\frac{3}{10}$$

일 때, $\mathrm{P}(B)$의 값은? (단, A^c은 A의 여사건이다.) [3점]

① $\dfrac{2}{3}$ ② $\dfrac{11}{15}$ ③ $\dfrac{4}{5}$

④ $\dfrac{13}{15}$ ⑤ $\dfrac{14}{15}$

048 2017학년도 수능 가형

두 사건 A와 B는 서로 독립이고

$$\mathrm{P}(B^c)=\frac{1}{3},\ \mathrm{P}(A\,|\,B)=\frac{1}{2}$$

일 때, $\mathrm{P}(A)\mathrm{P}(B)$의 값은?
(단, B^c은 B의 여사건이다.) [3점]

① $\dfrac{5}{6}$ ② $\dfrac{2}{3}$ ③ $\dfrac{1}{2}$

④ $\dfrac{1}{3}$ ⑤ $\dfrac{1}{6}$

049 2020학년도 고3 9월 평가원 가형

두 사건 A, B에 대하여

$$\mathrm{P}(A)=\frac{2}{5},\ \mathrm{P}(B^c)=\frac{3}{10},\ \mathrm{P}(A\cap B)=\frac{1}{5}$$

일 때, $\mathrm{P}(A^c\,|\,B^c)$의 값은?
(단, A^c은 A의 여사건이다.) [3점]

① $\dfrac{1}{6}$ ② $\dfrac{1}{5}$ ③ $\dfrac{1}{4}$

④ $\dfrac{1}{3}$ ⑤ $\dfrac{1}{2}$

050 2018학년도 수능 나형 ☐☐☐☐☐

어느 고등학교 전체 학생 500명을 대상으로 지역 A와 지역 B에 대한 국토 문화 탐방 희망 여부를 조사한 결과는 다음과 같다.

(단위 : 명)

지역 A 지역 B	희망함	희망하지 않음	합계
희망함	140	310	450
희망하지 않음	40	10	50
합계	180	320	500

이 고등학교 학생 중에서 임의로 선택한 1명이 지역 A를 희망한 학생일 때, 이 학생이 지역 B도 희망한 학생일 확률은? [3점]

① $\dfrac{19}{45}$ ② $\dfrac{23}{45}$ ③ $\dfrac{3}{5}$

④ $\dfrac{31}{45}$ ⑤ $\dfrac{7}{9}$

051 2022학년도 고3 6월 평가원 확통 ☐☐☐☐☐

어느 동아리의 학생 20명을 대상으로 진로활동 A와 진로활동 B에 대한 선호도를 조사하였다. 이 조사에 참여한 학생은 진로활동 A와 진로활동 B 중 하나를 선택하였고, 각각의 진로활동을 선택한 학생 수는 다음과 같다.

(단위 : 명)

구분	진로활동 A	진로활동 B	합계
1학년	7	5	12
2학년	4	4	8
합계	11	9	20

이 조사에 참여한 학생 20명 중에서 임의로 선택한 한 명이 진로활동 B를 선택한 학생일 때, 이 학생이 1학년일 확률은? [3점]

① $\dfrac{1}{2}$ ② $\dfrac{5}{9}$ ③ $\dfrac{3}{5}$

④ $\dfrac{7}{11}$ ⑤ $\dfrac{2}{3}$

052 2024학년도 고3 6월 평가원 확통 ☐☐☐☐☐

한 개의 주사위를 두 번 던질 때 나오는 눈의 수를 차례로 a, b라 하자. $a \times b$가 4의 배수일 때, $a+b \le 7$의 확률은? [3점]

① $\dfrac{2}{5}$ ② $\dfrac{7}{15}$ ③ $\dfrac{8}{15}$

④ $\dfrac{3}{5}$ ⑤ $\dfrac{2}{3}$

053 2016학년도 고3 9월 평가원 B형 ☐☐☐☐☐

두 사건 A와 B는 서로 독립이고

$$P(A) = \frac{1}{6},\quad P(A \cap B^c) + P(A^c \cap B) = \frac{1}{3}$$

일 때, $P(B)$의 값은? (단, A^c은 A의 여사건이다.) [3점]

① $\dfrac{1}{8}$ ② $\dfrac{1}{4}$ ③ $\dfrac{3}{8}$

④ $\dfrac{1}{2}$ ⑤ $\dfrac{5}{8}$

어느 학교 학생 200명을 대상으로 체험활동에 대한
선호도를 조사하였다. 이 조사에 참여한 학생은 문화체험과
생태연구 중 하나를 선택하였고, 각각의 체험활동을 선택한
학생의 수는 다음과 같다.

(단위 : 명)

구분	문화체험	생태연구	합계
남학생	40	60	100
여학생	50	50	100
합계	90	110	200

이 조사에 참여한 학생 200명 중에서 임의로 선택한 1명이
생태연구를 선택한 학생일 때, 이 학생이 여학생일 확률은?
[3점]

① $\dfrac{5}{11}$　　② $\dfrac{1}{2}$　　③ $\dfrac{6}{11}$

④ $\dfrac{5}{9}$　　⑤ $\dfrac{3}{5}$

한 개의 주사위를 3번 던질 때, 4의 눈이 한 번만 나올
확률은? [3점]

① $\dfrac{25}{72}$　　② $\dfrac{13}{36}$　　③ $\dfrac{3}{8}$

④ $\dfrac{7}{18}$　　⑤ $\dfrac{29}{72}$

주머니 A에는 검은 구슬 3개가 들어 있고, 주머니 B에는
검은 구슬 2개와 흰 구슬 2개가 들어 있다. 두 주머니
A, B 중 임의로 선택한 하나의 주머니에서 동시에 꺼낸
2개의 구슬이 모두 검은 색일 때, 선택된 주머니가
B이었을 확률은? [3점]

① $\dfrac{5}{14}$　　② $\dfrac{2}{7}$　　③ $\dfrac{3}{14}$

④ $\dfrac{1}{7}$　　⑤ $\dfrac{1}{14}$

한 개의 동전을 5번 던질 때, 앞면이 나오는 횟수와
뒷면이 나오는 횟수의 곱이 6일 확률은? [3점]

① $\dfrac{5}{8}$　　② $\dfrac{9}{16}$　　③ $\dfrac{1}{2}$

④ $\dfrac{7}{16}$　　⑤ $\dfrac{3}{8}$

58 2019학년도 고3 9월 평가원 나형

여학생이 40명이고 남학생이 60명인 어느 학교 전체 학생을 대상으로 축구와 야구에 대한 선호도를 조사하였다. 이 학교 학생의 70%가 축구를 선택하였으며, 나머지 30%는 야구를 선택하였다. 이 학교의 학생 중 임의로 뽑은 1명이 축구를 선택한 남학생일 확률은 $\dfrac{2}{5}$이다. 이 학교의 학생 중 임의로 뽑은 1명이 야구를 선택한 학생일 때, 이 학생이 여학생일 확률은? (단, 조사에서 모든 학생들은 축구와 야구 중 한 가지만 선택하였다.) [3점]

① $\dfrac{1}{4}$ ② $\dfrac{1}{3}$ ③ $\dfrac{5}{12}$

④ $\dfrac{1}{2}$ ⑤ $\dfrac{7}{12}$

59 2017학년도 고3 9월 평가원 가형

한 개의 주사위를 두 번 던질 때 나오는 눈의 수를 차례로 a, b라 하자. 두 수의 곱 ab가 6의 배수일 때, 이 두 수의 합 $a+b$가 7일 확률은? [3점]

① $\dfrac{1}{5}$ ② $\dfrac{7}{30}$ ③ $\dfrac{4}{15}$

④ $\dfrac{3}{10}$ ⑤ $\dfrac{1}{3}$

60 2018학년도 수능 가형

한 개의 주사위를 두 번 던진다. 6의 눈이 한 번도 나오지 않을 때, 나온 두 눈의 수의 합이 4의 배수일 확률은? [3점]

① $\dfrac{4}{25}$ ② $\dfrac{1}{5}$ ③ $\dfrac{6}{25}$

④ $\dfrac{7}{25}$ ⑤ $\dfrac{8}{25}$

61 2017학년도 수능 나형

어느 학교의 전체 학생은 360명이고, 각 학생은 체험 학습 A, 체험 학습 B 중 하나를 선택하였다. 이 학교의 학생 중 체험 학습 A를 선택한 학생은 남학생 90명과 여학생 70명이다. 이 학교의 학생 중 임의로 뽑은 1명의 학생이 체험 학습 B를 선택한 학생일 때, 이 학생이 남학생일 확률은 $\dfrac{2}{5}$이다. 이 학교의 여학생의 수는? [3점]

① 180   ② 185   ③ 190

④ 195   ⑤ 200

062 — 2020학년도 수능 가형

한 개의 주사위를 5번 던질 때 홀수의 눈이 나오는 횟수를 a 라 하고, 한 개의 동전을 4번 던질 때 앞면이 나오는 횟수를 b 라 하자. $a-b$ 의 값이 3일 확률을 $\dfrac{q}{p}$ 라 할 때, $p+q$ 의 값을 구하시오.

(단, p 와 q 는 서로소인 자연수이다.) [3점]

063 — 2012학년도 고3 9월 평가원 나형

주사위를 1개 던져서 나오는 눈의 수가 6의 약수이면 동전을 3개 동시에 던지고, 6의 약수가 아니면 동전을 2개 동시에 던진다. 1개의 주사위를 1번 던진 후 그 결과에 따라 동전을 던질 때, 앞면이 나오는 동전의 개수가 1일 확률은? [3점]

① $\dfrac{1}{3}$　　② $\dfrac{3}{8}$　　③ $\dfrac{5}{12}$

④ $\dfrac{11}{24}$　　⑤ $\dfrac{1}{2}$

064 — 2012학년도 수능 나형

주머니 A 에는 1, 2, 3, 4, 5의 숫자가 하나씩 적혀 있는 5장의 카드가 들어 있고, 주머니 B 에는 1, 2, 3, 4, 5, 6의 숫자가 하나씩 적혀 있는 6장의 카드가 들어 있다. 한 개의 주사위를 한 번 던져서 나온 눈의 수가 3의 배수이면 주머니 A 에서 임의로 카드를 한 장 꺼내고, 3의 배수가 아니면 주머니 B 에서 임의로 카드를 한 장 꺼낸다. 주머니에서 꺼낸 카드에 적힌 수가 짝수일 때, 그 카드가 주머니 A 에서 꺼낸 카드일 확률은? [3점]

① $\dfrac{1}{5}$　　② $\dfrac{2}{9}$　　③ $\dfrac{1}{4}$

④ $\dfrac{2}{7}$　　⑤ $\dfrac{1}{3}$

065 — 2018년 고3 10월 교육청 나형

한 개의 동전을 사용하여 다음 규칙에 따라 점수를 얻는 시행을 한다.

> 한 번 던져 앞면이 나오면 2점, 뒷면이 나오면 1점을 얻는다.

이 시행을 5번 반복하여 얻은 점수의 합이 6 이하일 확률은? [3점]

① $\dfrac{3}{32}$　　② $\dfrac{1}{8}$　　③ $\dfrac{5}{32}$

④ $\dfrac{3}{16}$　　⑤ $\dfrac{7}{32}$

066 2013학년도 고3 9월 평가원 가형 ☐☐☐☐☐

A가 동전을 2개 던져서 나온 앞면의 개수만큼 B가
동전을 던진다. B가 던져서 나온 앞면의 개수가 1일 때,
A가 던져서 나온 앞면의 개수가 2일 확률은? [3점]

① $\dfrac{1}{6}$　　② $\dfrac{1}{5}$　　③ $\dfrac{1}{4}$

④ $\dfrac{1}{3}$　　⑤ $\dfrac{1}{2}$

067 2022학년도 고3 9월 평가원 확통 ☐☐☐☐☐

주머니 A에서 흰 공 2개, 검은 공 4개가 들어 있고,
주머니 B에는 흰 공 3개, 검은 공 3개가 들어 있다.
두 주머니 A, B와 한 개의 주사위를 사용하여 다음
시행을 한다.

> 주사위를 한 번 던져
> 나온 눈의 수가 5 이상이면
> 주머니 A에서 임의로 2개의 공을 동시에 꺼내고,
> 나온 눈의 수가 4 이하이면
> 주머니 B에서 임의로 2개의 공을 동시에 꺼낸다.

이 시행을 한 번 하여 주머니에서 꺼낸 2개의 공이 모두
흰색일 때, 나온 눈의 수가 5 이상일 확률은? [3점]

① $\dfrac{1}{7}$　　② $\dfrac{3}{14}$　　③ $\dfrac{2}{7}$

④ $\dfrac{5}{14}$　　⑤ $\dfrac{3}{7}$

068 2022학년도 고3 6월 평가원 확통 ☐☐☐☐☐

주사위 2개와 동전 4개를 동시에 던질 때, 나오는
주사위의 눈의 수의 곱과 앞면이 나오는 동전의 개수가
같을 확률은? [3점]

① $\dfrac{3}{64}$　　② $\dfrac{5}{96}$　　③ $\dfrac{11}{192}$

④ $\dfrac{1}{16}$　　⑤ $\dfrac{13}{192}$

069 2013학년도 수능 가형 ☐☐☐☐☐

흰 공 4개, 검은 공 3개가 들어 있는 주머니가 있다.
이 주머니에서 임의로 2개의 공을 동시에 꺼내어, 꺼낸
2개의 공의 색이 서로 다르면 1개의 동전을 3번 던지고,
꺼낸 2개의 공의 색이 서로 같으면 1개의 동전을 2번
던진다. 이 시행에서 동전의 앞면이 2번 나올 확률은? [3점]

① $\dfrac{9}{28}$　　② $\dfrac{19}{56}$　　③ $\dfrac{5}{14}$

④ $\dfrac{3}{8}$　　⑤ $\dfrac{11}{28}$

주머니 A에는 1부터 3까지의 자연수가 하나씩 적혀 있는
3장의 카드가 들어 있고, 주머니 B에는 1부터 5까지의
자연수가 하나씩 적혀 있는 5장의 카드가 들어 있다.
두 주머니 A, B에서 각각 카드를 임의로 한 장씩 꺼낼 때,
꺼낸 두 장의 카드에 적힌 수의 차가 1일 확률은? [3점]

① $\dfrac{1}{3}$ ② $\dfrac{2}{5}$ ③ $\dfrac{7}{15}$

④ $\dfrac{8}{15}$ ⑤ $\dfrac{3}{5}$

수직선의 원점에 점 P가 있다. 한 개의 주사위를 사용하여
다음 시행을 한다.

> 주사위를 한 번 던져 나온 눈의 수가
> 6의 약수이면 점 P를 양의 방향으로 1만큼 이동시키고,
> 6의 약수가 아니면 점 P를 이동시키지 않는다.

이 시행을 4번 반복할 때, 4번째 시행 후 점 P의 좌표가
2 이상일 확률은? [3점]

① $\dfrac{13}{18}$ ② $\dfrac{7}{9}$ ③ $\dfrac{5}{6}$

④ $\dfrac{8}{9}$ ⑤ $\dfrac{17}{18}$

상자 A에는 흰 공 2개, 검은 공 3개가 들어 있고, 상자
B에는 흰 공 3개, 검은 공 4개가 들어 있다. 한 개의
동전을 던져 앞면이 나오면 상자 A를, 뒷면이 나오면
상자 B를 택하고, 택한 상자에서 임의로 두 개의 공을
동시에 꺼내기로 한다. 이 시행을 한 번 하여 꺼낸 공의
색깔이 서로 같았을 때, 상자 A를 택하였을 확률은? [3점]

① $\dfrac{11}{29}$ ② $\dfrac{12}{29}$ ③ $\dfrac{13}{29}$

④ $\dfrac{14}{29}$ ⑤ $\dfrac{15}{29}$

한 개의 동전을 6번 던질 때, 앞면이 나오는 횟수가
뒷면이 나오는 횟수보다 클 확률은 $\dfrac{q}{p}$ 이다. $p+q$의 값을
구하시오. (단, p, q는 서로소인 자연수이다.) [4점]

074 2006학년도 고3 6월 평가원 가형

어느 회사의 전체 직원은 기혼남성 6명, 미혼남성 20명, 기혼여성 36명, 미혼여성 x명이다. 이 회사에서 직원 중 한 사람을 선택하여 선물을 주기로 하였다. 선택된 직원이 남성인 경우를 사건 A라 하고, 미혼인 경우를 사건 B라 하자. 두 사건 A와 B가 서로 독립일 때, x의 값을 구하시오. (단, 각 직원이 선택될 확률은 같다고 가정한다.)

[4점]

075 2017학년도 고3 6월 평가원 나형

표와 같이 두 상자 A, B에는 흰 구슬과 검은 구슬이 섞여서 각각 100개씩 들어 있다.

(단위 : 개)

	상자 A	상자 B
흰 구슬	a	$100-2a$
검은 구슬	$100-a$	$2a$
합계	100	100

두 상자 A, B에서 각각 1개씩 임의로 꺼낸 구슬이 서로 같은 색일 때, 그 색이 흰색일 확률은 $\dfrac{2}{9}$이다. 자연수 a의 값을 구하시오. [4점]

076 2015학년도 수능 B형

어느 학교의 전체 학생 320명을 대상으로 수학동아리 가입 여부를 조사한 결과 남학생의 60%와 여학생의 50%가 수학동아리에 가입하였다고 한다. 이 학교의 수학동아리에 가입한 학생 중 임의로 1명을 선택할 때 이 학생이 남학생일 확률을 p_1, 이 학교의 수학동아리에 가입한 학생 중 임의로 1명을 선택할 때 이 학생이 여학생일 확률을 p_2라 하자. $p_1 = 2p_2$일 때, 이 학교의 남학생의 수는? [4점]

① 170 ② 180 ③ 190

④ 200 ⑤ 210

077 2018년 고3 10월 교육청 가형

흰 공 3개, 검은 공 2개가 들어 있는 주머니에서 갑이 임의로 2개의 공을 동시에 꺼내고, 남아 있는 3개의 공 중에서 을이 임의로 2개의 공을 동시에 꺼낸다. 갑이 꺼낸 흰 공의 개수가 을이 꺼낸 흰 공의 개수보다 많을 때, 을이 꺼낸 공이 모두 검은 공일 확률은? [4점]

① $\dfrac{1}{15}$ ② $\dfrac{2}{15}$ ③ $\dfrac{1}{5}$

④ $\dfrac{4}{15}$ ⑤ $\dfrac{1}{3}$

주머니 A에는 흰 공 2개와 검은 공 3개가 들어 있고,
주머니 B에는 흰 공 1개와 검은 공 3개가 들어 있다.
주머니 A에서 임의로 1개의 공을 꺼내어 흰 공이면
흰 공 2개를 주머니 B에 넣고 검은 공이면 검은 공 2개를
주머니 B에 넣은 후, 주머니 B에서 임의로 1개의 공을
꺼낼 때 꺼낸 공이 흰 공일 확률은? [4점]

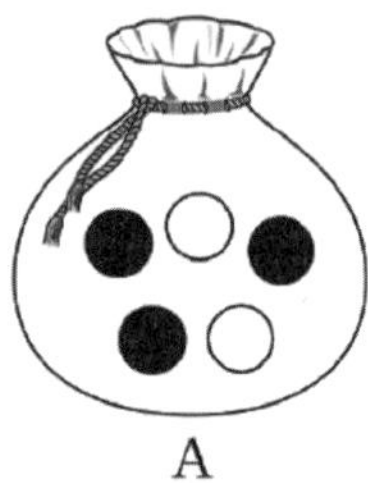

① $\dfrac{1}{6}$ ② $\dfrac{1}{5}$ ③ $\dfrac{7}{30}$

④ $\dfrac{4}{15}$ ⑤ $\dfrac{3}{10}$

앞면에는 문자 A, 뒷면에는 문자 B가 적힌 한 장의
카드가 있다. 이 카드와 한 개의 동전을 사용하여 다음
시행을 한다.

> 동전을 두 번 던져
> 앞면이 나온 횟수가 2이면 카드를 한 번 뒤집고,
> 앞면이 나온 횟수가 0 또는 1이면 카드를 그대로 둔다.

처음에 문자 A가 보이도록 카드가 놓여 있을 때,
이 시행을 5번 반복한 후 문자 B가 보이도록 카드가
놓일 확률은 p이다. $128 \times p$의 값을 구하시오. [4점]

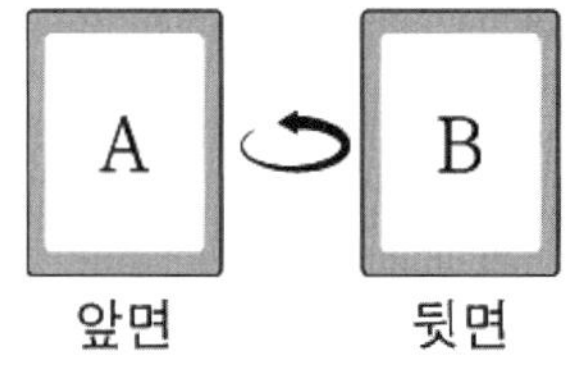

흰 공 3개, 검은 공 4개가 들어 있는 주머니가 있다.
이 주머니에서 임의로 3개의 공을 동시에 꺼내어,
꺼낸 흰 공과 검은 공의 개수를 각각 m, n이라 하자.
이 시행에서 $2m \geq n$일 때, 꺼낸 흰 공의 개수가 2일
확률은 $\dfrac{q}{p}$이다. $p+q$의 값을 구하시오.

(단, p와 q는 서로소인 자연수이다.) [4점]

다음 조건을 만족시키는 좌표평면 위의 점 (a, b) 중에서
임의로 서로 다른 두 점을 선택한다. 선택된 두 점의
y좌표가 같을 때, 이 두 점의 y좌표가 2일 확률은? [4점]

> (가) a, b는 정수이다.
> (나) $0 < b < 4 - \dfrac{a^2}{4}$

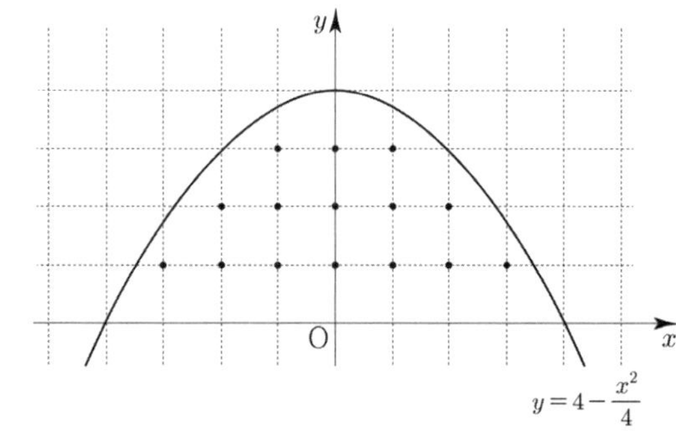

① $\dfrac{4}{17}$ ② $\dfrac{5}{17}$ ③ $\dfrac{6}{17}$

④ $\dfrac{7}{17}$ ⑤ $\dfrac{8}{17}$

082 2019학년도 수능 가형

한 개의 주사위를 한 번 던진다. 홀수의 눈이 나오는 사건을 A, 6 이하의 자연수 m에 대하여 m의 약수의 눈이 나오는 사건을 B라 하자. 두 사건 A와 B가 서로 독립이 되도록 하는 모든 m의 값의 합을 구하시오. [4점]

083 2019년 고3 10월 교육청 가형

주머니에 1부터 8까지의 자연수가 하나씩 적힌 8개의 공이 들어 있다. 이 주머니에서 임의로 3개의 공을 동시에 꺼낼 때, 꺼낸 3개의 공에 적힌 수를 a, b, c $(a<b<c)$ 라 하자. $a+b+c$가 짝수일 때, a가 홀수일 확률은? [4점]

① $\dfrac{3}{7}$ ② $\dfrac{1}{2}$ ③ $\dfrac{4}{7}$

④ $\dfrac{9}{14}$ ⑤ $\dfrac{5}{7}$

084 2011학년도 고3 6월 평가원 가형

A, B를 포함한 6명이 정육각형 모양의 탁자에 그림과 같이 둘러 앉아 주사위 한 개를 사용하여 다음 규칙을 따르는 시행을 한다.

주사위를 가진 사람이 주사위를 던져 나온 눈의 수가 3의 배수이면 시계 방향으로, 3의 배수가 아니면 시계 반대 방향으로 이웃한 사람에게 주사위를 준다.

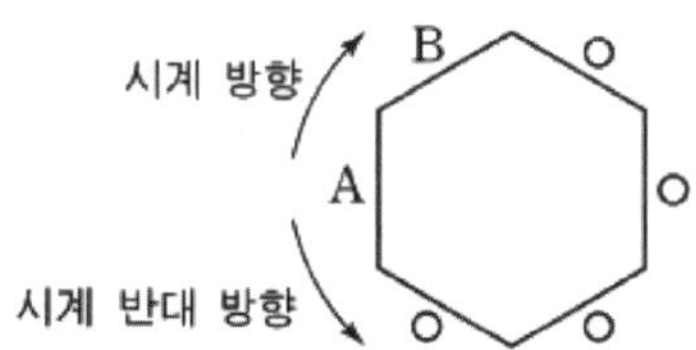

A부터 시작하여 이 시행을 5번 한 후 B가 주사위를 가지고 있을 확률은? [4점]

① $\dfrac{4}{27}$ ② $\dfrac{2}{9}$ ③ $\dfrac{8}{27}$

④ $\dfrac{10}{27}$ ⑤ $\dfrac{4}{9}$

085 2019학년도 고3 9월 평가원 가형

동전 A의 앞면과 뒷면에는 각각 1과 2가 적혀 있고 동전 B의 앞면과 뒷면에는 각각 3과 4가 적혀 있다. 동전 A를 세 번, 동전 B를 네 번 던져 나온 7개의 수의 합이 19 또는 20일 확률은? [4점]

① $\dfrac{7}{16}$ ② $\dfrac{15}{32}$ ③ $\dfrac{1}{2}$

④ $\dfrac{17}{32}$ ⑤ $\dfrac{9}{16}$

주머니 A와 B에는 1, 2, 3, 4, 5의 숫자가 하나씩 적혀 있는 다섯 개의 구슬이 각각 들어 있다. 철수는 주머니 A에서, 영희는 주머니 B에서 각자 구슬을 임의로 한 개씩 꺼내어 두 구슬에 적혀 있는 숫자를 확인한 후 다시 넣지 않는다. 이와 같은 시행을 반복할 때, 첫 번째 꺼낸 두 구슬에 적혀 있는 숫자가 서로 다르고, 두 번째 꺼낸 두 구슬에 적혀 있는 숫자가 같을 확률은? [4점]

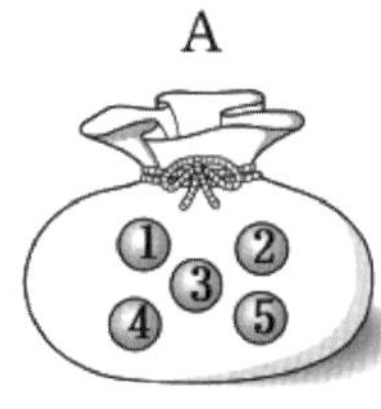
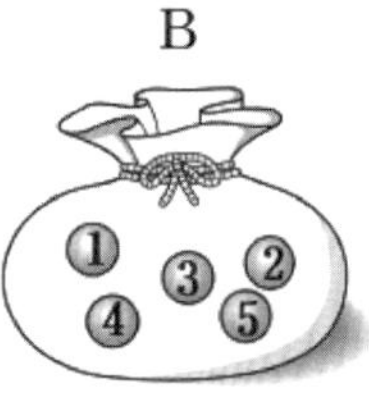

① $\dfrac{3}{20}$ ② $\dfrac{1}{5}$ ③ $\dfrac{1}{4}$

④ $\dfrac{3}{10}$ ⑤ $\dfrac{7}{20}$

서로 다른 2개의 주사위를 동시에 던져 나온 눈의 수가 같으면 한 개의 동전을 4번 던지고, 나온 눈의 수가 다르면 한 개의 동전을 2번 던진다. 이 시행에서 동전의 앞면이 나온 횟수와 뒷면이 나온 횟수가 같을 때, 동전을 4번 던졌을 확률은? [4점]

① $\dfrac{3}{23}$ ② $\dfrac{5}{23}$ ③ $\dfrac{7}{23}$

④ $\dfrac{9}{23}$ ⑤ $\dfrac{11}{23}$

각 면에 1, 2, 3, 4의 숫자가 하나씩 적혀 있는 정사면체 모양의 상자를 던져 밑면에 적힌 숫자를 읽기로 한다. 이 상자를 3번 던져 2가 나오는 횟수를 m, 2가 아닌 숫자가 나오는 횟수를 n이라 할 때, $i^{|m-n|} = -i$일 확률은? (단, $i = \sqrt{-1}$) [4점]

① $\dfrac{3}{8}$ ② $\dfrac{7}{16}$ ③ $\dfrac{1}{2}$

④ $\dfrac{9}{16}$ ⑤ $\dfrac{5}{8}$

한 개의 동전을 7번 던질 때, 다음 조건을 만족시킬 확률은? [4점]

(가) 앞면이 3번 이상 나온다.
(나) 앞면이 연속해서 나오는 경우가 있다.

① $\dfrac{11}{16}$ ② $\dfrac{23}{32}$ ③ $\dfrac{3}{4}$

④ $\dfrac{25}{32}$ ⑤ $\dfrac{13}{16}$

090 2014학년도 수능예비시행 A형 ○○○○○

한 개의 주사위를 사용하여 다음 규칙에 따라 점수를 얻는 시행을 한다.

> (가) 한 번 던져 나온 눈의 수가 5 이상이면 나온 눈의 수를 점수로 한다.
> (나) 한 번 던져 나온 눈의 수가 5보다 작으면 한 번 더 던져 나온 눈의 수를 점수로 한다.

시행의 결과로 얻은 점수가 5점 이상일 때, 주사위를 한 번만 던졌을 확률을 $\dfrac{q}{p}$라 하자. p^2+q^2의 값을 구하시오. (단, p와 q는 서로소인 자연수이다.) [4점]

091 2021년 고3 7월 교육청 확통 ○○○○○

1, 2, 3, 4, 5의 숫자가 하나씩 적힌 카드가 각각 1장, 2장, 3장, 4장, 5장이 있다. 이 15장의 카드 중에서 임의로 2장의 카드를 동시에 선택하는 시행을 한다.
이 시행에서 선택한 2장의 카드에 적힌 두 수의 곱의 모든 양의 약수의 개수가 3 이하일 때, 그 두 수의 합이 짝수일 확률은 $\dfrac{q}{p}$이다. $p+q$의 값을 구하시오.
(단, p와 q는 서로소인 자연수이다.) [4점]

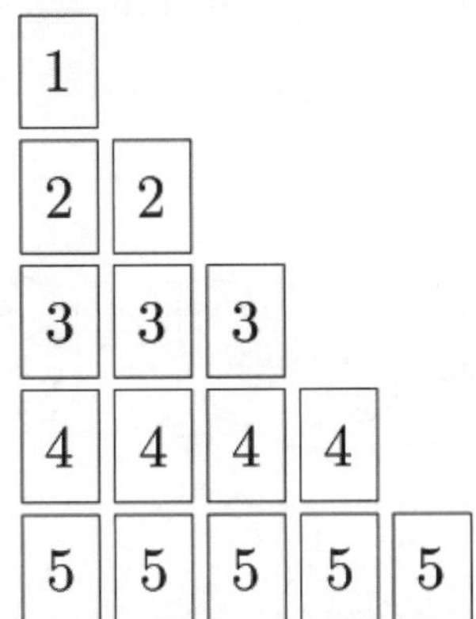

092 2021학년도 고3 6월 평가원 나형 ○○○○○

주머니에 숫자 1, 2, 3, 4가 하나씩 적혀 있는 흰 공 4개와 숫자 3, 4, 5, 6이 하나씩 적혀 있는 검은 공 4개가 들어 있다. 이 주머니에서 임의로 4개의 공을 동시에 꺼내는 시행을 한다. 이 시행에서 꺼낸 공에 적혀 있는 수가 같은 것이 있을 때, 꺼낸 공 중 검은 공이 2개일 확률은? [4점]

① $\dfrac{13}{29}$ ② $\dfrac{15}{29}$ ③ $\dfrac{17}{29}$

④ $\dfrac{19}{29}$ ⑤ $\dfrac{21}{29}$

좌표평면의 원점에 점 A가 있다. 한 개의 동전을 사용하여 다음 시행을 한다.

> 동전을 한 번 던져
> 앞면이 나오면 점 A를 x축의 양의 방향으로 1만큼,
> 뒷면이 나오면 점 A를 y축의 양의 방향으로 1만큼
> 이동시킨다.

위 시행을 반복하여 점 A의 x좌표 또는 y좌표가 처음으로 3이 되면 이 시행을 멈춘다. 점 A의 y좌표가 처음으로 3이 되었을 때, 점 A의 x좌표가 1일 확률은? [4점]

① $\dfrac{1}{4}$　　② $\dfrac{5}{16}$　　③ $\dfrac{3}{8}$

④ $\dfrac{7}{16}$　　⑤ $\dfrac{1}{2}$

주머니에 1, 2, 3, 4, 5, 6의 숫자가 하나씩 적혀 있는 6개의 공이 들어 있다. 이 주머니에서 임의로 3개의 공을 차례로 꺼낸다. 꺼낸 3개의 공에 적힌 수의 곱이 짝수일 때, 첫 번째로 꺼낸 공에 적힌 수가 홀수이었을 확률은 $\dfrac{q}{p}$이다. $p+q$의 값을 구하시오. (단, 꺼낸 공은 다시 넣지 않고, p와 q는 서로소인 자연수이다.) [4점]

그림과 같이 주머니 A에는 1부터 6까지의 자연수가 하나씩 적힌 6장의 카드가 들어 있고 주머니 B와 C에는 1부터 3까지의 자연수가 하나씩 적힌 3장의 카드가 각각 들어 있다. 갑은 주머니 A에서, 을은 주머니 B에서, 병은 주머니 C에서 각자 임의로 1장의 카드를 꺼낸다. 이 시행에서 갑이 꺼낸 카드에 적힌 수가 을이 꺼낸 카드에 적힌 수보다 클 때, 갑이 꺼낸 카드에 적힌 수가 을과 병이 꺼낸 카드에 적힌 수의 합보다 클 확률은 k이다. $100k$의 값을 구하시오. [4점]

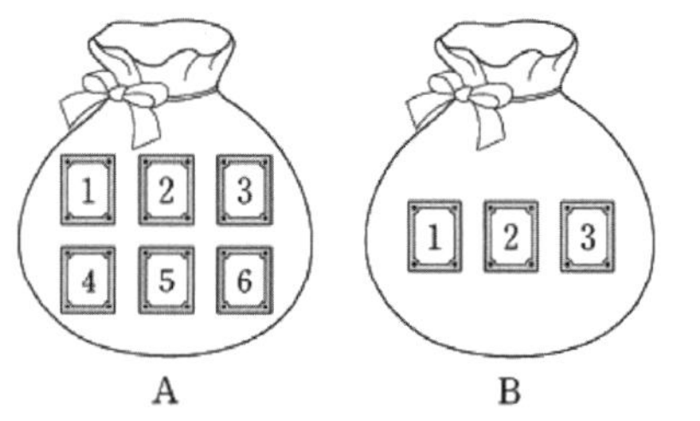

숫자 3, 3, 4, 4, 4가 하나씩 적힌 5개의 공에 들어 있는 주머니가 있다. 이 주머니와 한 개의 주사위를 사용하여 다음 규칙에 따라 점수를 얻는 시행을 한다.

> 주머니에서 임의로 한 개의 공을 꺼내어
> 꺼낸 공에 적힌 수가 3이면 주사위를 3번 던져서
> 나오는 세 눈의 수의 합을 점수로 하고,
> 꺼낸 공에 적힌 수가 4이면 주사위를 4번 던져서
> 나오는 네 눈의 수의 합을 점수로 한다.

이 시행을 한 번 하여 얻은 점수가 10점일 확률은? [4점]

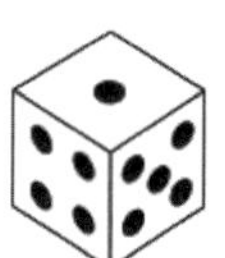

① $\dfrac{13}{180}$　　② $\dfrac{41}{540}$　　③ $\dfrac{43}{540}$

④ $\dfrac{1}{12}$　　⑤ $\dfrac{47}{540}$

097 2024학년도 수능 확통

하나의 주머니와 두 상자 A, B가 있다. 주머니에는 숫자 1, 2, 3, 4가 하나씩 적힌 4장의 카드가 들어 있고, 상자 A에는 흰 공과 검은 공이 각각 8개 이상 들어 있고, 상자 B는 비어 있다. 이 주머니와 두 상자 A, B를 사용하여 다음 시행을 한다.

> 주머니에서 임의로 한 장의 카드를 꺼내어 카드에 적힌 수를 확인한 후 다시 주머니에 넣는다.
>
> 확인한 수가 1이면 상자 A에 있는 흰 공 1개를 상자 B에 넣고,
>
> 확인한 수가 2 또는 3이면 상자 A에 있는 흰 공 1개와 검은 공 1개를 상자 B에 넣고,
>
> 확인한 수가 4이면 상자 A에 있는 흰 공 2개와 검은 공 1개를 상자 B에 넣는다.

이 시행을 4번 반복한 후 상자 B에 들어 있는 공의 개수가 8일 때, 상자 B에 들어 있는 검은 공의 개수가 2일 확률은? [4점]

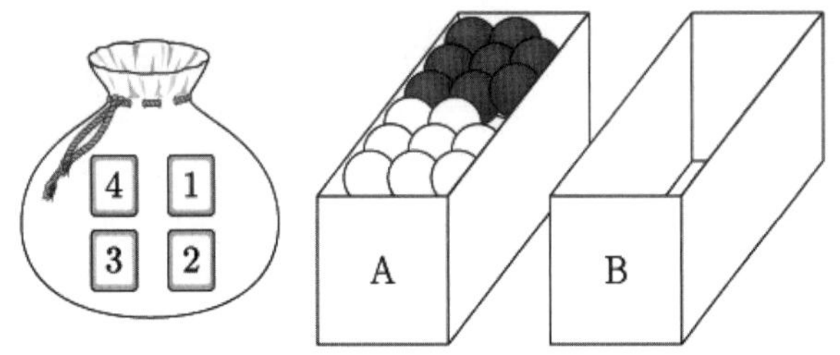

① $\dfrac{3}{70}$　　② $\dfrac{2}{35}$　　③ $\dfrac{1}{14}$

④ $\dfrac{3}{35}$　　⑤ $\dfrac{1}{10}$

098 2025학년도 고3 9월 평가원 확통

집합 $X=\{1,\ 2,\ 3,\ 4\}$에 대하여 $f:X\to X$인 모든 함수 f 중에서 임의로 하나를 선택하는 시행을 한다. 이 시행에서 선택한 함수 f가 다음 조건을 만족시킬 때, $f(4)$가 짝수일 확률은? [4점]

> $a\in X,\ b\in X$에 대하여 a가 b의 약수이면 $f(a)$는 $f(b)$의 약수이다.

① $\dfrac{9}{19}$　　② $\dfrac{8}{15}$　　③ $\dfrac{3}{5}$

④ $\dfrac{27}{40}$　　⑤ $\dfrac{19}{25}$

탁자 위에 놓인 4개의 동전에 대하여 다음 시행을 한다.

> 4개의 동전 중 임의로 한 개의 동전을 택하여
> 한 번 뒤집는다.

처음에 3개의 동전은 앞면이 보이도록, 1개의 동전은 뒷면이 보이도록 놓여 있다. 위의 시행을 5번 반복한 후 4개의 동전이 모두 같은 면이 보이도록 놓여 있을 때, 모두 앞면이 보이도록 놓여 있을 확률은? [4점]

앞면　　앞면　　앞면　　뒷면

① $\dfrac{17}{32}$　　② $\dfrac{35}{64}$　　③ $\dfrac{9}{16}$

④ $\dfrac{37}{64}$　　⑤ $\dfrac{19}{32}$

탁자 위에 놓인 5개의 동전이 일렬로 놓여 있다. 이 5개의 동전 중 1번째 자리와 2번째 자리의 동전은 앞면이 보이도록 놓여 있고, 나머지 자리의 3개의 동전은 뒷면이 보이도록 놓여 있다. 이 5개의 동전과 한 개의 주사위를 사용하여 다음 시행을 한다.

> 주사위를 한 번 던져 나온 눈의 수가 k일 때,
> $k \le 5$이면 k번째 자리의 동전을 한 번 뒤집어 제자리에 놓고, $k = 6$이면 모든 동전을 한 번씩 뒤집어 제자리에 놓는다.

위의 시행을 3번 반복한 후 이 5개의 동전이 모두 앞면이 보이도록 놓여 있을 확률은 $\dfrac{q}{p}$이다. $p+q$의 값을 구하시오. (단, p와 q는 서로소인 자연수이다.) [4점]

앞면　　앞면　　뒷면　　뒷면　　뒷면

↑　　↑　　↑　　↑　　↑

1번째 자리　2번째 자리　3번째 자리　4번째 자리　5번째 자리

Master step
심화 문제편

2. 조건부확률

세 개의 주사위를 동시에 한 번 던질 때, 나온 모든 눈의
수의 합을 4로 나눈 나머지가 3일 확률은 p 이다.
$216p$ 의 값을 구하시오.

그림과 같이 주머니에 ★ 모양의 스티커가 각각 1개씩
붙어 있는 카드 2장과 스티커가 붙어 있지 않은 카드
3장이 들어 있다.

이 주머니를 사용하여 다음의 시행을 한다.

> 주머니에서 임의로 2장의 카드를 동시에 꺼낸 다음,
> 꺼낸 카드에 ★ 모양의 스티커를 각각 1개씩 붙인 후
> 다시 주머니에 넣는다.

위의 시행을 2번 반복한 뒤 주머니 속에 ★ 모양의
스티커가 3개 붙어 있는 카드가 들어 있을 확률은
$\dfrac{q}{p}$ 이다. $p+q$ 의 값을 구하시오. (단, p와 q는 서로소인
자연수이다.) [4점]

검은 공 4개, 흰 공 2개가 들어 있는 주머니에 대하여
다음 시행을 2회 반복한다.

> 주머니에서 임의로 3개의 공을 동시에 꺼낸 후,
> 꺼낸 공 중에서 흰 공은 다시 주머니에 넣고 검은 공은
> 다시 넣지 않는다.

두 번째 시행의 결과 주머니에 흰 공만 2개 들어 있을 때,
첫 번째 시행의 결과 주머니에 들어 있는 검은 공의 개수가
2일 확률은 $\dfrac{q}{p}$ 이다. $p+q$의 값을 구하시오. (단, p와 q는
서로소인 자연수이다.) [4점]

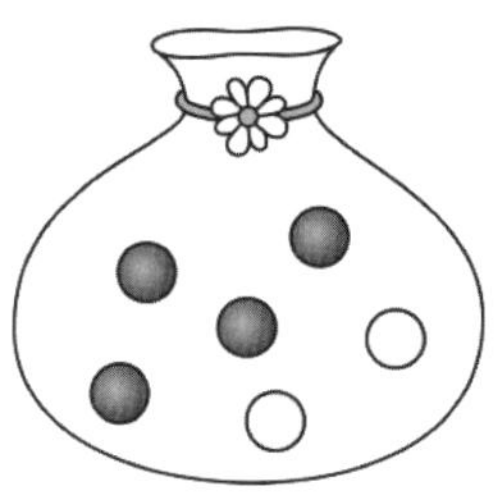

상자 A와 상자 B에 각각 6개의 공이 들어 있다.
동전 1개를 사용하여 다음 시행을 한다.

> 동전을 한 번 던져
> 앞면이 나오면 상자 A에서 공 1개를 꺼내어 상자 B에
> 넣고, 뒷면이 나오면 상자 B에서 공 1개를 꺼내어
> 상자 A에 넣는다.

위의 시행을 6번 반복할 때, 상자 B에 들어 있는 공의
개수가 6번째 시행 후 처음으로 8이 될 확률은? [4점]

① $\dfrac{1}{64}$ ② $\dfrac{3}{64}$ ③ $\dfrac{5}{64}$

④ $\dfrac{7}{64}$ ⑤ $\dfrac{9}{64}$

105 · 2020년 고3 10월 교육청 나형

A, B 두 사람이 각각 4개씩 공을 가지고 다음 시행을
한다.

> A, B 두 사람이 주사위를 한 번씩 던져 나온 눈의
> 수가 짝수인 사람은 상대방으로부터 공을 한 개 받는다.

각 시행 후 A가 가진 공의 개수를 세었을 때,
4번째 시행 후 센 공의 개수가 처음으로 6이 될 확률은
$\dfrac{q}{p}$ 이다. $p+q$ 의 값을 구하시오. (단, p와 q는 서로소인
자연수이다.) [4점]

106

그림과 같이 주머니에는 1부터 6까지의 숫자가 하나씩
적힌 6장의 카드가 들어 있다. 이 주머니에서 임의로
1장의 카드를 꺼내어 카드에 적힌 숫자를 확인하고
다시 넣는 시행을 반복한다. 카드에 적힌 숫자가 3의
배수이면 나온 숫자를 점수로 하고, 3의 배수가 아니면
나온 숫자를 3으로 나누었을 때의 나머지를 점수로 한다.
첫 번째 시행에서 카드에 적혀 있는 숫자가 2 또는 3이
나왔을 때, 총 4번의 시행에서 나온 모든 점수의 합이 8이
될 확률은 $\dfrac{q}{p}$ 이다. $p+q$ 의 값을 구하시오.
(단, p와 q는 서로소인 자연수이다.)

107 · 2019학년도 고3 6월 평가원 가형

자연수 $n\,(n \geq 3)$ 에 대하여 집합 A를
$$A = \{(x,\ y) \mid 1 \leq x \leq y \leq n,\ x와\ y는\ 자연수\}$$
라 하자. 집합 A에서 임의로 선택된 한 개의 원소 $(a,\ b)$에
대하여 b가 3의 배수일 때, $a=b$ 일 확률이 $\dfrac{1}{9}$ 이 되도록
하는 모든 자연수 n의 값의 합을 구하시오. [4점]

108 · 2022학년도 수능 확통

흰 공과 검은 공이 각각 10개 이상 들어 있는 바구니와
비어 있는 주머니가 있다. 한 개의 주사위를 사용하여 다음
시행을 한다.

> 주사위를 한 번 던져
> 나온 눈의 수가 5 이상이면
> 바구니에 있는 흰 공 2개를 주머니에 넣고,
> 나온 눈의 수가 4 이하이면
> 바구니에 있는 검은 공 1개를 주머니에 넣는다.

위의 시행을 5번 반복할 때, $n\,(1 \leq n \leq 5)$ 번째 시행 후
주머니에 들어 있는 흰 공과 검은 공의 개수를 각각 a_n, b_n
이라 하자. $a_5+b_5 \geq 7$ 일 때, $a_k=b_k$ 인
자연수 $k\,(1 \leq k \leq 5)$ 가 존재할 확률은 $\dfrac{q}{p}$ 이다.
$p+q$의 값을 구하시오. (단, p와 q는 서로소인
자연수이다.) [4점]

앞면에는 1부터 6까지의 자연수가 하나씩 적혀 있고 뒷면에는 모두 0이 하나씩 적혀 있는 6장의 카드가 있다. 이 6장의 카드가 그림과 같이 6 이하의 자연수 k에 대하여 k번째 자리에 자연수 k가 보이도록 놓여 있다.

이 6장의 카드와 한 개의 주사위를 사용하여 다음 시행을 한다.

> 주사위를 한 번 던져 나온 눈의 수가 k이면 k번째 자리에 놓여 있는 카드를 한 번 뒤집어 제자리에 놓는다.

위의 시행을 3번 반복한 후 6장의 카드에 보이는 모든 수의 합이 짝수일 때, 주사위의 1의 눈이 한 번만 나왔을 확률은 $\dfrac{q}{p}$이다. $p+q$의 값을 구하시오.

(단, p와 q는 서로소인 자연수이다.) [4점]

주머니에 1부터 12까지의 자연수가 각각 하나씩 적혀 있는 12개의 공이 들어 있다. 이 주머니에서 임의로 3개의 공을 동시에 꺼내어 공에 적혀 있는 수를 작은 수부터 크기 순서대로 a, b, c라 하자. $b-a \geq 5$일 때, $c-a \geq 10$일 확률은 $\dfrac{q}{p}$이다. $p+q$의 값을 구하시오.

(단, p와 q는 서로소인 자연수이다.) [4점]

규토 라이트 N제

통계

Guide step

개념 익히기편

1. 확률분포

01 확률변수와 확률분포

성취 기준 – 확률변수와 확률분포의 뜻을 안다.

개념 파악하기 (1) 확률변수란 무엇일까?

확률변수

한 개의 동전을 두 번 던졌을 때 앞면이 나온 횟수를 X라 하자.
동전의 앞면을 H, 뒷면을 T 라고 할 때, 동전 1개를 2번 던지는 시행에 대한 표본공간 S는
$S = \{HH,\ HT,\ TH,\ TT\}$ 이다.

이때 표본공간 S의 각 원소 HH, HT, TH, TT 에 대한 앞면의 개수는 2, 1, 1, 0이다.
즉, 표본공간 S의 각 원소에 대하여 HH $\to$ 2, HT $\to$ 1 과 같이 대응된다.
TH $\to$ 1, TT $\to$ 0

이처럼 어떤 시행에서 표본공간의 각 원소에 하나의 실수를 대응시킨 함수를
확률변수라 한다. 확률변수는 보통 알파벳 대문자 $X,\ Y,\ Z,\ \cdots$ 으로 나타내고, 확률변수가
가지는 값은 소문자 $x,\ y,\ z,\ \cdots$ 또는 $x_1,\ x_2,\ x_3,\ \cdots$ 으로 나타낸다.

일반적으로 확률변수 X가 가질 수 있는 값이 유한개이거나 무한히 많더라도 자연수와 같이
셀 수 있을 때 그 확률변수를 **이산확률변수**라 한다.

ex 주사위 1개를 1번 던지는 시행에서 나오는 눈의 수

주사위 1개를 1번 던지는 시행에서 나오는 눈의 수를 확률변수 X라고 하면 표본공간 S는
$S = \{1,\ 2,\ 3,\ 4,\ 5,\ 6\}$ 이다. 이때 X가 가지는 값은 6개이므로 이산확률변수이다.

한편, 확률변수 X가 어떤 범위에 속한 모든 실숫값을 가질 때 그 확률변수를 **연속확률변수**라 한다.

ex 어느 지하철역에 정확히 5분 간격으로 도착하는 지하철을 기다리는 시행에서 기다리는 시간

어느 지하철역에 정확히 5분 간격으로 도착하는 지하철을 기다리는 시행에서 기다리는 시간을
확률변수 X라고 하면 표본공간 S는 $S = \{\,x\,|\,0 \le x \le 5\}$ 이다.
이때 X는 0이상 5이하의 모든 실숫값을 가지므로 연속확률변수이다.

Tip 1 〈확률변수를 변수로 부르는 이유?〉
확률변수는 표본공간을 정의역으로, 실수의 집합을 공역으로 하는 함수이지만
변수의 역할도 하므로 확률변수라 부른다.

Tip 2 확률변수는 함수로 정의되지만 너무 깊게 생각하지 말고 구체적인 예를 통해 직관적으로 이해하면 된다.

이산확률변수의 확률분포

확률변수 X가 어떤 값 x를 가질 확률을 기호로 $\mathrm{P}(X=x)$와 같이 나타낸다.

예를 들어 한 개의 동전을 두 번 던지는 시행에서 앞면이 나온 횟수를 X라 하면
X는 0, 1, 2의 값을 가지므로 X는 이산확률변수이다.
이때 확률변수 X가 각 값을 가질 확률은 다음과 같다.

$$\mathrm{P}(X=0)=\frac{1}{4},\ \mathrm{P}(X=1)=\frac{1}{2},\ \mathrm{P}(X=2)=\frac{1}{4}$$

일반적으로 이산확률변수 X가 가지는 모든 값이 $x_1,\ x_2,\ x_3,\ \cdots,\ x_n$이고 X가 이 값들을 가질 확률을
각각 $p_1,\ p_2,\ p_3,\ \cdots,\ p_n$이라고 할 때, $x_1,\ x_2,\ x_3,\ \cdots,\ x_n$과 $p_1,\ p_2,\ p_3,\ \cdots,\ p_n$의 대응 관계를
이산확률변수 X의 확률분포라 하고, 이 대응 관계를 나타내는 함수 $\mathrm{P}(X=x_i)=p_i\ (i=1,\ 2,\ 3,\ \cdots,\ n)$를
이산확률변수 X의 확률질량함수라고 한다.

이산확률변수 X의 확률분포를 다음과 같이 표로 나타내면 다음과 같다.

X	x_1	x_2	x_3	$\cdots$	x_n	합계
$\mathrm{P}(X=x_i)$	p_1	p_2	p_3	$\cdots$	p_n	1

X의 확률분포를 그래프로 나타내면 다음과 같다.

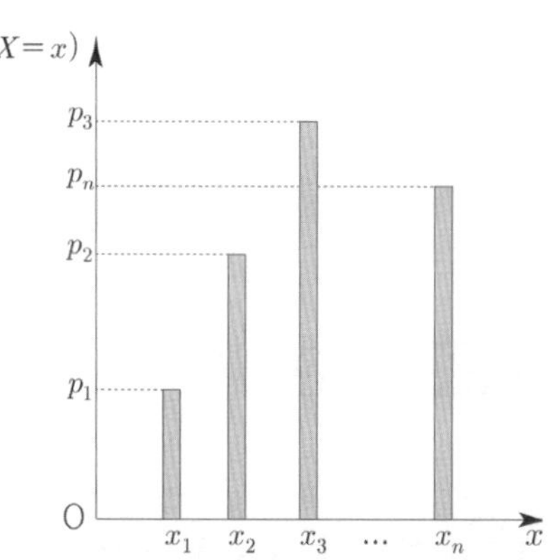

확률질량함수의 성질

이산확률변수 X가 가지는 모든 값이 $x_1,\ x_2,\ x_3,\ \cdots,\ x_n$이고 확률질량함수가
$\mathrm{P}(X=x_i)=p_i\ (i=1,\ 2,\ 3,\ \cdots,\ n)$일 때

① $0 \le p_i \le 1$

② $\displaystyle\sum_{i=1}^{n} p_i = p_1+p_2+p_3+\cdots+p_n=1$

③ $\mathrm{P}(x_i \le X \le x_j)=p_i+p_{i+1}+p_{i+2}+\cdots+p_j$ (단, $i \le j,\ j=1,\ 2,\ 3,\ \cdots,\ n$)

> **Tip** X가 자연수인 이산확률변수일 때, $\mathrm{P}(1 \le X \le 3)=\mathrm{P}(X=1)+\mathrm{P}(X=2)+\mathrm{P}(X=3)$라고
> 리딩할 수 있어야 한다.

예제 1

흰 공 4개와 검은 공 3개가 들어 있는 주머니에서 임의로 2개의 공을 동시에 꺼낼 때,

흰 공의 개수를 확률변수 X라 하자. 다음 물음에 답하시오.

(1) X의 확률분포를 표로 나타내시오.

(2) 확률 $P(1 \leq X \leq 2)$를 구하시오.

풀이

(1) 확률변수 X가 가질 수 있는 값은 $0, 1, 2$이다.

X가 0을 가질 확률은 $P(X=0) = \dfrac{{}_4C_0 \times {}_3C_2}{{}_7C_2} = \dfrac{1}{7}$

X가 1을 가질 확률은 $P(X=1) = \dfrac{{}_4C_1 \times {}_3C_1}{{}_7C_2} = \dfrac{4}{7}$

X가 2을 가질 확률은 $P(X=2) = \dfrac{{}_4C_2 \times {}_3C_0}{{}_7C_2} = \dfrac{2}{7}$

X	0	1	2	합계
$P(X=x)$	$\dfrac{1}{7}$	$\dfrac{4}{7}$	$\dfrac{2}{7}$	1

(2) $P(1 \leq X \leq 2) = P(X=1) + P(X=2) = \dfrac{4}{7} + \dfrac{2}{7} = \dfrac{6}{7}$

개념 확인문제　**1**　서로 다른 2개의 주사위를 동시에 던질 때, 나온 두 눈의 수 중에서 크지 않은 수를 확률변수 X라 하자. 다음 물음에 답하시오.

(1) X의 확률분포를 표로 나타내시오.

(2) 확률 $P(X \leq 2)$를 구하시오.

02 이산확률변수의 기댓값과 표준편차

성취 기준 – 이산확률변수의 기댓값(평균)과 표준편차를 구할 수 있다.

개념 파악하기 (3) 이산확률변수의 기댓값과 표준편차는 어떻게 구할까?

이산확률변수의 기댓값

이산확률변수 X의 확률분포가 다음 표와 같다고 하자.

X	x_1	x_2	x_3	$\cdots$	x_n	합계
$\mathrm{P}(X=x_i)$	p_1	p_2	p_3	$\cdots$	p_n	1

$x_1 p_1 + x_2 p_2 + x_3 p_3 + \cdots + x_n p_n = \displaystyle\sum_{i=1}^{n} x_i p_i$ 을 이산확률변수 X의 **기댓값** 또는 평균이라고 하고,

이것을 기호로 $\mathrm{E}(X)$ 와 같이 나타낸다.

> **Tip** $\mathrm{E}(X)$ 에서 E 는 기댓값을 뜻하는 'Expectation'의 첫 글자이다.

이산확률변수의 분산과 표준편차

이산확률변수 X의 확률분포가 다음 표와 같다고 하자.

X	x_1	x_2	x_3	$\cdots$	x_n	합계
$\mathrm{P}(X=x_i)$	p_1	p_2	p_3	$\cdots$	p_n	1

이산확률변수 X의 기댓값 $\mathrm{E}(X)$ 를 m 이라 할 때, $(X-m)^2$의 기댓값을 확률변수 X의 **분산**이라고 하고,
이것을 기호로 $\mathrm{V}(X)$ 와 같이 나타낸다.
또 분산 $\mathrm{V}(X)$ 의 양의 제곱근 $\sqrt{\mathrm{V}(X)}$ 를 확률변수 X의 **표준편차**라 하고, 이것을 기호로 $\sigma(X)$ 와 같이 나타낸다.

> **Tip 1** $\mathrm{V}(X)$ 에서 V 는 분산을 뜻하는 'Variance'의 첫 글자이고 $\sigma(X)$ 에서 σ 는 'Sigma'라고 읽으며,
> 표준편차를 뜻하는 'standard deviation'의 s에 해당하는 그리스 문자이다.

> **Tip 2** 두 확률변수의 평균이 같다고 해서 그 확률분포까지 같은 것은 아니다. 평균만으로는 확률분포를
> 충분히 설명할 수 없기 때문에 확률변수가 평균의 주위에 어떻게 분포되어 있는가를 나타내기
> 위한 척도로서 분산과 표준편차를 사용한다. 분산과 표준편차가 작을수록 확률변수는 평균의
> 주위에 모여 있다는 것을 의미한다.

$$\mathrm{V}(X) = \mathrm{E}((X-m)^2) = \sum_{i=1}^{n}(x_i - m)^2 p_i = (x_1 - m)^2 p_1 + (x_2 - m)^2 p_2 + \cdots + (x_n - m)^2 p_n$$

$\mathrm{V}(X)$ 는 $(X-m)^2$의 기댓값이므로 다음과 같이 구한다.
한편 $\mathrm{V}(X)$ 는 다음과 같이 구할 수도 있다.

$$\mathrm{V}(X) = \sum_{i=1}^{n}(x_i - m)^2 p_i = \sum_{i=1}^{n}\left(x_i^2 p_i - 2m\,x_i p_i + m^2 p_i\right) = \sum_{i=1}^{n} x_i^2 p_i - 2m\sum_{i=1}^{n} x_i p_i + m^2 \sum_{i=1}^{n} p_i$$

$$= \mathrm{E}(X^2) - 2m^2 + m^2 = \mathrm{E}(X^2) - m^2 = \mathrm{E}(X^2) - \{\mathrm{E}(X)\}^2$$

> **Tip** $\mathrm{V}(X) = \mathrm{E}(X^2) - \{\mathrm{E}(X)\}^2$ 은 정말 자주 나오는 공식이니 반드시 기억하도록 하자.

이산확률변수의 기댓값(평균), 분산, 표준편차 요약

① 이산확률변수 X 의 기댓값(평균) $\mathrm{E}(X)$ 는

$$\mathrm{E}(X)=x_1 p_1+x_2 p_2+x_3 p_3+\cdots+x_n p_n=\sum_{i=1}^{n} x_i p_i$$

② 이산확률변수 X 의 기댓값을 m 이라 할 때, X 의 분산 $\mathrm{V}(X)$ 는

$$\mathrm{V}(X)=\mathrm{E}((X-m)^2)=(x_1-m)^2 p_1+(x_2-m)^2 p_2+\cdots+(x_n-m)^2 p_n=\sum_{i=1}^{n}(x_i-m)^2 p_i$$

$$\mathrm{V}(X)=\mathrm{E}(X^2)-\{\mathrm{E}(X)\}^2$$

③ 이산확률변수 X 의 표준편차 $\sigma(X)$ 는
$$\sigma(X)=\sqrt{\mathrm{V}(X)}$$

예제 2

서로 다른 3개의 동전을 동시에 던져서 뒷면이 나오는 동전의 개수를 확률변수 X 라 할 때,

X 의 기댓값을 구하시오.

> **풀이**
>
> X 의 확률분포를 표로 나타내면
>
> | X | 0 | 1 | 2 | 3 | 합계 |
> |---|---|---|---|---|---|
> | $\mathrm{P}(X=x)$ | $\dfrac{1}{8}$ | $\dfrac{3}{8}$ | $\dfrac{3}{8}$ | $\dfrac{1}{8}$ | 1 |
>
> 따라서 X 의 기댓값은
> $$\mathrm{E}(X)=0\times\frac{1}{8}+1\times\frac{3}{8}+2\times\frac{3}{8}+3\times\frac{1}{8}=\frac{3}{2}$$

개념 확인문제 2 서로 다른 2개의 주사위를 동시에 던져서 나오는 두 눈의 수의 차를 확률변수 X 라 할 때, X의 평균을 구하시오.

예제 3

확률변수 X의 확률분포가 다음 표와 같을 때, X의 분산과 표준편차를 구하시오.

X	1	2	3	합계
$P(X=x)$	$\dfrac{1}{3}$	$\dfrac{1}{3}$	$\dfrac{1}{3}$	1

풀이

풀이1) $E((X-m)^2)$ 을 이용하기

$E(X)=1\times\dfrac{1}{3}+2\times\dfrac{1}{3}+3\times\dfrac{1}{3}=2$ 이므로 X의 분산과 표준편차는 각각

$V(X)=(1-2)^2\times\dfrac{1}{3}+(2-2)^2\times\dfrac{1}{3}+(3-2)^2\times\dfrac{1}{3}=\dfrac{2}{3}$

$\sigma(X)=\sqrt{V(X)}=\sqrt{\dfrac{2}{3}}=\dfrac{\sqrt{6}}{3}$

풀이2) $E(X^2)-\{E(X)\}^2$ 을 이용하기

$E(X)=1\times\dfrac{1}{3}+2\times\dfrac{1}{3}+3\times\dfrac{1}{3}=2$ 이고 $E(X^2)=1^2\times\dfrac{1}{3}+2^2\times\dfrac{1}{3}+3^2\times\dfrac{1}{3}=\dfrac{14}{3}$ 이므로

X의 분산과 표준편차는 각각

$V(X)=E(X^2)-\{E(X)\}^2=\dfrac{14}{3}-2^2=\dfrac{14-12}{3}=\dfrac{2}{3}$

$\sigma(X)=\sqrt{V(X)}=\sqrt{\dfrac{2}{3}}=\dfrac{\sqrt{6}}{3}$

개념 확인문제 3 확률변수 X의 확률분포가 다음 표와 같을 때, X의 분산과 표준편차를 구하시오.

X	1	2	4	합계
$P(X=x)$	$\dfrac{1}{4}$	$\dfrac{1}{2}$	$\dfrac{1}{4}$	1

개념 확인문제 4 1부터 4까지 자연수가 각각 적힌 4개의 구슬 중에서 임의로 2개를 동시에 뽑을 때, 구슬에 적힌 수 중 작은 수를 확률변수 X라고 하자. X의 분산과 표준편차를 구하시오.

이산확률변수 $aX+b$ 의 평균, 분산, 표준편차

확률변수 X의 확률분포가 다음 표와 같을 때,

확률변수 $Y=aX+b\,(a,\ b$는 상수, $a\ne0)$의 평균, 분산, 표준편차를 구해보자.

X	x_1	x_2	x_3	$\cdots$	x_n	합계
$\mathrm{P}(X=x_i)$	p_1	p_2	p_3	$\cdots$	p_n	1

확률변수 X가 가지는 값 $x_i\,(i=1,\ 2,\ \cdots,\ n)$에 대하여 $y_i=ax_i+b$라 하면

$\mathrm{P}(Y=y_i)=\mathrm{P}(aX+b=ax_i+b)=\mathrm{P}(X=x_i)=p_i$ 이므로 확률변수 Y의 확률분포는 다음 표와 같다.

Y	y_1	y_2	y_3	$\cdots$	y_n	합계
$\mathrm{P}(Y=y_i)$	p_1	p_2	p_3	$\cdots$	p_n	1

> **Tip** $y_i=ax_i+b$라 하면 x_i와 y_i는 일대일대응이 된다. (일차함수를 생각하면 된다.)
>
> 따라서 $X=x_i$일 확률과 $Y=y_i$일 확률은 서로 같다. 즉, $\mathrm{P}(Y=y_i)=\mathrm{P}(X=x_i)$ 이다.

따라서 $\mathrm{E}(X)=m$ 이라 하면 확률변수 Y의 평균, 분산, 표준편차는 다음과 같다.

① $\mathrm{E}(Y)=\displaystyle\sum_{i=1}^{n}y_ip_i=\sum_{i=1}^{n}(ax_i+b)p_i=a\sum_{i=1}^{n}x_ip_i+b\sum_{i=1}^{n}p_i=a\mathrm{E}(X)+b\ \left(\because\ \sum_{i=1}^{n}x_ip_i=\mathrm{E}(X),\ \sum_{i=1}^{n}p_i=1\right)$

② $\mathrm{V}(Y)=\displaystyle\sum_{i=1}^{n}\{y_i-(am+b)\}^2p_i=\sum_{i=1}^{n}\{(ax_i+b)-(am+b)\}^2p_i=\sum_{i=1}^{n}a^2(x_i-m)^2p_i$

$$=a^2\sum_{i=1}^{n}(x_i-m)^2p_i=a^2\,\mathrm{V}(X)\ \left(\because\ \sum_{i=1}^{n}(x_i-m)^2p_i=\mathrm{V}(X)\right)$$

③ $\sigma(Y)=\sqrt{\mathrm{V}(Y)}=\sqrt{a^2\mathrm{V}(X)}=|a|\sqrt{\mathrm{V}(X)}=|a|\sigma(X)$

이산확률변수 $aX+b$ 의 평균, 분산, 표준편차 요약

이산확률변수 $X,\ Y$와 임의의 두 상수 $a,\ b(a\ne0)$에 대하여 $Y=aX+b$일 때,

① $\mathrm{E}(Y)=a\mathrm{E}(X)+b$

② $\mathrm{V}(Y)=a^2\,\mathrm{V}(X)$

③ $\sigma(Y)=|a|\sigma(X)$

> **Tip** ③ $\sigma(Y)=|a|\sigma(X)$ 에서 그냥 a가 아니라 절댓값 a 임에 유의하자.

> ### 예제 4
>
> 확률변수 X의 평균이 5, 분산이 4일 때, 확률변수 $Y=-2X+1$의 평균, 분산, 표준편차를 구하시오.
>
> ---
>
> **풀이**
>
> $E(X)=5$, $V(X)=4$, $\sigma(X)=2$ 이므로
>
> $E(Y)=E(-2X+1)=-2E(X)+1=-9$
>
> $V(Y)=V(-2X+1)=(-2)^2 V(X)=16$
>
> $\sigma(Y)=\sigma(-2X+1)=|-2|\sigma(X)=4$

개념 확인문제 5 확률변수 X의 평균이 8, 표준편차가 3일 때, 다음을 구하시오.

(1) $E(5X-3)$　　　　　(2) $V(2X+5)$　　　　　(3) $\sigma(-3X-2)$

03 이항분포

성취 기준 - 이항분포의 뜻을 알고, 평균과 표준편차를 구할 수 있다.

개념 파악하기 | **(5) 이항분포란 무엇일까?**

이항분포

각 시행의 결과가 그 다음 시행의 결과에 아무런 영향을 주지 않는 독립시행에서 일어나는 사건의
확률분포에 대하여 알아보자.

1회 시행에서 사건 A가 일어날 확률이 p일 때, n회의 독립시행에서 사건 A가 일어나는 횟수를 확률변수 X라 하자.
확률변수 X가 가지는 값은 $0,\ 1,\ 2,\ \cdots,\ n$이며, 그 확률질량함수는
$$\mathrm{P}(X=x)={}_{n}\mathrm{C}_{x}\,p^{x}q^{n-x}\ (q=1-p,\ x=0,\ 1,\ 2,\ \cdots,\ n)\ \text{이다.}$$
이때 확률변수 X의 확률분포를 표로 나타내면 다음과 같다.

X	0	1	2	$\cdots$	r	$\cdots$	n	합계
$\mathrm{P}(X=x)$	${}_{n}\mathrm{C}_{0}p^{0}q^{n}$	${}_{n}\mathrm{C}_{1}p^{1}q^{n-1}$	${}_{n}\mathrm{C}_{2}p^{2}q^{n-2}$	$\cdots$	${}_{n}\mathrm{C}_{r}\,p^{r}q^{n-r}$	$\cdots$	${}_{n}\mathrm{C}_{n}\,p^{n}q^{0}$	1

이 표에서 각 확률은 이항정리에 의하여 $(p+q)^{n}$을 전개한 식
$(p+q)^{n}={}_{n}\mathrm{C}_{0}\,q^{n}+{}_{n}\mathrm{C}_{1}p^{1}q^{n-1}+{}_{n}\mathrm{C}_{2}p^{2}q^{n-2}+\cdots+{}_{n}\mathrm{C}_{n}p^{n}$의 우변의 각 항과 같다.

이와 같은 이산확률변수 X의 확률분포를 이항분포라 하고, 이것을 기호로 $\mathrm{B}(n,\ p)$와 같이 나타내며,
확률변수 X는 이항분포 $\mathrm{B}(n,\ p)$를 따른다고 한다.
이때 n은 **총 시행 횟수**이고 p는 **각 시행에서 사건 A가 일어날 확률**이다.

Tip 1 ${}_{n}\mathrm{C}_{x}$는 n회의 독립시행에서 사건 A가 x번 일어나는 경우의 수이며, $p^{x}q^{n-x}$은 각 경우의 확률이다.

Tip 2 $p+q=1$이므로 ${}_{n}\mathrm{C}_{0}\,q^{n}+{}_{n}\mathrm{C}_{1}p^{1}q^{n-1}+{}_{n}\mathrm{C}_{2}p^{2}q^{n-2}+\cdots+{}_{n}\mathrm{C}_{n}p^{n}=1$이다. (합계$=1$)

Tip 3 $\mathrm{B}(n,\ p)$에서 B는 이항분포를 뜻하는 'Binomial distribution'의 첫 글자이다.

Tip 4 $\mathrm{B}(n,\ p)$에 대하여 확률변수 X는 $0,\ 1,\ 2,\ 3,\ \cdots,\ n$이므로 $n+1$개의 값을 갖는다는 것에 유의하자.

ex1 한 개의 주사위를 3번 던지는 독립시행에서 2의 눈이 나오는 횟수를 확률변수 X라 하자.
1회의 시행에서 2의 눈이 나올 확률은 $\dfrac{1}{6}$이므로 X는 이항분포 $\mathrm{B}\!\left(3,\ \dfrac{1}{6}\right)$을 따른다.

ex2 불량률이 2%인 제품 300개 중에 들어 있는 불량품의 개수를 확률변수 X라 하면 X는
이항분포 $\mathrm{B}\!\left(300,\ \dfrac{1}{50}\right)$을 따른다.

ex3 한 개의 주사위를 한 번 던질 때 짝수의 눈이 나오는 사건을 A라 하고, 이 주사위를 100번 던질 때
사건 A가 일어나는 횟수를 확률변수 X라 하자. 한 개의 주사위를 한 번 던질 때
사건 A가 일어날 확률은 $\dfrac{1}{2}$이므로 X는 이항분포 $\mathrm{B}\!\left(100,\ \dfrac{1}{2}\right)$을 따른다.

예제 5

서로 다른 두 개의 동전을 동시에 던지는 시행을 5회 반복할 때,

두 개 모두 앞면이 나오는 횟수를 확률변수 X라 하자. 다음을 구하시오.

(1) X의 확률질량함수

(2) $P(X \geq 3)$

풀이

(1) 5회의 독립시행이고, 한 번의 시행에서 동전 두 개 모두 앞면이 나올 확률은 $\dfrac{1}{4}$이다.

확률변수 X는 이항분포 $B\left(5, \dfrac{1}{4}\right)$을 따르므로 X의 확률질량함수는

$$P(X=x)={}_5\mathrm{C}_x \left(\frac{1}{4}\right)^x \left(\frac{3}{4}\right)^{5-x} \quad (0 \leq x \leq 5)$$

(2) $P(X \geq 3)=P(X=3)+P(X=4)+P(X=5)={}_5\mathrm{C}_3\left(\frac{1}{4}\right)^3\left(\frac{3}{4}\right)^2+{}_5\mathrm{C}_4\left(\frac{1}{4}\right)^4\left(\frac{3}{4}\right)+{}_5\mathrm{C}_5\left(\frac{1}{4}\right)^5=\dfrac{53}{512}$

여사건을 이용하면

$$1-\{P(X=0)+P(X=1)+P(X=2)\}=1-\left\{{}_5\mathrm{C}_0\left(\frac{3}{4}\right)^5+{}_5\mathrm{C}_1\left(\frac{1}{4}\right)\left(\frac{3}{4}\right)^4+{}_5\mathrm{C}_2\left(\frac{1}{4}\right)^2\left(\frac{3}{4}\right)^3\right\}=1-\dfrac{459}{512}=\dfrac{53}{512}$$

Tip 여사건의 확률을 이용할 때, $P(X=0)$도 고려해줘야 한다. 잊기 쉬우니 주의하도록 하자.

개념 확인문제 6 서로 다른 두 개의 주사위를 동시에 던지는 시행을 3회 반복할 때,
두 개 모두 같은 눈이 나오는 횟수를 확률변수 X라 하자. 다음을 구하시오.

(1) X의 확률질량함수

(2) $P(X \leq 1)$

개념 확인문제 7 어느 축구 선수가 한 번 슈팅을 할 때 득점 성공률이 p이다.
50회의 슈팅 중에서 득점에 성공한 횟수를 확률변수 X라 할 때, $\dfrac{P(X=3)}{P(X=2)}=\dfrac{16}{3}$이다.
$100p$의 값을 구하시오. (단, $0 < p < 1$)

이항분포의 평균, 분산, 표준편차

확률변수 X가 이항분포 $B(n,\ p)$를 따를 때, X의 평균, 분산, 표준편차를 구하여 보자.

예를 들어 확률변수 X가 이항분포 $B(3,\ p)$를 따를 때, X의 확률분포를 표로 나타내면 다음과 같다.
(단, $p+q=1$)

X	0	1	2	3	합계
$P(X=x)$	q^3	$3pq^2$	$3p^2q$	p^3	1

여기서 평균 $E(X)$, 분산 $V(X)$, 표준편차 $\sigma(X)$를 구하면 다음과 같다.

① $E(X)=0\times q^3+1\times 3pq^2+2\times 3p^2q+3\times p^3=3p(q+p)^2=3p$

② $V(X)=E(X^2)-\{E(X)\}^2=0^2\times q^3+1^2\times 3pq^2+2^2\times 3p^2q+3^2\times p^3-(3p)^2=3p(p+q)(3p+q)-9p^2=3pq$

③ $\sigma(X)=\sqrt{3pq}$

이항분포의 평균, 분산, 표준편차 요약

확률변수 X가 이항분포 $B(n,\ p)$를 따를 때 (단, $q=1-p$)

① $E(X)=np$ 　　　　② $V(X)=npq$ 　　　　③ $\sigma(X)=\sqrt{npq}$

ex 확률변수 X가 이항분포 $B\left(64,\ \dfrac{1}{4}\right)$를 따를 때, X의 평균, 분산, 표준편차를 구하시오.

$$E(X)=64\times\frac{1}{4}=16,\ \ V(X)=64\times\frac{1}{4}\times\frac{3}{4}=12,\ \ \sigma(X)=\sqrt{12}=2\sqrt{3}$$

예제 6

어느 공장에서 생산한 부품이 불량품일 확률은 $\dfrac{1}{10}$이다. 이 공장에서 부품을 200개 생산했을 때,

불량품인 부품의 개수를 X라 하자. X의 평균과 표준편차를 구하시오.

> **풀이**
>
> 200회 독립시행이고, 부품 한 개가 불량품일 확률은 $\dfrac{1}{10}$이므로 확률변수 X는 이항분포 $B\left(200,\ \dfrac{1}{10}\right)$를 따른다.
>
> 따라서 X의 평균과 표준편차는 $E(X)=200\times\dfrac{1}{10}=20,\ \ \sigma(X)=\sqrt{200\times\dfrac{1}{10}\times\dfrac{9}{10}}=3\sqrt{2}$

개념 확인문제　6　흰 공 2개, 검은 공 4개가 들어 있는 상자에서 임의로 한 개의 공을 꺼내어 색을 확인한 후 다시 넣기를 90번 반복할 때, 흰 공이 나오는 횟수를 확률변수 X라 하자. X의 평균과 표준편차를 구하시오.

개념 파악하기 (7) 큰 수의 법칙은 무엇일까?

큰 수의 법칙

주사위 1개를 n번 던지는 독립시행에서 1의 눈이 나오는 횟수를 확률변수 X라 하면

주사위 1개를 던질 때 1의 눈이 나올 확률은 $\dfrac{1}{6}$이므로 확률변수 X는 이항분포 $\mathrm{B}\!\left(n,\ \dfrac{1}{6}\right)$을 따른다.

이때 주사위를 6번 던진다고 해서 1의 눈이 반드시 1번 나오는 것은 아니다.

그러나 주사위를 여러 번 던진다고 가정하면 1의 눈이 나오는 상대도수가 $\dfrac{1}{6}$에 가까워질 것으로 추측할 수 있다.

이번에는 시행 횟수 n이 커질수록 1의 눈이 X번 나오는 상대도수 $\dfrac{X}{n}$가 수학적 확률 $\dfrac{1}{6}$에 얼마나 가까워지는지 알아보자.

n의 값에 따라 상대도수 $\dfrac{X}{n}$와 수학적 확률 $\dfrac{1}{6}$의 차가 0.1보다 작을 확률은

$$\mathrm{P}\!\left(\left|\dfrac{X}{n}-\dfrac{1}{6}\right|<0.1\right)=\mathrm{P}\!\left(-0.1<\dfrac{X}{n}-\dfrac{1}{6}<0.1\right)=\mathrm{P}\!\left(\dfrac{1}{6}-0.1<\dfrac{X}{n}<\dfrac{1}{6}+0.1\right)=\mathrm{P}\!\left(\dfrac{n}{15}<X<\dfrac{4n}{15}\right)$$ 이고,

이 확률은 이항분포 $\mathrm{B}\!\left(n,\ \dfrac{1}{6}\right)$을 따르는 확률변수의 확률분포표를 이용하여 다음과 같이 구할 수 있다.

① $n=10$일 때

$$\mathrm{P}\!\left(\left|\dfrac{X}{n}-\dfrac{1}{6}\right|<0.1\right)=\mathrm{P}(0.666\cdots<X<2.666\cdots)$$
$$=\mathrm{P}(X=1)+\mathrm{P}(X=2)=0.6137$$

② $n=30$일 때

$$\mathrm{P}\!\left(\left|\dfrac{X}{n}-\dfrac{1}{6}\right|<0.1\right)=\mathrm{P}(2<X<8)$$
$$=\mathrm{P}(X=3)+\mathrm{P}(X=4)+\cdots+\mathrm{P}(X=7)$$
$$=0.7835$$

③ $n=50$일 때

$$\mathrm{P}\!\left(\left|\dfrac{X}{n}-\dfrac{1}{6}\right|<0.1\right)=\mathrm{P}(3.333\cdots<X<13.333\cdots)$$
$$=\mathrm{P}(X=4)+\mathrm{P}(X=5)+\cdots+\mathrm{P}(X=13)$$
$$=0.9455$$

X \ n	10	30	50
0	0.1615	0.0042	0.0001
1	0.3230	0.0253	0.0011
2	0.2907	0.0733	0.0054
3	0.1550	0.1368	0.0172
4	0.0543	0.1847	0.0405
5	0.0130	0.1921	0.0745
6	0.0022	0.1601	0.1118
7	0.0002	0.1098	0.1405
8	0.0000	0.0631	0.1510
9	0.0000	0.0309	0.1410
10	0.0000	0.0130	0.1156
11		0.0047	0.0841
12		0.0015	0.0546
13		0.0004	0.0319
14		0.0001	0.0169
15		0.0000	0.0081

따라서 시행 횟수 n이 커질수록 $\mathrm{P}\!\left(\left|\dfrac{X}{n}-\dfrac{1}{6}\right|<0.1\right)$의 값은 1에 가까워짐을 알 수 있다.

이 결과는 0.1을 $0.01,\ 0.001,\ \cdots$과 같이 임의의 아주 작은 양수로 바꾸어도 성립한다.

다시 말해 주사위를 던지는 시행 횟수 n이 한없이 커질수록 1의 눈이 나오는 상대도수 $\dfrac{X}{n}$는 수학적 확률 $\dfrac{1}{6}$에 가까워진다.

큰 수의 법칙 요약

n번의 독립시행에서 사건 A가 일어나는 횟수를 확률변수 X라 하고, 한 번의 시행에서 사건 A가 일어나는 수학적 확률을 p라고 하면 상대도수 $\dfrac{X}{n}$은 n이 한없이 커질수록 p에 가까워진다.

ex 주사위를 던지는 시행 횟수 n이 커질수록 1의 눈이 나오는 상대도수 $\dfrac{X}{n}$는 점점 $\dfrac{1}{6}$에 가까워진다.

큰 수의 법칙에 의하여 시행 횟수가 충분히 클 때 상대도수, 즉 통계적 확률은 수학적 확률에 가까워진다. 따라서 사회 현상이나 자연 현상에서 수학적 확률을 구하기 어려운 경우에는 시행 횟수를 충분히 크게 하여 통계적 확률을 대신 사용할 수 있다.

04 정규분포

성취 기준 – 정규분포의 뜻을 알고, 그 성질을 이해한다.

개념 파악하기 **(8) 연속확률변수의 확률분포는 어떻게 나타낼까?**

연속확률변수의 확률분포

다음은 어느 고등학교에서 100명의 학생의 통학 시간을 조사하여 $\dfrac{(상대도수)}{(계급의\ 크기)}$ 를 표, 히스토그램, 도수분포다각형으로 나타낸 것이다.

통학 시간(분)	도수	상대도수	$\dfrac{(상대도수)}{(계급의\ 크기)}$
$5^{이상} \sim 10^{미만}$	20	0.2	0.04
$10^{이상} \sim 15^{미만}$	30	0.3	0.06
$15^{이상} \sim 20^{미만}$	35	0.35	0.07
$20^{이상} \sim 25^{미만}$	15	0.15	0.03
합계	100	1	

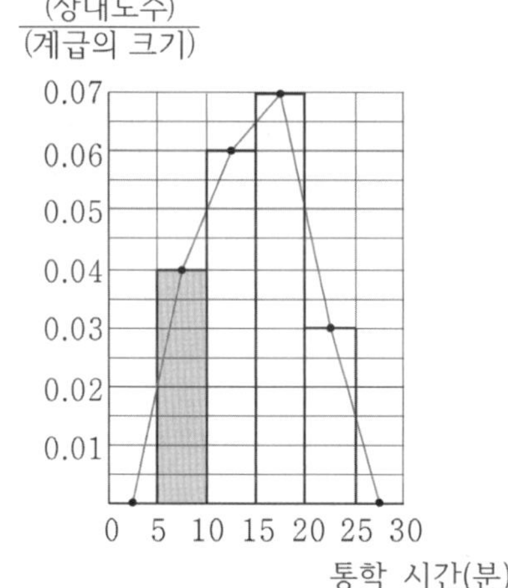

통학 시간을 확률변수 X라 하면 X가 가지는 값은 5 이상 25 미만의 실숫값이므로 X는 연속확률변수이다.
이때 X가 5 이상 10 미만일 확률은 $\mathrm{P}(5 \leq X < 10) = 0.2$ 이다.

한편 위의 히스토그램에서 색칠한 부분은 가로, 세로의 길이가 각각 5, 0.04인 직사각형이므로 그 넓이는 0.2이다.
즉, X가 5 이상 10 미만일 확률은 위의 히스토그램에서 색칠한 부분의 넓이와 같다.

이때 히스토그램의 각 직사각형의 넓이는

$$(직사각형의\ 넓이) = (계급의\ 크기) \times \frac{(상대도수)}{(계급의\ 크기)} = (상대도수)\ 이다.$$

즉, 직사각형의 넓이의 합은 상대도수의 합과 같다. 상대도수의 분포표에서 각 계급의 상대도수의 합은 1이므로 도수분포다각형과 가로축으로 둘러싸인 도형의 넓이는 1이다.

만일 조사 대상 수를 늘리고 계급의 크기를 더욱 작게 하여 히스토그램과 도수분포다각형을 그리면
다음 그림과 같이 점점 곡선에 가까워진다.

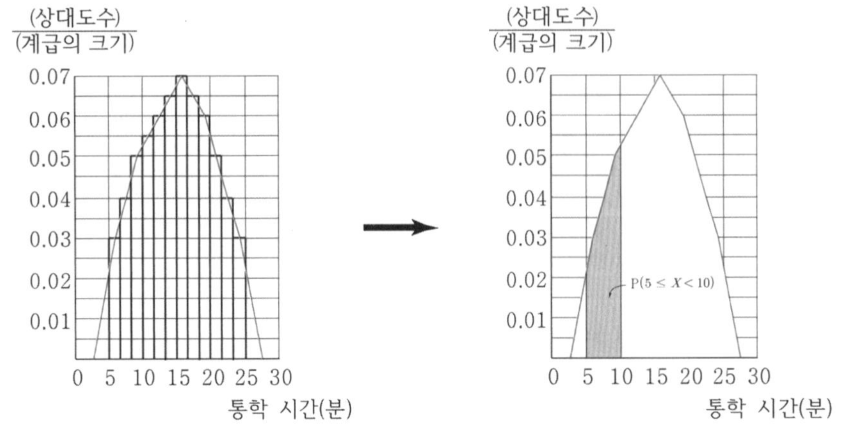

이때 이 곡선은 항상 x축보다 위에 있고, 이 곡선과 x축으로 둘러싸인 부분의 넓이는 1 이다.
이와 같은 곡선을 그래프로 가지는 함수 $f(x)$를 연속확률변수 X의 **확률밀도함수**라고 한다.

연속확률변수 X의 확률밀도함수가 $f(x)$일 때, X가 a 이상 b 이하의 값을 가질 확률 $\mathrm{P}(a \leq X \leq b)$는
이 곡선과 x축 및 두 직선 $x=a$, $x=b$로 둘러싸인 부분의 넓이와 같다.

확률밀도함수의 성질

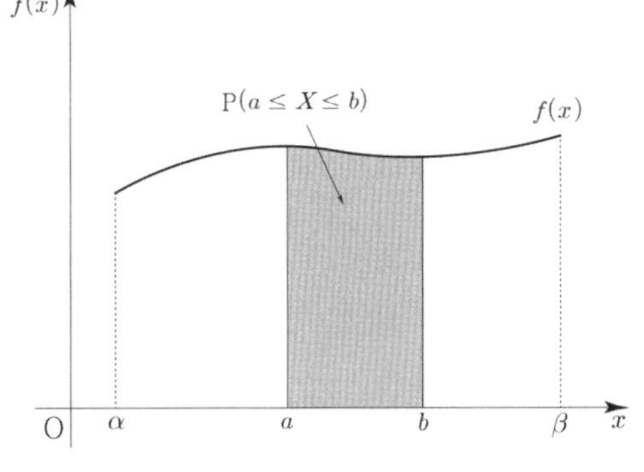

연속확률변수 X의 확률밀도함수 $f(x)\,(\alpha \leq x \leq \beta)$에 대하여

① $f(x) \geq 0$

② $f(x)$의 그래프와 x축 및 두 직선 $x=\alpha$, $x=\beta$로
　둘러싸인 부분의 넓이는 1 이다.

③ 두 상수 a, $b\;(\alpha \leq a \leq b \leq \beta)$에 대하여
　$\mathrm{P}(a \leq X \leq b)$는 $f(x)$의 그래프와 x축 및 두 직선 $x=a$, $x=b$로
　둘러싸인 부분의 넓이이다.

Tip 1 연속확률변수 X의 확률밀도함수 $f(x)\,(\alpha \leq x \leq \beta)$와 $\alpha \leq c \leq \beta$인 상수 c에 대하여
$f(c)$와 $\mathrm{P}(X=c)$은 서로 다르다는 것에 유의해야 한다.
$f(c)$와 $\mathrm{P}(X=c)$가 서로 같다고 착각하기 쉬우니 조심하자.
$f(c)$는 단지 확률밀도함수 $f(x)$에 대하여 $x=c$일 때의 함숫값을 의미할 뿐이다.
반면 연속확률변수에서는 넓이가 곧 확률이 되므로 연속확률변수 X가 어떤 특정한 값 c를
취할 확률은 $\mathrm{P}(X=c)=0$이다.

Tip 2 X가 연속확률변수일 때, $\mathrm{P}(X=c)=0$ (c는 상수)이므로
$\mathrm{P}(a \leq X \leq b)=\mathrm{P}(a \leq X < b)=\mathrm{P}(a < X \leq b)=\mathrm{P}(a < X < b)$ 이다.

Tip 3 두 상수 a, $b\;(\alpha \leq a \leq b \leq \beta)$에 대하여 $\mathrm{P}(a \leq X \leq b)=\displaystyle\int_a^b f(x)dx$ 이다.

$\left(f(x) \geq 0$이므로 $\displaystyle\int_a^b f(x)dx$는 $f(x)$의 그래프와 x축 및 두 직선 $x=a$, $x=b$로

둘러싸인 부분의 넓이와 같다.$\right)$

예제 7

연속확률변수 X의 확률밀도함수가 $f(x) = ax\ (0 \leq x \leq 4)$일 때, 다음을 구하시오.

(1) 상수 a의 값

(2) $\mathrm{P}(0 \leq X \leq 2)$

풀이

(1) $f(x) \geq 0$이어야 하므로 $a \geq 0$

$f(x)$의 그래프는 오른쪽 그림과 같고,

이 그래프와 x축 및 직선 $x = 4$로

둘러싸인 부분의 넓이가 1이어야 하므로 $\dfrac{1}{2} \times 4 \times 4a = 1 \implies a = \dfrac{1}{8}$

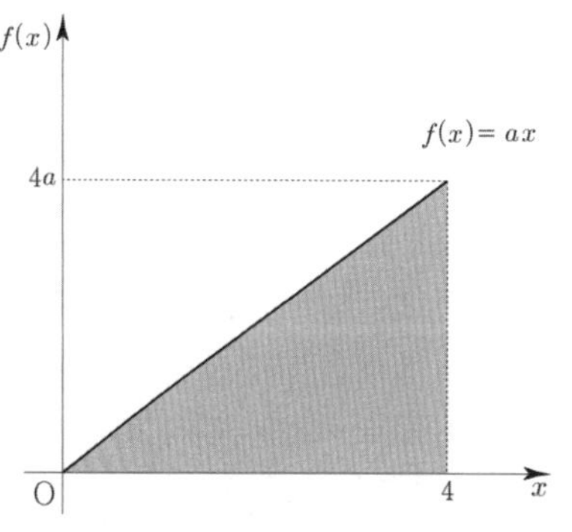

정적분을 이용하여 구하면

$$\int_0^4 ax\,dx = 1 \implies \left[\frac{ax^2}{2}\right]_0^4 = 8a = 1 \implies a = \frac{1}{8}$$

(2) 구하는 확률은 오른쪽 그림에서 $f(x)$의 그래프와

x축 및 직선 $x = 2$로 둘러싸인 부분의 넓이이므로

$$\mathrm{P}(0 \leq X \leq 2) = \frac{1}{2} \times 2 \times \frac{1}{4} = \frac{1}{4}$$

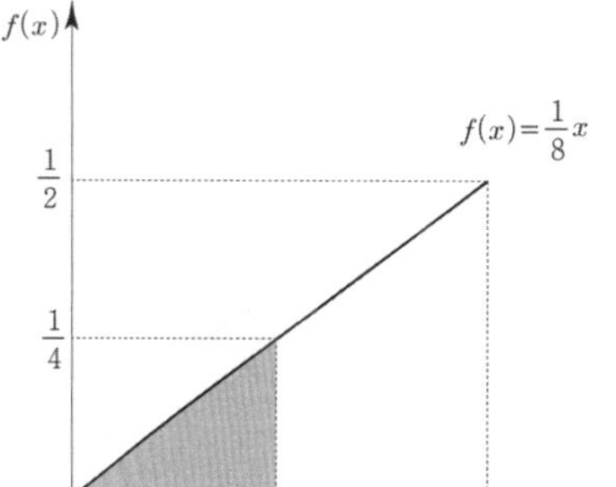

정적분을 이용하여 구하면

$$\int_0^2 \frac{1}{8}x\,dx = \left[\frac{x^2}{16}\right]_0^2 = \frac{1}{4}$$

개념 확인문제 9 연속확률변수 X의 확률밀도함수가 $f(x) = a(3-x)\ (0 \leq x \leq 3)$일 때, 다음을 구하시오.

(1) 상수 a의 값

(2) $\mathrm{P}(0 \leq X \leq 1)$

정규분포

키, 몸무게, 강수량 등과 같이 사회현상이나 자연현상을 관측하여 얻은 자료를 정리하여 나타내면 아래 그림과 같이 좌우 대칭인 종 모양의 곡선인 경우가 많다. 이와 같은 곡선을 그래프로 가지는 함수에 대하여 알아보자.

연속확률변수 X 의 확률밀도함수 $f(x)$ 가

$$f(x) = \frac{1}{\sqrt{2\pi}\,\sigma}\, e^{-\frac{(x-m)^2}{2\sigma^2}} \quad (x \text{는 모든 실수}, \; m \text{은 상수}, \; \sigma \text{는 양수}, \; e \text{는 } 2.718281\cdots \text{인 무리수})$$

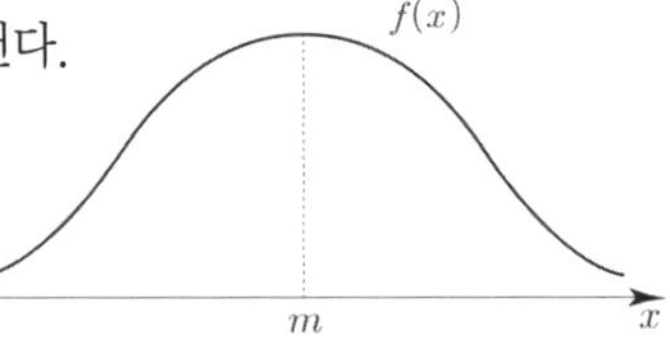

일 때, X 의 확률분포를 정규분포라 하고, 이것을 기호로 $\mathrm{N}(m,\ \sigma^2)$ 과 같이 나타낸다.
정규분포의 확률밀도함수 $f(x)$ 의 그래프는 오른쪽 그림과 같이
점근선이 x 축이면서 직선 $x=m$ 에 대하여 대칭인 종 모양의 곡선이다.
이때 m 과 $\sigma\,(\sigma>0)$ 는 각각 확률변수 X 의 평균과 표준편차임이 알려져 있다.

> **Tip 1** $\mathrm{N}(m,\ \sigma^2)$ 에서 N 은 정규분포를 뜻하는 'Normal distribution'의 첫 글자이다.

> **Tip 2** 정규분포의 확률밀도함수의 그래프를 그릴 때는 세로축을 생략하기도 한다.

① m 의 값이 일정하고 σ 의 값이 변할 때   ② σ 의 값이 일정하고 m 의 값이 변할 때

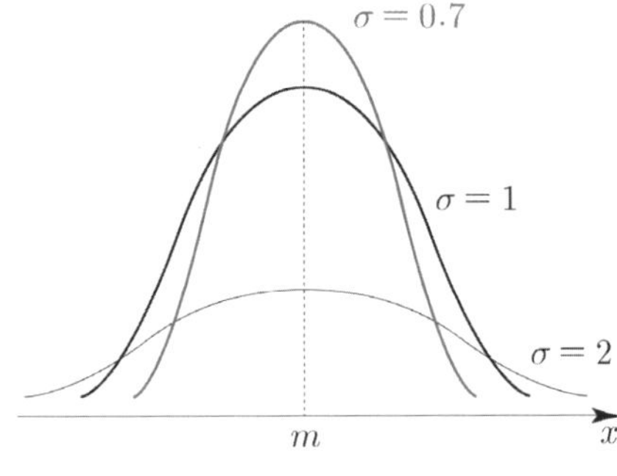 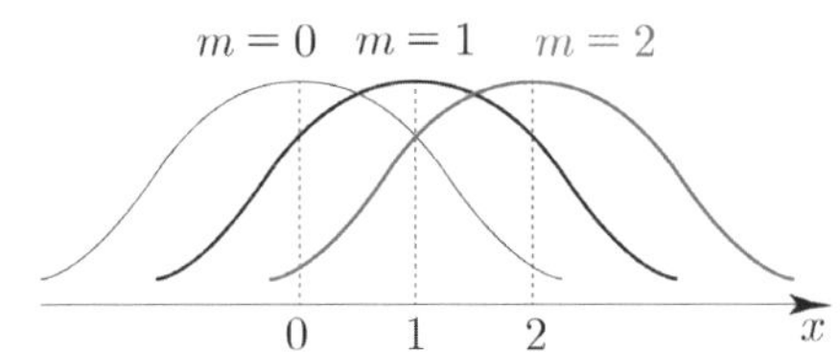

m 의 값이 일정할 때 ①과 같이 σ 의 값이 커지면 곡선이 낮아지면서 양쪽으로 퍼지고, σ 의 값이 작아지면 곡선은 높아지면서 뾰족하게 된다.
또 σ 의 값이 일정할 때 ②와 같이 m 의 값에 따라 대칭축의 위치는 바뀌지만 곡선의 모양은 같다.

정규분포 $\mathrm{N}(m,\ \sigma^2)$ 의 확률밀도함수의 그래프의 성질

① 직선 $x=m$ 에 대하여 대칭이고 종 모양의 곡선이다.
② 곡선과 x 축 사이의 넓이는 1 이다.
③ x 축을 점근선으로 하며, $x=m$ 일 때 최댓값을 갖는다.
④ m 의 값이 일정할 때, σ 의 값이 커지면 곡선은 낮아지면서 양쪽으로 퍼지고,
     σ 의 값이 작아지면 곡선은 높아지면서 뾰족해진다.
⑤ σ 의 값이 일정할 때, m 의 값에 따라 **대칭축의 위치는 바뀌지만 곡선의 모양은 같다.**

> **Tip** ④에서 σ 의 값이 커질 때, 곡선은 낮아지면서 **양쪽으로 퍼지**는 이유는 곡선과 x 축 사이의 넓이가 1로 일정해야 하기 때문에 높이가 낮아지면서 손실된 넓이를 보상해주기 위해서이다.

개념 확인문제 10 다음 그림에서 곡선 A, B, C는 각각 정규분포를 따르는 세 확률변수 X, Y, Z의
확률밀도함수의 그래프이다.

X, Y, Z의 평균을 각각 m_1, m_2, m_3이라 하고, 표준편차를 각각 σ_1, σ_2, σ_3이라 할 때,
다음 세 수의 크기를 비교하시오. (단, 곡선 C는 곡선 B를 평행이동한 것이다.)

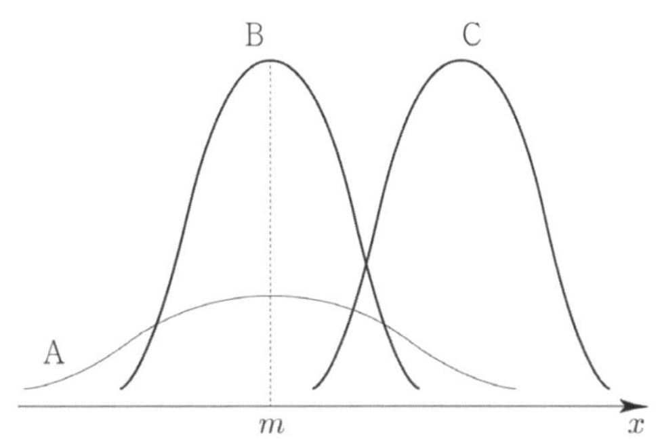

(1) m_1, m_2, m_3 (2) σ_1, σ_2, σ_3

표준정규분포

평균이 0이고 분산이 1인 정규분포를 **표준정규분포**라 하며,
이것을 기호로 $N(0,\ 1)$과 같이 나타낸다.

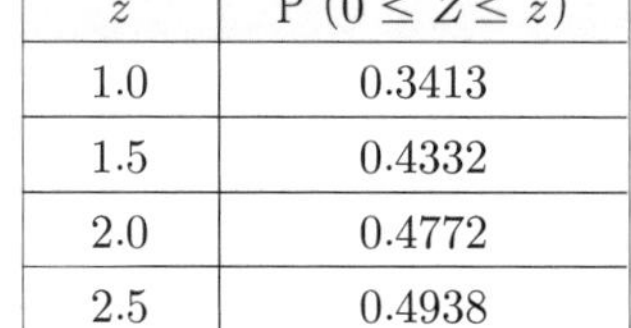

확률변수 Z가 표준정규분포를 따르면 Z의 확률밀도함수는

$$f(z)=\frac{1}{\sqrt{2\pi}}e^{-\frac{z^2}{2}}\ (z\text{는 모든 실수})\ \text{이다.}$$

이때 Z가 0 이상 a 이하의 값을 가질 확률 $P(0 \le Z \le a)$는
오른쪽 그림에서 색칠한 부분의 넓이와 같고
그 값은 표준정규분포표에 주어져 있다.

예를 들어 오른쪽 표준정규분포표에서 $P(0 \le Z \le 1.5)=0.4332$ 이다.

z	$P(0 \le Z \le z)$
1.0	0.3413
1.5	0.4332
2.0	0.4772
2.5	0.4938

> **Tip 1** 표준정규분포를 따르는 확률변수는 보통 Z로 나타낸다.

> **Tip 2** 표준정규분포를 따르는 확률변수 Z의 확률밀도함수 $f(z)$의 그래프가 직선 $z=0$에 대칭이므로
> ① $P(Z \le 0)=P(Z \ge 0)=0.5$
> ② $P(-a \le Z \le 0)=P(0 \le Z \le a)$ (단, $a \ge 0$)

정규분포와 표준정규분포의 관계

정규분포와 표준정규분포의 관계를 알아보자.

X가 이산확률변수일 때, 확률변수 $Y=aX+b\ (a,\ b\text{는 상수},\ a \ne 0)$에 대하여
$E(Y)=aE(X)+b,\quad V(Y)=a^2V(X)$가 성립함을 배웠다.
이와 마찬가지로 X가 연속확률변수일 때, 확률변수 $Y=aX+b\ (a,\ b\text{는 상수},\ a \ne 0)$에 대하여
$E(Y)=aE(X)+b,\quad V(Y)=a^2V(X)$가 성립한다.

이를 바탕으로 정규분포 $N(m,\ \sigma^2)$을 따르는 확률변수 X에 대하여 $Z=\dfrac{X-m}{\sigma}$이라고 하면
확률변수 Z의 평균과 분산은 각각 다음과 같다.

$$E(Z)=E\left(\frac{X-m}{\sigma}\right)=\frac{1}{\sigma}E(X)-\frac{m}{\sigma}=0$$

$$V(Z)=V\left(\frac{X-m}{\sigma}\right)=\frac{1}{\sigma^2}V(X)=1$$

이처럼 정규분포 $N(m,\ \sigma^2)$을 따르는 확률변수 X를 확률변수 $Z=\dfrac{X-m}{\sigma}$으로 나타내면
Z는 표준정규분포 $N(0,\ 1)$을 따른다. 즉, 정규분포 $N(m,\ \sigma^2)$을 따르는 확률변수 X의 확률을
확률변수 $Z=\dfrac{X-m}{\sigma}$의 확률을 이용하여 구할 수 있다.

따라서 확률변수 X가 정규분포 $N(m,\ \sigma^2)$을 따를 때, X가 a 이상 b 이하의 값을 가질
확률 $P(a \leq X \leq b)$는 다음과 같이 구할 수 있다.

$$P(a \leq X \leq b)=P\left(\frac{a-m}{\sigma} \leq \frac{X-m}{\sigma} \leq \frac{b-m}{\sigma}\right)=P\left(\frac{a-m}{\sigma} \leq Z \leq \frac{b-m}{\sigma}\right)$$

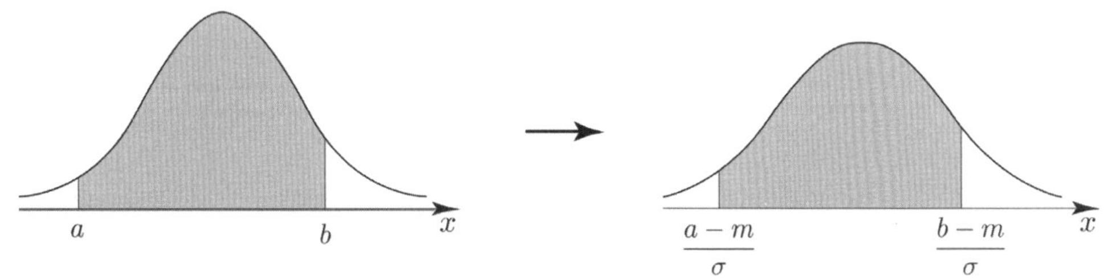

정규분포와 표준정규분포의 관계 요약

확률변수 X가 정규분포 $N(m,\ \sigma^2)$을 따를 때,

① 확률변수 $Z=\dfrac{X-m}{\sigma}$ 은 표준정규분포 $N(0,\ 1)$을 따른다.

② $P(a \leq X \leq b)=P\left(\dfrac{a-m}{\sigma} \leq Z \leq \dfrac{b-m}{\sigma}\right)$

Tip 1　확률변수 X의 평균이 m이고 표준편차가 σ일 때, X를
$Z=\dfrac{X-m}{\sigma}$ 로 바꾸는 변환을 **표준화**라고 한다.

Tip 2　표준화를 해도 넓이는 변하지 않는다는 것이 point이다.
(미적분을 배운 학생은 치환적분이라고 이해하면 된다.)

Tip 3　〈정규분포의 확률을 구하는 메커니즘〉

확률변수 X가 정규분포 $N(m,\ \sigma^2)$을 따른다고 하자.

① X는 연속확률변수이므로 $P(a \leq X \leq b)=\displaystyle\int_a^b f(x)dx$ 이다.

다만 $f(x)=\dfrac{1}{\sqrt{2\pi}\,\sigma} e^{-\frac{(x-m)^2}{2\sigma^2}}$ 가 너무 복잡하다. $(-\ulcorner$

② X를 Z로 변환해도 넓이는 변하지 않으므로 Z로 변환해준다. $P\left(\dfrac{a-m}{\sigma} \leq Z \leq \dfrac{b-m}{\sigma}\right)$

③ 표준정규분포표를 이용한다.

확률변수 X가 정규분포 $N(10,\ 2^2)$를 따를 때,

$P(8 \leq X \leq 14)$를 오른쪽 표준정규분포표를 이용하여 구하시오.

z	$P(0 \leq Z \leq z)$
1.0	0.3413
1.5	0.4332
2.0	0.4772
2.5	0.4938

풀이

확률변수 $Z = \dfrac{X-10}{2}$ 은 표준정규분포 $N(0,\ 1)$을 따르므로

$$P(8 \leq X \leq 14) = P\left(\frac{8-10}{2} \leq Z \leq \frac{14-10}{2}\right) = P(-1 \leq Z \leq 2) = P(0 \leq Z \leq 1) + P(0 \leq Z \leq 2)$$

$$= 0.3413 + 0.4772 = 0.8185$$

개념 확인문제 11 확률변수 X가 정규분포 $N(1,\ 2^2)$를 따를 때,
$P(X \leq -3) + P(|X-1| \leq 4)$를 오른쪽 표준정규분포표를
이용하여 구하시오.

z	$P(0 \leq Z \leq z)$
1.0	0.3413
1.5	0.4332
2.0	0.4772
2.5	0.4938

예제 9

어느 초콜릿 공장에서 만드는 초콜릿 한 개의 무게는 평균 $20\,g$, 표준편차 $2\,g$인 정규분포를 따른다고 한다. 이 중에서 임의로 선택한 과자 한 개의 무게가 $15\,g$ 이상일 확률을 오른쪽 표준정규분포표를 이용하여 구하시오.

z	$P(0 \leq Z \leq z)$
1.0	0.3413
1.5	0.4332
2.0	0.4772
2.5	0.4938

풀이

초콜릿 한 개의 무게를 확률변수 X라 하면 X는 정규분포 $N(20,\ 2^2)$을 따른다.

따라서 확률변수 $Z=\dfrac{X-20}{2}$은 표준정규분포 $N(0,\ 1)$을 따르므로

$$P(15 \leq X)=P\left(\dfrac{15-20}{2} \leq Z\right)=P(-2.5 \leq Z)=P(0 \leq Z \leq 2.5)+0.5$$
$$=0.4938+0.5=0.9938$$

이다.

개념 확인문제 12

어느 학교 전체 학생의 수학시험 점수는 평균이 50점, 표준편차가 5점인 정규분포를 따른다고 한다.
이 학교 학생 중에서 택한 한 학생의 수학시험 점수가 55점 이상 60점 이하일 확률을 오른쪽 표준정규분포표를 이용하여 구하시오.

z	$P(0 \leq Z \leq z)$
1.0	0.3413
1.5	0.4332
2.0	0.4772
2.5	0.4938

이항분포와 정규분포의 관계

한 개의 주사위를 n회 던져서 1의 눈이 나오는 횟수를 확률변수 X라 하면 X는 이항분포 $\mathrm{B}\!\left(n,\ \dfrac{1}{6}\right)$을 따르고

X의 확률질량함수는 $\mathrm{P}(X=x)={}_nC_x\!\left(\dfrac{1}{6}\right)^{x}\!\left(\dfrac{5}{6}\right)^{n-x}\ (x=0,\ 1,\ 2,\ \cdots,\ n)$ 이다.

n이 커질수록 계산하기가 어려워지므로 이항분포에서의 확률을 근사적으로 구하는 방법을 알아보자.

시행 횟수가 $n=10,\ 30,\ 50$일 때, 이항분포 $\mathrm{B}\!\left(n,\ \dfrac{1}{6}\right)$의 그래프는 다음 그림과 같다.

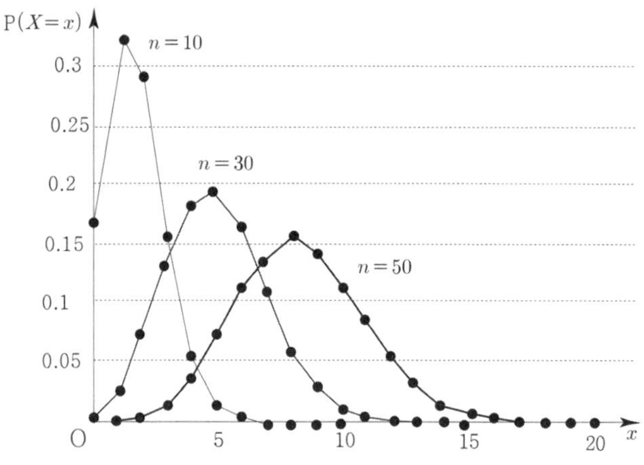

위 그림에서 이항분포 $\mathrm{B}\!\left(n,\ \dfrac{1}{6}\right)$의 그래프는 시행 횟수 n이 커짐에 따라 좌우 대칭인 종모양의 정규분포곡선에 가까워짐을 알 수 있다.

일반적으로 확률변수 X가 이항분포 $\mathrm{B}(n,\ p)$를 따를 때, 이항분포 $\mathrm{B}(n,\ p)$의 그래프는 n이 커지면 X는 근사적으로 평균과 분산이 각각 $np,\ npq$인 정규분포 $\mathrm{N}(np,\ npq)$ (단, $q=1-p$)의 그래프에 가까워진다는 것이 알려져 있다.

따라서 이항분포 $\mathrm{B}(n,\ p)$에서의 확률은 n이 충분히 클 때 정규분포를 이용하여 근사적으로 구할 수 있다.

이항분포와 정규분포의 관계

확률변수 X가 이항분포 $\mathrm{B}(n,\ p)$를 따르고 n이 충분히 클 때,
X는 근사적으로 정규분포 $\mathrm{N}(np,\ npq)$를 따른다. (단, $q=1-p$)

> **Tip**　$np \ge 5,\ nq \ge 5$이면 n을 충분히 큰 값으로 생각한다.

ex　확률변수 X가 이항분포 $\mathrm{B}\!\left(100,\ \dfrac{1}{2}\right)$을 따를 때, X의 평균 m과 표준편차 σ를 구하고,

　　X가 근사적으로 따르는 정규분포를 구하시오.

$$m=100\times\dfrac{1}{2}=50,\ \ \sigma=\sqrt{100\times\dfrac{1}{2}\times\dfrac{1}{2}}=5\ \Rightarrow\ \mathrm{N}(50,\ 5^2)$$

예제 10

어느 회사의 직원들을 대상으로 직장생활에 대한 만족도를 조사하였더니

전체 직원 중에서 80% 가 만족했다고 응답하였다. 이 회사 직원 400 명을

임의로 택하였을 때, 직장생활에 만족한다고 응답한 직원이 304 명 이상

328 명 이하일 확률을 오른쪽 표준정규분포표를 이용하여 구하시오.

z	$\mathrm{P}\,(0 \leq Z \leq z)$
1.0	0.3413
1.5	0.4332
2.0	0.4772
2.5	0.4938

풀이

직원 400 명 중에서 직장생활에 만족한다고 응답한 직원 수를 확률변수 X 라고 하면

X 는 $n = 400$, $p = \dfrac{4}{5}$ 인 이항분포 $\mathrm{B}\!\left(400,\ \dfrac{4}{5}\right)$ 를 따른다.

이때 $np \geq 5$, $nq \geq 5$ 이므로 n 은 충분히 크고, $np = 320$, $npq = 64$ 이므로

X 는 정규분포 $\mathrm{N}(320,\ 8^2)$ 를 따른다.

따라서 구하는 확률은 $\mathrm{P}(304 \leq X \leq 328) = \mathrm{P}\!\left(\dfrac{304 - 320}{8} \leq Z \leq \dfrac{328 - 320}{8}\right) = \mathrm{P}(-2 \leq Z \leq 1)$

$$= \mathrm{P}(0 \leq Z \leq 1) + \mathrm{P}(0 \leq Z \leq 2) = 0.3413 + 0.4772 = 0.8185$$

이다.

개념 확인문제 13 한 개의 주사위를 450 회 던졌을 때, 5 의 약수의 눈이
나오는 횟수가 135 회 이상 140 회 이하일 확률을 오른쪽
표준정규분포표를 이용하여 구하시오.

z	$\mathrm{P}\,(0 \leq Z \leq z)$
1.0	0.3413
1.5	0.4332
2.0	0.4772
2.5	0.4938

001

이산확률변수 X의 확률분포를 표로 나타내면 다음과 같다.

X	0	1	2	합계
$\mathrm{P}(X=x)$	$7a^2$	$a^2+\dfrac{1}{4}$	$2a-\dfrac{1}{4}$	1

상수 a의 값은?

① $\dfrac{1}{8}$ ② $\dfrac{1}{4}$ ③ $\dfrac{3}{8}$

④ $\dfrac{1}{2}$ ⑤ $\dfrac{5}{8}$

002

이산확률변수 X의 확률분포를 표로 나타내면 다음과 같다.

X	-1	0	1	2	3	합계
$\mathrm{P}(X=x)$	$\dfrac{1}{16}$	$\dfrac{1}{2}$	a	$\dfrac{1}{8}$	$\dfrac{1}{16}$	1

상수 a에 대하여 $\mathrm{P}(-1 \le x < 8a)$의 값은?

① $\dfrac{5}{16}$ ② $\dfrac{7}{16}$ ③ $\dfrac{9}{16}$

④ $\dfrac{11}{16}$ ⑤ $\dfrac{13}{16}$

003

이산확률변수 X의 확률질량함수가

$$\mathrm{P}(X=x)=\frac{10-x}{k} \ \ (x=1,\ 2,\ 3,\ 4,\ 5)$$

일 때, 상수 k의 값을 구하시오.

004

이산확률변수 X의 확률질량함수가

$$\mathrm{P}(X=x)=\frac{k}{(2x-1)(2x+1)} \ \ (x=1,\ 2,\ 3,\ 4,\ 5)$$

일 때, 상수 k의 값을 구하시오.

① $\dfrac{7}{5}$ ② $\dfrac{9}{5}$ ③ $\dfrac{11}{5}$

④ $\dfrac{13}{5}$ ⑤ 3

005

이산확률변수 X가 취할 수 있는 값이 $0,\ 1,\ 2,\ 3$이고

$$\mathrm{P}(X=k)=2\mathrm{P}(X=k+1) \ \ (k=0,\ 1,\ 2)$$

일 때, $\mathrm{P}(X \ge 2)$의 값은?

① $\dfrac{2}{15}$ ② $\dfrac{1}{5}$ ③ $\dfrac{4}{15}$

④ $\dfrac{1}{3}$ ⑤ $\dfrac{2}{5}$

006

1, 2, 3, 4, 5의 숫자가 하나씩 적힌 5개의 구슬 중에서 임의로 2개의 구슬을 동시에 뽑을 때, 두 구슬에 적힌 수의 합을 확률변수 X라 하자. $50\,\mathrm{P}(X^2-10X+24=0)$의 값을 구하시오.

007

흰 공 5개와 검은 공 4개가 들어 있는 상자에서
임의로 4개의 공을 동시에 꺼낼 때, 나오는 흰 공의 개수를
확률변수 X라 하자. $\mathrm{P}(X \leq 2)$의 값은?

① $\dfrac{5}{14}$　　② $\dfrac{3}{7}$　　③ $\dfrac{1}{2}$

④ $\dfrac{4}{7}$　　⑤ $\dfrac{9}{14}$

008

1부터 4까지의 자연수가 각각 하나씩 적힌 공이 각각
3개씩 총 12개가 있다. 12개의 공 중에서 임의로 3개의
공을 동시에 뽑아서 성민이에게 주려고 한다. 성민이에게
주려고 하는 공에 적힌 자연수 중 최솟값을 확률변수 X라
할 때, $\mathrm{P}(X \geq 2) = k$이다. $55k$의 값을 구하시오.

Theme 2 이산확률변수의 평균

009

이산확률변수 X의 확률질량함수가

$$\mathrm{P}(X=x) = \frac{ax+2}{10} \ (x = -1,\ 0,\ 1,\ 2)$$

일 때, $\mathrm{E}(7X-2)$의 값을 구하시오. (단, a는 상수이다.)

010

이산확률변수 X가 갖는 값이 $\dfrac{1}{3}$, $\dfrac{1}{3^2}$, $\dfrac{1}{3^3}$, $\dfrac{1}{3^4}$, $\dfrac{1}{3^5}$ 이고,
X의 확률질량함수가

$$\mathrm{P}(X=x) = \frac{k}{x} \ \left(x = \frac{1}{3},\ \frac{1}{3^2},\ \frac{1}{3^3},\ \frac{1}{3^4},\ \frac{1}{3^5}\right)$$

일 때, $\dfrac{1}{\mathrm{E}\left(\dfrac{3}{5}X\right)}$ 의 값을 구하시오.

011

이산확률변수 X의 확률분포를 표로 나타내면 다음과 같다.

X	0	1	2	3	합계
$\mathrm{P}(X=x)$	a	$\dfrac{1}{3}$	$\dfrac{1}{4}$	b	1

$\mathrm{E}(3X+2) = 6$일 때, $120ab$의 값을 구하시오.
(단, a와 b는 상수이다.)

012

이산확률변수 X의 확률분포를 표로 나타내면 다음과 같다.

X	a	$2a$	$3a$	합계
$P(X=x)$	$\dfrac{1}{4}$	$\dfrac{1}{8}$	b	1

$E(X)=\dfrac{19}{2}$ 일 때, $16(a+b)$ 의 값을 구하시오.

(단, a와 b는 상수이다.)

성민이와 지훈이가 주사위를 각각 한 번씩 던질 때, 나오는 눈의 수를 각각 a, b라 하자. a, b 중 크지 않은 수를 확률변수 X라 할 때, $E(36X+9)$ 의 값을 구하시오.

각 면에 1, 1, 2, 2, 2, 3의 숫자가 하나씩 적혀 있는 정육면체 모양의 상자가 있다. 이 상자를 두 번 던질 때 나오는 윗면에 적힌 수를 차례로 a, b라 하자. 두 수의 합 $a+b$를 확률변수 X라 할 때, $E(9X-5)$ 의 값을 구하시오.

1, 1, 2, 2, 2, 3이 하나씩 적혀 있는 6장의 카드가 있다. 이 6장의 카드를 모두 임의로 일렬로 나열할 때, 양 끝에 나열된 두 카드에 적혀 있는 수의 평균을 확률변수 X라 하자. $E(6X+2)$ 의 값을 구하시오.

Theme 3 이산확률변수의 분산

016 ☐☐☐☐☐

이산확률변수 X의 확률분포표는 다음과 같다.

X	0	1	2	합계
$\mathrm{P}(X=x)$	a	$2a$	$3a$	1

상수 a에 대하여 $\mathrm{V}\left(\dfrac{1}{a}X\right)$의 값을 구하시오.

017 ☐☐☐☐☐

이산확률변수 X의 확률질량함수가

$$\mathrm{P}(X=x)=\frac{ax+3}{14}\ (x=-1,\ 0,\ 1,\ 2)$$

일 때, $\mathrm{V}(7X+1)$의 값을 구하시오.

018 ☐☐☐☐☐

한 쪽 면에만 1, 2, 3, 4, 5의 숫자가 하나씩 적혀 있는 5장의 카드가 숫자가 보이지 않도록 놓여 있다. 이 5장의 카드에서 임의로 두 장을 동시에 뒤집어 카드에 적힌 수를 확인 할 때, 두 수의 차를 확률변수 X라 하자. $\mathrm{V}(4X)$의 값을 구하시오.

019 ☐☐☐☐☐

한 개의 동전을 네 번 던져 나온 결과에 대하여 다음 규칙에 따라 얻은 점수를 확률변수 X라 하자.

[규칙1] 앞면이 나오는 횟수가 뒷면이 나오는 횟수보다 크면 1점으로 한다.
[규칙2] 앞면이 나오는 횟수가 뒷면이 나오는 횟수와 같으면 2점으로 한다.
[규칙3] 앞면이 나오는 횟수가 뒷면이 나오는 횟수보다 작으면 3점으로 한다.

$\mathrm{V}(8X)$의 값을 구하시오.

Theme 4 이항분포의 뜻

020 ☐☐☐☐☐

확률변수 X가 이항분포 $\mathrm{B}\left(n,\ \dfrac{1}{3}\right)$을 따르고 $\mathrm{V}(3X)=72$일 때, $\mathrm{E}(X^2)$의 값을 구하시오.

021 ☐☐☐☐☐

확률변수 X가 이항분포 $\mathrm{B}(n,\ p)$를 따르고

$$\mathrm{E}(2X-1)=15,\ \mathrm{E}(X^2)=70$$

일 때, $\dfrac{n}{p}$의 값을 구하시오.

022

확률변수 X가 이항분포 $B(6, p)$를 따르고

$$P(X=2)=\frac{3}{8}P(X=3)$$

일 때, $E(5X-3)$의 값을 구하시오. (단, $0 < p < 1$)

023

자연수 n에 대하여 이산확률변수 X의 확률질량함수가

$$P(X=x)={}_nC_x\left(\frac{1}{2}\right)^n \ (x=0,\ 1,\ 2,\ \cdots,\ n)$$

이다. $E(X^2)=\dfrac{55}{2}$ 일 때, $V(2X)$의 값은?

① 5
② $\dfrac{15}{2}$
③ 10

④ $\dfrac{25}{2}$
⑤ 15

024

확률변수 X가 이항분포 $B\left(4, \dfrac{1}{3}\right)$을 따를 때,

$|X-2|=2$인 사건을 A, $X \geq 3$인 사건을 B라 하자.
$P(A \mid B)$의 값은?

① $\dfrac{1}{9}$
② $\dfrac{2}{9}$
③ $\dfrac{1}{3}$

④ $\dfrac{4}{9}$
⑤ $\dfrac{5}{9}$

Theme 5   이항분포의 활용

025

서로 다른 4개의 동전을 동시에 던지는 시행을 64회
반복할 때, 앞면과 뒷면이 각각 2개씩 나오는 횟수를
확률변수 X라 하자. $E(X)+\sigma(X)=a+\sqrt{b}$ 이다.
$a+b$의 값을 구하시오. (단, a와 b는 자연수이다.)

026

한 개의 주사위를 던져 나온 눈의 수 k에 대하여

부등식 $\left|\cos\dfrac{\pi}{6}k\right| > \dfrac{1}{2}$을 만족시키는 사건을 A라 하자.

한 개의 주사위를 100회 던지는 독립시행에서 사건 A가
일어나는 횟수를 확률변수 X라 할 때,
$E(X)+V(X)$의 값을 구하시오.

027 ⬡⬡⬡⬡⬡

규토가 8문제로 구성된 Test지를 만들려고 한다. 현재 미적분 3문제, 경우의 수 3문제를 만든 상태이고, 2문제를 추가로 만들어야 한다. 추가로 만든 문제는 미적분 또는 경우의 수 문제이고, 추가된 문제 중 미적분 문제의 개수는 이항분포 $B\left(2, \dfrac{1}{3}\right)$을 따른다.

8문제로 구성된 이 Test지에서 임의로 1문제를 선택한 것이 경우의 수 문제일 때, 추가된 문제가 모두 미적분 문제일 확률은 $\dfrac{q}{p}$이다. $p+q$의 값을 구하시오.

(단, p와 q는 서로소인 자연수이다.)

028 ⬡⬡⬡⬡⬡

규토는 한 개의 주사위를 연속해서 두 번 던지는 시행을 64회 하면서 다음과 같은 규칙으로 점수를 얻는다.

> [규칙1] 주사위를 두 번 던져서 두 눈의 합이
> 4의 배수가 되면 4점을 더한다.
> [규칙2] 주사위를 두 번 던져서 두 눈의 합이
> 4의 배수가 되지 않으면 2점을 더한다.

한 개의 주사위를 연속해서 두 번 던지는 시행을 64회한 후 규토가 얻은 점수를 확률변수 X라 할 때, $V(X)$의 값을 구하시오. (단, 기본점수는 0점으로 한다.)

Theme 6 확률밀도함수

029 ⬡⬡⬡⬡⬡

연속확률변수 X의 확률밀도함수가
$$f(x) = k(4 - |x|) \quad (-2 \le x \le 2)$$
일 때, $P(0 \le X \le 1)$의 값은? (단, k는 상수이다.)

① $\dfrac{5}{24}$ ② $\dfrac{7}{24}$ ③ $\dfrac{3}{8}$

④ $\dfrac{11}{24}$ ⑤ $\dfrac{13}{24}$

030 ⬡⬡⬡⬡⬡

연속확률변수 X가 갖는 값의 범위가 $0 \le x \le 4$이고, X의 확률밀도함수가
$$f(x) = \begin{cases} a(1-x) & (0 \le x < 1) \\ a(x-1) & (1 \le x \le 4) \end{cases}$$
일 때, $P\left(\dfrac{1}{2} \le X \le 3\right)$의 값은? (단, a는 상수이다.)

① $\dfrac{11}{40}$ ② $\dfrac{13}{40}$ ③ $\dfrac{3}{8}$

④ $\dfrac{17}{40}$ ⑤ $\dfrac{19}{40}$

031

연속확률변수 X의 확률밀도함수 $f(x)$가 다음과 같다.

$$f(x) = \frac{a}{8}x^2 \ (0 \leq x \leq 2)$$

매회의 시행에서 사건 A가 일어날 확률이 $\mathrm{P}\left(0 \leq X \leq \dfrac{a}{3}\right)$
로 일정하다. 총 64회의 독립시행에서 사건 A가 일어나는
횟수를 확률변수 Y라 할 때, $\mathrm{E}(Y^2)$의 값을 구하시오.
(단, a는 상수이다.)

연속확률변수 X가 갖는 값의 범위가 $0 \leq x \leq 8$이고,
X의 확률밀도함수 $f(x)$는 $0 \leq x \leq 4$인
모든 실수 x에 대하여

$$f(4-x) = f(4+x)$$

를 만족시킨다. $\mathrm{P}(0 \leq X \leq 3) = 3\,\mathrm{P}(3 \leq X \leq 5)$일 때,
$\mathrm{P}(5 \leq X \leq 8)$의 값은?

① $\dfrac{1}{7}$ ② $\dfrac{2}{7}$ ③ $\dfrac{3}{7}$

④ $\dfrac{4}{7}$ ⑤ $\dfrac{5}{7}$

Theme 7 정규분포와 표준정규분포

033

정규분포 $\mathrm{N}(10,\ 3^2)$을 따르는
확률변수 X에 대하여
$\mathrm{P}(a \leq X \leq 13) = 0.8185$를
만족시키는 상수 a의 값을
오른쪽 표준정규분포표를
이용하여 구하시오.

z	$\mathrm{P}\,(0 \leq Z \leq z)$
1.0	0.3413
1.5	0.4332
2.0	0.4772
2.5	0.4938

확률변수 X가 정규분포 $\mathrm{N}(m,\ \sigma^2)$를 따를 때,
〈보기〉에서 옳은 것만을 있는 대로 고르시오.

---〈보기〉---

ㄱ. $\mathrm{P}(X \leq m) = 1$
ㄴ. $\mathrm{P}(X \geq m+a) = \mathrm{P}(X \leq m+b)$이면 $a+b=0$이다.
ㄷ. 모든 실수 a에 대하여
    $\mathrm{P}(X \leq a) + \mathrm{P}(X \leq 2m-a) = 1$이다.
ㄹ. $m=3$이고 $\sigma=1$이면 $\displaystyle\sum_{k=1}^{5}\mathrm{P}(X \geq k) = 2.5$이다.

두 확률변수 X, Y가 정규분포 $\mathrm{N}(8,\ 2^2)$, $\mathrm{N}(25,\ 3^2)$을
따르고 $\mathrm{P}(6 \leq X \leq 12) = \mathrm{P}(a \leq Y \leq 28)$일 때,
상수 a의 값을 구하시오.

036

확률변수 X가 정규분포 $N(m,\ \sigma^2)$를 따르고 다음 조건을 만족시킨다.

> (가) $P(20 \le X \le 24) = P(36 \le X \le 40)$
>
> (나) $P(|X - m| \le 2) = 0.56$

$100\,P(X \le 32)$의 값을 구하시오.

037

정규분포 $N(m,\ 2^2)$을 따르는 확률변수 X에 대하여 함수 $g(t) = P(t \le X \le t + 6)$는 $t = 3$일 때 최댓값을 갖는다. $g(4)$의 값을 오른쪽 표준정규분포표를 이용하여 구한 것은?

z	$P(0 \le Z \le z)$
1.0	0.3413
1.5	0.4332
2.0	0.4772
2.5	0.4938

① 0.7745　　② 0.8185　　③ 0.8351

④ 0.8413　　⑤ 0.8664

038

정규분포 $N(10,\ \sigma^2)$을 따르는 확률변수 X와 표준정규분포 $N(0,\ 1)$을 따르는 확률변수 Z에 대하여

$$P(|X - 10| \le 5) + P(|Z| \ge 1) = 1$$

일 때, $P(0 \le X \le 5)$의 값을 오른쪽 표준정규분포표를 이용하여 구한 것은?

z	$P(0 \le Z \le z)$
1.0	0.3413
1.5	0.4332
2.0	0.4772
2.5	0.4938

① 0.1359　　② 0.1587　　③ 0.2255

④ 0.3413　　⑤ 0.4332

039

확률변수 X는 정규분포 $N(m,\ \sigma^2)$을 따르고, 다음 조건을 만족시킨다.

> (가) $P(X \ge 60) = P(X \le 100)$
>
> (나) $P(m \le X \le m + 10) + P(Z \le -1) = \dfrac{1}{2}$

$P(X \ge k) = 0.0668$을 만족시키는 상수 k의 값을 오른쪽 표준정규분포표를 이용하여 구하시오.

z	$P(0 \le Z \le z)$
0.5	0.1915
1.0	0.3413
1.5	0.4332
2.0	0.4772

확률변수 X는 평균이 m, 표준편차가 σ인 정규분포를 따른다. 실수 t에 대하여 함수 $H(t)$를
$H(t) = \mathrm{P}(t \leq X \leq t+4)$ 라 할 때, 다음 조건을 만족시킨다.

> (가) 모든 실수 t에 대하여 $H(t) = H(36-t)$ 이다.
> (나) $\mathrm{P}(0 \leq Z \leq 2) = H(16)$

$\mathrm{P}(18 \leq X \leq 23)$ 의 값을 오른쪽 표준정규분포표를 이용하여 구한 것은?

z	$\mathrm{P}\,(0 \leq Z \leq z)$
1.0	0.3413
1.5	0.4332
2.0	0.4772
2.5	0.4938

① 0.6826 ② 0.7745 ③ 0.8664

④ 0.9104 ⑤ 0.9938

어느 고등학교 중간고사에서 각 학생이 받은 수학점수를 확률변수 X라 하면 확률변수 X는 평균이 m, 표준편차 σ인 정규분포를 따르고, 이 고등학교의 중간고사 시험의 난이도 D를

$$D = 5 - \frac{m-60}{\sigma}$$

으로 산출한다. $D = 4.5$ 일 때, $\mathrm{P}(\,|X-60| \geq \sigma)$ 의 값을 오른쪽 표준정규분포표를 이용하여 구한 것은?

z	$\mathrm{P}\,(0 \leq Z \leq z)$
0.5	0.1915
1.0	0.3413
1.5	0.4332
2.0	0.4772

① 0.1359 ② 0.1587 ③ 0.2255

④ 0.3413 ⑤ 0.3753

Theme 8 정규분포의 활용

확률변수 X는 정규분포 $\mathrm{N}(15,\ \sigma^2)$을 따르고, 확률변수 Y는 정규분포 $\mathrm{N}(m,\ \sigma^2)$을 따른다. 두 확률변수 X와 Y의 확률밀도함수는 각각 $f(x),\ g(x)$ 이고, $f(a) = f(21) = g(21)$ 이다. $\mathrm{P}(X \leq a) = 0.18$, $\mathrm{P}(21 \leq Y \leq b) = 0.64$ 일 때, $a+b+m$ 의 값을 구하시오. (단, $m \neq 15$)

어느 식당에서 한 테이블의 식사시간은 평균 40분, 표준편차 2분인 정규분포를 따른다고 한다.
이 식당의 한 테이블에서 식사를 할 때, 식사시간이 38분 이하일 확률을 오른쪽 표준정규분포표를 이용하여 구한 것은?

z	$\mathrm{P}\,(0 \leq Z \leq z)$
0.5	0.1915
1.0	0.3413
1.5	0.4332
2.0	0.4772

① 0.1359 ② 0.1587 ③ 0.2255

④ 0.3413 ⑤ 0.3753

044

어느 공장에서 생산하는 농구공 1개의 무게는 평균이 600 g이고 표준편차가 10 g인 정규분포를 따른다고 한다. 이 공장에서 생산한 농구공 중에서 임의로 선택한 농구공 1개의 무게가 585 g 이상이고 620 g 이하일 확률을 오른쪽 표준정규분포표를 이용하여 구한 것은?

z	$P(0 \le Z \le z)$
0.5	0.1915
1.0	0.3413
1.5	0.4332
2.0	0.4772

① 0.6826　　② 0.7745　　③ 0.8664

④ 0.9104　　⑤ 0.9938

045

어느 대학교에서는 신입생 200명을 대상으로 기초 수학시험을 실시하고 수학점수에 따라 상위 32명을 뽑아 특별장학금을 제공하고자 한다. 신입생 전체의 수학 점수가 평균 72점, 표준편차 4점인 정규분포를 따른다고 할 때, 특별장학금을 받기 위한 최소 점수를 오른쪽 표준정규분포표를 이용하여 구하시오. (단, 수학점수는 최소 0점에서 최대 100점 사이의 정수이다.)

z	$P(0 \le Z \le z)$
1.0	0.34
1.1	0.36
1.2	0.38
1.3	0.40

046

어느 고등학교의 전체 학생 500명을 대상으로 신체검사를 한 결과, 키는 평균 m, 표준편차 5인 정규분포를 따른다고 한다. 전체 학생 중에서 키가 175 이하인 학생은 395명이었다. 이 고등학교의 전체 학생 중에서 임의로 선택한 한 명의 키가 166 이상일 확률을 오른쪽 표준정규분포표를 이용하여 구하면 p 이다. $100p$ 의 값을 구하시오. (단, 키의 단위는 cm이다.)

z	$P(0 \le Z \le z)$
0.7	0.26
0.8	0.29
0.9	0.32
1.0	0.34

047

A 과수원에서 재배되는 사과의 무게는 정규분포 $N(m, 4)$을 따르고, B 과수원에서 재배되는 사과의 무게는 정규분포 $N\left(\dfrac{3}{2}m, 1\right)$을 따른다. A 과수원에서 임의로 선택한 사과의 무게가 a 이상일 확률과 B 과수원에서 임의로 선택한 사과의 무게가 a 이하일 확률이 같다. $\dfrac{60\,m}{a}$ 의 값을 구하시오. (단, a는 상수이다.)

048　⬡⬡⬡⬡⬡

어느 서점에 진열되어 있는 문제집 중 20 % 는 오르비북스에서 출판된 책이다. 한 고객이 이 서점에서 임의로 100 권의 문제집을 구입하였을 때, 오르비북스에서 출판된 책이 a 권 이상 포함될 확률을 오른쪽 표준정규분포표를 이용하여 구하면 0.9332 이다. 상수 a 의 값을 구하시오.

z	$\mathrm{P}\,(0 \leq Z \leq z)$
0.5	0.1915
1.0	0.3413
1.5	0.4332
2.0	0.4772

049　⬡⬡⬡⬡⬡

$$\sum_{k=336}^{400} {}_{400}\mathrm{C}_k \left(\frac{4}{5}\right)^k \left(\frac{1}{5}\right)^{400-k}$$ 의 값을 오른쪽 표준정규분포표를 이용하여 구한 것은?

z	$\mathrm{P}\,(0 \leq Z \leq z)$
0.5	0.1915
1.0	0.3413
1.5	0.4332
2.0	0.4772

① 0.0228　　② 0.0668　　③ 0.1587

④ 0.3085　　⑤ 0.3753

050　⬡⬡⬡⬡⬡

규토가 소개팅을 나갔을 때, 첫인상 점수 10 점 만점 중에 10 점을 받을 확률이 $\frac{3}{5}$ 이고 5 점을 받을 확률이 $\frac{2}{5}$ 이다.

z	$\mathrm{P}\,(0 \leq Z \leq z)$
1.0	0.3413
1.5	0.4332
2.0	0.4772
2.5	0.4938

0 점부터 시작해서 소개팅을 150 회 독립시행을 할 때, 첫인상 점수 총합을 1140 점 이상 받을 확률을 오른쪽 표준정규분포표를 이용하여 구한 것은?

① 0.6587　　② 0.8413　　③ 0.9332

④ 0.9772　　⑤ 0.9938

051　⬡⬡⬡⬡⬡

다음과 같은 규칙으로 점수를 얻는 주사위 게임이 있다.

> 한 개의 주사위를 던져서 소수인 눈의 수가 나오면 1 점을 얻고, 그 외의 눈의 수가 나오면 3 점을 얻는다.

주사위를 64 번 던지는 시행에서 얻는 점수가 136 점 이상일 확률을 오른쪽 표준정규분포표를 이용하여 구한 것은? (단, 기본점수는 0 점이다.)

z	$\mathrm{P}\,(0 \leq Z \leq z)$
0.5	0.1915
1.0	0.3413
1.5	0.4332
2.0	0.4772

① 0.0228　　② 0.0668　　③ 0.1587

④ 0.3085　　⑤ 0.3753

Training – 2 step

기출 적용편

1. 확률분포

확률변수 X의 확률분포표가 다음과 같다.

X	1	3	7	합계
$\mathrm{P}(X=x)$	a	$\dfrac{1}{4}$	b	1

$\mathrm{E}(X)=5$일 때, b의 값은? (단, a와 b는 상수이다.) [3점]

① $\dfrac{19}{36}$ ② $\dfrac{5}{9}$ ③ $\dfrac{7}{12}$

④ $\dfrac{11}{18}$ ⑤ $\dfrac{23}{36}$

확률변수 X가 이항분포 $\mathrm{B}\left(n, \dfrac{1}{4}\right)$을 따르고

$\mathrm{V}(X)=6$일 때, n의 값을 구하시오. [3점]

확률변수 X의 확률분포표가 다음과 같다.

X	-1	0	1	2	합계
$\mathrm{P}(X=x)$	$\dfrac{3-a}{8}$	$\dfrac{1}{8}$	$\dfrac{3+a}{8}$	$\dfrac{1}{8}$	1

$\mathrm{P}(0 \leq X \leq 2)=\dfrac{7}{8}$일 때, 확률변수 X의 평균 $\mathrm{E}(X)$의

값은? [3점]

① $\dfrac{1}{4}$ ② $\dfrac{3}{8}$ ③ $\dfrac{1}{2}$

④ $\dfrac{5}{8}$ ⑤ $\dfrac{3}{4}$

확률변수 X가 이항분포 $\mathrm{B}(80,\ p)$를 따르고

$\mathrm{E}(X)=20$일 때, $\mathrm{V}(X)$의 값을 구하시오. [3점]

확률변수 X가 이항분포 $\mathrm{B}\left(n, \dfrac{1}{3}\right)$를 따르고 $\mathrm{V}(2X)=40$

일 때, n의 값은? [3점]

① 30   ② 35   ③ 40

④ 45   ⑤ 50

이산확률변수 X가 가지는 값이 0부터 4까지의 정수이고

$$\mathrm{P}(X=k)=\mathrm{P}(X=k+2) \quad (k=0,\ 1,\ 2)$$

이다. $\mathrm{E}(X^2)=\dfrac{35}{6}$일 때, $\mathrm{P}(X=0)$의 값은? [3점]

① $\dfrac{1}{24}$ ② $\dfrac{1}{12}$ ③ $\dfrac{1}{8}$

④ $\dfrac{1}{6}$ ⑤ $\dfrac{5}{24}$

058 2017학년도 사관학교 가형

확률변수 X의 확률분포표를 표로 나타내면 다음과 같다.

X	0	1	2	합계
$\mathrm{P}(X=x)$	a	b	c	1

$\mathrm{E}(X)=1$, $\mathrm{V}(X)=\dfrac{1}{4}$ 일 때, $\mathrm{P}(X=0)$ 의 값은? [3점]

① $\dfrac{1}{32}$　　　② $\dfrac{1}{16}$　　　③ $\dfrac{1}{8}$

④ $\dfrac{1}{4}$　　　⑤ $\dfrac{1}{2}$

059 2014학년도 수능 A형

확률변수 X가 이항분포 $\mathrm{B}(9,\,p)$ 를 따르고
$\{\mathrm{E}(X)\}^2=\mathrm{V}(X)$ 일 때, p 의 값은? (단, $0<p<1$) [3점]

① $\dfrac{1}{13}$　　　② $\dfrac{1}{12}$　　　③ $\dfrac{1}{11}$

④ $\dfrac{1}{10}$　　　⑤ $\dfrac{1}{9}$

060 2013학년도 수능 나형

확률변수 X가 이항분포 $\mathrm{B}(n,\,p)$ 를 따른다. 확률변수 $2X-5$ 의 평균과 표준편차가 각각 175 와 12 일 때, n 의 값은? [3점]

① 130　　　② 135　　　③ 140

④ 145　　　⑤ 150

061 2009학년도 고3 9월 평가원 가형

이산확률변수 X가 취할 수 있는 값이 $-2,\ -1,\ 0,\ 1,\ 2$ 이고 X의 확률질량함수가

$$\mathrm{P}(X=x)=\begin{cases} k-\dfrac{x}{9} & (x=-2,\ -1,\ 0) \\[2mm] k+\dfrac{x}{9} & (x=1,\ 2) \end{cases}$$

일 때, 상수 k의 값은? [3점]

① $\dfrac{1}{15}$　　　② $\dfrac{2}{15}$　　　③ $\dfrac{1}{5}$

④ $\dfrac{4}{15}$　　　⑤ $\dfrac{1}{3}$

062 2010학년도 고3 9월 평가원 가형

이산확률변수 X의 확률질량함수가

$$\mathrm{P}(X=x)=\dfrac{|x-4|}{7} \quad (x=1,\ 2,\ 3,\ 4,\ 5)$$

일 때, $\mathrm{E}(14X+5)$ 의 값은? [3점]

① 31　　　② 35　　　③ 39

④ 43　　　⑤ 47

063 2019학년도 수능 가형

확률변수 X가 이항분포 $\mathrm{B}\left(n,\,\dfrac{1}{2}\right)$ 을 따르고
$\mathrm{E}(X^2)=\mathrm{V}(X)+25$ 를 만족시킬 때, n 의 값은? [3점]

① 10　　　② 12　　　③ 14

④ 16　　　⑤ 18

확률변수 X가 이항분포 $B\left(36, \dfrac{2}{3}\right)$를 따른다.

$E(2X-a)=V(2X-a)$를 만족시키는 상수 a의 값을 구하시오. [3점]

연속확률변수 X가 갖는 값의 범위는 $0 \le X \le 2$이고, X의 확률밀도함수의 그래프가 그림과 같을 때,

$P\left(\dfrac{1}{3} \le X \le a\right)$의 값은? (단, a는 상수이다.) [3점]

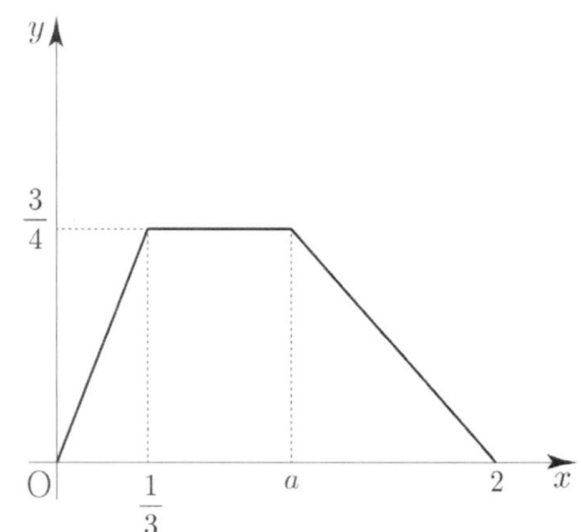

① $\dfrac{11}{16}$ ② $\dfrac{5}{8}$ ③ $\dfrac{9}{16}$

④ $\dfrac{1}{2}$ ⑤ $\dfrac{7}{16}$

연속확률변수 X가 갖는 값의 범위는 $0 \le X \le 4$이고, X의 확률밀도함수의 그래프는 그림과 같다.

$1 < k < 2$일 때, $P(k \le X \le 2k)$가 최대가 되도록 하는 k의 값은? [3점]

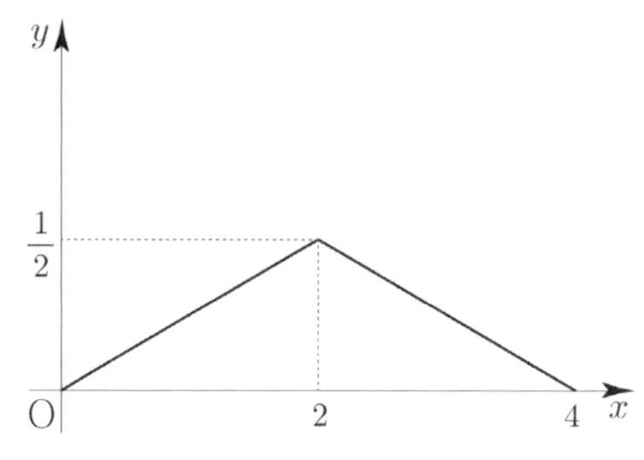

① $\dfrac{7}{5}$ ② $\dfrac{3}{2}$ ③ $\dfrac{8}{5}$

④ $\dfrac{17}{10}$ ⑤ $\dfrac{9}{5}$

4개의 동전을 동시에 던져서 앞면이 나오는 동전의 개수를 확률변수 X라 하고, 이산확률변수 Y를

$$Y=\begin{cases} X & (X\text{가 }0\text{ 또는 }1\text{의 값을 가지는 경우}) \\ 2 & (X\text{가 }2\text{ 이상의 값을 가지는 경우}) \end{cases}$$

라 하자. $E(Y)$의 값은? [3점]

① $\dfrac{25}{16}$ ② $\dfrac{13}{8}$ ③ $\dfrac{27}{16}$

④ $\dfrac{7}{4}$ ⑤ $\dfrac{29}{16}$

068 2008학년도 수능 가형

이산확률변수 X에 대하여

$$P(X=2)=1-P(X=0),$$

$$0 < P(X=0) < 1, \ \{E(X)\}^2 = 2V(X)$$

일 때, 확률 $P(X=2)$의 값은? [3점]

① $\dfrac{1}{6}$ ② $\dfrac{1}{3}$ ③ $\dfrac{1}{2}$

④ $\dfrac{2}{3}$ ⑤ $\dfrac{5}{6}$

069 2011학년도 수능 가형

이산확률변수 X의 확률질량함수가

$$P(X=x)=\dfrac{ax+2}{10} \ (x=-1, \ 0, \ 1, \ 2)$$

일 때, 확률변수 $3X+2$의 분산 $V(3X+2)$의 값은?
(단, a는 상수이다.) [3점]

① 9 ② 18 ③ 27

④ 36 ⑤ 45

070 2015학년도 수능 A형

구간 $[0, \ 3]$의 모든 실수 값을 가지는 연속확률변수 X에 대하여 X의 확률밀도함수의 그래프는 그림과 같다.

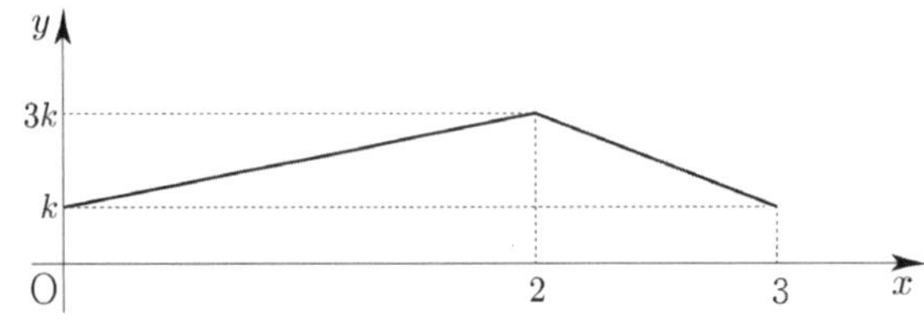

$P(0 \leq X \leq 2)=\dfrac{q}{p}$라 할 때, $p+q$의 값을 구하시오.

(단, k는 상수이고, p와 q는 서로소인 자연수이다.) [4점]

071 2010학년도 수능 가형

어느 수학반에 남학생 3명, 여학생 2명으로 구성된 모둠이 10개 있다. 각 모둠에서 임의로 2명씩 선택할 때, 남학생들만 선택된 모둠의 수를 확률변수 X라고 하자. X의 평균 $E(X)$의 값은? (단, 두 모둠 이상에 속한 학생은 없다.) [3점]

① 2 ② 3 ③ 4

④ 5 ⑤ 6

동전 2개를 동시에 던지는 시행을 10회 반복할 때, 동전 2개 모두 앞면이 나오는 횟수를 확률변수 X라고 하자. 확률변수 $4X+1$의 분산 $\mathrm{V}(4X+1)$의 값을 구하시오. [3점]

실수 $a\,(1<a<2)$에 대하여 닫힌구간 $[0,\ 2]$에서 정의된 연속확률변수 X의 확률밀도함수 $f(x)$가

$$f(x)=\begin{cases} \dfrac{x}{a} & (0 \le x \le a) \\[2mm] \dfrac{x-2}{a-2} & (a < x \le 2) \end{cases}$$

이다. $\mathrm{P}(1 \le X \le 2)=\dfrac{3}{5}$일 때, $100a$의 값을 구하시오. [3점]

이차함수 $y=f(x)$의 그래프는 그림과 같고, $f(0)=f(3)=0$이다.

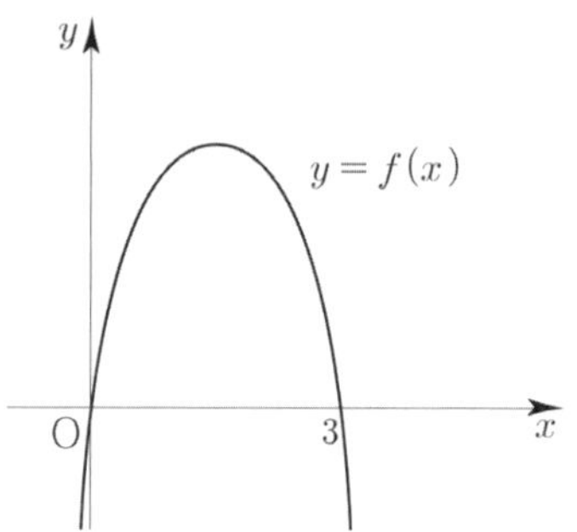

한 개의 주사위를 던져 나온 눈의 수 m에 대하여 $f(m)$이 0보다 큰 사건 A라 하자. 한 개의 주사위를 15회 던지는 독립시행에서 사건 A가 일어나는 횟수를 확률변수 X라 할 때, $\mathrm{E}(X)$의 값은? [3점]

① 3　　　　② $\dfrac{7}{2}$　　　　③ 4

④ $\dfrac{9}{2}$　　　　⑤ 5

어느 인스턴트 커피 제조 회사에서 생산하는 A 제품 1개의 중량은 평균이 9, 표준편차가 0.4인 정규분포를 따르고, B 제품 1개의 중량은 평균이 20, 표준편차가 1인 정규분포를 따른다고 한다. 이 회사에서 생산한 A 제품 중에서 임의로 선택한 1개의 중량이 8.9 이상 9.4 이하일 확률과 B 제품 중에서 임의로 선택한 1개의 중량이 19 이상 k 이하일 확률이 서로 같다. 상수 k의 값은? (단, 중량의 단위는 g이다.) [3점]

① 19.5　　　　② 19.75　　　　③ 20

④ 20.25　　　　⑤ 20.5

076 2020학년도 고3 9월 평가원 가형

확률변수 X가 평균이 m, 표준편차가 $\dfrac{m}{3}$인 정규분포를 따르고

$$P\left(X \leq \dfrac{9}{2}\right) = 0.9987$$

z	$P(0 \leq Z \leq z)$
1.5	0.4332
2.0	0.4772
2.5	0.4938
3.0	0.4987

일 때, 오른쪽 표준정규분포표를 이용하여 m의 값을 구한 것은? [3점]

① $\dfrac{3}{2}$ ② $\dfrac{7}{4}$ ③ 2

④ $\dfrac{9}{4}$ ⑤ $\dfrac{5}{2}$

077 2024학년도 고3 9월 평가원 확통

어느 고등학교의 수학 시험에 응시한 수험생의 시험 점수는 평균이 68점, 표준편차가 10점인 정규분포를 따른다고 한다.

이 수학 시험에 응시한 수험생 중 임의로 선택한 수험생 한 명의 시험 점수가 55점 이상이고 78점 이하일 확률을 오른쪽 표준정규분포표를 이용하여 구한 것은? [3점]

z	$P(0 \leq Z \leq z)$
1.0	0.3413
1.1	0.3643
1.2	0.3849
1.3	0.4032

① 0.7262 ② 0.7445 ③ 0.7492

④ 0.7675 ⑤ 0.7881

078 2010학년도 고3 9월 평가원 나형

확률변수 X가 이항분포 $B(10,\ p)$를 따르고,

$$P(X=4) = \dfrac{1}{3}P(X=5)$$

일 때, $E(7X)$의 값을 구하시오. (단, $0 < p < 1$) [3점]

079 2018학년도 고3 9월 평가원 가형

확률변수 X는 평균이 m, 표준편차가 σ인 정규분포를 따르고 다음 등식을 만족시킨다.

$$P(m \leq X \leq m+12) - P(X \leq m-12) = 0.3664$$

오른쪽 표준정규분포표를 이용하여 σ의 값을 구한 것은? [3점]

z	$P(0 \leq Z \leq z)$
0.5	0.1915
1.0	0.3413
1.5	0.4332
2.0	0.4772

① 4 ② 6 ③ 8

④ 10 ⑤ 12

080   2013학년도 수능 가형

확률변수 X가 정규분포 $N(m,\ \sigma^2)$을 따르고 다음 조건을
만족시킨다.

(가)	$P(X \geq 64) = P(X \leq 56)$
(나)	$E(X^2) = 3616$

$P(X \leq 68)$의 값을 오른쪽
표를 이용하여 구한 것은?

[3점]

x	$P(m \leq X \leq x)$
$m+1.5\sigma$	0.4332
$m+2\sigma$	0.4772
$m+2.5\sigma$	0.4938

① 0.9104   ② 0.9332   ③ 0.9544

④ 0.9772   ⑤ 0.9938

081   2021학년도 사관학교 가형

주머니에 $1,\ 1,\ 1,\ 2,\ 2,\ 3$의 숫자가 하나씩 적혀 있는
6개의 공이 들어 있다. 이 주머니에서 임의로 2개의
공을 동시에 꺼낼 때, 꺼낸 공에 적힌 두 수의 차를
확률변수 X라 하자. $E(X)$의 값은? [3점]

① $\dfrac{14}{15}$ ② 1 ③ $\dfrac{16}{15}$

④ $\dfrac{17}{15}$ ⑤ $\dfrac{6}{5}$

082   2021년 고3 10월 교육청 확통

확률변수 X는 정규분포 $N(8,\ 2^2)$, 확률변수 Y는 정규분포
$N(12,\ 2^2)$을 따르고, 확률변수 X와 Y의 확률밀도함수는
각각 $f(x)$와 $g(x)$이다.
두 함수 $y=f(x)$, $y=g(x)$의
그래프가 만나는 점의
x좌표를 a라 할 때,
$P(8 \leq Y \leq a)$의 값을
오른쪽 표준정규분포표를 이용하여 구한 것은? [3점]

z	$P(0 \leq Z \leq z)$
0.5	0.1915
1.0	0.3413
1.5	0.4332
2.0	0.4772

① 0.1359   ② 0.1587   ③ 0.2417

④ 0.2857   ⑤ 0.3085

083   2023학년도 고3 9월 평가원 확통

이산확률변수 X의 확률분포를 표로 나타내면 다음과 같다.

X	0	1	a	합계
$P(X=x)$	$\dfrac{1}{10}$	$\dfrac{1}{2}$	$\dfrac{2}{5}$	1

$\sigma(X) = E(X)$일 때, $E(X^2) + E(X)$의 값은? (단, $a>1$) [3점]

① 29   ② 33   ③ 37

④ 41   ⑤ 45

084 2022년 고3 7월 교육청 확통

두 연속확률변수 X와 Y가 갖는 값의 범위는 각각
$0 \le X \le a$, $0 \le Y \le a$이고, X와 Y의 확률밀도함수를
각각 $f(x)$, $g(x)$라 하자. $0 \le x \le a$인 모든 실수 x에
대하여 두 함수 $f(x)$, $g(x)$는
$$f(x) = b, \quad g(x) = \mathrm{P}(0 \le X \le x)$$
이다. $\mathrm{P}(0 \le Y \le c) = \dfrac{1}{2}$일 때, $(a+b) \times c^2$의 값을 구하시오.
(단, a, b, c는 상수이다.) [4점]

085 2023학년도 수능 확통

연속확률변수 X가 갖는 값의 범위는 $0 \le X \le a$이고,
X의 확률밀도함수의 그래프가 그림과 같다.

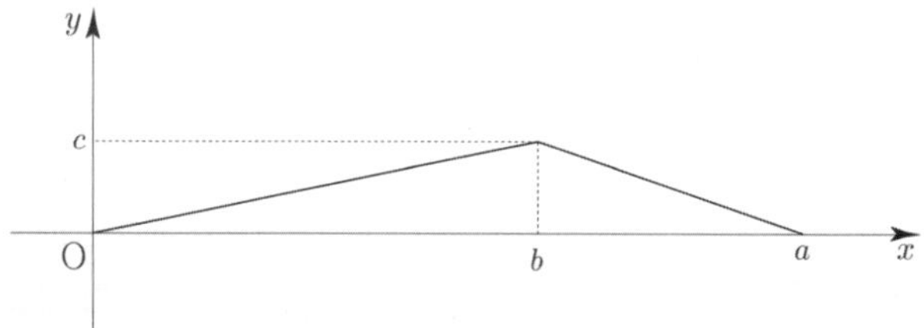

$\mathrm{P}(X \le b) - \mathrm{P}(X \ge b) = \dfrac{1}{4}$, $\mathrm{P}(X \le \sqrt{5}) = \dfrac{1}{2}$일 때,
$a+b+c$의 값은? (단, a, b, c는 상수이다.) [4점]

① $\dfrac{11}{2}$ ② 6 ③ $\dfrac{13}{2}$

④ 7 ⑤ $\dfrac{15}{2}$

086 2008학년도 고3 6월 평가원 가형

검은 공 3개, 흰 공 2개가 들어 있는 주머니가 있다.
이 주머니에서 한 개의 공을 꺼내어 색을 확인한 후 다시
넣지 않는다. 이와 같은 시행을 반복할 때, 흰 공 2개가
나올 때까지의 시행 횟수를 X라 하면 $\mathrm{P}(X > 3) = \dfrac{q}{p}$이다.
$p+q$의 값을 구하시오. (단, p와 q는 서로소인
자연수이다.) [4점]

087 2014학년도 수능 A형

1부터 5까지의 자연수가 각각 하나씩 적혀 있는 5개의
서랍이 있다. 5개의 서랍 중 영희에게 임의로 2개를
배정해주려고 한다. 영희에게 배정되는 서랍에 적혀 있는
자연수 중 작은 수를 확률변수 X라 할 때, $\mathrm{E}(10X)$의 값을
구하시오. [4점]

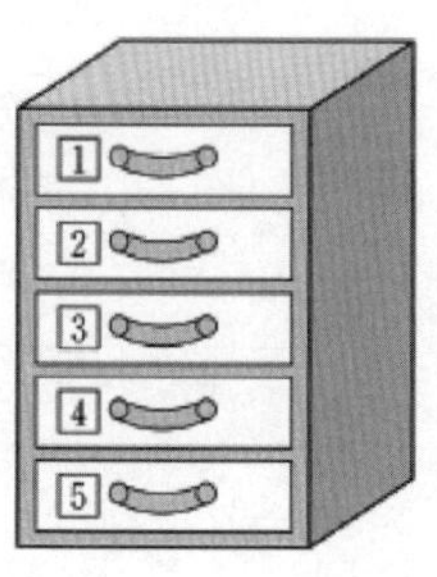

확률변수 X가 평균이 m, 표준편차가 σ인 정규분포를 따르고

$$P(X \le 3) = P(3 \le X \le 80) = 0.3$$

일 때, $m + \sigma$의 값을 구하시오. (단, Z가 표준정규분포를 따르는 확률변수일 때, $P(0 \le Z \le 0.25) = 0.1$, $P(0 \le Z \le 0.52) = 0.2$로 계산한다.) [4점]

확률변수 X와 Y는 평균이 $m\,(m \ne 0)$, 표준편차가 각각 σ_1과 σ_2인 정규분포를 따르고, 확률밀도함수가 각각 $f(x)$와 $g(x)$이다.

$$P(X \ge 2m) = P(Y \ge 3m)$$

일 때, 옳은 것만을 〈보기〉에서 있는 대로 고른 것은? [3점]

───── 〈보기〉 ─────
ㄱ. $\sigma_2 = 2\sigma_1$
ㄴ. $f(m) > g(m)$
ㄷ. $P(X \le 0) + P(Y \ge 0) = 1$

① ㄱ　　　② ㄷ　　　③ ㄱ, ㄴ

④ ㄴ, ㄷ　　　⑤ ㄱ, ㄴ, ㄷ

어느 재래시장을 이용하는 고객의 집에서 시장까지의 거리는 평균이 1740 m, 표준편차가 500 m인 정규분포를 따른다고 한다. 집에서 시장까지의 거리가 2000 m 이상인 고객 중에서 15%, 2000 m 미만인 고객 중에서 5%는 자가용을 이용하여 시장에 온다고 한다. 자가용을 이용하여 시장에 온 고객 중에서 임의로 1명을 선택할 때, 이 고객의 집에서 시장까지의 거리가 2000 m 미만일 확률은? (단, Z가 표준정규분포를 따르는 확률변수일 때, $P(0 \le Z \le 0.52) = 0.2$로 계산한다.) [3점]

①　$\dfrac{3}{8}$　　　②　$\dfrac{7}{16}$　　　③　$\dfrac{1}{2}$

④　$\dfrac{9}{16}$　　　⑤　$\dfrac{5}{8}$

어느 과수원에서 수확한 사과의 무게는 평균 400 g, 표준편차 50 g인 정규분포를 따른다고 한다. 이 사과 중 무게가 442 g 이상인 것을 1등급 상품으로 정한다. 이 과수원에서 수확한 사과 중 100개를 임의로 선택할 때, 1등급 상품이 24개 이상일 확률을 오른쪽 표준정규분포표를 이용하여 구한 것은? [3점]

z	$P(0 \le Z \le z)$
0.64	0.24
0.84	0.30
1.00	0.34
1.28	0.40

①　0.10　　　②　0.16　　　③　0.20

④　0.26　　　⑤　0.34

092 2020년 고3 10월 교육청 가형

확률변수 X는 평균이 m, 표준편차가 4인 정규분포를
따르고, 확률변수 X의 확률밀도함수 $f(x)$가
$$f(8) > f(14), \quad f(2) < f(16)$$
을 만족시킨다.

m이 자연수일 때,
$P(X \le 6)$의 값을
오른쪽 표준정규분포표를
이용하여 구한 것은? [3점]

z	$P(0 \le Z \le z)$
1.0	0.3413
1.5	0.4332
2.0	0.4772
2.5	0.4938

① 0.0062　　② 0.0228　　③ 0.0668

④ 0.1525　　⑤ 0.1587

093 2021학년도 수능 가형

확률변수 X는 평균이 8, 표준편차가 3인 정규분포를
따르고, 확률변수 Y는 평균이 m, 표준편차가 σ인
정규분포를 따른다. 두 확률변수 X, Y가
$$P(4 \le X \le 8) + P(Y \ge 8) = \frac{1}{2}$$
을 만족시킬 때,

$P\left(Y \le 8 + \dfrac{2\sigma}{3}\right)$의 값을

오른쪽 표준정규분포표를
이용하여 구한 것은? [3점]

z	$P(0 \le Z \le z)$
1.0	0.3413
1.5	0.4332
2.0	0.4772
2.5	0.4938

① 0.8351　　② 0.8413　　③ 0.9332

④ 0.9772　　⑤ 0.9938

094 2010년 고3 3월 교육청 가형

그림과 같이 숫자 1, 2, 3이 각각 하나씩 적혀 있는 흰 공
3개와 검은 공 3개가 들어 있는 주머니가 있다.
이 주머니에서 임의로 2개의 공을 동시에 꺼낼 때,
꺼낸 공에 적혀 있는 숫자의 최솟값을 확률변수 X라 하자.

X의 평균이 $\dfrac{q}{p}$일 때, $p+q$의 값을 구하시오.

(단, p와 q는 서로소인 자연수이다.) [4점]

095 2020년 고3 7월 교육청 나형

주머니 속에 숫자 1, 2, 3, 4가 각각 하나씩 적혀 있는
4개의 공이 들어 있다. 이 주머니에서 임의로 1개의 공을
꺼내어 공에 적혀 있는 수를 확인한 후 다시 넣는다.
이 과정을 2번 반복할 때, 꺼낸 공에 적혀 있는 수를
차례로 a, b라 하자. $a-b$의 값을 확률변수 X라 할 때,
확률변수 $Y = 2X + 1$의 분산 $V(Y)$의 값을 구하시오. [4점]

그림과 같이 반지름의 길이가 1인 원의 둘레를 6등분한 점에 1부터 6까지의 번호를 하나씩 부여하였다. 한 개의 주사위를 두 번 던져 나온 눈의 수에 해당하는 점을 각각 A, B라 하자. 두 점 A, B 사이의 거리를 확률변수 X라 할 때, X의 평균 $\mathrm{E}(X)$는? [3점]

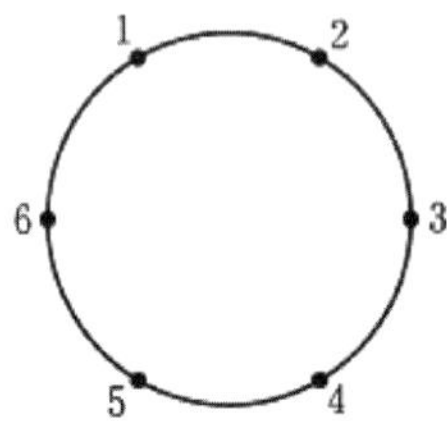

① $\dfrac{1+\sqrt{2}}{3}$　　② $\dfrac{1+\sqrt{3}}{3}$　　③ $\dfrac{2+\sqrt{2}}{3}$

④ $\dfrac{2+\sqrt{3}}{3}$　　⑤ $\dfrac{1+2\sqrt{3}}{3}$

두 이산확률변수 X, Y의 확률분포를 표로 나타내면 각각 다음과 같다.

X	1	2	3	4	합계
$\mathrm{P}(X=x)$	a	b	c	d	1

Y	11	21	31	41	합계
$\mathrm{P}(Y=y)$	a	b	c	d	1

$\mathrm{E}(X)=2$, $\mathrm{E}(X^2)=5$일 때, $\mathrm{E}(Y)+\mathrm{V}(Y)$의 값을 구하시오. [4점]

이산확률변수 X가 가지는 값은 1, 2, 3, 4이고 이산확률변수 Y가 가지는 값은 1, 4, 9, 16이고
$$\mathrm{P}(X=k)=\mathrm{P}(Y=k^2)\ (k=1,\ 2,\ 3,\ 4)$$
이다. $\mathrm{E}(X)=3$, $\mathrm{V}(X)=1$일 때, $\mathrm{E}(Y)$의 값은? [4점]

① 6　　② 7　　③ 8

④ 9　　⑤ 10

확률변수 X는 평균이 m, 표준편차가 σ인 정규분포를 따르고 $F(x)=\mathrm{P}(X\le x)$라 하자.

m이 자연수이고
$$0.5 \le F\left(\frac{11}{2}\right) \le 0.6915,\quad F\left(\frac{13}{2}\right)=0.8413$$

일 때, $F(k)=0.9772$를 만족시키는 상수 k의 값을 오른쪽 표준정규분포표를 이용하여 구하시오. [4점]

z	$\mathrm{P}(0 \le Z \le z)$
0.5	0.1915
1.0	0.3413
1.5	0.4332
2.0	0.4772

100 2010학년도 수능 가형

어느 공장에서 생산되는 병의 내압강도는 정규분포 $N(m, \sigma^2)$을 따르고, 내압강도가 40보다 작은 병은 불량품으로 분류한다. 이 공장의 공정능력을 평가하는 공정능력지수 G는

$$G = \frac{m-40}{3\sigma}$$

으로 계산한다. $G = 0.8$일 때, 임의로 추출한 한 개의 병이 불량품일 확률을 오른쪽 표준정규분포를 이용하여 구한 것은? [4점]

z	$P(0 \le Z \le z)$
2.2	0.4861
2.3	0.4893
2.4	0.4918
2.5	0.4938

① 0.0139　　② 0.0107　　③ 0.0082

④ 0.0062　　⑤ 0.0038

101 2016학년도 고3 9월 평가원 A형

확률변수 X가 정규분포 $N(4, 3^2)$을 따를 때, $\displaystyle\sum_{n=1}^{7} P(X \le n) = a$ 이다. $10a$의 값을 구하시오. [4점]

102 2022학년도 고3 9월 평가원 확통

두 이산확률변수 X, Y가 확률분포를 표로 나타내면 각각 다음과 같다.

X	1	3	5	7	9	합계
$P(X=x)$	a	b	c	b	a	1

Y	1	3	5	7	9	합계
$P(Y=y)$	$a+\dfrac{1}{20}$	b	$c-\dfrac{1}{10}$	b	$a+\dfrac{1}{20}$	1

$V(X) = \dfrac{31}{5}$일 때, $10 \times V(Y)$의 값을 구하시오. [4점]

103 2022학년도 수능 확통

두 연속확률변수 X와 Y가 갖는 값의 범위는 $0 \le X \le 6$, $0 \le Y \le 6$ 이고, X와 Y의 확률밀도함수는 각각 $f(x)$, $g(x)$이다. 확률변수 X의 확률밀도함수 $f(x)$의 그래프는 그림과 같다.

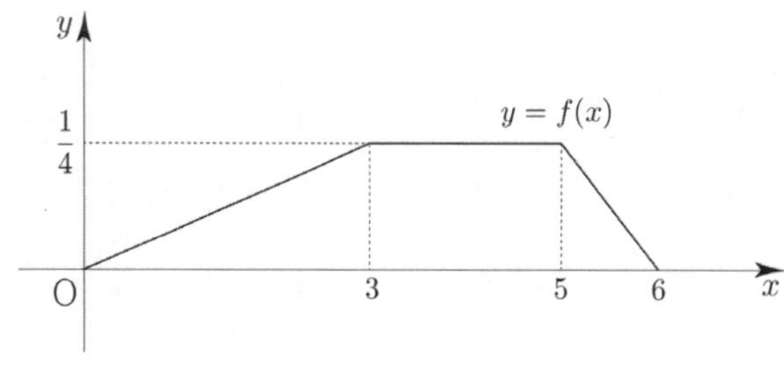

$0 \le x \le 6$인 모든 x에 대하여

$$f(x) + g(x) = k \quad (k\text{는 상수})$$

를 만족시킬 때, $P(6k \le Y \le 15k) = \dfrac{q}{p}$ 이다. $p+q$의 값을 구하시오. (단, p와 q는 서로소인 자연수이다.) [4점]

104 2018학년도 고3 9월 평가원 나형 ☐☐☐☐☐

두 이산확률변수 X와 Y가 가지는 값이 각각 1부터 5까지의 자연수이고

$$\mathrm{P}(Y=k)=\frac{1}{2}\mathrm{P}(X=k)+\frac{1}{10} \quad (k=1,\ 2,\ 3,\ 4,\ 5)$$

이다. $\mathrm{E}(X)=4$일 때, $\mathrm{E}(Y)=a$이다. $8a$의 값을 구하시오. [4점]

105 2019학년도 수능 가형 ☐☐☐☐☐

어느 회사 직원들의 어느 날의 출근 시간은 평균이 66.4분, 표준편차가 15분인 정규분포를 따른다고 한다. 이 날 출근 시간이 73분 이상인 직원들 중에서 40%, 73분 미만인 직원들 중에서 20%가 지하철을 이용하였고, 나머지 직원들은 다른 교통수단을 이용하였다. 이 날 출근한 이 회사 직원들 중 임의로 선택한 1명이 지하철을 이용하였을 확률은? (단, Z가 표준정규분포를 따르는 확률변수일 때, $\mathrm{P}(0 \le Z \le 0.44)=0.17$로 계산한다.) [4점]

① 0.266 ② 0.276 ③ 0.286

④ 0.296 ⑤ 0.306

106 2018년 고3 10월 교육청 가형 ☐☐☐☐☐

두 연속확률변수 X와 Y는 각각 정규분포 $\mathrm{N}(50,\ \sigma^2)$, $\mathrm{N}(65,\ 4\sigma^2)$을 따른다.

$$\mathrm{P}(X \ge k)=\mathrm{P}(Y \le k)=0.1056$$

일 때, $k+\sigma$의 값을 오른쪽 표준정규분포표를 이용하여 구하시오. (단, $\sigma > 0$) [4점]

z	$\mathrm{P}\,(0 \le Z \le z)$
1.25	0.3944
1.50	0.4332
1.75	0.4599
2.00	0.4772

107 2020년 고3 7월 교육청 가형 ☐☐☐☐☐

확률변수 X는 정규분포 $\mathrm{N}(m,\ 2^2)$, 확률변수 Y는 정규분포 $\mathrm{N}(2m,\ \sigma^2)$을 따른다.

$$\mathrm{P}(X \le 8)+\mathrm{P}(Y \le 8)=1$$

을 만족시키는 m과 σ에 대하여

$$\mathrm{P}(Y \le m+4)=0.3085$$

일 때, $\mathrm{P}(X \le \sigma)$의 값을 오른쪽 표준정규분포표를 이용하여 구한 것은? [4점]

z	$\mathrm{P}\,(0 \le Z \le z)$
0.5	0.1915
1.0	0.3413
1.5	0.4332
2.0	0.4772

① 0.0228 ② 0.0668 ③ 0.1359

④ 0.1587 ⑤ 0.2857

108 2011학년도 수능 가형 ⬡⬡⬡⬡⬡

어느 회사 직원의 하루 생산량은 근무 기간에 따라 달라진다고 한다. 근무 기간이 n 개월 $(1 \leq n \leq 100)$인 직원의 하루 생산량은 평균이 $an+100$ (a는 상수), 표준편차가 12인 정규분포를 따른다고 한다. 근무 기간이 16 개월인 직원의 하루 생산량이 84 이하일 확률이 0.0228 일 때, 근무 기간이 36 개월인 직원의 하루 생산량이 100 이상이고 142 이하일 확률을 오른쪽 표준정규분포표를 이용하여 구한 것은? [3점]

z	$P(0 \leq Z \leq z)$
1.0	0.3413
1.5	0.4332
2.0	0.4772
2.5	0.4938

① 0.7745　　② 0.8185　　③ 0.9104

④ 0.9270　　⑤ 0.9710

---

109 2025학년도 수능 확통 ⬡⬡⬡⬡⬡

정규분포 $N(m_1,\ \sigma_1^2)$을 따르는 확률변수 X와 정규분포 $N(m_2,\ \sigma_2^2)$을 따르는 확률변수 Y가 다음 조건을 만족시킨다.

모든 실수 x에 대하여
$P(X \leq x) = P(X \geq 40-x)$ 이고
$P(Y \leq x) = P(X \leq x+10)$ 이다.

$P(15 \leq X \leq 20) + P(15 \leq Y \leq 20)$의 값을 오른쪽 표준정규분포표를 이용하여 구한 것이 0.4772일 때, $m_1 + \sigma_2$의 값을 구하시오. (단, σ_1과 σ_2는 양수이다.) [4점]

z	$P(0 \leq Z \leq z)$
0.5	0.1915
1.0	0.3413
1.5	0.4332
2.0	0.4772

---

110 2020년 고3 7월 교육청 나형 ⬡⬡⬡⬡⬡

확률변수 X는 정규분포 $N(m_1,\ \sigma_1^2)$, 확률변수 Y는 정규분포 $N(m_2,\ \sigma_2^2)$을 따르고, 확률변수 X, Y의 확률밀도함수는 각각 $f(x)$, $g(x)$이다. $\sigma_1 = \sigma_2$이고 $f(24) = g(28)$일 때, 확률변수 X, Y는 다음 조건을 만족시킨다.

(가) $P(m_1 \leq X \leq 24) + P(28 \leq Y \leq m_2) = 0.9544$
(나) $P(Y \geq 36) = 1 - P(X \leq 24)$

$P(18 \leq X \leq 21)$의 값을 오른쪽 표준정규분포표를 이용하여 구한 것은? [4점]

z	$P(0 \leq Z \leq z)$
0.5	0.1915
1.0	0.3413
1.5	0.4332
2.0	0.4772

① 0.3830　　② 0.5328　　③ 0.6247

④ 0.6826　　⑤ 0.7745

---

111 2015학년도 고3 9월 평가원 B형 ⬡⬡⬡⬡⬡

어느 학교 3학년 학생의 A 과목 시험 점수는 평균이 m, 표준편차가 σ인 정규분포를 따르고, B 과목 시험 점수는 평균이 $m+3$, 표준편차가 σ인 정규분포를 따른다고 한다. 이 학교 3학년 학생 중에서 A 과목 시험 점수가 80점 이상인 학생의 비율이 9%이고, B 과목 시험 점수가 80점 이상인 학생의 비율이 15% 일 때, $m+\sigma$의 값은? (단, Z가 표준정규분포를 따르는 확률변수일 때, $P(0 \leq Z \leq 1.04) = 0.35$, $P(0 \leq Z \leq 1.34) = 0.41$로 계산한다.) [4점]

① 68.6　　② 70.6　　③ 72.6

④ 74.6　　⑤ 76.6

확률변수 X는 평균이 m, 표준편차가 8인 정규분포를 따르고, 다음 조건을 만족시킨다.

> (가) $\mathrm{P}(X \le k) + \mathrm{P}(X \le 100+k) = 1$
> (나) $\mathrm{P}(X \ge 2k) = 0.0668$

m의 값을 오른쪽 표준정규분포표를 이용하여 구한 것은?

(단, k는 상수이다.) [4점]

z	$\mathrm{P}\,(0 \le Z \le z)$
0.5	0.1915
1.0	0.3413
1.5	0.4332
2.0	0.4772

① 96 ② 100 ③ 104

④ 108 ⑤ 112

확률변수 X는 정규분포 $\mathrm{N}(10,\ 5^2)$을 따르고, 확률변수 Y는 정규분포 $\mathrm{N}(m,\ 5^2)$을 따른다. 두 확률변수 X, Y의 확률밀도함수를 각각 $f(x)$, $g(x)$라 할 때, 두 곡선 $y = f(x)$와 $y = g(x)$가 만나는 점의 x좌표를 k라 하자. $\mathrm{P}(Y \le 2k)$의 값을 오른쪽 표준정규분포표를 이용하여 구한 것은? (단, $m \ne 10$) [4점]

z	$\mathrm{P}\,(0 \le Z \le z)$
0.5	0.1915
1.0	0.3413
1.5	0.4332
2.0	0.4772

① 0.6915 ② 0.8413 ③ 0.9104

④ 0.9332 ⑤ 0.9772

어느 뼈 화석이 두 동물 A와 B 중에서 어느 동물의 것인지 판단하는 방법 가운데 한 가지는 특정 부위의 길이를 이용하는 것이다. 동물 A의 이 부위의 길이는 정규분포 $\mathrm{N}(10,\ 0.4^2)$을 따르고, 동물 B의 이 부위의 길이는 정규분포 $\mathrm{N}(12,\ 0.6^2)$을 따른다. 이 부위의 길이가 d 미만이면 동물 A의 화석으로 판단하고, d 이상이면 동물 B의 화석으로 판단한다. 동물 A의 화석을 동물 A의 화석으로 판단할 확률과 동물 B의 화석을 동물 B의 화석으로 판단할 확률이 같아지는 d의 값은?

(단, 길이의 단위는 cm이다.) [4점]

① 10.4 ② 10.5 ③ 10.6

④ 10.7 ⑤ 10.8

두 주사위 A, B를 동시에 던질 때, 나오는 각각의 눈의 수 m, n에 대하여 $m^2 + n^2 \le 25$가 되는 사건을 E라 하자. 두 주사위 A, B를 동시에 던지는 12회의 독립시행에서 사건 E가 일어나는 횟수를 확률변수 X라 할 때, X의 분산 $\mathrm{V}(X)$는 $\dfrac{q}{p}$이다. $p+q$의 값을 구하시오.

(단, p, q는 서로소인 자연수이다.) [4점]

116 2021학년도 수능 가형

좌표평면의 원점에 점 P가 있다. 한 개의 주사위를 사용하여 다음 시행을 한다.

> 주사위를 한 번 던져 나온 눈의 수가
> 2 이하이면 점 P를 x축의 양의 방향으로 3만큼,
> 3 이상이면 점 P를 y축의 양의 방향으로 1만큼
> 이동시킨다.

이 시행을 15번 반복하여 이동된 점 P와 직선 $3x+4y=0$ 사이의 거리를 확률변수 X라 하자. $\mathrm{E}(X)$의 값은? [4점]

① 13 ② 15 ③ 17

④ 19 ⑤ 21

117 2015학년도 고3 9월 평가원 A형

구간 $[0,\ 3]$의 모든 실수 값을 가지는 연속확률변수 X에 대하여

$$\mathrm{P}(x \le X \le 3)=a(3-x)\ (0 \le x \le 3)$$

이 성립할 때, $\mathrm{P}(0 \le X < a)=\dfrac{q}{p}$이다. $p+q$의 값을 구하시오. (단, a는 상수이고, p와 q는 서로소인 자연수이다.) [4점]

118 2017학년도 수능 가형

확률변수 X는 평균이 m, 표준편차가 5인 정규분포를 따르고, 확률변수 X의 확률밀도함수 $f(x)$가 다음 조건을 만족시킨다.

> (가) $f(10) > f(20)$
> (나) $f(4) < f(22)$

m이 자연수일 때, $\mathrm{P}(17 \le X \le 18)$의 값을 오른쪽 표준정규분포표를 이용하여 구한 것은? [4점]

z	$\mathrm{P}\,(0 \le Z \le z)$
0.6	0.226
0.8	0.288
1.0	0.341
1.2	0.385
1.4	0.419

① 0.044 ② 0.053 ③ 0.062

④ 0.078 ⑤ 0.097

119 2025학년도 고3 9월 평가원 확통

수직선의 원점에 점 A가 있다. 한 개의 주사위를 사용하여 다음 시행을 한다.

> 주사위를 한 번 던져 나온 눈의 수가
> 4 이하이면 점 A를 양의 방향으로 1만큼 이동시키고,
> 5 이상이면 점 A를 음의 방향으로 1만큼 이동시킨다.

이 시행을 16200번 반복하여 이동된 점 A의 위치가 5700 이하일 확률을 오른쪽 표준정규분포표를 이용하여 구한 값을 k라 하자. $1000 \times k$의 값을 구하시오. [4점]

z	$\mathrm{P}\,(0 \le Z \le z)$
1.0	0.341
1.5	0.433
2.0	0.477
2.5	0.494

그림과 같이 8개의 칸에 숫자 0, 1, 2, 3, 4, 5, 6, 7이
하나씩 적혀 있는 말판이 있고, 숫자 0이 적혀 있는
칸에 말이 놓여 있다. 한 개의 주사위를 사용하여 다음
시행을 한다.

> 주사위를 한 번 던져
> 나오는 눈의 수가 3 이상이면 말을 화살표 방향으로
> 한 칸 이동시키고, 나오는 눈의 수가 3보다 작으면
> 말을 화살표 반대 방향으로 한 칸 이동시킨다.

위의 시행을 4회 반복한 후 말이 도착한 칸에 적혀 있는
수를 확률변수 X라 하자. $E(36X)$의 값을 구하시오. [4점]

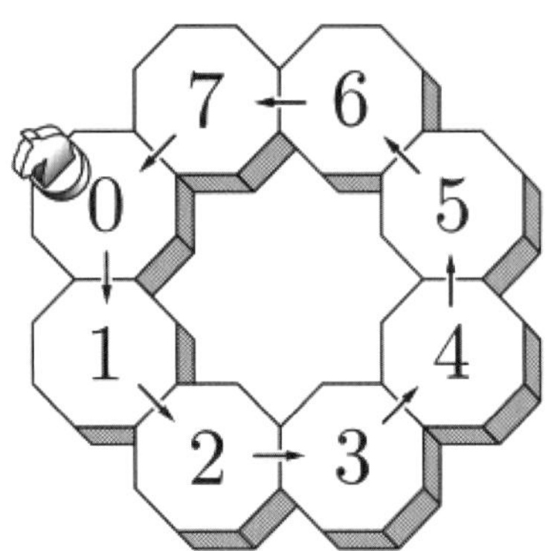

양수 t에 대하여 확률변수 X가 정규분포 $N(1,\ t^2)$을
따른다.

$$P(X \le 5t) \ge \frac{1}{2}$$

이 되도록 하는 모든 양수 t에 대하여
$P(t^2 - t + 1 \le X \le t^2 + t + 1)$의
최댓값을 오른쪽
표준정규분포표를 이용하여
구한 값을 k라 하자.
$1000 \times k$의 값을 구하시오. [4점]

z	$P(0 \le Z \le z)$
0.6	0.226
0.8	0.288
1.0	0.341
1.2	0.385
1.4	0.419

양의 실수 전체의 집합을 정의역으로 하는 함수 $H(t)$는 평균 20, 표준편차 t인 정규분포를 따르는 확률변수 X에 대하여

$$H(t) = P(X \leq 15)$$

이다. 옳은 것만을 〈보기〉에서 있는 대로 고른 것은?

(단, Z가 표준정규분포를 따르는 확률변수일 때,
$P(0 \leq Z \leq 1) = 0.3413$, $P(0 \leq Z \leq 2) = 0.4772$로 계산한다.)
[4점]

〈보기〉

ㄱ. $H(2.5) = P(Z \geq 2)$
ㄴ. $H(2) < H(2.5)$
ㄷ. $H(5) < 5H(2)$

---

① ㄱ   ② ㄷ   ③ ㄱ, ㄴ

④ ㄴ, ㄷ   ⑤ ㄱ, ㄴ, ㄷ

확률변수 X는 정규분포 $N(10, 4^2)$, 확률변수 Y는 정규분포 $N(m, 4^2)$을 따르고, 확률변수 X와 Y의 확률밀도함수는 각각 $f(x)$와 $g(x)$이다.

$$f(12) = g(26), \quad P(Y \geq 26) \geq 0.5$$

일 때, $P(Y \leq 20)$의 값을 오른쪽 표준정규분포표를 이용하여 구한 것은? [4점]

z	$P(0 \leq Z \leq z)$
1.0	0.3413
1.5	0.4332
2.0	0.4772
2.5	0.4938

① 0.0062   ② 0.0228   ③ 0.0896

④ 0.1587   ⑤ 0.2255

그림과 같이 중심이 O, 반지름의 길이가 1이고 중심각의 크기가 $90°$인 부채꼴 OAB가 있다. 자연수 n에 대하여 호 AB를 $2n$등분한 각 분점(양 끝점도 포함)을 차례로 $P_0(=A)$, P_1, P_2, $\cdots$, P_{2n-1}, $P_{2n}(=B)$라 하자.

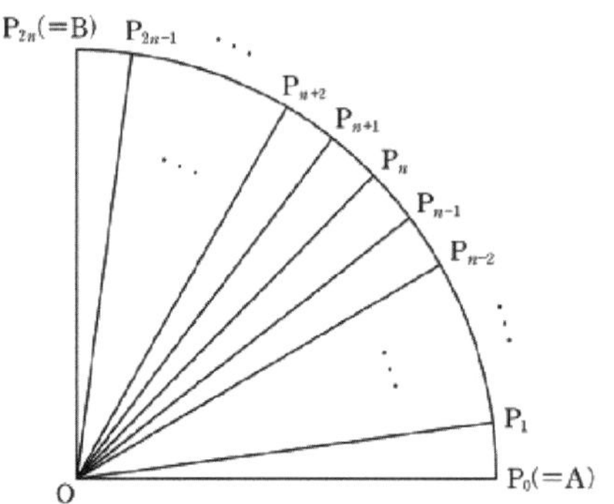

$n = 3$일 때, 점 P_1, P_2, P_3, P_4, P_5 중에서 임의로 선택한 한 개의 점을 P라 하자. 부채꼴 OPA의 넓이와 부채꼴 OPB의 넓이의 차이를 확률변수 X라 할 때, $E(X)$의 값은? [4점]

① $\dfrac{\pi}{11}$ ② $\dfrac{\pi}{10}$ ③ $\dfrac{\pi}{9}$

④ $\dfrac{\pi}{8}$ ⑤ $\dfrac{\pi}{7}$

125 2020학년도 수능 가형 ⬜⬜⬜⬜⬜

확률변수 X는 정규분포 $N(10, 2^2)$, 확률변수 Y는 정규분포 $N(m, 2^2)$을 따르고, 확률변수 X와 Y의 확률밀도함수는 각각 $f(x)$와 $g(x)$이다.

$$f(12) \le g(20)$$

을 만족시키는 m에 대하여 $P(21 \le Y \le 24)$의 최댓값을 오른쪽 표준정규분포표를 이용하여 구한 것은? [4점]

z	$P(0 \le Z \le z)$
0.5	0.1915
1.0	0.3413
1.5	0.4332
2.0	0.4772

① 0.5328 ② 0.6247 ③ 0.7745

④ 0.8185 ⑤ 0.9104

126 2014학년도 고3 9월 평가원 B형 ⬜⬜⬜⬜⬜

양의 실수 전체의 집합에서 정의된 함수 $G(t)$는 평균이 t, 표준편차가 $\dfrac{1}{t^2}$인 정규분포를 따르는 확률변수 X에 대하여

$$G(t) = P\left(X \le \dfrac{3}{2}\right)$$

이다. 함수 $G(t)$의 최댓값을 오른쪽 표준정규분포표를 이용하여 구한 것은? [4점]

z	$P(0 \le Z \le z)$
0.4	0.1554
0.5	0.1915
0.6	0.2257
0.7	0.2580

① 0.3085 ② 0.3446 ③ 0.6915

④ 0.7257 ⑤ 0.7580

127 ⬜⬜⬜⬜⬜

이산확률변수 X가 갖는 값은 1, 2, 3, 4이고 이산확률변수 Y가 갖는 값은 2, 5, 8, 11이다. 상수 a에 대하여

$$P(Y = 3k-1) = \dfrac{1}{2}P(X=k) + a \quad (k=1, 2, 3, 4)$$

이고 $E(X) = \dfrac{7}{6}$일 때, $E\left(\dfrac{1}{a}Y + 5\right)$의 값을 구하시오.

128 ⬜⬜⬜⬜⬜

주머니에 1, 2, 3, 4의 숫자가 각각 하나씩 적혀 있는 4개의 공이 들어 있다. 이 주머니에서 한 개의 공을 꺼낸 후 공에 적혀있는 숫자를 확인한 뒤 다시 주머니에 넣는 시행을 64회 반복할 때, 1이 적혀 있는 공을 뽑는 횟수가 $k(k=0, 1, 2, \cdots, 64)$일 확률을 $P(k)$라 하자. $\displaystyle\sum_{k=0}^{64}(k+1)(k-3)P(k)$의 값을 구하시오.

어느 지역 고3 학생들의 모의고사 수학 점수는 모평균이 72 이고 모표준편차가 10 인 정규분포를 따른다고 한다. 이 지역 고3 학생 가운데 규토 자작문제를 풀 확률은 모의고사에서 수학점수를 92 이상 받을 확률로 일정하다. 이 지역 고3 학생 가운데 10000 명을 임의로 추출할 때, 규토 자작문제를 푸는 학생이 x 명 이상일 확률이 0.07 이다. x 의 값을 오른쪽 표준정규분포표를 이용하여 구하시오.

z	$\mathrm{P}\,(0 \leq Z \leq z)$
1.0	0.34
1.5	0.43
2.0	0.48
2.5	0.49

확률변수 X 가 평균이 11, 표준편차가 σ 인 정규분포를 따를 때, 실수 전체의 집합에서 정의된 함수 $G(t)$ 는

$$G(t) = \mathrm{P}\left(2 \leq X \leq t^4 - 4t^3 + 4t^2 + 20\right)$$ 이다.

$G(t)$ 가 $t = a$ 에서 최솟값 m 을 갖는다. $a + m = 0.8664$ 일 때, $G(a-1)$ 의 값을 오른쪽 표준정규분포표를 이용하여 구한 것은?

z	$\mathrm{P}\,(0 \leq Z \leq z)$
1.0	0.3413
1.5	0.4332
2.0	0.4772
3.0	0.4987

① 0.6826 ② 0.9104 ③ 0.9319

④ 0.9772 ⑤ 0.9938

01 모집단과 표본

성취 기준 – 모집단과 표본의 뜻을 알고 표본추출의 원리를 이해한다.

개념 파악하기 | (1) 모집단과 표본은 무엇일까?

전수조사와 표본조사

통계 조사에서 조사의 대상이 되는 집단 전체를 모집단이라고 하고,
모집단 전체를 조사하는 것을 전수조사라고 한다.

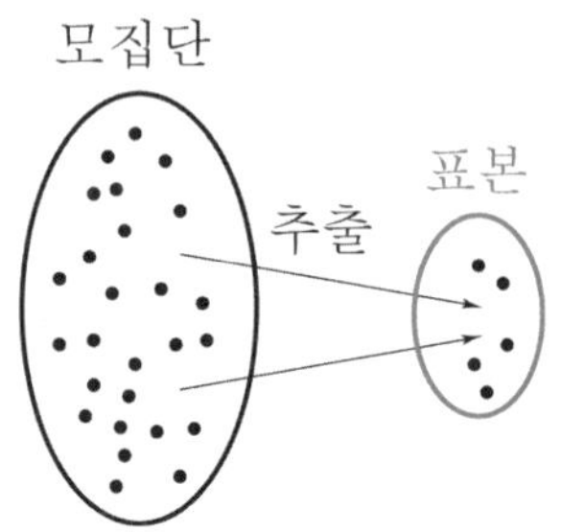

출구 조사, 여론 조사, 시청률 조사와 같이 전수조사에 많은 시간과 비용이
소요되거나, 휴대 전화 배터리의 수명 조사, 제품의 내구성 조사와 같이 검사를 받은
제품을 상품으로 다시 판매할 수 없는 경우, 대기 오염도 조사, 과일의 당도 검사 등과
같이 전수조사가 불가능한 경우도 있다. 이러한 경우에는 모집단에서 일부분을 뽑아
분석하여 조사의 대상이 되는 집단 전체의 성질을 추측하기도 한다.

이와 같이 통계 조사를 하기 위해 뽑은 모집단의 일부분을 표본이라고 하고,
표본에 포함된 대상의 개수를 표본의 크기, 모집단에서 표본을 뽑는 것을 추출이라고 한다.
또한 조사하려는 모집단에서 표본을 추출하여 그 자료의 특성을 조사하는 것을 표본조사라 한다.

ex 어느 공장에서는 매일 그날 출고되는 제품 중에서 임의로 100 개를 택하여 제품의 상태를 조사한다.
　모집단 : 매일 그날 출고되는 제품
　표본 : 임의로 100 개를 택한 것
　표본조사 : 임의로 100 개를 택하여 제품의 상태를 조사하는 것

Tip 표본에 포함된 대상의 개수를 표본의 크기라고 한다.
크기라는 표현에 거부감을 갖지 말고 개수라고 기억하자.

임의추출

표본조사의 목적은 모집단에서 추출한 표본을 바탕으로 모집단의 특성을 추측하는 것이므로
모집단의 특성이 잘 반영되도록 표본을 추출해야 한다. 표본이 모집단의 특성을 잘 나타내기 위해서는
통계 조사자의 편의나 주관을 배제하고 모집단의 어느 한 부분에 편중되지 않도록 표본을 추출해야 한다.
이것을 위해 모집단의 각 대상이 표본에 포함될 확률이 동일하게 되도록 표본을 추출하는 방법을
임의추출이라 한다. 임의추출 방법으로 제비뽑기, 난수 주사위 등이 주로 사용되었으나 최근에는
난수 생성기와 같은 컴퓨터 프로그램을 이용한다.

한편 표본을 추출하는 방법에는 한 번 추출된 대상을 되돌려 놓은 후 다시 추출하는 복원추출과 추출된 대상을
되돌려 놓지 않고 다시 추출하는 비복원추출이 있다. 모집단에서 표본을 임의추출하기 위해서는 복원추출을
해야 하지만 모집단의 크기가 충분히 큰 경우에는 비복원추출도 임의추출로 볼 수 있다.

Tip 특별한 언급이 없으면 임의추출은 복원추출을 의미한다.

02 표본평균의 분포

성취 기준 - 표본평균과 모평균의 관계를 이해하고 설명할 수 있다.

개념 파악하기   (2) 모평균과 표본평균이란 무엇일까?

모평균과 표본평균

모집단의 특성을 나타내는 확률변수의 확률분포를 모집단의 확률분포라 한다.

모집단의 확률분포에서 평균, 분산, 표준편차를 각각 모평균, 모분산, 모표준편차라 하고,

이것을 기호로 각각 m, σ^2, σ 와 같이 나타낸다.

한편 어떤 모집단에서 크기가 n인 표본 X_1, X_2, $\cdots$, X_n을 임의추출하였을 때,

이들의 평균, 분산, 표준편차를 각각 표본평균, 표본분산, 표본표준편차라 하고,

이것을 기호로 각각 $\overline{X}$, S^2 S 와 같이 나타내고 다음과 같이 정의된다.

$$\overline{X} = \frac{1}{n}(X_1 + X_2 + \cdots + X_n)$$

$$S^2 = \frac{1}{n-1}\left\{(X_1 - \overline{X})^2 + (X_2 - \overline{X})^2 + \cdots + (X_n - \overline{X})^2\right\}$$

$$S = \sqrt{S^2}$$

예를 들어 수험생 전체의 수학점수의 평균, 분산, 표준편차를 구하기 위해서 오르비가 크기가 n인 표본을 추출하여 모집단의 특성을 조사하는 상황을 가정해보자.

크기가 n인 표본 X_1, X_2, $\cdots$, X_n을 임의추출하였다면

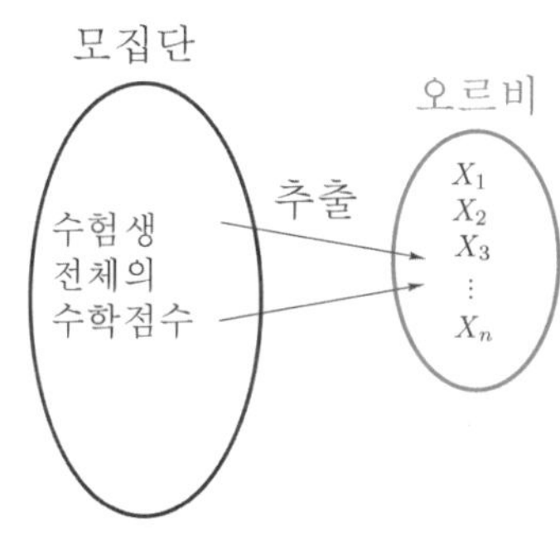

표본평균 $\overline{X}$ (오르비의 평균) $= \dfrac{1}{n}(X_1 + X_2 + \cdots + X_n)$

표본분산 S^2 (오르비의 분산) $= \dfrac{1}{n-1}\left\{(X_1 - \overline{X})^2 + (X_2 - \overline{X})^2 + \cdots + (X_n - \overline{X})^2\right\}$

표본표준편차 S (오르비의 표준편차) $= \sqrt{S^2}$

Tip 1   표본평균, 표본분산, 표본표준편차는 표본이 새롭게 추출될 때마다 달라진다.

Tip 2   통계에서 가장 중요한 것은 개념학습이다. 특히, 통계적 추정파트에서 중요한 것은 기호간의 구별인데 새로운 기호들이 다수 등장하여 헷갈릴 수 있으니 예를 통해 확실히 기억하고 넘어가도록 하자. (중요★)

m = 모평균 (수험생 전체의 평균), σ = 모표준편차 (수험생 전체의 표준편차),

$\overline{X}$ = 표본평균 (오르비의 평균), S = 표본표준편차 (오르비의 표준편차)

Tip 3   표본분산을 구할 때에는 **표본분산과 모분산의 차이를 줄이기 위하여** 편차의 제곱의 합을 $n-1$로 나눈다. (오차를 줄이기 위함이라고 기억하고 넘어가도록 하자.)

Tip 4   모집단에서 크기가 같은 표본을 임의추출하였을 때, 모집단은 변하지 않으므로 모평균은 변하지 않지만 표본평균 $\overline{X}$는 추출한 표본에 따라 다른 값을 가질 수 있으므로 표본평균 $\overline{X}$는 확률변수이다.

표본평균 $\overline{X}$ 의 평균, 분산, 표준편차

표본평균의 분포를 살펴보고, 표본평균과 모평균 사이의 관계를 알아보자.

2, 4, 6, 8의 수가 각각 하나씩 적힌 4개의 공이 들어 있는 상자에서 임의추출한 한 개의 공에
적힌 수를 X라 하면 X의 확률분포, 즉, 모집단의 확률분포는 다음과 같다.

X	2	4	6	8	합계
$P(X=x)$	$\dfrac{1}{4}$	$\dfrac{1}{4}$	$\dfrac{1}{4}$	$\dfrac{1}{4}$	1

이때 확률변수 X의 모평균 m, 모분산 σ^2, 모표준편차 σ는 각각 다음과 같다.

$$m = \mathrm{E}(X) = 2\times\frac{1}{4}+4\times\frac{1}{4}+6\times\frac{1}{4}+8\times\frac{1}{4}=5$$

$$\sigma^2 = \mathrm{V}(X) = \mathrm{E}(X^2)-\{\mathrm{E}(X)\}^2 = 2^2\times\frac{1}{4}+4^2\times\frac{1}{4}+6^2\times\frac{1}{4}+8^2\times\frac{1}{4}-5^2=5$$

$$\sigma = \sigma(X) = \sqrt{5}$$

이 모집단에서 크기가 2인 표본을 복원추출하여 추출한 공에 적힌 수를 각각 X_1, X_2라고 하자.
$\overline{X}=\dfrac{X_1+X_2}{2}$ 의 값을 구하기 위해서 변수가 2개이니 표를 그려서 해결해보자.

X_1 \ X_2	2	4	6	8
2	2	3	4	5
4	3	4	5	6
6	4	5	6	7
8	5	6	7	8

확률분포를 표로 나타내면 다음과 같다.

$\overline{X}$	2	3	4	5	6	7	8	합계
$P(\overline{X}=\overline{x})$	$\dfrac{1}{16}$	$\dfrac{2}{16}$	$\dfrac{3}{16}$	$\dfrac{4}{16}$	$\dfrac{3}{16}$	$\dfrac{2}{16}$	$\dfrac{1}{16}$	1

이때 표본평균 $\overline{X}$ 의 평균과 분산, 표준편차는 각각 다음과 같다.

$$\mathrm{E}(\overline{X}) = 2\times\frac{1}{16}+3\times\frac{2}{16}+4\times\frac{3}{16}+\cdots+8\times\frac{1}{16}=5$$

$$\mathrm{V}(\overline{X}) = \mathrm{E}(\overline{X}^2)-\{\mathrm{E}(\overline{X})\}^2 = 2^2\times\frac{1}{16}+3^2\times\frac{2}{16}+\cdots+8^2\times\frac{1}{16}-5^2=\frac{5}{2}$$

$$\sigma(\overline{X}) = \frac{\sqrt{5}}{\sqrt{2}}=\frac{\sqrt{10}}{2}$$

표본평균 $\overline{X}$ 의 평균, 분산, 표준편차를 모집단의 모평균, 모분산, 모표준편차와 비교하면 다음과 같다.

$$\mathrm{E}(\overline{X})=m, \ \mathrm{V}(\overline{X})=\frac{5}{2}=\frac{\sigma^2}{n}, \ \sigma(\overline{X})=\frac{\sqrt{10}}{2}=\frac{\sigma}{\sqrt{n}}$$

표본평균 $\overline{X}$ 의 평균, 분산, 표준편차 정리

모평균이 m, 모표준편차가 σ 인 모집단에서 크기가 n 인 표본을 임의추출할 때,
표본평균 $\overline{X}$ 에 대하여 다음이 성립한다.

$$\mathrm{E}(\overline{X})=m,\ \mathrm{V}(\overline{X})=\frac{\sigma^2}{n},\ \sigma(\overline{X})=\frac{\sigma}{\sqrt{n}}$$

ex 모평균 30, 모분산이 9 인 모집단에서 크기가 16 인 표본을 임의추출할 때,
표본평균 $\overline{X}$ 의 평균, 분산, 표준편차는 각각 다음과 같다.

$$\mathrm{E}(\overline{X})=30,\ \mathrm{V}(\overline{X})=\frac{9}{16},\ \sigma(\overline{X})=\frac{3}{4}$$

Tip 교육과정상 $\mathrm{E}(\overline{X})=m,\ \mathrm{V}(\overline{X})=\dfrac{\sigma^2}{n},\ \sigma(\overline{X})=\dfrac{\sigma}{\sqrt{n}}$ 의 공식은 따로 유도하지 않아도 되고
예시를 통해 귀납적으로 받아들이면 된다.

표본평균 $\overline{X}$ 의 확률분포

다음 그림과 같이 표본의 크기 n 이 커질수록 표본평균 $\overline{X}$ 의 확률분포는 정규분포에 가까워짐을 알 수 있다.

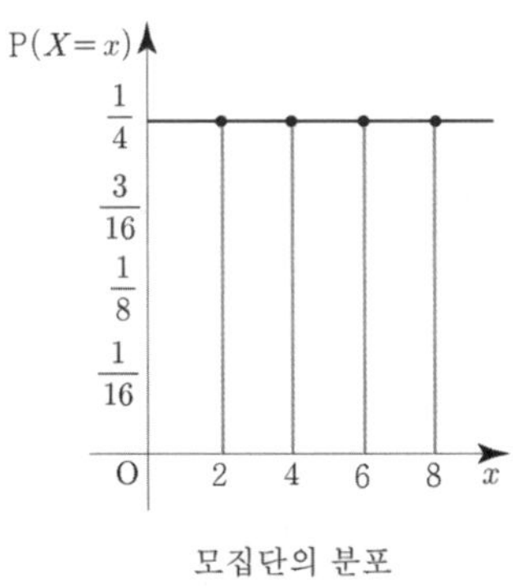

모집단의 분포

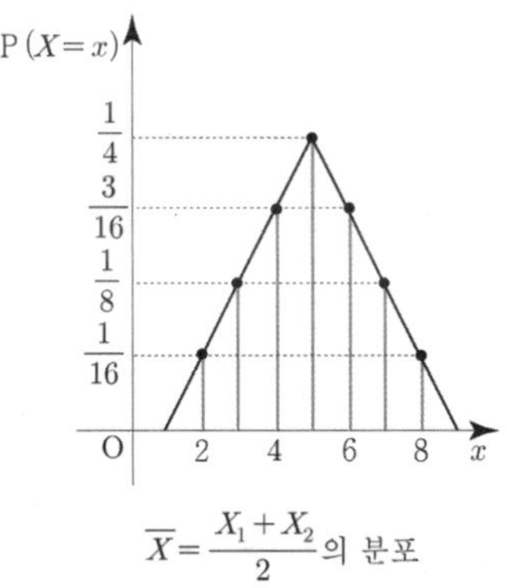

$\overline{X}=\dfrac{X_1+X_2}{2}$ 의 분포

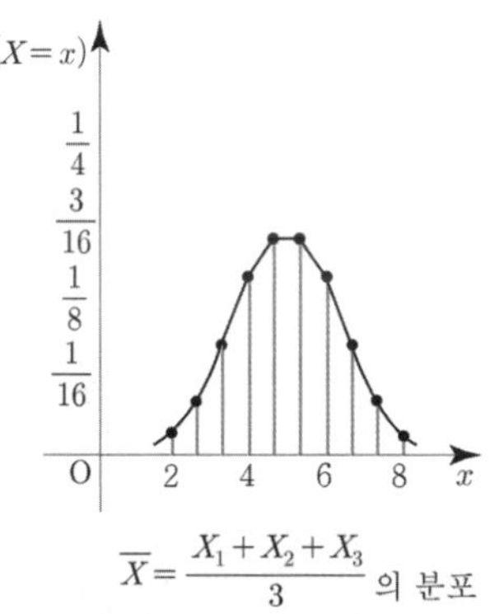

$\overline{X}=\dfrac{X_1+X_2+X_3}{3}$ 의 분포

모집단이 정규분포 $\mathrm{N}(m,\ \sigma^2)$ 을 따를 때, 크기가 n 인 표본의 표본평균 $\overline{X}$ 는 정규분포 $\mathrm{N}\!\left(m,\ \dfrac{\sigma^2}{n}\right)$ 을 따른다.

예를 들어 오르비를 포함한 A사, B사, C사, $\cdots$ 의 표본평균을 각각 추출하여 표본평균의 분포를 조사하는 상황을 가정해보자. (오르비의 평균 $\overline{X_1}$, A사의 평균 $\overline{X_2}$, B사의 평균 $\overline{X_3}$, C사의 평균 $\overline{X_4}$, $\cdots$)

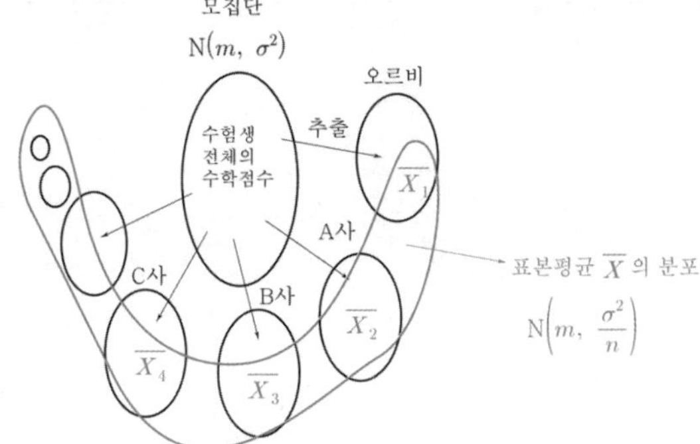

표본평균의 평균 $\mathrm{E}(\overline{X})$ 이 모평균 m (수험생 전체의 평균)과 같고 표본평균의 분산 $\mathrm{V}(\overline{X})$ 이 모분산 σ^2 (수험생 전체의 분산)을 n 으로 나눈 것과 같다.

표본평균 $\overline{X}$ 의 확률분포 정리

모평균이 m, 모표준편차가 σ 인 모집단에서 크기가 n 인 표본을 임의추출할 때,
표본평균 $\overline{X}$ 에 대하여 다음이 성립한다.

① 모집단이 정규분포 $N(m,\ \sigma^2)$ 을 따르면 표본평균 $\overline{X}$ 는 정규분포 $N\left(m,\ \dfrac{\sigma^2}{n}\right)$ 을 따른다.

② 표본의 크기 n 이 충분히 크면 모집단의 분포가 정규분포가 아니더라도 표본평균 $\overline{X}$ 는 근사적으로

　정규분포 $N\left(m,\ \dfrac{\sigma^2}{n}\right)$ 을 따른다. (일반적으로 $n \geq 30$ 이면 표본의 크기 n 이 충분히 큰 것으로 본다.)

ex 정규분포 $N(10,\ 3^2)$ 을 따르는 모집단에서 크기가 25 인 표본을 임의추출할 때,
　　표본평균 $\overline{X}$ 의 평균, 표준편차는 각각 다음과 같다.

$$E(\overline{X}) = 10,\ \sigma(\overline{X}) = \frac{3}{\sqrt{25}} = \frac{3}{5}$$

　　따라서 표본평균 $\overline{X}$ 는 정규분포 $N\left(10,\ \dfrac{9}{25}\right)$ 를 따른다.

Tip　실전에서는 분산보다는 표준편차를 쓸 일이 더 많기 때문에
　　　$N\left(m,\ \dfrac{\sigma^2}{n}\right)$ 대신에 $N\left(m,\ \left(\dfrac{\sigma}{\sqrt{n}}\right)^2\right)$ 라고 기억하는 편을 추천한다.

예제 1

모평균이 30, 모표준편차가 6 인 모집단에서 크기가 9 인 표본을 임의추출할 때,

표본평균 $\overline{X}$ 의 평균과 표준편차를 구하시오.

풀이

$E(\overline{X}) = m,\ \sigma(\overline{X}) = \dfrac{\sigma}{\sqrt{n}}$ 이므로 $E(\overline{X}) = 30,\ \sigma(\overline{X}) = \dfrac{6}{\sqrt{9}} = \dfrac{6}{3} = 2$ 이다.

개념 확인문제　1　모평균이 50, 모표준편차가 8 인 모집단에서 크기가 16 인 표본을 임의추출할 때,
　　　　　표본평균 $\overline{X}$ 의 평균과 표준편차를 구하시오.

예제 2

어느 공장에서 생산된 제품 1개의 무게는 평균이 $20\,\mathrm{kg}$, 표준편차가 $3\,\mathrm{kg}$인 정규분포를 따른다고 한다.

이 공장에서 생산된 제품 9개를 임의추출할 때, 제품의 무게의 평균이 $18\,\mathrm{kg}$ 이상 $22\,\mathrm{kg}$ 이하일 확률을

구하시오. (단, Z가 표준정규분포를 따르는 확률변수일 때, $\mathrm{P}(0 \le Z \le 2) = 0.4772$로 계산한다.)

풀이

공장에서 생산된 제품의 무게를 확률변수 X라 하자.
$X \sim \mathrm{N}(20,\ 3^2)$

임의추출한 제품 9개의 무게의 평균을 $\overline{X}$라고 하면
$$\sigma(\overline{X}) = \frac{\sigma}{\sqrt{n}} = \frac{3}{\sqrt{9}} = \frac{3}{3} = 1$$
$$\overline{X} \sim \mathrm{N}(20,\ 1^2)$$

따라서 $\mathrm{P}(18 \le \overline{X} \le 22) = \mathrm{P}\left(\dfrac{18-20}{1} \le Z \le \dfrac{22-20}{1} \right)$

$$= \mathrm{P}(-2 \le Z \le 2) = 2\,\mathrm{P}(0 \le Z \le 2)$$

$$= 2 \times 0.4772 = 0.9544$$

이다.

개념 확인문제 2 어느 농장에서 재배된 가지의 길이는 평균이 $25\,\mathrm{cm}$, 표준편차가 $2.5\,\mathrm{cm}$인 정규분포를 따른다고 한다. 이 농장에서 재배된 가지 중에서 25개를 임의추출할 때, 가지의 길이의 평균이 $26\,\mathrm{cm}$ 이상일 확률을 구하시오.
(단, Z가 표준정규분포를 따르는 확률변수 일 때, $\mathrm{P}(0 \le Z \le 2) = 0.4772$로 계산한다.)

03 모평균의 추정

성취 기준 – 모평균을 추정하고, 그 결과를 해석할 수 있다.

개념 파악하기 | **(4) 모평균은 어떻게 추정할까?**

모평균의 추정

표본에서 얻은 정보를 이용하여 모집단의 특성을 나타내는 값인
모평균, 모표준편차 등을 추측하는 것을 추정이라고 한다.
표본조사를 통해 얻은 표본평균을 이용하여 모평균을 추정하는 방법을 알아보자.
정규분포 $N(m, \sigma^2)$ 을 따르는 모집단에서 크기가 n 인 표본을 임의추출하면

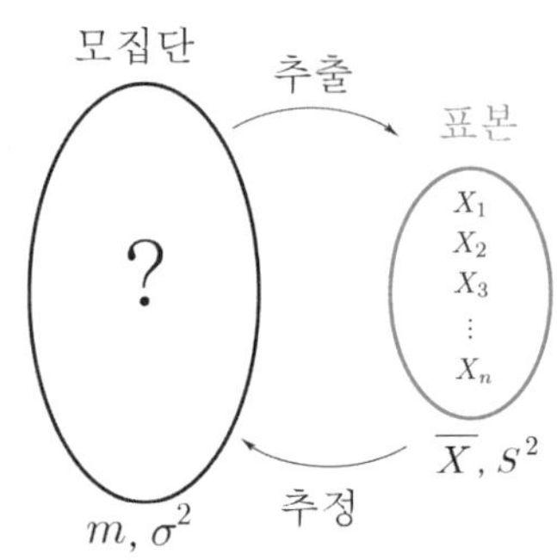

표본평균 $\overline{X}$ 는 정규분포 $N\left(m, \dfrac{\sigma^2}{n}\right)$ 을 따르고, 확률변수 $Z = \dfrac{\overline{X}-m}{\dfrac{\sigma}{\sqrt{n}}}$ 은

표본정규분포 $N(0, 1)$ 을 따른다.

표준정규분포표에서 $P(-1.96 \leq Z \leq 1.96) = 0.95$ 이므로 $P\left(-1.96 \leq \dfrac{\overline{X}-m}{\dfrac{\sigma}{\sqrt{n}}} \leq 1.96\right) = 0.95$ 이다.

이것을 정리하면 다음과 같다.

$$P\left(\overline{X} - 1.96\dfrac{\sigma}{\sqrt{n}} \leq m \leq \overline{X} + 1.96\dfrac{\sigma}{\sqrt{n}}\right) = 0.95$$

따라서 모평균 m 이 $\overline{X} - 1.96\dfrac{\sigma}{\sqrt{n}} \leq m \leq \overline{X} + 1.96\dfrac{\sigma}{\sqrt{n}}$ 의 범위에 속해 있을 확률은 0.95 이다.

여기서 실제로 얻은 표본평균 $\overline{X}$ 의 값 $\overline{x}$ 를 대입한 범위

$$\overline{x} - 1.96\dfrac{\sigma}{\sqrt{n}} \leq m \leq \overline{x} + 1.96\dfrac{\sigma}{\sqrt{n}}$$

를 모평균 m 에 대한 신뢰도 95% 의 신뢰구간이라고 한다.

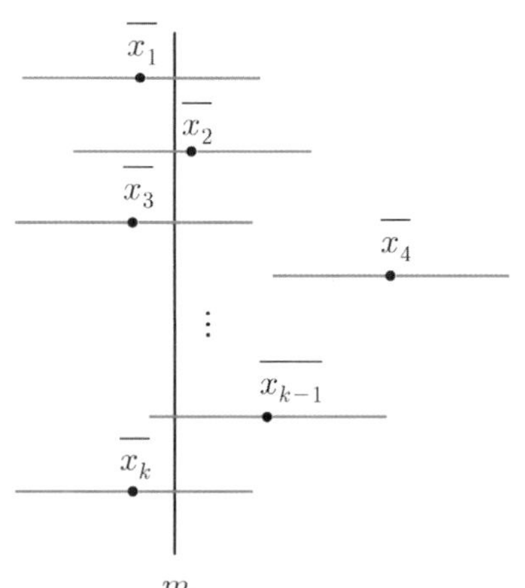

모집단에서 크기가 n 인 표본을 임의추출하는 일을 되풀이하면 추출하는
표본에 따라 $\overline{x}$ 가 달라지며, 이에 따라 신뢰구간도 달라진다.
이와 같은 신뢰구간 중에는 오른쪽 그림과 같이 모평균 m 을 포함하는 것과
포함하지 않는 것이 있다. ($\overline{x_4}$ 로 계산한 신뢰구간은 m 을 포함하지 않는다.)

모평균 m 의 신뢰도 95% 의 신뢰구간

$$\overline{x} - 1.96\dfrac{\sigma}{\sqrt{n}} \leq m \leq \overline{x} + 1.96\dfrac{\sigma}{\sqrt{n}}$$

는 추출된 표본에 따라 달라지며 이 신뢰구간은 모평균을 포함하거나 포함하지 않거나 둘 중의 하나이다.
이때 모평균 m 에 대한 신뢰도 95% 의 신뢰구간이라는 말은 **모집단에서 크기가 n 인 표본을 임의추출을 되풀이하여**
모평균의 신뢰구간을 여러 번 구할 때, 이들 중에서 95% 정도는 모평균 m 을 포함할 것으로 기대된다는 뜻이다.
마찬가지로 $P(-2.58 \leq Z \leq 2.58) = 0.99$ 이므로 모평균 m 의 신뢰도 99% 인 신뢰구간은 다음과 같다.

$$\overline{x} - 2.58\dfrac{\sigma}{\sqrt{n}} \leq m \leq \overline{x} + 2.58\dfrac{\sigma}{\sqrt{n}}$$

모평균의 신뢰구간

모집단의 확률분포가 정규분포 $N(m, \sigma^2)$ 을 따를 때, 크기가 n 인 표본을 임의추출하여 구한
표본평균을 $\overline{x}$ 라고 하면, 모평균 m 에 대한 신뢰구간은

① 신뢰도 95% 의 신뢰구간 : $\overline{x} - 1.96 \dfrac{\sigma}{\sqrt{n}} \leq m \leq \overline{x} + 1.96 \dfrac{\sigma}{\sqrt{n}}$

② 신뢰도 99% 의 신뢰구간 : $\overline{x} - 2.58 \dfrac{\sigma}{\sqrt{n}} \leq m \leq \overline{x} + 2.58 \dfrac{\sigma}{\sqrt{n}}$

> **Tip 1** 신뢰도 100% 의 신뢰구간을 사용하는 것이 가장 좋지 않을까?
> 답은 "아니다"이다. 예를 들어 고등학생의 평균 키에 대한 신뢰구간을 $0\,\mathrm{cm}$ 에서 $1000\,\mathrm{cm}$ 로 하면
> 신뢰도는 100% 이지만 고등학생들의 키에 대한 유의미한 정보를 주지 못하므로 이는 유용하지 않다.

> **Tip 2** 모평균을 추정할 때, 실제로는 모표준편차 σ 를 모르는 경우가 대부분이다.
> 이러한 경우 표본의 크기 n 이 충분히 클 때$(n \geq 30)$, 모표준편차 σ 대신 표본표준편차 S 를 사용하여
> 근사적으로 모평균의 신뢰구간을 구할 수 있다.

모평균의 신뢰구간 (일반형)

신뢰구간을 상수 k 를 도입하여 일반화하면 다음과 같이 나타낼 수 있다.

$$\overline{x} - k \dfrac{\sigma}{\sqrt{n}} \leq m \leq \overline{x} + k \dfrac{\sigma}{\sqrt{n}}$$

유도 과정에서 "k 는 $\%$ 를 결정하고 $\%$ 는 k 를 결정한다."는 사실을 알 수 있었다.
즉, 문제에서 주어지는 표준정규분포표에 따라 k 값과 $\%$ 는 달라질 수 있다.
(만약 출제자가 계산의 간소화를 의도하여 $P(-2 \leq Z \leq 2) = 0.95$ 라고 명시했다면 $k = 2$ 가 된다.
즉, 높은 확률로 95% 일 때, $k = 1.96$ 이겠지만 95% 일 때, 무조건 $k = 1.96$ 은 아니라는 뜻이다.)

이번에는 실전에서 자주 사용되는 문제풀이 테크닉에 대해 알아보자.

$a = \overline{x} - k \dfrac{\sigma}{\sqrt{n}}$, $b = \overline{x} + k \dfrac{\sigma}{\sqrt{n}}$ 라 하면 신뢰구간의 길이는 $b - a = \overline{x} + k \dfrac{\sigma}{\sqrt{n}} - \left(\overline{x} - k \dfrac{\sigma}{\sqrt{n}} \right) = 2 \times k \dfrac{\sigma}{\sqrt{n}}$ 이다.

또한 a 와 b 를 더하면 $a + b = \overline{x} - k \dfrac{\sigma}{\sqrt{n}} + \overline{x} + k \dfrac{\sigma}{\sqrt{n}} = 2\overline{x}$ 이므로 표본평균을 쉽게 구할 수 있다.

위 내용을 정리하면 다음과 같다.

① 신뢰구간을 일반화하면 $\overline{x} - k \dfrac{\sigma}{\sqrt{n}} \leq m \leq \overline{x} + k \dfrac{\sigma}{\sqrt{n}}$ 이고, 이때 k 는 $\%$ 를 결정하고 $\%$ 는 k 를 결정한다.

② 신뢰구간이 $a \leq m \leq b$ 일 때,

ⅰ) $b - a = 2 \times k \dfrac{\sigma}{\sqrt{n}}$ $=$ 신뢰구간의 길이

ⅱ) $a + b = 2\overline{x}$

> **Tip** 특히 $a + b = 2\overline{x}$ 는 요즘 트렌드이니 반드시 기억해두자.

어느 회사에서 생산된 컵 1 개의 무게는 모평균이 $m\,\mathrm{g}$, 모표준편차가 $10\,\mathrm{g}$인 정규분포를 따른다고 한다.

이 회사에서 생산한 컵 25 개를 임의추출하여 무게를 측정한 결과 평균이 $200\,\mathrm{g}$이었다고 할 때, 이 컵 1 개 무게의

모평균 m 에 대한 신뢰도 95% 의 신뢰구간을 구하시오. (단, Z 가 표준정규분포를 따르는 확률변수일 때,

$\mathrm{P}(|Z| \le 1.96) = 0.95$ 로 계산한다.)

풀이

표본의 크기는 $n = 25$, 표본평균은 $\bar{x} = 200$, 모표준편차는 $\sigma = 10$ 이므로 이 컵 1 개 무게의
모평균 m 에 대한 신뢰도 95% 의 신뢰구간은

$$200 - 1.96 \times \frac{10}{\sqrt{25}} \le m \le 200 + 1.96 \times \frac{10}{\sqrt{25}}$$

따라서 구하는 신뢰구간은 $196.08 \le m \le 203.92$ 이다.

개념 확인문제 3

어느 식당에서 한 팀이 식사를 하기 위해 기다리는 대기 시간은 모평균이 m 분,
모표준편차가 4 분인 정규분포를 따른다고 한다. 이 식당에서 기다리는 16 개의 팀을
임의추출하여 대기 시간을 측정한 결과 평균이 30 분이었다고 할 때, 이 식당에서 기다리는
한 팀의 평균 대기 시간 m 에 대한 신뢰도 95% 의 신뢰구간을 구하시오.
(단, Z 가 표준정규분포를 따르는 확률변수일 때, $\mathrm{P}(|Z| \le 1.96) = 0.95$ 로 계산한다.)

001

정규분포 $N(10,\ 8^2)$ 을 따르는 모집단에서 크기가 4 인 표본을 임의추출할 때, $E\left(\overline{X}^2\right)$ 을 구하시오.

002

모표준편차가 15 인 모집단에서 크기가 n 인 표본을 임의추출하여 구한 표본평균을 $\overline{X}$ 라 하자. $\sigma\left(\overline{X}\right)=3$ 일 때, n 의 값을 구하시오.

003

어느 모집단의 확률변수 X 의 확률분포가 다음 표와 같다.

X	0	3	6	합계
$P(X=x)$	$\dfrac{1}{6}$	a	b	1

이 모집단에서 크기가 4 인 표본을 임의추출하여 구한 표본평균을 $\overline{X}$ 라 하자. $E\left(\overline{X}\right)=4$ 일 때, $30ab$ 의 값을 구하시오. (단, $a,\ b$ 는 상수이다.)

004

어느 모집단의 확률변수 X 의 확률질량함수가

$$P(X=x)=\frac{x}{k}\ \ (x=1,\ 2,\ 3,\ 4)$$

이다. 이 모집단에서 임의추출한 크기가 3 인 표본을 구한 표본평균을 $\overline{X}$ 라 할 때, $E\left(\overline{X}\right)-V\left(\overline{X}\right)$ 의 값은? (단, k 는 상수이다.)

① $\dfrac{2}{3}$ ② $\dfrac{4}{3}$ ③ $\dfrac{6}{3}$

④ $\dfrac{8}{3}$ ⑤ $\dfrac{10}{3}$

005

어느 모집단의 확률변수 X 의 확률분포가 다음 표와 같다.

X	1	2	3	합계
$P(X=x)$	$\dfrac{1}{4}$	$\dfrac{1}{2}$	$\dfrac{1}{4}$	1

이 모집단에서 임의추출한 크기가 2 인 표본의 평균을 $\overline{X}$ 라 할 때, $P\left(\overline{X}=2\right)$ 의 값은?

① $\dfrac{3}{8}$ ② $\dfrac{1}{2}$ ③ $\dfrac{5}{8}$

④ $\dfrac{3}{4}$ ⑤ $\dfrac{7}{8}$

006

2 이상의 자연수 n 에 대하여 모집단에서 크기가 n 인 표본을 임의추출하여 구한 표본평균을 $\overline{X}$ 라 하자. 이 모집단의 확률변수 X 에 대하여 $E(X)=2$, $E(X^2)=14$ 이다. $E\left(\overline{X}^2\right)$ 의 값이 자연수일 때, 모든 $E\left(\overline{X}^2\right)$ 의 값의 합을 구하시오.

007

어느 모집단의 확률변수 X의 확률분포가 다음 표와 같다.

X	0	1	3	합계
$\mathrm{P}(X=x)$	$\dfrac{1}{5}$	a	b	1

이 모집단에서 크기가 3인 표본을 임의추출하여 구한
표본평균을 $\overline{X}$ 라 할 때, $\mathrm{P}(\overline{X}=3)=\dfrac{27}{125}$ 이다.
$\mathrm{P}(\overline{X}=1)$ 의 값은? (단, a, b 는 상수이다.)

① $\dfrac{9}{125}$　　② $\dfrac{2}{25}$　　③ $\dfrac{11}{125}$

④ $\dfrac{12}{125}$　　⑤ $\dfrac{13}{125}$

008

주머니 속에 0, 1, 2, 4의 숫자가 적힌 공이 각각
8개, 4개, 3개, 5개씩 들어 있다. 이 주머니에서
임의로 1개의 공을 꺼내어 공에 적혀 있는 수를 확인하고
다시 넣는다. 이와 같은 시행을 3번 반복하여 얻은 세
수들의 평균을 $\overline{X}$ 라 하자. $\mathrm{E}(\overline{X})+\mathrm{V}(\overline{X})$ 의 값은?

① $\dfrac{47}{20}$　　② $\dfrac{49}{20}$　　③ $\dfrac{51}{20}$

④ $\dfrac{53}{20}$　　⑤ $\dfrac{11}{4}$

Theme 2　표본평균의 분포

009

정규분포 $\mathrm{N}(25,\ 6^2)$ 을 따르는 모집단에서 크기가 9인
표본을 임의추출하여 구한
표본평균을 $\overline{X}$ 라 할 때,
$\mathrm{P}(\overline{X} \geq 23)$ 의 값을 오른쪽
표준정규분포표를 이용하여
구한 것은?

z	$\mathrm{P}(0 \leq Z \leq z)$
1.0	0.3413
1.5	0.4332
2.0	0.4772
3.0	0.4987

① 0.6915　　② 0.8413　　③ 0.9104

④ 0.9332　　⑤ 0.9772

010

어느 고등학교 학생들의 야간 자율학습 시간은 평균 80분,
표준편차가 12분인 정규분포를 따른다고 한다.
이 고등학교 학생들 중에서
임의추출한 16명의 야간
자율학습 시간의 평균이 74분
이하일 확률을 오른쪽
표준정규분포표를 이용하여
구한 것은?

z	$\mathrm{P}(0 \leq Z \leq z)$
0.5	0.1915
1.0	0.3413
1.5	0.4332
2.0	0.4772

① 0.0228　　② 0.0668　　③ 0.1359

④ 0.1587　　⑤ 0.2857

어느 과수원에서 재배되는 귤 한 개의 무게는 평균이 65g이고 표준편차가 4g인 정규분포를 따른다고 한다. 이 과수원에서 재배된 귤 중에서 임의추출한 4개의 귤 무게의 표본평균이 61g 이상이고 68g 이하일 확률을 오른쪽 표준정규분포표를 이용하여 구한 것은?

z	$P(0 \le Z \le z)$
0.5	0.1915
1.0	0.3413
1.5	0.4332
2.0	0.4772

① 0.6915　　② 0.8413　　③ 0.9104

④ 0.9332　　⑤ 0.9772

어느 모집단의 확률변수 X가 정규분포 $N(45, 4^2)$을 따를 때, 이 모집단에서 임의추출한 크기가 64인 표본의 표본평균을 $\overline{X}$라 하자.

$$P(X \ge 49) + P(\overline{X} \ge k) = 1$$

일 때, $P\left(\left|\overline{X} - k\right| \ge \dfrac{1}{2}\right)$의 값을  오른쪽 표준정규분포표를 이용하여 구한 것은?

z	$P(0 \le Z \le z)$
0.5	0.1915
1.0	0.3413
1.5	0.4332
2.0	0.4772

① 0.5228　　② 0.5328　　③ 0.5668

④ 0.6587　　⑤ 0.8085

확률변수 X는 모평균이 30이고 모표준편차가 σ인 정규분포를 따른다. 이 모집단에서 크기가 25인 표본을 임의추출하여 구한 표본평균 $\overline{X}$라 할 때, 다음 조건을 만족시킨다.

> (가) $P(X \ge 35) = P(\overline{X} \le k)$
> (나) $P\left(\left|\overline{X} - 30\right| \le k - 26\right) = 0.8664$

$\sigma + k$의 값을 오른쪽 표준정규분포표를 이용하여 구하시오. (단, σ, k는 상수이다.)

z	$P(0 \le Z \le z)$
0.5	0.1915
1.0	0.3413
1.5	0.4332
2.0	0.4772

어느 공장에서 생산된 볼펜 한 개의 길이는 평균이 14cm, 표준편차가 2cm인 정규분포를 따른다고 한다. 이 공장에서 생산된 볼펜 중에서 임의추출한 n개의 볼펜 길이의 표본평균이 13.5cm 이하일 확률이 0.1587일 때, 자연수 n의 값을 오른쪽 표준정규분포표를 이용하여 구하시오.

z	$P(0 \le Z \le z)$
0.5	0.1915
1.0	0.3413
1.5	0.4332
2.0	0.4772

015

어느 정육점에서 판매하는 삼겹살 1인분의 무게는
평균이 $200\,g$, 표준편차가 $12\,g$인 정규분포를 따른다고
한다. 이 정육점에서 삼겹살 1인분을 구매한 고객 중
9명을 임의추출하여
조사할 때,
9명이 구매한 삼겹살 무게의
총합이 $1872\,g$ 이하일 확률을
오른쪽 표준정규분포표를
이용하여 구한 것은?

z	$P\,(0 \le Z \le z)$
0.5	0.1915
1.0	0.3413
1.5	0.4332
2.0	0.4772

① 0.6915   ② 0.8413   ③ 0.9104

④ 0.9332   ⑤ 0.9772

016

어느 지역 고등학생들의 월 사교육비는 평균이 50이고
표준편차가 15인 정규분포를 따른다고 한다.
이 지역 학생들 중 임의추출한 n명의 월 사교육비의
표본평균을 $\overline{X}$라 할 때, $P(\overline{X} \le 47) \le 0.0228$ 이 되도록
하기 위한 n의 최솟값을
오른쪽 표준정규분포표를
이용하여 구하시오.
(단, 사교육비의 단위는
만원이다.)

z	$P\,(0 \le Z \le z)$
0.5	0.1915
1.0	0.3413
1.5	0.4332
2.0	0.4772

017

어느 공장에서 생산된 HB 샤프심의 굵기는 평균이 $0.5\,mm$
이고 표준편차가 $0.05\,mm$인 정규분포를 따른다고 한다.
이 공장에서 생산된 HB 샤프심 중에서 임의추출한 25개의
HB 샤프심 굵기의 표본평균을 $\overline{X}$라 할 때,
어떤 상수 k에 대하여

$$|\overline{X} - 0.5| \ge k$$

이면 생산 시스템에 이상이 있는 것으로 판단하고
생산 시스템을 점검한다.
이 공장에서 시스템을
점검하게 될 확률이 0.1336
이하가 되도록 하는 k의
최솟값을 오른쪽
표준정규분포표를 이용하여
구한 것은?

z	$P\,(0 \le Z \le z)$
0.5	0.1915
1.0	0.3413
1.5	0.4332
2.0	0.4772

① 0.01   ② 0.015   ③ 0.02

④ 0.025   ⑤ 0.03

018

정규분포 $N(8,\ 2^2)$을 따르는 모집단에서 크기가 m인
표본을 임의추출하여 구한 표본평균 $\overline{X}$, 정규분포 $N(2,\ 3^2)$
을 따르는 모집단에서 크기가 n인 표본을 임의추출하여
구한 표본평균을 $\overline{Y}$라 하자.

$$P(\overline{X} \le 12) - P(-1 \le \overline{Y} \le 2) = 0.5$$

를 만족시키는 100 이하의 두 자연수 $m,\ n$의 모든 순서쌍
$(m,\ n)$의 개수를 구하시오.

19

어느 공장에서 생산되는 마스크의 길이 X는 평균이 m이고, 표준편차가 2인 정규분포를 따른다고 한다.

$P(X \le k-m)=0.9772$일 때, 이 공장에서 생산된 마스크 중에서 임의추출한 마스크 16개의 길이의 표본평균이 $\dfrac{k-3}{2}$ 이상일 확률을 오른쪽 표준정규분포표를 이용하여 구한 것은? (k는 상수이고, 단위의 길이는 cm이다.)

z	$P\,(0 \le Z \le z)$
0.5	0.1915
1.0	0.3413
1.5	0.4332
2.0	0.4772

① 0.0228 ② 0.0668 ③ 0.1359

④ 0.1587 ⑤ 0.2857

어느 모집단의 확률변수 X가 정규분포 $N(55,\ 5^2)$을 따를 때, 이 모집단에서 임의추출한 크기가 25인 표본의 표본평균을 $\overline{X}$라 하자. 표준정규분포를 따르는 확률변수 Z에 대하여 양의 상수 k가

$$P(|Z-k| \le k)=0.3$$

을 만족시킬 때, 옳은 것만을 〈보기〉에서 있는 대로 고르시오.

〈보기〉

ㄱ. $P(X \le 55+k) > P(\overline{X} \le 55+k)$

ㄴ. $P(|\overline{X}-55| \le 2k)=0.6$

ㄷ. $P(Z \le -a)=0.1$인 상수 a에 대하여 $\dfrac{a}{2} > k$이다.

ㄹ. $P(\overline{X} \ge 55+k) > 0.2$

ㅁ. $P(55-k \le \overline{X} \le b)=0.6$인 상수 b에 대하여 $2k+55 > b$이다.

21

정규분포 $N(m,\ \sigma^2)$을 따르는 모집단에서 크기가 16인 표본을 임의추출하여 구한 표본평균 $\overline{X}$,

정규분포 $N(20,\ (\sigma+2)^2)$을 따르는 모집단에서 크기가 25인 표본을 임의추출하여 구한 표본평균을 $\overline{Y}$라 하자. 두 확률변수 $\overline{X}$, $\overline{Y}$의 확률밀도함수를 각각 $f(x)$, $g(x)$라 할 때, 다음 조건을 만족시킨다.

두 함수 $y=f(x)$, $y=g(x)$의 그래프는 직선 $x=30$에 대하여 서로 대칭이다.

옳은 것만을 〈보기〉에서 있는 대로 고르시오.

〈보기〉

ㄱ. $m+\sigma=48$

ㄴ. $g(m-5) < f(m-5)$

ㄷ. $P(\overline{X} \ge 50) = P(\overline{Y} \le 10)$

ㄹ. $P(20 \le \overline{X} \le 30) < P(20 \le \overline{Y} \le 30)$

ㅁ. $P(40 \le \overline{X} \le 50)=a$이면 $P(|\overline{Y}-20| \ge 15) > 1-2a$ 이다.

ㅂ. $P(\overline{X} \le 42)+P(\overline{Y} \ge 18)$의 값을 아래 표준정규분포표를 이용하여 구하면 1.6826이다.

z	$P\,(0 \le Z \le z)$
0.5	0.1915
1.0	0.3413
1.5	0.4332
2.0	0.4772

Theme 3 모평균의 추정

022

어느 농장에서 생산하는 배추의 무게는 평균이 m, 표준편차가 0.5인 정규분포를 따른다고 한다. 이 농장에서 생산하는 배추 중에서 임의추출한 크기가 25인 표본을 조사하였더니 배추 무게의 표본평균의 값이 $\overline{x}$ 이었다. 이 결과를 이용하여, 이 농장에서 생산하는 배추 무게의 평균 m 에 대한 신뢰도 95%의 신뢰구간을 구하면

$$\overline{x} - \frac{c}{1000} \leq m \leq \overline{x} + \frac{c}{1000}$$ 이다. 상수 c의 값은?

(단, 무게의 단위는 kg이고, Z가 표준정규분포를 따르는 확률변수일 때, $\mathrm{P}(0 \leq Z \leq 1.96) = 0.4750$으로 계산한다.)

023

어느 회사에서 생산하는 음료수 1병의 부피는 평균이 m, 표준편차가 σ인 정규분포를 따른다고 한다. 이 회사에서 생산하는 음료수 64병을 임의추출하여 부피를 조사하였더니 음료수 부피의 표본평균이 449이었다. 이 회사에서 생산하는 음료수 1병의 부피의 모평균 m 에 대한 신뢰도 95%의 신뢰구간이 $448.51 \leq m \leq c$ 일 때, $c - \sigma$의 값은? (단, 부피의 단위는 ml이고, Z가 표준정규분포를 따르는 확률변수일 때, $\mathrm{P}(0 \leq Z \leq 1.96) = 0.4750$으로 계산한다.)

① 447.49 ② 448.49 ③ 449.49

④ 450.51 ⑤ 451.51

024

어느 고등학교 학생들의 등교시간은 모평균이 m, 모표준편차가 12인 정규분포를 따른다고 한다. 이 고등학교 학생들 중 n명을 임의추출하여 신뢰도 95%로 추정한 모평균 m 에 대한 신뢰구간이 $24.34 \leq m \leq 30.22$ 일 때, n의 값을 구하시오. (단, 시간의 단위는 분이고, Z가 표준정규분포를 따르는 확률변수일 때, $\mathrm{P}(0 \leq Z \leq 1.96) = 0.4750$으로 계산한다.)

025

어느 밭에서 재배하는 오이의 길이는 평균이 $m\,\mathrm{cm}$, 표준편차가 $\sigma\,\mathrm{cm}$인 정규분포를 따른다고 한다. 이 밭에서 재배하는 오이 중에서 16개를 임의추출하여 얻은 표본평균이 $19\,\mathrm{cm}$일 때, 모평균 m 에 대한 신뢰도 95%의 신뢰구간이 $a \leq m \leq b$이다. 이 밭에서 재배하는 오이 중에서 16개를 다시 임의추출하여 얻은 표본평균이 $21\,\mathrm{cm}$일 때, 모평균 m 에 대한 신뢰도 99%의 신뢰구간이 $c \leq m \leq d$이다. $a + d = 41.55$을 만족시키는 σ의 값을 구하시오. (단, Z가 표준정규분포를 따르는 확률변수일 때, $\mathrm{P}(0 \leq Z \leq 1.96) = 0.4750$, $\mathrm{P}(0 \leq Z \leq 2.58) = 0.4950$으로 계산한다.)

026

어느 회사에서 생산하는 아이스 커피믹스 스틱 한 개의 무게는 평균이 m, 표준편차가 σ 인 정규분포를 따른다고 한다. 이 회사에서 생산하는 아이스 커피믹스 스틱 중에서 49 개를 임의추출하여 얻은 표본평균이 $\bar{x}$ 이었다. 이 결과를 이용하여, 이 회사에서 생산하는 아이스 커피믹스 스틱 한 개의 무게의 평균 m 에 대한 신뢰도 95% 의 신뢰구간은 $6.06 \le m \le 6.34$ 이다. $\dfrac{\bar{x}}{\sigma}$ 의 값은? (단, 무게의 단위는 g 이고, Z 가 표준정규분포를 따르는 확률변수일 때, $P(0 \le Z \le 1.96) = 0.4750$ 으로 계산한다.)

① 12.2　　　② 12.3　　　③ 12.4

④ 12.5　　　⑤ 12.6

어느 공과대학의 강의실에서 볼 수 있는 여학생의 수는 모평균이 m 이고, 모표준편차가 σ 인 정규분포를 따른다고 한다. 이 공과대학의 강의실 중에서 16 개를 임의추출하여 구한 강의실에서 볼 수 있는 여학생의 수의 표본평균이 4 이고, 이 결과를 이용하여 신뢰도 95% 로 추정한 m 에 대한 신뢰구간이 $[4-a, 4+a]$ 이었다. 이 공과대학의 강의실 중에서 임의로 1 개의 강의실을 선택할 때, 이 공과대학의 강의실에서 볼 수 있는 여학생의 수가 $m+2a$ 이상일 확률을 오른쪽의 표준정규분포표를 이용하여 구한 것은?

z	$P(0 \le Z \le z)$
0.49	0.1879
0.98	0.3365
1.47	0.4292
1.96	0.4750

① 0.1635　　　② 0.3121　　　③ 0.5708

④ 0.6171　　　⑤ 0.6629

어느 공장에서 생산하는 노트북 한 개의 무게는 평균이 m, 표준편차가 σ 인 정규분포를 따른다고 한다. 이 공장에서 생산하는 노트북 중에서 임의추출한 크기가 49 인 표본을 조사하였더니 노트북 무게의 표본평균의 값이 $\bar{x}$ 이었다. 이 결과를 이용하여, 이 공장에서 생산하는 노트북 한 개의 무게의 평균 m 에 대한 신뢰도 95% 의 신뢰구간을 구하면 $2\bar{x} - 1.87 \le m \le 2\bar{x} - 1.73$ 이다. $100 \times \bar{x} \times \sigma$ 의 값을 구하시오. (단, 무게의 단위는 kg이고, Z 가 표준정규분포를 따르는 확률변수일 때 $P(|Z| \le 1.96) = 0.95$ 로 계산한다.)

029

정규분포 $N(m, 5^2)$ 을 따르는 모집단에서 크기가 n 인 표본을 임의추출하여 구한 표본평균의 값이 $\bar{x}$ 이고, 이를 이용하여 구한 모평균 m 에 대한 신뢰도 95% 의 신뢰구간이 $5.55 \le m \le 10.45$ 이다. 또 이 모집단에서 크기가 $A \times n$ 인 표본을 임의추출하여 구한 표본평균의 값이 $\bar{x}+B$ 이고, 이를 이용하여 구한 모평균 m 에 대한 신뢰도 95% 의 신뢰구간이 $6.8 \le m \le 9.25$ 이다. $\dfrac{1}{AB}$ 의 값을 구하시오. (단, a, b 는 상수이고, Z 가 표준정규분포를 따르는 확률변수일 때, $P(0 \le Z \le 1.96) = 0.4750$ 으로 계산한다.)

Theme 4 — 통계는 뭐다? 개념이다. (총복습)

030

○○○○○

다음 보기에서 옳게 말한 사람을 모두 고르고,
틀리게 말한 사람이 있으면 옳게 고치시오.

> **[성민]** 연속확률변수 X에 대하여 $\mathrm{P}(X=x)=0$ 이야.
>
> **[지원]** 확률변수 X가 정규분포 $\mathrm{N}(5,\ 4)$를 따를 때,
> 확률변수 $Z=\dfrac{X-5}{4}$ 는 표준정규분포 $\mathrm{N}(0,\ 1)$
> 를 따르지.
>
> **[민수]** 표본평균 $\overline{X}$ 는 추출한 표본에 따라 다른 값을
> 가질 수 있어.
>
> **[영하]** 표본평균 $\overline{X}$ 의 표준편차는 모표준편차와 같아.
>
> **[지혜]** 표본표준편차는 기호로 σ 라고 써.
>
> **[유진]** 이항분포와 정규분포는 모두 이산확률변수야.
>
> **[혜민]** 정규분포 $\mathrm{N}(m,\ \sigma^2)$을 따르는 모집단에서 크기가
> n인 표본을 임의추출할 때, 모집단 m에 대한
> 신뢰도 99%의 신뢰구간은 신뢰도 95%의
> 신뢰구간을 포함해.
>
> **[진아]** 정규분포 $\mathrm{N}(m,\ \sigma^2)$을 따르는 모집단에서
> 크기가 n인 표본을 임의추출하여 구한
> 표본평균을 $\overline{X}$ 라 할 때,
> $\overline{X}$ 는 정규분포 $\mathrm{N}\!\left(m,\ \dfrac{\sigma^2}{n}\right)$을 따라.
>
> **[강혁]** 이산확률변수 X에 대하여
> $\mathrm{V}(2X+1)=2\mathrm{V}(X)$ 이야.
>
> **[수아]** 확률변수 X가 정규분포 $\mathrm{N}(m,\ \sigma^2)$을 따를 때,
> 그 그래프는 m의 값이 일정할 때, σ의 값이
> 커지면 대칭축의 위치는 변하지 않지만
> 곡선의 모양은 높이가 높아져.

031

○○○○○

괄호 안에 알맞은 말을 쓰시오.

Chapter 1) 확률변수와 확률분포

확률변수에는 (ㄱ :　　　　　)와 (ㄴ :　　　　　)가 있다.
〈단, ㄱ은 셀 수 있고, ㄴ은 셀 수 없다.〉

(ㄱ :　　　　　)가 이루는 분포를 함수로 나타낸 것을
(ㄷ :　　　　　)라 한다.

(ㄴ :　　　　　)가 이루는 분포를 함수로 나타낸 것을
(ㄹ :　　　　　)라 한다.

(ㄷ :　　　　　)의 성질

> $\mathrm{P}(X=x_i)=p_i\ (i=1,\ 2,\ 3,\ \cdots,\ n)$ 일 때,
> ① (　　　$\leq p_i \leq$　　　)
> ② $\displaystyle\sum_{i=1}^{n} p_i = ($　　　　$)$
> ③ $\mathrm{P}(1 \leq X \leq 3) = ($　　　　$)$ (단, X는 자연수)

(ㄹ :　　　　　) $f(x)$의 성질

> ① $(f(x) \geq$　　$)$
> ② $\displaystyle\int_{\alpha}^{\beta} f(x)dx = ($　　　$)$ (단, $[\alpha,\ \beta]$에서 정의)
> ③ $\mathrm{P}(1 \leq X \leq 3) = ($　　　　　　$)$
> 　　(단, $\alpha \leq 1,\ 3 \leq \beta$)

Chapter 2) 이산확률변수의 기댓값과 표준편차

이산확률변수 X의 확률분포가 다음 표와 같다고 하자.

X	x_1	x_2	x_3	$\cdots$	x_n	합계
$\mathrm{P}(X=x_i)$	p_1	p_2	p_3	$\cdots$	p_n	1

기댓값$(=$　　　$)$은 기호로 $($　　　$)$이고
정의는 $($　　　　　　$=$　　$)$이다.

분산은 기호로 (　　　　)이고
정의는 이산확률변수 X의 기댓값을 m 이라 할 때,
(　　　　　　)의 기댓값이다.
시그마로 표현하면 (　　　　　　　)이다.
또한 분산의 다른 공식은 (　　　　　　)이다.

표준편차는 기호로 (　　　)이고
정의는 분산의 양의 (　　　)이다.

이산확률변수 $aX+b$의 평균, 분산, 표준편차

이산확률변수 X와 임의의 두 상수 $a,\ b(a \neq 0)$ 에 대하여
$E(aX+b) = ($　　　　　　$)$
$V(aX+b) = ($　　　　　　$)$
$\sigma(aX+b) = ($　　　　　　$)$

Chapter 3) 이항분포

이항분포의 확률변수는 (　　　)확률변수이다.

① 정의 ： 사건 A가 일어날 확률이 p로 일정할 때,
　　　　n번의 독립시행에서 사건 A가 일어나는
　　　　(　　　　　)를 확률변수 X라 하였을 때,
　　　　확률질량함수는
　　　　$P(X=x) = ($　　　　　　　$)$이다.
　　　　(단, $x = 0,\ 1,\ 2,\ \cdots\ n$)

　　　　이러한 확률분포를 이항분포라 한다.

② 기호 ： $B(a:$　　$,\ b:$　　$)$

$(a:$　　$)$는 $($　　　　$)$이고
$(b:$　　$)$는 $($　　　　$)$이다.

이항분포의 평균 $= ($　　　　　$)$
이항분포의 분산 $= ($　　　　　$)$
이항분포의 표준편차 $= ($　　　　　$)$

③ $X \sim B\left(5,\ \dfrac{1}{3}\right)$일 때,

$P(X=2) = ($　　　　　　$)$

$P(X \geq 2) = ($　　　　　　　$)$
　　　　　$=\ 1-($　　　　　　$)$

Chapter 4) 정규분포

정규분포의 확률변수는 (　　　)확률변수이다.

① 정의 ： 실수 전체의 집합에서 정의된 연속확률변수 X의
　　　　확률밀도함수 $f(x)$가 두 상수 $m,\ \sigma(\sigma > 0)$에
　　　　대하여
　　　　$$f(x) = \frac{1}{\sqrt{2\pi}\,\sigma}e^{-\frac{(x-m)^2}{2\sigma^2}}\ \text{일 때,}$$
　　　　X의 확률분포를 정규분포라 한다.

② 기호： $N(a:$　　$,\ b:$　　$)$

$(a:$　　$)$는 $($　　　　$)$이고
$(b:$　　$)$는 $($　　　　$)$이다.

정규분포의 확률밀도함수의 그래프의 성질

① 직선 $x=m$에 대하여 (　　　　)이고,
　 x축이 (　　　　　)인 종 모양의 곡선이다.

② 곡선과 x축 사이의 넓이는 (　　　　) 이다.

③ σ의 값이 일정할 때, m의 값이 달라지면
　 대칭축의 위치는 (　　　　　　)
　 곡선의 모양은 (　　　　　　　)

④ m의 값이 일정할 때, σ의 값이 클수록
　 가운데 부분의 높이는 (　　　　)
　 양쪽으로 (　　　　　　)
　 양쪽으로 (　　　　　　)는 이유는
　 (　　　　　　　　　　) 위해서 이다.

평균이 (   ), 분산이 (   )인
정규분포를 표준정규분포라 한다.

표준정규분포를 따르는 확률변수는 보통 $(c:$ $)$로
나타낸다.

정규분포 $N(a:$ $, b:$ $)$을 따르는 확률변수 X를
표준정규분포 $N(e:$ $, f:$ $)$을 따르는
확률변수$(c:$ $)$로 바꾸는 변환을 $(d:$ $)$라 한다.

확률변수 X를 확률변수 $(c:$ $)$로 변환 방법

> 확률변수 $(c:$ $)$를 확률변수 X과 m, σ로
> 나타내면 $(c:$ $) = ($ $)$이다.

이항분포와 정규분포의 관계는 다음과 같다.

확률변수 X가 이항분포 $B($ $,$ $)$를 따를 때,
$($ $)$이 충분히 크면 X는 근사적으로 정규분포
$N($ $,$ $)$를 따른다.

n이 충분히 크다는 것은 일반적으로 $($ $) \geq ($ $)$
일 때를 뜻한다.

Chapter 5) 모집단과 표본

통계조사에서 조사하고자 하는 대상 전체를 $(a:$ $)$이라
하고, $(a:$ $)$전체를 조사하는 것을 $(b:$ $)$라 한다.

통계 조사를 하기 위해 뽑은 모집단의 일부분을 $(c:$ $)$
이라고 하고, 표본에 포함된 대상의 개수를 $($ $)$,
모집단에서 표본을 뽑는 것을 $(d:$ $)$이라고 한다.
또한 조사하려는 모집단에서 $(c:$ $)$을 $(d:$ $)$하여
그 자료의 특성을 조사하는 것을 $($ $)$라 한다.

모집단에 속하는 각 대상이 같은 확률로 추출되도록 하는
방법을 $($ $)$추출이라 한다. 또 한 개의 자료를 뽑은 후
되돌려 놓고 다시 뽑는 것을 $($ $)$이라 하고
되돌려 놓지 않고 뽑는 것을 $($ $)$이라 한다.

Chapter 6) 표본평균과 분포

모집단에서 조사하고자 하는 특성을 나타내는 확률변수를
X라 할 때, X의 평균, 분산, 표준편차를 각각
모평균, 모분산, 모표준편차라 한다.
이것을 기호로 나타내면

모평균은 $($ $)$
모분산은 $($ $)$
모표준편차는 $($ $)$
이다.

모집단에서 임의추출한 크기가 n인 표본을
$X_1,\ X_2,\ X_3,\ \cdots,\ X_n$ 이라 할 때,
표본의 평균, 분산, 표준편차를 각각
$(d:$ $),\ (e:$ $),\ (f:$ $)$라 한다.

> 이때 $(d:$ $),\ (f:$ $)$는
> 오르비의 평균과 표준편차일까?
> 수험생 전체의 평균과 표준편차일까?
> 답은 $($ $)$의 평균과 표준편차이다.

이것을 기호로 나타내면
$(d:$ $)$는 $(ㄱ:$ $)$
$(e:$ $)$는 $(ㄴ:$ $)$
$(f:$ $)$는 $(ㄷ:$ $)$
이고 다음과 같이 정의한다.

① $(ㄱ:$ $) = ($ $)$
② $(ㄴ:$ $)$
$$= \frac{1}{n-1}\left\{\left(X_1 - \overline{X}\right)^2 + \left(X_2 - \overline{X}\right)^2 + \cdots + \left(X_n - \overline{X}\right)^2\right\}$$
③ $(ㄷ:$ $) = ($ $)$

$(d:$ $)$의 평균은 기호로 나타내면 $(g:$ $)$
$(d:$ $)$의 분산은 기호로 나타내면 $(h:$ $)$
$(d:$ $)$의 표준편차는 기호로 나타내면
$(i:$ $)$이다.

모평균이 m, 모분산이 σ^2인 모집단에서 크기가 n인 표본을
임의추출할 때, $(d: \qquad)$ $(ㄱ: \qquad)$에 대하여
다음이 성립한다.

$(g: \qquad) = (\qquad)$

$(h: \qquad) = (\qquad)$

$(i: \qquad) = (\qquad)$

Chapter 7) 모평균의 추정

정규분포 $\mathrm{N}(m,\ \sigma^2)$을 따르는 모집단에서 임의추출한 크기가
n인 표본의 표본평균 $\overline{X}$의 값이 $\overline{x}$일 때,
모평균 m에 대한 신뢰도 $95\,\%$의 신뢰구간은
$(\qquad\qquad\qquad)$이다.
(단, $\mathrm{P}(|Z| \le 1.96) = 0.95$로 계산한다.)

신뢰구간을 일반화하면 $(\qquad\qquad)$이고,
이때 k는 $(\qquad)$를 결정하고 $(\qquad)$는 k를 결정한다.

신뢰구간이 $a \le m \le b$일 때,
① $b - a = (\qquad)$
$b - a$를 신뢰구간의 $(\qquad)$라 한다.
② $a + b = (\qquad)$

규토 라이트 N제

통계

Training – 2 step

기출 적용편

2. 통계적 추정

032 2016학년도 수능 A형

모표준편차가 14인 모집단에서 크기가 n인 표본을
임의추출하여 구한 표본평균을 $\overline{X}$ 라 하자.
$\sigma(\overline{X})=2$일 때, n의 값은? [3점]

① 9　　　　② 16　　　　③ 25

④ 36　　　　⑤ 49

---

033 2021학년도 수능 가형

정규분포 $N(20,\,5^2)$을 따르는 모집단에서 크기가 16인
표본을 임의추출하여 구한 표본평균을 $\overline{X}$ 라 할 때,
$E(\overline{X})+\sigma(\overline{X})$ 의 값은? [3점]

① $\dfrac{83}{4}$　　　　② $\dfrac{85}{4}$　　　　③ $\dfrac{87}{4}$

④ $\dfrac{89}{4}$　　　　⑤ $\dfrac{91}{4}$

---

034 2012학년도 수능 가형

어느 회사에서 생산하는 음료수 1병에 들어 있는 칼슘
함유량은 모평균이 m, 모표준편차가 σ인 정규분포를
따른다고 한다. 이 회사에서 생산한 음료수 16병을
임의추출하여 칼슘 함유량을 측정한 결과 표본평균이
12.34 이었다. 이 회사에서 생산한 음료수 1병에 들어 있는
칼슘 함유량은 모평균 m에 대한 신뢰도 95%의
신뢰구간이 $11.36 \leq m \leq a$일 때, $a+\sigma$의 값은?
(단, 칼슘 함유량의 단위는 mg이고, Z가 표준정규분포를
따르는 확률변수일 때, $P(0 \leq Z \leq 1.96)=0.4750$ 로
계산한다.) [3점]

① 14.32　　　　② 14.82　　　　③ 15.32

④ 15.82　　　　⑤ 16.32

---

035 2016학년도 고3 9월 평가원 A형

어느 지역의 1인 가구의 월 식료품 구입비는 평균이
45만 원, 표준편차가 8만 원인 정규분포를 따른다고 한다.
이 지역의 1인 가구 중에서 임의로 추출한 16가구의 월
식료품 구입비의 표본평균이
44만 원 이상이고 47만 원
이하일 확률을 오른쪽
표준정규분포표를 이용하여
구한 것은? [3점]

z	$P(0 \leq Z \leq z)$
0.5	0.1915
1.0	0.3413
1.5	0.4332
2.0	0.4772

① 0.3830　　　　② 0.5328　　　　③ 0.6915

④ 0.8185　　　　⑤ 0.8413

---

036 2018학년도 수능 가형

어느 공장에서 생산하는 화장품 1개의 내용량은 평균이
$201.5\,\mathrm{g}$이고 표준편차가 $1.8\,\mathrm{g}$인 정규분포를 따른다고 한다.
이 공장에서 생산한 화장품 중 임의추출한 9개의 화장품
내용량의 표본평균이 $200\,\mathrm{g}$
이상일 확률을 오른쪽
표준정규분포표를 이용하여
구한 것은? [3점]

z	$P(0 \leq Z \leq z)$
1.0	0.3413
1.5	0.4332
2.0	0.4772
2.5	0.4938

① 0.7745　　　　② 0.8413　　　　③ 0.9332

④ 0.9772　　　　⑤ 0.9938

037 2017학년도 사관학교 가형

어느 공장에서 생산하는 군용 위장크림 1개의 무게는
평균이 m, 표준편차가 σ인 정규분포를 따른다고 한다.
이 공장에서 생산하는 군용 위장크림 중에서 임의로
택한 1개의 무게가 50 이상일 확률은 0.1587이다.
이 공장에서 생산하는 군용 위장크림 중에서 임의추출한
4개의 무게의 평균이 50
이상일 확률을 오른쪽
표준정규분포표를 이용하여
구한 것은? (단, 무게의
단위는 g이다.) [3점]

z	$P(0 \le Z \le z)$
0.5	0.1915
1.0	0.3413
1.5	0.4332
2.0	0.4772

① 0.0228 ② 0.0668 ③ 0.1587

④ 0.3085 ⑤ 0.4332

038 2025학년도 수능 확통

정규분포 $N(m, 2^2)$을 따르는 모집단에서 크기가 256인
표본을 임의추출하여 얻은 표본평균을 이용하여 구한
m에 대한 신뢰도 95%의 신뢰구간이 $a \le m \le b$이다.
$b-a$의 값은? (단, Z가 표준정규분포를 따르는
확률변수일 때, $P(|Z| \le 1.96)=0.95$로 계산한다.) [3점]

① 0.49 ② 0.52 ③ 0.55

④ 0.58 ⑤ 0.61

039 2020학년도 고3 9월 평가원 나형

어느 음식점을 방문한 고객의 주문 대기 시간은 평균이
m분, 표준편차가 σ분인 정규분포를 따른다고 한다.
이 음식점을 방문한 고객 중 64명을 임의추출하여 얻은
표본평균을 이용하여, 이 음식점을 방문한 고객의 주문
대기 시간의 평균 m에 대한 신뢰도 95%의 신뢰구간을
구하면 $a \le m \le b$이다. $b-a=4.9$일 때, σ의 값을
구하시오. (단, Z가 표준정규분포를 따르는 확률변수일 때,
$P(|Z| \le 1.96)=0.95$로 계산한다.) [3점]

040 2017학년도 수능 가형

정규분포 $N(0, 4^2)$을 따르는 모집단에서 크기가 9인
표본을 임의추출하여 구한 표본평균을 $\overline{X}$,
정규분포 $N(3, 2^2)$을 따르는 모집단에서 크기가 16인
표본을 임의추출하여 구한 표본평균을 $\overline{Y}$라 하자.
$P(\overline{X} \ge 1)=P(\overline{Y} \le a)$를 만족시키는 상수 a의 값은? [3점]

① $\dfrac{19}{8}$ ② $\dfrac{5}{2}$ ③ $\dfrac{21}{8}$

④ $\dfrac{11}{4}$ ⑤ $\dfrac{23}{8}$

정규분포 $N(m, 6^2)$ 을 따르는 모집단에서 크기가 9인 표본을 임의추출하여 구한 표본평균을 $\overline{X}$, 정규분포 $N(6, 2^2)$ 을 따르는 모집단에서 크기가 4인 표본을 임의추출하여 구한 표본평균을 $\overline{Y}$ 라 하자. $P(\overline{X} \leq 12) + P(\overline{Y} \geq 8) = 1$ 이 되도록 하는 m 의 값은? [3점]

① 5 ② $\dfrac{13}{2}$ ③ 8

④ $\dfrac{19}{2}$ ⑤ 11

어느 회사 직원들의 하루 여가 활동 시간은 모평균이 m, 모표준편차가 10인 정규분포를 따른다고 한다. 이 회사 직원 중 n 명을 임의추출하여 신뢰도 95%로 추정한 모평균 m 에 대한 신뢰구간이 $[38.08,\ 45.92]$ 일 때, n 의 값은? (단, 시간의 단위는 분이고, Z가 표준정규분포를 따르는 확률변수일 때, $P(0 \leq Z \leq 1.96) = 0.475$ 로 계산한다.) [3점]

① 25 ② 36 ③ 49

④ 64 ⑤ 81

어느 마을에서 수확하는 수박의 무게는 평균이 $m\,\text{kg}$, 표준편차가 $1.4\,\text{kg}$인 정규분포를 따른다고 한다. 이 마을에서 수박 중에서 49 개를 임의추출하여 얻은 표본평균을 이용하여. 이 마을에서 수확하는 수박의 무게의 평균 m 에 대한 신뢰도 95% 의 신뢰구간을 구하면 $a \leq m \leq 7.992$ 이다. a의 값은? (단, Z가 표본정규분포를 따르는 확률변수일 때, $P(|Z| \leq 1.96) = 0.95$ 로 계산한다.) [3점]

① 7.198 ② 7.208 ③ 7.218

④ 7.228 ⑤ 7.238

숫자 $1,\ 3,\ 5,\ 7,\ 9$가 각각 하나씩 적혀 있는 5장의 카드가 들어 있는 주머니가 있다. 이 주머니에서 임의로 1장의 카드를 꺼내어 카드에 적혀 있는 수를 확인한 후 다시 넣는 시행을 한다. 이 시행을 3번 반복하여 확인한 세 개의 수의 평균을 $\overline{X}$ 라 하자. $V(a\overline{X}+6)=24$일 때, 양수 a의 값은? [3점]

① 1 ② 2 ③ 3

④ 4 ⑤ 5

045 2011학년도 수능 나형

어느 도시에서 공용 자전거의 1회 이용 시간은 평균이 60분, 표준편차가 10분인 정규분포를 따른다고 한다. 공용 자전거를 이용한 25회를 임의추출하여 조사할 때, 25회 이용 시간의 총합이 1450분 이상일 확률을 오른쪽 표준정규분포표를 이용하여 구한 것은? [3점]

z	$P(0 \leq Z \leq z)$
1.0	0.3413
1.5	0.4332
2.0	0.4772
2.5	0.4938

① 0.8351 ② 0.8413 ③ 0.9332

④ 0.9772 ⑤ 0.9938

046 2021학년도 사관학교 나형

어느 방위산업체에서 생산하는 방독면 1개의 무게는 평균이 m, 표준편차가 50인 정규분포를 따른다고 한다. 이 방위산업체에서 생산하는 방독면 중에서 n개를 임의추출하여 얻은 방독면 무게의 표본평균이 1740이었다. 이 결과를 이용하여 이 방위산업체에서 생산하는 방독면 1개의 무게의 평균 m에 대한 신뢰도 95%의 신뢰구간을 구하면 $1720.4 \leq m \leq a$이다. $n+a$의 값은? (단, 무게의 단위는 g이고, Z가 표준정규분포를 따르는 확률변수일 때, $P(0 \leq Z \leq 1.96) = 0.475$로 계산한다.) [3점]

① 1772.6 ② 1776.6 ③ 1780.6

④ 1784.6 ⑤ 1788.6

047 2017년 고3 10월 교육청 가형

어느 모집단의 확률분포를 표로 나타내면 다음과 같다.

X	0	1	2	합계
$P(X=x)$	$\dfrac{1}{3}$	a	b	1

이 모집단에서 크기가 4인 표본을 임의추출하여 구한 표본평균을 $\overline{X}$라 하자.  $E(\overline{X}) = \dfrac{5}{6}$일 때, ab의 값은? [3점]

① $\dfrac{1}{18}$ ② $\dfrac{1}{12}$ ③ $\dfrac{1}{9}$

④ $\dfrac{5}{36}$ ⑤ $\dfrac{1}{6}$

048 2011학년도 고3 9월 평가원 나형

다음은 어느 모집단의 확률분포표이다.

X	-2	0	1	합계
$P(X=x)$	$\dfrac{1}{4}$	a	$\dfrac{1}{2}$	1

이 모집단에서 크기가 16인 표본을 임의추출할 때, 표본평균 $\overline{X}$의 표준편차는? (단, a는 상수이다.) [4점]

① $\dfrac{\sqrt{6}}{8}$ ② $\dfrac{\sqrt{6}}{6}$ ③ $\dfrac{\sqrt{6}}{4}$

④ $\dfrac{\sqrt{6}}{2}$ ⑤ $\sqrt{6}$

어느 모집단의 확률변수 X의 확률분포가 다음과 같다.

X	0	2	4	합계
$P(X=x)$	$\dfrac{1}{6}$	a	b	1

$E(X^2)=\dfrac{16}{3}$ 일 때, 이 모집단에서 크기가 20인 표본의

표본평균 $\overline{X}$ 에 대하여 $V(\overline{X})$ 의 값은? [3점]

① $\dfrac{1}{60}$ ② $\dfrac{1}{30}$ ③ $\dfrac{1}{20}$

④ $\dfrac{1}{15}$ ⑤ $\dfrac{1}{12}$

정규분포 $N(m,\ 5^2)$ 을 따르는 모집단에서 크기가 49인

표본을 임의추출하여 얻은 표본평균이 $\overline{x}$ 일 때, 모평균

m 에 대한 신뢰도 95%의 신뢰구간이 $a \le m \le \dfrac{6}{5}a$ 이다.

$\overline{x}$ 의 값은? (단, Z가 표준정규분포를 따르는

확률변수일 때, $P(|Z| \le 1.96)=0.95$ 로 계산한다.) [3점]

① 15.2 ② 15.4 ③ 15.6

④ 15.8 ⑤ 16

어느 회사에서 근무하는 직원들의 일주일 근무 시간은

평균이 42시간, 표준편차 4시간인 정규분포를 따른다고

한다. 이 회사에서 근무하는 직원 중에서 임의추출한 4명의

일주일 근무 시간의 표본평균이

43시간 이상일 확률을

오른쪽 표준정규분포표를

이용하여 구한 것은? [3점]

z	$P(0 \le Z \le z)$
0.5	0.1915
1.0	0.3413
1.5	0.4332
2.0	0.4772

① 0.0228 ② 0.0668 ③ 0.1587

④ 0.3085 ⑤ 0.3413

어느 회사에서 생산하는 샴푸 1개의 용량은 정규분포

$N(m,\ \sigma^2)$ 을 따른다고 한다. 이 회사에서 생산하는 샴푸

중에서 16개를 임의추출하여 얻은 표본평균을 이용하여

구한 m 에 대한 신뢰도 95%의 신뢰구간이

$746.1 \le m \le 755.9$ 이다. 이 회사에서 생산하는 샴푸 중에서

n개를 임의추출하여 얻은 표본평균을 이용하여 구하는

m 에 대한 신뢰도 99%의 신뢰구간이 $a \le m \le b$ 일 때,

$b-a$ 의 값이 6 이하가 되기 위한 자연수 n 의 최솟값은?

(단, 용량의 단위는 mL이고, Z가 표준정규분포를 따르는

확률변수일 때, $P(|Z| \le 1.96)=0.95$, $P(|Z| \le 2.58)=0.99$ 로

계산한다.) [3점]

① 70 ② 74 ③ 78

④ 82 ⑤ 86

053 2023학년도 고3 9월 평가원 공통

1부터 6까지의 자연수가 하나씩 적힌 6장의 카드가 들어 있는 주머니가 있다. 이 주머니에서 임의로 한 장의 카드를 꺼내어 카드에 적힌 수를 확인한 후 다시 넣는 시행을 한다. 이 시행을 4번 반복하여 확인한 네 개의 수의 평균을 $\overline{X}$ 라 할 때, $P\left(\overline{X} = \dfrac{11}{4}\right) = \dfrac{q}{p}$ 이다. $p+q$의 값을 구하시오. (단, p와 q는 서로소인 자연수이다.) [4점]

054 2015년 고3 10월 교육청 B형

주머니 속에 1의 숫자가 적혀 있는 공 1개, 3의 숫자가 적혀 있는 공 n개가 들어 있다. 이 주머니에서 임의로 1개의 공을 꺼내어 공에 적혀 있는 수를 확인한 후 다시 넣는다. 이와 같은 시행을 2번 반복하여 얻은 두 수의 평균을 $\overline{X}$ 라 하자. $P(\overline{X}=1)=\dfrac{1}{49}$ 일 때, $E(\overline{X})=\dfrac{q}{p}$ 이다. $p+q$의 값을 구하시오. (단, p와 q는 서로소인 자연수이다.) [4점]

055 2017학년도 수능 나형

어느 농가에서 생산하는 석류의 무게는 평균이 m, 표준편차가 40인 정규분포를 따른다고 한다. 이 농가에서 생산하는 석류 중에서 임의추출한, 크기가 64인 표본을 조사하였더니 석류 무게의 표본평균의 값이 $\overline{x}$이었다. 이 결과를 이용하여, 이 농가에서 생산하는 석류 무게의 평균 m에 대한 신뢰도 99%의 신뢰구간을 구하면 $\overline{x}-c \le m \le \overline{x}+c$이다. c의 값은? (단, 무게의 단위는 g 이고, Z가 표준정규분포를 따르는 확률변수일 때, $P(0 \le Z \le 2.58)=0.495$ 로 계산한다.) [4점]

① 25.8   ② 21.5   ③ 17.2

④ 12.9   ⑤ 8.6

056 2012학년도 수능 나형

어느 공장에서 생산되는 제품의 길이 X는 평균이 m이고, 표준편차가 4인 정규분포를 따른다고 한다. $P(m \le X \le a)=0.3413$ 일 때, 이 공장에서 생산된 제품 중에서 임의추출한 제품 16개의 길이의 표본평균이 $a-2$ 이상일 확률을 오른쪽 표준정규분포표를 이용하여 구한 것은? (단, a는 상수이고, 길이의 단위는 cm이다.) [4점]

z	$P(0 \le Z \le z)$
1.0	0.3413
1.5	0.4332
2.0	0.4772
2.0	0.4772

① 0.0228   ② 0.0668   ③ 0.0919

④ 0.1359   ⑤ 0.1587

어느 지역 주민들의 하루 여가 활동 시간은 평균이 m분, 표준편차가 σ분인 정규분포를 따른다고 한다. 이 지역 주민 중 16명을 임의추출하여 구한 하루 여가 활동 시간의 표본평균이 75분일 때, 모평균 m에 대한 신뢰도 95%의 신뢰구간이 $a \le m \le b$이다. 이 지역 주민 중 16명을 다시 임의추출하여 구한 하루 여가 활동 시간의 표본평균이 77분일 때, 모평균 m에 대한 신뢰도 99%의 신뢰구간이 $c \le m \le d$이다. $d-b=3.86$을 만족시키는 σ의 값을 구하시오. (단, Z가 표준정규분포를 따르는 확률변수일 때, $\mathrm{P}(|Z| \le 1.96)=0.95$, $\mathrm{P}(|Z| \le 2.58)=0.99$로 계산한다.)

[4점]

대중교통을 이용하여 출근하는 어느 지역 직장인의 월 교통비는 평균이 8이고 표준편차가 1.2인 정규분포를 따른다고 한다. 대중교통을 이용하여 출근하는 이 지역 직장인 중 임의추출한 n명의 월 교통비의 표본평균을 $\overline{X}$라 할 때,

$$\mathrm{P}\left(7.76 \le \overline{X} \le 8.24\right) \ge 0.6826$$

이 되기 위한 n의 최솟값을 오른쪽 표준정규분포를 이용하여 구하시오.
(단, 교통비의 단위는 만 원이다.) [4점]

z	$\mathrm{P}\,(0 \le Z \le z)$
0.5	0.1915
1.0	0.3413
1.5	0.4332
2.0	0.4772

어느 지역 신생아의 출생 시 몸무게 X가 정규분포를 따르고

$$\mathrm{P}(X \ge 3.4)=\frac{1}{2}, \ \mathrm{P}(X \le 3.9)+\mathrm{P}(Z \le -1)=1$$

이다. 이 지역 신생아 중에서 임의추출한 25명의 출생 시 몸무게의 표본평균을 $\overline{X}$라 할 때, $\mathrm{P}\left(\overline{X} \ge 3.55\right)$의 값을 오른쪽 표준정규분포를 이용하여 구한 것은?
(단, 무게의 단위는 kg이고 Z가 표준정규분포를 따르는 확률변수이다.) [4점]

z	$\mathrm{P}\,(0 \le Z \le z)$
1.0	0.3413
1.5	0.4332
2.0	0.4772
2.5	0.4938

① 0.0062 　② 0.0228 　③ 0.0668

④ 0.1587 　⑤ 0.3413

어느 회사에서 생산하는 초콜릿 한 개의 무게는 평균이 m, 표준편차가 σ인 정규분포를 따른다고 한다. 이 회사에서 생산하는 초콜릿 중에서 임의추출한, 크기가 49인 표본을 조사하였더니 초콜릿 무게의 표본평균의 값이 $\overline{x}$이었다. 이 결과를 이용하여, 이 회사에서 생산하는 초콜릿 한 개의 무게의 평균 m에 대한 신뢰도 95%의 신뢰구간을 구하면 $1.73 \le m \le 1.87$이다. $\dfrac{\sigma}{\overline{x}}=k$일 때, $180k$의 값을 구하시오.
(단, 무게의 단위는 g이고, Z가 표준정규분포를 따르는 확률변수일 때, $\mathrm{P}(0 \le Z \le 1.96)=0.475$로 계산한다.) [4점]

061 2022학년도 고3 9월 평가원 확통

지역 A에 살고 있는 성인들의 1인 하루 물 사용량을
확률변수 X, 지역 B에 살고 있는 성인들의 1인 하루 물
사용량을 확률변수 Y라 하자. 두 확률변수 X, Y는
정규분포를 따르고 다음 조건을 만족시킨다.

> (가) 두 확률변수 X, Y의 평균은 각각 220과 240이다.
> (나) 확률변수 Y의 표준편차는 확률변수 X의
>   표준편차의 1.5배이다.

지역 A에 살고 있는 성인 중 임의추출한 n명의 1인 하루
물 사용량의 표본평균을 $\overline{X}$, 지역 B에 살고 있는 성인 중
임의추출한 $9n$명의 1인 하루 물 사용량의 표본평균을
$\overline{Y}$라 하자. $P(\overline{X} \le 215) = 0.1587$일 때,
$P(\overline{Y} \ge 235)$의 값을 오른쪽
표준정규분포표를 이용하여
구한 것은? (단, 물 사용량의
단위는 L이다.) [3점]

z	$P(0 \le Z \le z)$
0.5	0.1915
1.0	0.3413
1.5	0.4332
2.0	0.4772

① 0.6915   ② 0.7745   ③ 0.8185

④ 0.8413   ⑤ 0.9772

062 2022학년도 수능 확통

어느 자동차 회사에서 생산하는 전기 자동차의 1회 충전
주행 거리는 평균이 m이고 표준편차가 σ인 정규분포를
따른다고 한다. 이 자동차 회사에서 생산한 전기 자동차
100대를 임의추출하여 얻은 1회 충전 주행 거리의
표본평균이 $\overline{x_1}$일 때, 모평균 m에 대한 신뢰도 95%의
신뢰구간이 $a \le m \le b$이다. 이 자동차 회사에서 생산한
전기 자동차 400대를 임의추출하여 얻은 1회 충전 주행
거리의 표본평균이 $\overline{x_2}$일 때, 모평균 m에 대한 신뢰 99%의
신뢰구간이 $c \le m \le d$이다. $\overline{x_1} - \overline{x_2} = 1.34$이고 $a = c$일 때,
$b - a$의 값은? (단, 주행 거리의 단위는 km이고,
Z가 표준정규분포를 따르는 확률변수일 때
$P(|Z| \le 1.96) = 0.95$, $P(|Z| \le 2.58) = 0.99$로 계산한다.)
[3점]

① 5.88   ② 7.84   ③ 9.80

④ 11.76   ⑤ 13.72

063 2008학년도 고3 9월 평가원 가형

정규분포 $N(m, \sigma^2)$을 따르는 모집단에서 크기가 24인
표본을 임의추출할 때, 표본평균 $\overline{X}$의 평균은 다음 자료
5개의 평균과 같고, 표본평균 $\overline{X}$의 분산은 이 자료의
분산과 같다. 모집단의 평균 m과 표준편차 σ의
합 $m + \sigma$의 값을 구하시오. [4점]

> 8,   9,   11,   12,   15

064 2012학년도 고3 9월 평가원 가형

어느 지역 학생들의 1일 인터넷 사용시간 X는 평균이
m분, 표준편차가 30분인 정규분포를 따른다. 이 지역
학생들을 대상으로 9명을 임의추출하여 조사한 1일 인터넷
사용시간의 표본평균을 $\overline{X}$라 하자. 함수 $G(k)$, $H(k)$를

$$G(k) = P(X \le m + 30k)$$

$$H(k) = P(\overline{X} \ge m - 30k)$$

라 할 때, 옳은 것만을 〈보기〉에서 있는 대로 고른 것은? [4점]

> ──── 〈보기〉 ────
>
> ㄱ. $G(0) = H(0)$
> ㄴ. $G(3) = H(1)$
> ㄷ. $G(1) + H(-1) = 1$

① ㄱ   ② ㄷ   ③ ㄱ, ㄴ

④ ㄴ, ㄷ   ⑤ ㄱ, ㄴ, ㄷ

어느 고등학교 학생들의 1개월 자율학습실 이용 시간은
평균이 m, 표준편차가 5인 정규분포를 따른다고 한다.
이 고등학교 학생 25명을 임의추출하여 1개월 자율학습실
이용 시간을 조사한 표본평균이 $\overline{x_1}$ 일 때, 모평균 m 에 대한
신뢰도 95%의 신뢰구간이 $80-a \leq m \leq 80+a$ 이었다.
또 이 고등학교 학생 n명을 임의추출하여 1개월
자율학습실 이용 시간을 조사한 표본평균이 $\overline{x_2}$ 일 때,
모평균 m 에 대한 신뢰도 95%의 신뢰구간이 다음과 같다.

$$\frac{15}{16}\overline{x_1} - \frac{5}{7}a \leq m \leq \frac{15}{16}\overline{x_1} + \frac{5}{7}a$$

$n + \overline{x_2}$ 의 값은? (단, 이용 시간의 단위는 시간이고,
Z가 표준정규분포를 따르는 확률변수일 때,
$P(0 \leq Z \leq 1.96) = 0.475$ 로 계산한다.) [4점]

① 121 ② 124 ③ 127

④ 130 ⑤ 133

정규분포 $N(10, 2^2)$ 을 따르는 모집단에서 임의추출한
크기 n인 표본의 표본평균을 $\overline{X}$, 표준정규분포를 따르는
확률변수를 Z라 하자. 옳은 것만을 〈보기〉에서 있는 대로
고른 것은? (단, a, b는 상수이다.) [4점]

〈보기〉

ㄱ. $V(\overline{X}) = \dfrac{4}{n}$

ㄴ. $P(\overline{X} \leq 10-a) = P(\overline{X} \geq 10+a)$

ㄷ. $P(\overline{X} \geq a) = P(Z \leq b)$ 이면 $a + \dfrac{2}{\sqrt{n}}b = 10$ 이다.

---

① ㄱ ② ㄴ ③ ㄱ, ㄷ

④ ㄴ, ㄷ ⑤ ㄱ, ㄴ, ㄷ

정규분포 $N(50, 8^2)$ 을 따르는 모집단에서 크기가 16인
표본을 임의추출하여 구한 표본평균을 $\overline{X}$, 정규분포
$N(75, \sigma^2)$ 을 따르는 모집단에서 크기가 25인 표본을
임의추출하여 구한 표본평균을 $\overline{Y}$ 라 하자.

$P(\overline{X} \leq 53) + P(\overline{Y} \leq 69) = 1$ 일
때, $P(\overline{Y} \geq 71)$ 의 값을
오른쪽 표준정규분포표를
이용하여 구한 것은? [4점]

z	$P(0 \leq Z \leq z)$
1.0	0.3413
1.2	0.3849
1.4	0.4192
1.6	0.4452

① 0.8413 ② 0.8644 ③ 0.8849

④ 0.9192 ⑤ 0.9452

주머니 속에 1의 숫자가 적혀 있는 공 1개, 2의 숫자가
적혀 있는 공 2개, 3의 숫자가 적혀 있는 공 5개가 들어
있다. 이 주머니에서 임의로 1개의 공을 꺼내어 공에 적혀
있는 수를 확인한 후 다시 넣는다. 이와 같은 시행을 2번
반복할 때, 꺼낸 공에 적혀 있는 수의 평균을 $\overline{X}$ 라 하자.
$P(\overline{X} = 2)$ 의 값은? [4점]

① $\dfrac{5}{32}$ ② $\dfrac{11}{64}$ ③ $\dfrac{3}{16}$

④ $\dfrac{13}{64}$ ⑤ $\dfrac{7}{32}$

069 2009학년도 고3 9월 평가원 가형 ◯◯◯◯◯

모집단 A는 정규분포 $N(m_1, \sigma^2)$을 따르고, 모집단 B는
정규분포 $N\left(m_2, \left(\dfrac{\sigma}{2}\right)^2\right)$을 따른다. 모집단 A에서 크기 n_1,
모집단 B에서 크기 n_2인 표본을 각각 임의추출할 때의
표본평균을 각각 $\overline{X_A}$, $\overline{X_B}$라 하자.
옳은 것만을 〈보기〉에서 있는 대로 고른 것은?
(단, n_1, n_2는 1보다 큰 자연수이다.) [4점]

---〈보기〉---

ㄱ. $m_1 = m_2$이면 $E(\overline{X_A}) = E(\overline{X_B})$이다.

ㄴ. 표본평균 $\overline{X_B}$는 정규분포 $N\left(m_2, \left(\dfrac{\sigma}{2}\right)^2\right)$을 따른다.

ㄷ. $n_1 = 4n_2$일 때, m_1에 대한 신뢰도 95%의 신뢰구간이
$[a, b]$이고, m_2에 대한 신뢰도 95%의 신뢰구간이
$[c, d]$이면, $b - a = d - c$이다.

---

① ㄱ ② ㄷ ③ ㄱ, ㄷ

④ ㄴ, ㄷ ⑤ ㄱ, ㄴ, ㄷ

070 2015학년도 고3 9월 평가원 A형 ◯◯◯◯◯

어느 나라에서 작년에 운행된 택시의 연간 주행거리는
모평균이 m인 정규분포를 따른다고 한다. 이 나라에서
작년에 운행된 택시 중에서 16대를 임의추출하여 구한 연간
주행거리의 표본평균이 $\bar{x}$이고, 이 결과를 이용하여 신뢰도
95%로 추정한 m에 대한 신뢰구간이 $[\bar{x} - c, \ \bar{x} + c]$이었다.
이 나라에서 작년에 운행된 택시 중에서 임의로 1대를
선택할 때, 이 택시의 연간
주행거리가 $m + c$ 이하일
확률을 오른쪽
표준정규분포표를 이용하여
구한 것은? (단, 주행거리의
단위는 km이다.) [4점]

z	$P(0 \le Z \le z)$
0.49	0.1879
0.98	0.3365
1.47	0.4292
1.96	0.4750

① 0.6242 ② 0.6635 ③ 0.6879

④ 0.8365 ⑤ 0.9292

071 2009학년도 고3 9월 평가원 가형 ◯◯◯◯◯

어떤 모집단의 분포가 정규분포 $N(m, 10^2)$을 따르고,
이 정규분포의 확률밀도함수 $f(x)$의 그래프와 구간별
확률은 아래와 같다.

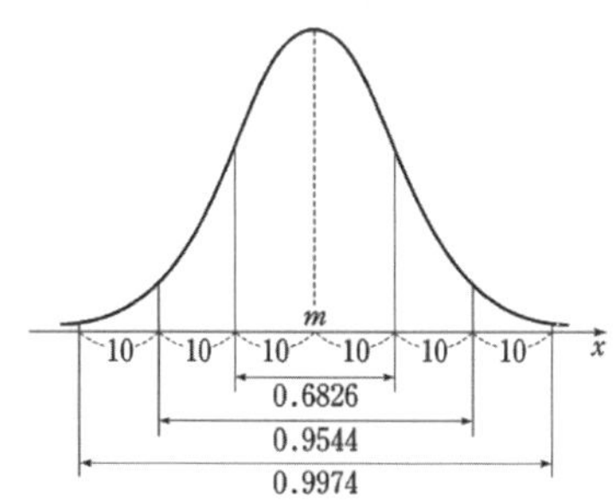

확률밀도함수 $f(x)$는 모든 실수 x에 대하여
$$f(x) = f(100 - x)$$
를 만족한다. 이 모집단에서 크기 25인 표본을 임의추출할
때의 표본평균을 $\overline{X}$라 하자. $P(44 \le \overline{X} \le 48)$의 값은? [4점]

① 0.1359 ② 0.1574 ③ 0.1965

④ 0.2350 ⑤ 0.2718

072 2010학년도 고3 9월 평가원 가형 ◯◯◯◯◯

어느 공장에서 생산되는 제품의 길이는 모표준편차가
$\dfrac{1}{1.96}$인 정규분포를 따른다고 한다. 이 공장에서 생산되는
제품 중에서 임의추출한 10개 제품의 길이를 측정하여
표본평균을 구하였다. 이 표본평균을 이용하여 구한 제품의
길이의 모평균 m에 대한 신뢰도 95%의 신뢰구간을
$[\alpha, \beta]$라 하자. α, β가 이차방정식 $10x^2 - 100x + k = 0$의
두 근일 때, k의 값을 구하시오. (단, Z가 표준정규분포를
따르는 확률변수일 때, $P(0 \le Z \le 1.96) = 0.475$로 계산한다.)
[4점]

정규분포 $\mathrm{N}(m,\ 2^2)$ 을 따르는 모집단에서 임의추출한 크기 7인 표본과 크기 10인 표본의 표본평균을 각각 $\overline{X_A}$, $\overline{X_B}$ 라 하고, $\overline{X_A}$ 와 $\overline{X_B}$ 의 분포를 이용하여 추정한 모평균 m 에 대한 신뢰도 95%의 신뢰구간을 각각 $a \le m \le b$, $c \le m \le d$ 라고 하자. 옳은 것만을 〈보기〉에서 있는 대로 고른 것은? [4점]

〈보기〉

ㄱ. $\overline{X_A}$ 의 분산은 $\overline{X_B}$ 의 분산보다 크다.
ㄴ. $\mathrm{P}\!\left(\overline{X_A} \le m+2\right) < \mathrm{P}\!\left(\overline{X_B} \le m+2\right)$
ㄷ. $d-c < b-a$

---

① ㄱ ② ㄷ ③ ㄱ, ㄴ

④ ㄴ, ㄷ ⑤ ㄱ, ㄴ, ㄷ

다음은 어떤 모집단의 확률분포표이다.

X	10	20	30	합계
$\mathrm{P}(X=x)$	$\dfrac{1}{2}$	a	$\dfrac{1}{2}-a$	1

이 모집단에서 크기가 2인 표본을 복원추출하여 구한 표본평균을 $\overline{X}$ 라 하자. $\overline{X}$ 의 평균이 18일 때, $\mathrm{P}\!\left(\overline{X}=20\right)$ 의 값은? [4점]

① $\dfrac{2}{5}$ ② $\dfrac{19}{50}$ ③ $\dfrac{9}{25}$

④ $\dfrac{17}{50}$ ⑤ $\dfrac{8}{25}$

주머니 A에는 숫자 1, 2, 3이 하나씩 적힌 3개의 공이 들어 있고, 주머니 B에는 숫자 1, 2, 3, 4가 하나씩 적힌 4개의 공이 들어 있다. 두 주머니 A, B와 한 개의 주사위를 사용하여 다음 시행을 한다.

주사위를 한 번 던져
나온 눈의 수가 3의 배수이면
주머니 A에서 임의로 2개의 공을 동시에 꺼내고,
나온 눈의 수가 3의 배수가 아니면
주머니 B에서 임의로 2개의 공을 동시에 꺼낸다.
꺼낸 2개의 공에 적혀 있는 수의 차를 기록한 후,
공을 꺼낸 주머니에 이 2개의 공을 다시 넣는다.

이 시행을 2번 반복하여 기록한 두 개의 수의 평균을 $\overline{X}$ 라 할 때, $\mathrm{P}\!\left(\overline{X}=2\right)$ 의 값은? [4점]

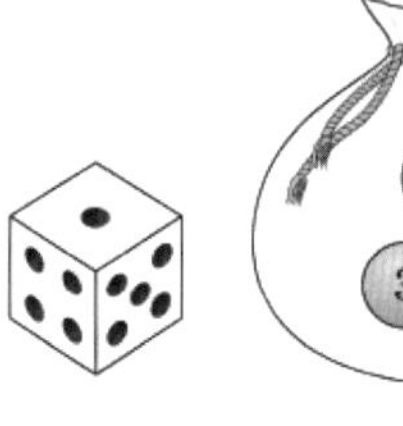
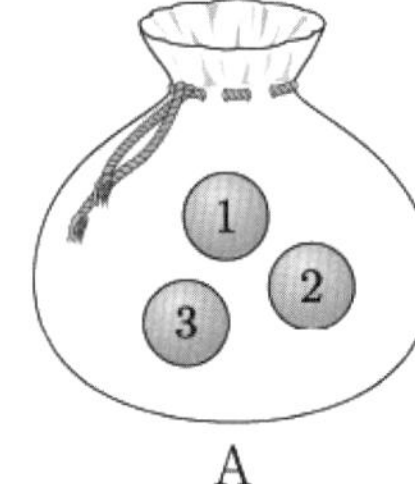
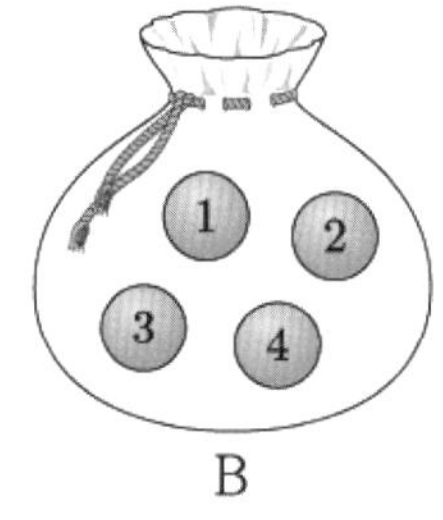

① $\dfrac{11}{81}$ ② $\dfrac{13}{81}$ ③ $\dfrac{5}{27}$

④ $\dfrac{17}{81}$ ⑤ $\dfrac{19}{81}$

주머니 A 에는 숫자 1, 2가 하나씩 적혀 있는 2개의 공이 들어 있고, 주머니 B 에는 숫자 3, 4, 5가 하나씩 적혀 있는 3개의 공이 들어 있다. 다음의 시행을 3번 반복하여 확인한 세 개의 수의 평균을 $\overline{X}$ 라 하자.

> 두 주머니 A, B 중 임의로 선택한 하나의 주머니에서 임의로 한 개의 공을 꺼내어 공에 적혀 있는 수를 확인한 후 꺼낸 주머니에 다시 넣는다.

$\mathrm{P}(\overline{X}=2)=\dfrac{q}{p}$ 일 때, $p+q$ 의 값을 구하시오. (단, p 와 q 는 서로소인 자연수이다.) [4점]

어느 공장에서 생산되는 제품의 무게 X는 평균이 $60\,\mathrm{g}$, 표준편차가 $5\,\mathrm{g}$인 정규분포를 따른다고 한다. 제품의 무게가 $50\,\mathrm{g}$ 이하인 제품은 불량품으로 판정한다. 이 공장에서 생산된 제품 중에서 2500개를 임의로 추출할 때, 2500개 무게의 평균을 $\overline{X}$, 불량품의 개수를 Y라고 하자. 오른쪽 표준정규분포표를 이용하여 옳은 것만을 〈보기〉에서 있는 대로 고른 것은? [4점]

z	$\mathrm{P}(0 \le Z \le z)$
0.5	0.19
1.0	0.34
1.5	0.43
2.0	0.48
2.5	0.49

〈보기〉

ㄱ. $\mathrm{P}(\overline{X} \ge 60)=\dfrac{1}{2}$

ㄴ. $\mathrm{P}(Y \ge 57)=\mathrm{P}(\overline{X} \le 59.9)$

ㄷ. 임의의 양수 k에 대하여
$\mathrm{P}(60-k \le X \le 60+k) > \mathrm{P}(60-k \le \overline{X} \le 60+k)$

① ㄱ 　　② ㄷ 　　③ ㄱ, ㄴ

④ ㄴ, ㄷ 　　⑤ ㄱ, ㄴ, ㄷ

078

어느 블로그의 하루 방문자 수는 모평균이 295 이고,
모표준편차가 σ 인 정규분포를 따른다고 한다. 이 블로그의
하루 방문자 수 가운데 25 일을 임의추출하여 모평균의
값을 신뢰도 $a\%$ 로 추정한 신뢰구간이 $[\overline{x}-6,\ \overline{x}+6]$ 이고,
이 블로그의 하루 방문자 수 가운데 9 일을 임의추출하여
조사할 때, 9 일 동안 총
방문자 수가 2700 명 이상일
확률이 0.1587 일 때,
a 의 값을 오른쪽
표준정규분포표를 이용하여
구한 것은?

z	$P\,(0 \leq Z \leq z)$
1.0	0.3413
1.5	0.4332
2.0	0.4772
2.5	0.4938

① 65.87 ② 68.26 ③ 86.64

④ 95.44 ⑤ 98.76

079

상자 속에 1 의 숫자가 적혀 있는 카드가 n 개, 2 의 숫자가
적혀 있는 카드가 $n+5$ 개 들어 있다. 이 상자에서 임의로 1 개의
카드를 꺼내어 카드에 적혀 있는 수를 확인하고 다시 넣는다.
이와 같은 시행을 3번 반복하여 얻은 세 수들의 평균을 $\overline{X}$ 라
하자. $P\left(\overline{X} > 1\right) = \dfrac{26}{27}$ 일 때, $\dfrac{E(4\overline{X})}{P\left(\overline{X} = \dfrac{5}{3}\right)}$ 의 값을 구하시오.

080

정규분포 $N(m,\ 4^2)$ 을 따르는 확률변수 X와 이 모집단에서
크기가 16인 표본을 임의추출하여 구한 표본평균을 $\overline{X}$ 라
할 때, 다음 조건을 만족시킨다.

> (가) $P(X \leq -11) = P(X \geq 13) = 0.0013$
> (나) $P(\overline{X} \geq -2) = 1.9759 - P(X \geq -7)$

$P\left(\overline{X}^2 - 7\overline{X} + 12 \leq 0\right)$ 의 값은?

① 0.0215 ② 0.0228 ③ 0.0668

④ 0.1525 ⑤ 0.1587

081

정규분포 $N(m,\ 3^2)$ 을 따르는 모집단에서 임의추출한
크기가 n 인 표본의 표본평균을 $\overline{X}$ 라 할 때,
함수 $G(m)$ 은

$$G(m) = P\left(\overline{X} \leq \frac{6}{\sqrt{n}}\right)$$

이다. $1.6687 \leq G(0) + G(0.5) \leq 1.9104$ 을 만족시키는
자연수 n의 개수를 오른쪽
표준정규분포표를 이용하여
구하시오.

z	$P\,(0 \leq Z \leq z)$
0.5	0.1915
1.0	0.3413
1.5	0.4332
2.0	0.4772

규토 라이트 N제

빠른정답

1. 경우의 수
2. 확률
3. 통계

경우의 수

여러 가지 순열과 중복조합 | Guide step

1	(1) 120 (2) 24
2	240
3	500
4	540
5	243
6	(1) 60 (2) 20
7	(1) 70 (2) 16
8	165
9	(1) 15 (2) 36
10	10
11	(1) 28 (2) 60
12	(1) 25 (2) 150 (3) 243 (4) 45 (5) 21

1	120	28	3
2	16	29	15
3	144	30	143
4	432	31	175
5	144	32	61
6	24	33	84
7	768	34	150
8	12	35	450
9	240	36	35
10	243	37	192
11	375	38	19
12	211	39	82
13	90	40	350
14	125	41	100
15	114	42	115
16	180	43	234
17	21	44	195
18	120	45	260
19	150	46	48
20	50	47	56
21	240	48	250
22	192	49	(1) 125 (2) 5 (3) 60 (4) 60 (5) 10 (6) 35 (7) 20
23	480	50	243
24	510	51	156
25	46	52	126
26	85	53	50
27	36		

여러 가지 순열과 중복조합 | Training - 2 step

54	③	91	②
55	①	92	④
56	④	93	②
57	②	94	④
58	②	95	⑤
59	⑤	96	①
60	③	97	④
61	②	98	②
62	②	99	74
63	①	100	50
64	⑤	101	③
65	④	102	546
66	④	103	33
67	①	104	9
68	①	105	37
69	⑤	106	220
70	①	107	36
71	④	108	②
72	①	109	32
73	③	110	⑤
74	③	111	⑤
75	③	112	68
76	④	113	③
77	①	114	④
78	②	115	525
79	⑤	116	120
80	②	117	32
81	⑤	118	332
82	90	119	80
83	55	120	450
84	③	121	⑤
85	84	122	④
86	36	123	115
87	③	124	④
88	④	125	①
89	③	126	196
90	48	127	25

128	⑤	131	93
129	336	132	②
130	108		

여러 가지 순열과 중복조합 | **Master step**

133	285	145	114
134	40	146	72
135	258	147	21
136	⑤	148	56
137	192	149	97
138	28	150	218
139	41	151	②
140	35	152	260
141	49	153	100
142	168	154	708
143	99	155	201
144	①		

이항정리 | Guide step

1	(1) $y^4 + 4xy^3 + 6x^2y^2 + 4x^3y + x^4$ (2) $-1 + 5x - 10x^2 + 10x^3 - 5x^4 + x^5$ (3) $1 + 6x + 12x^2 + 8x^3$
2	(1) 672 (2) 135
3	(1) 32 (2) 256 (3) 64

이항정리 | Training − 1 step

1	40	8	378
2	80	9	70
3	75	10	810
4	108	11	5
5	240	12	251
6	8	13	16
7	1		

이항정리 | Training − 2 step

14	⑤	25	10
15	⑤	26	②
16	②	27	25
17	3	28	②
18	④	29	②
19	①	30	30
20	⑤	31	②
21	60	32	③
22	⑤	33	③
23	⑤	34	25
24	⑤	35	682

이항정리 | Master step

36	204	38	11
37	12	39	488

확률

확률의 뜻과 활용 | Guide step

1	(1) $A \cup B = \{2,\ 3,\ 5,\ 6,\ 7,\ 9,\ 11,\ 12\}$ (2) $A \cap B = \{3\}$ (3) $A^c = \{1,\ 4,\ 6,\ 8,\ 9,\ 10,\ 12\}$
2	$\dfrac{3}{8}$
3	$\dfrac{1}{14}$
4	$\dfrac{3}{5}$
5	$\dfrac{4}{9}$
6	$\dfrac{2}{3}$

확률의 뜻과 활용 | Training − 1 step

1	③	16	143
2	②	17	④
3	②	18	⑤
4	263	19	②
5	29	20	③
6	8	21	③
7	③	22	②
8	20	23	②
9	④	24	②
10	10	25	21
11	②	26	④
12	14	27	④
13	38	28	16
14	35	29	③
15	⑤	30	236

31	②	60	③
32	②	61	②
33	②	62	⑤
34	②	63	④
35	③	64	②
36	①	65	①
37	②	66	11
38	⑤	67	⑤
39	④	68	①
40	⑤	69	④
41	④	70	12
42	③	71	④
43	⑤	72	②
44	③	73	44
45	④	74	19
46	②	75	④
47	⑤	76	④
48	③	77	68
49	③	78	③
50	②	79	①
51	③	80	③
52	②	81	⑤
53	③	82	④
54	③	83	89
55	6	84	④
56	④	85	③
57	③	86	②
58	④	87	①
59	⑤	88	51

89	47	95	②
90	18	96	22
91	122	97	③
92	154	98	133
93	15	99	71
94	193		

조건부확률 | Guide step

1	$\dfrac{2}{3}$
2	$\dfrac{1}{15}$
3	$\dfrac{7}{13}$
4	종속
5	$\dfrac{135}{512}$

조건부확률 | Training - 1 step

1	②	23	30
2	①	24	②
3	③	25	③
4	①	26	④
5	⑤	27	②
6	④	28	②
7	①	29	①
8	40	30	③
9	75	31	⑤
10	③	32	③
11	②	33	②
12	②	34	3
13	5	35	100
14	④	36	②
15	41	37	③
16	32	38	307
17	④	39	189
18	31	40	275
19	11	41	47
20	40	42	⑤
21	153	43	②
22	20		

조건부확률 | Training - 2 step

44	④	73	43
45	③	74	120
46	⑤	75	30
47	⑤	76	④
48	④	77	⑤
49	④	78	⑤
50	⑤	79	62
51	②	80	43
52	②	81	②
53	②	82	8
54	①	83	⑤
55	①	84	③
56	④	85	①
57	①	86	①
58	②	87	①
59	③	88	②
60	③	89	①
61	③	90	34
62	137	91	25
63	③	92	③
64	④	93	③
65	④	94	50
66	④	95	28
67	①	96	⑤
68	①	97	④
69	①	98	④
70	①	99	①
71	④	100	19
72	④		

조건부확률 | Master step

101	53	106	125
102	131	107	48
103	41	108	191
104	③	109	49
105	135	110	9

통계

확률분포 | Guide step

1	(1) 풀이 참고 (2) $\dfrac{5}{9}$
2	$\dfrac{35}{18}$
3	$V(X)=\dfrac{19}{16},\ \sigma(X)=\dfrac{\sqrt{19}}{4}$
4	$V(X)=\dfrac{5}{9},\ \sigma(X)=\dfrac{\sqrt{5}}{3}$
5	(1) 37 (2) 36 (3) 9
6	(1) $P(X=x)={}_3C_x\left(\dfrac{1}{6}\right)^x\left(\dfrac{5}{6}\right)^{3-x}\ (0 \leq x \leq 3)$ (2) $\dfrac{25}{27}$
7	25
8	$E(X)=30,\ \sigma(X)=2\sqrt{5}$
9	(1) $\dfrac{2}{9}$ (2) $\dfrac{5}{9}$
10	(1) $m_1=m_2<m_3$ (2) $\sigma_2=\sigma_3<\sigma_1$
11	0.9772
12	0.1359
13	0.0919

확률분포 | Training – 1 step

1	②	27	14
2	⑤	28	48
3	35	29	②
4	③	30	④
5	②	31	71
6	15	32	③
7	⑤	33	4
8	21	34	ㄴ, ㄷ, ㄹ
9	5	35	19
10	121	36	78
11	5	37	②
12	74	38	①
13	100	39	95
14	28	40	②
15	13	41	69
16	20	42	⑤
17	55	43	②
18	16	44	④
19	40	45	76
20	152	46	84
21	128	47	45
22	17	48	14
23	③	49	①
24	①	50	④
25	39	51	③
26	75		

52	③	87	20
53	32	88	155
54	⑤	89	③
55	15	90	②
56	④	91	②
57	④	92	⑤
58	③	93	④
59	④	94	37
60	⑤	95	10
61	①	96	④
62	②	97	121
63	①	98	⑤
64	16	99	8
65	④	100	③
66	③	101	35
67	②	102	78
68	④	103	31
69	①	104	28
70	5	105	①
71	②	106	59
72	30	107	④
73	125	108	③
74	⑤	109	25
75	④	110	②
76	④	111	⑤
77	②	112	⑤
78	50	113	⑤
79	③	114	⑤
80	④	115	47
81	①	116	③
82	①	117	10
83	⑤	118	③
84	5	119	994
85	④	120	80
86	17	121	673

122	③	127	41
123	②	128	233
124	②	129	221
125	①	130	③
126	③		

1	$\mathrm{E}(\overline{X})=50,\ \sigma(\overline{X})=2$
2	0.0228
3	$28.04 \leq m \leq 31.96$

통계적 추정 | Training - 1 step

1	116	17	②
2	25	18	25
3	5	19	④
4	④	20	ㄴ, ㄷ, ㄹ
5	①	21	ㄱ, ㄴ, ㄷ, ㄹ, ㅂ
6	20	22	196
7	②	23	①
8	①	24	64
9	②	25	10
10	①	26	③
11	③	27	①
12	39	28	45
13	①	29	10
14	16	30	성민, 민수, 혜민, 진아
15	⑤	31	풀이 참고
16	100		

통계적 추정 | Training - 2 step

32	⑤	54	26
33	②	55	④
34	③	56	①
35	②	57	12
36	⑤	58	25
37	①	59	③
38	①	60	25
39	10	61	⑤
40	③	62	②
41	③	63	23
42	①	64	③
43	②	65	②
44	③	66	①
45	②	67	⑤
46	④	68	⑤
47	②	69	③
48	①	70	③
49	④	71	②
50	②	72	249
51	④	73	⑤
52	②	74	④
53	175	75	⑤

통계적 추정 | Master step

76	71	79	15
77	③	80	①
78	④	81	73

규 토
라이트
N 제

CONTENTS

경우의 수

여러 가지 순열과 중복조합 | Guide step

1	(1) 120 (2) 24
2	240
3	500
4	540
5	243
6	(1) 60 (2) 20
7	(1) 70 (2) 16
8	165
9	(1) 15 (2) 36
10	10
11	(1) 28 (2) 60
12	(1) 25 (2) 150 (3) 243 (4) 45 (5) 21

1	120	28	3
2	16	29	15
3	144	30	143
4	432	31	175
5	144	32	61
6	24	33	84
7	768	34	150
8	12	35	450
9	240	36	35
10	243	37	192
11	375	38	19
12	211	39	82
13	90	40	350
14	125	41	100
15	114	42	115
16	180	43	234
17	21	44	195
18	120	45	260
19	150	46	48
20	50	47	56
21	240	48	250
22	192	49	(1) 125 (2) 5 (3) 60 (4) 60 (5) 10 (6) 35 (7) 20
23	480	50	243
24	510	51	156
25	46	52	126
26	85	53	50
27	36		

54	③	91	②
55	①	92	④
56	④	93	②
57	②	94	④
58	②	95	⑤
59	⑤	96	①
60	③	97	④
61	②	98	②
62	②	99	74
63	①	100	50
64	⑤	101	③
65	④	102	546
66	④	103	33
67	①	104	9
68	①	105	37
69	⑤	106	220
70	①	107	36
71	④	108	②
72	①	109	32
73	③	110	⑤
74	③	111	⑤
75	③	112	68
76	④	113	③
77	①	114	④
78	②	115	525
79	⑤	116	120
80	②	117	32
81	⑤	118	332
82	90	119	80
83	55	120	450
84	③	121	⑤
85	84	122	④
86	36	123	115
87	③	124	④
88	④	125	①
89	③	126	196
90	48	127	25

128	⑤	131	93
129	336	132	②
130	108		

여러 가지 순열과 중복조합 | **Master step**

133	285	145	114
134	40	146	72
135	258	147	21
136	⑤	148	56
137	192	149	97
138	28	150	218
139	41	151	②
140	35	152	260
141	49	153	100
142	168	154	708
143	99	155	201
144	①		

이항정리 | Guide step

1	(1) $y^4 + 4xy^3 + 6x^2y^2 + 4x^3y + x^4$ (2) $-1 + 5x - 10x^2 + 10x^3 - 5x^4 + x^5$ (3) $1 + 6x + 12x^2 + 8x^3$
2	(1) 672 (2) 135
3	(1) 32 (2) 256 (3) 64

이항정리 | Training − 1 step

1	40	8	378
2	80	9	70
3	75	10	810
4	108	11	5
5	240	12	251
6	8	13	16
7	1		

이항정리 | Training − 2 step

14	⑤	25	10
15	⑤	26	②
16	②	27	25
17	3	28	②
18	④	29	②
19	①	30	30
20	⑤	31	②
21	60	32	③
22	⑤	33	③
23	⑤	34	25
24	⑤	35	682

이항정리 | Master step

36	204	38	11
37	12	39	488

확률

확률의 뜻과 활용 | Guide step

1	(1) $A \cup B = \{2,\ 3,\ 5,\ 6,\ 7,\ 9,\ 11,\ 12\}$ (2) $A \cap B = \{3\}$ (3) $A^c = \{1,\ 4,\ 6,\ 8,\ 9,\ 10,\ 12\}$
2	$\dfrac{3}{8}$
3	$\dfrac{1}{14}$
4	$\dfrac{3}{5}$
5	$\dfrac{4}{9}$
6	$\dfrac{2}{3}$

확률의 뜻과 활용 | Training − 1 step

1	③	16	143
2	②	17	④
3	②	18	⑤
4	263	19	②
5	29	20	③
6	8	21	③
7	③	22	②
8	20	23	②
9	④	24	②
10	10	25	21
11	②	26	④
12	14	27	④
13	38	28	16
14	35	29	③
15	⑤	30	236

31	②	60	③
32	②	61	②
33	②	62	⑤
34	②	63	④
35	③	64	②
36	①	65	①
37	②	66	11
38	⑤	67	⑤
39	④	68	①
40	⑤	69	④
41	④	70	12
42	③	71	④
43	⑤	72	②
44	③	73	44
45	④	74	19
46	②	75	④
47	⑤	76	④
48	③	77	68
49	③	78	③
50	②	79	①
51	③	80	③
52	②	81	⑤
53	③	82	④
54	③	83	89
55	6	84	④
56	④	85	③
57	③	86	②
58	④	87	①
59	⑤	88	51

89	47	95	②
90	18	96	22
91	122	97	③
92	154	98	133
93	15	99	71
94	193		

1	$\dfrac{2}{3}$
2	$\dfrac{1}{15}$
3	$\dfrac{7}{13}$
4	종속
5	$\dfrac{135}{512}$

조건부확률 │ **Training - 1 step**

1	②	23	30
2	①	24	②
3	③	25	③
4	①	26	④
5	⑤	27	②
6	④	28	②
7	①	29	①
8	40	30	③
9	75	31	⑤
10	③	32	③
11	②	33	②
12	②	34	3
13	5	35	100
14	④	36	②
15	41	37	③
16	32	38	307
17	④	39	189
18	31	40	275
19	11	41	47
20	40	42	⑤
21	153	43	②
22	20		

조건부확률 │ **Training - 2 step**

44	④	73	43
45	③	74	120
46	⑤	75	30
47	⑤	76	④
48	④	77	⑤
49	④	78	⑤
50	⑤	79	62
51	②	80	43
52	②	81	②
53	②	82	8
54	①	83	⑤
55	①	84	③
56	④	85	①
57	①	86	①
58	②	87	①
59	③	88	②
60	③	89	①
61	③	90	34
62	137	91	25
63	③	92	③
64	④	93	③
65	④	94	50
66	④	95	28
67	①	96	⑤
68	①	97	④
69	①	98	④
70	①	99	①
71	④	100	19
72	④		

조건부확률 │ **Master step**

101	53	106	125
102	131	107	48
103	41	108	191
104	③	109	49
105	135	110	9

통계

확률분포 | Guide step

1	(1) 풀이 참고 (2) $\dfrac{5}{9}$
2	$\dfrac{35}{18}$
3	$V(X)=\dfrac{19}{16},\ \sigma(X)=\dfrac{\sqrt{19}}{4}$
4	$V(X)=\dfrac{5}{9},\ \sigma(X)=\dfrac{\sqrt{5}}{3}$
5	(1) 37 (2) 36 (3) 9
6	(1) $P(X=x)={}_3C_x\left(\dfrac{1}{6}\right)^{x}\left(\dfrac{5}{6}\right)^{3-x}\ (0 \leq x \leq 3)$ (2) $\dfrac{25}{27}$
7	25
8	$E(X)=30,\ \sigma(X)=2\sqrt{5}$
9	(1) $\dfrac{2}{9}$ (2) $\dfrac{5}{9}$
10	(1) $m_1=m_2<m_3$ (2) $\sigma_2=\sigma_3<\sigma_1$
11	0.9772
12	0.1359
13	0.0919

확률분포 | Training − 1 step

1	②	27	14
2	⑤	28	48
3	35	29	②
4	③	30	④
5	②	31	71
6	15	32	③
7	⑤	33	4
8	21	34	ㄴ, ㄷ, ㄹ
9	5	35	19
10	121	36	78
11	5	37	②
12	74	38	①
13	100	39	95
14	28	40	②
15	13	41	69
16	20	42	⑤
17	55	43	②
18	16	44	④
19	40	45	76
20	152	46	84
21	128	47	45
22	17	48	14
23	③	49	①
24	①	50	④
25	39	51	③
26	75		

확률분포 | Training – 2 step

52	③	87	20
53	32	88	155
54	⑤	89	③
55	15	90	②
56	④	91	②
57	④	92	⑤
58	③	93	④
59	④	94	37
60	⑤	95	10
61	①	96	④
62	②	97	121
63	①	98	⑤
64	16	99	8
65	④	100	③
66	③	101	35
67	②	102	78
68	④	103	31
69	①	104	28
70	5	105	①
71	②	106	59
72	30	107	④
73	125	108	③
74	⑤	109	25
75	④	110	②
76	④	111	⑤
77	②	112	⑤
78	50	113	⑤
79	③	114	⑤
80	④	115	47
81	①	116	③
82	①	117	10
83	⑤	118	③
84	5	119	994
85	④	120	80
86	17	121	673

확률분포 | Master step

122	③	127	41
123	②	128	233
124	②	129	221
125	①	130	③
126	③		

1	$\mathrm{E}(\overline{X})=50,\ \sigma(\overline{X})=2$
2	0.0228
3	$28.04 \leq m \leq 31.96$

통계적 추정 | Training－1 step

1	116	17	②
2	25	18	25
3	5	19	④
4	④	20	ㄴ,ㄷ,ㄹ
5	①	21	ㄱ,ㄴ,ㄷ,ㄹ,ㅂ
6	20	22	196
7	②	23	①
8	①	24	64
9	②	25	10
10	①	26	③
11	③	27	①
12	39	28	45
13	①	29	10
14	16	30	성민,민수,혜민,진아
15	⑤	31	풀이 참고
16	100		

통계적 추정 | Training－2 step

32	⑤	54	26
33	②	55	④
34	③	56	①
35	②	57	12
36	⑤	58	25
37	①	59	③
38	①	60	25
39	10	61	⑤
40	③	62	②
41	③	63	23
42	①	64	③
43	②	65	②
44	③	66	①
45	②	67	⑤
46	④	68	⑤
47	②	69	③
48	①	70	③
49	④	71	②
50	②	72	249
51	④	73	⑤
52	②	74	④
53	175	75	⑤

통계적 추정 | Master step

76	71	79	15
77	③	80	①
78	④	81	73

경우의 수

여러 가지 순열과 중복조합 | Guide step

1	(1) 120 (2) 24
2	240
3	500
4	540
5	243
6	(1) 60 (2) 20
7	(1) 70 (2) 16
8	165
9	(1) 15 (2) 36
10	10
11	(1) 28 (2) 60
12	(1) 25 (2) 150 (3) 243 (4) 45 (5) 21

개념 확인문제 1

(1) $\dfrac{6!}{6} = 5! = 120$

(2)

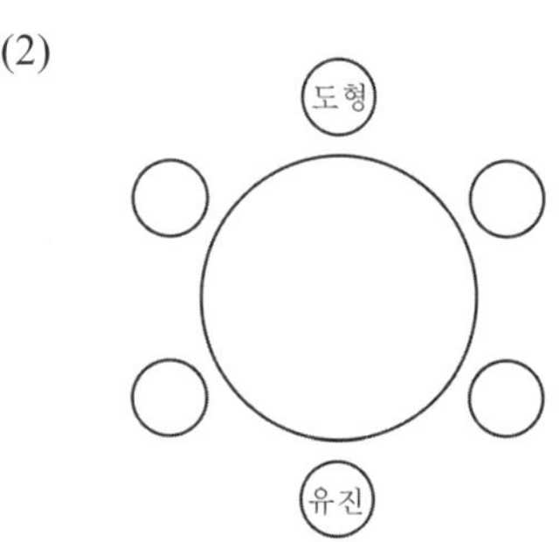

도형이 앉을 자리 선택 1가지
유진이 앉을 자리 선택 1가지
나머지 배열 4!
$1 \times 1 \times 4! = 24$

답 (1) 120 (2) 24

개념 확인문제 2

고정시키는 경우의 수는 2가지
나머지 배열 5!
$2 \times 5! = 240$

답 240

개념 확인문제 3

천의 자리는 0을 제외한 1, 2, 3, 4가 올 수 있으므로 4가지
백의 자리, 십의 자리, 일의 자리에는 각각 0, 1, 2, 3, 4가
모두 올 수 있으므로 5^3
$4 \times 5^3 = 500$

답 500

개념 확인문제 4

네 자리 자연수가 짝수가 되려면 일의 자리가 0, 2, 4이면 된다.

① 일의 자리가 0
천의 자리는 0을 제외한 1, 2, 3, 4, 5가 올 수 있으므로
5가지
백의 자리, 십의 자리는 0, 1, 2, 3, 4, 5가 모두 올 수
있으므로 6^2가지
$5 \times 6^2 = 180$

② 일의 자리가 2
천의 자리는 0을 제외한 1, 2, 3, 4, 5가 올 수 있으므로
5가지
백의 자리, 십의 자리는 0, 1, 2, 3, 4, 5가 모두 올 수
있으므로 6^2가지
$5 \times 6^2 = 180$

③ 일의 자리가 4
천의 자리는 0을 제외한 1, 2, 3, 4, 5가 올 수 있으므로
5가지
백의 자리, 십의 자리는 0, 1, 2, 3, 4, 5가 모두 올 수
있으므로 6^2가지
$5 \times 6^2 = 180$

따라서 구하고자 하는 경우의 수는 $3 \times 180 = 540$이다.

답 540

서로 다른 종류의 사탕에게 물어본다.
3명 중 어디에 갈래? 3가지
$3 \times 3 \times 3 \times 3 \times 3 = 3^5 = 243$

답　243

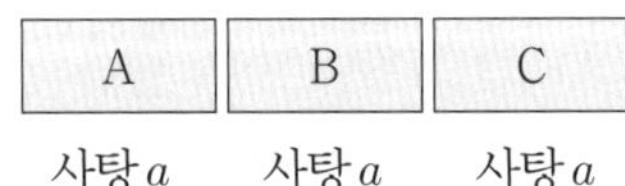

만약 "세 명 A, B, C 에게 어디 갈래?"라고
물어본다면 5^3 가지 중에 다음과 같은 경우가 가능하다.

A	B	C
사탕 a	사탕 a	사탕 a

즉, 사탕 a를 세 명 모두 받는 경우이다. (몰빵)
이러한 상황은 불가능하므로 5^3 이 될 수 없다.

(1) $\dfrac{6!}{2!\,3!} = 60$

(2) 홀수가 적혀있는 카드는 순서가 정해져 있으므로
똑같은 문자 a 라 두고
첫 번째 a는 1, 두 번째 a는 3, 세 번째 a는 5로
바꾸면 된다.
따라서 $a\ a\ a\ 2\ 4$를 배열하는 경우의 수와 같으므로
$\dfrac{5!}{3!} = 20$ 이다.

답　(1)　60　(2)　20

(1) $\dfrac{8!}{4!\,4!} = 70$

(2) A 지점에서 출발하여 C 지점까지 최단 거리로

가는 경우의 수 $\dfrac{4!}{3!} = 4$

C 지점에서 출발하여 B 지점까지 최단 거리로

가는 경우의 수 $\dfrac{4!}{3!} = 4$

따라서 구하고자 하는 경우의 수는 $4 \times 4 = 16$ 이다.

답　(1)　70　(2)　16

$_4\mathrm{H}_8 = {}_{4+8-1}\mathrm{C}_8 = {}_{11}\mathrm{C}_8 = {}_{11}\mathrm{C}_3 = \dfrac{11 \times 10 \times 9}{3!} = 165$ 이다.

답　165

(1) $x \geq 0,\ y \geq 0,\ z \geq 0$
　$x + y + z = 4$
　$_3\mathrm{H}_4 = {}_{3+4-1}\mathrm{C}_4 = {}_6\mathrm{C}_4 = {}_6\mathrm{C}_2 = \dfrac{6 \times 5}{2!} = 15$

(2) $x \geq -1,\ y \geq -1,\ z \geq -1$
　$x = x' - 1,\ y = y' - 1,\ z = z' - 1$ 라 하면
　$x' \geq 0,\ y' \geq 0,\ z' \geq 0$
　$x' - 1 + y' - 1 + z' - 1 = 4 \Rightarrow x' + y' + z' = 7$
　$_3\mathrm{H}_7 = {}_{3+7-1}\mathrm{C}_7 = {}_9\mathrm{C}_7 = {}_9\mathrm{C}_2 = \dfrac{9 \times 8}{2!} = 36$

답　(1)　15　(2)　36

세 학생이 받는 사탕 개수를 각각 $x,\ y,\ z$ 라 하면
$x + y + z = 6$를 만족시키는 양의 정수 $x,\ y,\ z$ 의
모든 순서쌍 $(x,\ y,\ z)$ 의 개수와 구조가 같다.

$x = x' + 1,\ y = y' + 1,\ z = z' + 1$ 라 하면
$x' \geq 0,\ y' \geq 0,\ z' \geq 0$
$x + y + z = 6$
$x' + 1 + y' + 1 + z' + 1 = 6 \Rightarrow x' + y' + z' = 3$
$_3\mathrm{H}_3 = {}_{3+3-1}\mathrm{C}_3 = {}_5\mathrm{C}_3 = {}_5\mathrm{C}_2 = \dfrac{5 \times 4}{2!} = 10$

답　10

(1) $(a+b+c)^6 = (a+b+c)(a+b+c)(a+b+c)$
$\qquad\qquad\quad \times (a+b+c)(a+b+c)(a+b+c)$

이므로 $(a+b+c)^6$의 전개식의 항의 개수는
3개의 문자 a, b, c 중에서 중복을 허용하여 6개를 택하는
중복조합의 수와 같다. 따라서 구하는 항의 개수는

$$_3H_6 = {}_{3+6-1}C_6 = {}_8C_6 = {}_8C_2 = \frac{8\times7}{2!} = 28$$

(2) $(a+b)^3(x+y+z)^4 = (a+b)(a+b)(a+b)(x+y+z)$
$\qquad\qquad\qquad\quad \times (x+y+z)(x+y+z)(x+y+z)$

이므로 $(a+b)^3(x+y+z)^4$의 전개식의 항의 개수는
(2개의 문자 a, b 중에서 중복을 허용하여 3개를 택하는
중복조합의 수) $\times$ (3개의 문자 x, y, z 중에서 중복을
허용하여 4개를 택하는 중복조합의 수)와 같다.

따라서 구하는 항의 개수는
$$_2H_3 \times {}_3H_4 = {}_{2+3-1}C_3 \times {}_{3+4-1}C_4 = {}_4C_3 \times {}_6C_2$$
$$= 4 \times 15 = 60$$

답 (1) 28 (2) 60

(1) 서로 다른 사탕 5개, 서로 같은 그릇 3개
하나의 그릇에는 적어도 하나의 사탕을 담아야하므로
각 그릇에 담는 사탕의 개수에 따라 case분류하면

① 각 그릇에 담는 사탕의 개수 2, 2, 1
$$_5C_2 \times {}_3C_2 \times {}_1C_1 \times \frac{1}{2!} = 15$$

② 각 그릇에 담는 사탕의 개수 3, 1, 1
$$_5C_3 \times {}_2C_1 \times {}_1C_1 \times \frac{1}{2!} = 10$$

따라서 구하고자 하는 경우의 수는 25이다.

(2) 서로 다른 사탕 5개, 서로 다른 그릇 3개
하나의 그릇에는 적어도 하나의 사탕을 담아야하므로
각 그릇에 담는 사탕의 개수에 따라 case분류하면

① 각 그릇에 담는 사탕의 개수 2, 2, 1
$$_5C_2 \times {}_3C_2 \times {}_1C_1 \times \frac{1}{2!} = 15$$

분배 3! (어떤 그릇에 분배할 것인가)
$$15 \times 3! = 90$$

② 각 그릇에 담는 사탕의 개수 3, 1, 1
$$_5C_3 \times {}_2C_1 \times {}_1C_1 \times \frac{1}{2!} = 10$$

분배 3! (어떤 그릇에 분배할 것인가)
$$10 \times 3! = 60$$

따라서 구하고자 하는 경우의 수는 150이다.

(3) 서로 다른 사탕 5개, 서로 다른 그릇 3개
사탕을 담지 못하는 그릇이 생길 수 있으므로
$$3^5 = 243$$

> **Tip**
>
> 서로 다른 사탕을 서로 다른 그릇에
> 넣고 뽑빵가능하므로 중복순열이다.

(4) 서로 같은 사탕 8개, 서로 다른 그릇 3개
사탕을 담지 못하는 그릇이 생길 수 있으므로

서로 다른 세 그릇에 담는 사탕의 개수를
각각 x, y, z라 하면 $x \geq 0$, $y \geq 0$, $z \geq 0$
$$x+y+z = 8$$
$$_3H_8 = {}_{3+8-1}C_8 = {}_{10}C_8 = {}_{10}C_2 = \frac{10\times9}{2!} = 45$$

(5) 서로 같은 사탕 8개, 서로 다른 그릇 3개
하나의 그릇에는 적어도 하나의 사탕을 담아야하므로

서로 다른 세 그릇에 담는 사탕의 개수를
각각 x, y, z라 하면 $x \geq 1$, $y \geq 1$, $z \geq 1$
$$x+y+z = 8$$

$x = x'+1$, $y = y'+1$, $z = z'+1$라 하면
$x' \geq 0$, $y' \geq 0$, $z' \geq 0$

$x'+1+y'+1+z'+1 = 8 \implies x'+y'+z' = 5$
$$_3H_5 = {}_{3+5-1}C_5 = {}_7C_5 = {}_7C_2 = \frac{7\times6}{2!} = 21$$

답 (1) 25 (2) 150 (3) 243 (4) 45 (5) 21

1	120	**28**	3
2	16	**29**	15
3	144	**30**	143
4	432	**31**	175
5	144	**32**	61
6	24	**33**	84
7	768	**34**	150
8	12	**35**	450
9	240	**36**	35
10	243	**37**	192
11	375	**38**	19
12	211	**39**	82
13	90	**40**	350
14	125	**41**	100
15	114	**42**	115
16	180	**43**	234
17	21	**44**	195
18	120	**45**	260
19	150	**46**	48
20	50	**47**	56
21	240	**48**	250
22	192	**49**	(1) 125 (2) 5 (3) 60 (4) 60 (5) 10 (6) 35 (7) 20
23	480	**50**	243
24	510	**51**	156
25	46	**52**	126
26	85	**53**	50
27	36		

001

$$\frac{6!}{6} = 5! = 120$$

답 120

002

남1여1, 남2여2, 남3여3

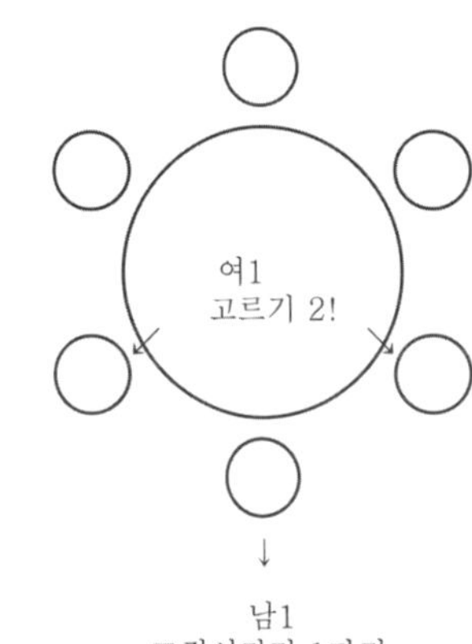

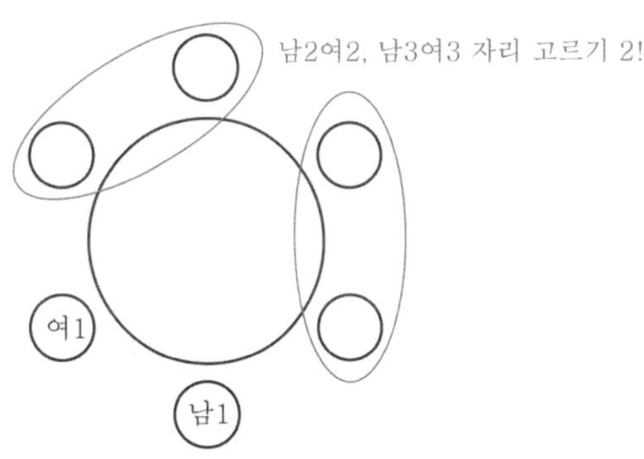

남1 고정시키기 1가지
여자1 자리 고르기 2! 가지
남2여2, 남3여3 자리 고르기 2! 가지
남2여2 자리 바꾸기 2! 가지
남3여3 자리 바꾸기 2! 가지

$$1 \times 2! \times 2! \times 2! \times 2! = 16$$

답 16

003

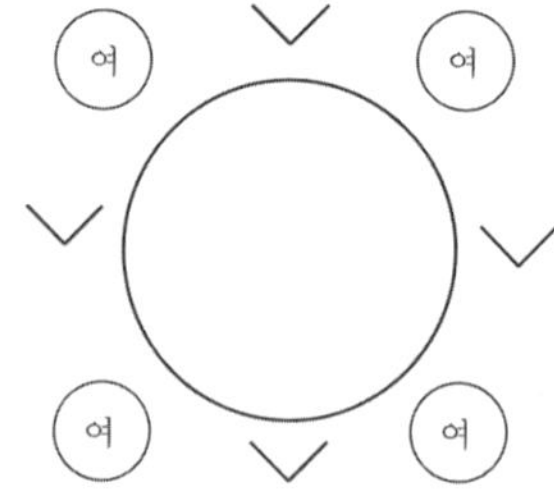

여자 원순열 배열 $(4-1)! = 3!$
$_4C_3$ (V에서 남자 앉을 자리 3개 선택) $\times 3!$ (자리 배열)
$3! \times {_4C_3} \times 3! = 6 \times 4 \times 6 = 144$

답 144

004

1학년 학생 1명, 2학년 학생 4명, 3학년 학생 2명

1학년 학생의 옆에 적어도 한 명의 3학년 학생이
앉는 경우의 수는 전체 원순열에서
1학년 학생의 옆에 모두 2학년 학생이 앉는 경우의 수를
빼서 구할 수 있다.

전체 원순열 $6! = 720$
1학년 학생의 옆에 모두 2학년 학생이 앉는 경우의 수는
$_4C_2 \times 2!$ (2학년 자리 선택 배열) $\times 4!$ (나머지 배열)
$= 288$

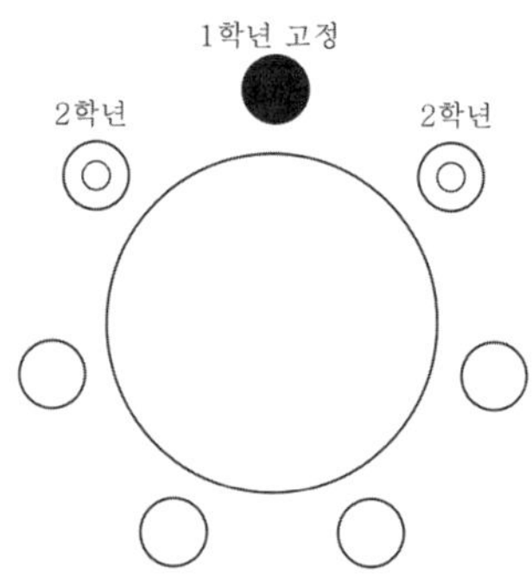

따라서 구하고자 하는 경우의 수는
$720 - 288 = 432$ 이다.

답 432

005

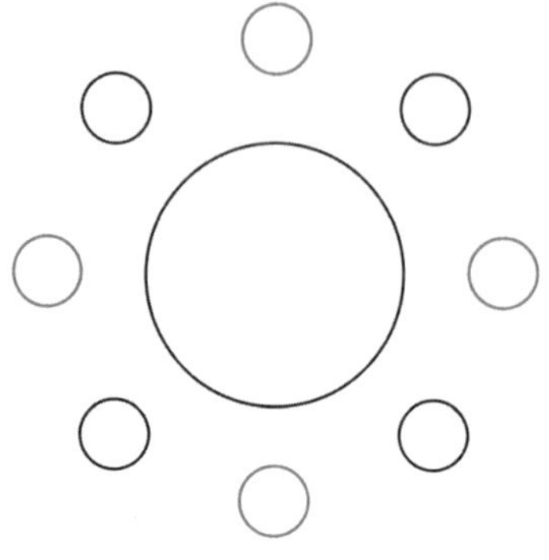

$3!$ (남자 원순열 배열) $\times 4!$ (여자 배열) $= 6 \times 24 = 144$

답 144

006

김치 $= A$, 콩나물무침 $= B$, 가지볶음 $= C$

서로 다른 7개의 반찬 A, B, C, D, E, F, G
D, E, F, G 중 2개 선택하면 $_4C_2$

선택된 5개의 반찬을 A, B, C, D, E라 하자.

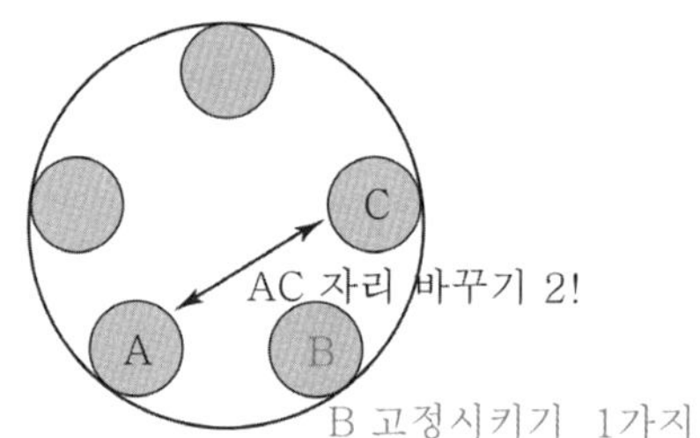

1 (B고정시키기) $\times 2!$ (AC자리 바꾸기)
$\times 2!$ (DE자리 바꾸기)

따라서 구하고자 하는 경우의 수는
$_4C_2 \times 1 \times 2! \times 2! = 6 \times 4 = 24$ 이다.

답 24

같은 부서의 대표 2명씩을 한 사람으로 보자.

5명을 배열하는 원순열 $(5-1)! = 4! = 24$

각 대표 2명 자리 바꾸기 $2^5 = 32$

따라서 구하고자 하는 경우의 수는 $24 \times 32 = 768$ 이다.

답   768

008

선생님 $a_1 a_2$, 학생 $b_1 b_2 b_3$

학생 3명이 모두 적어도 한 명의 선생님과 이웃하여 앉는
경우의 수는 전체 원순열에서
학생 3명이 모두 이웃하는 경우의 수를 빼서 구할 수 있다.

전체 원순열 $4! = 24$

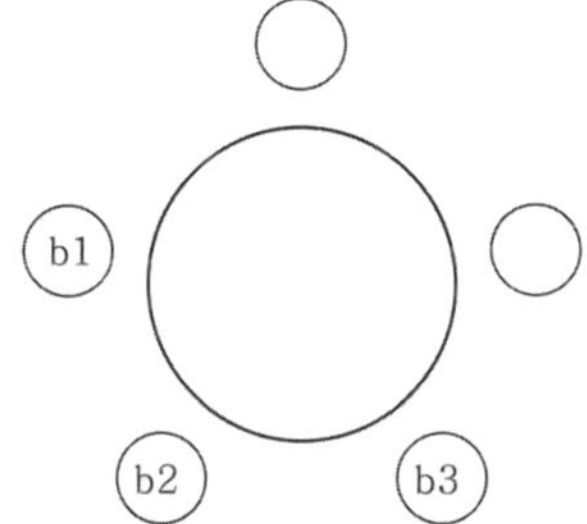

학생 3명이 모두 이웃하는 경우의 수는

${}_3C_1$(가운데 정하기 b_2라고 가정)$\times 1$(가운데 고정시키기)

$\times \; 2!$($b_1 b_3$ 자리 바꾸기) $\times 2!$($a_1 a_2$ 자리 바꾸기) $= 12$

따라서 구하고자 하는 경우의 수는 $24 - 12 = 12$ 이다.

답   12

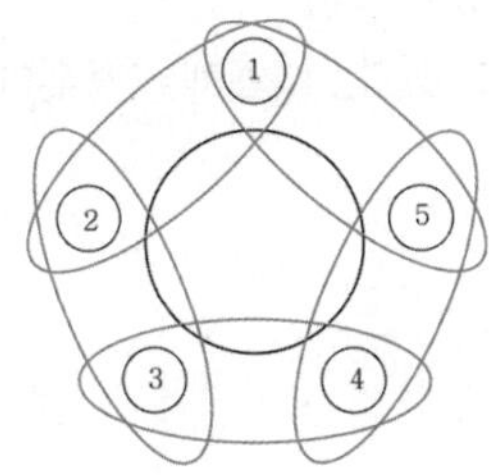

$4!$(의자 원순열 배열)

$\times \{ {}_5C_2 - 5$(방석이 이웃하는 경우의 수)$\}$

$\times 2!$(방석 배열) $= 24 \times 5 \times 2 = 240$

답   240

서로 다른 카드 5장 A, B, C, D, E
카드에게 물어본다.
어느 주머니로 갈래? 각각 3가지

A	B	C	D	E
3	3	3	3	3

$3^5 = 243$

답   243

① 마지막 자리의 숫자가 2

$5 \times 5 \times 5 = 5^3 = 125$

② 마지막 자리의 숫자가 3

$5 \times 5 \times 5 = 5^3 = 125$

③ 마지막 자리의 숫자가 5

$5 \times 5 \times 5 = 5^3 = 125$

따라서 마지막 자리의 숫자가 소수인 비밀번호의
개수는 $125 \times 3 = 375$ 이다.

답   375

012

적어도 한 명은 시험지 A 를 응시하는 경우의 수는
전체 경우의 수에서 B or C 시험지만을 응시하는
경우의 수를 빼서 구할 수 있다.

전체 경우의 수 $3^5 = 243$

B or C 시험지만을 응시하는 경우의 수 $2^5 = 32$

따라서 구하고자 하는 경우의 수는
$243 - 32 = 211$ 이다.

답   211

13

세 자리 자연수가 짝수가 되려면 일의 자리가 0, 2, 4이면 된다.

① 일의 자리가 0
백의 자리는 0을 제외한 1, 2, 3, 4, 5가 올 수 있으므로
5가지
십의 자리는 0, 1, 2, 3, 4, 5가 모두 올 수 있으므로
6가지
$5 \times 6 = 30$

② 일의 자리가 2
백의 자리는 0을 제외한 1, 2, 3, 4, 5가 올 수 있으므로
5가지
십의 자리는 0, 1, 2, 3, 4, 5가 모두 올 수 있으므로
6가지
$5 \times 6 = 30$

③ 일의 자리가 4
백의 자리는 0을 제외한 1, 2, 3, 4, 5가 올 수 있으므로
5가지
십의 자리는 0, 1, 2, 3, 4, 5가 모두 올 수 있으므로
6가지
$5 \times 6 = 30$

따라서 짝수의 개수는 90이다.

답 90

14

같은 종류의 구슬 15개, 서로 다른 상자 3개 (A, B, C)

각 상자에 넣을 수 있는 구슬의 개수는
1, 2, 3, 4, 5 중 하나이다.

상자에 넣지 않은 구슬이 있을 수 있으니
예를 들어 다음과 같은 경우가 가능하다.

 A 상자에 1개, B 상자에 2개, C 상자에 4개
 A 상자에 3개, B 상자에 4개, C 상자에 5개
 A 상자에 5개, B 상자에 5개, C 상자에 5개
 (각 상자는 구슬의 개수를 1, 2, 3, 4, 5 중에 선택할 수 있다.)

따라서 구하고자 하는 경우의 수는 $5 \times 5 \times 5 = 125$이다.

답 125

15

(가) 조건에 의해서 $a_2 = 1$, or $a_2 = 2$ or $a_2 = 5$

① $a_2 = 1$일 때
(나), (다) 조건에 의해서
$a_1 \leq 1 < a_3 \implies 1 \times 5$

$a_4 \leq 1 < a_5 \implies 1 \times 5$

$\therefore 5 \times 5 = 25$

② $a_2 = 2$일 때
(나), (다) 조건에 의해서
$a_1 \leq 2 < a_3 \implies 2 \times 4$

$a_4 \leq 2 < a_5 \implies 2 \times 4$

$\therefore 8 \times 8 = 64$

③ $a_2 = 5$일 때
(나), (다) 조건에 의해서
$a_1 \leq 5 < a_3 \implies 5 \times 1$

$a_4 \leq 5 < a_5 \implies 5 \times 1$

$\therefore 5 \times 5 = 25$

따라서 구하고자 하는 경우의 수는 $25 + 64 + 25 = 114$이다.

답 114

16

a와 b, c와 d는 순서가 정해져 있으므로
a와 b를 같은 문자 x라 두고
c와 d를 같은 문자 y라 두면
x, x, y, y, e, f를 일렬로 배열하는 경우의 수와 같다.

따라서 구하고자 하는 경우의 수는 $\dfrac{6!}{2! \, 2!} = 180$이다.

답 180

017

양 끝에 빨간 공을 놓으면
빨간 공 2개, 파란 공 5개가 남고 이를 배열하면
$\dfrac{7!}{2!5!} = 21$ 이다.

답 21

018

A, B, C의 순서가 정해져 있으므로
A, B, C를 같은 문자 x 라 두면
x, x, x, D, E, F를 일렬로 배열하는 경우의 수와 같다.

따라서 구하고자 하는 경우의 수는 $\dfrac{6!}{3!} = 120$ 이다.

답 120

019

1이 들어갈 수 있는 자리를 V 라 하면
V 2 V 2 V 3 V 3 V 3 V

V 중에 1이 들어갈 자리 2개 선택 $_6C_2 = 15$

2, 2, 3, 3, 3 배열 $\dfrac{5!}{2!3!} = 10$

따라서 구하고자 하는 경우의 수는 $15 \times 10 = 150$ 이다.

답 150

020

숫자 1의 개수 $\geq$ 숫자 2의 개수

① 1이 4개일 때
1 1 1 1 $\Rightarrow$ 1가지

② 1이 3개일 때
1 1 1 2 $\Rightarrow$ $\dfrac{4!}{3!} = 4$ 가지

1 1 1 3 $\Rightarrow$ $\dfrac{4!}{3!} = 4$ 가지

총 8가지

③ 1이 2개일 때
1 1 2 2 $\Rightarrow$ $\dfrac{4!}{2!2!} = 6$ 가지

1 1 3 3 $\Rightarrow$ $\dfrac{4!}{2!2!} = 6$ 가지

1 1 2 3 $\Rightarrow$ $\dfrac{4!}{2!} = 12$ 가지

총 24가지

④ 1이 1개일 때
1 2 3 3 $\Rightarrow$ $\dfrac{4!}{2!} = 12$ 가지

1 3 3 3 $\Rightarrow$ $\dfrac{4!}{3!} = 4$ 가지 (실수하기 좋은 point!)

총 16가지

⑤ 1이 0개일 때
3 3 3 3 $\Rightarrow$ 1가지 (실수하기 좋은 point!)

따라서 구하고자 하는 경우의 수는
$1 + 8 + 24 + 16 + 1 = 50$ 이다.

답 50

021

홀수 1, 3, 5, 7
$_4C_2$ (양 끝에 오는 홀수 선택) $\times 2!$ (배열) $= 12$
1, 7이 선택되었다고 가정하자.

짝수가 적힌 번호표는 순서가 정해져 있으므로
짝수가 적힌 번호표를 x 라 하면 양끝을 제외한 가운데
부분의 배열은 x, x, x, 3, 5를 일렬로 배열하는
경우의 수와 같다.

$\dfrac{5!}{3!} = 20$

따라서 구하고자 하는 경우의 수는 $12 \times 20 = 240$ 이다.

답 240

$a,\ b,\ c,\ d,\ e,\ f$

두 문자 $a,\ b$ 사이에 문자 c를 포함하여 2개 이상의
문자가 있도록 나열하는 경우의 수는
두 문자 $a,\ b$ 사이에 문자 c를 포함하여 1개 이상의
문자가 있도록 나열하는 경우의 수에서
두 문자 $a,\ b$ 사이에 문자 c만 있도록 나열하는 경우의 수를
빼서 구하면 된다.

두 문자 $a,\ b$ 사이에 문자 c를 포함하여 1개 이상의
문자가 있도록 나열하는 경우의 수를 구해보자.

$a,\ b,\ c$를 같은 문자 x 라 하면 $x,\ x,\ x,\ d,\ e,\ f$를
나열하는 경우의 수는 $\dfrac{6!}{3!}=120$ 이다.
가운데 문자 x에 문자 c를 놓고,
첫 번째 문자 x와 세 번째 x에 두 문자 $a,\ b$ 자리 배열 $2!$

$$\therefore\ 120\times 2!=240$$

두 문자 $a,\ b$ 사이에 문자 c만 있도록 나열하는 경우의 수를
구해보자.

$a,\ b,\ c$를 한 묶음으로 y 라 하면 $y,\ d,\ e,\ f$를 나열하는
경우의 수는 $4!=24$ 이다.
가운데 문자 x에 문자 c를 놓고,
첫 번째 문자 x와 세 번째 x에 두 문자 $a,\ b$ 자리 배열 $2!$

$$\therefore\ 24\times 2!=48$$

따라서 구하고자 하는 경우의 수는 $240-48=192$ 이다.

답   192

023

수학과 영어 사이에는 나머지 4가지 과목 중에서 적어도 한 가지
과목에 대한 수업을 진행하도록 수업계획을 정하는 경우의 수는
전체의 경우의 수에서 수학과 영어 사이에 어떤 과목도 수업을
진행하지 않는 경우의 수를 빼서 구할 수 있다.

국어, 영어, 수학은 순서가 정해져 있으므로
국어, 영어, 수학을 x 라 하면 전체 경우의 수는

$x,\ x,\ x,\ a,\ b,\ c,\ d$을 일렬로 배열하는 경우의 수와 같다.
전체 경우의 수는 $\dfrac{7!}{3!}=840$

수학과 영어 사이에 어떤 과목도 수업을 진행하지 않는
경우의 수는 수학과 영어를 한 묶음으로 보고 구할 수 있다.

국어, 영어, 수학은 순서가 정해져 있으므로
국어, (수학+영어)를 y 라 하면
$y,\ y,\ a,\ b,\ c,\ d$을 일렬로 배열하는 경우의 수와 같다.
$\dfrac{6!}{2!}=360$

따라서 구하고자 하는 경우의 수는 $840-360=480$ 이다.

답   480

볼펜 종류 a , b , c 라고 했을 때, 각각 3개씩 총 9개가
있으므로 $aaa,\ bbb,\ ccc$

6명의 학생이 받을 수 있는 볼펜 개수의 그룹은 다음과 같다.
3, 3, 0 / 3, 2, 1 / 2, 2, 2

① 6명의 학생이 받는 볼펜 개수의 그룹이 3, 3, 0 일 때

줄 수 없는 볼펜 종류 선택 $_3C_1=3$ (c 라고 가정)

3개	3개	0개
aaa	bbb	

학생 6명을 ❶ ❷ ❸ ❹ ❺ ❻ 라 하면

❶	❷	❸	❹	❺	❻
a	a	a	b	b	b

Guide step에서 배운 "매칭시키기"를 적용해보자.
(바로 밑에 있는 것을 선택한다고 생각)
학생을 고정시키고 $aaabbb$를 배열하면 $\dfrac{6!}{3!3!}=20$

$$\therefore\ 3\times 20=60$$

② 6명의 학생이 받는 볼펜 개수의 그룹이 3, 2, 1 일 때

$a,\ b,\ c$ 중 누가 3개, 2개, 1개 할래? $3!=6$
($aaa,\ bb,\ c$ 라고 가정)

3개	2개	1개
aaa	bb	c

학생 6명을 ❶ ❷ ❸ ❹ ❺ ❻ 라 하면

❶	❷	❸	❹	❺	❻
a	a	a	b	b	c

Guide step에서 배운 "매칭시키기"를 적용해보자.
(바로 밑에 있는 것을 선택한다고 생각)

학생을 고정시키고 $aaabbc$를 배열하면 $\dfrac{6!}{3!2!} = 60$

$\therefore 6 \times 60 = 360$

③ 6명의 학생이 받는 볼펜 개수의 그룹이 2, 2, 2일 때

a, b, c 모두 2개씩 나누어주기 1

2개	2개	2개
aa	bb	cc

학생 6명을 ❶ ❷ ❸ ❹ ❺ ❻ 라 하면

❶	❷	❸	❹	❺	❻
a	a	b	b	c	c

Guide step에서 배운 "매칭시키기"를 적용해보자.
(바로 밑에 있는 것을 선택한다고 생각)

학생을 고정시키고 $aabbcc$를 배열하면 $\dfrac{6!}{2!2!2!} = 90$

$\therefore 1 \times 90 = 90$

따라서 구하고자 하는 경우의 수는 $60 + 360 + 90 = 510$ 이다.

답 510

합의 법칙으로 직접 세면서 구해보자.

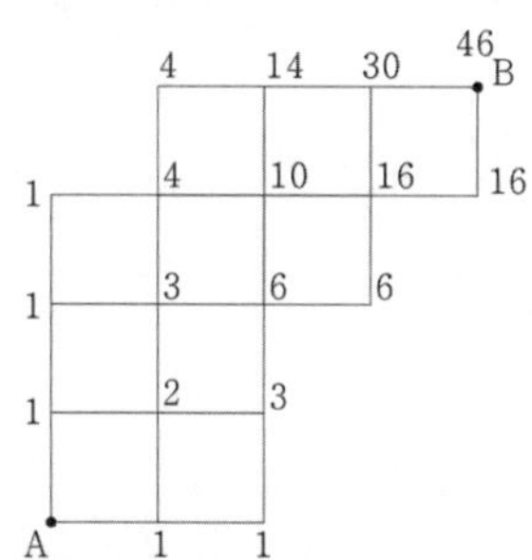

답 46

026

합의 법칙으로 직접 세면서 구해보자.

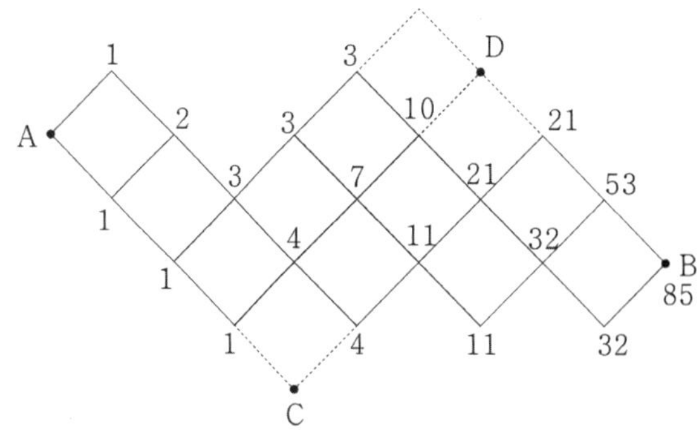

답 85

풀이1) 직접 세기

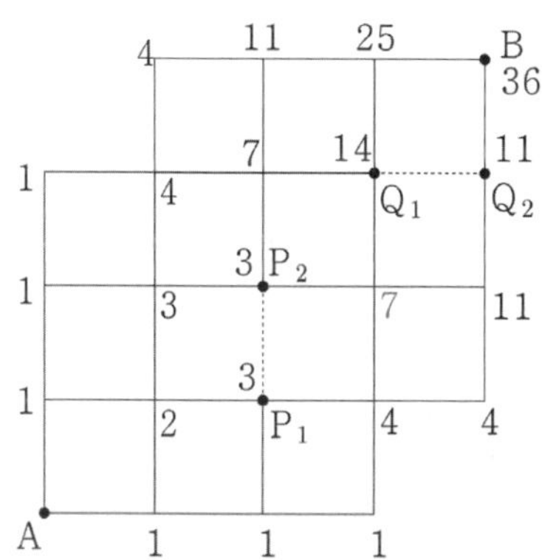

풀이2) 여사건 이용하기

A 지점에서 B 지점까지 최단거리로 가는 경우의 수에서
$P_1 - P_2$ 또는 $Q_1 - Q_2$ 를 지나는 경우의 수를 빼서 구할 수 있다.

A 지점에서 B 지점까지 최단거리로 가는 경우의 수

$$\dfrac{8!}{4!4!} - 2 = 70 - 2 = 68$$

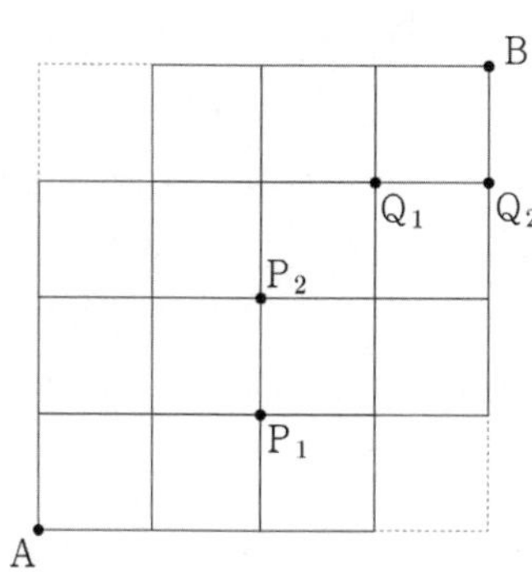

① $P_1 - P_2$ 지나기 $\dfrac{3!}{2!} \times \dfrac{4!}{2!2!} = 3 \times 6 = 18$ 가지

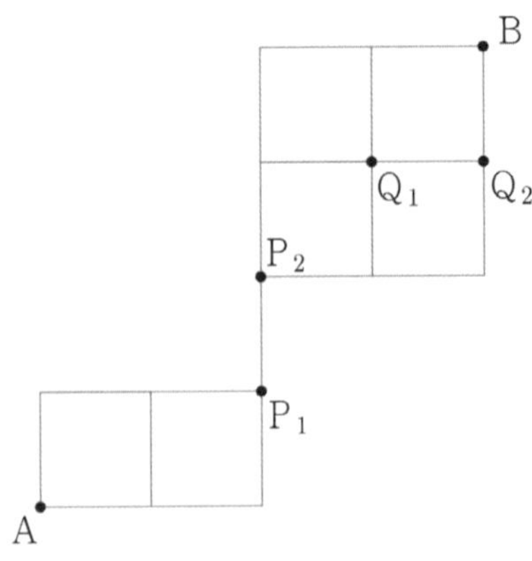

② $Q_1 - Q_2$ 지나기 $\dfrac{6!}{3!3!} \times 1 = 20$ 가지

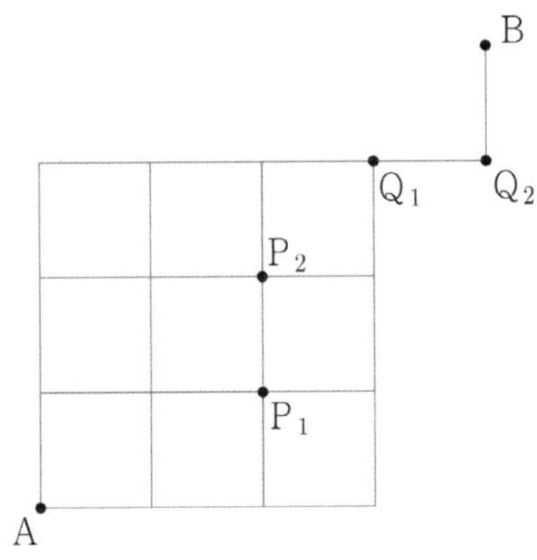

③ $P_1 - P_2$ 와 $Q_1 - Q_2$ 모두 지나기 $\dfrac{3!}{2!} \times 2 = 6$ 가지

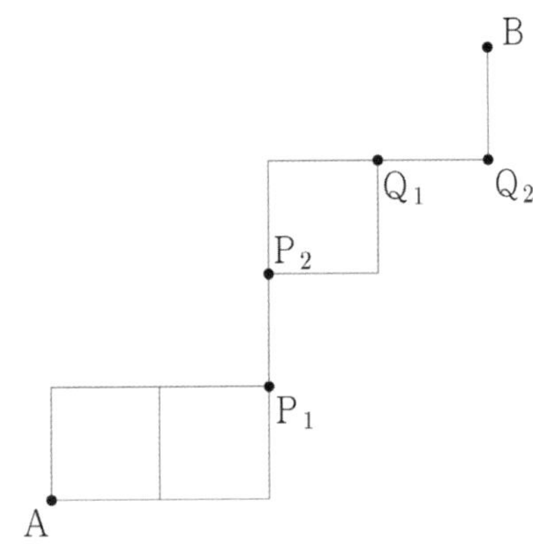

①, ②, ③에 의해서 $P_1 - P_2$ 또는 $Q_1 - Q_2$ 를 지나는 경우의 수는 $18 + 20 - 6 = 32$ 이다.

따라서 구하고자 하는 경우의 수는 $68 - 32 = 36$ 이다.

 답 36

$_4\mathrm{H}_{n-1} = {}_{4+n-1-1}\mathrm{C}_{n-1} = {}_{n+2}\mathrm{C}_{n-1} = {}_{n+2}\mathrm{C}_3 = 10 \Rightarrow n = 3$

답 3

$_5\mathrm{H}_n = {}_{5+n-1}\mathrm{C}_n = {}_{n+4}\mathrm{C}_4 = {}_8\mathrm{C}_4 \Rightarrow n = 4$

$_3\mathrm{H}_4 = {}_{3+4-1}\mathrm{C}_4 = {}_6\mathrm{C}_4 = {}_6\mathrm{C}_2 = 15$

답 15

a 의 차수가 9의 약수이므로 $1,\ 3,\ 9$

a 의 차수에 따라 case분류하면

① a 의 차수가 1 일 때

$b,\ c,\ d$ 의 차수를 각각 $B,\ C,\ D$ 라 하면

$B \geq 0,\ C \geq 0,\ D \geq 3$

$B + C + D = 14$

$D = D' + 3$ 라 하면

$B \geq 0,\ C \geq 0,\ D' \geq 0$

$B + C + D' + 3 = 14 \Rightarrow B + C + D' = 11$

$\therefore\ _3\mathrm{H}_{11} = {}_{3+11-1}\mathrm{C}_{11} = {}_{13}\mathrm{C}_2 = 78$

② a 의 차수가 3 일 때

$b,\ c,\ d$ 의 차수를 각각 $B,\ C,\ D$ 라 하면

$B \geq 0,\ C \geq 0,\ D \geq 3$

$B + C + D = 12$

$D = D' + 3$ 라 하면

$B \geq 0,\ C \geq 0,\ D' \geq 0$

$B + C + D' + 3 = 12 \Rightarrow B + C + D' = 9$

$\therefore\ _3\mathrm{H}_9 = {}_{3+9-1}\mathrm{C}_9 = {}_{11}\mathrm{C}_2 = 55$

③ a 의 차수가 9 일 때

$b,\ c,\ d$ 의 차수를 각각 $B,\ C,\ D$ 라 하면

$B \geq 0,\ C \geq 0,\ D \geq 3$

$B + C + D = 6$

$D = D' + 3$ 라 하면

$B \geq 0, \ C \geq 0, \ D' \geq 0$

$B + C + D' + 3 = 6 \ \Rightarrow \ B + C + D' = 3$

$\therefore \ _3H_3 = {}_{3+3-1}C_3 = {}_5C_3 = 10$

따라서 서로 다른 항의 개수는 $78 + 55 + 10 = 143$ 이다.

답 143

31

1의 개수를 a, 2의 개수를 b, 3의 개수를 c,
4의 개수를 d, 5의 개수를 e 라 하면

$$a + b + c + d + e = 6$$

① $e = 2$
$a + b + c + d = 4 \ \Rightarrow \ _4H_4 = {}_{4+4-1}C_4 = {}_7C_3 = 35$

② $e = 1$
$a + b + c + d = 5 \ \Rightarrow \ _4H_5 = {}_{4+5-1}C_5 = {}_8C_3 = 56$

③ $e = 0$
$a + b + c + d = 6 \ \Rightarrow \ _4H_6 = {}_{4+6-1}C_6 = {}_9C_3 = 84$

따라서 구하고자 하는 경우의 수는 $35 + 56 + 84 = 175$ 이다.

답 175

32

선택받은 축구공의 개수를 A, 농구공의 개수를 B
배구공의 개수를 C, 탁구공의 개수를 D라 하자.
$A \leq 5, \ B \leq 5, \ C \leq 5, \ D \leq 2$
탁구공의 개수에 따라 case분류하면

① $D = 2$
$A + B + C = 4 \ \Rightarrow \ _3H_4 = {}_{3+4-1}C_4 = {}_6C_4 = {}_6C_2 = 15$

② $D = 1$
$A + B + C = 5 \ \Rightarrow \ _3H_5 = {}_{3+5-1}C_5 = {}_7C_5 = {}_7C_2 = 21$

③ $D = 0$
$A + B + C = 6 \ \Rightarrow \ _3H_6 = {}_{3+6-1}C_6 = {}_8C_6 = {}_8C_2 = 28$
$A \leq 5, \ B \leq 5, \ C \leq 5$ 이므로

$(A, \ B, \ C) = (6, \ 0, \ 0)$ or $(0, \ 6, \ 0)$ or $(0, \ 0, \ 6)$ 인
경우를 빼줘야한다.

$\therefore \ 28 - 3 = 25$

따라서 구하고자 하는 경우의 수는 $15 + 21 + 25 = 61$ 이다.

답 61

> **Tip**
>
> ③에서처럼 문제 안에 내포된 제한조건을 조심하도록 하자.
> $A \leq 5, \ B \leq 5, \ C \leq 5$ 이므로
> $A, \ B, \ C$가 6인 경우를 빼줘야 한다.

33

4명의 회원 $a, \ b, \ c, \ d$가 받게 되는 탁구공의 개수를 각각
$A, \ B, \ C, \ D$라 하면 $A \geq 2, \ B \geq 3, \ C \geq 0, \ D \geq 0$
$A + B + C + D = 11$

$A = A' + 2, \ B = B' + 3$

$A' + 2 + B' + 3 + C + D = 11$

$\Rightarrow \ A' + B' + C + D = 6$

$_4H_6 = {}_{4+6-1}C_6 = {}_9C_3 = 84$

답 84

34

세 명의 훈련병이 받게 되는 별사탕 개수를 각각 $A, \ B, \ C$
라 하면 $A \geq 1, \ B \geq 1, \ C \geq 1$
$A + B + C = 6$

$A = A' + 1, \ B = B' + 1, \ C = C' + 1$
$A' + 1 + B' + 1 + C' + 1 = 6$
$\Rightarrow \ A' + B' + C' = 3$
$_3H_3 = {}_{3+3-1}C_3 = {}_5C_3 = 10$

세 명의 훈련병이 받게 되는 건빵 개수를 각각 $a, \ b, \ c$라 하면
$a + b + c = 4 \ \Rightarrow \ _3H_4 = {}_{3+4-1}C_4 = {}_6C_2 = 15$

따라서 구하고자 하는 경우의 수는 $10 \times 15 = 150$ 이다.

답 150

35

(단, 학용품을 1개도 받지 못하는 사람이 있을 수 있다.)

① 같은 종류의 연필 4개를 3명에게 남김없이 나누어 주는 경우

세 학생이 받게 되는 연필의 개수를 각각 A, B, C라 하면
$A+B+C=4 \;\Rightarrow\; {}_3H_4 = {}_6C_2 = 15$

② 같은 종류의 볼펜 3개를 3명에게 남김없이 나누어 주는 경우

세 학생이 받게 되는 볼펜의 개수를 각각 a, b, c라 하면
$a+b+c=3 \;\Rightarrow\; {}_3H_3 = {}_5C_3 = 10$

③ 같은 종류의 지우개 1개를 3명에게 남김없이 나누어 주는 경우

세 학생이 받게 되는 지우개의 개수를 각각 x, y, z라 하면
$x+y+z=1 \;\Rightarrow\; {}_3H_1 = {}_3C_1 = 3$

따라서 구하고자 하는 경우의 수는 $15 \times 10 \times 3 = 450$ 이다.

 450

36

승원이가 받게 되는 과자 개수를 A
나머지 세 학생이 받게 되는 과자 개수를 각각 B, C, D
라 하면 $A \geq 3$, $B \geq 1$, $C \geq 1$, $D \geq 1$
$A+B+C+D=10$

$A = A'+3$, $B = B'+1$, $C = C'+1$, $D = D'+1$
$A'+3+B'+1+C'+1+D'+1=10$
$\Rightarrow\; A'+B'+C'+D'=4$
${}_4H_4 = {}_{4+4-1}C_4 = {}_7C_4 = {}_7C_3 = 35$

 35

세 학생 x, y, z이 받는 A 초콜릿 개수를 각각 a, b, c 라 하자.
세 학생 x, y, z이 받는 B 초콜릿 개수로 case분류하면

① B 초콜릿을 3개, 0개, 0개씩 나눠주는 경우
3개 받는 학생 선택 ${}_3C_1 = 3$ (x 가 받았다고 가정하자)

$a \geq 0$, $b \geq 2$, $c \geq 2$
$a+b+c=8$

$b = b'+2$, $c = c'+2$
$a \geq 0$, $b' \geq 0$, $c' \geq 0$
$a+b'+2+c'+2=8 \;\Rightarrow\; a+b'+c'=4$
${}_3H_4 = {}_{3+4-1}C_4 = {}_6C_4 = {}_6C_2 = 15$

$\therefore\; 3 \times 15 = 45$

② B 초콜릿을 2개, 1개, 0개씩 나눠주는 경우
누가 B 초콜릿을 2개, 1개, 0개 가질래? $3! = 6$ (매칭시키기)
x 가 2개, y가 1개, z가 0개라고 가정하자.

$a \geq 0$, $b \geq 1$, $c \geq 2$
$a+b+c=8$

$b = b'+1$, $c = c'+2$
$a+b'+1+c'+2=8 \;\Rightarrow\; a+b'+c'=5$
${}_3H_5 = {}_{3+5-1}C_5 = {}_7C_5 = {}_7C_2 = 21$

$\therefore\; 6 \times 21 = 126$

③ 모두에게 B 초콜릿을 1개씩 나눠주는 경우
모두 B 초콜릿을 1개씩 가지기. 1가지
x가 1개, y가 1개, z가 1개

$a \geq 1$, $b \geq 1$, $c \geq 1$
$a+b+c=8$

$a = a'+1$, $b = b'+1$, $c = c'+1$
$a'+1+b'+1+c'+1=8 \;\Rightarrow\; a'+b'+c'=5$
${}_3H_5 = {}_{3+5-1}C_5 = {}_7C_5 = {}_7C_2 = 21$

$\therefore\; 1 \times 21 = 21$

따라서 구하고자 하는 경우의 수는 $45+126+21 = 192$ 이다.

192

흰 바둑돌을 각 상자에 4개 이하로 넣으면
검은 바둑돌은 자동적으로 채워진다.

예를 들어 흰 바둑돌을 상자 A에 3개, 상자 B에 2개,
상자 C에 1개를 넣었다면 3개의 상자에 들어있는
바둑돌의 개수가 모두 같아야 하므로 검은 바둑돌은
상자 A에 1개, 상자 B에 2개, 상자 C에 3개가 자동으로
채워진다.

상자 A에 넣는 흰 바둑돌의 개수를 a
상자 B에 넣는 흰 바둑돌의 개수를 b
상자 C에 넣는 흰 바둑돌의 개수를 c
라 하면

$0 \le a \le 4,\ 0 \le b \le 4,\ 0 \le c \le 4$
$a+b+c=6 \implies {}_3H_6 = {}_8C_2 = 28$

$a \ge 5,\ b \ge 5,\ c \ge 5$인 경우를 빼줘야 한다.
$(a,\ b,\ c) = (6,\ 0,\ 0) \implies 3$가지
$(a,\ b,\ c) = (5,\ 1,\ 0) \implies 6$가지

따라서 구하고자 하는 경우의 수는 $28 - (3+6) = 19$이다.

$\boxed{\text{답}}$ 19

039

천의 자리의 수를 A $(1 \le A \le 9)$

Tip

A는 천의 자리의 수이므로 0이 될 수 없다.
숨겨진 제한조건을 조심하도록 하자.

백의 자리의 수를 B $(0 \le B \le 9)$
십의 자리의 수를 C $(0 \le C \le 9)$
일의 자리의 수를 D라 하자.
5의 배수가 되려면 D가 0 또는 5이어야 하므로
case분류하면

① $D=0$
$A+B+C=11$
$A = A'+1$ $(0 \le A' \le 8)$
$A'+B+C=10 \implies {}_3H_{10} = {}_{12}C_2 = 66$

$A' \ge 9$, $B \ge 10,\ C \ge 10$인 경우를 빼줘야 한다.
$(A',\ B,\ C) = (10,\ 0,\ 0) \implies 3$가지
$(A',\ B,\ C) = (9,\ 1,\ 0),\ (9,\ 0,\ 1) \implies 2$가지

Tip

$0 \le A' \le 8,\ 0 \le B \le 9,\ 0 \le C \le 9$이므로
$(A',\ B,\ C) = (0,\ 9,\ 1),\ (1,\ 9,\ 0),$
$\qquad\qquad\quad (1,\ 0,\ 9),\ (0,\ 1,\ 9)$
은 가능한 케이스이다.

$\therefore 66 - (3+2) = 61$

② $D=5$
$A+B+C=6$
$A = A'+1$ $(0 \le A' \le 8)$
$A'+B+C=5 \implies {}_3H_5 = {}_7C_2 = 21$

$\therefore 21$

따라서 구하고자 하는 경우의 수는 $61+21 = 82$이다.

$\boxed{\text{답}}$ 82

① $3 \le a \le b \le c \le 7$
3, 4, 5, 6, 7 중에서 중복을 허용하여 3개를 뽑으면
$a,\ b,\ c$는 자동으로 결정된다.
예를 들어 3, 4, 5를 뽑았다면 $a=3,\ b=4,\ c=5$
으로 결정된다.
즉, 서로 다른 5개 중에 중복을 허용하여 3개를 뽑으면
${}_5H_3 = {}_7C_3 = 35$

② $7 \le d \le e \le 10$
7, 8, 9, 10 중에서 중복을 허용하여 2개를 뽑으면 $d,\ e$는
자동으로 결정된다.
즉, 서로 다른 4개 중에 중복을 허용하여 2개를 뽑으면
${}_4H_2 = {}_5C_2 = 10$

따라서 모든 순서쌍 $(a,\ b,\ c,\ d,\ e)$의 개수는
$35 \times 10 = 350$이다.

$\boxed{\text{답}}$ 350

① $w=0$
$x \geq 2,\ y \geq 0,\ z \geq 0$
$x+y+z=11$

$x=x'+2$
$x' \geq 0,\ y \geq 0,\ z \geq 0$
$x'+2+y+z=11 \Rightarrow x'+y+z=9$
$_3H_9 = {}_{11}C_9 = {}_{11}C_2 = 55$

② $w=1$
$x \geq 2,\ y \geq 0,\ z \geq 0$
$x+y+z=10$

$x=x'+2$
$x' \geq 0,\ y \geq 0,\ z \geq 0$
$x'+2+y+z=10 \Rightarrow x'+y+z=8$
$_3H_8 = {}_{10}C_8 = {}_{10}C_2 = 45$

따라서 모든 순서쌍 $(x,\ y,\ z,\ w)$ 의 개수는
$55+45=100$ 이다.

답 100

042

① $a+b=2 \Rightarrow 3$ 가지
$c+d+e=4 \Rightarrow {}_3H_4 = {}_6C_4 = {}_6C_2 = 15$
$\therefore 3 \times 15 = 45$

② $a+b=1 \Rightarrow 2$ 가지
$c+d+e=5 \Rightarrow {}_3H_5 = {}_7C_5 = {}_7C_2 = 21$
$\therefore 2 \times 21 = 42$

③ $a+b=0 \Rightarrow 1$ 가지
$c+d+e=6 \Rightarrow {}_3H_6 = {}_8C_6 = {}_8C_2 = 28$
$\therefore 1 \times 28 = 28$

따라서 모든 순서쌍 $(a,\ b,\ c,\ d,\ e)$ 의 개수는
$45+42+28=115$ 이다.

답 115

$xy>0 \Rightarrow x>0,\ y>0 \quad or \quad x<0,\ y<0$

① $x>0,\ y>0$
$x \geq 1,\ y \geq 1,\ z \geq -1,\ w \geq -1$
$x+y+z+w=9$

$x=x'+1,\ y=y'+1,\ z=z'-1,\ w=w'-1$
$x' \geq 0,\ y' \geq 0,\ z' \geq 0,\ w' \geq 0$
$x'+1+y'+1+z'-1+w'-1=9 \Rightarrow x'+y'+z'+w'=9$
$_4H_9 = {}_{12}C_9 = {}_{12}C_3 = \dfrac{12 \times 11 \times 10}{3 \times 2 \times 1} = 220$

② $x<0,\ y<0$
$x=-1,\ y=-1,\ z \geq -1,\ w \geq -1$
$x+y+z+w=9 \Rightarrow z+w=11$

$z=z'-1,\ w=w'-1$
$z' \geq 0,\ w' \geq 0$
$z'-1+w'-1=11 \Rightarrow z'+w'=13$
$_2H_{13} = {}_{14}C_{13} = {}_{14}C_1 = 14$

따라서 모든 순서쌍 $(x,\ y,\ z,\ w)$ 의 개수는
$220+14=234$ 이다.

답 234

c 에 따라 case분류해봅시다~

① $c=1$
$ab=9$ 이니 $a,\ b$가 될 수 있는 경우의 수는
$(a,\ b)=(1,\ 9),\ (3,\ 3),\ (9,\ 1)$ 3 가지

$d \geq 1,\ e \geq 1,\ f \geq 1$
$d+e+f=10$

$d=d'+1,\ e=e'+1,\ f=f'+1$
$d'+1+e'+1+f'+1=10 \Rightarrow d'+e'+f'=7$
$_3H_7 = {}_9C_7 = {}_9C_2 = 36$

$\therefore 3 \times 36 = 108$

② $c=2$

$ab=6$ 이니 a, b가 될 수 있는 경우의 수는

$(a,\ b)=(1,\ 6),\ (2,\ 3),\ (3,\ 2),\ (6,\ 1)$ 4가지

$d\geq 1,\ e\geq 1,\ f\geq 1$

$d+c+f=8$

$d=d'+1,\ e=e'+1,\ f=f'+1$

$d'+1+e'+1+f'+1=8 \Rightarrow d'+e'+f'=5$

$_3\mathrm{H}_5={}_7\mathrm{C}_5={}_7\mathrm{C}_2=21$

$\therefore\ 4\times 21=84$

③ $c=3$

$ab=1$ 이니 a, b가 될 수 있는 경우의 수는

$(a,\ b)=(1,\ 1)$ 1가지

$d\geq 1,\ e\geq 1,\ f\geq 1$

$d+c+f=4$

$d=d'+1,\ e=e'+1,\ f=f'+1$

$d'+1+e'+1+f'+1=4 \Rightarrow d'+e'+f'=1$

$_3\mathrm{H}_1={}_3\mathrm{C}_1=3$

$\therefore\ 1\times 3=3$

따라서 모든 순서쌍 $(a,\ b,\ c,\ d,\ e,\ f)$ 의 개수는

$108+84+3=195$ 이다.

답 195

045

(가) 조건에 의해서

$x+y+z+w=10 \Rightarrow {}_4\mathrm{H}_{10}={}_{13}\mathrm{C}_{10}={}_{13}\mathrm{C}_3=286$

(가) $-$ $\{$(가)$\cap$(나)$^c\}=$ (가) $\cap$ (나) 를 이용하여 구해보자.

(나)$^c :\ xy=z^2$

z 에 따라 case분류하면

① $z=0$

①- ⅰ) $x=0,\ y=0 \Rightarrow w$ 는 1가지
①- ⅱ) $x=0,\ y\neq 0 \Rightarrow y+w=10$ 에서 $y\geq 1$ 이므로
  $y=y'+1\ (y'\geq 0)$

$y'+w=9 \Rightarrow {}_2\mathrm{H}_9=10$ 가지

①-ⅲ) $x\neq 0,\ y=0 \Rightarrow$ ①- ⅱ)와 구조가 같으므로 10가지

② $z=1$

$x=1,\ y=1 \Rightarrow w$ 는 1가지

③ $z=2$

③- ⅰ) $x=1,\ y=4 \Rightarrow w$ 는 1가지
③- ⅱ) $x=2,\ y=2 \Rightarrow w$ 는 1가지
③-ⅲ) $x=4,\ y=1 \Rightarrow w$ 는 1가지

④ $z=3$

($x=1,\ y=9$ 와 $x=9,\ y=1$ 는 가능하지 않다.)

$x=3,\ y=3 \Rightarrow w$ 는 1가지

⑤ $z\geq 4$

$xy\geq 16$ 이므로 (가) 조건을 만족시키는 순서쌍은
존재하지 않는다.

$\therefore\ \{$(가)$\cap$(나)$^c\} : 21+1+3+1=26$

따라서 모든 순서쌍 $(x,\ y,\ z,\ w)$ 의 개수는

$286-(21+1+3+1)=286-26=260$ 이다.

답 260

> **Tip**
>
> 이 문제의 실수 포인트는
> ①- ⅱ) $x=0,\ y\neq 0$ 이다.
> $y\geq 1$ 이므로 $y+w=10 \Rightarrow {}_2\mathrm{H}_9=10$ 이다.
> 두 개짜리는 그냥 직접 세는 것도 괜찮은 전략일 수 있다.

046

$\dfrac{80}{x+y+z}$ 이 자연수가 되기 위해서는 $x+y+z$ 가 80 의

약수가 되어야 하므로 $x+y+z$ 의 후보는

$1,\ 2,\ 4,\ 5,\ 8,\ 10,\ 16,\ 20,\ 40,\ 80$ 이다.

약수 개수가 4 개인 것은 $8, 10$ 이므로 case분류하면

① $x+y+z=8$

$1 \leq x,\ y,\ z \leq 6 \quad \Rightarrow \quad 0 \leq x',\ y',\ z' \leq 5$

$(x=x'+1,\ y=y'+1,\ z=z'+1)$

$x'+y'+z'=5$

$\therefore\ _3\mathrm{H}_5 = 21$

② $x+y+z=10$

$1 \leq x,\ y,\ z \leq 6 \quad \Rightarrow \quad 0 \leq x',\ y',\ z' \leq 5$

$(x=x'+1,\ y=y'+1,\ z=z'+1)$

$x'+y'+z'=7$

여기서 조심해야 한다.

위의 case처럼 모든 $x',\ y',\ z'$ 가 다 가능하지 않고

아래 case는 전체에서 빼줘야 한다.

$(6,\ 1,\ 0) = 6$ 개 $(3!)$

$(7,\ 0,\ 0) = 3$ 개 $\left(\dfrac{3!}{2!}\right)$

$\therefore\ _3\mathrm{H}_7 - (6+3) = 27$

따라서 모든 순서쌍 $(x,\ y,\ z)$ 의 개수는 $21+27 = 48$ 이다.

 48

> **Tip**
>
> 주사위 눈의 수가 1 부터 6 인 것을 바탕으로 $x,\ y,\ z$ 가 6 보다 큰 case를 제거하는 문제이다. 지난 문제들에서 다뤘듯이 숨겨진 제한조건을 물어보는 문제라고 볼 수 있다.

047

$\blacklozenge$ 의 개수를 x , $\heartsuit$ 의 개수를 y , $\spadesuit$ 의 개수를 z 라 하면

$x+y+z \leq 8$

$x=x'+1,\ y=y'+1,\ z=z'+1$

$x'+y'+z' \leq 5$

물론 5 이하니까 0 일 때부터 5 까지 case분류해서 다 더해서 구할 수 있지만 다른 방법으로 풀어보자.

<쓰레기통 idea>

w' 를 추가해서 생각해보자.

$x'+y'+z'+w'=5$ 라 하면 w' 가 5, 4, 3, 2, 1, 0 일 때 $x'+y'+z'$ 가 각각 0, 1, 2, 3, 4, 5로 결정된다.

따라서 $_4\mathrm{H}_5 = {}_8\mathrm{C}_5 = {}_8\mathrm{C}_3 = 56$ 이다.

 56

048

$A=2^a$, $B=2^b$, $C=2^c$, $D=2^d$ 라고 치환하면

$2^0 = 1$ 이므로 $a,\ b,\ c,\ d \geq 0$

(가) 조건에 의해서 $2^{a+b+c+d} = 2^{10} \Rightarrow a+b+c+d = 10$

$_4\mathrm{H}_{10} = {}_{13}\mathrm{C}_{10} = {}_{13}\mathrm{C}_3 = 286$

(가) $-\ \{(가)\cap(나)^c\} = (가)\cap(나)$ 를 이용하여 구해보자.

$(나)^c :\ \dfrac{A}{C} = \dfrac{D}{B}$

$2^{a-c} = 2^{d-b} \Rightarrow a-c=d-b \Rightarrow a+b = c+d$

$a+b = c+d = 5$

$a+b = c+d = 5$ 인 경우의 수는 각각 $_2\mathrm{H}_5 = {}_6\mathrm{C}_5 = 6$

$\therefore\ \{(가)\cap(나)^c\} :\ 6 \times 6 = 36$

따라서 모든 순서쌍 $(A,\ B,\ C,\ D)$ 의 개수는

$286 - 36 = 250$ 이다.

 250

049

(1) $5^3 = 125$

(2) 누가 치역할래? $_5\mathrm{C}_1 = 5$

(3)

풀이1) 중복순열 이용하기

치역인 원소 2 개 선택 $_5\mathrm{C}_2 = 10$ 가지

치역은 4, 5 가 선택됐다고 가정하자.

정의역 1, 2, 3 한테 물어본다.

치역 4, 5 중 어디갈래? 각각 2 가지 $\Rightarrow 2^3 = 8$ 가지

이때 4로 몰빵 or 5로 몰빵하는 경우 2 가지를 빼줘야한다.

$\therefore\ 10 \times (8-2) = 60$

풀이2) 분할과 분배 이용하기

치역인 원소 2 개 선택 $_5\mathrm{C}_2 = 10$ 가지

치역은 4, 5 가 선택됐다고 가정하자.

정의역 1, 2, 3 을 2 개, 1 개의 묶음으로 나누면

$_3C_2 \times {}_1C_1$ (분할)

1, 2 / 3 로 분할했다고 가정하자.

두 묶음을 치역 4, 5에 매칭시키기 2! (분배)

$$\therefore \ 10 \times ({}_3C_2 \times {}_1C_1 \times 2!) = 60$$

(4)

풀이1) 중복순열과 여사건 이용하기

5^3 (전체 함수의 개수) $- \{5$ (치역 1개) $+ 60$ (치역 2개)$\}$

$$\therefore \ 125 - 65 = 60$$

풀이2) 분할과 분배 이용하기

치역인 원소 3개 선택 ${}_5C_3 = 10$ 가지

3, 4, 5가 선택됐다고 가정하자.

정의역 1, 2, 3과 치역 3, 4, 5 매칭시키기 $3! = 6$ 가지

$$\therefore \ 10 \times 6 = 60$$

(5) 뽑기만하면 자동배열 !

치역인 원소 3개를 선택 ${}_5C_3 = 10$ 가지

3, 4, 5가 선택됐다고 가정하면

$f(1) > f(2) > f(3)$ 이므로

$f(1) = 5, \ f(2) = 4, \ f(3) = 3$ 으로 정해진다.

즉, 매칭시키는 방법은 1가지이다.

$$\therefore \ 10 \times 1 = 10$$

(6) 뽑기만하면 자동배열 !

공역 1, 2, 3, 4, 5에서 중복을 허용하여 3개를 뽑으면

${}_5H_3 = {}_7C_3 = 35$

4, 4, 5을 뽑았다고 가정하면

$f(1) \leq f(2) \leq f(3)$ 이므로

$f(1) = 4, \ f(2) = 4, \ f(3) = 5$ 로 정해진다.

즉, 매칭시키는 방법은 1가지이다.

$$\therefore \ 35 \times 1 = 35$$

(7)

풀이1) 여사건 이용

$$\{f(1) \leq f(2) \leq f(3)\} - \{f(1) \leq f(2) = f(3)\}$$

$$\therefore \ {}_5H_3 - {}_5H_2 = 35 - 15 = 20$$

풀이2) case분류

$f(1) \leq f(2) < f(3)$

① $f(2) = 1$

$f(1) \leq 1 < f(3) \Rightarrow 1 \times 4 = 4$ 가지

② $f(2) = 2$

$f(1) \leq 2 < f(3) \Rightarrow 2 \times 3 = 6$ 가지

③ $f(2) = 3$

$f(1) \leq 3 < f(3) \Rightarrow 3 \times 2 = 6$ 가지

④ $f(2) = 4$

$f(1) \leq 4 < f(3) \Rightarrow 4 \times 1 = 4$ 가지

$$\therefore \ 4 + 6 + 6 + 4 = 20$$

답 (1) 125 (2) 5 (3) 60 (4) 60

(5) 10 (6) 35 (7) 20

050

중복순열은 이게 중복순열이 맞는지 파악하는게 제일 어렵다고 Guide step에서 언급한 바 있었다.

정의역이 $X = \{1, 2, 3, 4, 5\}$ 이고

치역이 $\{1, 2, 4\}$ 중에서 결정되니까

각각의 정의역한테 물어본다. 너 어디갈래?

각각 3가지 (1, 2, 4 중 선택)

$$\therefore \ 3^5 = 243$$

답 243

Tip

보이면 순삭 안 보이면 전형적인 분할과 분배

중복순열이 생각나지 않았다면 case분류해서 풀면 된다.

① 치역의 개수가 1

치역 후보 1, 2, 4 각각 몰빵하면 총 3가지

② 치역의 개수가 2

치역 후보 $\{1, 2\}$, $\{1, 4\}$, $\{2, 4\}$

각각 $2^5 - 2$ (몰빵제거) 이므로 총 $3(2^5 - 2) = 90$ 가지

③ 치역의 개수가 3

치역 $\{1, 2, 4\}$ 가 나오려면 모두 선택되어야 하니까
분할을 사용하면

(1) $3, 1, 1 \implies {}_5C_3 \times {}_2C_1 \times {}_1C_1 \times \dfrac{1}{2!} \times 3!$ (분배) $= 60$

(2) $2, 2, 1 \implies {}_5C_2 \times {}_3C_2 \times {}_1C_1 \times \dfrac{1}{2!} \times 3!$ (분배) $= 90$

$\therefore \ 3 + 90 + 150 = 243$

051

(가) 조건에 의해 $f(4)$ 는 3의 배수
(나) 조건은 앞서 배운 것처럼 중복조합으로 처리하면 된다.
(중복허용하여 뽑기만 하면 자동배열)

① $f(4) = 3$
(나) 조건에 의해서
$1 \leq f(1) \leq f(2) \leq f(3) \leq 3 \leq f(5) \leq f(6) \leq 6$

$\therefore \ {}_3H_3 \times {}_4H_2 = 10 \times 10 = 100$

② $f(4) = 6$
(나) 조건에 의해서
$1 \leq f(1) \leq f(2) \leq f(3) \leq 6 = f(5) = f(6)$

$\therefore \ {}_6H_3 \times 1 = 56$

따라서 모든 함수 f 의 개수는 $100 + 56 = 156$ 이다.

답   156

052

(가) 조건에 의해서 치역인 원소 4개 선택 ${}_6C_4 = 15$ 가지
치역 $1, 2, 3, 4$ 가 선택됐다고 가정하자.

(나) 조건을 만족시키는 a 고르기 ${}_4C_3 = 4$ 가지
(치역 $1, 2, 3, 4$ 중 $f(a) = a$ 인 것 고르기)
$f(1) = 1,\ f(2) = 2,\ f(3) = 3$ 이라 가정하자.

이때 남은 정의역 4, 5, 6 만 치역으로 매칭시켜주면 된다.

① 정의역 4가 가야 할 곳은 치역 1, 2, 3 중 하나이므로
   3가지이다. ($\because \ f(4) = 4$ 이면 (나) 조건에 모순)

> **Tip**
>
> ①번은 4가지로 잘못 판단하기 딱 좋은 case이므로 유의하자.
> 실수하는 point!

② 정의역 5, 6이 가야 할 곳은 치역 1, 2, 3, 4 중
   하나이므로 $4^2 = 16$ 가지이다.
   이때 치역 4가 선택되지 않는 경우가 포함되어 있으므로
   이 경우를 빼줘야 한다.
   즉, 정의역 5, 6이 1, 2, 3 중에 한 곳을 가는
   경우의 수 $3^2 = 9$ 을 빼주면
   $\therefore \ 16 - 9 = 7$

> **Tip**
>
> 이렇게 구할 수도 있지만 직접 세도 된다.
>
> ⅰ) 정의역 5만 치역 4로 매칭
> $\Rightarrow$ 정의역 6이 가야 할 곳은 치역 1, 2, 3 중
>   하나이므로 3가지이다.
> ⅱ) 정의역 6만 치역 4로 매칭
> $\Rightarrow$ 정의역 5가 가야 할 곳은 치역 1, 2, 3 중
>   하나이므로 3가지이다.
> ⅲ) 정의역 5, 6 둘다 치역 4로 매칭
> $\Rightarrow$ 1 가지
>
> $\therefore \ 3 + 3 + 1 = 7$

$k = {}_6C_4 \times {}_4C_3 \times 3 \times (4^2 - 3^2) = 15 \times 4 \times 3 \times 7 = 1260$ 이므로
$\dfrac{k}{10} = 126$ 이다.

답   126

053

치역의 모든 원소의 합이 8인 경우는 다음과 같다.
원소의 개수가 2개 (치역이 3, 5)
원소의 개수가 3개 (치역이 1, 2, 5)

① 원소의 개수가 2개 (치역이 3, 5)
정의역 1, 2, 3, 5에게 물어본다.

치역 3, 5 중 어디갈래?

각각 2가지 $\Rightarrow 2^4 = 16$ 가지
이때 3으로 몰빵 or 5로 몰빵하는 경우 2가지를 빼줘야 한다.

$\therefore \ 16 - 2 = 14$

② 원소의 개수가 3개 (치역이 1, 2, 5)
정의역 1, 2, 3, 5를 2개, 1개, 1개의 묶음으로 나누면
$_4C_2 \times {}_2C_1 \times {}_1C_1 \times \dfrac{1}{2!}$ (분할)

1, 2 / 3 / 5로 분할했다고 가정하자.
세 묶음을 치역 1, 2, 5에 매칭시키기 3! (분배)

> **Tip**
>
> 이때 2개, 1개, 1개라 해서 매칭시키는
> 경우의 수를 $\dfrac{3!}{2!}$ 라 하지 않도록 유의하자.
> 세 묶음은 1, 2 / 3 / 5이므로
> 3과 5는 개수는 1개로 같을지라도
> 서로 다른 묶음으로 봐야 한다.
> 따라서 세 묶음은 모두 다르므로 매칭시키는
> 경우의 수는 3! 이다.

$\therefore \ _4C_2 \times {}_2C_1 \times {}_1C_1 \times \dfrac{1}{2!} \times 3! = 36$

따라서 치역의 모든 원소의 합이 8인 함수의 개수는
$14 + 36 = 50$ 이다.

답 50

54	③	91	②
55	①	92	④
56	④	93	②
57	②	94	④
58	②	95	⑤
59	⑤	96	①
60	③	97	④
61	②	98	②
62	②	99	74
63	①	100	50
64	⑤	101	③
65	④	102	546
66	④	103	33
67	①	104	9
68	①	105	37
69	⑤	106	220
70	①	107	36
71	④	108	②
72	①	109	32
73	③	110	⑤
74	③	111	⑤
75	③	112	68
76	④	113	③
77	①	114	④
78	②	115	525
79	⑤	116	120
80	②	117	32
81	⑤	118	332
82	90	119	80
83	55	120	450
84	③	121	⑤
85	84	122	④
86	36	123	115
87	③	124	④
88	④	125	①
89	③	126	196
90	48	127	25

128	⑤	**131**	93
129	336	**132**	②
130	108		

A 고정시키기 1 가지
B 선택 2 가지
나머지 배열 $4! = 24$ 가지
따라서 구하고자 하는 경우의 수는 $1 \times 2 \times 24 = 48$ 이다.

답 ②

054

천의 자리수 5 가지 ($1,\ 2,\ 3,\ 4,\ 5$ 선택)
백의 자리수 5 가지 ($1,\ 2,\ 3,\ 4,\ 5$ 선택)
십의 자리수 5 가지 ($1,\ 2,\ 3,\ 4,\ 5$ 선택)
5 의 배수가 되려면 일의 자리수는 5 가 선택되어야 하므로
$\therefore\ 5^3 = 125$

답 ③

058

$1,\ 3,\ 5$ 와 $2,\ 4$ 는 순서가 정해져 있으므로
$1,\ 3,\ 5$ 를 같은 문자 x 로
$2,\ 4$ 를 같은 문자 y 라 두면
$x,\ x,\ x,\ y,\ y,\ 6$ 을 일렬로 배열하는 경우의 수와 같다.
따라서 구하고자 하는 경우의 수는 $\dfrac{6!}{3!2!} = 60$ 이다.

답 ②

055

양 끝에 흰 색 깃발을 고정시키면
$bbbbb\,www$ 을 일렬로 배열하는 경우의 수와 같다.
$\therefore\ \dfrac{8!}{5!3!} = 56$

답 ①

059

A 지점에서 P 지점까지 최단거리 $\dfrac{4!}{2!2!} = 6$ 가지
P 지점에서 B 지점까지 최단거리 $\dfrac{4!}{3!} = 4$ 가지
$\therefore\ 6 \times 4 = 24$

답 ⑤

056

가운데 경유지점을 C 라 하면
A 지점에서 C 지점까지 최단거리 $\dfrac{4!}{2!2!} = 6$ 가지
C 지점에서 B 지점까지 최단거리 $\dfrac{4!}{2!2!} = 6$ 가지
$\therefore\ 6 \times 6 = 36$

답 ④

057

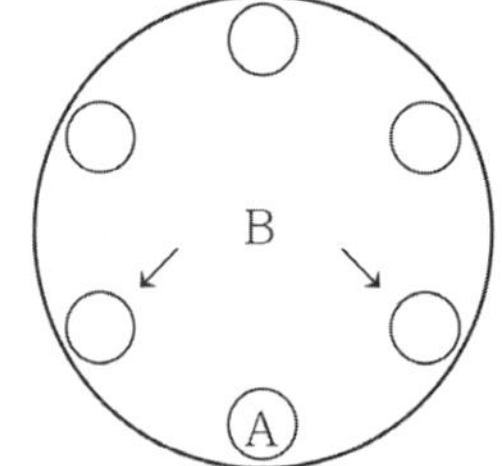

060

A 고정시키기 1 가지
B, C 앉을 자리 선택 3 가지
B, C 자리 바꾸기 2! 가지

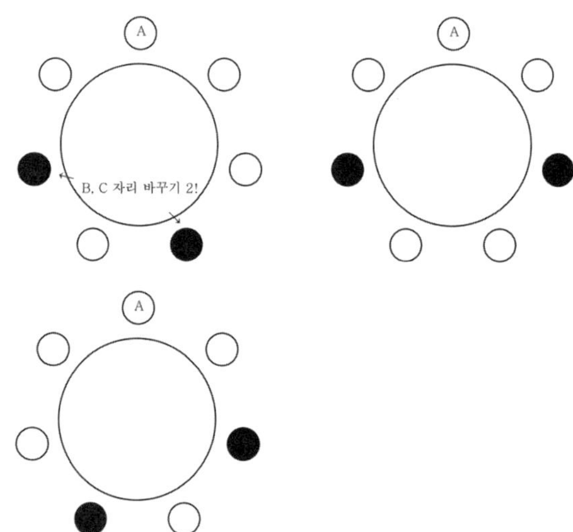

나머지 4명 배열 4! = 24 이다.

따라서 구하고자 하는 경우의 수는 $3 \times 2 \times 24 = 144$ 이다.

답 ③

061

① 4가 1 개

1, 2, 3 중에서 중복을 허용하여 4 개 뽑기

$\therefore {}_3H_4 = {}_6C_2 = 15$

② 4가 0 개

1, 2, 3 중에서 중복을 허용하여 5 개 뽑기

$\therefore {}_3H_5 = {}_7C_2 = 21$

따라서 구하고자 하는 경우의 수는 $15 + 21 = 36$ 이다.

답 ②

062

천의 자리수 2 가지 (4, 5 선택)

백의 자리수 5 가지 (1, 2, 3, 4, 5 선택)

십의 자리수 5 가지 (1, 2, 3, 4, 5 선택)

일의 자리수 3 가지 (1, 3, 5 선택)

$\therefore 2 \times 5 \times 5 \times 3 = 150$

답 ②

063

1학년 2 명 $(1_a, 1_b)$

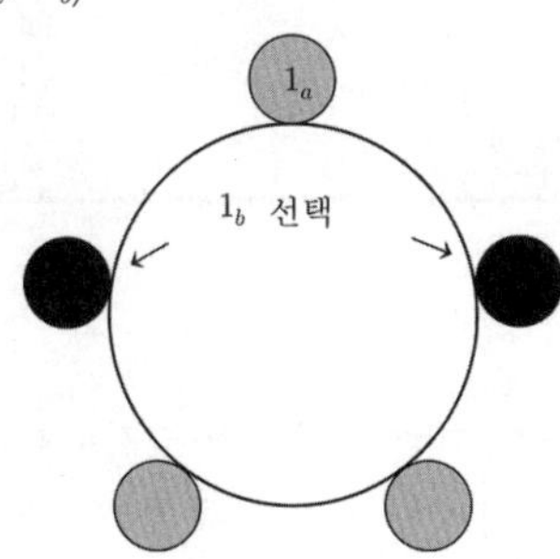

$1 (1_a 고정시키기) \times 2 (1_b 선택) \times 3! (나머지 3 자리 배열)$

$\therefore 2 \times 6 = 12$

답 ①

064

서로 다른 세 상자에 들어가는 공의 개수를 각각 x, y, z

$x \geq 1, \ y \geq 1, \ z \geq 1$

$x + y + z = 6$

$x = x' + 1, \ y = y' + 1, \ z = z' + 1$

$x' \geq 0, \ y' \geq 0, \ z' \geq 0$

$x' + y' + z' = 3$

$\therefore {}_3H_3 = {}_5C_3 = 10$

답 ⑤

065

8 명의 학생 중 A, B를 제외한 나머지

6 명중 3 명 선택 ${}_6C_3 = 20$ 가지

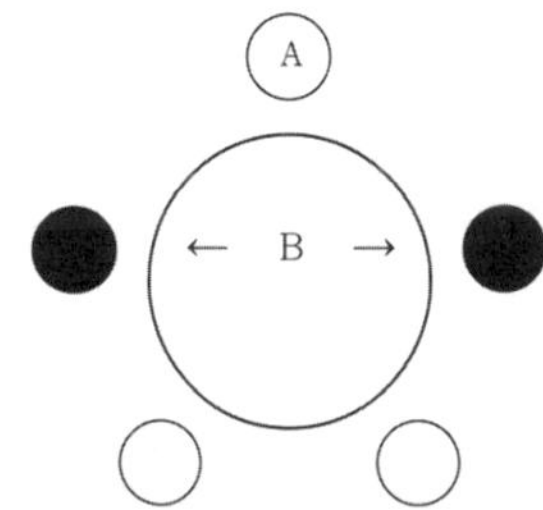

${}_6C_3 (6 명중 3 명 선택) \times 1 (A 고정시키기) \times 2 (B 자리선택)$

$\times 3! (나머지 3자리 배열)$

$\therefore 20 \times 12 = 240$

답 ④

066

서로 다른 연필을 서로 다른 학생에게 나누어 주기

(연필을 받지 못하는 학생이 있을 수 있다.)

$\Rightarrow$ 중복순열

연필에게 물어본다. A, B, C, D 중 어디갈래? 각각 4 가지

연필1	연필2	연필3	연필4	연필5
4가지	4가지	4가지	4가지	4가지

$\therefore 4^5 = 1024$

답 ④

067

전체 경우의 수에서 서로 이웃한 2개의 의자에
적혀 있는 수의 합이 11인 경우의 수를 빼서 구해보자.

6개의 의자를 원형으로 배열하는 경우의 수는 5!

서로 이웃한 2개의 의자에 적혀 있는 수의 합이 11이
되려면 5와 6이 적힌 의자가 서로 이웃해야 한다.
즉, 5, 6이 적힌 의자를 묶어서 하나의 의자로 생각하여
모두 5개의 의자를 원형으로 배열하는 경우의 수는 4!
이때 5, 6 자리 바꾸기 2!

따라서 구하는 경우의 수는 $5! - 4! \times 2! = 120 - 48 = 72$ 이다.

답 ①

068

(단, 1병도 받지 못하는 사람이 있을 수 있다.)

① 같은 종류의 주스 4병을 3명에게 남김없이
  나누어 주는 경우의 수
  $\therefore \ x + y + z = 4 \ \Rightarrow \ {}_3\mathrm{H}_4 = {}_6\mathrm{C}_2 = 15$

② 같은 종류의 생수 2병을 3명에게 남김없이
  나누어 주는 경우의 수
  $\therefore \ x + y + z = 2 \ \Rightarrow \ {}_3\mathrm{H}_2 = {}_4\mathrm{C}_2 = 6$

③ 같은 종류의 우유 1병을 3명에게 남김없이
  나누어 주는 경우의 수
  $\therefore \ x + y + z = 1 \ \Rightarrow \ {}_3\mathrm{H}_1 = {}_3\mathrm{C}_1 = 3$

따라서 구하고자 하는 경우의 수는 $15 \times 6 \times 3 = 270$ 이다.

답 ①

069

$f(1)$ 선택 4가지 ($f(1) = 1 \ or \ 2 \ or \ 3 \ or \ 4$)

$f(2) \leq f(3) \leq f(4)$
1, 2, 3, 4에서 중복을 허용하여 3개를 뽑으면
${}_4\mathrm{H}_3 = {}_6\mathrm{C}_3 = 20$

예를 들어 1, 1, 2가 선택되었다고 가정하면
$f(2) = 1, \ f(3) = 1, \ f(4) = 2$ 이다.
즉, 뽑기만 하면 자동배열된다.
(Training 1step 040번, 049번에서 학습함)

따라서 함수의 개수는 $4 \times 20 = 80$ 이다.

답 ⑤

070

1학년 2명 $(1_a, \ 1_b)$
2학년 2명 $(2_a, \ 2_b)$
3학년 3명 $(3_a, \ 3_b, \ 3_c)$

1학년끼리 한 묶음, 2학년끼리 한 묶음으로 보자.
$(1_a, \ 1_b), \ (2_a, \ 2_b), \ 3_a, \ 3_b, \ 3_c$

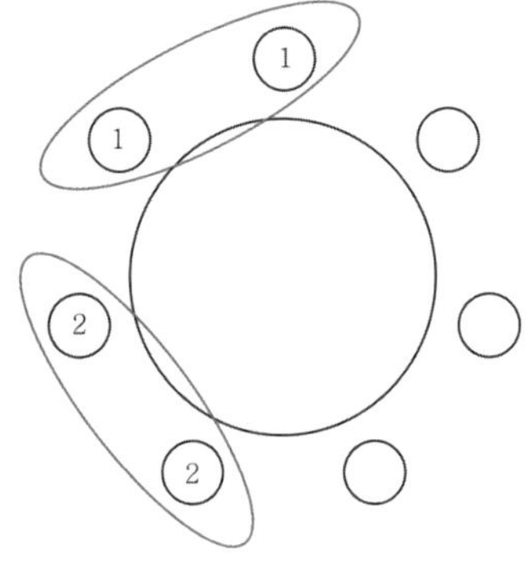

4! (원순열 배열) × 2! (1학년 자리 바꾸기)
× 2! (2학년 자리 바꾸기)

$\therefore \ 24 \times 2 \times 2 = 96$

답 ①

071

C □ □ □ □

C 하나를 왼쪽에서 두 번째의 위치에 고정시키고
나머지 4장의 카드에 대해서 case분류하면 다음과 같다.

① A가 선택되지 않는 경우
B, B, C, C를 일렬로 배열하는 경우의 수 $\dfrac{4!}{2!2!} = 6$

② A가 선택되는 경우

②-(ⅰ) A, B, C, C를 일렬로 배열하는 경우의 수
$$\frac{4!}{2!} = 12$$

②-(ⅱ) A, B, B, C를 일렬로 배열하는 경우의 수
$$\frac{4!}{2!} = 12$$

따라서 구하고자 하는 경우의 수는 $6 + 12 + 12 = 30$ 이다.

 ④

072

a, b, c, d, e 는 자연수
$a + b + c + d + e = 12$
$|a^2 - b^2| = 5 \Rightarrow |(a-b)(a+b)| = 5$

$a + b > 0$ 이므로 $a - b = 1$ or $a - b = -1$ 에 따라
case분류하면

① $a - b = -1$, $a + b = 5 \Rightarrow a = 2$, $b = 3$

$a + b + c + d + e = 12$
$\Rightarrow c + d + e = 7$

$c \geq 1$, $d \geq 1$, $e \geq 1$
$c = c' + 1$, $d = d' + 1$, $e = e' + 1$

$c' + d' + e' = 4 \Rightarrow {}_3H_4 = {}_{3+4-1}C_4 = {}_6C_2 = 15$

② $a - b = 1$, $a + b = 5 \Rightarrow a = 3$, $b = 2$

①과 같은 구조이므로 15

따라서 구하고자 하는 경우의 수는 $15 \times 2 = 30$ 이다.

 ①

073

3개의 칸에서 왼쪽부터 넣는 책의 수를 A, B, C라 하자.
$0 \leq A \leq 5$, $0 \leq B \leq 5$, $0 \leq C \leq 8$
$A + B + C = 8 \Rightarrow {}_3H_8 = 45$

$A \geq 6$ 일 때,
$(A, B, C) = (6, 1, 1), (6, 2, 0), (6, 0, 2),$
$\qquad\qquad\qquad (7, 1, 0), (7, 0, 1), (8, 0, 0)$
6가지

$B \geq 6$ 일 때, $A \geq 6$ 와 마찬가지로 6가지

따라서 구하고자 하는 경우의 수는 $45 - 12 = 33$ 이다.

 ③

074

양 끝에 들어갈 문자를 선택하는 경우의 수 2^2
a가 들어갈 자리 1개 선택하는 경우의 수 ${}_4C_1$
나머지 3자리에 들어갈 문자를 선택하는 경우의 수 3^3

따라서 구하고자 하는 경우의 수는
$2^2 \times {}_4C_1 \times 3^3 = 4 \times 4 \times 27 = 432$ 이다.

 ③

075

빨간색 카드 4장, 파란색 카드 2장, 노란색 카드 1장

노란색 카드를 받을 학생을 선택하는 경우의 수는 ${}_3C_1 = 3$

파란색 카드 2장 중 1장을 노란색 카드를 받은 학생에게
주고, 나머지 파란색 카드 1장 받을 학생을 선택하는
경우의 수는 ${}_3C_1$

빨간색 카드 4장 중 1장을 노란색 카드를 받을 학생에게
주고, 나머지 빨간색 카드 3장을 세 명의 학생에게 나누어
주는 경우의 수는 ${}_3H_3 = {}_{3+3-1}C_3 = {}_5C_3 = 10$

따라서 구하고자 하는 경우의 수는 $3 \times 3 \times 10 = 90$ 이다.

답 ③

076

N 은 홀수이므로 일의 자리의 수가 될 수 있는 수는
1 or 3 or 5 이다. 즉, 일의 자리의 수가 될 수 있는 수를
선택하는 경우의 수는 $_3C_1 = 3$

$10000 < N < 30000$
이므로 만의 자리 수가 될 수 있는 수는 1 or 2 이다.
즉, 만의 자리의 수가 될 수 있는 수를 선택하는 경우의 수는
$_2C_1 = 2$
천의 자리, 백의 자리, 십의 자리의 수가 될 수 있는 수를
선택하는 경우의 수는 각각 5가지이므로 $5^3 = 125$
(1, 2, 3, 4, 5 중 하나 선택)

따라서 구하고자 하는 경우의 수는 $3 \times 2 \times 125 = 750$ 이다.

 ④

현수막 A 는 1 개, B 는 4 개, C 는 2 개가 있다.
(나) 조건에 의해 B 는 2곳 이상 설치해야 하므로
B 를 설치하는 개수에 따라 case분류하면

① B 2 개 설치하는 경우
ABBCC $\Rightarrow \dfrac{5!}{2!2!} = 30$

② B 3 개 설치하는 경우
ABBBC $\Rightarrow \dfrac{5!}{3!} = 20$

③ B 4 개 설치하는 경우
ABBBB $\Rightarrow \dfrac{5!}{4!} = 5$

따라서 구하고자 하는 경우의 수는 $30 + 20 + 5 = 55$ 이다.

 ①

078

주문 받는 고구마피자의 개수 A
주문 받는 새우피자의 개수 B
주문 받는 불고기피자의 개수 C
$A + B + C = m \Rightarrow _3H_m = _{m+2}C_m = _{m+2}C_2 = 36$

$_9C_2 = 36$ 이므로 $m = 7$ 이다.

$A \geq 1, \ B \geq 1, \ C \geq 1$
$A + B + C = 7$

$A = A' + 1, \ B = B' + 1, \ C = C' + 1$
$A' \geq 0, \ B' \geq 0, \ C' \geq 0$
$A' + B' + C' = 4 \ \Rightarrow \ _3H_4 = _6C_2 = 15$

 ②

1 이 적힌 카드와 2 가 적힌 카드 사이에 두 장 이상의 카드가
있도록 나열하는 경우의 수는 전체의 경우의 수에서
1 이 적힌 카드와 2 가 적힌 카드 사이에 아무 카드도 없거나
한 장의 카드가 있도록 나열하는 경우의 수를 빼서 구하면 된다.

1, 2, 3, 3, 4, 4, 4 를 일렬로 나열하는 경우의 수는
$$\dfrac{7!}{2!3!} = 420$$

1 이 적힌 카드와 2 가 적힌 카드 사이에 아무 카드도 없는
경우의 수를 구해보자.

1, 2를 한 묶음 a 라 보면
a, 3, 3, 4, 4, 4 를 나열하는 경우의 수는 $\dfrac{6!}{2!3!} = 60$
1, 2 자리 바꾸기 $2! = 2$
이므로

1 이 적힌 카드와 2 가 적힌 카드 사이에 아무 카드도 없는
경우의 수는 $60 \times 2 = 120$

1 이 적힌 카드와 2 가 적힌 카드 사이에 한 장의 카드가
있도록 나열할 때, 사이의 카드가 3 이 적힌 카드인지
4 가 적힌 카드인지로 case분류하면

① 사이의 카드가 3 이 적힌 카드일 때
1, 3, 2 을 한 묶음 x 라 보면
x, 3, 4, 4, 4 를 나열하는 경우의 수는 $\dfrac{5!}{3!} = 20$
1, 2 자리 바꾸기 $2! = 2$

$\therefore \ 20 \times 2 = 40$

② 사이의 카드가 4가 적힌 카드일 때

1, 4, 2을 한 묶음 y라 보면

y, 3, 3, 4, 4를 나열하는 경우의 수는 $\dfrac{5!}{2!2!}=30$

1, 2 자리 바꾸기 $2!=2$

$\therefore\ 30\times2=60$

①, ②에 의해서 1이 적힌 카드와 2가 적힌 카드 사이에
한 장의 카드가 있도록 나열하는 경우의 수는 $40+60=100$

따라서 구하고자 하는 경우의 수는
$420-(120+100)=200$ 이다.

 ⑤

080

네 명의 학생 A, B, C, D가 받는 초콜릿의 개수를
각각 a, b, c, d라 하자.
(가) 조건에 의해서 $a\geq1$, $b\geq1$, $c\geq1$, $d\geq1$
$a+b+c+d=8$

$a=a'+1$, $b=b'+1$, $c=c'+1$, $d=d'+1$
$a'\geq0$, $b'\geq0$, $c'\geq0$, $d'\geq0$
$a'+b'+c'+d'=4$
(나) 조건에 의해서 $a'>b'$

① $b'=0$

a'	b'	경우의 수
1	0	${}_2H_3={}_4C_3=4$
2	0	${}_2H_2={}_3C_2=3$
3	0	${}_2H_1={}_2C_1=2$
4	0	1

$\therefore\ 4+3+2+1=10$

② $b'=1$

a'	b'	경우의 수
2	1	${}_2H_1={}_2C_1=2$
3	1	1

$\therefore\ 2+1=3$

따라서 구하고자 하는 경우의 수는 $10+3=13$ 이다.

 ②

081

① $f(4)=1$
$f(1)+f(2)+f(3)\geq3$

(나) 조건에 의해서 $f(1)$, $f(2)$, $f(3)$은 2, 3, 4 중 하나로
매칭되어야 한다.

$\therefore\ 3^3=27$

② $f(4)=2$
$f(1)+f(2)+f(3)\geq6$
(나) 조건에 의해서 $f(1)$, $f(2)$, $f(3)$은 1, 3, 4 중 하나로
매칭되어야 한다.

이때 (가) 조건을 만족시키지 못하는 다음 경우를
빼줘야 한다.
$(f(1),\ f(2),\ f(3))=(3,\ 1,\ 1)\ \Rightarrow\ $ 3가지
$(f(1),\ f(2),\ f(3))=(1,\ 1,\ 1)\ \Rightarrow\ $ 1가지
$\therefore\ 3^3-4=27-4=23$

③ $f(4)=3$
$f(1)+f(2)+f(3)\geq9$
(나) 조건에 의해서 $f(1)$, $f(2)$, $f(3)$은 1, 2, 4 중 하나로
매칭되어야 한다.

이때 (가) 조건을 만족시키는 경우는 다음과 같다.
$(f(1),\ f(2),\ f(3))=(4,\ 4,\ 4)\ \Rightarrow\ $ 1가지
$(f(1),\ f(2),\ f(3))=(4,\ 4,\ 1)\ \Rightarrow\ $ 3가지
$(f(1),\ f(2),\ f(3))=(4,\ 4,\ 2)\ \Rightarrow\ $ 3가지
$\therefore\ 1+3+3=7$

④ $f(4)=4$
$f(1)+f(2)+f(3)\geq12$
(나) 조건에 의해서 $f(1)$, $f(2)$, $f(3)$은 1, 2, 3중 하나로
매칭되어야 한다.

(가) 조건을 만족시키는 경우는 존재하지 않는다.
ex $3+3+3\geq12$ (모순)

따라서 조건을 만족시키는 모든 함수의 개수는
$27+23+7=57$ 이다.

답 ⑤

082

순서가 정해져 있으므로
국어 A, B 를 같은 문자 x
수학 A, B 를 같은 문자 y
영어 A, B 를 같은 문자 z 라 두면
구하는 경우의 수는 $xxyyzz$ 를 일렬로 배열하는 경우의 수와 같다.

$$\therefore \quad \frac{6!}{2!2!2!} = 90$$

답 90

5 이하의 자연수 a, b, c, d
$a \leq b+1 \leq c \leq d$

b 에 따라 case분류하면

① $b=1$ 일 때
$a \leq 2 \leq c \leq d \leq 5$
a 를 정하는 경우의 수는 $_2\mathrm{C}_1 = 2$
c, d 를 정하는 경우의 수는 $_4\mathrm{H}_2 = {}_{4+2-1}\mathrm{C}_2 = {}_5\mathrm{C}_2 = 10$
$\therefore \quad 2 \times 10 = 20$

② $b=2$ 일 때
$a \leq 3 \leq c \leq d \leq 5$
a 를 정하는 경우의 수는 $_3\mathrm{C}_1 = 3$
c, d 를 정하는 경우의 수는 $_3\mathrm{H}_2 = {}_{3+2-1}\mathrm{C}_2 = {}_4\mathrm{C}_2 = 6$
$\therefore \quad 3 \times 6 = 18$

③ $b=3$ 일 때
$a \leq 4 \leq c \leq d \leq 5$
a 를 정하는 경우의 수는 $_4\mathrm{C}_1 = 4$
c, d 를 정하는 경우의 수는 $_2\mathrm{H}_2 = {}_{2+2-1}\mathrm{C}_2 = {}_3\mathrm{C}_2 = 3$
$\therefore \quad 4 \times 3 = 12$

④ $b=4$ 일 때
$a \leq 5 \leq c \leq d \leq 5$
a 를 정하는 경우의 수는 $_5\mathrm{C}_1 = 5$
c, d 를 정하는 경우의 수는 1
$\therefore \quad 5 \times 1 = 5$

따라서 구하고자 하는 경우의 수는 $20 + 18 + 12 + 5 = 55$ 이다.

답 55

$|a| = A,\ |b| = B,\ |c| = C$ 라 하면
$1 \leq A \leq B \leq C \leq 5$
1, 2, 3, 4, 5 에서 중복을 허락하여 3 개를 뽑으면
$_5\mathrm{H}_3 = {}_7\mathrm{C}_3 = 35$
(Training-1step 40번에서 학습함)

예를 들어 1, 2, 3이 뽑혔다면
$|a| = 1,\ |b| = 2,\ |c| = 3$ 이므로
$a = 1 \text{ or } -1,\ b = 2 \text{ or } -2,\ c = 3 \text{ or } -3$
각각 2 가지씩 $2^3 = 8$ 가지
따라서 모든 순서쌍 (a, b, c) 의 개수는 $35 \times 8 = 280$ 이다.

답 ③

(가) 조건에 의해서
$a \geq 0,\ b \geq 0,\ c \geq 0$
$a+b+c = 14 \ \Rightarrow\ _3\mathrm{H}_{14} = {}_{16}\mathrm{C}_2 = 120$

(나) 조건에 의해서 전체의 경우에서
$(a-2)(b-2)(c-2) = 0$ 을 만족시키는 경우를 빼면 된다.

① a, b, c 중 1 개가 2 인 경우
누가 2 할래? $_3\mathrm{C}_1 = 3$ 가지
$a = 2$ 라고 가정하면
$b + c = 12 \ \Rightarrow\ _2\mathrm{H}_{12} = {}_{13}\mathrm{C}_{12} = 13$
이때 $(b, c) = (2, 10), (10, 2)$ 인 경우를 빼줘야 한다.

$\therefore \quad 3 \times (13 - 2) = 33$

② a, b, c 중 2 개가 2 인 경우
누가 2 할래? $_3\mathrm{C}_2 = 3$ 가지
$a = 2,\ b = 2$ 라고 가정하면 $c = 10$ (매칭시키기 1 가지)

$\therefore \quad 3$

③ a, b, c 모두 2 인 경우
(가) 조건을 만족시키지 않는다.

따라서 모든 순서쌍 (a, b, c) 의 개수는 $120 - (33 + 3) = 84$ 이다.

답 84

(가) A 와 B 는 이웃한다.

(나) B 와 C 는 이웃하지 않는다.

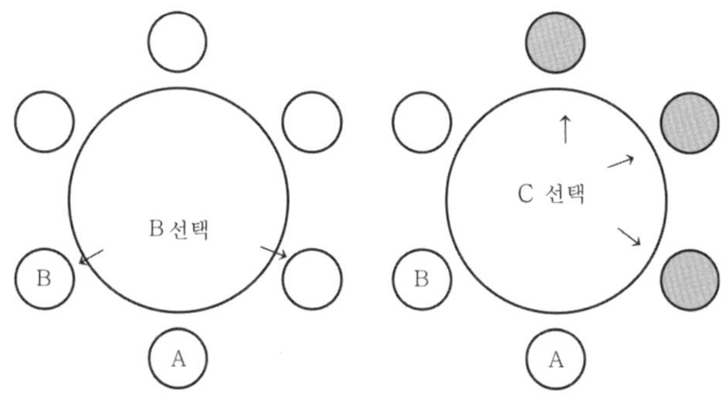

1 (A 고정시키기) $\times {}_2C_1$ (B 자리 선택) $\times {}_3C_1$ (C 자리 선택)

$\times 3!$ (나머지 배열)

$\therefore \ 1 \times 2 \times 3 \times 6 = 36$

답 36

$x + y + z + 5w = 14$

w 가 스페셜하므로 w 를 기준으로 case분류하면

① $w = 1$

$x \geq 1, \ y \geq 1, \ z \geq 1$

$x + y + z = 9$

$x = x' + 1, \ y = y' + 1, \ z = z' + 1$

$x' \geq 0, \ y' \geq 0, \ z' \geq 0$

$x' + y' + z' = 6 \Rightarrow {}_3H_6 = {}_8C_2 = 28$

② $w = 2$

$x \geq 1, \ y \geq 1, \ z \geq 1$

$x + y + z = 4$

$x = x' + 1, \ y = y' + 1, \ z = z' + 1$

$x' \geq 0, \ y' \geq 0, \ z' \geq 0$

$x' + y' + z' = 1 \Rightarrow {}_3H_1 = {}_3C_1 = 3$

따라서 모든 순서쌍 $(x, \ y, \ z, \ w)$ 의 개수는 $28 + 3 = 31$ 이다.

답 ③

088

꺼내는 볼펜의 개수를 x

꺼내는 연필의 개수를 y

꺼내는 지우개의 개수를 z 라 하면

$0 \leq x \leq 6, \ 0 \leq y \leq 6, \ 0 \leq z \leq 6$

$x + y + z = 8 \Rightarrow {}_3H_8 = {}_{10}C_2 = 45$

이때 범위에 포함되지 않는 다음과 같은 경우를 빼줘야 한다.

$(x, \ y, \ z) = (0, \ 1, \ 7) \Rightarrow 3! = 6$ 가지

$(x, \ y, \ z) = (0, \ 0, \ 8) \Rightarrow 3$ 가지

따라서 구하고자 하는 경우의 수는 $45 - (6 + 3) = 36$ 이다.

답 ④

네 개의 자연수 1, 2, 4, 8 중에서 중복을 허락하여 세 수를

선택하는 경우의 수 ${}_4H_3 = {}_6C_3 = 20$

이때 세 수의 곱이 100 을 초과하는 경우의 수를 빼줘야 한다.

$1 = 2^0, \ 2 = 2^1, \ 4 = 2^2, \ 8 = 2^3, \ 16 = 2^4, \ 32 = 2^5$

$64 = 2^6, \ 128 = 2^7$

$2^n > 100 \Rightarrow n \geq 7$

$A = 2^a, \ B = 2^b, \ C = 2^c \Rightarrow ABC = 2^{a+b+c}$

즉, 세 수를 곱했을 때 지수의 합이 7 이상인 경우를

찾으면 된다.

$(3, 3, 3), \ (3, 3, 1), \ (3, 3, 2), \ (3, 2, 2) \Rightarrow \ 4$ 가지

> **Tip**
>
> 누가 $a, \ b, \ c$ 인 것은 상관이 없다.
>
> 즉, 4가지가 맞다.

따라서 세 수의 곱이 100 이하가 되도록 선택하는

경우의 수는 $20 - 4 = 16$ 이다.

답 ③

서로 이웃한 2개의 의자에 적혀 있는 수의 곱이 12가
되지 않도록 하려면 2, 6 / 3, 4 가 이웃하지 않아야 한다.

2를 고정시켜서 판단해보자.

2를 고정시키는 경우의 수 1 가지

① 2와 6이 마주 보지 않을 때

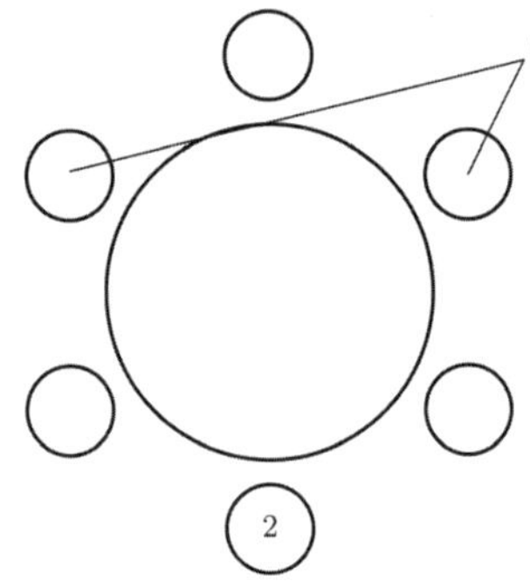

6이 들어갈 자리 선택 $_2C_1 = 2$
한 곳에 들어갔다고 가정하자.

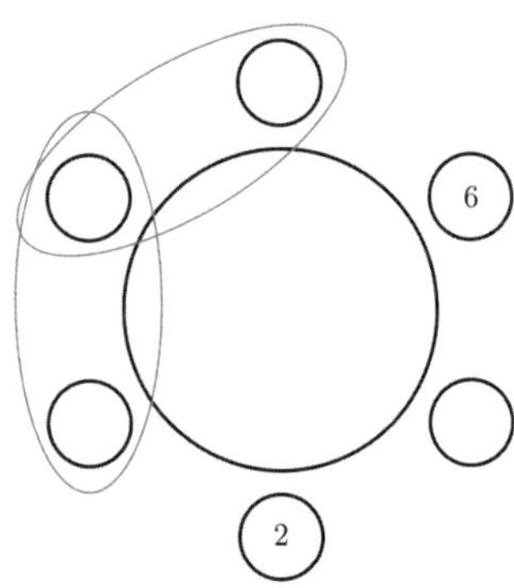

나머지 4자리 배열하는 경우의 수에서
3, 4가 이웃하는 경우의 수를 **빼면** 된다.

나머지 4자리 배열 $4! = 24$

3, 4가 이웃하도록 묶을 수 있는 경우의 수는 $_2C_1 = 2$
3, 4 자리 바꾸기 $2!$
나머지 1, 5 자리 바꾸기 $2!$
이므로 3, 4가 이웃하는 경우의 수는 $2 \times 2 \times 2 = 8$ 이다.

$\therefore \ 2 \times (24 - 8) = 32$

② 2와 6이 마주 볼 때

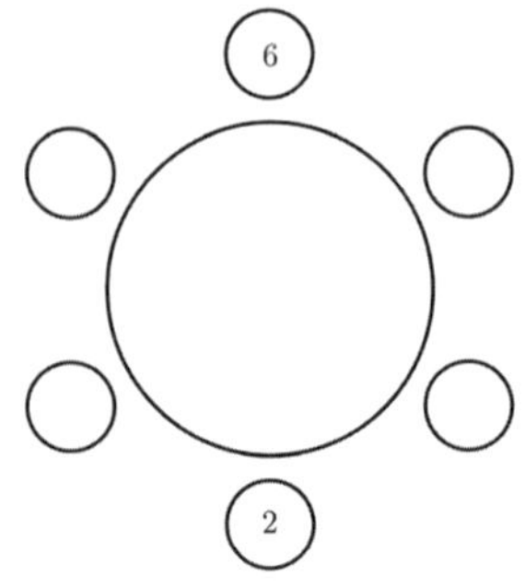

6이 들어갈 자리 선택 1 가지

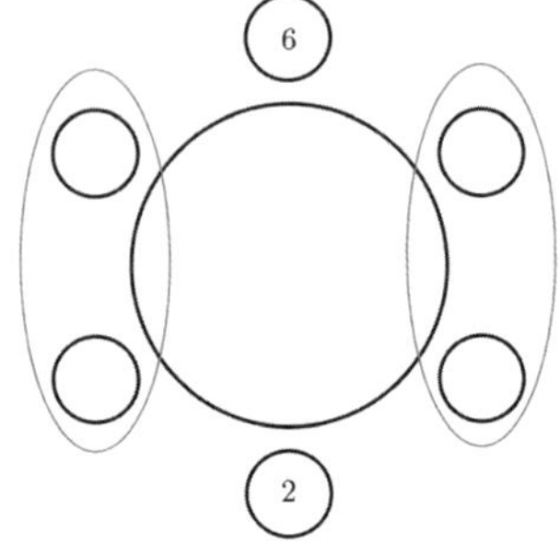

나머지 4자리 배열하는 경우의 수에서
3, 4가 이웃하는 경우의 수를 **빼면** 된다.

나머지 4자리 배열 $4! = 24$

3, 4가 이웃하도록 묶을 수 있는 경우의 수는 $_2C_1 = 2$
3, 4 자리 바꾸기 $2!$
나머지 1, 5 자리 바꾸기 $2!$
이므로 3, 4가 이웃하는 경우의 수는 $2 \times 2 \times 2 = 8$ 이다.

$\therefore \ 1 \times (24 - 8) = 16$

따라서 구하고자 하는 경우의 수는 $1 \times (32 + 16) = 48$ 이다.

답 48

상자 A에 넣은 흰색 탁구공의 개수를 기준으로
case분류해 보자.

① 상자 A에 흰색 탁구공 1개를 넣을 때,

A	B	C	주황색 탁구공 넣는 경우의 수
	○	○	ⅰ)
○	○ ○	×	ⅱ)
	×	○ ○	ⅲ)

ⅰ) (나) 조건에 의해서

$A \geq 1, \ B \geq 1, \ C \geq 1$

$A+B+C=4$

$A=A'+1, \ B=B'+1, \ C=C'+1$

$A' \geq 0, \ B' \geq 0, \ C' \geq 0$

$A'+B'+C'=1 \Rightarrow {}_3H_1={}_3C_1=3$ 가지

ⅱ) (나) 조건에 의해서

$A \geq 1, \ B \geq 1, \ C \geq 0$

$A+B+C=4$

$A=A'+1, \ B=B'+1$

$A' \geq 0, \ B' \geq 0, \ C \geq 0$

$A'+B'+C=2 \Rightarrow {}_3H_2={}_4C_2=6$ 가지

ⅲ) 은 ⅱ) 와 구조가 동일하므로 6 가지

> **Tip**
>
> 구조가 동일한 것을 파악하여 계산을 생략하는 것도 문제를
> 풀어나가는 데 있어 중요한 스킬 중 하나이다.

$\therefore$ 15 가지

② 상자 A에 흰색 탁구공 2개를 넣을 때,

A	B	C	주황색 탁구공 넣는 경우의 수
○ ○	○	×	ⅰ)
	×	○	ⅱ)

ⅰ) (나) 조건에 의해서

$A \geq 1, \ B \geq 1, \ C \geq 0$

$A+B+C=4$

$A=A'+1, \ B=B'+1$

$A' \geq 0, \ B' \geq 0, \ C \geq 0$

$A'+B'+C=2 \Rightarrow {}_3H_2={}_4C_2=6$ 가지

ⅱ) 은 ⅰ) 와 구조가 동일하므로 6 가지

$\therefore$ 12 가지

③ 상자 A에 흰색 탁구공 3개를 넣을 때,

A	B	C	주황색 탁구공 넣는 경우의 수
○ ○ ○	×	×	ⅰ)

ⅰ) (나) 조건에 의해서

$A \geq 1, \ B \geq 0, \ C \geq 0$

$A+B+C=4$

$A=A'+1$

$A' \geq 0, \ B \geq 0, \ C \geq 0$

$A'+B'+C=3 \Rightarrow {}_3H_3={}_5C_3=10$ 가지

$\therefore$ 10 가지

따라서 구하고자 하는 경우의 수는 $15+12+10=37$ 이다.

 ②

092

각 자리수가 0이 아닌 네 자리의 자연수 중
각 자리의 수의 합이 7인 모든 자연수의 개수

천의 자리수를 A $(1 \leq A \leq 9)$
백의 자리수를 B $(1 \leq B \leq 9)$
십의 자리수를 C $(1 \leq C \leq 9)$
일의 자리수를 D $(1 \leq D \leq 9)$
$A+B+C+D=7$

$A=A'+1, \ B=B'+1, \ C=C'+1, \ D=D'+1$

$0 \leq A' \leq 8, \ 0 \leq B' \leq 8, \ 0 \leq C' \leq 8, \ 0 \leq D' \leq 8$

$A'+B'+C'+D'=3 \Rightarrow {}_4H_3={}_6C_3=20$

 ④

> **Tip**
>
> 위 문제에서는 마지막 계산에서 8 이하의 제한조건에 걸리지
> 않았지만 얼마든지 제한조건에 위배되는 경우가 존재하는
> 문제를 만들 수 있으니 이 점을 꼭 유의하도록 하자.
> (특히 숨겨진 제한조건!)
>
> **ex** Training - 1step 39번

여학생 3 명 $(a_1,\ a_2,\ a_3)$
남학생 6 명 $(b_1,\ b_2,\ b_3,\ b_4,\ b_5,\ b_6)$

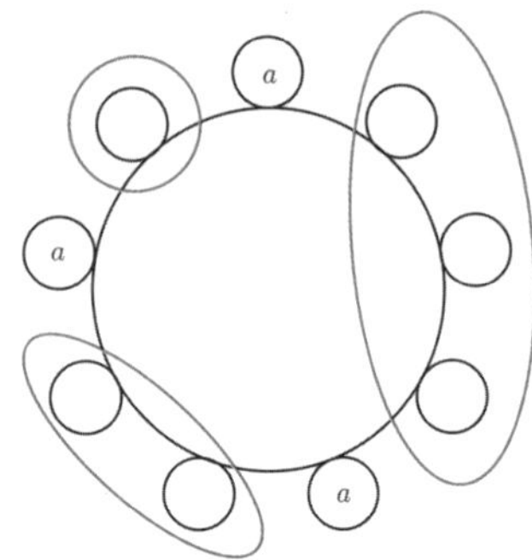

여학생 3 명 $(a_1,\ a_2,\ a_3)$ 원순열 배열 $2!=2$ 가지
남자 1 명, 2 명, 3 명 분할 $_6C_1\times_5C_2\times_3C_3=6\times10$ 가지

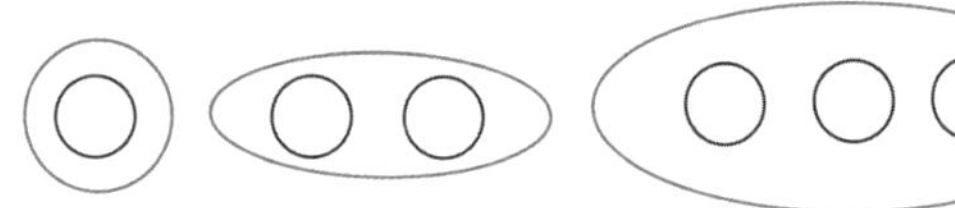

여학생 3 명을 원순열로 배열한 순간 위치가 정해지므로
세 묶음 전체 자리 바꾸기 $3!=6$ 가지
묶음 안에서 남학생 자리 바꾸기 $2!\times3!=12$ 가지

$$\therefore\ 2\times6\times10\times6\times12=12\times6!$$
따라서 자연수 n 의 값은 12 이다.

답 ②

$x\geq0,\ y\geq0,\ z\geq0$
(가) 조건에 의해서 $x+y+z=10\ \Rightarrow\ _3H_{10}=_{12}C_2=66$

$(가)-\{(가)\cap(나)^c\}=(가)\cap(나)$ 를 이용하여 구해보자.

$(나)^c:\ y+z=0\ \text{or}\ y+z\geq10$
  $(y+z\geq10\ \Rightarrow\ y+z=10$ 만 가능$)$
① $x=10,\ y+z=0\ \Rightarrow\ 1$ 가지
② $x=0,\ y+z=10\ \Rightarrow\ _2H_{10}=_{11}C_{10}=11$

$$\therefore\ \{(가)\cap(나)^c\}:\ 1+11=12$$

따라서 모든 순서쌍 $(x,\ y,\ z)$ 의 개수는
$66-(1+11)=54$ 이다.

답 ④

095

서로 다른 종류의 사탕 3 개 $a,\ b,\ c$
같은 종류의 구슬 7 개를 같은 종류의 주머니 3 개에
남김없이 나누어 넣는다.

각 주머니에 사탕과 구슬이 각각 1 개 이상씩 들어가야
하므로 사탕을 먼저 넣으면 다음과 같이 주머니에 이름이
부여된다.
사탕 a 가 들어간 주머니를 a 주머니
사탕 b 가 들어간 주머니를 b 주머니
사탕 c 가 들어간 주머니를 c 주머니

주머니 $a,\ b,\ c$ 에 넣는 구슬의 개수를 각각 A, B, C 라 하면
같은 종류의 구슬 7 개를 서로 다른 주머니 $a,\ b,\ c$ 에
1 개 이상씩 넣어야 하므로
$A\geq1,\ B\geq1,\ C\geq1$
$A+B+C=7$

$A=A'+1,\ B=B'+1,\ C=C'+1$
$A'\geq0,\ B'\geq0,\ C'\geq0$
$A'+B'+C'=4\ \Rightarrow\ _3H_4=_6C_2=15$

답 ⑤

d 가 스페셜하므로 d 에 따라 case 분류하면

① $d=0$
(가) 조건에 의해 $a+b+c=10$ 이므로
(나) 조건을 만족시키지 않는다.

② $d=1$
(가) 조건에 의해 $a+b+c=7$ 이므로
(나) 조건을 만족시키지 않는다.

③ $d=2$
(가) 조건에 의해 $a+b+c=4$ 이므로
(나) 조건을 만족시킨다.
$a\geq0,\ b\geq0,\ c\geq0$
$a+b+c=4\ \Rightarrow\ _3H_4=_6C_2=15$

④ $d=3$
(가) 조건에 의해 $a+b+c=1$ 이므로
(나) 조건을 만족시킨다.

$a \geq 0,\ b \geq 0,\ c \geq 0$
$a+b+c = 1 \ \Rightarrow\ {}_3H_1 = {}_3C_1 = 3$

따라서 모든 순서쌍 $(a,\ b,\ c,\ d)$ 의 개수는 $15+3 = 18$ 이다.

답 ①

097

(가) 조건에 의해서
$a,\ b,\ c,\ d,\ e$ 중 0이 될 문자 2개 선택 ${}_5C_2 = 10$
$d = e = 0$ 라고 가정하자.

> **Tip**
>
> 실수하는 포인트!
> 이때 d 와 e 를 제외한 다른 문자들은
> $a \neq 0,\ b \neq 0,\ c \neq 0$ 이라는 전제조건이 생긴다.
> 즉, $a \geq 1,\ b \geq 1,\ c \geq 1$

(나) 조건에 의해서
$a \geq 1,\ b \geq 1,\ c \geq 1$
$a+b+c = 10$

$a = a'+1,\ b = b'+1,\ c = c'+1$
$a' \geq 0,\ b' \geq 0,\ c' \geq 0$
$a'+b'+c' = 7 \ \Rightarrow\ {}_3H_7 = {}_9C_2 = 36$

따라서 모든 순서쌍 $(a,\ b,\ c,\ d,\ e)$ 의 개수는
$10 \times 36 = 360$ 이다.

답 ④

098

$x+y+z+3w = 14,\ x+y+z+w = 10 \ \Rightarrow\ w = 2$
$x \geq 0,\ y \geq 0,\ z \geq 0$
$x+y+z = 8 \ \Rightarrow\ {}_3H_8 = {}_{10}C_2 = 45$

따라서 모든 순서쌍 $(x,\ y,\ z,\ w)$ 의 개수는 45 이다.

답 ②

099

(가) 조건에 의해서
$a \geq 0,\ b \geq 0,\ c \geq 0,\ d \geq 0$
$a+b+c+d = 6 \ \Rightarrow\ {}_4H_6 = {}_9C_3 = 84$

$(가) - \{(가) \cap (나)^c\} = (가) \cap (나)$ 를 이용하여 구해보자.

$(나)^c : a,\ b,\ c,\ d$ 가 모두 1 이상
$a \geq 1,\ b \geq 1,\ c \geq 1,\ d \geq 1$
$a+b+c+d = 6$

$a = a'+1,\ b = b'+1,\ c = c'+1,\ d = d'+1$
$a' \geq 0,\ b' \geq 0,\ c' \geq 0,\ d' \geq 0$
$a'+b'+c'+d' = 2 \ \Rightarrow\ {}_4H_2 = {}_5C_2 = 10$

$\therefore\ \{(가) \cap (나)^c\} : 10$

따라서 모든 순서쌍 $(a,\ b,\ c,\ d)$ 의 개수는 $84 - 10 = 74$ 이다.

답 74

100

$a,\ b,\ c,\ d,\ e$ 는 자연수
(나) 조건에 의해서 a 와 b 는 모두 홀수이다.
(가) 조건에 의해서 $a+b = 10 - (c+d+e)$
$c+d+e \geq 3$ 이므로 (가) 조건을 만족시키려면
$a+b \leq 7$ 라는 전제조건이 생긴다.
이를 바탕으로 $a,\ b$ 의 값에 따라 case분류하면

① $(a,\ b) = (1,\ 1)$
$c \geq 1,\ d \geq 1,\ e \geq 1$
$c+d+e = 8$

$c = c'+1,\ d = d'+1,\ e = e'+1$
$c' \geq 0,\ d' \geq 0,\ e' \geq 0$
$c'+d'+e' = 5 \ \Rightarrow\ {}_3H_5 = {}_7C_2 = 21$

$\therefore\ 21$

② $(a,\ b) = (1,\ 3)$
$(1,\ 3),\ (3,\ 1)$ 자리 바꾸기 $2!$

$c \geq 1,\ d \geq 1,\ e \geq 1$

$c+d+e=6$

$c=c'+1,\ d=d'+1,\ e=e'+1$
$c'\geq 0,\ d'\geq 0,\ e'\geq 0$
$c'+d'+e'=3 \ \Rightarrow\ {}_3H_3={}_5C_3=10$

$\therefore\ 2\times 10=20$

③ $(a,\ b)=(1,\ 5)$
$(1,\ 5),\ (5,\ 1)$ 자리 바꾸기 $2!$

$c\geq 1,\ d\geq 1,\ e\geq 1$
$c+d+e=4$

$c=c'+1,\ d=d'+1,\ e=e'+1$
$c'\geq 0,\ d'\geq 0,\ e'\geq 0$
$c'+d'+e'=1 \ \Rightarrow\ {}_3H_1={}_3C_1=3$

$\therefore\ 2\times 3=6$

④ $(a,\ b)=(3,\ 3)$
$c\geq 1,\ d\geq 1,\ e\geq 1$
$c+d+e=4$

$c=c'+1,\ d=d'+1,\ e=e'+1$
$c'\geq 0,\ d'\geq 0,\ e'\geq 0$
$c'+d'+e'=1 \ \Rightarrow\ {}_3H_1={}_3C_1=3$

$\therefore\ 3$

따라서 모든 순서쌍 $(a,\ b,\ c,\ d,\ e)$ 의 개수는
$21+20+6+3=50$ 이다.

답 50

101

$X=\{1,\ 2,\ 3,\ 4,\ 5\},\ Y=\{2,\ 4,\ 6,\ 8,\ 10,\ 12\}$

① $f(3)=4$

$f(3)=4 \ \Rightarrow\ f(2)=f(5)=2$
$f(1)$ 의 값을 정하는 경우의 수 4 가지
$f(4)$ 의 값을 정하는 경우의 수 4 가지

$\therefore\ 4^2=16$

② $f(3)=10$

$f(3)=10 \ \Rightarrow\ f(1)=f(4)=12$
$f(2)$ 의 값을 정하는 경우의 수 4 가지
$f(5)$ 의 값을 정하는 경우의 수 4 가지

$\therefore\ 4^2=16$

③ $f(3)=6$

$f(3)=6$ 이면
$f(2)$ 의 값을 정하는 경우의 수 2 가지
$f(5)$ 의 값을 정하는 경우의 수 2 가지
$f(1)$ 의 값을 정하는 경우의 수 3 가지
$f(4)$ 의 값을 정하는 경우의 수 3 가지

$\therefore\ 2^2\times 3^2=36$

④ $f(3)=8$

$f(3)=8$ 이면
$f(2)$ 의 값을 정하는 경우의 수 3 가지
$f(5)$ 의 값을 정하는 경우의 수 3 가지
$f(1)$ 의 값을 정하는 경우의 수 2 가지
$f(4)$ 의 값을 정하는 경우의 수 2 가지

$\therefore\ 3^2\times 2^2=36$

따라서 구하고자 하는 경우의 수는 $16+16+36+36=104$
이다.

답 ③

102

홀수개씩 모두 7 개를 선택하려면 크게 2 가지 case로
분류할 수 있다.

① 각각 1, 3, 3 개씩
A, B, C 중 3 개 될 문자 2 개 선택 ${}_3C_2=3$ 가지
B, C 가 선택되었다고 가정하면
A B B B C C C 를 일렬로 배열하는 경우의 수와 같으므로
$\dfrac{7!}{3!3!}=140$ 가지

$\therefore\ 3\times 140=420$

② 각각 1, 1, 5개씩

A, B, C 중 1개 될 문자 2개 선택 $_3C_2 = 3$ 가지

A, B가 선택되었다고 가정하면

ABCCCCC를 일렬로 배열하는 경우의 수와 같으므로

$$\frac{7!}{5!} = 42 \text{ 가지}$$

$$\therefore \ 3 \times 42 = 126$$

따라서 구하고자 하는 경우의 수는 $420 + 126 = 546$ 이다.

 546

103

① $a \ a \ \square \ \square$

　i) $a \ a \ b \ c \Rightarrow \dfrac{4!}{2!} = 12$ 가지

　ii) $a \ a \ b \ b \Rightarrow \dfrac{4!}{2!2!} = 6$ 가지

　iii) $a \ a \ c \ c \Rightarrow \dfrac{4!}{2!2!} = 6$ 가지

　$\therefore \ 12 + 6 + 6 = 24$

② $a \ a \ a \ \square$

　$\square$에 들어갈 문자 선택 $_2C_1 = 2$ 가지 (b, c 중 하나 선택)

　b가 선택되었다고 가정하면

　$a \ a \ a \ b \Rightarrow \dfrac{4!}{3!} = 4$ 가지

　$\therefore \ 2 \times 4 = 8$

③ $a \ a \ a \ a$

　1 가지

따라서 구하고자 하는 경우의 수는 $24 + 8 + 1 = 33$ 이다.

 33

104

$a \geq 2$, $b \geq 2$, $c \geq 2$ 이므로

$a = 2^A$, $b = 2^B$, $c = 2^C$ 라 하면

$A \geq 1$, $B \geq 1$, $C \geq 1$

$abc = 2^n \Rightarrow 2^{A+B+C} = 2^n \Rightarrow A+B+C = n$

$A = A'+1$, $B = B'+1$, $C = C'+1$

$A' \geq 0$, $B' \geq 0$, $C' \geq 0$

$A' + B' + C' = n-3 \Rightarrow \ _3H_{n-3} = \ _{n-1}C_{n-3} = \ _{n-1}C_2 = 28$

$_8C_2 = 28$ 이므로 $n = 9$ 이다.

답 9

105

A, B, C 에게 같은 종류의 빵 3 개, 같은 종류의 우유 4 개를 남김없이 나누어준다. 이때 빵만 받는 학생은 없고, A 는 빵을 1 개 이상 받는다.
(단, 우유를 받지 못하는 학생이 있을 수 있음)

A, B, C 에게 나누어주는 빵의 개수를 각각 a, b, c
A, B, C 에게 나누어주는 우유의 개수를 각각 x, y, z
라 하자.

A 는 빵을 1 개 이상씩 받아야 하는데 빵만 받는 학생은 없으니 최소한 우유 1 개는 받아야 한다.

즉, $a \geq 1$, $b \geq 0$, $c \geq 0$, $x \geq 1$, $y \geq 0$, $z \geq 0$

$a+b+c = 3$, $x+y+z = 4$

$a = a'+1$, $x = x'+1$

$a' \geq 0$, $b \geq 0$, $c \geq 0$

$a'+b+c = 2$

$x' \geq 0$, $y \geq 0$, $z \geq 0$

$x'+y+z = 3$

a', b, c 를 기준으로 case분류해 보자.

a'	b	c	$x'+y+z = 3$
1	1	0	i)
1	0	1	ii)
0	1	1	iii)
2	0	0	iv)
0	2	0	v)
0	0	2	vi)

> **Tip**
>
> 여기서 A 가 받는 우유의 개수는 앞에서 이미 고려해줬으므로 x' 의 범위는 따로 생각하지 않아도 된다.

ⅰ) $x' \geq 0,\ y \geq 1,\ z \geq 0$
$x' + y + z = 3$

$y = y' + 1$
$x' \geq 0,\ y' \geq 0,\ z \geq 0$
$x' + y' + z = 2 \Rightarrow {}_3H_2 = {}_4C_2 = 6$ 가지

ⅱ)는 ⅰ)와 구조가 동일하므로 6 가지

ⅲ) $x' \geq 0,\ y \geq 1,\ z \geq 1$
$x' + y + z = 3$

$y = y' + 1,\ z = z' + 1$
$x' \geq 0,\ y' \geq 0,\ z' \geq 0$
$x' + y' + z' = 1 \Rightarrow {}_3H_1 = {}_3C_1 = 3$ 가지

ⅳ) $x' \geq 0,\ y \geq 0,\ z \geq 0$
$x' + y + z = 3 \Rightarrow {}_3H_3 = {}_5C_3 = 10$ 가지

ⅴ) $x' \geq 0,\ y \geq 1,\ z \geq 0$
$x' + y + z = 3$

$y = y' + 1$
$x' \geq 0,\ y' \geq 0,\ z \geq 0$
$x' + y' + z = 2 \Rightarrow {}_3H_2 = {}_4C_2 = 6$ 가지

cf ⅰ) 와 구조가 같다.

ⅵ)는 ⅴ)와 구조가 동일하므로 6 가지

따라서 구하고자 하는 경우의 수는
$6 + 6 + 3 + 10 + 6 + 6 = 37$ 이다.

답 37

> **Tip**
>
> 해설지에는 사고과정을 일일이 나열하여 복잡해 보이는 것이지 실전에서는 3 분이면 충분하다.

106

(가) 조건에 의해서 $a,\ b,\ c$ 모두 홀수

20 이하의 홀수 1, 3, 5, 7, 9, 11, 13, 15, 17, 19 중 중복을 허용하여 3 개를 뽑으면 (나) 조건에 의해서 뽑는 순간 $a,\ b,\ c$가 정해진다. (자동배열)

따라서 모든 순서쌍 $(a,\ b,\ c)$ 의 개수는 ${}_{10}H_3 = {}_{12}C_3 = 220$ 이다.

답 220

107

사과, 감, 배, 귤을 선택하는 개수를 각각 $a,\ b,\ c,\ d$ 라 하자.

$a \leq 1,\ b \geq 1,\ c \geq 1,\ d \geq 1$
$a + b + c + d = 8$

a 의 값에 따라 case분류하면

① $a = 1$
$b + c + d = 7$

$b = b' + 1,\ c = c' + 1,\ d = d' + 1$
$b' \geq 0,\ c' \geq 0,\ d' \geq 0$
$b' + c' + d' = 4$
${}_3H_4 = {}_6C_2 = 15$

② $a = 0$
$b + c + d = 8$

$b = b' + 1,\ c = c' + 1,\ d = d' + 1$
$b' \geq 0,\ c' \geq 0,\ d' \geq 0$
$b' + c' + d' = 5$
${}_3H_5 = {}_7C_2 = 21$

따라서 구하고자 하는 경우의 수는 $15 + 21 = 36$ 이다.

답 36

108

서로 다른 7 가지 색을 3 개, 3 개, 1 개로 분할하면
$${}_7C_3 \times {}_4C_3 \times {}_1C_1 \times \frac{1}{2!} = 70$$
분할된 3 개짜리 색 그룹 2 개를 삼각형 내부/외부
원 공간 2 개에 분배 2!
삼각형 내부 원순열 2!
삼각형 외부 배열 3! = 6

따라서 구하고자 하는 경우의 수는 $70 \times 2 \times 2 \times 6 = 1680$ 이다.

답 ②

$a \geq 2$, $b \geq 2$, $c \geq 2$, $d \geq 2$

(나)에 의해서

$a = xd \ (x \geq 1)$, $b = yd \ (y \geq 1)$, $c = zd \ (z \geq 1)$

(가)에 의해서

$xd + yd + zd + d = 20$

$d(x + y + z + 1) = 20$

즉, d는 20의 약수이다.

① $d = 2$

$x + y + z = 9$

$x = x' + 1$, $y = y' + 1$, $z = z' + 1$

$x' \geq 0$, $y' \geq 0$, $z' \geq 0$

$x' + y' + z' = 6$

${}_3H_6 = {}_8C_2 = 28$

② $d = 4$

$x + y + z = 4$

$x = x' + 1$, $y = y' + 1$, $z = z' + 1$

$x' \geq 0$, $y' \geq 0$, $z' \geq 0$

$x' + y' + z' = 1$

${}_3H_1 = {}_3C_1 = 3$

③ $d = 5$

$x + y + z = 3$

$x = x' + 1$, $y = y' + 1$, $z = z' + 1$

$x' \geq 0$, $y' \geq 0$, $z' \geq 0$

$x' + y' + z' = 0$

${}_3H_0 = {}_2C_0 = 1$

④ $d = 10$

$x + y + z = 1$를 만족시키는 순서쌍 (x, y, z)은 존재하지 않는다.

⑤ $d = 20$

$x + y + z = 0$를 만족시키는 순서쌍 (x, y, z)은 존재하지 않는다.

따라서 모든 순서쌍 (a, b, c, d)의 개수는

$28 + 3 + 1 = 32$이다.

답 32

$a \geq 0$, $b \geq 0$, $c \geq 0$

(가) 조건에 의해서 $a + b + c = 6 \implies {}_3H_6 = {}_8C_2 = 28$

(가) $-$ $\{($가$) \cap ($나$)^c\} = ($가$) \cap ($나$)$ 를 이용하여 구해보자.

(나)^c : 좌표평면에서 세 점 $(1, a)$, $(2, b)$, $(3, c)$
가 한 직선 위에 있는 경우

세 점 $(1, a)$, $(2, b)$, $(3, c)$가 한 직선 위에 있다면

두 점 $(1, a)$, $(2, b)$ 사이의 기울기와

두 점 $(2, b)$, $(3, c)$ 사이의 기울기가 같아야 하므로

$\dfrac{b - a}{2 - 1} = \dfrac{c - b}{3 - 2} \implies b - a = c - b \implies a + c = 2b$

$a + b + c = 6 \implies 3b = 6 \implies b = 2$ 이므로

$a + c = 4 \implies {}_2H_4 = {}_5C_4 = 5$

$\therefore \ \{($가$) \cap ($나$)^c\} : 5$

따라서 모든 순서쌍 (a, b, c)의 개수는

$28 - 5 = 23$이다.

 ⑤

111

서로 다른 5개의 과일 a, b, c, d, e 중 A에 담을

과일 2개 선택 ${}_5C_2 = 10$ 가지

a, b가 선택되었다고 가정하자.

남은 과일 c, d, e에게 물어본다.

그릇 B, C 중 어디갈래? 각각 2가지

$2^3 = 8$ 가지

> **Tip**
>
> 서로 다른 과일을 서로 다른 그릇에 담기
> (단, 빈 그릇이 있을 수 있음)이므로 중복순열!

따라서 구하고자 하는 경우의 수는 $10 \times 8 = 80$이다.

답 ⑤

112

$x \geq 0, \; y \geq 0, \; z \geq 0, \; u \geq 0$

(가) 조건에 의해서 $x+y+z+u=6 \Rightarrow {}_4\mathrm{H}_6 = {}_9\mathrm{C}_3 = 84$

(가) $- \{(가) \cap (나)^c\} = (가) \cap (나)$ 를 이용하여 구해보자.

$(나)^c : \; x=u$

$x+y+z+u=6 \Rightarrow 2x+y+z=6$

① $x=0 \Rightarrow y+z=6 \Rightarrow {}_2\mathrm{H}_6 = {}_7\mathrm{C}_6 = 7$

② $x=1 \Rightarrow y+z=4 \Rightarrow {}_2\mathrm{H}_4 = {}_5\mathrm{C}_4 = 5$

③ $x=2 \Rightarrow y+z=2 \Rightarrow {}_2\mathrm{H}_2 = {}_3\mathrm{C}_2 = 3$

④ $x=3 \Rightarrow y+z=0 \Rightarrow {}_2\mathrm{H}_0 = {}_1\mathrm{C}_0 = 1$

$\therefore \; \{(가) \cap (나)^c\} : 7+5+3+1 = 16$

따라서 모든 순서쌍 $(x, \; y, \; z, \; u)$ 의 개수는
$84 - 16 = 68$ 이다.

답   68

113

$a \geq 0, \; b \geq 0, \; c \geq 0, \; d \geq 0$
$a+b+c-d=9$

d 의 값에 따라 case분류하면

① $d=0, \; c \geq 0$
$a \geq 0, \; b \geq 0, \; c \geq 0$
$a+b+c=9 \Rightarrow {}_3\mathrm{H}_9 = {}_{11}\mathrm{C}_2 = 55$

② $d=1, \; c \geq 1$
$a \geq 0, \; b \geq 0, \; c \geq 1$
$a+b+c=10$

$c=c'+1$
$a \geq 0, \; b \geq 0, \; c' \geq 0$
$a+b+c'=9 \Rightarrow {}_3\mathrm{H}_9 = {}_{11}\mathrm{C}_2 = 55$

③ $d=2, \; c \geq 2$
$a \geq 0, \; b \geq 0, \; c \geq 2$
$a+b+c=11$

$c=c'+2$
$a \geq 0, \; b \geq 0, \; c' \geq 0$
$a+b+c'=9 \Rightarrow {}_3\mathrm{H}_9 = {}_{11}\mathrm{C}_2 = 55$

④ $d=3, \; c \geq 3$
$a \geq 0, \; b \geq 0, \; c \geq 3$
$a+b+c=12$

$c=c'+3$
$a \geq 0, \; b \geq 0, \; c' \geq 0$
$a+b+c'=9 \Rightarrow {}_3\mathrm{H}_9 = {}_{11}\mathrm{C}_2 = 55$

⑤ $d=4, \; c \geq 4$
$a \geq 0, \; b \geq 0, \; c \geq 4$
$a+b+c=13$

$c=c'+4$
$a \geq 0, \; b \geq 0, \; c' \geq 0$
$a+b+c'=9 \Rightarrow {}_3\mathrm{H}_9 = {}_{11}\mathrm{C}_2 = 55$

따라서 모든 순서쌍 $(a, \; b, \; c, \; d)$ 의 개수는 $55 \times 5 = 275$ 이다.

답   ③

114

서로 다른 상자 4개를 각각 A, B, C, D 라 하자.

넣은 공의 개수가 1인 상자의 개수로 case분류하면

① 1 3 0 0
서로 다른 4개의 공을 1개, 3개로 분할 ${}_4\mathrm{C}_1 \times {}_3\mathrm{C}_3 = 4$

1, 3, 0, 0을 A, B, C, D 에 매칭시키기 $\dfrac{4!}{2!} = 12$

$\therefore \; 4 \times 12 = 48$

② 1 1 2 0
서로 다른 4개의 공을 1개, 1개, 2개로 분할
${}_4\mathrm{C}_1 \times {}_3\mathrm{C}_1 \times {}_2\mathrm{C}_2 \times \dfrac{1}{2!} = 6$

1, 1', 2, 0을 A, B, C, D 에 매칭시키기 $4! = 24$

(서로 다른 4개의 공을 1개, 1개, 2개로 나누는 것뿐이므로
1, 1은 서로 다르다. 즉, 1, 1′, 2, 0으로 봐야 한다.)

$$\therefore \ 6 \times 24 = 144$$

③ 1 1 1 1
1, 1′, 1″, 1‴ 을 A, B, C, D 에 매칭시키기 $4! = 24$

따라서 구하고자 하는 경우의 수는 $48 + 144 + 24 = 216$ 이다.

답 ④

115

1, 2, 3, 4, 5, 6, 7 중 치역의 원소 3개 선택 $_7C_3 = 35$
1, 2, 3이 선택되었다고 가정하자.

함숫값이 1인 정의역의 원소의 개수를 A
함숫값이 2인 정의역의 원소의 개수를 B
함숫값이 3인 정의역의 원소의 개수를 C

예를 들어 $(A, B, C) = (1, 1, 5)$ 라고 하면
(나) 조건에 의해서 함숫값이 정해진다.
$$f(1) \leq f(2) \leq f(3) \leq f(4) \leq f(5) \leq f(6) \leq f(7)$$
$$\ \ \ 1 \quad\ \ 2 \quad\ \ 3 \quad\ \ 3 \quad\ \ 3 \quad\ \ 3 \quad\ \ 3$$

(뽑기만 하면 자동배열!)

$A \geq 1, \ B \geq 1, \ C \geq 1$
$A + B + C = 7$

$A = A' + 1, \ B = B' + 1, \ C = C' + 1$
$A' + B' + C' = 4 \ \Rightarrow \ _3H_4 = _6C_2 = 15$
따라서 함수의 개수는 $35 \times 15 = 525$ 이다.

답 525

116

8개의 레인 번호 중 어느 두 번호도 연속되지 않도록 선택한
3개의 레인 번호를 각각 X, Y, Z $(X < Y < Z)$ 라 하자.

X보다 작은 레인 번호의 개수를 a
X보다 크고 Y보다 작은 레인 번호의 개수를 b
Y보다 크고 Z보다 작은 레인 번호의 개수를 c
Z보다 큰 레인 번호의 개수를 d 라 하자.

$\boxed{a} \ X \ \boxed{b} \ Y \ \boxed{c} \ Z \ \boxed{d}$

$a \geq 0, \ b \geq 1, \ c \geq 1, \ d \geq 0$
(어느 두 번호도 연속되지 않아야 하므로 $b \geq 1, \ c \geq 1$)
$a + b + c + d = 5$

$b = b' + 1, \ c = c' + 1$
$a \geq 0, b' \geq 0, c' \geq 0, d \geq 0$
$a + b' + c' + d = 3 \ \Rightarrow \ _4H_3 = _6C_3 = 20$

세 명의 학생과 세 레인 X, Y, Z 매칭시키기 $3! = 6$

따라서 구하고자 하는 경우의 수는 $20 \times 6 = 120$ 이다.

답 120

> **Tip**
>
> <그땐 그랬지>
> 116번은 2019년 고3 7월 교육청 27번 문항이었는데 그 당시
> 오답률 TOP4를 기록하였고 정답률이 무려 43% 였다.
> 대부분 답을 20 이라고 써서 틀린 학생이 많았는데 이는
> 마지막에 3! 를 곱해주지 않는 실수를 했기 때문이다.
>
> 처음에는 분명히 고려해야 한다는 생각이 들었다가 문제를
> 풀면서 까먹는 경우도 종종 발생하곤 한다.
>
> 따라서 처음부터 3! 을 큼지막하게 적어놓고 시작하는 것도
> 실수를 줄이는 하나의 방법이다.

117

$a \geq 0, \ b \geq 0, \ c \geq 0$
(가) 조건에 의해서 $a + b + c = 7 \ \Rightarrow \ _3H_7 = _9C_2 = 36$ 가지

$(가) - \{(가) \cap (나)^c\} = (가) \cap (나)$ 를 이용하여 구해보자.
$(나)^c : \ 2^a \times 4^b = 2^{a+2b}$ 가 8의 배수 $\times$

2^{a+2b}가 8의 배수 $\times \ \Rightarrow \ a + 2b < 3$
(a, b) 에 따라 case분류해보자.

① $(0, 0) \Rightarrow c = 7$
② $(0, 1) \Rightarrow c = 6$
③ $(1, 0) \Rightarrow c = 6$
④ $(2, 0) \Rightarrow c = 5$

$$\therefore \ \{(가) \cap (나)^c\} : 4$$

따라서 모든 순서쌍 $(a, \ b, \ c)$ 의 개수는 $36 - 4 = 32$ 이다.

답   32

<그땐 그랬지>

117번은 2017학년도 수능 가형에서 준킬러
역할을 톡톡히 했던 문제였다. (N수 유도 문항)

"(가) $-$ $\{(가) \cap (나)^c\}$ = (가) $\cap$ (나)"
을 떠올리지 못했다면 실전에서 굉장히 까다로운 문제였다.

118

$a \geq 0, \ b \geq 0, \ c \geq 0, \ d \geq 0$
(가) 조건에 의해서 $a+b+c+d = 12 \ \Rightarrow \ _4H_{12} = {}_{15}C_3 = 455$

(가) $-$ $\{(가) \cap (나)^c\}$ = (가) $\cap$ (나) 를 이용하여 구해보자.
$a \neq 2$ 를 사건 A 라 하고 $a+b+c \neq 10$ 을 사건 B 라 하면
(나) 조건은 $A \cap B$ 라고 표현할 수 있으므로
$(나)^c : \ (A \cap B)^c = A^c \cup B^c$
$A^c : a = 2, \ B^c : a+b+c = 10$ 이므로
$(나)^c : \ a = 2$ 또는 $a+b+c = 10$

$\cup$ = 또는, $\cap$ = 이고

$n(A^c \cup B^c) = n(A^c) + n(B^c) - n(A^c \cap B^c)$ 이므로

$a = 2$ 또는 $a+b+c = 10$ 은 다음과 같다.
$(a = 2) + (a+b+c = 10) - (a = 2 \ \cap \ a+b+c = 10)$

① $a = 2$
$b+c+d = 10 \ \Rightarrow \ _3H_{10} = {}_{12}C_2 = 66$

② $a+b+c = 10$
$a+b+c = 10, \ d = 2$
$\Rightarrow \ _3H_{10} = {}_{12}C_2 = 66$

③ $a = 2 \ \cap \ a+b+c = 10$
$a = 2, \ b+c = 8, \ d = 2$
$\Rightarrow \ _2H_8 = {}_9C_8 = 9$

$$\therefore \ \{(가) \cap (나)^c\} : 66 + 66 - 9 = 123$$

따라서 모든 순서쌍 $(a, \ b, \ c, \ d)$ 는 $455 - 123 = 332$ 이다.

답   332

1 (나) 조건의 여사건을 구할 때 썼던
합집합의 원소의 개수 technique을 꼭 기억하자.

2 <빈출 되는 구조>
(가) $-$ $\{(가) \cap (나)^c\}$ = (가) $\cap$ (나)

지난 문제들에서 정말 많이 접해 보았다.

119

(가) 네 자리의 홀수 $\Rightarrow$ 끝자리가 홀수
(나) 각 자리의 합 < 8

천의 자리수를 A $(1 \leq A \leq 9)$
백의 자리수를 B $(0 \leq B \leq 9)$
십의 자리수를 C $(0 \leq C \leq 9)$
일의 자리수를 D $\Rightarrow$ D = 1, or D = 3, or D = 5

$A + B + C + D \leq 7$

D 의 값에 따라 case분류 하면

① D = 1
$A + B + C \leq 6$

$A = A' + 1$
$0 \leq A' \leq 8, \ 0 \leq B \leq 9, \ 0 \leq C \leq 9$
$A' + B + C \leq 5$
Training-1step 047번에서 배운 "쓰레기통 처리법"을
사용해보자.
$A' + B + C + E = 5 \ \Rightarrow \ _4H_5 = {}_8C_3 = 56$

② D = 3
$A + B + C \leq 4$

$A = A' + 1$
$0 \leq A' \leq 8, \ 0 \leq B \leq 9, \ 0 \leq C \leq 9$
$A' + B + C \leq 3$

$A' + B + C + E = 3 \Rightarrow {}_4H_3 = {}_6C_3 = 20$

③ $D = 5$
$A + B + C \leq 2$

$A = A' + 1$
$0 \leq A' \leq 8, \ 0 \leq B \leq 9, \ 0 \leq C \leq 9$
$A' + B + C \leq 1$

$A' + B + C + E = 1 \Rightarrow {}_4H_1 = {}_4C_1 = 4$

따라서 모든 자연수의 개수는 $56 + 20 + 4 = 80$ 이다.

답 80

120

(가) 각각의 홀수는 선택하지 않거나 한 번만 선택
(나) 각각의 짝수는 선택하지 않거나 두 번만 선택

(가) 조건과 (나) 조건을 모두 만족시키려면
홀짝짝짝짝 , 홀홀홀짝짝 이렇게 2가지 경우가 가능하다.

① 홀짝짝짝짝
1, 3, 5 중 홀수 1개 고르기 ${}_3C_1$ (1이 선택되었다고 가정)
2, 4, 6 중 짝수 2개 고르기 ${}_3C_2$ (2, 4가 선택되었다고 가정)
12244를 일렬로 배열하는 경우의 수는 $\dfrac{5!}{2!2!} = 30$

$\therefore \ 3 \times 3 \times 30 = 270$

② 홀홀홀짝짝
2, 4, 6 중 짝수 1개 고르기 ${}_3C_1$ (2가 선택되었다고 가정)
13522를 일렬로 배열하는 경우의 수는 $\dfrac{5!}{2!} = 60$

$\therefore \ 3 \times 60 = 180$

따라서 모든 다섯 자리의 자연수의 개수는 $270 + 180 = 450$ 이다.

답 450

121

3 이하이면 나온 눈의 수를 점수로 하고,
4 이상이면 0점이다.

주사위를 네 번 던져 나온 눈의 수를 차례로
$a, \ b, \ c, \ d$라 하자.
얻은 네 점수의 합이 4가 되도록 case분류하면 다음과 같다.

① 1 1 1 1
1가지

② 1 1 2 0
$0 \Rightarrow 4 \text{ or } 5 \text{ or } 6$
4, 5, 6 중 선택 ${}_3C_1 = 3$
4가 선택되었다고 가정하면
1, 1, 2, 4를 일렬로 배열하는 경우의 수 $\dfrac{4!}{2!} = 12$

$\therefore \ 3 \times 12 = 36$

③ 1 3 0 0
ⅰ) $0, \ 0 \Rightarrow 4, \ 4 \text{ or } 5, \ 5 \text{ or } 6, \ 6$
4, 4 or 5, 5 or 6, 6 중 선택 ${}_3C_1 = 3$
4, 4가 선택되었다고 가정하면
1, 3, 4, 4를 일렬로 배열하는 경우의 수 $\dfrac{4!}{2!} = 12$

$\therefore \ 3 \times 12 = 36$

ⅱ) $0, \ 0 \Rightarrow 4, \ 5 \text{ or } 4, \ 6 \text{ or } 5, \ 6$
4, 5 or 4, 6 or 5, 6 중 선택 ${}_3C_1 = 3$
4, 5가 선택되었다고 가정하면
1, 3, 4, 5를 일렬로 배열하는 경우의 수는 $4! = 24$
$\therefore \ 3 \times 24 = 72$

즉, 점수가 1 3 0 0일 때 순서쌍의 개수는 $36 + 72 = 108$

④ 2 2 0 0
ⅰ) $0, \ 0 \Rightarrow 4, \ 4 \text{ or } 5, \ 5 \text{ or } 6, \ 6$
4, 4 or 5, 5 or 6, 6 중 선택 ${}_3C_1 = 3$
4, 4가 선택되었다고 가정하면
2, 2, 4, 4를 일렬로 배열하는 경우의 수 $\dfrac{4!}{2!2!} = 6$

$\therefore \ 3 \times 6 = 18$

ⅱ) $0, \ 0 \Rightarrow 4, \ 5 \text{ or } 4, \ 6 \text{ or } 5, \ 6$
4, 5 or 4, 6 or 5, 6 중 선택 ${}_3C_1 = 3$
4, 5가 선택되었다고 가정하면

$2,\ 2,\ 4,\ 5$를 일렬로 배열하는 경우의 수는 $\dfrac{4!}{2!}=12$

$\therefore\ 3\times12=36$

즉, 점수가 $2\ 2\ 0\ 0$일 때 순서쌍의 개수는 $18+36=54$

따라서 모든 순서쌍의 개수는 $1+36+108+54=199$이다.

답 ⑤

122

$f(1)<f(3)$, $f(2)<f(3)$
$f(4)<f(5)$, $f(4)<f(6)$
$f(3)+f(4)$는 5의 배수이므로 case분류하면 다음과 같다.

① $f(3)+f(4)=5$
$f(3)=1$, $f(4)=4 \Rightarrow$ 모순
$f(3)=4$, $f(4)=1 \Rightarrow 3^2\times5^2=225$
$f(3)=2$, $f(4)=3 \Rightarrow 1\times3^2=9$
$f(3)=3$, $f(4)=2 \Rightarrow 2^2\times4^2=64$

$\therefore\ 225+9+64=298$

② $f(3)+f(4)=10$
$f(3)=4$, $f(4)=6 \Rightarrow$ 모순
$f(3)=6$, $f(4)=4 \Rightarrow 5^2\times2^2=100$
$f(3)=5$, $f(4)=5 \Rightarrow 4^2\times1=16$

$\therefore\ 100+16=116$

따라서 함수 f의 개수는 $298+116=414$이다.

답 ④

123

$f(1)$의 값에 따라 case분류하면

① $f(1)=1$인 경우
$f(f(1))=f(1)=1$이므로 (가) 조건에 모순이다.

② $f(1)=2$인 경우
$f(f(1))=4 \Rightarrow f(2)=4$
$2\leq f(3)\leq f(5)\leq5$이므로 $f(3)$, $f(5)$를 선택하는
경우의 수는 $_4\mathrm{H}_2$이다.

$f(4)$를 선택하는 경우의 수는 5이다.

$\therefore\ _4\mathrm{H}_2\times5=50$

③ $f(1)=3$인 경우
$f(f(1))=4 \Rightarrow f(3)=4$
$4\leq f(5)\leq5$이므로 $f(5)$를 선택하는 경우의 수는 2이다.
$f(2)$, $f(4)$를 선택하는 경우의 수는 5^2이다.

$\therefore\ 2\times5^2=50$

④ $f(1)=4$인 경우
$f(f(1))=4 \Rightarrow f(4)=4$
$4\leq f(3)\leq f(5)\leq5$이므로 $f(3)$, $f(5)$를 선택하는
경우의 수는 $_2\mathrm{H}_2$이다.
$f(2)$를 선택하는 경우의 수는 5이다.

$\therefore\ _2\mathrm{H}_2\times5=15$

⑤ $f(1)=5$인 경우
$f(f(1))=f(5)=4$이므로 $f(1)>f(5)$가 되어
(나) 조건에 모순이다.

따라서 함수 f의 개수는 $50+50+15=115$이다.

답 115

124

학생 B가 받는 사탕의 개수로 case분류하면

① 0개
서로 다른 종류의 사탕 5개에게 물어본다.
A, C 중 어디갈래? $\Rightarrow 2^5$가지
C에게 몰빵인 경우 1가지

$\therefore\ 2^5-1=31$

② 1개
B에게 줄 사탕 선택 $_5\mathrm{C}_1$
남은 사탕 4개에게 물어본다.
A, C 중 어디갈래? $\Rightarrow 2^4$가지
C에게 몰빵인 경우 1가지

$\therefore\ _5\mathrm{C}_1\times(2^4-1)=75$

③ 2개
B에게 줄 사탕 선택 $_5\mathrm{C}_2$
남은 사탕 3개에게 물어본다.
A, C 중 어디갈래? $\Rightarrow 2^3$ 가지
C에게 몰빵인 경우 1가지

$$\therefore \ _5\mathrm{C}_2 \times (2^3 - 1) = 70$$

따라서 구하고자 하는 경우의 수는
$31 + 75 + 70 = 176$ 이다.

답 ④

125

$X = \{1,\ 2,\ 3,\ 4,\ 5\}$, $Y = \{1,\ 2,\ 3,\ 4\}$
집합 X의 모든 원소 x에 대하여 $f(x) \geq \sqrt{x}$

$$f(1) \geq 1$$
$$f(2) \geq \sqrt{2} \Rightarrow f(2) \geq 2$$
$$f(3) \geq \sqrt{3} \Rightarrow f(3) \geq 2$$
$$f(4) \geq 2$$
$$f(5) \geq \sqrt{5} \Rightarrow f(5) \geq 3$$

함수 f의 치역의 원소의 개수는 3이므로
가질 수 있는 치역에 대해 case분류하면 다음과 같다.

① 치역이 1, 2, 3일 때
$f(1) \geq 1$, $f(2) \geq 2$, $f(3) \geq 2$, $f(4) \geq 2$, $f(5) \geq 3$이므로
$f(1) = 1$, $f(5) = 3$
정의역 2, 3, 4에게 물어본다.
치역 2, 3 중 어디 갈래? 각각 2가지 $\Rightarrow 2^3 = 8$가지
이때 3으로 몰빵하는 경우 1가지를 빼줘야 한다.

$$\therefore \ 2^3 - 1 = 7$$

② 치역이 1, 2, 4일 때
$f(1) \geq 1$, $f(2) \geq 2$, $f(3) \geq 2$, $f(4) \geq 2$, $f(5) \geq 3$이므로
$f(1) = 1$, $f(5) = 4$
①과 같은 구조이므로

$$\therefore \ 2^3 - 1 = 7$$

③ 치역이 1, 3, 4일 때
$f(1) \geq 1$, $f(2) \geq 2$, $f(3) \geq 2$, $f(4) \geq 2$, $f(5) \geq 3$이므로
$f(1) = 1$, $f(5) = 3$ 또는 $f(1) = 1$, $f(5) = 4$
각각 ①과 같은 구조이므로

$$\therefore \ 2 \times (2^3 - 1) = 14$$

④ 치역이 2, 3, 4일 때
$f(1) \geq 1$, $f(2) \geq 2$, $f(3) \geq 2$, $f(4) \geq 2$, $f(5) \geq 3$이므로
$f(5) = 3$ 또는 $f(5) = 4$

ⅰ) $f(5) = 3$일 때
정의역 1, 2, 3, 4에게 물어본다.
치역 2, 3, 4 중 어디 갈래? 각각 3가지 $\Rightarrow 3^4 = 81$가지
이때 치역이 1개인 경우와 치역이 2개인 경우를 빼줘야 한다.

치역이 3으로 1개인 경우 $\Rightarrow$ 1가지

치역이 2, 3으로 2개인 경우
$\Rightarrow 2^4 - 1(3$으로 몰빵하는 경우$) = 15$

치역이 3, 4로 2개인 경우
$\Rightarrow 2^4 - 1(3$으로 몰빵하는 경우$) = 15$

$$\therefore \ 81 - (1 + 15 + 15) = 50$$

ⅱ) $f(5) = 4$일 때
ⅰ)과 같은 구조이므로

$$\therefore \ 81 - (1 + 15 + 15) = 50$$

따라서 X에서 Y로의 함수 f의 개수는
$7 + 7 + 14 + (50 + 50) = 128$ 이다.

답 ①

126

① $a \leq b \leq c \leq d$
　　1, 2, 3, 4, 5, 6 중에서 중복을 허용하여 4개를 뽑으면
　　a, b, c, d는 자동으로 결정되므로 순서쌍 $(a,\ b,\ c,\ d)$의
　　개수는 $_6\mathrm{H}_4 = {_9\mathrm{C}_4} = 126$

② $b \leq a \leq c \leq d$
　　①과 마찬가지로 $_6\mathrm{H}_4 = {_9\mathrm{C}_4} = 126$

③ $a = b \leq c \leq d$

　　$1,\ 2,\ 3,\ 4,\ 5,\ 6$ 중에서 중복을 허용하여 3개를 뽑으면
　　$a,\ b,\ c,\ d$는 자동으로 결정되므로 순서쌍 $(a,\ b,\ c,\ d)$ 의
　　개수는 ${}_6\mathrm{H}_3 = {}_8\mathrm{C}_3 = 56$

$a \leq c \leq d$ 이고 $b \leq c \leq d$ 를 만족시키는 6 이하의
자연수 $a,\ b,\ c,\ d$ 의 모든 순서쌍 $(a,\ b,\ c,\ d)$ 의 개수는
(① + ② − ③)와 같다.

따라서 조건을 만족시키는 모든 순서쌍 $(a,\ b,\ c,\ d)$ 의
개수는 $126 + 126 - 56 = 196$ 이다.

답　196

127

검은색 카드의 왼쪽에 있는 흰색 카드의 장수를 x
두 검은색 카드의 사이에 있는 흰색 카드의 장수를 y
검은색 카드의 오른쪽에 있는 흰색 카드의 장수를 z
라 하면 $x + y + z = 8$ 이다.

(나) 조건에 의해서 $y \geq 2$ 이므로
$y = y' + 2$ 라 하면 $y' \geq 0$ 이고,
$x + y + z = 8$
$\Rightarrow x + y' + z = 6$

음이 아닌 정수 $x,\ y',\ z$ 의 순서쌍 $(x,\ y',\ z)$ 의 개수는
${}_3\mathrm{H}_6 = {}_8\mathrm{C}_6 = {}_8\mathrm{C}_2 = 28$

(다) 조건에 의해서 검은색 카드 사이에 있는 흰색 카드에
적힌 수가 모두 3의 배수가 아닌 경우를 제거해줘야 한다.
검은색 카드 사이에 있는 흰색 카드에 적힌 수가
$1,\ 2\ /\ 4,\ 5\ /\ 7,\ 8$ 인 경우를 제거해 주면 된다.

따라서 구하는 경우의 수는 $28 - 3 = 25$ 이다.

답　25

Tip

앞서 풀어봤던 116번과 맥이 같은 문제이다.

128

(가) 조건에 의해 $f(1),\ f(3),\ f(5)$ 는 모두 홀수이고,
(다) 조건에 의해 함수 f 의 치역의 원소의 개수는 3이므로
함수 f 의 치역에 포함되는 홀수의 개수의 개수에 따라
case분류하면

① 함수 f 의 치역에 홀수가 1개 포함
　　$1,\ 3,\ 5$ 중 누가 치역할래? ${}_3\mathrm{C}_1 = 3$
　　$f(1) = f(3) = f(5) = 1$ 이라고 가정하자.
　　$f(2),\ f(4)$ 는 모두 짝수이어야 하고
　　(나)조건에 의해서 $f(2) = 2,\ f(4) = 4$ 이다.
　　즉, 함수 f 의 개수는 3

② 함수 f 의 치역에 홀수가 2개 포함
　　$1,\ 3,\ 5$ 중 누가 치역할래? ${}_3\mathrm{C}_2 = 3$
　　$1,\ 3$ 이 치역이라고 가정하자.

　　ⅰ) $f(1),\ f(3),\ f(5)$ 의 값이 모두 동일한 경우

　　　　$f(1),\ f(3),\ f(5)$ 의 값을 매칭하는 경우의 수는
　　　　2이다.
　　　　$f(1) = f(3) = f(5) = 1$ 이라고 가정하자.
　　　　$f(2),\ f(4)$ 의 값을 매칭하는 경우의 수는 2이다.

　　ⅱ) $f(1),\ f(3),\ f(5)$ 의 값 중에서 2개가 동일하고,
　　　　나머지 1개가 다른 경우

　　　　$f(1),\ f(3),\ f(5)$ 의 값을 매칭하는 경우의 수는
　　　　정의역 $1,\ 3,\ 5$ 한테 물어본다. 치역 $1,\ 3$ 중
　　　　어디갈래? 2^3
　　　　모두 치역 1 이나 3 으로 몰빵하는 경우 2
　　　　$2^3 - 2 = 6$
　　　　$f(1) = f(3) = 1,\ f(5) = 3$ 이라고 가정하자.
　　　　치역 $1,\ 3$ 을 제외한 나머지 치역을
　　　　$2,\ 4$ 에서 뽑는 경우의 수는 ${}_2\mathrm{C}_1 = 2$
　　　　치역이 $1,\ 3,\ 4$ 라고 가정하면
　　　　$f(2),\ f(4)$ 의 값을 매칭하는 경우의 수는
　　　　$f(2) = 3,\ f(4) = 4\ /\ f(2) = 1,\ f(4) = 4$
　　　　이므로 2

　　ⅰ), ⅱ)에 의해 함수 f 의 개수는
　　$3 \times (2 \times 2 + 6 \times 2 \times 2) = 84$

③ 함수 f 의 치역에 홀수가 3개 포함
　　$1,\ 3,\ 5$ 중 누가 치역할래? ${}_3\mathrm{C}_3 = 1$

1, 3, 5가 치역이라고 가정하자.

ⅰ) $f(1)$, $f(3)$, $f(5)$ 의 값이 모두 동일한 경우

$f(1)$, $f(3)$, $f(5)$ 의 값을 매칭하는 경우의 수는
3이다.
$f(1) = f(3) = f(5) = 1$ 이라고 가정하자.
$f(2)$, $f(4)$ 의 값을 매칭하는 경우의 수는 1이다.

ⅱ) $f(1)$, $f(3)$, $f(5)$ 의 값 중에서 2개가 동일하고,
나머지 1개가 다른 경우

$f(1)$, $f(3)$, $f(5)$ 중 같은 값을 가질 2개를 선택하는
경우의 수는 $_3\mathrm{C}_2$
$f(1) = f(3)$, $f(5)$ 라고 가정하자.
정의역 1, 5에게 물어본다. 치역 1, 3, 5 중
어디갈래? 3^2
모두 치역 1이나 3이나 5로 몰빵하는 경우 3
$3^2 - 3 = 6$
즉, $f(1)$, $f(3)$, $f(5)$ 의 값을 매칭하는 경우의 수는
$_3\mathrm{C}_2 \times (3^2 - 3) = 18$
$f(2)$, $f(4)$ 의 값을 매칭하는 경우의 수는 2이다.

ⅲ) $f(1)$, $f(3)$, $f(5)$ 의 값이 모두 다른 경우

$f(1)$, $f(3)$, $f(5)$ 의 값을 매칭하는 경우의 수는
3!
$f(2)$, $f(4)$ 의 값을 매칭하는 경우의 수는 $_3\mathrm{C}_2 = 3$

ⅰ), ⅱ), ⅲ)에 의해 함수 f의 개수는
$1 \times (3 \times 1 + 18 \times 2 + 6 \times 3) = 57$

따라서 ①, ②, ③에 의해 구하는 함수 f의 개수는
$3 + 84 + 57 = 144$ 이다.

답 ⑤

129

(나) 조건에서 $a \times d$는 홀수이므로 a, d는 모두 홀수이고,
$b + c$가 짝수이므로 b, c는 모두 홀수이거나 b, c는 모두
짝수이다.

a, d는 모두 홀수이므로 b, c가 모두 홀수인 경우와
b, c가 모두 짝수인 경우로 case분류하면

① b, c가 모두 홀수인 경우
$1 \le a \le b \le c \le d \le 13$
13 이하의 홀수는 1, 3, 5, 7, 9, 11, 13 이렇게
7개이므로 모든 순서쌍 (a, b, c, d) 의 개수는
$_7\mathrm{H}_4 = {}_{10}\mathrm{C}_4 = 210$

② b, c가 모두 짝수인 경우
a, d는 홀수이고, b, c는 짝수이고,
$1 \le a \le b \le c \le d \le 13$이므로

1		a		b		c		d		13
	x		y		z		w		v	

$a - 1 = x$, $b - a = y$, $c - b = z$, $d - c = w$, $13 - d = v$
라 하면 x, z, v는 0 또는 2 이상의 짝수,
y, w는 1 이상의 홀수이고,
x, y, z, w, v가 결정되면 a, b, c, d가 결정된다.
즉, 순서쌍 (x', y', z', w', v') 의 개수는
순서쌍 (a, b, c, d) 의 개수와 같다.

$x + y + z + w + v = 12$에서
$x = 2x'$ $(x' \ge 0)$, $z = 2z'$ $(z' \ge 0)$, $v = 2v'$ $(v' \ge 0)$
$y = 2y' + 1$ $(y' \ge 0)$, $w = 2w' + 1$ $(w' \ge 0)$
라 하면

$x + y + z + w + v = 12$
$\Rightarrow 2x' + 2y' + 1 + 2z' + 2w' + 1 + 2v' = 12$
$\Rightarrow x' + y' + z' + w' + v' = 5$
이므로 모든 순서쌍 (x', y', z', w', v') 의 개수는
$_5\mathrm{H}_5 = {}_9\mathrm{C}_5 = 126$

따라서 조건을 만족시키는 모든 순서쌍 (a, b, c, d) 의
개수는 $210 + 126 = 336$ 이다.

답 336

130

(가) 조건에 의해
$f(-2) \ne -2$, $f(-2) \ne -1 \Rightarrow f(-2) = 0, 1, 2$
$f(-1) \ne -2 \Rightarrow f(-1) = -1, 0, 1, 2$
$f(1) \ne 2 \Rightarrow f(1) = -2, -1, 0, 1$
$f(2) \ne 1$, $f(2) \ne 2 \Rightarrow f(2) = -2, -1, 0$

(나) 조건에 의해
$f(-2) \ge f(-1) \ge f(0) \ge f(1) \ge f(2)$

$f(-2)$의 값에 따라 case분류하면

① $f(-2)=0$인 경우

$$0 \geq f(-1) \geq f(0) \geq f(1) \geq f(2)$$
$f(-1),\ f(0),\ f(1),\ f(2)$의 값이 될 수 있는 경우의
수는 $-2,\ -1,\ 0$중에서 중복을 허락하여 4개를
택하는 경우의 수에서 $f(-1)=-2$인 경우를
빼서 구하면 되므로

$$\therefore {}_3\mathrm{H}_4 - 1 = {}_6\mathrm{C}_2 - 1 = 14$$

② $f(-2)=1$인 경우

$$1 \geq f(-1) \geq f(0) \geq f(1) \geq f(2)$$
$f(-1),\ f(0),\ f(1),\ f(2)$의 값이 될 수 있는 경우의
수는 $-2,\ -1,\ 0,\ 1$ 중에서 중복을 허락하여 4개를
택하는 경우의 수에서 $f(-1)=-2$인 경우와
$f(2)=1$인 경우를 빼서 구하면 되므로

$$\therefore {}_4\mathrm{H}_4 - 2 = {}_7\mathrm{C}_3 - 2 = 33$$

③ $f(-2)=2$인 경우

$$2 \geq f(-1) \geq f(0) \geq f(1) \geq f(2)$$
$f(-1),\ f(0),\ f(1),\ f(2)$의 값이 될 수 있는 경우의
수는 $-2,\ -1,\ 0,\ 1,\ 2$ 중에서 중복을 허락하여 4개를
택하는 경우의 수에서 다음의 경우의 수를 빼서 구하면 된다.

i) $f(-1)=-2 \Rightarrow\ 1$가지
ii) $f(1)=2,\ f(2)=-2,\ -1,\ 0,\ 1,\ 2$
  $\Rightarrow\ 5$가지
iii) $f(-1)=1,\ f(0)=1,\ f(1)=1,\ f(2)=1$
  $f(-1)=2,\ f(0)=1,\ f(1)=1,\ f(2)=1$
  $f(-1)=2,\ f(0)=2,\ f(1)=1,\ f(2)=1$
  $\Rightarrow\ 3$가지
  $\therefore {}_5\mathrm{H}_4 - 1 - 5 - 3 = {}_8\mathrm{C}_4 - 9 = 61$

따라서 ①, ②, ③에 의해 구하는 함수 f의 개수는
$14+33+61=108$이다.

답 108

학생 A, B, C가 받는 흰 공의 개수를 $a_1,\ b_1,\ c_1$라 하고,
B, C가 받는 검은 공의 개수를 $a_2,\ b_2,\ c_2$라 하자.

(가) 조건에 의해 $a_1+a_2=0,\ 1,\ 2$
(나) 조건에 의해 $b_1+b_2 \geq 2$

a_1+a_2의 값에 따라 case분류하면

① $a_1+a_2=0$인 경우

전체 경우의 수에서 (나) 조건을 만족시키지 않는 경우를
빼서 구해보자.

$b_1+c_1=4,\ b_2+c_2=4 \Rightarrow {}_2\mathrm{H}_4 \times {}_2\mathrm{H}_4 = 25$
학생 B가 받는 공의 개수가 $1\ or\ 0$인 경우는
$(c_1,\ c_2)=(0,\ 0),\ (1,\ 0),\ (0,\ 1) \Rightarrow 3$가지

$$\therefore 25-3=22$$

② $a_1+a_2=1$인 경우

i) $a_1=1,\ a_2=0$

$b_1+c_1=3,\ b_2+c_2=4 \Rightarrow {}_2\mathrm{H}_3 \times {}_2\mathrm{H}_4 = 20$
학생 B가 받는 공의 개수가 $1\ or\ 0$인 경우는
$(c_1,\ c_2)=(0,\ 0),\ (1,\ 0),\ (0,\ 1) \Rightarrow 3$가지

ii) $a_1=0,\ a_2=1$

i)과 같은 구조이다.

$$\therefore (20-3)\times 2=34$$

③ $a_1+a_2=2$인 경우

i) $a_1=1,\ a_2=1$

$b_1+c_1=3,\ b_2+c_2=3 \Rightarrow {}_2\mathrm{H}_3 \times {}_2\mathrm{H}_3 = 16$
학생 B가 받는 공의 개수가 $1\ or\ 0$인 경우는
$(c_1,\ c_2)=(0,\ 0),\ (1,\ 0),\ (0,\ 1) \Rightarrow 3$가지

ii) $a_1 = 2$, $a_2 = 0$

$b_1 + c_1 = 2$, $b_2 + c_2 = 4$ $\Rightarrow$ $_2H_2 \times _2H_4 = 15$
학생 B가 받는 공의 개수가 1 or 0인 경우는
$(c_1, c_2) = (0, 0)$, $(1, 0)$, $(0, 1)$ $\Rightarrow$ 3가지

iii) $a_1 = 0$, $a_2 = 2$

ii)와 같은 구조이다.

$\therefore$ $(16-3) + (15-3) \times 2 = 13 + 24 = 37$

따라서 ①, ②, ③에 의해 규칙에 따라 남김없이
나누어 주는 경우의 수는 $22 + 34 + 37 = 93$이다.

답 93

132

$2f(1) \leq f(2) \leq f(3) \leq f(4) \leq f(5) \leq 2f(6)$

$f(1) \times f(6)$의 값이 6의 약수이므로
$f(1) \times f(6) = 1$, 2, 3, 6이다.
$f(1) \times f(6)$의 값에 따라 case분류하면

① $f(1) \times f(6) = 1$

$(f(1), f(6)) = (1, 1)$
$2 \leq f(2) \leq f(3) \leq f(4) \leq f(5) \leq 2$
$f(2)$, $f(3)$, $f(4)$, $f(5)$의 값이 될 수 있는 경우의
수는 1가지

② $f(1) \times f(6) = 2$

$(f(1), f(6)) = (1, 2)$
$2 \leq f(2) \leq f(3) \leq f(4) \leq f(5) \leq 4$
$f(2)$, $f(3)$, $f(4)$, $f(5)$의 값이 될 수 있는 경우의
수는 2, 3, 4에서 중복을 허락하여 4개를
택하는 경우의 수이므로 $_3H_4 = 15$가지

③ $f(1) \times f(6) = 3$

$(f(1), f(6)) = (1, 3)$
$2 \leq f(2) \leq f(3) \leq f(4) \leq f(5) \leq 6$
$f(2)$, $f(3)$, $f(4)$, $f(5)$의 값이 될 수 있는 경우의

수는 2, 3, 4, 5, 6에서 중복을 허락하여 4개를
택하는 경우의 수이므로 $_5H_4 = 70$가지

④ $f(1) \times f(6) = 6$

ⅰ) $(f(1), f(6)) = (1, 6)$
$2 \leq f(2) \leq f(3) \leq f(4) \leq f(5) \leq 12$
$f(2)$, $f(3)$, $f(4)$, $f(5)$의 값이 될 수 있는 경우의
수는 2, 3, 4, 5, 6에서 중복을 허락하여 4개를
택하는 경우의 수이므로 $_5H_4 = 70$가지

ⅱ) $(f(1), f(6)) = (2, 3)$
$4 \leq f(2) \leq f(3) \leq f(4) \leq f(5) \leq 6$
$f(2)$, $f(3)$, $f(4)$, $f(5)$의 값이 될 수 있는 경우의
수는 4, 5, 6에서 중복을 허락하여 4개를
택하는 경우의 수이므로 $_3H_4 = 15$가지

따라서 ①, ②, ③, ④에 의해 함수 f의 개수는
$1 + 15 + 70 + (70 + 15) = 171$이다.

답 ②

133	285	**145**	114
134	40	**146**	72
135	258	**147**	21
136	⑤	**148**	56
137	192	**149**	97
138	28	**150**	218
139	41	**151**	②
140	35	**152**	260
141	49	**153**	100
142	168	**154**	708
143	99	**155**	201
144	①		

133

세 명의 학생 A, B, C 에게 나누어주는
사탕의 개수를 각각 a, b, c
초콜릿의 개수를 각각 x, y, z

(가) 조건에 의해서
$a \geq 1$, $b \geq 0$, $c \geq 0$
$a+b+c=6$

$a = a' + 1$
$a' \geq 0$, $b \geq 0$, $c \geq 0$
$a'+b+c=5 \implies {}_3H_5 = {}_7C_2 = 21$

(나) 조건에 의해서
$x \geq 0$, $y \geq 1$, $z \geq 0$
$x+y+z=5$

$y = y' + 1$
$x \geq 0$, $y' \geq 0$, $z \geq 0$
$x+y'+z=4 \implies {}_3H_4 = {}_6C_2 = 15$

$(가) \cap (나) = (★)$

$\therefore (★) : 21 \times 15 = 315$

$(★) - \{(★) \cap (다)^c\} = (★) \cap (다)$ 를 이용하여 구해보자.

$(다)^c$: 학생 C 가 받는 사탕의 개수와 초콜릿의 개수의
합이 1 개 미만 $\implies$ $c=0$, $z=0$

$a \geq 1$, $b \geq 0$
$a+b=6$

$a = a' + 1$
$a' \geq 0$, $b \geq 0$
$a'+b=5 \implies {}_2H_5 = {}_6C_5 = 6$

$x \geq 0$, $y \geq 1$
$x+y=5$

$y = y' + 1$
$x \geq 0$, $y' \geq 0$
$x+y'=4 \implies {}_2H_4 = {}_5C_4 = 5$

$\therefore \{(★) \cap (다)^c\} : 6 \times 5 = 30$

따라서 구하고자 하는 경우의 수는 $315 - 30 = 285$ 이다.

답 285

134

a 의 값에 따라 case 분류하면 (a 는 분모이므로 $a \neq 0$)

① $a=1$
bc 가 정수 $\implies$ $4 \times 4 = 16$
(0, 1, 2, 3 중 선택 각각 4 가지)

② $a=2$
$\dfrac{bc}{2}$ 가 정수 $\implies 4^2 - 2^2 (1,\ 3$으로만 구성$) = 12$

③ $a=3$
$\dfrac{bc}{3}$ 가 정수 $\implies 4^2 - 2^2 (1,\ 2$로만 구성$) = 12$

따라서 모든 순서쌍 $(a,\ b,\ c)$ 의 개수는 $16 + 12 \times 2 = 40$ 이다.

답 40

$a = 2^A$, $b = 2^B$, $c = 2^C$, $d = 2^D$라 하면

(가) 조건에 의해서 $2^{A+B+C+D} = 2^{14}$이니 $A+B+C+D = 14$

여기서 조심!

a, b, c, d가 모두 1보다 크니 A, B, C, D는 0보다 커야 한다.

즉, $A \geq 1$, $B \geq 1$, $C \geq 1$, $D \geq 1$

$A = A'+1$, $B = B'+1$, $C = C'+1$, $D = D'+1$

$A' \geq 0$, $B' \geq 0$, $C' \geq 0$, $D' \geq 0$

$A'+B'+C'+D' = 10 \Rightarrow {}_4H_{10} = {}_{13}C_3 = 286$

(나) 조건에 의해서

$a = 2^A$, $b = 2^B$이므로 $(\log a)(\log b) \neq 6(\log 2)^2$에 대입하면

$A(\log 2)B(\log 2) \neq 6(\log 2)^2 \Rightarrow AB \neq 6$

(가) $- \{(가) \cap (나)^c\} = (가) \cap (나)$를 이용하여 구해보자.

$(나)^c : AB = 6$

$AB = 6$를 만족시키는 경우는

$(A, B) = (1, 6), (2, 3), (3, 2), (6, 1)$

case 분류하면

① $A = 1$, $B = 6$

$A+B+C+D = 14 \Rightarrow C+D = 7$

$C \geq 1$, $D \geq 1$

$C'+1 = C$, $D'+1 = D$

$C' \geq 0$, $D' \geq 0$

$C'+D' = 5 \Rightarrow {}_2H_5 = 6$

② $A = 2$, $B = 3$

$A+B+C+D = 14 \Rightarrow C+D = 9$

$C \geq 1$, $D \geq 1$

$C'+1 = C$, $D'+1 = D$

$C' \geq 0$, $D' \geq 0$

$C'+D' = 7 \Rightarrow {}_2H_7 = 8$

③ $A = 3$, $B = 2$

②와 구조가 같으므로 8

④ $A = 6$, $B = 1$

①과 구조가 같으므로 6

$\therefore \{(가) \cap (나)^c\} : 6+8+8+6 = 28$

따라서 모든 순서쌍 (a, b, c, d)의 개수는

$286 - 28 = 258$이다.

 **258**

1의 개수로 case 분류하면

① 0개

만의 자리를 2로 고정

나머지 0, 2중 선택 각각 2가지

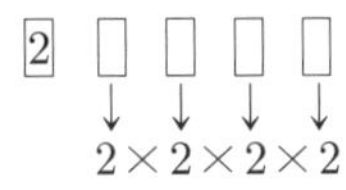

$\therefore 2^4 = 16$

② 1개

만	천	백	십	일	경우의 수
1					$2^4 = 16$
2	1				$2^3 = 8$
2		1			$2^3 = 8$
2			1		$2^3 = 8$
2				1	$2^3 = 8$

$\therefore 16+8 \times 4 = 16+32 = 48$

③ 2개

만	천	백	십	일	경우의 수
1		1			$2^3 = 8$
1			1		$2^3 = 8$
1				1	$2^3 = 8$
2	1		1		$2^2 = 4$
2	1			1	$2^2 = 4$
2		1		1	$2^2 = 4$

$\therefore 8 \times 3 + 4 \times 3 = 24+12 = 36$

④ 3개

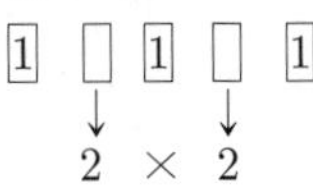

$\therefore 2^2 = 4$

따라서 모든 자연수의 개수는 $16+48+36+4 = 104$이다.

 ⑤

$U = \{1,\ 2,\ 3,\ 4,\ 5\}$
$A \cup B = U, \quad n(A \cap B) \leq 2$

벤 다이어그램을 그려서 해결해보자.

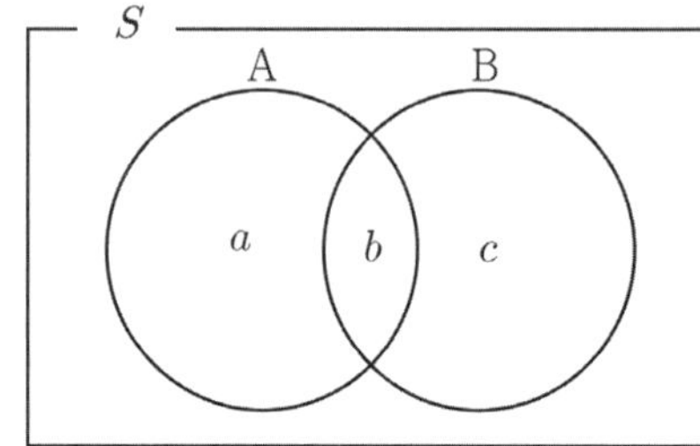

$n(A \cap B)$ 의 값에 따라 case분류하면

① $n(A \cap B) = 0$
1, 2, 3, 4, 5 에게 물어본다 a, c 중 어디갈래?
각각 2 가지 $\Rightarrow 2^5 = 32$

$\therefore 32$

② $n(A \cap B) = 1$
1, 2, 3, 4, 5 중 b에 갈 1개 선택 $_5C_1 = 5$
5가 선택되었다고 가정하면
1, 2, 3, 4 에게 물어본다. a, c 중 어디갈래?
각각 2 가지 $\Rightarrow 2^4 = 16$

$\therefore 5 \times 16 = 80$

③ $n(A \cap B) = 2$
1, 2, 3, 4, 5 중 b에 갈 2개 선택 $_5C_2 = 10$
4, 5가 선택되었다고 가정하면
1, 2, 3 에게 물어본다. a, c중 어디갈래?
각각 2 가지 $\Rightarrow 2^3 = 8$

$\therefore 10 \times 8 = 80$

따라서 모든 순서쌍 $(A,\ B)$ 의 개수는 $32 + 80 + 80 = 192$ 이다.

답 192

$y - w$ 의 부호에 따라 case분류하면

① $y - w = 0,\ x \neq z \Rightarrow 2y + x + z = 5$

$y = 0,\ x + z = 5 \Rightarrow {}_2H_5 = 6$
$y = 1,\ x + z = 3 \Rightarrow {}_2H_3 = 4$
$y = 2,\ x + z = 1 \Rightarrow {}_2H_1 = 2$

$\therefore 6 + 4 + 2 = 12$

② $y - w < 0,\ x - z < 0 \Rightarrow y < w,\ x < z$

$x + y + z + w = 5$ 가 되려면

5, 0, 0, 0 $\Rightarrow$ ②case가 될 수 없다. 만족 ×
4, 1, 0, 0 $\Rightarrow y,\ w\ /\ x,\ z$ 라 했을 때
0, 1 / 0, 4 와 0, 4 / 0, 1 이렇게 2가지
3, 2, 0, 0 $\Rightarrow$ 2가지
3, 1, 1, 0 $\Rightarrow$ 2가지
2, 2, 1, 0 $\Rightarrow$ 2가지
2, 1, 1, 1 $\Rightarrow$ 만족 ×

$\therefore 2 + 2 + 2 + 2 = 8$

③ $y - w > 0,\ x - z > 0 \Rightarrow y > w,\ x > z$

②case와 구조가 같다.

$\therefore 8$

따라서 모든 순서쌍 $(x,\ y,\ z,\ w)$ 의 개수는
$12 + 8 + 8 = 28$ 이다.

답 28

---

139

3 으로 나눈 나머지에 따라 분류하면
나머지 0 $\Rightarrow$ 3
나머지 1 $\Rightarrow$ 1, 4
나머지 2 $\Rightarrow$ 2, 5

세 자리 자연수가 3의 배수가 되려면 각 자리 숫자의

나머지의 합이 3의 배수이면 된다.

<배수 판별법>

① 2의 배수 : 끝자리 0, 2, 4, 6, 8
② 3의 배수 : 각자리 숫자의 합이 3의 배수
③ 4의 배수 : 뒤 끝 두 자리가 4의 배수
④ 5의 배수 : 끝자리 0, 5

<3의 배수 증명>
각 자리수를 a_n, a_{n-1}, $\cdots$, a_2, a_1 라 하면

$a_n a_{n-1} \cdots\ a_2 a_1 a_0$
$= 10^n \times a_n + \cdots\ + 10^2 \times a_2 + 10 \times a_1 + a_0$

$10^1 = 9 + 1$
$10^2 = 99 + 1$
$10^3 = 999 + 1$
$\quad\vdots$
이므로
$(9 \cdots 99 + 1) \times a_n + \cdots\ + (99 + 1) \times a_2 + (9 + 1) \times a_1 + a_0$

$3(3 \cdots 33 a_n + \cdots\ + 33 a_2 + 3 a_1) + a_n + a_{n-1} + \cdots + a_1 + a_0$
따라서 3의 배수이려면 각 자리 숫자의 합이
3의 배수이면 된다.
(3의 배수이다 = 3으로 묶어서 나타낼 수 있다.)

<4의 배수 증명>
각 자리수를 a_n, a_{n-1}, $\cdots$, a_2, a_1 라 하면

$a_n a_{n-1} \cdots\ a_2 a_1 a_0$
$= 10^n \times a_n + \cdots\ + 10^2 \times a_2 + 10 \times a_1 + a_0$

$10^n\,(n \geq 2)$ 은 4의 배수이므로
$4\big(25 \times 10^{n-2} \times a_n + \cdots\ + 25 \times a_2\big) + 10 \times a_1 + a_0$
따라서 4의 배수이려면 $10 \times a_1 + a_0$ 만 4의 배수이면 된다.

① 나머지 0, 0, 0
나머지 0 $\Rightarrow$ 3 뿐이니 1가지

② 나머지 1, 1, 1
나머지 1 $\Rightarrow$ 1, 4 각 2가지씩이니까
$\therefore\ 2 \times 2 \times 2 = 8$

③ 나머지 2, 1, 0
나머지 0 $\Rightarrow$ 3
나머지 1 $\Rightarrow$ 1, 4
나머지 2 $\Rightarrow$ 2, 5

$\therefore\ 2 \times 2 \times 1 \times 3!\,(배열) = 24$

④ 나머지 2, 2, 2
나머지 2 $\Rightarrow$ 2, 5 각 2가지씩이니까 $2 \times 2 \times 2 = 8$

따라서 3의 배수인 세 자리 자연수의 개수는
$1 + 8 + 24 + 8 = 41$ 이다.

답 41

1, 1, 1 에서 중복순열로 계산하지 않고
case분류하면 계산량이 많아진다.
서로 다른 캔디들을 서로 다른 그릇에 담고
한 그릇에 몰빵가능하면 중복순열이다.

중복순열에 관한 문제는 이 문제가 중복순열을
묻는 문제인지 판단하는 것이 가장 어렵다.

140

01 의 위치에 따라 case분류하면

① 01 _ _ _ _
오류는 한번 뿐이니까 0, 1 의 배열은
무조건 1 → 0 순서이다. 배열확정!
1 의 개수를 x, 0 의 개수를 y 라 하면 $x + y = 4$
$_2 H_4 = 5$ 가지

② _ _ _ _ 01
①와 동일한 구조이므로 $_2 H_4 = 5$ 가지

③ _ 01 _ _ _
첫 번째에 올 숫자 선택 2 가지 $\times\ _2 H_3 = 8$ 가지

④ _ _ _ 01 _
③와 동일한 구조니까 마찬가지로 8 가지

⑤ _ _ 01 _ _
$_2 H_2 \times _2 H_2 = 9$ 가지

따라서 구하고자 하는 경우의 수는
$5+5+8+8+9=35$ 이다.

답 35

141

세 명의 여학생이 받는 연필 개수로 case분류하면

① 세 명의 여학생이 받는 연필 개수 1 1 1
남은 연필 4개를 두 명의 남학생에게 나누어 주기
두 명의 남학생이 받는 연필 개수를 각각 A, B
$A+B=4 \Rightarrow {}_2H_4={}_5C_4=5$

ⅰ) 두 명의 남학생이 받는 볼펜 개수 1 1
남은 볼펜 2개를 세 명의 여학생에게 나누어 주기
세 명의 여학생이 받는 볼펜 개수를 각각 $x,\ y,\ z$
$x+y+z=2 \Rightarrow {}_3H_2={}_4C_2=6$

ⅱ) 두 명의 남학생이 받는 볼펜 개수 2 2
남은 볼펜이 없으니
$x+y+z=0 \Rightarrow {}_3H_0={}_2C_0=1$

$\therefore\ 5\times(6+1)=35$

② 세 명의 여학생이 받는 연필 개수 2 2 2
남은 연필 1개를 두 명의 남학생에게 나누어 주기
$A+B=1 \Rightarrow {}_2H_1={}_2C_1=2$

ⅰ) 두 명의 남학생이 받는 볼펜 개수 1 1
세 명의 여학생이 받는 볼펜 개수를 각각 $x,\ y,\ z$
$x+y+z=2 \Rightarrow {}_3H_2={}_4C_2=6$

ⅱ) 두 명의 남학생이 받는 볼펜 개수 2 2
남은 볼펜이 없으니
$x+y+z=0 \Rightarrow {}_3H_0={}_2C_0=1$

$\therefore\ 2\times(6+1)=14$

따라서 구하고자 하는 경우의 수는 $35+14=49$ 이다.

답 49

142

흰 공 ○ ○ ○ ○
검은 공 ● ● ● ● ● ●

흰 공으로 case분류하면

① 1 1 2
A, B, C 에 매칭시키기 $\dfrac{3!}{2!}=3$
A, B 에 흰 공이 1개씩 들어갔다고 가정하자.

세 상자 A, B, C 에 들어가는 검은 공의 개수를
각각 $a,\ b,\ c$ 라 하면
$a\ +\ b\ +\ c=6$
○　　　○　　　○ ○

이때 각 상자에 공이 2개 이상씩 들어가야 하므로
$a\geq 1,\ b\geq 1,\ c\geq 0$

$a=a'+1,\ b=b'+1$
$a'\geq 0,\ b'\geq 0,\ c\geq 0$
$a'+b'+c=4 \Rightarrow {}_3H_4={}_6C_2=15$

$\therefore\ 3\times 15=45$

② 1 3 ×
A, B, C 에 매칭시키기 $3!=6$
A 에 1개, B 에 3개의 흰 공이 들어갔다고 가정하자.

세 상자 A, B, C 에 들어가는 검은 공의 개수를
각각 $a,\ b,\ c$ 라 하면
$a\ +\ b\ +\ c=6$
○　　○ ○ ○

이때 각 상자에 공이 2개 이상씩 들어가야 하므로
$a\geq 1,\ b\geq 0,\ c\geq 2$

$a=a'+1,\ c=c'+2$
$a'\geq 0,\ b\geq 0,\ c'\geq 0$
$a'+b+c'=3 \Rightarrow {}_3H_3={}_5C_3=10$

$\therefore\ 6\times 10=60$

③ 2 2 ×
A, B, C 에 매칭시키기 $\dfrac{3!}{2!}=3$

A, B에 흰 공이 2개씩 들어갔다고 가정하자.

세 상자 A, B, C에 들어가는 검은 공의 개수를
각각 a, b, c라 하면
$$a + b + c = 6$$
○○　　○○

이때 각 상자에 공이 2개 이상씩 들어가야 하므로
$$a \geq 0,\ b \geq 0,\ c \geq 2$$

$$c = c' + 2$$
$$a \geq 0,\ b \geq 0,\ c' \geq 0$$
$$a + b + c' = 4 \Rightarrow {}_3H_4 = {}_6C_2 = 15$$

$$\therefore 3 \times 15 = 45$$

④ 4 × ×

A, B, C에 매칭시키기 $\dfrac{3!}{2!} = 3$

A에 흰 공이 4개 들어갔다고 가정하자.

세 상자 A, B, C에 들어가는 검은 공의 개수를
각각 a, b, c라 하면
$$a + b + c = 6$$
○○○○

이때 각 상자에 공이 2개 이상씩 들어가야 하므로
$$a \geq 0,\ b \geq 2,\ c \geq 2$$

$$b = b' + 2,\ c = c' + 2$$
$$a \geq 0,\ b' \geq 0,\ c' \geq 0$$
$$a + b' + c' = 2 \Rightarrow {}_3H_2 = {}_4C_2 = 6$$

$$\therefore 3 \times 6 = 18$$

따라서 구하고자 하는 경우의 수는
$$45 + 60 + 45 + 18 = 168 \text{ 이다.}$$

답   168

143

(가) 조건을 어떻게 해결할 수 있을까?
$$xyz = 700 = 2^2 \times 5^2 \times 7$$
2, 5, 7은 서로소이다.

분할로 접근하는 경우에는 case분류가 과도히 많아진다.
그럼 어떻게 해야 할까? 다른 방법이 없을까?

여기서 idea!
$$x = 2^{a_1} \times 5^{b_1} \times 7^{c_1},\ y = 2^{a_2} \times 5^{b_2} \times 7^{c_2},\ z = 2^{a_3} \times 5^{b_3} \times 7^{c_3}$$
여기서 a, b, c는 2, 5, 7이 서로소이고 x, y, z가
자연수이므로 0 이상인 정수이다.

$$xyz = 2^{a_1+a_2+a_3} \times 5^{b_1+b_2+b_3} \times 7^{c_1+c_2+c_3} = 2^2 \times 5^2 \times 7 \text{ 이므로}$$
$$a_1 + a_2 + a_3 = 2,\ b_1 + b_2 + b_3 = 2,\ c_1 + c_2 + c_3 = 1$$

a_1, b_1, c_1이 각각 정해지면 2, 5, 7는 서로소니까
유일한 x가 결정된다.

즉, 중복조합으로 구해도 아무 문제가 없다.

$$(\text{가}) : {}_3H_2 \times {}_3H_2 \times 3 = 108$$

$$(\text{가}) - \{(\text{가}) \cap (\text{나})^c\} = (\text{가}) \cap (\text{나}) \text{ 를 이용하여 구해보자.}$$

$$(\text{나})^c : \frac{10}{x} = \frac{y}{10}$$

$$\frac{10}{x} = \frac{y}{10} \Rightarrow xy = 100 \Rightarrow 2^{a_1+a_2} \times 5^{b_1+b_2} \times 7^{c_1+c_2} = 2^2 \times 5^2$$
마찬가지로 중복조합을 사용하면
$$a_1 + a_2 = 2,\ b_1 + b_2 = 2,\ c_1 + c_2 = 0$$
($z = 7$이므로 a_3, b_3, c_3 자동 결정)
$$\therefore \{(\text{가}) \cap (\text{나})^c\} : {}_2H_2 \times {}_2H_2 \times {}_2H_0 = 9$$

따라서 모든 순서쌍 $(x,\ y,\ z)$의 개수는 $108 - 9 = 99$ 이다.

답   99

144

(가) 조건에 의해서
$$x_2 - x_1 \geq 2$$
$$x_3 - x_2 \geq 2$$
$$x_4 - x_3 \geq 2$$
$$x_2 - x_1 = a,\ x_3 - x_2 = b,\ x_4 - x_3 = c \text{ 라 하면}$$
$$x_2 - x_1 \geq 2 \Rightarrow a \geq 2$$
$$x_3 - x_2 \geq 2 \Rightarrow b \geq 2$$
$$x_4 - x_3 \geq 2 \Rightarrow c \geq 2$$

$$x_1 \quad x_2 \quad x_3 \quad x_4$$

$$\quad a \quad\ b \quad\ c$$

$$x_1$$
$$x_2 = x_1 + a$$
$$x_3 = x_1 + a + b$$
$$x_4 = x_1 + a + b + c$$

이므로 순서쌍 $(x_1,\ x_2,\ x_3,\ x_4)$ 의 개수는

순서쌍 $(x_1,\ a,\ b,\ c)$ 의 개수와 같다.

(나) 조건에 의해서 $x_1 + a + b + c \le 12$

$x_1 \ge 0,\ a \ge 2,\ b \ge 2,\ c \ge 2$

Training-1step 047번에서 배운 "쓰레기통 처리법"을
사용해보자.

$$x_1 + a + b + c + d = 12$$

$a = a' + 2,\ b = b' + 2,\ c = c' + 2$
$x_1 \ge 0,\ a' \ge 0,\ b' \ge 0,\ c' \ge 0,\ d \ge 0$
$x_1 + a' + b' + c' + d = 6 \ \Rightarrow\ {}_5H_6 = {}_{10}C_4 = 210$

따라서 모든 순서쌍 $(x_1,\ x_2,\ x_3,\ x_4)$ 의 개수는 210 이다.

답 ①

> **Tip**
>
> EBS연계문항으로 출제되어 나름 까다로운 준킬러 문제였다.
> (가) 조건에서 '$x_{n-1} - x_n$'에 집중했다면
>
> $$x_1 \quad x_2 \quad x_3 \quad x_4$$
> $$a \quad b \quad c$$
>
> '정수들의 차이'가 문제를 풀어나가는
> 중요한 실마리라는 것을 느낄 수 있었다.

145

검은색 볼펜 1자루, 파란색 볼펜 4자루, 빨간색 볼펜 4자루
검은색 볼펜, 파란색 볼펜, 빨간색 볼펜을 선택하는
개수를 각각 $a,\ b,\ c$라 하자.

$$a + b + c = 5$$
a의 값에 따라 case분류하면

① $a = 0$
두 명의 학생이 받는 파란색 볼펜의 개수를 각각 $A,\ B$
두 명의 학생이 받는 빨간색 볼펜의 개수를 각각 $X,\ Y$

b	c	경우의 수	
1	4	$A+B=1,\ X+Y=4\ \Rightarrow$	${}_2H_1 \times {}_2H_4 = 10$
2	3	$A+B=2,\ X+Y=3\ \Rightarrow$	${}_2H_2 \times {}_2H_3 = 12$
3	2	$A+B=3,\ X+Y=2\ \Rightarrow$	${}_2H_3 \times {}_2H_2 = 12$
4	1	$A+B=4,\ X+Y=1\ \Rightarrow$	${}_2H_4 \times {}_2H_1 = 10$

$$\therefore\ 10 + 12 + 12 + 10 = 44$$

② $a = 1$
두 명의 학생 중 검은색 볼펜 누가 가질래? 2가지
두 명의 학생이 받는 파란색 볼펜의 개수를 각각 $A,\ B$
두 명의 학생이 받는 빨간색 볼펜의 개수를 각각 $X,\ Y$

b	c	경우의 수	
0	4	$A+B=0,\ X+Y=4\ \Rightarrow$	${}_2H_0 \times {}_2H_4 = 5$
1	3	$A+B=1,\ X+Y=3\ \Rightarrow$	${}_2H_1 \times {}_2H_3 = 8$
2	2	$A+B=2,\ X+Y=2\ \Rightarrow$	${}_2H_2 \times {}_2H_2 = 9$
3	1	$A+B=3,\ X+Y=1\ \Rightarrow$	${}_2H_3 \times {}_2H_1 = 8$
4	0	$A+B=4,\ X+Y=0\ \Rightarrow$	${}_2H_4 \times {}_2H_0 = 5$

$$\therefore\ 2(5 + 8 + 9 + 8 + 5) = 70$$

따라서 구하고자 하는 경우의 수는 $44 + 70 = 114$ 이다.

답 114

146

흰 공 2개 ○○
빨간 공 3개 ●●●
검은 공 3개 ●●●
흰 공을 받은 학생은 빨간 공과 검은 공도 반드시 각각 1개
이상 받는다.

흰 공에 따라 case분류하면

① ○ ○ ×
세 학생 A, B, C 중 흰 공 받을 학생 선택 ${}_3C_2 = 3$가지
A, B가 흰 공을 받는다고 가정하자.
흰 공을 받은 학생은 빨간 공과 검은 공도 적어도 1개는
가져야한다.

A   B   C
○ ○
● ●
● ●

남은 공 ● ●

C 가 받는 공에 따라 case분류하면
 ⅰ) C ● $\Rightarrow$ ● 갈 곳 선택 2가지
 ⅱ) C ● $\Rightarrow$ ● 갈 곳 선택 2가지
 ⅲ) C ● ● $\Rightarrow$ 1가지

$\therefore 3 \times (2+2+1) = 15$

② (○ ○) × ×
세 학생 A, B, C 중 흰 공 받을 학생 선택 $_3C_1 = 3$ 가지
A 가 흰 공을 받는다고 가정하자.

A B C
○ ○
●

●

남은 공 ● ● ● ●

빨간공 2개로 case분류하면

A	B	C	경우의 수
●	●	●	● 배열 3가지
●	●	●	● 배열 3가지
	●	●	$A+B+C=2 \Rightarrow {_3}H_2 = 6$ 가지
● ●	●	●	1가지
	● ●	●	● 배열 3가지
	●	● ●	● 배열 3가지

$\therefore 3 \times (3+3+6+1+3+3) = 57$

따라서 구하고자 하는 경우의 수는 $15+57 = 72$ 이다.

답 72

147

같은 종류의 흰 공 5개 ○ ○ ○ ○ ○
서로 다른 종류의 검은 공 2개 ● ●

검은 공에 따라 case분류하면

① (● ●) × ×
빈 주머니가 없어야 하므로
● ● ○ ○

남은 흰 공 3 개에 따라 case분류하면

● ●	○	○
0	2	1
2	1	0
1	2	0
3	0	0
0	3	0
1	1	1

$\therefore 6$ 가지

● ●	○	○
0	2	1
0	1	2

위 case는 동일하다.

② ● ● ×
빈 주머니가 없어야 하므로
● ● ○

남은 흰 공 4개 ○ ○ ○ ○

이때 공이 서로 다르므로 주머니에 이름이 부여된다.
세 주머니에 들어가는 흰 공의 개수를 각각 X, Y, Z 라 하면
$X + Y + Z = 4 \Rightarrow {_3}H_4 = {_6}C_2 = 15$

따라서 구하고자 하는 경우의 수는 $6+15 = 21$ 이다.

답 21

148

$x \geq 0,\ y \geq 0,\ z \geq 0,\ w \geq 0$
(가) 조건에 의해서 $x+y+z+w = 6 \Rightarrow {_4}H_6 = {_9}C_3 = 84$

(가) $- \{(가) \cap (나)^c\} = (가) \cap (나)$ 를 이용하여 구해보자.

$(나)^c : xy = zw$
0 으로 서로 같을 때와 0 이 아닌 것으로 같을 때로
case분류하면

① 0으로 서로 같을 때

○은 0 일 때, × 은 0 이 아닐 때로 분류하면

x, y	z, w	경우의 수
× ○	○ ○	1 가지
	○ ×	$x+w=6$ $x=x'+1$ $w=w'+1\,(x'\geq 0,\ w'\geq 0)$ $x'+w'=4\ \Rightarrow\ {}_2\mathrm{H}_4=5$
	× ○	${}_2\mathrm{H}_4=5$
○ ×	위와 동일	11 가지
○ ○	○ ○	전부 0일 순 없다. (모순)
	○ ×	1 가지
	× ○	1 가지

$\therefore 11+11+2\ =24$ 가지

② 0 이 아닌 것으로 같을 때

$x \neq 0,\ y \neq 0,\ z \neq 0,\ w \neq 0$ 여야 하니까
결국 $x,\ y,\ z,\ w$ 는 자연수이다.

(가) 조건을 만족하는 경우는 3, 1, 1, 1 과 2, 2, 1, 1
2, 2, 1, 1 만 가능하므로
$(x,\ y) = (1,\ 2),\ (2,\ 1)\ /\ (z,\ w) = (1,\ 2),\ (2,\ 1)$
각각 2 가지
$\therefore 2 \times 2 = 4$

$\therefore\ \{(가) \cap (나)^c\} : ① + ② \ =\ 24+4 = 28$

따라서 모든 순서쌍 $(x,\ y,\ z,\ w)$ 의 개수는 $84-28=56$ 이다.

 56

149

이웃한 두 수의 차는 모두 2 이하이므로 1, 4는 서로
이웃할 수 없다.

숫자 1은 한 번 이상 나오므로 1 의 개수에 대해
case분류하면 다음과 같다.

① 1, a, b, c
a, b, c에 들어갈 수 있는 수의 개수를 순서대로 나열하여
곱하면 다음과 같다.

$1,\ a,\ b,\ c \Rightarrow 2 \times 3 \times 3 = 18$
$a,\ 1,\ b,\ c \Rightarrow 2 \times 2 \times 3 = 12$
$a,\ b,\ 1,\ c \Rightarrow 3 \times 2 \times 2 = 12$
$a,\ b,\ c,\ 1 \Rightarrow 3 \times 3 \times 2 = 18$

$\therefore\ 18+12+12+18=60$

② 1, 1, a, b
a, b에 들어갈 수 있는 수의 개수를 순서대로 나열하여
곱하면 다음과 같다.
$1,\ 1,\ a,\ b \Rightarrow 2 \times 3 = 6$
$1,\ a,\ 1,\ b \Rightarrow 2 \times 2 = 4$
$1,\ a,\ b,\ 1 \Rightarrow 2 \times 2 = 4$
$a,\ 1,\ 1,\ b \Rightarrow 2 \times 2 = 4$
$a,\ 1,\ b,\ 1 \Rightarrow 2 \times 2 = 4$
$a,\ b,\ 1,\ 1 \Rightarrow 3 \times 2 = 6$

$\therefore\ 6+4+4+4+4+6=28$

③ 1, 1, 1, a
a에 들어갈 수 있는 수의 개수는 다음과 같다.
$1,\ 1,\ 1,\ a \Rightarrow 2$
$1,\ 1,\ a,\ 1 \Rightarrow 2$
$1,\ a,\ 1,\ 1 \Rightarrow 2$
$a,\ 1,\ 1,\ 1 \Rightarrow 2$

$\therefore\ 2+2+2+2=8$

④ 1, 1, 1, 1
1 가지

따라서 조건을 만족시키도록 나열하는 경우의 수는
$60+28+8+1=97$ 이다.

답 97

150

네 명의 학생 A, B, C, D 가 받는 사인펜의 개수를 각각
a, b, c, d라 하자.

$a+b+c+d=14$

(가) 각 학생은 1 개 이상의 사인펜을 받는다.
$a \geq 1,\ b \geq 1,\ c \geq 1,\ d \geq 1$

(나) 각 학생이 받는 사인펜의 개수는 9 이하이다.

$a \le 9, \ b \le 9, \ c \le 9, \ d \le 9$

(가), (나)에 의해

$1 \le a \le 9, \ 1 \le b \le 9, \ 1 \le c \le 9, \ 1 \le d \le 9$

$a = a'+1, \ b = b'+1, \ c = c'+1, \ d = d'+1$

$0 \le a' \le 8, \ 0 \le b' \le 8, \ 0 \le c' \le 8, \ 0 \le d' \le 8$

$a'+1+b'+1+c'+1+d'+1 = 14$

$\Rightarrow a'+b'+c'+d' = 10 \Rightarrow {}_4H_{10} = {}_{4+10-1}C_{10} = {}_{13}C_3 = 286$

에서

$(a', \ b', \ c', \ d') = (1, \ 9, \ 0, \ 0) \Rightarrow$ 배열 $\dfrac{4!}{2!} = 12$ 가지

$(a', \ b', \ c', \ d') = (10, \ 0, \ 0, \ 0) \Rightarrow$ 배열 4 가지

인 경우를 빼줘야 한다.

$(가) \cap (나) = (\bigstar)$

$\therefore \ (\bigstar) : 286 - (12+4) = 270$

$(\bigstar) - \{ (\bigstar) \cap (다)^c \} = (\bigstar) \cap (다)$ 를 이용하여 구해보자.

(다) 적어도 한 학생은 짝수 개의 사인펜을 받는다.

$(다)^c :$ 모두 홀수 개의 사인펜을 받는다.

$a = 2x+1, \ b = 2y+1, \ c = 2z+1, \ d = 2w+1$

$1 \le 2x+1 \le 9 \Rightarrow 0 \le x \le 4$

$1 \le 2y+1 \le 9 \Rightarrow 0 \le y \le 4$

$1 \le 2z+1 \le 9 \Rightarrow 0 \le z \le 4$

$1 \le 2w+1 \le 9 \Rightarrow 0 \le w \le 4$

$2x+1+2y+1+2z+1+2w+1 = 14$

$\Rightarrow x+y+z+w = 5 \Rightarrow {}_4H_5 = {}_{4+5-1}C_5 = {}_8C_3 = 56$

에서

$(x, \ y, \ z, \ w) = (5, \ 0, \ 0, \ 0) \Rightarrow$ 배열 4 가지

인 경우를 빼줘야 한다.

$(\bigstar) \cap (다)^c : 56 - 4 = 52$

따라서 규칙에 따라 남김없이 나누어 주는 경우의 수는
$270 - 52 = 218$ 이다.

답 218

151

$X = \{1, \ 2, \ 3, \ 4, \ 5, \ 6, \ 7, \ 8\}, \ Y = \{1, \ 2, \ 3\}$

공역이 1, 2, 3 이기 때문에
$f(x)$ 의 치역 또한 1, 2, 3 중 하나이어야 한다.

(나) 조건에서 $f(f(f(x))) = 1$ 를 만족시키기 위해서는
정의역 4, 5, 6, 7, 8 이 고려대상이 아니라
정의역 1, 2, 3 에 대응되는 함숫값이 핵심이다.

예를 들어 $f(1) = 2, \ \ f(4) = 1$ 일 때,
$f(f(f(4))) = f(f(1)) = f(2)$ 이므로
처음 정의역 4 는 고려대상이 아니라 원래 치역이었던
1 이 다시 정의역이 되고, 치역 2 가 정의역이 되기에
정의역 1, 2, 3 에 대응되는 함숫값이 핵심임을 알 수 있다.

(가), (나) 조건을 만족시키려면 어떻게 해야 할까?
감을 찾기 위해서 $f(1) = f(2) = 1, \ f(3) = 3$ 인
상황을 가정해보자.

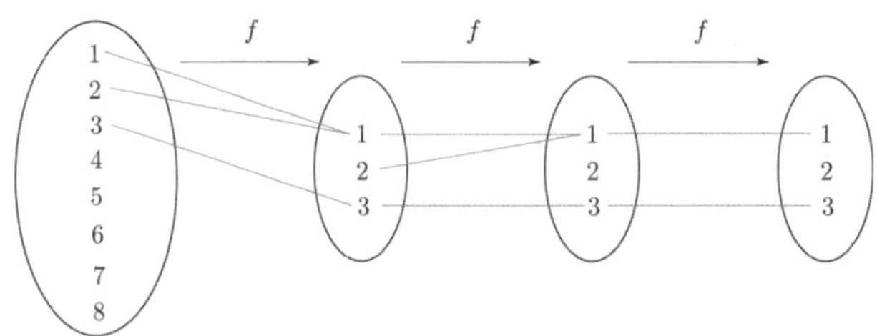

위 경우 $f(3) = 3$ 이라는 조건 때문에 (나) 조건을 만족시키지
않는다. $f(2) = 2$ 이어도 같은 논리로 (나) 조건을 만족시키지
않는다.

그럼 만약 $f(1) \ne 1$ 이라면 어떨까?
(가) 조건에 의해 $f(1) \le f(2) \le f(3)$ 이므로
반드시 $f(3) = 3$ 또는 $f(2) = 2$ 이어야 한다.
위와 같은 논리로 (나) 조건을 만족시키지 않는다.

즉, (가), (나) 조건을 만족시키려면
$f(1), \ f(2), \ f(3)$ 은 다음 두 가지 case가 가능하다.
$(f(1) \le f(2) \le f(3))$

① $f(1) = f(2) = f(3) = 1$

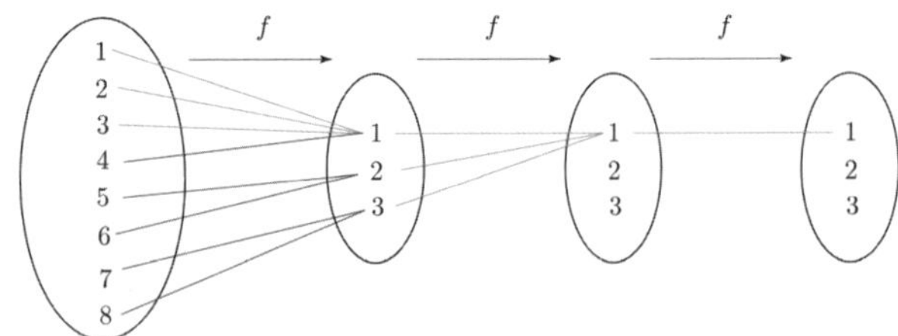

위 그림과 같이 정의역 $\{4, 5, 6, 7, 8\}$에 대하여 함수 f의
치역이 $\{1, 2, 3\}$이어도 (가), (나) 조건을 만족시키므로
$1 \leq f(4) \leq f(5) \leq f(6) \leq f(7) \leq f(8) \leq 3$이 되도록 하는
함수의 개수는 $_3\mathrm{H}_5 = {}_{3+5-1}\mathrm{C}_5 = {}_7\mathrm{C}_2 = 21$

(물론 정의역 $\{4, 5, 6, 7, 8\}$에 대하여 함수 f의 치역이
$\{1\}$ or $\{2\}$ or $\{3\}$ or $\{1, 2\}$ or $\{2, 3\}$ or $\{1, 3\}$
이어도 조건을 만족시킨다.)

② $f(1) = f(2) = 1$, $f(3) = 2$

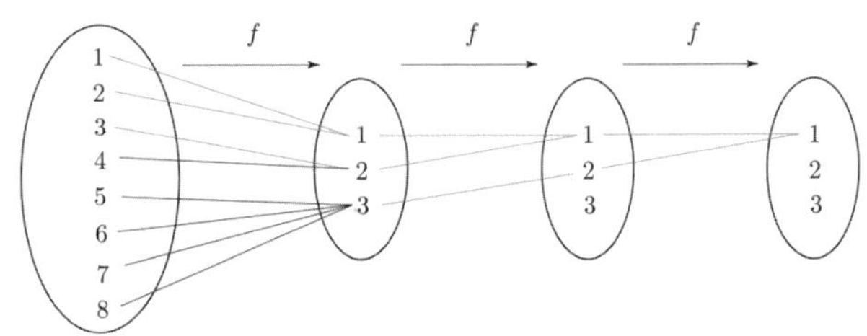

위 그림과 같이 정의역 $\{4, 5, 6, 7, 8\}$에 대하여 함수 f의
치역이 $\{2, 3\}$이어도 (가), (나) 조건을 만족시키므로
$2 \leq f(4) \leq f(5) \leq f(6) \leq f(7) \leq f(8) \leq 3$가 되도록 하는
함수의 개수는 $_2\mathrm{H}_5 = {}_{2+5-1}\mathrm{C}_5 = {}_6\mathrm{C}_1 = 6$

따라서 조건을 만족시키는 함수 f의 개수는 $21 + 6 = 27$이다.

 ②

152

집합 A의 원소의 개수에 따라 case분류하면

① $n(A) = 1$인 경우
(다) 조건에 모순이다.

② $n(A) = 2$인 경우
$1, 2, 3, 4, 5$ 중에서 치역 선택 $_5\mathrm{C}_2$
치역이 $1, 2$라고 하자.

$n(B) = 2$이려면
$f(1) = 1$, $f(2) = 2$ or $f(1) = 2$ or $f(2) = 1$
이 가능한데 (다) 조건을 만족하려면
$f(1) = 2$, $f(2) = 1$이어야 한다.

정의역의 원소 3, 4, 5에게 물어본다.
치역 1, 2 중 어디 갈래? $\Rightarrow$ 2^3

$\therefore {}_5\mathrm{C}_2 \times 8 = 80$

③ $n(A) = 3$
$1, 2, 3, 4, 5$ 중에서 치역 선택 $_5\mathrm{C}_3$
치역이 $1, 2, 3$라고 하자.

$n(B) = 3$이고 (다) 조건을 만족하려면
$f(1) = 2$, $f(2) = 3$, $f(3) = 1$

or $f(1) = 3$, $f(2) = 1$, $f(3) = 2$
이다.

정의역의 원소 4, 5에게 물어본다.
치역 1, 2, 3 중 어디 갈래? $\Rightarrow$ 3^2

$\therefore {}_5\mathrm{C}_3 \times 2 \times 3^2 = 180$

따라서 함수 f의 개수는 $80 + 180 = 260$이다.

 260

153

(가) 조건에 의해서
$f(1) \leq f(2) \leq f(3) \leq f(4) \leq f(5)$
$\leq f(6) \leq f(7) \leq f(8) \leq f(9) \leq f(10)$

(나) 조건에 의해서
$f(1) = 1$, $f(2) \leq 2$, $f(3) \leq 3$, $f(4) \leq 4$, $f(5) \leq 5$
$f(6) \geq 6$, $f(7) \geq 7$, $f(8) \geq 8$, $f(9) \geq 9$, $f(10) = 10$

$f(5)$의 값에 따라 case분류하면

① $f(5) = 5$인 경우
(다) 조건에 의해서 $f(6) = 11$이므로 (나) 조건에 모순이다.

② $f(5) = 4$인 경우
(다) 조건에 의해서 $f(6) = 10$이다.

$10 \le f(7) \le f(8) \le f(9) \le f(10) \le 10$ 이므로
$f(7) = f(8) = f(9) = f(10) = 10$ 이다.

$1 \le f(2) \le f(3) \le f(4) \le 4$

$f(4)$	$f(3)$	$f(2)$	
	3	2, 1	2가지
4	2	2, 1	2가지
	1	1	1가지
	3	2, 1	2가지
3	2	2, 1	2가지
	1	1	1가지
	2	2, 1	2가지
2	1	1	1가지
1	1	1	1가지

$\therefore$ 14

③ $f(5) = 3$ 인 경우
(다) 조건에 의해서 $f(6) = 9$ 이다.

$9 \le f(7) \le f(8) \le f(9) \le f(10) \le 10$

$f(7)$	$f(8)$	$f(9)$	
	9	9, 10	2가지
9	10	10	1가지
10	10	10	1가지

$1 \le f(2) \le f(3) \le f(4) \le 3$

$f(4)$	$f(3)$	$f(2)$	
	3	2, 1	2가지
3	2	2, 1	2가지
	1	1	1가지
	2	2, 1	2가지
2	1	1	1가지
1	1	1	1가지

$\therefore$ $9 \times 4 = 36$

④ $f(5) = 2$ 인 경우
(다) 조건에 의해서 $f(6) = 8$ 이다.
③과 구조가 동일하므로 36
(예를 들어 ④에서 $1 \le f(2) \le f(3) \le f(4) \le 2$ 와
③에서 $9 \le f(7) \le f(8) \le f(9) \le 10$ 는 구조가 동일하다.)

⑤ $f(5) = 1$ 인 경우
(다) 조건에 의해서 $f(6) = 7$ 이다.
②과 구조가 동일하므로 14

따라서 함수 f의 개수는 $14 + 36 + 36 + 14 = 100$ 이다.

 100

154

4개의 원판에 적힌 문자의 종류에 따라 case분류하면

① 4개의 원판에 적힌 문자가 $XXYY$ 꼴인 경우

X, Y에 해당하는 문자를 선택 $_4C_2 = 6$
4개의 원판을 쌓는 경우의 수는 $\dfrac{4!}{2! \times 2!} = 6$

$\therefore$ $6 \times 6 = 36$

② 4개의 원판에 적힌 문자가 $XXYZ$ 꼴인 경우

X에 해당하는 문자를 선택 $_4C_1 = 4$
Y, Z에 해당하는 문자를 선택 $_3C_2 = 3$
Y, Z에 해당하는 원판의 색을 정하는 경우의 수는 $2^2 = 4$
4개의 원판을 쌓는 경우의 수는 $\dfrac{4!}{2!} = 12$

$\therefore$ $4 \times 3 \times 4 \times 12 = 576$

③ 4개의 원판에 적힌 문자가 모두 다른 경우

각각의 원판의 색을 정하는 경우의 수는 $2^4 = 16$
D가 적힌 원판이 맨 아래에 놓이도록 4개의 원판을
쌓는 경우의 수는 $3! = 6$

$\therefore$ $16 \times 6 = 96$

따라서 구하고자 하는 경우의 수는 $36 + 576 + 96 = 708$ 이다.

답 708

155

검은색 모자 6개 ● ● ● ● ● ●
흰색 모자 6개 ○ ○ ○ ○ ○ ○
(나) 조건에 의해서
A 가 받는 검은색 모자의 개수는 4, 5, 6 이다.
만약 A 가 받는 검은색 모자의 개수가 6 이라면
(다) 조건을 만족시키지 않는다.

A 가 받는 검은색 모자의 개수가 4 일 때와 5 일 때로
case분류하면

① A 가 받는 검은색 모자의 개수가 4
남은 검은색 모자 2개 ● ● 에 따라 case분류하면

ⅰ) (● ●) × ×
B, C, D 중 검은색 모자 2 개를 모두 가질 사람 선택 $_3C_1$
B 가 검은색 모자 2 개를 모두 가졌다고 가정하자.

(가) 조건에 의해서 C, D 에게 흰색 모자를 적어도
한 개씩 나누어 주어야 한다.

A	B	C	D
● ● ● ●	● ●	○	○

남은 흰색 모자 4개 ○ ○ ○ ○ 를
(다) 조건을 고려하여 나누어주면 된다.

C, D 는 이미 흰색 모자를 한 개씩 받은 상태에서
A, B, C, D 에게 나누어주는 흰색 모자의 개수를
각각 a, b, c, d 라 하자.
$a \geq 0$, $b \geq 0$, $c \geq 0$, $d \geq 0$
$a+b+c+d=4$
(다) 조건을 만족시키려면 $b=0$ or $b=1$ 이어야 하므로
b 의 값에 따라 case분류하면

ⅰ)-❶ $b=0$
$a+c+d=4 \Rightarrow {}_3H_4 = {}_6C_2 = 15$
이때 $a=4$ 가 되면 (다)조건을 만족시키지 않으므로
$(a,\ b,\ c)=(4,\ 0,\ 0)$ 인 경우를 빼줘야한다.
$\therefore\ 15-1=14$

ⅰ)-❷ $b=1$
$a+c+d=3 \Rightarrow {}_3H_3 = {}_5C_3 = 10$
$\therefore\ 10$

즉, ⅰ)를 만족시키는 경우의 수는 $3 \times (14+10) = 72$

ⅱ) ● ● ×
B, C, D 중 검은색 모자 가질 사람 선택 $_3C_2$
B, C 가 검은색 모자를 1 개씩 가졌다고 가정하자.

(가) 조건에 의해서 D 에게 흰색 모자를 적어도
한 개씩 나누어 주어야 한다.

A	B	C	D
● ● ● ●	●	●	○

남은 흰색 모자 5개 ○ ○ ○ ○ ○ 를
(다) 조건을 고려하여 나누어주면 된다.

D 는 이미 흰색 모자 한 개를 받은 상태에서
A, B, C, D 에게 나누어주는 흰색 모자의 개수를
각각 a, b, c, d 라 하자.
$a \geq 0$, $b \geq 0$, $c \geq 0$, $d \geq 0$
$a+b+c+d=5$

A와 함께 흰색 모자보다 검은색 모자를 더 많이 받는
학생 선택 $_2C_1$
그 학생이 B 라고 가정하면
$b=0$ 이어야 하고 $c \geq 1$ 이어야 한다.

$c=c'+1$
$a \geq 0$, $c' \geq 0$, $d \geq 0$
$a+c'+d=4 \Rightarrow {}_3H_4 = {}_6C_2 = 15$
이때 $a=4$ 가 되면 (다)조건을 만족시키지 않으므로
$(a,\ b,\ c)=(4,\ 0,\ 0)$ 인 경우를 빼줘야한다.
$\therefore\ 15-1=14$

즉, ⅱ)를 만족시키는 경우의 수는 $3 \times 2 \times 14 = 84$

② A 가 받는 검은색 모자의 개수가 5
B, C, D 중 남은 검은색 모자 1 개를 가질 사람 선택 $_3C_1$
B 가 선택되었다고 가정하자.

(가) 조건에 의해서 C, D 에게 흰색 모자를 적어도
한 개씩 나누어 주어야 한다.

A	B	C	D
● ● ● ● ●	●	○	○

남은 흰색 모자 4개 ○○○○ 를
(다) 조건을 고려하여 나누어주면 된다.

C, D는 이미 흰색 모자를 한 개씩 받은 상태에서
A, B, C, D에게 나누어주는 흰색 모자의 개수를
각각 a, b, c, d라 하자.
$a \geq 0,\ b \geq 0,\ c \geq 0,\ d \geq 0$
$a+b+c+d=4$

(다) 조건을 만족시키려면 $b=0$이어야 하므로
$a+c+d=4 \ \Rightarrow\ {}_3H_4 = {}_6C_2 = 15$

$\therefore\ 3 \times 15 = 45$

따라서 구하고자 하는 경우의 수는
①+② = $(72+84)+45 = 156+45 = 201$ 이다.

답 201

> **Tip**
>
> 개인적으로 2021 학년도 수능 가형에서 가장 어려웠던 문제라고
> 생각한다.
> 경우의 수 특성상 한 개라도 빼먹으면 오답으로 이어지고
> case분류가 상당히 복잡했기 때문에 실제 수능현장에서의
> 체감난이도는 아주 높았을 것이다.
>
> Q. 수능에서 만약 이런 문제를 만났을 때,
>   우리가 취해야 할 바람직한 태도는? [4점]
>
>   ① 일단 넘기고 추후에 시간이 남으면 도전한다.
>   ② 이거 못 풀면 수능 망하는데ㅠㅠ
>   ③ 이 문제 풀 때까지
>   절대 다음 문제로 넘어갈 순 없어!!!
>   ④ '엄마.... 보고싶어...'
>
> 답 ①

1	(1) $y^4+4xy^3+6x^2y^2+4x^3y+x^4$ (2) $-1+5x-10x^2+10x^3-5x^4+x^5$ (3) $1+6x+12x^2+8x^3$
2	(1) 672 (2) 135
3	(1) 32 (2) 256 (3) 64

개념 확인문제 1

(1) $(x+y)^4$

$= {}_4C_0 x^0 y^4 + {}_4C_1 x^1 y^3 + {}_4C_2 x^2 y^2 + {}_4C_3 x^3 y^1 + {}_4C_4 x^4 y^0$

$= y^4 + 4xy^3 + 6x^2y^2 + 4x^3y + x^4$

(2) $(x-1)^5$

$= {}_5C_0 x^0 (-1)^5 + {}_5C_1 x^1 (-1)^4 + {}_5C_2 x^2 (-1)^3$

$\quad + {}_5C_3 x^3 (-1)^2 + {}_5C_4 x^4 (-1)^1 + {}_5C_5 x^5 (-1)^0$

$= -1 + 5x - 10x^2 + 10x^3 - 5x^4 + x^5$

(3) $(2x+1)^3$

$= {}_3C_0 (2x)^0 (1)^3 + {}_3C_1 (2x)^1 (1)^2 + {}_3C_2 (2x)^2 (1)^1$

$\quad + {}_3C_3 (2x)^3 (1)^0$

$= 1 + 6x + 12x^2 + 8x^3$

답 (1) $y^4+4xy^3+6x^2y^2+4x^3y+x^4$
(2) $-1+5x-10x^2+10x^3-5x^4+x^5$
(3) $1+6x+12x^2+8x^3$

개념 확인문제 2

(1) ${}_7C_r (2x)^r \left(\dfrac{1}{x}\right)^{7-r}$

$x^{r-7+r} = x^3 \ \Rightarrow\ r = 5$

$\therefore\ {}_7C_5 (2x)^5 \left(\dfrac{1}{x}\right)^2 \ \Rightarrow\ {}_7C_2 \times 2^5 = 672$

(2) ${}_6C_r (x)^r \left(-\dfrac{3}{x^2}\right)^{6-r}$

$x^{r-12+2r} = x^0 \ \Rightarrow\ r = 4$

$$\therefore\ {}_6\mathrm{C}_4(x)^4\left(-\frac{3}{x^2}\right)^2 \Rightarrow {}_6\mathrm{C}_2\times 9 = 135$$

[답] (1) 672   (2) 135

개념 확인문제 3

(1) $2^5 = 32$

(2) $2^{9-1} = 2^8 = 256$

(3) $2^{7-1} = 2^6 = 64$

[답] (1) 32   (2) 256   (3) 64

이항정리 | Training － 1 step

1	40	**8**	378
2	80	**9**	70
3	75	**10**	810
4	108	**11**	5
5	240	**12**	251
6	8	**13**	16
7	1		

001

$${}_5\mathrm{C}_2(2x)^2 1^3 \Rightarrow 10\times 4 = 40$$

[답] 40

002

$${}_4\mathrm{C}_1(ax)^1 2^3 \Rightarrow 32a$$

$${}_4\mathrm{C}_2(ax)^2 2^2 \Rightarrow 24a^2$$

$$24a^2 = 32a \Rightarrow 3a^2 - 4a = 0 \Rightarrow a(3a-4)=0$$

$$\Rightarrow a = \frac{4}{3}\ (\because a>0)$$

따라서 $60a = 80$ 이다.

[답] 80

003

$${}_6\mathrm{C}_3\left(\frac{x}{2}\right)^3\left(\frac{2}{x}\right)^3 \Rightarrow 20$$

$${}_6\mathrm{C}_4\left(\frac{x}{2}\right)^4\left(\frac{2}{x}\right)^2 \Rightarrow \frac{15}{4}$$

따라서 상수항과 x^2 의 계수의 곱은 $20\times\dfrac{15}{4} = 75$ 이다.

[답] 75

004

$$_4C_3(3x^2)^3\left(\frac{1}{x}\right)^1 \Rightarrow 4\times27=108$$

답 108

005

$$_6C_3(ax)^3\left(-\frac{1}{x}\right)^3 \Rightarrow -20\times a^3=-160$$

$$\Rightarrow a^3=8 \Rightarrow a=2$$

$$\left(2x-\frac{1}{x}\right)^6$$

$$_6C_r(2x)^r\left(-\frac{1}{x}\right)^{6-r}$$

$$x^{r-6+r}=x^2 \Rightarrow r=4$$

$$_6C_4(2x)^4\left(-\frac{1}{x}\right)^2 \Rightarrow 15\times16=240$$

답 240

006

① $x\times x$
$$x\times{}_4C_1(x)^1(2)^3 \Rightarrow 32$$

② 상수항 $\times x^2$
$$(-1)\times{}_4C_2(x)^2(2)^2 \Rightarrow -24$$

따라서 x^2 의 계수는 $32-24=8$ 이다.

답 8

007

① $x\times x^3$
$$(2x)\times{}_6C_3\,x^3a^3 \Rightarrow 40a^3$$

② $\frac{1}{x^2}\times x^6$
$$\frac{1}{x^2}\times{}_6C_6\,x^6a^0 \Rightarrow 1$$

$$40a^3+1=41 \Rightarrow a^3=1 \Rightarrow a=1$$

답 1

008

① 상수항 $\times x$
$$1\times{}_4C_1\,x^1(-3)^3 \Rightarrow -108$$

② $x\times$ 상수항
$$_3C_1(2x)^1(1)^2\times(-3)^4 \Rightarrow 486$$

따라서 x 의 계수는 $-108+486=378$ 이다.

답 378

009

$$_6C_r\,x^r(\sqrt[3]{3})^{6-r}={}_6C_r\,x^r\,3^{\frac{6-r}{3}}$$

① $r=0 \Rightarrow {}_6C_0\,x^0 3^2 \Rightarrow 9$ (실수하는 포인트!)

② $r=3 \Rightarrow {}_6C_3\,x^3 3 \Rightarrow 60$

③ $r=6 \Rightarrow {}_6C_6\,x^6 \Rightarrow 1$

따라서 계수가 유리수인 모든 항의 계수의 합은
$9+60+1=70$ 이다.

답 70

010

$$(x^2+3)^5(x^2-3)^5=(x^4-9)^5$$
$$_5C_3(x^4)^3(-9)^2 \Rightarrow 10\times81=810$$

답 810

011

$$_{16}C_0 + {}_{16}C_2 + {}_{16}C_4 + \cdots + {}_{16}C_{16} = 2^{16-1} = 2^{15} = a$$

따라서 $\log_8 a = \dfrac{1}{3}\log_2 2^{15} = \dfrac{1}{3} \times 15 = 5$ 이다.

답   5

012

$$_{5}H_1 + {}_{5}H_2 + {}_{5}H_3 + {}_{5}H_4 + {}_{5}H_5 = {}_{5}C_1 + {}_{6}C_2 + {}_{7}C_3 + {}_{8}C_4 + {}_{9}C_5$$
$$= {}_{5}C_4 + {}_{6}C_4 + {}_{7}C_4 + {}_{8}C_4 + {}_{9}C_4$$

$_{5}C_4 + {}_{6}C_4 + {}_{7}C_4 + {}_{8}C_4 + {}_{9}C_4 = k$ 라 하자.

양변에 $_{5}C_5 = 1$ 를 더하면

$$_{5}C_5 + {}_{5}C_4 + {}_{6}C_4 + {}_{7}C_4 + {}_{8}C_4 + {}_{9}C_4 = 1 + k$$
$$_{6}C_5 + {}_{6}C_4 + {}_{7}C_4 + {}_{8}C_4 + {}_{9}C_4 = 1 + k$$
$$_{7}C_5 + {}_{7}C_4 + {}_{8}C_4 + {}_{9}C_4 = 1 + k$$
$$_{8}C_5 + {}_{8}C_4 + {}_{9}C_4 = 1 + k$$
$$_{9}C_5 + {}_{9}C_4 = 1 + k$$
$$_{10}C_5 = 1 + k$$
$$252 = 1 + k$$
$$\therefore k = 251$$

답   251

013

n 이 자연수일 때,

$$(a+b)^n$$
$$= {}_{n}C_0 b^n + {}_{n}C_1 a b^{n-1} + \cdots + {}_{n}C_r a^r b^{n-r} + \cdots + {}_{n}C_n a^n$$
$$= \sum_{k=0}^{n} {}_{n}C_k \, a^k b^{n-k}$$

이므로

$$\sum_{k=0}^{12} {}_{12}C_k \left(\frac{1}{2}\right)^k \left(\frac{3}{2}\right)^{12-k} = \left(\frac{1}{2} + \frac{3}{2}\right)^{12} = 2^{12}$$

$$a \times \sum_{k=0}^{4} {}_{4}C_k \, 3^k$$

이항정리를 이용하기 위해서 우변을 변형해보자.

$1^{4-k} = 1$ $(k=0,\ 1,\ 2,\ 3,\ 4)$ 이므로

$$a \times \sum_{k=0}^{4} {}_{4}C_k \, 3^k = a \times \sum_{k=0}^{4} {}_{4}C_k \, 3^k 1^{4-k}$$
$$= a \times (3+1)^4 = a \times 4^4 = a \times 2^8$$

$$2^{12} = a \times 2^8 \implies a = 2^4 = 16$$

답   16

이항정리 | Training - **2 step**

14	⑤	25	10
15	⑤	26	②
16	②	27	25
17	3	28	②
18	④	29	②
19	①	30	30
20	⑤	31	②
21	60	32	③
22	⑤	33	③
23	⑤	34	25
24	⑤	35	682

014

$$_5C_2(x^3)^2 2^3 \Rightarrow 10 \times 8 = 80$$

답 ④

015

$$_5C_3 x^3(a)^2 \Rightarrow 10a^2 = 40 \Rightarrow a^2 = 4$$
$$_5C_1 x^1(a)^4 \Rightarrow 5a^4 = 5 \times 16 = 80$$

답 ⑤

016

$$_8C_6 x^6\left(\frac{2}{x}\right)^2 \Rightarrow {}_8C_2 \times 4 = 28 \times 4 = 112$$

답 ②

017

$$_4C_2(ax)^2\left(\frac{1}{x}\right)^2 \Rightarrow 6a^2 = 54 \Rightarrow a = 3 \ (\because a > 0)$$

답 3

018

$$_6C_4 x^4\left(\frac{1}{3x}\right)^2 \Rightarrow 15 \times \frac{1}{9} = \frac{5}{3}$$

답 ④

019

① $x^2 \times$ 상수항
$$_6C_2 x^2(-1)^4 \times 1 \Rightarrow 15 \times 1 = 15$$

② $x \times x$
$$_6C_1 x(-1)^5 \times {}_7C_1(2x) \Rightarrow -6 \times 14 = -84$$

③ 상수항$\times x^2$
$$1 \times {}_7C_2(2x)^2 \Rightarrow 1 \times 84 = 84$$

따라서 x^2 의 계수는 $15 - 84 + 84 = 15$ 이다.

답 ①

020

$$_4C_3(2x)^3\left(\frac{1}{x^2}\right)^1 \Rightarrow 4 \times 8 = 32$$

답 ⑤

021

$$_6C_4(x^2)^4\left(\frac{2}{x}\right)^2 \Rightarrow 15 \times 4 = 60$$

답 60

022

$$_4C_0 + {}_4C_1 \times 3 + {}_4C_2 \times 3^2 + {}_4C_3 \times 3^3 + {}_4C_4 \times 3^4 = \sum_{k=0}^{4} {}_4C_k 3^k$$

training-1step 013번에서 학습했듯이
이항정리를 이용하기 위해서 우변을 변형해보자.

$1^{4-k}=1 \ (k=0, \ 1, \ 2, \ 3, \ 4)$ 이므로

$$\sum_{k=0}^{4} {}_4\mathrm{C}_k 3^k = \sum_{k=0}^{4} {}_4\mathrm{C}_k 3^k 1^{4-k} = (3+1)^4 = 4^4 = 2^8 = 256$$

답 ⑤

023

$${}_6\mathrm{C}_2 (x^5)^2 \left(\frac{1}{x^2}\right)^4 \Rightarrow {}_6\mathrm{C}_2 = 15$$

답 ⑤

024

① $x^4 \times$ 상수항

$${}_6\mathrm{C}_4 (2x)^4 \times 1 \Rightarrow 15 \times 16 = 240$$

② $x^3 \times x$

$${}_6\mathrm{C}_3 (2x)^3 \times (-x) \Rightarrow 20 \times 8 \times (-1) = -160$$

따라서 x^4 의 계수는 $240 - 160 = 80$ 이다.

답 ⑤

025

$${}_n\mathrm{C}_2 x^2 \Rightarrow {}_n\mathrm{C}_2 = 45 \Rightarrow \frac{n(n-1)}{2} = 45 \Rightarrow n(n-1) = 90$$

$$\Rightarrow n = 10$$

답 10

026

$$(x^2+1)^4 (x^3+1)^n = (x^4+2x^2+1)^2 (x^3+1)^n$$
$$= (x^8+4x^6+6x^4+4x^2+1)(x^3+1)^n$$

$4 \times {}_n\mathrm{C}_1 = 12 \Rightarrow n = 3$ 이므로

$$(x^2+1)^4 (x^3+1)^3 = (x^4+2x^2+1)^2 (x^3+1)^3$$
$$= (x^8+4x^6+6x^4+4x^2+1)(x^3+1)^3$$

① $x^6 \times$ 상수항

$$4x^6 \times 1 \Rightarrow 4$$

② 상수항 $\times x^6$

$$1 \times {}_3\mathrm{C}_2 (x^3)^2 \Rightarrow 3$$

따라서 x^6 의 계수는 $4 + 3 = 7$ 이다.

답 ②

027

① 상수항 $\times x^4$

$$1 \times {}_5\mathrm{C}_4 x^4 \Rightarrow 5$$

② $x \times x^3$

$$2x \times {}_5\mathrm{C}_3 x^3 \Rightarrow 20$$

따라서 x^4 의 계수는 $5 + 20 = 25$ 이다.

답 25

028

① 상수항 $\times x$

$$2^4 \times {}_3\mathrm{C}_1 (3x)^1 \Rightarrow 16 \times 9 = 144$$

② $x \times$ 상수항

$${}_4\mathrm{C}_1 x^1 2^3 \times 1 \Rightarrow 32$$

따라서 x 의 계수는 $144 + 32 = 176$ 이다.

답 ②

029

① $x^2 \times x$

$$x^2 \times {}_4\mathrm{C}_3 x^3 \left(\frac{a}{x^2}\right)^1 \Rightarrow 4a$$

② $\frac{1}{x} \times x^4$

$$-\frac{1}{x} \times x^4 \Rightarrow -1$$

$$4a - 1 = 7 \Rightarrow a = 2$$

답 ②

030

$${}_5\mathrm{C}_3\, x^3 a^2 \Rightarrow 10a^2$$

$${}_5\mathrm{C}_4\, x^4 a \Rightarrow 5a$$

$$10a^2 = 5a$$

$$2a^2 - a = 0 \Rightarrow a(2a-1)=0$$

$$\Rightarrow a = \frac{1}{2}\ (\because\ a>0)$$

따라서 $60a = 30$ 이다.

답 30

031

$${}_5\mathrm{C}_1\, (x^2)^1\left(\frac{a}{x}\right)^4 \Rightarrow 5a^4$$

$${}_5\mathrm{C}_2\, (x^2)^2\left(\frac{a}{x}\right)^3 \Rightarrow 10a^3$$

$$5a^4 = 10a^3 \Rightarrow 5a^4 - 10a^3 = 0 \Rightarrow 5a^3(a-2)=0$$

$$\Rightarrow a = 2\ (\because\ a>0)$$

따라서 양수 $a = 2$ 이다.

답 ②

032

$$f(n) = \sum_{k=1}^{n} {}_{2n+1}\mathrm{C}_{2k} = {}_{2n+1}\mathrm{C}_2 + {}_{2n+1}\mathrm{C}_4 + {}_{2n+1}\mathrm{C}_6 + \cdots + {}_{2n+1}\mathrm{C}_{2n}$$

$$= 2^{2n+1-1} - {}_{2n+1}\mathrm{C}_0 = 2^{2n} - 1$$

$$f(n) = 1023 \Rightarrow 2^{2n} - 1 = 1023 \Rightarrow n = 5$$

따라서 조건을 만족시키는 $n = 5$ 이다.

답 ③

033

$${}_n\mathrm{C}_r = \frac{n!}{(n-r)!\,r!}$$

$${}_{19}\mathrm{C}_k\, x^k 2^{19-k}$$

$$\Rightarrow {}_{19}\mathrm{C}_k \times 2^{19-k} = \frac{19!}{(19-k)!\,k!} \times 2^{19-k}$$

$${}_{19}\mathrm{C}_{k+1}\, x^{k+1} 2^{18-k}$$

$$\Rightarrow {}_{19}\mathrm{C}_{k+1} \times 2^{18-k} = \frac{19!}{(18-k)!\,(k+1)!} \times 2^{18-k}$$

$$\frac{19!}{(19-k)!\,k!} \times 2^{19-k} > \frac{19!}{(18-k)!\,(k+1)!} \times 2^{18-k}$$

$$\frac{2}{(19-k)!\,k!} > \frac{1}{(18-k)!\,(k+1)!}$$

$$\frac{2}{19-k} > \frac{1}{k+1}$$

k는 자연수이므로

$1 \leq k$ 이고 x^{k+1} 의 계수가 존재해야하므로

$k \leq 18$ 이다. $1 \leq k \leq 18$ 이므로 $19-k > 0$ 이다.

양변에 $19-k$를 곱해도 부호변화가 없다.

$$2 > \frac{19-k}{k+1}\ \ (k+1>0)$$

$$2k+2 > 19-k$$

$$3k > 17$$

$$k > 5.6\cdots$$

따라서 자연수 k의 최솟값은 6 이다.

답 ③

034

$$\sum_{k=1}^{n} {}_n\mathrm{C}_k = {}_n\mathrm{C}_1 + {}_n\mathrm{C}_2 + {}_n\mathrm{C}_3 + \cdots + {}_n\mathrm{C}_n$$

$${}_n\mathrm{C}_1 + {}_n\mathrm{C}_2 + {}_n\mathrm{C}_3 + \cdots + {}_n\mathrm{C}_n = \alpha \text{ 라 하자.}$$

양변에 ${}_n\mathrm{C}_0 = 1$ 을 더하면

$${}_n\mathrm{C}_0 + {}_n\mathrm{C}_1 + {}_n\mathrm{C}_2 + {}_n\mathrm{C}_3 + \cdots + {}_n\mathrm{C}_n = 1+\alpha$$

$$2^n = 1+\alpha \Rightarrow \alpha = 2^n - 1$$

$2^n - 1$ 이 3의 배수가 되려면

2^n 이 3으로 나누었을 때, 나머지가 1 인 수이어야 한다.

$$2^n = 3m + 1$$

① $n=1 \Rightarrow 2 = 3m+1$ (×)

② $n=2 \Rightarrow 4 = 3m+1$ (○)

③ $n=3 \Rightarrow 8 = 3m+1$ (×)

④ $n=4 \Rightarrow 16 = 3m+1$ (○)

⑤ $n=5 \Rightarrow 32 = 3m+1$ (×)

⑥ $n=6 \Rightarrow 64 = 3m+1$ (○)

$\vdots$

n 이 짝수일 때, $2^n - 1$ 이 3의 배수이다.

따라서 조건을 만족시키는 50 이하의 자연수 n 의 개수는 25 이다.

답 25

035

$$f(n) = \sum_{k=1}^{n} \left({}_{2k}C_1 + {}_{2k}C_3 + {}_{2k}C_5 + \cdots + {}_{2k}C_{2k-1} \right)$$

$${}_{2k}C_1 + {}_{2k}C_3 + {}_{2k}C_5 + \cdots + {}_{2k}C_{2k-1} = 2^{2k-1}$$

$$f(n) = \sum_{k=1}^{n} 2^{2k-1} = \sum_{k=1}^{n} \frac{4^k}{2} = \frac{2(4^n - 1)}{4 - 1} = \frac{2(4^n - 1)}{3}$$

따라서
$$f(5) = \frac{2(4^5 - 1)}{3} = \frac{2 \times 1023}{3} = 2 \times 341 = 682 \text{ 이다.}$$

답 682

36	204	**38**	11
37	12	**39**	488

036

20 이하의 자연수 n

$$f(n) = \sum_{k=1}^{n} {}_{2n-1}C_{2k-1}$$

$$= {}_{2n-1}C_1 + {}_{2n-1}C_3 + \cdots$$
$$+ {}_{2n-1}C_{2n-1} = 2^{2n-1-1} = 2^{2n-2}$$

$f(n) = 2^{2n-2}$ 가 $64 = 2^6$ 의 배수가 되려면
$$2n - 2 \geq 6 \Rightarrow 2n \geq 8 \Rightarrow n \geq 4$$

$4 \leq n \leq 20 \Rightarrow$ 자연수 n 의 개수는 $20 - 4 + 1 = 17$

따라서 모든 자연수 n 의 값의 합은
$$\frac{17(4 + 20)}{2} = 204 \text{ 이다.}$$

답 204

037

$$f(n) = \sum_{k=0}^{n} \left({}_nC_k \times 3^k \right) = \sum_{k=0}^{n} \left({}_nC_k \times 3^k \times 1^{n-k} \right) = (3+1)^n = 4^n$$

$f(n+1) - f(n) = 4^{n+1} - 4^n = 4^n(4-1) = 3 \times 4^n$ 이므로
$$60 < f(n+1) - f(n) < 6000$$

$$60 < 3 \times 4^n < 6000$$

$$20 < 4^n < 2000$$

$$\Rightarrow n = 3, \ 4, \ 5$$

따라서 모든 자연수 n 의 값의 합은
$$3 + 4 + 5 = 12 \text{ 이다.}$$

답 12

038

$a_k = {}_{2n}C_{2k-2}$ 이므로

$$f(n) = \sum_{k=1}^{n+1} {}_{2n}C_{2k-2}$$

$$= {}_{2n}C_0 + {}_{2n}C_2 + {}_{2n}C_4 + \cdots + {}_{2n}C_{2n}$$

$$= 2^{2n-1}$$

$f(3) = 2^5,\ f(9) = 2^{17}$ 이므로

$f(n) < f(3)f(9) \Rightarrow 2^{2n-1} < 2^{22} \Rightarrow 2n-1 < 22$

$\Rightarrow 2n < 23 \Rightarrow n < 11.5$

따라서 자연수 n의 최댓값은 11이다.

답   11

039

$${}_nC_r \left(2x^2\right)^r \left(\frac{1}{x}\right)^{n-r} \Rightarrow x^{2r-n+r} = x^1 \Rightarrow 3r = n+1$$

즉, $n+1$이 3의 배수가 되어야 한다.

$n=2 \Rightarrow r=1$

$n=5 \Rightarrow r=2$

$n=8 \Rightarrow r=3$

$\vdots$

이므로 $n_2 = 5$이고 $n_3 = 8$이다.

① $n_2 = 5 \Rightarrow r = 2$

$$\left(2x^2 + \frac{1}{x}\right)^5$$

$${}_5C_2 \left(2x^2\right)^2 \left(\frac{1}{x}\right)^3 \Rightarrow a_2 = 10 \times 4 = 40$$

② $n_2 = 8 \Rightarrow r = 3$

$$\left(2x^2 + \frac{1}{x}\right)^8$$

$${}_8C_3 \left(2x^2\right)^3 \left(\frac{1}{x}\right)^5 \Rightarrow a_3 = 56 \times 8 = 448$$

따라서 $a_2 + a_3 = 40 + 448 = 488$이다.

답   488

확률

확률의 뜻과 활용 | Guide step

1	(1) $A \cup B = \{2,\ 3,\ 5,\ 6,\ 7,\ 9,\ 11,\ 12\}$ (2) $A \cap B = \{3\}$ (3) $A^c = \{1,\ 4,\ 6,\ 8,\ 9,\ 10,\ 12\}$
2	$\dfrac{3}{8}$
3	$\dfrac{1}{14}$
4	$\dfrac{3}{5}$
5	$\dfrac{4}{9}$
6	$\dfrac{2}{3}$

개념 확인문제 1

$A = \{2,\ 3,\ 5,\ 7,\ 11\}$

$B = \{3,\ 6,\ 9,\ 12\}$

(1) $A \cup B = \{2,\ 3,\ 5,\ 6,\ 7,\ 9,\ 11,\ 12\}$

(2) $A \cap B = \{3\}$

(3) $A^c = \{1,\ 4,\ 6,\ 8,\ 9,\ 10,\ 12\}$

답   (1) $A \cup B = \{2,\ 3,\ 5,\ 6,\ 7,\ 9,\ 11,\ 12\}$
 (2) $A \cap B = \{3\}$
 (3) $A^c = \{1,\ 4,\ 6,\ 8,\ 9,\ 10,\ 12\}$

개념 확인문제 2

앞면 ○ 뒷면 ×

표본공간을 S라 하면

$n(S) = 2^3 = 8$

뒷면이 한 번 나오는 사건을 A라 하면

× ○ ○을 일렬로 배열하는 경우의 수 3가지이므로 $n(A) = 3$

따라서 구하고자 하는 확률은 $P(A) = \dfrac{n(A)}{n(S)} = \dfrac{3}{8}$이다.

답 $\dfrac{3}{8}$

개념 확인문제 3

$1, 2, 3, 4, 5, 6, 7, 8$
표본공간을 S 라 하면
$$n(S) = {}_8C_3 = 56$$

3장 모두 짝수가 적힌 카드가 나오는 사건을 A 라 하면
짝수 2, 4, 6, 8 중 3개 선택
$$n(A) = {}_4C_3 = 4$$

따라서 구하고자 하는 확률은 $P(A) = \dfrac{n(A)}{n(S)} = \dfrac{4}{56} = \dfrac{1}{14}$ 이다.

답 $\dfrac{1}{14}$

개념 확인문제 4

$1, 2, 3, 4, 5, 6, 7, 8, 9, 10$
소수가 나오는 사건을 A
10의 약수가 나오는 사건을 B 라 하면
$$P(A) = \frac{4}{10}, \ P(B) = \frac{4}{10}, \ P(A \cap B) = \frac{2}{10}$$

따라서 구하고자 하는 확률은
$$P(A \cup B) = P(A) + P(B) - P(A \cap B)$$
$$= \frac{4}{10} + \frac{4}{10} - \frac{2}{10} = \frac{6}{10} = \frac{3}{5}$$
이다.

답 $\dfrac{3}{5}$

개념 확인문제 5

빨간 공 2개를 택하는 사건을 A
$$P(A) = \frac{{}_4C_2}{{}_9C_2} = \frac{6}{36}$$
파란 공 2개를 택하는 사건을 B
$$P(B) = \frac{{}_5C_2}{{}_9C_2} = \frac{10}{36}$$

따라서 구하고자 하는 확률은
$$P(A \cup B) = P(A) + P(B) = \frac{6}{36} + \frac{10}{36} = \frac{16}{36} = \frac{4}{9}$$ 이다.

답 $\dfrac{4}{9}$

> **Tip**
>
> A와 B는 서로 배반사건이므로 $P(A \cap B) = 0$

개념 확인문제 6

재영이와 철오의 순서가 연달아 있지 않을
사건을 A 라 하면, 그 여사건 A^c은 재영이와 철오의 순서가
연달아 있는 사건이다.

재영이와 철오를 한 묶음으로 보고 배열하면 5!
재영이와 철오 자리 바꾸기 2!

여사건 A^c 의 확률은 $P(A^c) = \dfrac{5! \times 2!}{6!} = \dfrac{1}{3}$

따라서 구하고자 하는 확률은
$$P(A) = 1 - P(A^c) = 1 - \frac{1}{3} = \frac{2}{3}$$ 이다.

답 $\dfrac{2}{3}$

1	③	16	143
2	②	17	④
3	②	18	⑤
4	263	19	②
5	29	20	③
6	8	21	③
7	③	22	②
8	20	23	②
9	④	24	②
10	10	25	21
11	②	26	④
12	14	27	④
13	38	28	16
14	35	29	③
15	⑤	30	236

001

표본공간을 S라 하면

$n(S) = 6^2 = 36$

$\dfrac{4}{ab}$ 가 자연수 $\Rightarrow ab = 1$ or $ab = 2$ or $ab = 4$

① $ab = 1 \Rightarrow (a, b) = (1, 1)$

② $ab = 2 \Rightarrow (a, b) = (1, 2), (2, 1)$

③ $ab = 4 \Rightarrow (a, b) = (1, 4), (4, 1), (2, 2)$

따라서 구하고자 하는 확률은 $\dfrac{1+2+3}{36} = \dfrac{1}{6}$ 이다.

답 ③

002

표본공간을 S라 하면

$n(S) = 6^3 = 216$

$a + 3 < b \leq c + 3 \Rightarrow a < b - 3 \leq c$

조건을 만족시킬 수 있는 b에 값에 따라 case분류하면

① $b = 5$

$a < 2 \leq c$

$a = 1, \quad 2 \leq c \leq 6 \Rightarrow 1 \times 5 = 5$ 가지

② $b = 6$

$a < 3 \leq c$

$1 \leq a < 3, \quad 3 \leq c \leq 6 \Rightarrow 2 \times 4 = 8$ 가지

따라서 구하고자 하는 확률은 $\dfrac{5+8}{216} = \dfrac{13}{216}$ 이다.

답 ②

003

$1, 2, 3, 4, 5, 6, 7$

표본공간을 S라 하면

$n(S) = {}_7C_2 \times 2! = 42$

$a + b$ 가 짝수이려면 a, b 둘 다 홀수이거나 짝수

① a, b 둘 다 홀수

$1, 3, 5, 7$ 중 2개 선택 ${}_4C_2 = 6$ 가지

a, b 배열 $2!$ 가지

$\therefore 6 \times 2 = 12$ 가지

② a, b 둘 다 짝수

$2, 4, 6$ 중 2개 선택 ${}_3C_2 = 3$ 가지

a, b 배열 $2!$ 가지

$\therefore 3 \times 2 = 6$ 가지

따라서 구하고자 하는 확률은 $\dfrac{12+6}{42} = \dfrac{18}{42} = \dfrac{3}{7}$ 이다.

답 ②

004

표본공간을 S 라 하면

$n(S) = 6^3 = 216$

(정의역 1, 2, 3 에게 물어본다. 공역 1, 2, 3, 4, 5, 6 중
어디갈래? 각각 6 가지 $\Rightarrow 6 \times 6 \times 6 = 6^3$)

$f(1) + f(2)$ 가 4 의 배수가 되려면 제일 큰 수가 $6+6$
이므로 $f(1) + f(2)$ 는 4, 8, 12 까지 가능

① $f(1) + f(2) = 4$

$(f(1),\ f(2))$ = (나) 조건을 만족시키는 $f(3)$ 의 개수
로 표현하면

$(1,\ 3) = 6,\ (2,\ 2) = 6,\ (3,\ 1) = 6$

$\therefore\ 6 + 6 + 6 = 18$ 가지

② $f(1) + f(2) = 8$

$(2,\ 6) = 6,\ (3,\ 5) = 5,\ (4,\ 4) = 5,\ (5,\ 3) = 5,\ (6,\ 2) = 6$

$\therefore\ 6 + 5 + 5 + 5 + 6 = 27$ 가지

③ $f(1) + f(2) = 12$

$(6,\ 6) = 2$

$\therefore\ 2$ 가지

따라서 구하고자 하는 확률은 $\dfrac{18 + 27 + 2}{216} = \dfrac{47}{216}$ 이다.

 답 263

005

표본공간을 S 라 하면

$n(S) = {}_5C_2 \times {}_5C_2 = 100$

(A 주머니와 B 주머니 각각 2 개씩 뽑으므로

${}_5C_2 \times {}_5C_2 = 100$)

가능한 곱을 조사해보자.

$(a,\ b) = ab$ 라 하면

$(1,\ 2) = 2,\ (2,\ 4) = 8,\ (4,\ 8) = 32$

$(1,\ 4) = 4,\ (2,\ 8) = 16,\ (4,\ 16) = 64$

$(1,\ 8) = 8,\ (2,\ 16) = 32,\ (8,\ 16) = 128$

$(1,\ 16) = 16$

곱이 2 이 되는 것은 1 개
$= 1 \times 1$ (A 에서 1 가지 $\times$ B 에서 1 가지)

곱이 4 가 되는 것은 1 개
$= 1 \times 1$ (A 에서 1 가지 $\times$ B 에서 1 가지)

곱이 8 가 되는 것은 4 개
$= 2 \times 2$ (A 에서 2 가지 $\times$ B 에서 2 가지)

곱이 16 가 되는 것은 4 개
$= 2 \times 2$ (A 에서 2 가지 $\times$ B 에서 2 가지)

곱이 32 가 되는 것은 4 개
$= 2 \times 2$ (A 에서 2 가지 $\times$ B 에서 2 가지)

곱이 64 가 되는 것은 1 개
$= 1 \times 1$ (A 에서 1 가지 $\times$ B 에서 1 가지)

곱이 128 가 되는 것은 1 개
$= 1 \times 1$ (A 에서 1 가지 $\times$ B 에서 1 가지)

따라서 구하고자 하는 확률은
$\dfrac{1+1+4+4+4+1+1}{100} = \dfrac{16}{100} = \dfrac{4}{25}$ 이므로
$p + q = 29$ 이다.

답 29

006

표본공간을 S 라 하면

$n(S) = 5^5$

$\sqrt{10 - f(1)f(2)f(3)}$ 가 자연수가 나오려면
$f(1)f(2)f(3) = 9,\ 6,\ 1$ 이므로

① $f(1)f(2)f(3) = 9$
$9 = 3 \times 3 \times 1$ 이므로 $f(1),\ f(2),\ f(3)$ 의 배열방법 3 가지
나머지 $f(4),\ f(5)$ 은 각각 5 가지이므로 25 가지

$$\therefore\ 3\times 25 = 75\ \text{가지}$$

② $f(1)f(2)f(3) = 6$

$6 = 3\times 2\times 1$ 이므로 $f(1),\ f(2),\ f(3)$ 의 배열방법 3! 가지
나머지 $f(4),\ f(5)$ 은 각각 5 가지이므로 25 가지

$$\therefore\ 3!\times 25 = 6\times 25 = 150\ \text{가지}$$

③ $f(1)f(2)f(3) = 1$

$1 = 1\times 1\times 1$ 이므로
$f(1),\ f(2),\ f(3)$ 의 배열방법 1 가지
나머지 $f(4),\ f(5)$ 은 각각 5 가지이므로 25 가지

$$\therefore\ 1\times 25 = 25\ \text{가지}$$

따라서 구하고자 하는 확률은
$$\frac{75+150+25}{5^5} = \frac{250}{5^5} = \frac{2}{25} = p$$

이므로 $100p = 100\times \dfrac{2}{25} = 8$ 이다.

답 8

007

표본공간을 S 라 하면
$n(S) = 10$

방정식 $x^3 - 6x^2 + 9x - a = 0 \Rightarrow x^3 - 6x^2 + 9x = a$
방정식 $x^3 - 6x^2 + 9x = a$ 의 서로 다른 실근의 개수는
곡선 $y = x^3 - 6x^2 + 9x$ 와 직선 $y = a$ 의 교점의 개수와
같다.

삼차방정식에서 나올 수 있는 근의 종류는

① 서로 다른 세 실근 (교점의 개수 3)
ex $(x-1)(x-2)(x-3) = 0$

② 중근과 하나 실근 (교점의 개수 2)
ex $(x-1)^2(x-2) = 0$

③ 삼중근 (교점의 개수 1)
ex $(x-1)^3 = 0$

④ 서로 다른 두 허근과 하나 실근 (교점의 개수 1)
ex $(x^2 + x + 1)(x-1) = 0$

이므로 방정식 $x^3 - 6x^2 + 9x = a$ 이 허근을 갖지 않도록
하려면 곡선 $y = x^3 - 6x^2 + 9x$ 와 직선 $y = a$ 의
교점의 개수가 1 이 아니면 된다.

> **Tip**
>
> 이때 곡선 $y = x^3$, 직선 $y = 0$ 과 같이
> 교점의 개수가 1 이더라도
> 삼중근이 나올 수 있는 경우가 존재할 수 있다.
> 그러나 곡선 $y = x^3 - 6x^2 + 9x$, 직선 $y = a$
> 에서는 삼중근(뚫접)이 가능하지 않기 때문에
> 이를 고려하지 않아도 된다.
>
> (자세한 내용은 라이트 N제 수2 도함수의 활용
> Guide step을 참고하도록 하자.)

$f(x) = x^3 - 6x^2 + 9x$ 라 하면
$f'(x) = 3x^2 - 12x + 9 = 3(x-1)(x-3)$

$f(1) = 4,\ f(3) = 0$
$f'(x)$ 를 바탕으로 $f(x)$ 를 그리면

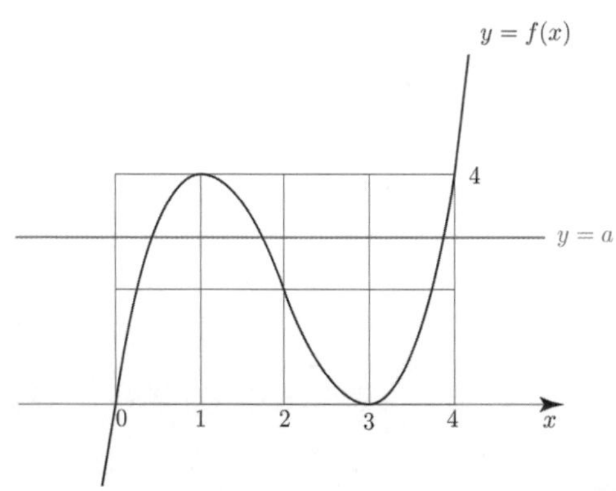

조건을 만족시키려면 $0 \le a \le 4$ 이고
a 는 10 이하의 자연수이므로
$a = 1,\ 2,\ 3,\ 4$ 이다.

따라서 구하고자 하는 확률은 $\dfrac{4}{10} = \dfrac{2}{5}$ 이다.

답 ③

표본공간을 S 라 하면
$$n(S) = 6^6$$

(가) 조건에 의해서 치역인 원소 5 개 선택 $_6C_5 = 6$ 가지
치역 1, 2, 3, 4, 5 가 선택됐다고 가정하자.

(나) 조건을 만족시키는 a 고르기 $_5C_4 = 5$ 가지
(치역 1, 2, 3, 4, 5 중 $f(a) = a$ 인 것 고르기)
$f(1) = 1,\ f(2) = 2,\ f(3) = 3,\ f(4) = 4$ 이라 가정하자.

이때 남은 정의역 5, 6 만 치역으로 매칭시켜주면 된다.

① 정의역 5 가 가야 할 곳은 치역 1, 2, 3, 4 중 하나이므로
4 가지이다. ($\because$ $f(5) = 5$ 이면 (나) 조건에 모순)

② 정의역 6 가 가야할 곳은 치역 5 로 정해지므로 1 가지

> **Tip**
>
> <실수 하는 point>
> 치역 5 는 정의역 1, 2, 3, 4, 5 에게
> 선택 받지 못한 상태이므로 정의역 6 이 치역 5 를 선택해 줘야
> (가) 조건을 만족시킨다.

따라서 구하고자 하는 확률은 $\dfrac{6 \times 5 \times 4 \times 1}{6^6} = \dfrac{5}{9 \times 6^3} = p$
이므로
$$6^5 \times p = 6^5 \times \dfrac{5}{9 \times 6^3} = 20 \text{ 이다.}$$

답 20

009

표본공간을 S 라 하면
$$n(S) = {}_{10}C_2 = 45$$

상(上) 2 개 중 2 개 선택 $_2C_2 = 1$
중(中) 5 개 중 2 개 선택 $_5C_2 = 10$
하(下) 3 개 중 2 개 선택 $_3C_2 = 3$

따라서 구하고자 하는 확률은 $\dfrac{1 + 10 + 3}{45} = \dfrac{14}{45}$ 이다.

답 ④

1, 2, 3, 4, 5, 6
표본공간을 S 라 하면
$$n(S) = 6!$$

✓ 짝수 ✓ 짝수 ✓ 짝수 ✓

짝수 2, 4, 6 배열 3!
✓ 중 홀수 갈 곳 3 개 선택 $_4C_3$
1, 3, 5 가 선택되었다고 가정하면
홀수 1, 3, 5 배열 3!

따라서 구하고자 하는 확률은 $\dfrac{3! \times 4 \times 3!}{6!} = \dfrac{1}{5} = p$
이므로 $50p = 10$ 이다.

답 10

011

표본공간을 S 라 하면
$$n(S) = 5!$$

남1 남2 남3, 여1 여2
순서가 정해져 있으므로
남학생 3 명을 같은 문자 a
여학생 2 명을 같은 문자 b 라 하면
$aaabb$ 를 일렬로 배열하는 경우의 수와 같다.
$$\dfrac{5!}{3!2!} = 10 \text{ 가지}$$

따라서 구하고자 하는 확률은 $\dfrac{10}{5!} = \dfrac{1}{12}$ 이다.

답 ②

A 주머니에 1, 1, 1, -1, -1, -1
B 주머니에 1, 1, -1, -1

> **Tip**
>
> 확률계산에 있어서는 같은 것도 다른 것이라고 간주한다.

<A 주머니>

① 1, 1 을 뽑았을 때 남아있는 구슬들의 곱은 -1

$\Rightarrow \dfrac{{}_3C_2}{{}_6C_2} = \dfrac{1}{5}$

② -1, -1 을 뽑았을 때 남아있는 구슬들의 곱은 -1

$\Rightarrow \dfrac{{}_3C_2}{{}_6C_2} = \dfrac{1}{5}$

③ 1, -1 을 뽑았을 때 남아있는 구슬들의 곱은 1

$\Rightarrow \dfrac{{}_3C_1 \times {}_3C_1}{{}_6C_2} = \dfrac{3}{5}$

<B 주머니>

① 1, 1 을 뽑았을 때 남아있는 구슬들의 곱은 1

$\Rightarrow \dfrac{{}_2C_2}{{}_4C_2} = \dfrac{1}{6}$

② -1, -1 을 뽑았을 때 남아있는 구슬들의 곱은 1

$\Rightarrow \dfrac{{}_2C_2}{{}_4C_2} = \dfrac{1}{6}$

③ 1, -1 을 뽑았을 때 남아있는 구슬들의 곱은 -1

$\Rightarrow \dfrac{{}_2C_1 \times {}_2C_1}{{}_4C_2} = \dfrac{4}{6}$

곱이 1 로 같을 때 $\dfrac{3}{5} \times \dfrac{2}{6}$

곱이 -1 로 같을 때 $\dfrac{2}{5} \times \dfrac{4}{6}$

따라서 구하고자 하는 확률은 $\dfrac{6+8}{30} = \dfrac{7}{15} = p$ 이므로

$30p = 14$ 이다.

 14

013

1, 2, 3, 4, 5, 6, 7, 8
표본공간을 S 라 하면

$n(S) = {}_8C_4 \times {}_4C_4 \times \dfrac{1}{2!} = 35$

(서로 다른 8 개의 구슬을 4 개, 4 개로 분할)

각 주머니에 들어있는 네 구슬에 적힌 번호의 합이
모두 짝수이려면

"홀홀홀홀, 짝짝짝짝"인 경우와
"홀홀짝짝, 홀홀짝짝"인 경우 이렇게 2 가지가 가능하다.

① 홀홀홀홀, 짝짝짝짝

1, 3, 5, 7

2, 4, 6, 8

$\therefore$ 1 가지

② 홀홀짝짝, 홀홀짝짝

홀수 1, 3, 5, 7 을 2 개, 2 개로 분할

${}_4C_2 \times {}_2C_2 \times \dfrac{1}{2!} = 3$ 가지

예를들어 $(1, 3)$, $(5, 7)$ 로 분할했다고 가정하자.

짝수 2, 4, 6, 8 을 2 개, 2 개로 분할

${}_4C_2 \times {}_2C_2 \times \dfrac{1}{2!} = 3$ 가지

예를들어 $(2, 4)$, $(6, 8)$ 로 분할했다고 가정하자.

$(1, 3)$	$(5, 7)$
$(2, 4)$	$(6, 8)$

윗줄에서 $(1, 3)$ 과 $(5, 7)$ 는 고정시키고
아랫줄에서 $(2, 4)$, $(6, 8)$ 를 배열해주면
홀수와 짝수 매칭시키기 $2! = 2$ 가지
$\therefore$ $3 \times 3 \times 2 = 18$

따라서 구하고자 하는 확률은 $\dfrac{1+18}{35} = \dfrac{19}{35} = p$ 이므로

$70p = 70 \times \dfrac{19}{35} = 38$ 이다.

 38

014

표본공간을 S 라 하면
$n(S) = 5!$
(6 명을 원순열로 배열)

딸이 적어도 부모님 중 한 분과 이웃하여 앉을 확률
$= 1 - ($딸이 아들과만 이웃하여 앉을 확률$)$

딸 고정시키기 1 가지
아들 3 명 중 딸과 이웃할 2 명 선택 ${}_3C_2$ 가지
아들1과 아들2가 선택되었다고 가정하면
아들1,2 자리 바꾸기 $2!$ 가지

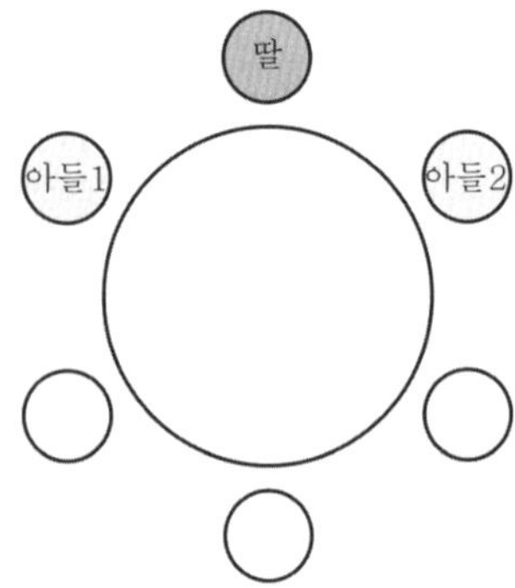

남은 사람 아들3, 아버지, 어머니 배열 3! 가지

$$\therefore \ \frac{1\times {}_3C_2\times 2!\times 3!}{5!}=\frac{3}{10}$$

따라서 구하고자 하는 확률은 $1-\dfrac{3}{10}=\dfrac{7}{10}=p$ 이므로

$50p=50\times\dfrac{7}{10}=35$ 이다.

 35

015

$1,\ 2,\ 3,\ 4,\ 5,\ 6$
표본공간을 S 라 하면
$$n(S)={}_6C_2\times {}_4C_2\times {}_2C_2\times\frac{1}{3!}\times 3!=90$$
(서로 다른 6 명을 2 명, 2 명, 2 명으로 분할 후 분배)

교실 A 에 배치된 두 학생의 번호의 합이 소수인
경우는 다음과 같다.
① 합이 2 ⇒ 가능하지 않다.

② 합이 3 ⇒ (1, 2)

③ 합이 5 ⇒ (1, 4), (2, 3)

④ 합이 7 ⇒ (1, 6), (2, 5), (3, 4)

⑤ 합이 11 ⇒ (5, 6)

총 7 가지의 경우가 있다.

만약 교실 A 에 배치된 두 학생의 번호의 합이 3
이라고 가정한다면 남은 학생은 3, 4, 5, 6 이다.
남은 학생 4 을 2 명, 2 명으로 분할하는 경우의 수는

$${}_4C_2\times {}_2C_2\times\frac{1}{2!}$$

2 명, 2 명을 교실 B, C 에 매칭시키기 2!

$$\therefore\ 7\times\left({}_4C_2\times {}_2C_2\times\frac{1}{2!}\times 2!\right)=42$$

따라서 구하고자 하는 확률은 $\dfrac{42}{90}=\dfrac{7}{15}$ 이다.

 ⑤

016

표본공간을 S 라 하면
$n(S)=8!$

홀수 번호가 이웃하지 않으려면
크게 2 가지로 분류할 수 있다.

①

A	3	C
1		7
F	5	H

$BDEG$에 홀수가 온다고 가정하자.
나머지 짝수 배열 4!

$B+G$가 8 이상이므로
전체에서 8 미만 (1, 3) / (1, 5) 을 빼서 구해보자.

$B,\ G$가 1, 3 이라고 가정하면
1, 3 자리 바꾸기와 5, 7 자리 바꾸기 2!×2! = 4 가지

$BDEG$ 배열방법
$=$ 4! (홀수 배열) $-$ 8 (8 미만 1, 3 / 1, 5 각각 4 가지)

$$\therefore\ 4!\times(4!-8)=384$$

②

1	B	3
D		E
5	G	7

$ACFH$에 홀수가 온다고 가정하자.
홀수 배열 4!

①과 마찬가지로 전체에서 $B+G$ 가 8 미만 $(2, 4)$ 일 때를 빼서 구해보자.

2, 4 자리 바꾸기와 6, 8 자리 바꾸기 = 4 가지
$BDEG$ 배열 방법 $= 4!-4$

$$\therefore 4! \times (4!-4) = 480$$

따라서 구하고자 하는 확률은 $\dfrac{864}{8!} = \dfrac{3}{140} = \dfrac{q}{p}$ 이므로

$p+q = 140+3 = 143$ 이다.

답   143

017

$$P(A \cup B) = P(A) + P(B) - P(A \cap B)$$

$$\Rightarrow \frac{6}{10} = \frac{9}{10} - P(A \cap B) \Rightarrow P(A \cap B) = \frac{3}{10}$$

답   ④

018

$P(A) = a$, $P(B) = b$ 라 하자.

$a = 3b$, $ab = \dfrac{3}{25} \Rightarrow b^2 = \dfrac{1}{25}$

$$\Rightarrow a = \frac{3}{5}, \ b = \frac{1}{5}$$

A와 B는 서로 배반사건이므로

$$P(A \cup B) = P(A) + P(B) = \frac{3}{5} + \frac{1}{5} = \frac{4}{5} \text{ 이다.}$$

답   ⑤

019

$$P(A \cap B^c) = P(A) - P(A \cap B)$$

$$\Rightarrow \frac{1}{6} = \frac{5}{12} - P(A \cap B) \Rightarrow P(A \cap B) = \frac{3}{12} = \frac{1}{4}$$

답   ②

020

$P(A \cap B^c) = P(A) - P(A \cap B) = \dfrac{3}{5} - \dfrac{1}{6} = \dfrac{13}{30}$ 이므로

$P(A^c \cup B) = P\big((A \cap B^c)^c\big) = 1 - P(A \cap B^c) = 1 - \dfrac{13}{30} = \dfrac{17}{30}$

답   ③

021

$P(A) = 1 - P(A^c) = 1 - \dfrac{1}{3} = \dfrac{2}{3}$, $P(A \cap B^c) = \dfrac{1}{12}$

$P(A \cap B) = P(A) - P(A \cap B^c) = \dfrac{2}{3} - \dfrac{1}{12} = \dfrac{7}{12}$ 이므로

$P(A^c \cup B^c) = P\big((A \cap B)^c\big) = 1 - P(A \cap B) = 1 - \dfrac{7}{12} = \dfrac{5}{12}$

답   ③

022

A^c 과 B는 서로 배반이므로 $B \subset A$

$P(A) = \dfrac{3}{7}$, $P(B) = \dfrac{3}{14}$ 이므로

$P(A \cap B^c) = P(A) - P(A \cap B) = P(A) - P(B)$

$$= \frac{3}{7} - \frac{3}{14} = \frac{3}{14}$$

답   ②

023

표본공간을 S 라 하면
$n(S) = 6!$
$(1, \ 2_a, \ 2_b, \ 3, \ 4, \ 5$ 를 일렬로 나열$)$

① $a_2 = 2$ 인 사건을 A

<table><tr><td> </td><td>2</td><td> </td><td> </td><td> </td><td> </td></tr></table>

$2_a, \ 2_b$ 중에 2 번째 나열할 2 선택 $_2C_1 = 2$ 가지
2_a 가 선택되었다고 가정하자.
나머지 1, 2_b, 3, 4, 5 배열 5!

$$\therefore P(A) = \frac{2 \times 5!}{6!} = \frac{2}{6}$$

② $a_4 = 4$ 인 사건을 B

$$\square\ \square\ \square\ 4\ \square\ \square\ \square$$

나머지 1, 2_a, 2_b, 3, 5 배열 $5!$

$$\therefore\ \mathrm{P}(B) = \frac{5!}{6!} = \frac{1}{6}$$

③ $A \cap B$는 $a_2 = 2$ 이고 $a_4 = 4$ 인 사건

$$\square\ 2\ \square\ 4\ \square\ \square\ \square$$

2_a, 2_b 중에 2번째 나열할 2 선택 $_2\mathrm{C}_1 = 2$ 가지
2_a 가 선택되었다고 가정하자.

나머지 1, 2_b, 3, 5 배열 $4!$

$$\therefore\ \mathrm{P}(A \cap B) = \frac{2 \times 4!}{6!} = \frac{2}{30}$$

$$\mathrm{P}(A \cup B) = \mathrm{P}(A) + \mathrm{P}(B) - \mathrm{P}(A \cap B)$$

$$= \frac{2}{6} + \frac{1}{6} - \frac{2}{30} = \frac{13}{30}$$

따라서 구하고자 하는 확률은 $\dfrac{13}{30}$ 이다.

답 ②

> **Tip**
>
> 2를 서로 같다고 봐도 근원사건의 발생가능성이
> 모두 같다는 것이 자명하므로 다음과 같이 같은 것이 있는 순열로
> 계산해도 된다.
>
> $$\therefore\ \mathrm{P}(A \cup B) = \frac{5! + \dfrac{5!}{2!} - 4!}{\dfrac{6!}{2!}}$$

024

표본공간을 S 라 하면
$$n(S) = 7!$$

흰 공 w_1, w_2, w_3, w_4, w_5
검은 공 b_1, b_2

① 검은 공 사이에 흰 공이 1 개만 있는 사건을 A

$b\ w\ b$ 를 한 묶음으로 보자.
가운데 들어갈 w 선택 $_5\mathrm{C}_1$ (w_5 가 들어갔다고 가정)

b_1, b_2 자리 바꾸기 $2!$ (b_1, b_2 순이라고 가정)
w_1, w_2, w_3, w_4, $(b_1\ w_5\ b_2)$ 배열 $5!$

$$\therefore\ \mathrm{P}(A) = \frac{_5\mathrm{C}_1 \times 2! \times 5!}{7!} = \frac{5}{21}$$

② 양 끝에 모두 흰 공이 있는 사건을 B

양 끝에 갈 흰 공 선택 $_5\mathrm{C}_2$ (w_1, w_2 가 선택되었다고 가정)
양 끝에 있는 w_1, w_2 배열 $2!$
나머지 w_3, w_4, w_5, b_1, b_2 배열 $5!$

$$\therefore\ \mathrm{P}(B) = \frac{_5\mathrm{C}_2 \times 2! \times 5!}{7!} = \frac{10}{21}$$

③ $A \cap B$는 검은 공 사이에 흰 공이 1 개만 있고
양 끝에 모두 흰 공이 있는 사건

양 끝에 갈 흰 공 선택 $_5\mathrm{C}_2$ (w_1, w_2 가 선택되었다고 가정)
양 끝에 있는 w_1, w_2 배열 $2!$ (w_1, w_2 순이라고 가정)

$b\ w\ b$ 를 한 묶음으로 보자.
남은 w_3, w_4, w_5 중 가운데 들어갈 w 선택 $_3\mathrm{C}_1$ 가지
(w_5 가 들어갔다고 가정)
b_1, b_2 자리 바꾸기 $2!$ (b_1, b_2 순이라고 가정)
나머지 w_3, w_4, $(b_1\ w_5\ b_2)$ 배열 $3!$ 가지

$$\therefore\ \mathrm{P}(A \cap B) = \frac{_5\mathrm{C}_2 \times 2! \times _3\mathrm{C}_1 \times 2! \times 3!}{7!} = \frac{3}{21}$$

$$\mathrm{P}(A \cup B) = \mathrm{P}(A) + \mathrm{P}(B) - \mathrm{P}(A \cap B)$$

$$= \frac{5}{21} + \frac{10}{21} - \frac{3}{21} = \frac{12}{21} = \frac{4}{7}$$

따라서 구하고자 하는 확률은 $\dfrac{4}{7}$ 이다.

답 ②

025

1, 2, 3, 4, 5, 6, 7, 8, 9, 10
표본공간을 S 라 하면
$$n(S) = {}_{10}\mathrm{C}_3 \times 3! = 10 \times 9 \times 8$$

$$(a - 2b)(a - 3c) = 0 \ \Rightarrow\ a = 2b \ 또는 \ a = 3c$$

① $a=2b$인 사건을 A
$(a,\,b)=(2,\,1),\,(4,\,2),\,(6,\,3),\,(8,\,4),\,(10,\,5)$
$a,\,b$ 고르기 5가지
남은 8개 원소 중 c 선택 $_8C_1=8$가지
$$\therefore\ \mathrm{P}(A)=\frac{5\times8}{10\times9\times8}=\frac{40}{10\times9\times8}$$

② $a=3c$인 사건을 B
$(a,\,c)=(3,\,1),\,(6,\,2),\,(9,\,3)$
$a,\,c$ 고르기 3가지
남은 8개 원소 중 b 선택 $_8C_1=8$가지
$$\therefore\ \mathrm{P}(B)=\frac{3\times8}{10\times9\times8}=\frac{24}{10\times9\times8}$$

③ $A\cap B$는 $a=2b$이고 $a=3c$
$a=2b=3c$
$(a,\,b,\,c)=(6,\,3,\,2)$
$a,\,b,\,c$ 고르기 1가지
$$\therefore\ \mathrm{P}(A\cap B)=\frac{1}{10\times9\times8}$$

$$\mathrm{P}(A\cup B)=\mathrm{P}(A)+\mathrm{P}(B)-\mathrm{P}(A\cap B)$$
$$=\frac{40}{10\times9\times8}+\frac{24}{10\times9\times8}-\frac{1}{10\times9\times8}$$
$$=\frac{63}{10\times9\times8}=\frac{7}{80}=p$$

따라서 $240p=240\times\dfrac{7}{80}=21$ 이다.

답   21

026

남1 남2 남3 여1 여2 여3 여4 여5
표본공간을 S라 하면
$n(S)=8!$

① 첫째 날 남학생이 진학상담을 하는 사건을 A
첫째 날 진학상담을 할 남학생 선택 $_3C_1$가지
나머지 배열 7!가지
$$\therefore\ \mathrm{P}(A)=\frac{_3C_1\times7!}{8!}=\frac{3}{8}$$

② 여덟째 날 남학생이 진학상담을 하는 사건을 B
여덟째 날 진학상담을 할 남학생 선택 $_3C_1$가지
나머지 배열 7!가지

$$\therefore\ \mathrm{P}(B)=\frac{_3C_1\times7!}{8!}=\frac{3}{8}$$

③ $A\cap B$는 첫째날, 여덟째 날 모두 남학생이 진학상담을
　하는 사건
첫째 날, 여덟째 날 진학상담을 할 남학생 선택 $_3C_2$가지
(남1, 남2가 선택되었다고 가정)
남1, 남2를 첫째 날, 여덟째 날에 매칭시키기 2!가지
나머지 배열 6!가지
$$\therefore\ \mathrm{P}(A\cap B)=\frac{_3C_2\times2!\times6!}{8!}=\frac{3}{28}$$

$$\mathrm{P}(A\cup B)=\mathrm{P}(A)+\mathrm{P}(B)-\mathrm{P}(A\cap B)$$
$$=\frac{3}{8}+\frac{3}{8}-\frac{3}{28}=\frac{3}{4}-\frac{3}{28}$$
$$=\frac{18}{28}=\frac{9}{14}$$

따라서 구하고자 하는 확률은 $\dfrac{9}{14}$ 이다.

답   ④

027

표본공간을 S라 하면
$n(S)={}_8C_3$

꺼낸 3개의 공 중 적어도 한 개가 흰 공인 사건을 A라 하면
꺼낸 3개의 공이 모두 검은 공인 사건은 A^c 이다.

$\mathrm{P}(A^c)=\dfrac{_5C_3}{_8C_3}=\dfrac{5}{28}$ 이므로

$\mathrm{P}(A)=1-\mathrm{P}(A^c)=1-\dfrac{5}{28}=\dfrac{23}{28}$ 이다.

따라서 구하고자 하는 확률은 $\dfrac{23}{28}$ 이다.

답   ④

028

표본공간을 S라 하면
$n(S)={}_6C_2\times{}_4C_2\times{}_2C_2\times\dfrac{1}{3!}\times3!=90$
(서로 다른 간식 6개를 2개씩 분할 후 3명에게 분배)

2개의 과자를 동일한 학생에게 나누어 주지 않는
사건을 A 라 하면
2개의 과자를 동일한 학생에게 나누어 주는 사건은 A^c이다.

2개의 과자를 받을 학생 선택 $_3C_1$ 가지
서로 다른 종류의 빵 4개를 2개씩 분할

$$_4C_2 \times _2C_2 \times \frac{1}{2!}$$

나머지 두 학생에게 분배 $2!$

$$P(A^c) = \frac{_3C_1 \times _4C_2 \times _2C_2 \times \frac{1}{2!} \times 2!}{90} = \frac{18}{90} = \frac{1}{5} \text{ 이므로}$$

$$P(A) = 1 - P(A^c) = 1 - \frac{1}{5} = \frac{4}{5} = p \text{ 이다.}$$

따라서 $20p = 20 \times \frac{4}{5} = 16$ 이다.

답 16

029

표본공간을 S 라 하면
$n(S) = 7!$

확률과 통계 a_1 a_2 a_3 a_4 a_5
수학 Ⅱ b_1 b_2

수학 Ⅱ 2문항 사이에 적어도 확률과 통계 2문항이
출제되는 사건을 A 라 하면
수학 Ⅱ 2문항 사이에 확률과 통계 문항이 1문항이 있거나
없는 사건은 A^c이다.

① 수학 Ⅱ 2문항 사이에 확률과 통계 문항이 1문항 존재
b a b 를 한 묶음으로 보자.
가운데 들어갈 a 선택 $_5C_1$ (a_5 가 들어갔다고 가정)
b_1, b_2 자리 바꾸기 $2!$ (b_1, b_2 순이라고 가정)
a_1, a_2, a_3, a_4, $(b_1 \, a_5 \, b_2)$ 배열 $5!$

$$\therefore \frac{_5C_1 \times 2! \times 5!}{7!} = \frac{5}{21}$$

② 수학 Ⅱ 2문항 사이에 확률과 통계 문항이 존재 ×
bb 를 한 묶음으로 보자.
b_1, b_2 자리 바꾸기 $2!$ (b_1, b_2 순이라고 가정)
a_1, a_2, a_3, a_4, a_5, $(b_1 \, b_2)$ 배열 $6!$

$$\therefore \frac{2! \times 6!}{7!} = \frac{6}{21}$$

$$P(A^c) = \frac{5}{21} + \frac{6}{21} = \frac{11}{21} \text{ 이므로}$$

$$P(A) = 1 - P(A^c) = 1 - \frac{11}{21} = \frac{10}{21} \text{ 이다.}$$

따라서 구하고자 하는 확률은 $\frac{10}{21}$ 이다.

답 ③

030

표본공간을 S 라 하면
$n(S) = 5^3 = 125$

두 직선

$$ax + cy + 1 = 0 \Rightarrow y = -\frac{a}{c}x - \frac{1}{c}$$

$$bx + ay + 1 = 0 \Rightarrow y = -\frac{b}{a}x - \frac{1}{a}$$

이 오직 한 점에서 만나려면 기울기가 다르면 된다.

즉, $-\frac{a}{c} \neq -\frac{b}{a} \Rightarrow a^2 \neq bc$

$a^2 \neq bc$ 인 사건을 A 라 하면 $a^2 = bc$ 인 사건은 A^c이다.

$a^2 = bc$ 를 만족시키는 순서쌍을 구해보자.

① $a = 1 \Rightarrow (b, c) = (1, 1)$

② $a = 2 \Rightarrow (b, c) = (1, 4), (4, 1), (2, 2)$

③ $a = 3 \Rightarrow (b, c) = (3, 3)$

④ $a = 4 \Rightarrow (b, c) = (4, 4)$

⑤ $a = 5 \Rightarrow (b, c) = (5, 5)$

$$P(A^c) = \frac{7}{125} \text{ 이므로}$$

$$P(A) = 1 - P(A^c) = 1 - \frac{7}{125} = \frac{118}{125} = p \text{ 이다.}$$

따라서 $250p = 250 \times \frac{118}{125} = 236$ 이다.

답 236

31	②	60	③
32	②	61	②
33	②	62	⑤
34	②	63	④
35	③	64	②
36	①	65	①
37	②	66	11
38	⑤	67	⑤
39	④	68	①
40	⑤	69	④
41	④	70	12
42	③	71	④
43	⑤	72	②
44	③	73	44
45	④	74	19
46	②	75	④
47	⑤	76	④
48	③	77	68
49	③	78	③
50	②	79	①
51	③	80	③
52	②	81	⑤
53	③	82	④
54	③	83	89
55	6	84	④
56	④	85	③
57	③	86	②
58	④	87	①
59	⑤	88	51

31

두 사건 A와 B는 서로 배반사건이므로 $P(A \cap B) = 0$

$$P(A \cup B) = P(A) + P(B) - P(A \cap B)$$

$$\Rightarrow \frac{3}{4} = \frac{1}{6} + P(B) \ \Rightarrow \ P(B) = \frac{7}{12} \ \Rightarrow \ P(B^c) = \frac{5}{12}$$

답 ②

32

$$P(A) = 1 - P(A^c) = 1 - \frac{2}{3} = \frac{1}{3}$$

$$P(A^c \cap B) = P(B) - P(A \cap B) = \frac{1}{4}$$

따라서 $P(A \cup B) = P(A) + P(B) - P(A \cap B) = \frac{1}{3} + \frac{1}{4} = \frac{7}{12}$

이다.

답 ②

33

$$P(A^c \cup B^c) = P((A \cap B)^c) = 1 - P(A \cap B) = \frac{4}{5}$$

$$\Rightarrow P(A \cap B) = \frac{1}{5}$$

$$P(A \cap B^c) = P(A) - P(A \cap B) = \frac{1}{4} = P(A) - \frac{1}{5} = \frac{1}{4}$$

$$\Rightarrow P(A) = \frac{9}{20}$$

따라서 $P(A^c) = 1 - P(A) = 1 - \frac{9}{20} = \frac{11}{20}$ 이다.

답 ②

34

A^c과 B는 서로 배반사건이므로 $B \subset A$

$$P(A) = \frac{3}{5}, \ P(B) = \frac{3}{10}$$

따라서

$$P(A \cap B^c) = P(A) - P(A \cap B) = P(A) - P(B) = \frac{3}{5} - \frac{3}{10} = \frac{3}{10}$$

이다.

답 ②

표본공간을 S 라 하면
$n(S) = {}_7C_4 = 35$

흰 공 2개와 검은 공 2개가 나오는 사건을 A
$$\therefore\ \mathrm{P}(A) = \frac{{}_3C_2 \times {}_4C_2}{{}_7C_4} = \frac{18}{35}$$

따라서 구하고자 하는 확률은 $\dfrac{18}{35}$ 이다.

답 ③

$\mathrm{P}(A \cap B) = \dfrac{2}{3}\mathrm{P}(A) = \dfrac{2}{5}\mathrm{P}(B) = k$ 라 하면

$\mathrm{P}(A \cap B) = k,\ \mathrm{P}(A) = \dfrac{3}{2}k,\ \mathrm{P}(B) = \dfrac{5}{2}k$

$\mathrm{P}(A \cup B) = \mathrm{P}(A) + \mathrm{P}(B) - \mathrm{P}(A \cap B) = \dfrac{3}{2}k + \dfrac{5}{2}k - k = 3k$

따라서 $\dfrac{\mathrm{P}(A \cup B)}{\mathrm{P}(A \cap B)} = \dfrac{3k}{k} = 3$ 이다.

답 ①

037

A 와 B^c 은 서로 배반사건이므로 $A \subset B$
$\mathrm{P}(A) = \dfrac{1}{3}$
$\mathrm{P}(A^c \cap B) = \mathrm{P}(B) - \mathrm{P}(A \cap B) = \mathrm{P}(B) - \mathrm{P}(A) = \mathrm{P}(B) - \dfrac{1}{3} = \dfrac{1}{6}$

따라서 $\mathrm{P}(B) = \dfrac{1}{3} + \dfrac{1}{6} = \dfrac{1}{2}$ 이다.

답 ②

표본공간을 S 라 하면
$n(S) = {}_{11}C_2 = 55$

선택한 2개의 수 중 적어도 하나가 7 이상의 홀수인

사건을 A 라 하면 모두 7 이상의 홀수가 아닌 사건은
A^c 이다.

7 이상 11 이하의 홀수는 7, 9, 11
$$\mathrm{P}(A^c) = \frac{{}_8C_2}{{}_{11}C_2} = \frac{28}{55}$$ 이므로

$$\mathrm{P}(A) = 1 - \mathrm{P}(A^c) = 1 - \frac{28}{55} = \frac{27}{55}$$ 이다.

따라서 구하고자 하는 확률은 $\dfrac{27}{55}$ 이다.

답 ⑤

039

표본공간을 S 라 하면
$n(S) = {}_7C_2 = 21$

꺼낸 구슬에 적힌 두 자연수가 서로소인 사건을 A
$(2, 3),\ (2, 5),\ (2, 7)$
$(3, 4),\ (3, 5),\ (3, 7),\ (3, 8)$
$(4, 5),\ (4, 7)$
$(5, 6),\ (5, 7),\ (5, 8)$
$(6, 7)$
$(7, 8)$

$$\therefore\ \mathrm{P}(A) = \frac{14}{{}_7C_2} = \frac{14}{21} = \frac{2}{3}$$

따라서 구하고자 하는 확률은 $\dfrac{2}{3}$ 이다.

답 ④

표본공간을 S 라 하면
$n(S) = {}_9C_3 = 84$

근무조 A와 근무조 B에서 적어도 1명씩 선택하는 사건을
X 라 하면 모두 근무조 A에서 선택하거나 모두 근무조
B에서 선택하는 사건은 X^c 이다.

$$P(X^c)=\frac{{}_5C_3+{}_4C_3}{{}_9C_3}=\frac{14}{84}=\frac{1}{6}$$ 이므로

$$P(X)=1-P(X^c)=1-\frac{1}{6}=\frac{5}{6}$$ 이다.

따라서 구하고자 하는 확률은 $\dfrac{5}{6}$ 이다.

답 ⑤

041

$$P(A\cup B)=P(A\cap B^c)+P(A^c\cap B)+P(A\cap B)$$

$$\Rightarrow \frac{2}{3}=\frac{1}{6}+\frac{1}{6}+P(A\cap B)\ \Rightarrow\ P(A\cap B)=\frac{2}{6}=\frac{1}{3}$$

답 ④

042

A 와 B^c 은 서로 배반사건이므로 $A\subset B$

$$P(A\cap B)=\frac{1}{5}\ \Rightarrow\ P(A)=\frac{1}{5}$$

$$P(A)+P(B)=\frac{7}{10}\ \Rightarrow\ P(B)=\frac{1}{2}$$

따라서 $P(A^c\cap B)=P(B)-P(A\cap B)=P(B)-P(A)=\dfrac{3}{10}$
이다.

답 ③

043

표본공간을 S 라 하면
$n(S)=6!$

양 끝에 놓인 카드에 적힌 두 수의 합이 10 이하인
사건을 A 라 하면 두 수의 합이 11 이상인 사건은 A^c 이다.

양 끝에 적힌 수를 순서대로 $(a,\ b)$ 라 하면
양 끝에 놓인 카드에 적힌 두 수의 합이 11 이상인
경우는 $(5,\ 6),\ (6,\ 5)$ 이므로 2가지이고,
나머지 가운데 4개 배열 4!

044

표본공간을 S 라 하면
$n(S)={}_9C_4=126$

꺼낸 4장의 손수건 중에서 흰색 손수건이 2장 이상인
사건을 A

① 흰색 2장, 검은색 2장
$${}_4C_2\times{}_5C_2=6\times10=60$$

② 흰색 3장, 검은색 1장
$${}_4C_3\times{}_5C_1=4\times5=20$$

③ 흰색 4장
$${}_4C_4=1$$

$$\therefore\ P(A)=\frac{60+20+1}{126}=\frac{81}{126}=\frac{9}{14}$$

따라서 구하고자 하는 확률은 $\dfrac{9}{14}$ 이다.

답 ③

045

표본공간을 S 라 하면
$n(S)={}_7C_4\times4!=840$

$f(2)=2$ 인 사건을 A
$f(1)\times f(2)\times f(3)\times f(4)$ 가 4의 배수인 사건을 B

$f(2)=2$ 이므로 (나) 조건을 만족시키려면
$f(1),\ f(3),\ f(4)$ 중 적어도 하나는 짝수이어야 한다.

$$P(A^c)=\frac{2\times4!}{6!}=\frac{1}{15}$$ 이므로

$$P(A)=1-P(A^c)=1-\frac{1}{15}=\frac{14}{15}$$
이다.

따라서 구하고자 하는 확률은 $\dfrac{14}{15}$ 이다.

답 ⑤

경우의 수 단원에서 자주 나왔던 빈출구조인
$(가) - \{(가) \cap (나)^c\} = (가) \cap (나)$ 를 적용하여
접근해보자.

$f(2) = 2$ 이면서 $f(1)$, $f(3)$, $f(4)$ 가 모두 홀수인 사건은
$A \cap B^c$

1, 3, 5, 7 중 홀수 3개 선택 $_4C_3$
1, 3, 5가 선택됐다고 가정하면
1, 3, 5를 각각 $f(1)$, $f(3)$, $f(4)$ 에 매칭시키기 $3!$

$P(A \cap B) = P(A) - P(A \cap B^c)$

$\Rightarrow P(A \cap B) = \dfrac{_6C_3 \times 3!}{840} - \dfrac{_4C_3 \times 3!}{840} = \dfrac{96}{840} = \dfrac{4}{35}$

따라서 구하고자 하는 확률은 $\dfrac{4}{35}$ 이다.

답 ④

046

표본공간을 S 라 하면
$n(S) = 6^3$

$a \times b \times c = 4$ 인 사건을 A
$(a, b, c) = (1, 1, 4) \Rightarrow 3$ 가지
$(a, b, c) = (1, 2, 2) \Rightarrow 3$ 가지

$\therefore P(A) = \dfrac{6}{6^3} = \dfrac{1}{36}$

따라서 구하고자 하는 확률은 $\dfrac{1}{36}$ 이다.

답 ②

047

표본공간을 S 라 하면
$n(S) = {_7C_3} = 35$

a 와 b 가 모두 짝수인 사건을 A 라 하면
a 와 b 중 적어도 하나가 홀수인 사건은 A^c 이다.

a 와 b 중 적어도 하나가 홀수인 사건은 2 가지로
case분류할 수 있다.

① 홀홀홀 선택
a(홀홀홀), b(짝짝짝홀)

$\therefore \dfrac{_4C_3}{_7C_3} = \dfrac{4}{35}$

② 짝짝짝 선택
a(짝짝짝), b(홀홀홀홀)

$\therefore \dfrac{1}{_7C_3} = \dfrac{1}{35}$

$P(A^c) = \dfrac{1+4}{35} = \dfrac{5}{35} = \dfrac{1}{7}$ 이므로

$P(A) = 1 - P(A^c) = 1 - \dfrac{1}{7} = \dfrac{6}{7}$ 이다.

따라서 구하고자 하는 확률은 $\dfrac{6}{7}$ 이다.

답 ⑤

048

표본공간을 S 라 하면
$n(S) = {_4C_2} \times {_2C_1} = 12$

갑이 뽑은 2장의 카드에 적힌 수의 곱이 을이
뽑은 카드에 적힌 수보다 작은 사건을 A

갑	을
(1, 2)	3
	4
(1, 3)	4

$\therefore P(A) = \dfrac{3}{12} = \dfrac{1}{4}$

따라서 구하고자 하는 확률은 $\dfrac{1}{4}$ 이다.

답 ③

049

표본공간을 S라 하면

$$n(S) = 4^4 = 256$$

문자 a가 한 개만 포함되는 사건을 A
문자 b가 한 개만 포함되는 사건을 B

① $a \ \square\ \square\ \square \Rightarrow 3^3$

  a의 위치를 변경하는 경우의 수는 4가지

  $\therefore \ \mathrm{P}(A) = \dfrac{3^3 \times 4}{256} = \dfrac{27}{64}$

② $b \ \square\ \square\ \square \Rightarrow 3^3$

  b의 위치를 변경하는 경우의 수는 4가지

  $\therefore \ \mathrm{P}(B) = \dfrac{3^3 \times 4}{256} = \dfrac{27}{64}$

② $a \ b \ \square\ \square \Rightarrow 2^2$

  a, b의 위치를 변경하는 경우의 수는 $6 \times 2 = 12$가지

  $\therefore \ \mathrm{P}(A \cap B) = \dfrac{2^2 \times 12}{256} = \dfrac{12}{64}$

$$\mathrm{P}(A) + \mathrm{P}(B) - \mathrm{P}(A \cap B) = \dfrac{27}{64} + \dfrac{27}{64} - \dfrac{12}{64} = \dfrac{21}{32}$$

따라서 구하고자 하는 확률은 $\dfrac{21}{32}$ 이다.

답 ③

050

A_1, A_2, A_3, B_1, B_2, C
표본공간을 S라 하면

$$n(S) = 6!$$

양 끝 모두에 A 가 적힌 카드가 나오는 사건을 X

A_1, A_2, A_3 중 양 끝에 올 A 선택 $_3\mathrm{C}_2$
A_1, A_2 이 선택되었다고 가정하자.
A_1, A_2 자리 바꾸기 2!
나머지 A_3, B_1, B_2, C 배열 4!

$$\therefore \ \mathrm{P}(X) = \dfrac{_3\mathrm{C}_2 \times 2! \times 4!}{6!} = \dfrac{3 \times 2}{6 \times 5} = \dfrac{1}{5}$$

따라서 구하고자 하는 확률은 $\dfrac{1}{5}$ 이다.

답 ②

051

표본공간을 S라 하면

$$n(S) = {}_{16}\mathrm{C}_3 = 560$$

선택한 3명의 학생 중에서 적어도 한명이
과목 B를 선택한 사건을 X라 하면

선택한 3명의 학생이 모두 과목 A를
선택한 사건은 X^c이다.

$$\mathrm{P}(X^c) = \dfrac{_9\mathrm{C}_3}{_{16}\mathrm{C}_3} = \dfrac{84}{560} = \dfrac{3}{20} \ 이므로$$

$$\mathrm{P}(X) = 1 - \mathrm{P}(X^c) = 1 - \dfrac{3}{20} = \dfrac{17}{20}$$

따라서 구하고자 하는 확률은 $\dfrac{17}{20}$ 이다.

답 ③

052

표본공간을 S라 하면

$$n(S) = 6^2 = 36$$

$|a-3| + |b-3| = 2$ 이거나 $a = b$인 사건을 A

변수가 2개이니 표를 그려서 해결해보자.

$b \diagdown a$	1 $\lvert 1-3 \rvert$ $=2$	2 $\lvert 2-3 \rvert$ $=1$	3 $\lvert 3-3 \rvert$ $=0$	4 $\lvert 4-3 \rvert$ $=1$	5 $\lvert 5-3 \rvert$ $=2$	6 $\lvert 6-3 \rvert$ $=3$
1 2	4	3	2	3	4	5
2 1	3	2	1	2	3	4
3 0	2	1	0	1	2	3
4 1	3	2	1	2	3	4
5 2	4	3	2	3	4	5
6 3	5	4	3	4	5	6

$|a-3|+|b-3|=2$ 를 만족시키는 순서쌍 (a, b) 는
$(1, 3), (2, 2), (2, 4), (3, 1), (3, 5),$

$(4, 2), (4, 4), (5, 3)$
이다.
$a=b$ 를 만족시키는 순서쌍 (a, b) 는
$(1, 1), (2, 2), (3, 3), (4, 4), (5, 5), (6, 6)$ 이므로

$|a-3|+|b-3|=2$ 이거나 $a=b$ 를 만족시키는
순서쌍 (a, b) 는
$(1, 3), (2, 2), (2, 4), (3, 1), (3, 5),$

$(4, 2), (4, 4), (5, 3)$
$(1, 1), (3, 3), (5, 5), (6, 6)$
이다.

$$\therefore \ \mathrm{P}(A)=\frac{12}{36}=\frac{1}{3}$$

따라서 구하고자 하는 확률은 $\dfrac{1}{3}$ 이다.

답 ②

53

표본공간을 S 라 하면
$n(S)=4^2=16$

$a\times b>31$ 인 사건을 A

$a\times b>31$ 를 만족시키는 순서쌍 (a, b) 는
$(5, 8), (7, 6), (7, 8)$

$$\therefore \ \mathrm{P}(A)=\frac{3}{16}$$

따라서 구하고자 하는 확률은 $\dfrac{3}{16}$ 이다.

답 ③

54

표본공간을 S 라 하면
$n(S)=5^4=625$

선택한 수가 3500 보다 큰 사건을 A
천의 자리수의 따라 case분류하면 다음과 같다.

① 3 5 $\square$ $\square$ $\Rightarrow$ $5^2=25$ 가지

② 4 $\square$ $\square$ $\square$ $\Rightarrow$ $5^3=125$ 가지

③ 5 $\square$ $\square$ $\square$ $\Rightarrow$ $5^3=125$ 가지

$$\therefore \ \mathrm{P}(A)=\frac{25+125+125}{625}=\frac{275}{625}=\frac{11}{25}$$

따라서 구하고자 하는 확률은 $\dfrac{11}{25}$ 이다.

답 ③

55

표본공간을 S 라 하면
$n(S)={}_{40}\mathrm{C}_2$

흰 공의 개수를 n 이라 하면 검은 공의 개수는 $40-n$

흰 공 2개를 꺼낼 확률은 $p=\dfrac{{}_{n}\mathrm{C}_2}{{}_{40}\mathrm{C}_2}=\dfrac{n(n-1)}{2\times{}_{40}\mathrm{C}_2}$

흰 공 1개, 검은 공 1개를 꺼낼 확률은
$q=\dfrac{{}_{n}\mathrm{C}_1\times{}_{40-n}\mathrm{C}_1}{{}_{40}\mathrm{C}_2}=\dfrac{n(40-n)}{{}_{40}\mathrm{C}_2}$

$p=q \Rightarrow \dfrac{n(n-1)}{2\times{}_{40}\mathrm{C}_2}=\dfrac{n(40-n)}{{}_{40}\mathrm{C}_2} \Rightarrow n-1=80-2n$

$\Rightarrow n=27$

흰 공의 개수를 27 이라 하면 검은 공의 개수는 13

검은 공 2개를 꺼낼 확률은 $r=\dfrac{{}_{13}\mathrm{C}_2}{{}_{40}\mathrm{C}_2}=\dfrac{13\times6}{20\times39}=\dfrac{1}{10}$

따라서 $60r=6$ 이다.

답 6

056

표본공간을 S 라 하면
$n(S) = {}_{10}C_3 = 120$

서로 다른 세 수의 곱이 4의 배수인 사건을 A 라 하면
서로 다른 세 수의 곱이 4의 배수가 아닌 사건은 A^c 이다.

서로 다른 세수의 곱이 4의 배수가 아니려면
다음과 같은 두 가지 case가 가능하다.

① 서로 다른 세 수의 곱이 홀수일 때
홀수 1, 3, 5, 7, 9 중에서 3개를 선택하는 경우의 수는
${}_5C_3 = 10$ 가지

② 서로 다른 세 수의 곱이 짝수이지만 4의 배수가 아닐 때
짝수 2, 6, 10 중에서 1개 선택하고,
홀수 1, 3, 5, 7, 9 중에서 2개를 선택하는 경우의 수는
${}_3C_1 \times {}_5C_2 = 30$ 가지

$P(A^c) = \dfrac{40}{120} = \dfrac{1}{3}$ 이므로 $P(A) = 1 - P(A^c) = 1 - \dfrac{1}{3} = \dfrac{2}{3}$ 이다.

따라서 구하고자 하는 확률은 $\dfrac{2}{3}$ 이다.

답 ④

057

표본공간을 S 라 하면
$n(S) = {}_{10}C_3 = 120$

꺼낸 카드에 적혀 있는 세 자연수 중에서
가장 작은 수가 4 이하이거나 7 이상인 사건을 X

뽑은 세 장의 카드에 적혀 있는 수를
$a, b, c \ (a < b < c)$ 라 하면 $a \le 4$ or $a \ge 7$ 이어야 한다.

① $a \le 4$ 일 때
 i) $a = 1$ 이면 $1 < b < c \Rightarrow {}_9C_2 = 36$ 가지
 ii) $a = 2$ 이면 $2 < b < c \Rightarrow {}_8C_2 = 28$ 가지
 iii) $a = 3$ 이면 $3 < b < c \Rightarrow {}_7C_2 = 21$ 가지
 iv) $a = 4$ 이면 $4 < b < c \Rightarrow {}_6C_2 = 15$ 가지

$36 + 28 + 21 + 15 = 100$

② $a \ge 7$ 일 때
 i) $a = 7$ 이면 $7 < b < c \Rightarrow {}_3C_2 = 3$ 가지
 ii) $a = 8$ 이면 $8 < b < c \Rightarrow {}_2C_2 = 1$ 가지

$3 + 1 = 4$

$\therefore \ P(X) = \dfrac{100 + 4}{120} = \dfrac{104}{120} = \dfrac{52}{60} = \dfrac{13}{15}$

답 ③

058

표본공간을 S 라 하면
$n(S) = 9!$

문자 A 가 적혀 있는 카드의 바로 양옆에 각각 숫자가
적혀 있는 카드가 놓이는 사건을 X

A 의 양옆에 놓일 숫자카드 2개 선택 ${}_4C_2$
1, 2가 선택되었다고 가정하자.
1, 2 자리 바꾸기 2!
1, 2 순서로 선택되었다고 가정하자.
(1 A 2) 를 한 묶음으로 보면
(1 A 2) B, C, D, E, 3, 4
나머지 7개 배열 7!

$\therefore \ P(X) = \dfrac{{}_4C_2 \times 2! \times 7!}{9!} = \dfrac{6 \times 2}{9 \times 8} = \dfrac{1}{6}$

따라서 구하고자 하는 확률은 $\dfrac{1}{6}$ 이다.

답 ④

059

표본공간을 S 라 하면
$n(S) = {}_{14}C_3$

3개의 마스크 중에서 적어도 한 개가 흰색 마스크인 사건을
A 라 하면 3개의 마스크 모두 검은색 마스크인 사건은 A^c
이다.
3개의 마스크 모두 검은색 마스크가 나오는 경우의 수는
${}_9C_3$ 이다.

$$P(A^c)=\frac{{}_9C_3}{{}_{14}C_3}=\frac{3}{13}$$ 이므로 $$P(A)=1-P(A^c)=1-\frac{3}{13}=\frac{10}{13}$$

이다.

따라서 구하고자 하는 확률은 $\dfrac{10}{13}$ 이다.

 ⑤

060

표본공간을 S 라 하면
$$n(S)={}_6C_3=20$$

꺼낸 3개의 공 중에서 흰 공이 1개이고 검은 공이
2개인 사건을 A
꺼낸 3개의 공에 적혀 있는 수를 모두 곱한 값이 8인
사건을 B

$P(A \cup B)=P(A)+P(B)-P(A \cap B)$ 를 이용하여 구해보자.

① $P(A)$
흰 공 1개, 검은 공 2개를 뽑는 경우의 수는
$${}_2C_1 \times {}_4C_2=12$$ 이다.

$$\therefore\ P(A)=\frac{{}_2C_1 \times {}_4C_2}{{}_6C_3}=\frac{12}{20}=\frac{3}{5}$$

② $P(B)$
꺼낸 3개의 공에 적혀 있는 수를 모두 곱한 값이 8이
되려면 다음과 같은 case가 가능하다.

ⅰ) 흰2 검2 검2 $\Rightarrow\ 1 \times {}_3C_2=3$
ⅱ) 검2 검2 검2 $\Rightarrow\ {}_3C_3=1$

$$\therefore\ P(B)=\frac{4}{{}_6C_3}=\frac{4}{20}=\frac{1}{5}$$

③ $P(A \cap B)$
흰 공 1개, 검은 공 2개를 뽑고 꺼낸 3개의 공에 적혀 있는
수를 모두 곱한 값이 8이 되려면
흰2 검2 검2 $\Rightarrow\ 1 \times {}_3C_2=3$

$$\therefore\ P(A \cap B)=\frac{3}{{}_6C_3}=\frac{3}{20}$$

$$P(A \cup B)=P(A)+P(B)-P(A \cap B)$$
$$=\frac{3}{5}+\frac{1}{5}-\frac{3}{20}=\frac{13}{20}$$

따라서 구하고자 하는 확률은 $\dfrac{13}{20}$ 이다.

 ③

061

표본공간을 S 라 하면
$$n(S)=6!$$

A 가 B와 이웃하는 사건을 X 라 하고,
A 가 C와 이웃하는 사건을 Y 라 하자.

$P(X \cup Y)=P(X)+P(Y)-P(X \cap Y)$ 를 이용하여 구해보자.

① $P(X)$
A 를 고정하는 경우의 수는 1
B 가 앉을 자리 선택 2
나머지 배열 5!

$$\therefore\ P(X)=\frac{1 \times 2 \times 5!}{6!}=\frac{1}{3}$$

② $P(Y)$
①과 구조가 동일하다.

$$\therefore\ P(Y)=\frac{1 \times 2 \times 5!}{6!}=\frac{1}{3}$$

③ $P(X \cap Y)$
A 를 고정하는 경우의 수는 1
B, C 자리 바꾸기 2!
나머지 배열 4!

$$\therefore\ P(X \cap Y)=\frac{1 \times 2! \times 4!}{6!}=\frac{1}{15}$$

$$P(X \cup Y)=P(X)+P(Y)-P(X \cap Y)$$
$$=\frac{1}{3}+\frac{1}{3}-\frac{1}{15}=\frac{3}{5}$$

따라서 구하고자 하는 확률은 $\dfrac{3}{5}$ 이다.

 ②

062

표본공간을 S 라 하면
$$n(S) = {}_{12}C_2$$

선택된 두 점 사이의 거리가 1 보다 큰 사건을 A 라 하면
선택된 두 점 사이의 거리가 1 인 사건은 A^c 이다.
(문제 조건상 두 점 사이의 거리가 1 보다 작을 수는 없다.)

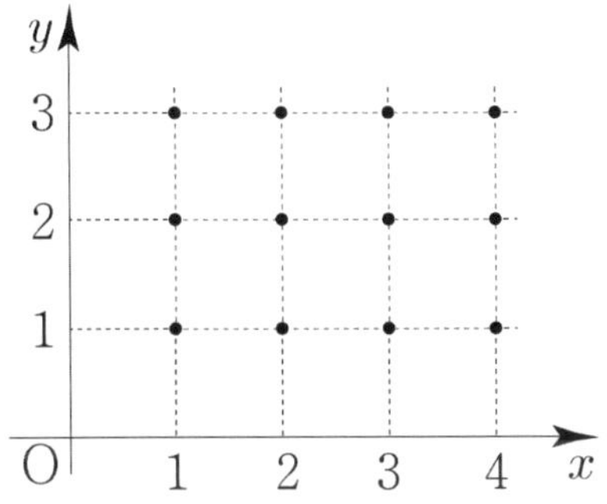

두 점 사이의 거리가 1 인 경우의 수는 17 가지

$$P(A^c) = \frac{17}{{}_{12}C_2} = \frac{17}{66} \text{ 이므로}$$

$$P(A) = 1 - P(A^c) = 1 - \frac{17}{66} = \frac{49}{66}$$

이다.

따라서 구하고자 하는 확률은 $\frac{49}{66}$ 이다.

답 ⑤

063

표본공간을 S 라 하면
$$n(S) = 6^2$$

$f(x) = x^2 - 7x + 10$ 에 대하여 $f(a)f(b) < 0$ 인 사건을 A

$f(x) = (x-2)(x-5)$ 이므로
$x = 1,\ 6$ 일 때 $f(x) > 0$
$x = 2,\ 5$ 일 때 $f(x) = 0$
$x = 3,\ 4$ 일 때 $f(x) < 0$

변수가 2 개이니 표를 그려서 해결해보자.

b ＼ a	1	2	3	4	5	6
1	×	×	○	○	×	×
2	×	×	×	×	×	×
3	○	×	×	×	×	○
4	○	×	×	×	×	○
5	×	×	×	×	×	×
6	×	×	○	○	×	×

$$\therefore\ P(A) = \frac{8}{36} = \frac{2}{9}$$

따라서 구하고자 하는 확률은 $\frac{2}{9}$ 이다.

답 ④

064

표본공간을 S 라 하면
$$n(S) = 6^3$$

$a > b$ 이고 $a > c$ 인 사건을 A

a 의 값에 따라 case 분류하면

① $a = 1$
$1 > b,\ 1 > c$ 을 만족시키는 $b,\ c$ 는 존재하지 않는다.

② $a = 2$
$2 > b,\ 2 > c \ \Rightarrow\ 1 \times 1 = 1$ 가지

③ $a = 3$
$3 > b,\ 3 > c \ \Rightarrow\ 2 \times 2 = 4$ 가지

④ $a = 4$
$4 > b,\ 4 > c \ \Rightarrow\ 3 \times 3 = 9$ 가지

⑤ $a = 5$
$5 > b,\ 5 > c \ \Rightarrow\ 4 \times 4 = 16$ 가지

⑥ $a = 6$
$6 > b,\ 6 > c \ \Rightarrow\ 5 \times 5 = 25$ 가지

$$\therefore\ P(A) = \frac{1 + 4 + 9 + 16 + 25}{6^3} = \frac{55}{216}$$

따라서 구하고자 하는 확률은 $\frac{55}{216}$ 이다.

답 ②

65

표본공간을 S 라 하면
$n(S) = {}_{10}\mathrm{C}_4 = 210$
(원소의 개수가 4 인 부분집합의 개수)

집합 X 가 조건을 만족시키는 사건을 A

3 으로 나눈 나머지가 0 인 수의 집합을 S_1
3 으로 나눈 나머지가 1 인 수의 집합을 S_2
3 으로 나눈 나머지가 2 인 수의 집합을 S_3

$S_1 = \{3, 6, 9\}$, $S_2 = \{1, 4, 7, 10\}$, $S_2 = \{2, 5, 8\}$

집합 X 의 서로 다른 세 원소의 합이 항상 3 의 배수가 아니려면
집합 X 는 세 집합 S_1, S_2, S_3 중 두 집합에서 각각 2 개의 원소를
택하여 이 네 수를 원소로 가져야 한다.

① S_1, S_2 $\Rightarrow$ ${}_3\mathrm{C}_2 \times {}_4\mathrm{C}_2 = 18$ 가지
② S_1, S_3 $\Rightarrow$ ${}_3\mathrm{C}_2 \times {}_3\mathrm{C}_2 = 9$ 가지
③ S_2, S_3 $\Rightarrow$ ${}_4\mathrm{C}_2 \times {}_3\mathrm{C}_2 = 18$ 가지

$$\therefore \mathrm{P}(A) = \frac{45}{210} = \frac{3}{14}$$

따라서 구하는 확률은 $\dfrac{3}{14}$ 이다.

답 ①

66

표본공간을 S 라 하면
$n(S) = {}_4\mathrm{C}_2 \times {}_4\mathrm{C}_2 = 36$

갑이 가진 두 장의 카드에 적힌 수의 합과
을이 가진 두 장의 카드에 적힌 수의 합이 같은 사건을 X

1, 2, 3, 4 가 적힌 카드 네 장 중에서 임의로 두 장의 카드를
꺼내는 **case** 는 다음과 같다.

(뽑은 카드) $\Rightarrow$ 두 수의 합

$(1, 2) \Rightarrow 3$
$(1, 3) \Rightarrow 4$
$(1, 4) \Rightarrow 5$
$(2, 3) \Rightarrow 5$
$(2, 4) \Rightarrow 6$
$(3, 4) \Rightarrow 7$

① 합이 3 으로 같은 경우 $\Rightarrow$ $1 \times 1 = 1$ 가지
② 합이 4 로 같은 경우 $\Rightarrow$ $1 \times 1 = 1$ 가지
③ 합이 5 로 같은 경우 $\Rightarrow$ $2 \times 2 = 4$ 가지
④ 합이 6 으로 같은 경우 $\Rightarrow$ $1 \times 1 = 1$ 가지
⑤ 합이 7 로 같은 경우 $\Rightarrow$ $1 \times 1 = 1$ 가지

$$\therefore \mathrm{P}(X) = \frac{1+1+4+1+1}{36} = \frac{8}{36} = \frac{2}{9}$$

따라서 $p + q = 11$ 이다.

답 11

표본공간을 S 라 하면
$n(S) = {}_{12}\mathrm{C}_3$

선택한 카드 중에 같은 숫자가 적혀 있는 카드가 2 장 이상인
사건을 A 라 하면 같은 숫자가 적혀 있는 카드가 1 장뿐인
사건은 A^c 이다.

같은 숫자 1 장씩 선택 ${}_4\mathrm{C}_3$
1, 2, 3 이 선택되었다고 가정하자.
1_a, 1_b, 1_c 중 1 개 선택 ${}_3\mathrm{C}_1$
2_a, 2_b, 2_c 중 1 개 선택 ${}_3\mathrm{C}_1$
3_a, 3_b, 3_c 중 1 개 선택 ${}_3\mathrm{C}_1$

$$\mathrm{P}(A^c) = \frac{{}_4\mathrm{C}_3 \times {}_3\mathrm{C}_1 \times {}_3\mathrm{C}_1 \times {}_3\mathrm{C}_1}{{}_{12}\mathrm{C}_3} = \frac{27}{55}$$ 이므로
$$\mathrm{P}(A) = 1 - \mathrm{P}(A^c) = 1 - \frac{27}{55} = \frac{28}{55}$$ 이다.

따라서 구하고자 하는 확률은 $\dfrac{28}{55}$ 이다.

답 ⑤

표본공간을 S 라 하면
$$n(S) = 6^4$$

$a \times b \times c \times d$ 가 12인 사건을 A

1 의 개수로 case분류하면

① 1 의 개수가 1 개 일 때
$1,\ 2,\ 2,\ 3 \Rightarrow \dfrac{4!}{2!} = 12$

② 1 의 개수가 2 개 일 때
ⅰ) $1,\ 1,\ 3,\ 4 \Rightarrow \dfrac{4!}{2!} = 12$
ⅱ) $1,\ 1,\ 2,\ 6 \Rightarrow \dfrac{4!}{2!} = 12$

$$\therefore\ \mathrm{P}(A) = \frac{12 + 24}{6^4} = \frac{6^2}{6^4} = \frac{1}{36}$$

따라서 구하고자 하는 확률은 $\dfrac{1}{36}$ 이다.

답 ①

069

표본공간을 S 라 하면
$$n(S) = 6^3$$

$a < b - 2 \le c$ 인 사건을 A

b 의 값에 따라 case분류하면

① $b = 4 \Rightarrow a < 2 \le c \Rightarrow 1 \times 5 = 5$

② $b = 5 \Rightarrow a < 3 \le c \Rightarrow 2 \times 4 = 8$

③ $b = 6 \Rightarrow a < 4 \le c \Rightarrow 3 \times 3 = 9$

$$\therefore\ \mathrm{P}(A) = \frac{5 + 8 + 9}{6^3} = \frac{11}{108}$$

따라서 구하고자 하는 확률은 $\dfrac{11}{108}$ 이다.

답 ④

표본공간을 S 라 하면
$$n(S) = 7!$$

같은 숫자가 적혀 있는 공이 서로 이웃하지 않는 사건을 A 라 하면 같은 숫자가 적혀 있는 공이 서로 이웃하는 사건은 A^c 이다.

① ② ③ ④ ❹ ❺ ❻

④ ❹ 를 한 묶음으로 보자.
④ ❹ 자리 바꾸기 2!
④ ❹ 순으로 배열한다고 가정하자.
나머지 배열 ① ② ③ ❺ ❻ (④ ❹) 6!

$\mathrm{P}(A^c) = \dfrac{2! \times 6!}{7!} = \dfrac{2}{7}$ 이므로

$\mathrm{P}(A) = 1 - \mathrm{P}(A^c) = 1 - \dfrac{2}{7} = \dfrac{5}{7}$ 이다.

따라서 $p + q = 12$ 이다.

답 12

071

표본공간을 S 라 하면
$$n(S) = {}_{15}\mathrm{C}_5 \times 5!$$
(15 개의 자리 중에 앉을 자리 5 개 선택 후 배열)

5 명이 어느 누구와도 서로 이웃하지 않는 사건을 A

편의상 15 개의 자리를 왼쪽부터 차례대로
$1,\ 2,\ \cdots\ 14,\ 15$ 번이라고 하자.

5 명이 앉는 자리를 왼쪽부터 순서대로 각각
$X_1,\ X_2,\ X_3,\ X_4,\ X_5$ 라 하고

X_1 보다 작은 자리 번호의 개수를 a
X_1 보다 크고 X_2 보다 작은 자리 번호의 개수를 b
X_2 보다 크고 X_3 보다 작은 자리 번호의 개수를 c
X_3 보다 크고 X_4 보다 작은 자리 번호의 개수를 d
X_4 보다 크고 X_5 보다 작은 자리 번호의 개수를 e
X_5 보다 큰 자리 번호의 개수를 f 하자.

$\boxed{a}\ X_1\ \boxed{b}\ X_2\ \boxed{c}\ X_3\ \boxed{d}\ X_4\ \boxed{e}\ X_5\ \boxed{f}$

$a \geq 0,\ b \geq 1,\ c \geq 1,\ d \geq 1,\ e \geq 1,\ f \geq 0$
(어느 누구와도 서로 이웃하지 않아야 하므로
$b \geq 1,\ c \geq 1,\ d \geq 1,\ e \geq 1$)
$a + b + c + d + e + f = 10$

$b = b' + 1,\ c = c' + 1,\ d = d' + 1,\ e = e' + 1$
$a \geq 0,\ b' \geq 0,\ c' \geq 0,\ d' \geq 0,\ e' \geq 0,\ f \geq 0$
$a + b' + c' + d' + e' + f = 6 \ \Rightarrow\ {}_6H_6 = {}_{11}C_6 = {}_{11}C_5$

5 명 배열 5! (실수하는 포인트!)

$$\therefore\ P(A) = \frac{{}_{11}C_5 \times 5!}{{}_{15}C_5 \times 5!} = \frac{11 \times 10 \times 9 \times 8 \times 7}{15 \times 14 \times 13 \times 12 \times 11} = \frac{2}{13}$$

따라서 구하고자 하는 확률은 $\dfrac{2}{13}$ 이다.

$\boxed{답}\ \ ④$

표본공간을 S 라 하면
$n(S) = 7!$

(가), (나) 조건을 모두 만족시키는 사건을 A

$\boxed{\ 4\ } \Rightarrow \boxed{\ }$ 에 들어 갈 수 있는 숫자 5, 6, 7
$\boxed{\ 5\ } \Rightarrow \boxed{\ }$ 에 들어 갈 수 있는 숫자 1, 2, 3, 4

4와 5 사이에 들어가는 숫자의 개수에 따라 case분류하면

① 4와 5 사이에 들어가는 숫자의 개수 0개

($\boxed{\ }$ 4 5 $\boxed{\ }$)를 세트로 보면
4, 5 자리 바꾸기 2! (4, 5 순서라고 가정)
양 끝에 들어가는 수 ${}_2C_1 \times {}_3C_1$ (6, 1이 선택되었다고 가정)
나머지 2, 3, 7, ($\boxed{6}$ 4 5 $\boxed{1}$) 배열 4!

$$\therefore\ 2! \times {}_2C_1 \times {}_3C_1 \times 4! = 288$$

② 4와 5 사이에 들어가는 숫자의 개수 2개

($\boxed{\ }$ 4 $\boxed{\ }$ $\boxed{\ }$ 5 $\boxed{\ }$)를 세트로 보면

4, 5 자리 바꾸기 2! (4, 5 순서라고 가정)
4 옆에 이웃할 숫자 6, 7 배열 2! (6, 7 순서라고 가정)
5 옆에 이웃할 숫자 고르기 ${}_3C_2$ (1, 2가 선택되었다고 가정)
1, 2 자리 바꾸기 2! (1, 2 순서라고 가정)
나머지 3, ($\boxed{6}$ 4 $\boxed{7}$ $\boxed{1}$ 5 $\boxed{2}$) 배열 2!

$$\therefore\ 2! \times 2! \times {}_3C_2 \times 2! \times 2! = 48$$

③ 4와 5 사이에 들어가는 숫자의 개수 3개

($\boxed{\ }$ 4 $\boxed{\ }$ $\boxed{\ }$ $\boxed{\ }$ 5 $\boxed{\ }$)를 세트로 보면
4, 5 자리 바꾸기 2! (4, 5 순서라고 가정)
4 옆에 이웃할 숫자 6, 7 배열 2! (6, 7 순서라고 가정)
5 옆에 이웃할 숫자 고르기 ${}_3C_2$ (1, 2가 선택되었다고 가정)
1, 2 자리 바꾸기 2! (1, 2 순서라고 가정)
나머지 3 가운데 넣기 1 가지

$$\therefore\ 2! \times 2! \times {}_3C_2 \times 2! = 24$$

$$\therefore P(A) = \frac{288 + 48 + 24}{7!} = \frac{12 + 2 + 1}{7 \times 6 \times 5} = \frac{1}{14}$$

따라서 구하고자 하는 확률은 $\dfrac{1}{14}$ 이다.

$\boxed{답}\ \ ②$

표본공간을 S 라 하면
$n(S) = {}_8C_4$

○표가 있는 제비가 3개 이상이 나오거나
4개 모두 ×표인 제비가 나오는 사건을 A

① ○ ○ ○ ○ $\Rightarrow {}_4C_4 = 1$

② ○ ○ ○ × $\Rightarrow {}_4C_3 \times {}_4C_1 = 16$

③ × × × × $\Rightarrow {}_4C_4 = 1$

$$\therefore\ P(A) = \frac{1 + 16 + 1}{{}_8C_4} = \frac{18}{70} = \frac{9}{35}$$

따라서 $p + q = 44$ 이다.

$\boxed{답}\ \ 44$

074

표본공간을 S 라 하면
$n(S)={}_3H_{10}={}_{12}C_2=66$

$(x-y)(y-z)(z-x)\neq 0$ 을 만족시키는 사건을 A 라 하면
$(x-y)(y-z)(z-x)=0$ 을 만족시키는 사건은 A^c 이다.

$(x-y)(y-z)(z-x)=0$ 을 만족시키는 경우는
세 문자 중 두 문자가 같거나 모두 같은 경우이다.

① 두 문자가 같은 경우
같은 문자 선택 ${}_3C_2$ (x, y 가 선택되었다고 가정)
$x=y\neq z$
$2x+z=10$

$(0,\ 10),\ (1,\ 8),\ (2,\ 6),\ (3,\ 4),\ (4,\ 2),\ (5,\ 0)$
6 가지

$\therefore\ {}_3C_2\times 6=18$ 가지

② 세 문자가 같은 경우
$x=y=z$
$3x=10\ \Rightarrow\ x=\dfrac{10}{3}$ 이므로 불가능하다.

> **Tip**
>
> 문제에 따라서 얼마든지 가능하도록 만들 수 있기 때문에
> $x=y=z$ 은 반드시 따져줘야 하는 case이다.
> $x=y\neq z$ 인 경우에도 마지막 계산시
> $2x+z=10$ 에서
> $x=z$ 인 경우를 반드시 제거해줘야 한다.

$P(A^c)=\dfrac{18}{66}=\dfrac{3}{11}$ 이므로

$P(A)=1-P(A^c)=1-\dfrac{3}{11}=\dfrac{8}{11}$ 이다.

따라서 $p+q=19$ 이다.

답 19

075

표본공간을 S 라 하면
$n(S)=6!$

같은 나라의 두 학생끼리는 좌석 번호의 차가 1 또는 10 이
되도록 앉는 사건을 A

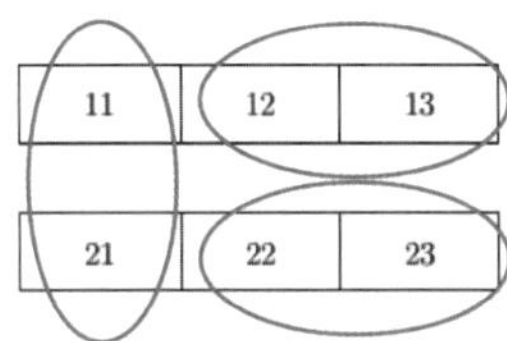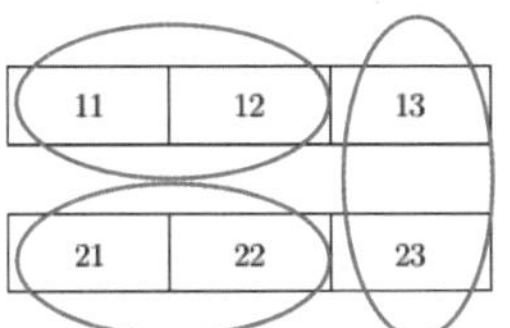
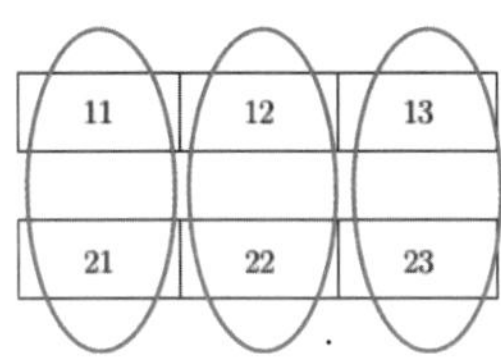

위 3 가지 case중 하나 선택 ${}_3C_1$
한국, 중국, 일본 자리 매칭시키기 3!
같은 국가끼리 자리 바꾸기 $2!\times 2!\times 2!$

$\therefore\ P(A)=\dfrac{{}_3C_1\times 3!\times 2!\times 2!\times 2!}{6!}=\dfrac{3\times 6\times 8}{6\times 5\times 4\times 3\times 2}=\dfrac{1}{5}$

따라서 구하고자 하는 확률은 $\dfrac{1}{5}$ 이다.

답 ④

076

표본공간을 S 라 하면
$n(S)=3^4=81$

$f(1)\geq 2$ 이거나 함수 f 의 치역이 B 인 사건을 X 라 하면
$f(1)<2$ 이고 f 의 치역이 B 가 아닌 사건은 X^c 이다.

$f(1)<2\ \Rightarrow\ f(1)=1$

치역의 개수에 따라 case분류하면

① 치역 1 개 ($f(1)=1$ 이므로 치역은 1)

$f(2)=f(3)=f(4)=1\ \Rightarrow\ 1$ 가지

② 치역 2개

공역 2, 3 중에 치역 1개 선택 $_2C_1$ (2가 선택되었다고 가정)
정의역 2, 3, 4에게 물어본다.
치역 1, 2 중에 어디갈래? 각각 2가지 2^3
이때 $f(2) = f(3) = f(4) = 1$인 경우 1가지를 빼줘야 하므로
$_2C_1 \times (2^3 - 1) = 2 \times 7 = 14$ 이다.

> **Tip**
>
> $f(1) = 1$로 고정되어 있으므로
> $f(2) = f(3) = f(4) = 2$인 경우는 치역이 2개다.

$$P(A^c) = \frac{_2C_1 \times 4! \times 4!}{8!} = \frac{1}{35}$$ 이므로

$$P(A) = 1 - P(A^c) = 1 - \frac{1}{35} = \frac{34}{35} = p$$ 이다.

따라서 구하고자 하는 확률은 $\dfrac{22}{27}$ 이다.

답 ④

077

표본공간을 S라 하면
$n(S) = 8!$

적어도 2명의 남학생이 서로 이웃하게 배정되는 사건을 A라
하면 남학생이 서로 이웃하지 않도록 배정되는 사건은 A^c
이다.

남학생이 이웃하지 않으려면 다음과 같이 2가지로
case분류할 수 있다.

①

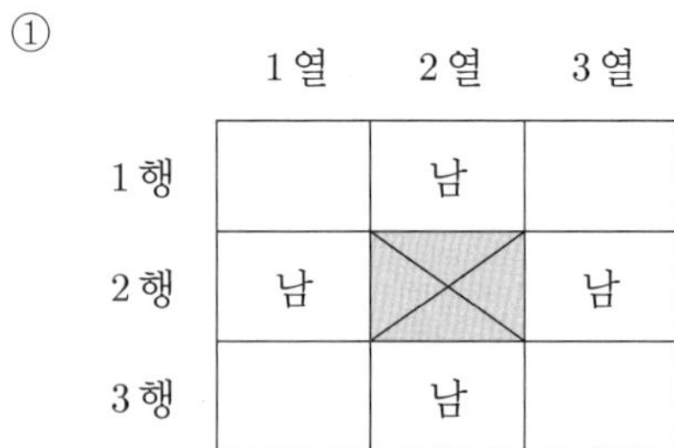

②

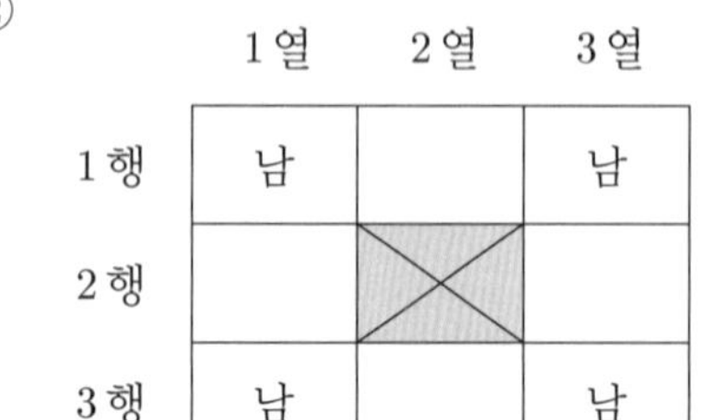

위 케이스 2가지 중 선택 $_2C_1$
남자 배열 4!
여자 배열 4!

> **Tip**
>
> 자리에 이름이 있으므로 원순열로 볼 수 없다.

$$P(X^c) = \frac{_2C_1 \times 4! \times 4!}{8!} = \frac{1}{35}$$ 이므로

$$P(X) = 1 - P(X^c) = 1 - \frac{1}{35} = \frac{34}{35} = p$$ 이다.

따라서 $70p = 70 \times \dfrac{34}{35} = 68$ 이다.

답 68

078

표본공간을 S라 하면
$n(S) = {}_{15}C_2 \times 2!$
(공집합이 아닌 모든 부분집합 $2^4 - 1 = 15$개 중 2개 선택 후
배열)

$n(A) \times n(B) = 2 \times n(A \cap B)$가 성립하는 사건을 X

$2 \times n(A \cap B)$는 짝수이므로 가능한 순서쌍 $(n(A), n(B))$은
$(1, 2), (1, 4), (2, 2), (2, 3), (2, 4), (3, 4)$ 이다.

① $(1, 2)$이면 $n(A \cap B) = 1$이므로 가능하다.

② $(1, 4)$이면 $n(A \cap B) = 2$이므로 모순

③ $(2, 2)$이면 $n(A \cap B) = 2$이므로 모순
   ($\because$ 서로 다른 부분 집합)

④ $(2, 3)$이면 $n(A \cap B) = 3$이므로 모순

⑤ $(2,\ 4)$ 이면 $n(A\cap B)=4$ 이므로 모순

⑥ $(3,\ 4)$ 이면 $n(A\cap B)=6$ 이므로 모순

$(1,\ 2)$ or $(2,\ 1)$ 선택 2가지

$n(A)=1,\ n(B)=2$ 라 가정하면
$A=a,\ B=(a,\ b),\ (a,\ c),\ (a,\ d)$
$A=b,\ B=(b,\ a),\ (b,\ c),\ (b,\ d)$
$A=c,\ B=(c,\ a),\ (c,\ b),\ (c,\ d)$
$A=d,\ B=(d,\ a),\ (d,\ b),\ (d,\ c)$
12가지

$$\therefore\ \mathrm{P}(X)=\frac{2\times12}{{}_{15}\mathrm{C}_2\times2!}=\frac{4}{35}$$

따라서 구하고자 하는 확률은 $\dfrac{4}{35}$ 이다.

답 ③

079

$1_a,\ 1_b,\ 2,\ 3,\ 4$
표본공간을 S 라 하면
$n(S)={}_5\mathrm{C}_4\times4!$

$a\leq b\leq c\leq d$ 인 사건을 A

① $1,\ 2,\ 3,\ 4$
$1_a,\ 1_b$ 중 1개 선택 ${}_2\mathrm{C}_1$
선택하면 $a,\ b,\ c,\ d$ 가 정해지므로 1가지

② $1,\ 1,\ \square,\ \square$
$1_a,\ 1_b$ 자리 바꾸기 $2!$ ($1_a,\ 1_b$ 순이라고 가정)
$2,\ 3,\ 4$ 중 2개 선택 ${}_3\mathrm{C}_2$
선택하면 $a,\ b,\ c,\ d$ 가 정해지므로 1가지

$$\therefore\ \mathrm{P}(A)=\frac{{}_2\mathrm{C}_1+2!\times{}_3\mathrm{C}_2}{{}_5\mathrm{C}_4\times4!}=\frac{8}{120}=\frac{1}{15}$$

따라서 구하고자 하는 확률은 $\dfrac{1}{15}$ 이다.

답 ①

확률에서는 같은 것도 서로 다른 것으로 보아야
한다고 Guide Step에서 학습하였다.
만약 1을 같은 것으로 가정하여 풀어도 될까?

이 문제는 같은 것으로 보아도 답이 같다. 한 번 확인해보자.

① $1,\ 2,\ 3,\ 4$
　배열 $4!=24$ 가지

② $1,\ 1,\ \square,\ \square$
　$2,\ 3,\ 4$ 중 2개 선택 ${}_3\mathrm{C}_2$
　배열 $\dfrac{4!}{2!}$

　$\Rightarrow\ {}_3\mathrm{C}_2\times\dfrac{4!}{2!}=36$ 가지
이므로 표본공간을 S 라 하면 $n(S)=24+36$ 이다.
이 중에서 $a\leq b\leq c\leq d$ 를 만족시키는 경우는
$(a,\ b,\ c,\ d)=(1,\ 2,\ 3,\ 4),\ (1,\ 1,\ 2,\ 3),$
$\qquad\qquad\quad(1,\ 1,\ 2,\ 4),\ (1,\ 1,\ 3,\ 4)$
이렇게 4가지이므로 구하고자 하는 확률은

$$\frac{4}{24+36}=\frac{4}{60}=\frac{1}{15}$$ 이다.

도대체 왜 그럴까?

$(a,\ b,\ c,\ d)=(1,\ 2,\ 3,\ 4)$ 이 나올 확률은
분자 : $1_a,\ 1_b$ 중 1개 선택 ${}_2\mathrm{C}_1$
분모 : ${}_5\mathrm{C}_4\times4!$

이므로 $\dfrac{{}_2\mathrm{C}_1}{{}_5\mathrm{C}_4\times4!}=\dfrac{2}{120}=\dfrac{1}{60}$ 이다.

($1,\ 2,\ 3,\ 4$ 를 배열하여 얻은 24가지의 순서쌍의
발생 가능성은 모두 $\dfrac{1}{60}$ 이다.)

$(a,\ b,\ c,\ d)=(1,\ 1,\ 2,\ 3)$ 이 나올 확률은
분자 : $1_a,\ 1_b$ 자리 바꾸기 $2!$
분모 : ${}_5\mathrm{C}_4\times4!$

이므로 $\dfrac{2!}{{}_5\mathrm{C}_4\times4!}=\dfrac{2}{120}=\dfrac{1}{60}$ 이다.

($1,\ 1,\ 2,\ 3\ /\ 1,\ 1,\ 2,\ 4\ /\ 1,\ 1,\ 3,\ 4$ 를 배열하여
얻은 36가지의 순서쌍의 발생 가능성은 모두 $\dfrac{1}{60}$ 이다.)

즉, 이 문제에서는 각 근원사건의 발생 가능성이 모두 $\dfrac{1}{60}$ 로
동일하기 때문에 같은 것으로 보아도 답은 같다.

080

표본공간을 S 라 하면
$$n(S)=7!$$

수학 동아리 A 가 수학 동아리 B 보다 먼저 발표하는 순서로
정해지는 사건을 X 라 하고
두 수학 동아리의 발표 사이에는 2 개의 과학 동아리만이
발표하는 순서로 정해지는 사건을 Y 라 하자.

$P(X\cup Y)=P(X)+P(Y)-P(X\cap Y)$ 를 이용하여 구해보자.

① $P(X)$

과학 동아리 $a,\ b,\ c,\ d,\ e$ 수학 동아리 A, B

수학 동아리를 같은 문자 z 라 하면 $n(X)$ 는
$z,\ z,\ a,\ b,\ c,\ d,\ e$ 를 일렬로 배열하는 경우의 수와 같다.

$$\therefore\ P(X)=\dfrac{\dfrac{7!}{2!}}{7!}=\dfrac{1}{2}$$

② $P(Y)$

A $\boxed{}$ B 한묶음으로 보자.
두 수학 동아리의 발표 사이에 들어갈 과학 동아리 선택 $_5C_2$
($a,\ b$ 가 선택되었다고 가정)
$a,\ b$ 자리 바꾸기 2! ($a,\ b$ 순이라고 가정)
A, B 자리 바꾸기 2! (A, B 순이라고 가정)
나머지 $c,\ d,\ e$, (A $\boxed{a}$ $\boxed{b}$ B) 배열 4!

$$\therefore\ P(Y)=\dfrac{_5C_2\times2!\times2!\times4!}{7!}=\dfrac{4}{21}$$

③ $P(X\cap Y)$

A $\boxed{}$ B 한묶음으로 보자.
두 수학 동아리의 발표 사이에 들어갈 과학 동아리 선택 $_5C_2$
($a,\ b$ 가 선택되었다고 가정)
$a,\ b$ 자리 바꾸기 2! ($a,\ b$ 순이라고 가정)
나머지 $c,\ d,\ e$, (A $\boxed{a}$ $\boxed{b}$ B) 배열 4!

$$\therefore\ P(X\cap Y)=\dfrac{_5C_2\times2!\times4!}{7!}=\dfrac{2}{21}$$

$$P(X\cup Y)=P(X)+P(Y)-P(X\cap Y)$$
$$=\dfrac{1}{2}+\dfrac{4}{21}-\dfrac{2}{21}=\dfrac{25}{42}$$

따라서 구하고자 하는 확률은 $\dfrac{25}{42}$ 이다.

 ③

081

표본공간을 S 라 하면
$$n(S)={_6C_2}\times{_6C_2}$$

$A\cap B\neq\varnothing$ 인 사건을 X 라 하면
$A\cap B=\varnothing$ 인 사건은 X^c 이다.

풀이1) 선택하면 자동배열 이용하기

1, 2, 3, 4, 5, 6 가 적힌 6 장의 카드에서 4 개를
선택하면 $_6C_4$ (1, 2, 3, 4 가 선택됐다고 가정)
이때 $A\cap B=\varnothing$ 인 경우는
$1\le x\le2,\ 3\le x\le4$ 밖에 가능하지 않으므로
배열은 1 가지이다. (선택만 하면 자동배열)
$1\le x\le2,\ 3\le x\le4$ 를 집합 $A,\ B$ 에 매칭시키기 2!

$$P(X^c)=\dfrac{_6C_4\times2!}{_6C_2\times{_6C_2}}=\dfrac{2}{15}\ \text{이므로}$$

$$P(X)=1-P(X^c)=1-\dfrac{2}{15}=\dfrac{13}{15}\ \text{이다.}$$

풀이2) 직접 세기
a_2 를 기준으로 case분류하면

① $a_2=2$
$a_1=1\ \Rightarrow\ [1,\ 2]$ 이므로 $[b_1,\ b_2]\ \Rightarrow\ _4C_2=6$ 가지
$\therefore\ 6$ 가지

② $a_2=3$
$a_1=1\ \Rightarrow\ [1,\ 3]$ 이므로 $[b_1,\ b_2]\ \Rightarrow\ _3C_2=3$ 가지
$a_1=2\ \Rightarrow\ [2,\ 3]$ 이므로 $[b_1,\ b_2]\ \Rightarrow\ _3C_2=3$ 가지
$\therefore\ 6$ 가지

③ $a_2=4$
$a_1=1\ \Rightarrow\ [1,\ 4]$ 이므로 $[b_1,\ b_2]\ \Rightarrow\ 1$ 가지
$a_1=2\ \Rightarrow\ [2,\ 4]$ 이므로 $[b_1,\ b_2]\ \Rightarrow\ 1$ 가지
$a_1=3\ \Rightarrow\ [3,\ 4]$ 이므로 $[b_1,\ b_2]\ \Rightarrow\ 2$ 가지
$\therefore\ 4$ 가지

④ $a_2 = 5$

$a_1 = 1 \Rightarrow [1, \ 5]$ 이므로 $[b_1, \ b_2] \Rightarrow \times$

$a_1 = 2 \Rightarrow [2, \ 5]$ 이므로 $[b_1, \ b_2] \Rightarrow \times$

$a_1 = 3 \Rightarrow [3, \ 5]$ 이므로 $[b_1, \ b_2] \Rightarrow 1$ 가지

$a_1 = 4 \Rightarrow [4, \ 5]$ 이므로 $[b_1, \ b_2] \Rightarrow {}_3\mathrm{C}_2 = 3$ 가지

$\therefore \ 4$ 가지

⑤ $a_2 = 6$

$a_1 = 1 \Rightarrow [1, \ 6]$ 이므로 $[b_1, \ b_2] \Rightarrow \times$

$a_1 = 2 \Rightarrow [2, \ 6]$ 이므로 $[b_1, \ b_2] \Rightarrow \times$

$a_1 = 3 \Rightarrow [3, \ 6]$ 이므로 $[b_1, \ b_2] \Rightarrow 1$ 가지

$a_1 = 4 \Rightarrow [4, \ 6]$ 이므로 $[b_1, \ b_2] \Rightarrow {}_3\mathrm{C}_2 = 3$ 가지

$a_1 = 5 \Rightarrow [5, \ 6]$ 이므로 $[b_1, \ b_2] \Rightarrow {}_4\mathrm{C}_2 = 6$ 가지

$\therefore \ 10$ 가지

$$\mathrm{P}(X^c) = \frac{6+6+4+4+10}{{}_6\mathrm{C}_2 \times {}_6\mathrm{C}_2} = \frac{2}{15} \text{ 이므로}$$

$$\mathrm{P}(X) = 1 - \mathrm{P}(X^c) = 1 - \frac{2}{15} = \frac{13}{15} \text{ 이다.}$$

따라서 구하고자 하는 확률은 $\dfrac{13}{15}$ 이다.

답 ⑤

Tip

■ 여사건을 활용하는 문제이고 전체에서 $A \cap B = \varnothing$ 인 경우를 빼서 구할 수 있었다.
여사건은 평소에 자주 출제되는 포인트 중 하나이니 언제든지 여사건을 쓸 준비가 되어있어야 한다.

② 솔직히 실전에서 풀이1)과 같은 사고를 하기가 쉽지 않기 때문에 a_2 를 기준으로 case분류하는 좀 더 일반적인 접근법인 풀이2)로 직접 풀어봤으면 좋겠다.

082

표본공간을 S 라 하면

$n(S) = 6^2 = 36$

삼각형 ABC 의 넓이가 12보다 작은 사건을 X

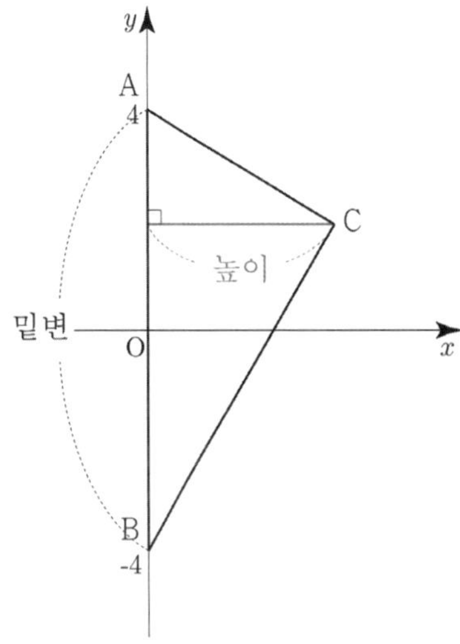

$$\text{높이} = \left| m \cos \frac{n\pi}{3} \right|$$

Tip

길이이므로 절댓값 조심!

삼각형 ABC 의 넓이 < 12

$$\frac{1}{2} \times 8 \times \left| m \cos \frac{n\pi}{3} \right| < 12$$

$$\left| m \cos \frac{n\pi}{3} \right| < 3$$

$$m \left| \cos \frac{n\pi}{3} \right| < 3$$

$$\cos \frac{\pi}{3} = \frac{1}{2}, \ \cos \frac{2}{3}\pi = -\frac{1}{2}, \ \cos\pi = -1$$

$$\cos \frac{4}{3}\pi = -\frac{1}{2}, \ \cos \frac{5}{3}\pi = \frac{1}{2}, \ \cos 2\pi = 1$$

변수가 2개이니 표를 그려서 해결해보자.

n \ m	1	2	3	4	5	6
1	○	○	○	○	○	×
2	○	○	○	○	○	×
3	○	○	×	×	×	×
4	○	○	○	○	○	×
5	○	○	○	○	○	×
6	○	○	×	×	×	×

$$\therefore \ \mathrm{P}(X)=\frac{24}{36}=\frac{2}{3}$$

따라서 구하고자 하는 확률은 $\dfrac{2}{3}$ 이다.

 ④

083

표본공간을 S 라 하면
$$n(S)={}_3\mathrm{H}_9={}_{11}\mathrm{C}_2=55$$

풀이1) 덧셈정리

$a<2$ 인 사건을 A
$b<2$ 인 사건을 B 라 하면
$a<2$ 또는 $b<2$ 인 사건은
$$\mathrm{P}(A\cup B)=\mathrm{P}(A)+\mathrm{P}(B)-\mathrm{P}(A\cap B)$$

① $\mathrm{P}(A)$
$a=1,\ b+c=8\ \Rightarrow\ {}_2\mathrm{H}_8={}_9\mathrm{C}_8=9$
$a=0,\ b+c=9\ \Rightarrow\ {}_2\mathrm{H}_9={}_{10}\mathrm{C}_9=10$

$$\therefore \ \mathrm{P}(A)=\frac{19}{55}$$

② $\mathrm{P}(B)$
A 와 B 는 서로 구조가 동일하므로

$$\therefore \ \mathrm{P}(B)=\frac{19}{55}$$

③ $\mathrm{P}(A\cap B)$
$a=0,\ b=0,\ c=9$
$a=0,\ b=1,\ c=8$
$a=1,\ b=0,\ c=8$
$a=1,\ b=1,\ c=7$

$$\therefore \ \mathrm{P}(A\cap B)=\frac{4}{55}$$

$$\mathrm{P}(A\cup B)=\mathrm{P}(A)+\mathrm{P}(B)-\mathrm{P}(A\cap B)$$
$$=\frac{19}{55}+\frac{19}{55}-\frac{4}{55}$$
$$=\frac{34}{55}$$

풀이2) 여사건의 확률

$a<2$ 또는 $b<2$ 인 사건을 A 라 하면
$a\geq2$ 이고 $b\geq2$ 인 사건은 A^c 이다.

$a\geq2,\ b\geq2,\ c\geq0$
$a+b+c=9$

$a=a'+2,\ b=b'+2$
$a'\geq0,\ b'\geq0,\ c\geq0$
$a'+b'+c=5\ \Rightarrow\ {}_3\mathrm{H}_5={}_7\mathrm{C}_2=21$

$$\mathrm{P}(A^c)=\frac{21}{55}\ \text{이므로}\ \mathrm{P}(A)=1-\mathrm{P}(A^c)=1-\frac{21}{55}=\frac{34}{55}\ \text{이다.}$$

따라서 $p+q=89$ 이다.

답 89

084

표본공간을 S 라 하면
$$n(S)={}_5\mathrm{C}_4\times4!$$

택한 수가 5 의 배수인 사건을 A
택한 수가 3500 이상인 사건을 B 라 하면
택한 수가 5 의 배수 또는 3500 이상인 사건은
$$\mathrm{P}(A\cup B)=\mathrm{P}(A)+\mathrm{P}(B)-\mathrm{P}(A\cap B)$$

① $\mathrm{P}(A)$
일의 자리는 5 로 고정
나머지 자리 선택 후 배열 ${}_4\mathrm{C}_3\times3!$

$$\therefore \ \mathrm{P}(A)=\frac{{}_4\mathrm{C}_3\times3!}{{}_5\mathrm{C}_4\times4!}=\frac{1}{5}$$

② $\mathrm{P}(B)$
ⅰ) 천의 자리가 3 이고 백의 자리가 5 인 경우
나머지 선택 후 배열 ${}_3\mathrm{C}_2\times2!$

ⅱ) 천의 자리가 4 인 경우
나머지 선택 후 배열 ${}_4\mathrm{C}_3\times3!$

ⅲ) 천의 자리가 5 인 경우
나머지 선택 후 배열 ${}_4\mathrm{C}_3\times3!$

$$\therefore \ \mathrm{P}(B)=\frac{{}_3\mathrm{C}_2\times2!+{}_4\mathrm{C}_3\times3!\times2}{{}_5\mathrm{C}_4\times4!}=\frac{9}{20}$$

③ $\mathrm{P}(A\cap B)$

일의 자리는 5로 고정해야 하므로 3500 이상이 되려면
천의 자리는 4가 되어야 한다.

4 ☐ ☐ 5

나머지 선택 후 배열 ${}_3\mathrm{C}_2\times2!$

$$\therefore \ \mathrm{P}(A\cap B)=\frac{{}_3\mathrm{C}_2\times2!}{{}_5\mathrm{C}_4\times4!}=\frac{1}{20}$$

$$\mathrm{P}(A\cup B)=\mathrm{P}(A)+\mathrm{P}(B)-\mathrm{P}(A\cap B)$$
$$=\frac{1}{5}+\frac{9}{20}-\frac{1}{20}$$
$$=\frac{12}{20}=\frac{3}{5}$$

따라서 구하고자 하는 확률은 $\dfrac{3}{5}$ 이다.

답 ④

085

표본공간을 S 라 하면
$$n(S)={}_{10}\mathrm{C}_3=120$$

1, 2, 3, 4, 5, 6, 7, 8, 9, 10를 3으로 나눈 나머지로
분류하면 다음과 같다.

나머지 1 : 1, 4, 7, 10
나머지 2 : 2, 5, 8
나머지 0 : 3, 6, 9

5의 포함 유무에 따라 case분류하면

① 5가 포함되지 않은 경우
세 개의 수의 곱이 5의 배수이므로 10을 포함해야 한다.
10은 3으로 나눈 나머지가 1이고,
세 개의 수의 합이 3의 배수가 나오려면 세 개의 수의
나머지의 합이 3의 배수이어야 한다.

ⅰ) 세 수의 나머지가 1, 1, 1인 경우
1, 4, 7 중 2개 선택 ${}_3\mathrm{C}_2$

ⅱ) 세 수의 나머지가 1, 2, 0인 경우
2, 8 중 1개 선택 ${}_2\mathrm{C}_1$
3, 6, 9 중 1개 선택 ${}_3\mathrm{C}_1$
즉, ${}_2\mathrm{C}_1\times{}_3\mathrm{C}_1=6$

$$\therefore \ 3+6=9$$

② 5가 포함되는 경우
5은 3으로 나눈 나머지가 2이고,
세 개의 수의 합이 3의 배수가 나오려면 세 개의 수의
나머지의 합이 3의 배수이어야 한다.

ⅰ) 세 수의 나머지가 2, 2, 2인 경우
5, 8 중 2개 선택 ${}_2\mathrm{C}_2$

ⅱ) 세 수의 나머지가 2, 1, 0인 경우
1, 4, 7, 10 중 1개 선택 ${}_4\mathrm{C}_1$
3, 6, 9 중 1개 선택 ${}_3\mathrm{C}_1$
즉, ${}_4\mathrm{C}_1\times{}_3\mathrm{C}_1=12$

$$\therefore \ 1+12=13$$

따라서 구하고자 하는 확률은 $\dfrac{9+13}{120}=\dfrac{22}{120}=\dfrac{11}{60}$ 이다.

답 ③

086

표본공간을 S 라 하면
$$n(S)={}_{15}\mathrm{C}_3\times3!$$

$A\subset B\subset C$인 사건을 X

$n(B)$ 의 값에 case분류하면

① $n(B)=2$
1, 2, 3, 4 중에서 2개 선택하면 ${}_4\mathrm{C}_2$
$B=\{1,\ 2\}$ 라 하면

$n(A)=1 \Rightarrow {}_2\mathrm{C}_1$ (1, 2 중 1개 선택)
$n(C)=3 \Rightarrow {}_2\mathrm{C}_1=2$ (3, 4 중 1개 선택)
$n(C)=4 \Rightarrow {}_2\mathrm{C}_2=1$
$\therefore \ {}_2\mathrm{C}_1\times{}_4\mathrm{C}_2\times({}_2\mathrm{C}_1+{}_2\mathrm{C}_2)=2\times6\times3=36$

② $n(B)=3$

1, 2, 3, 4 중에서 3개 선택하면 $_4C_3$

$B=\{1,\ 2,\ 3\}$ 라 하면

$n(A)=1 \Rightarrow {}_3C_1$ (1, 2, 3 중 1개 선택)

$n(A)=2 \Rightarrow {}_3C_2$ (1, 2, 3 중 2개 선택)

$n(C)=4 \Rightarrow {}_1C_1=1$

$\therefore \left({}_3C_1+{}_3C_2\right)\times{}_4C_3\times{}_1C_1=6\times4\times1=24$

$\therefore \mathrm{P}(X)=\dfrac{36+24}{{}_{15}C_3\times3!}=\dfrac{10}{{}_{15}C_3}=\dfrac{2}{91}$

따라서 구하고자 하는 확률은 $\dfrac{2}{91}$ 이다.

답 ②

087

표본공간을 S 라 하면

$n(S)={}_9C_3=84$

(가), (나) 조건을 만족시키는 사건을 A

1, 2, 3, 4, 5, 6, 7, 8, 9

홀수 : 1, 3, 5, 7, 9

짝수 : 2, 4, 6, 8

$a+b+c$ 가 홀수이려면 홀 홀 홀, 짝 짝 홀 이어야 한다.

① 홀 홀 홀

1, 3, 5, 7, 9 중 홀수 3개 선택 $_5C_3=10$ 가지

$a\times b\times c$ 가 3의 배수가 아닌 $(a,\ b,\ c)=(1,\ 5,\ 7)$ 경우를 빼줘야 한다.

$\therefore \ 10-1=9$ 가지

② 짝 짝 홀

2, 4, 6, 8 중 짝수 2개 선택 $_4C_2$

1, 3, 5, 7, 9 중 홀수 1개 선택 $_5C_1$

$_4C_2\times{}_5C_1$

이때 $a\times b\times c$ 가 3의 배수가 아닌 경우를 빼줘야 한다.

3의 배수가 아닌 짝수는 2, 4, 8

3의 배수가 아닌 홀수는 1, 5, 7 이므로

2, 4, 8 중 짝수 2개 선택 $_3C_2$

1, 5, 7 중 홀수 1개 선택 $_3C_1$

$\therefore \ {}_4C_2\times{}_5C_1-{}_3C_2\times{}_3C_1=30-9=21$ 가지

$\therefore \mathrm{P}(A)=\dfrac{9+21}{{}_9C_3}=\dfrac{5}{14}$

따라서 구하고자 하는 확률은 $\dfrac{5}{14}$ 이다.

답 ①

088

표본공간을 S 라 하면

$n(S)={}_8C_2=28$

시행을 한 번 하여 얻은 점수가 24 이하의 짝수인 사건을 A

꺼낸 두 공의 색상에 따라 case분류하면

① 꺼낸 두 공의 색상이 서로 다른 경우

얻은 점수가 12 이므로 조건을 만족시킨다.

$\dfrac{{}_4C_1\times{}_4C_1}{28}=\dfrac{16}{28}=\dfrac{4}{7}$

② 꺼낸 두 공의 색상이 서로 같은 경우

(i) 모두 흰색

전체의 경우에서 홀수가 나오는 경우를 빼면 되므로

1, 2, 3, 4 중에서 2개 선택 $_4C_2$

1, 3 중에서 2개 선택 $_2C_2$

$_4C_2-1=5$

(ii) 모두 검은색

$\{4,\ 5\},\ \{4,\ 6\}$ 이어야 하므로 2 가지

즉, $\dfrac{5+2}{28}=\dfrac{7}{28}=\dfrac{1}{4}$

$\therefore \mathrm{P}(A)=\dfrac{4}{7}+\dfrac{1}{4}=\dfrac{23}{28}$

따라서 $p+q=51$ 이다.

답 51

89	47	**95**	②
90	18	**96**	22
91	122	**97**	③
92	154	**98**	133
93	15	**99**	71
94	193		

089

표본공간을 S 라 하면
$$n(S)=3^5$$

확인한 5 개의 수의 곱이 6 의 배수인 사건을 A 라 하면
확인한 5 개의 수의 곱이 6 의 배수가 아닌 사건은 A^c 이다.

6 의 배수가 아니려면 다음과 같은 case가 가능하다.

① 5 개의 수가 1, 2 로 이루어진 경우 (1, 2 모두 사용)
$2^5 - 2(1 \; or \; 2 \; 몰빵) = 30$ 가지

② 5 개의 수가 1, 3 으로 이루어진 경우 (1, 3 모두 사용)
$2^5 - 2(1 \; or \; 3 \; 몰빵) = 30$ 가지

③ 5 개의 수가 1 로 이루어진 경우
1 가지

④ 5 개의 수가 2 로 이루어진 경우
1 가지

⑤ 5 개의 수가 3 로 이루어진 경우
1 가지

$$\therefore \; \mathrm{P}(A^c) = \frac{30+30+1+1+1}{3^5} = \frac{7}{27}$$

$$\Rightarrow \mathrm{P}(A) = 1 - \mathrm{P}(A^c) = 1 - \frac{7}{27} = \frac{20}{27}$$

따라서 $p+q=47$ 이다.

답 47

090

표본공간을 S 라 하면
$$n(S) = {}_8\mathrm{C}_5 \times 5!$$

A 음료를 놓은 자리들은 서로 이웃하지 않고 B 음료를 놓은
자리의 번호가 C 음료를 놓은 자리의 번호보다 큰 사건을 X

이 문제의 핵심 출제의도는 A 음료를 놓은 자리들이
서로 이웃하지 않도록 세는 방법이다.

1, 2		1	2

첫 번째 경우는 1 번 자리에 놓고 3 번 자리에 놓는다고 하면
이 때 각각의 자리에 1 을 쓰고 두 번째 경우는 1 번 자리에
놓고 4 번 자리에 놓는다고 가정하자.

이때 각각의 자리에 2 를 써주면서 세면 한 박스 안에
중복하지 않도록 빠르게 셀 수 있다.

다른 경우도 같은 메커니즘으로 세어보자.

1, 2, 3, 4, 5	6, 7, 8, 9	1, 10, 11, 12	2, 6, 13, 14, 15
7, 10, 13, 16, 17	3, 11, 14, 18	4, 8, 15, 16	5, 9, 12, 17, 18

따라서 A 음료를 놓은 자리들이 서로 이웃하지 않도록 세는
방법은 총 18 가지이다.

확률계산이니 A 끼리 다르게 보고
A_1, A_2 배열 2! 까지 해주면 $18 \times 2!$

B 음료를 놓은 자리 번호 > C 음료를 놓은 자리 번호

예를 들어 1번하고 3번 자리에 A 가 놓여있다고 가정하고
B, C 를 놓아보자.

A	2	A	4
5	6	7	8

이 경우 B, C, D 가 놓을 자리를 선택 ${}_6\mathrm{C}_3 = 20$
예를 들어 2, 4, 5 가 선택되었다고 가정하자.

B 는 C 보다 번호가 커야하기 때문에
$(B, \; C, \; D)$ 순서쌍을
구하면 $(4, \; 2, \; 5), \; (5, \; 4, \; 2), \; (5, \; 2, \; 4)$ 3 가지

다른 경우도 마찬가지이니까
$$\therefore \; {}_6\mathrm{C}_3 \times 3 = 60$$

Tip

이런 식으로 한 가지가 정해졌다고 가정하는
Technique을 꼭 기억해두자.
문제에 대한 감을 찾는 좋은 방법 중 하나이다.
사실 이때까지 계속 사용하고 있었지만 -_-;;

$$\therefore 18 \times 2! \times {}_6C_3 \times 3 = 18 \times 2! \times 60$$

다른 방식으로 풀어보자.

A 위치 정하는 방법 ${}_8C_2 - 10 = 18$ 에서 A_1, A_2 배열 $2!$ 을
해주면 $18 \times 2!$
(여기서 10 을 빼는 것은 이웃하는 경우를 제외하는 것인데
인접하는 변의 개수를 세면 된다.)

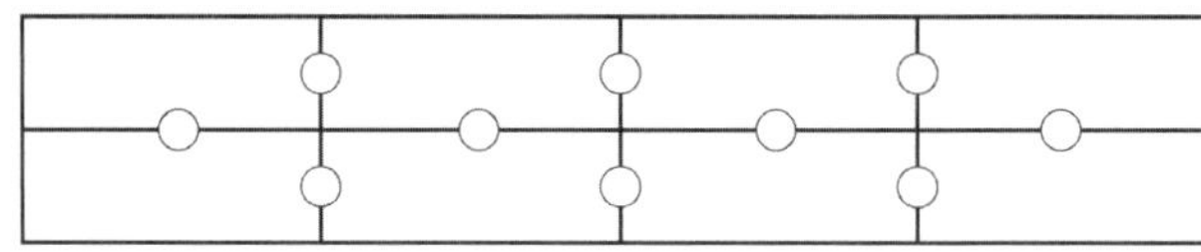

○ = 10 가지

B와 C를 놓을 두 자리 선택 ${}_6C_2 = 15$
남은 네 자리 중에 D를 놓을 자리 하나 선택 ${}_4C_1 = 4$
$$\therefore 18 \times 2! \times 15 \times 4 = 18 \times 2! \times 60$$

$$\therefore \ \mathrm{P}(X) = \frac{18 \times 2! \times 60}{{}_8C_5 \times 5!} = \frac{9}{28} = p$$

따라서 $56p = 56 \times \dfrac{9}{28} = 18$ 이다.

답 18

Tip

이 문제를 여사건으로 풀면 굉장히 복잡해진다.

A 사건이 일어나고 B 사건이 일어날 경우의 여사건은 (A 사건이
일어나지 않고 B 사건이 일어날 경우), (A 사건이 일어나지 않고
B 사건이 일어나지 않을 경우), (A 사건이 일어나고 B 사건이
일어나지 않을 경우) 의 합집합이다. 따라서 이 문제의 경우는
여사건을 사용하지 않는 편이 더 이득이다.

091

표본공간을 S 라 하면
$$n(S) = {}_{120}C_2$$
(기존 패턴 120 개 중에서 2 개를 선택)

변환된 패턴이 같은 사건을 A

각 자리 숫자를 3 으로 나눈 나머지는
$1 \rightarrow 1$
$2 \rightarrow 2$
$3 \rightarrow 0$
$4 \rightarrow 1$
$5 \rightarrow 2$

변환된 패턴이 같다는 것은 무슨 말일까?
예를 들어 변환 후가 11220 라면

변환 전 $\rightarrow$ 변환 후
$14250 \rightarrow 11220$
$41520 \rightarrow 11220$

120 개 (5!) 중에 14250 , 41520 의 배열을 선택했을 때
변환된 패턴이 같다는 말이다.

그렇다면 변환 후 11220 가 나올 수 있는 변환 전 패턴은
몇 개가 있을까?

11 이 될 수 있는 경우는 14, 41 $\Rightarrow$ 2 가지
22 가 될 수 있는 경우는 25, 52 $\Rightarrow$ 2 가지
0 이 될 수 있는 경우는 3 $\Rightarrow$ 1 가지

$$\therefore \quad 2 \times 2 \times 1 = 4 \ 가지$$

결국 4 개중 2 개를 택하면 ${}_4C_2$

그런데 변환 후 패턴은 11220 밖에 없을까?
11220 을 일렬로 배열해서 얻을 수 있는 패턴만큼 존재하므로
$$\frac{5!}{2!2!} = 30 \ 가지$$

$30 \times {}_4C_2$ (변환 후 패턴 30 개중 1 개 선택 ${}_{30}C_1 \ \times$
변환 후 같은 패턴이 나오는 변환 전 패턴 4 개
중 2 개 선택 ${}_4C_2$) 이므로

$$\therefore \ \mathrm{P}(A) = \frac{30 \times {}_4\mathrm{C}_2}{{}_{120}\mathrm{C}_2} = \frac{3}{119}$$

따라서 $p+q=122$ 이다.

답   122

092

ㄱ차	ㄴ차	ㄷ차
5인승	7인승	9인승
현재 4명	현재 5명	현재 6명
추가 1명	추가 2명	추가 3명

총 6명 A, B, a, b, c, d

표본공간을 S 라 하면
$n(S) = {}_6\mathrm{C}_1 \times {}_5\mathrm{C}_2 \times {}_3\mathrm{C}_3 \times 1 = 60$
(6명을 1명, 2명, 3명으로 분할 후 분배)

A와 B가 같은 차에 배정되는 사건을 X

A, B가 같은 차에 배정될 수있는 case는 다음과 같다.

① A, B가 ㄴ차에 배정
남은 4명을 1명, 3명으로 분할 ${}_4\mathrm{C}_1 \times {}_3\mathrm{C}_3$ 가지
1명, 3명을 ㄱ차, ㄷ차에 분배 1가지
$\therefore \ {}_4\mathrm{C}_1 \times {}_3\mathrm{C}_3 = 4$ 가지

② A, B가 ㄷ차에 배정
남은 4명을 1명, 1명, 2명으로 분할 ${}_4\mathrm{C}_1 \times {}_3\mathrm{C}_1 \times {}_2\mathrm{C}_2 \times \frac{1}{2!}$ 가지
1명, 1명, 2명을 ㄱ차, ㄷ차, ㄴ차에 분배 2! (ㄱ or ㄷ)
$\therefore \ {}_4\mathrm{C}_1 \times {}_3\mathrm{C}_1 \times {}_2\mathrm{C}_2 \times \frac{1}{2!} \times 2! = 12$

$$\therefore \ \mathrm{P}(X) = \frac{4+12}{60} = \frac{16}{60} = \frac{4}{15}$$

따라서 $10p+q = 150+4 = 154$ 이다.

답   154

093

표본공간을 S 라 하면
$n(S) = 4^4 = 256$

(가), (나) 조건을 만족시키는 사건을 X

$f(1) \times f(2) \geq 9$

변수가 2개이니 표를 그려서 해결해보자.

$f(1)$ \ $f(2)$	1	2	3	4
1	1	2	3	4
2	2	4	6	8
3	3	6	9	12
4	4	8	12	16

$(f(1), \ f(2)) = (3, \ 3), \ (3, \ 4), \ (4, \ 3), \ (4, \ 4)$ 가 가능하다.

① $(f(1), \ f(2)) = (3, \ 3)$ 일 때
치역의 원소의 개수가 3이므로
나머지 치역 2개 선택 ${}_3\mathrm{C}_2$ 가지 (1, 2가 선택되었다고 가정)
$(f(3), \ f(4)) = (1, \ 2), \ (2, \ 1) \ \Rightarrow \ 2$ 가지
$\therefore \ 3 \times 2 = 6$ 가지

② $(f(1), \ f(2)) = (3, \ 4)$ 일 때
치역의 원소의 개수가 3이므로
나머지 치역 1개 선택 ${}_2\mathrm{C}_1$ 가지 (1이 선택되었다고 가정)
치역이 1, 3, 4
정의역 3, 4에게 물어본다. 1, 3, 4중 어디갈래?
각각 3가지 $\Rightarrow$ 3^2 가지
이때 3^2 가지에서 정의역 3, 4가 1빼고 3, 4로만 가는 경우
2^2 가지를 빼줘야 한다.
$\therefore \ {}_2\mathrm{C}_1 \times \left(3^2 - 2^2\right) = 10$ 가지

③ $(f(1), \ f(2)) = (4, \ 3)$ 일 때
②의 구조와 동일하므로 10 가지

④ $(f(1), \ f(2)) = (4, \ 4)$ 일 때
①의 구조와 동일하므로 6 가지

$$\therefore \ \mathrm{P}(X) = \frac{6+10+10+6}{256} = \frac{32}{256} = \frac{1}{8} = p$$

따라서 $120p = 120 \times \frac{1}{8} = 15$ 이다.

답   15

094

표본공간을 S 라 하면
$n(S) = {}_{11}C_3$

$a+b+c$ 는 3의 배수인 홀수인 사건을 A

나머지 더해서 3의 배수 = 3의 배수임을 이용해서 문제를
풀어보자.

1, 2, $\cdots$, 11 의 숫자들을 3 으로 나누었을 때
나머지가 1 이거나 2 이거나 0 으로 case분류하면

1(홀), 4(짝), 7(홀), 10(짝) $\Rightarrow$ 나머지가 1
2(짝), 5(홀), 8(짝), 11(홀) $\Rightarrow$ 나머지가 2
3(홀), 6(짝), 9(홀) $\Rightarrow$ 나머지가 0

3의 배수이려면 총 4가지로 case분류할 수 있다.

① 1, 1, 1
② 2, 2, 2
③ 0, 1, 2
④ 0, 0, 0

이제 각각의 case에 대하여 홀수임을 따져보자.

① 1, 1, 1
홀수가 나오려면 홀 홀 홀 or 홀 짝 짝 이 나와야 하는데
홀 홀 홀 은 나올 수가 없으니 홀 짝 짝이 되어야 한다.
$\therefore$ ${}_2C_1 \times {}_2C_2 = 2$ 가지

② 2, 2, 2
마찬가지로 홀 짝 짝이 되어야 한다.
$\therefore$ ${}_2C_1 \times {}_2C_2 = 2$ 가지

③ 0, 1, 2
case ③이 포인트!!

(1) 홀 홀 홀

$\therefore$ $2 \times 2 \times 2 = 8$ 가지 (각 영역에서 홀수를 뽑으면 된다.
크기는 정해져 있으니까 선택만 하면 자동배열)

(2) 홀 짝 짝

case는 총 3가지로 분류할 수 있다.

세로줄은 홀짝짝/ 짝홀짝/ 짝짝홀 이고
가로줄은 나머지 line으로 표를 그려서 해결해보자.

홀	짝	짝	나머지 1
짝	홀	짝	나머지 2
짝	짝	홀	나머지 0
$2 \times 2 \times 1 = 4$	$2 \times 2 \times 1 = 4$	$2 \times 2 \times 2 = 8$	$\therefore$ 16 가지

④ 0, 0, 0
세 수의 합이 짝수이므로 모순!

$$\therefore \ \mathrm{P}(A) = \frac{2+2+8+16}{{}_{11}C_3} = \frac{28}{165}$$

따라서 $p+q = 193$ 이다.

답 193

주사위를 3번 던져 첫 번째, 두 번째, 세 번째 나온 눈의
수를 각각 a, b, c 라 하고 세 수 a, b, c 의 순서쌍을
(a, b, c) 라 하자.

표본공간을 S 라 하면
$n(S) = 6^3$
(주사위를 3번 던져 나오는 모든 경우의 수)

6개의 접시 위에 각각 한 개 이상의 쿠키가 담겨 있는
사건을 A 라 하면 빈 접시가 생기는 사건은 A^c 이다.

빈 접시의 개수로 case분류해 보자.

① 빈 접시가 1 개

빈 접시 1개 선택 ${}_6C_1 = 6$ 가지
1이 적혀 있는 접시가 빈 접시라고 가정하자.
1이 적혀 있는 접시가 빈 접시인 경우는
$(3, 3, 5)$, $(3, 5, 5)$, $(3, 4, 5)$ 인 각각 순서쌍의 수를
일렬로 나열하는 것과 같으므로 $\dfrac{3!}{2!} + \dfrac{3!}{2!} + 3! = 12$ 가지
$\therefore$ $6 \times 12 = 72$ 가지

② 빈 접시가 2 개

빈 접시가 2개인 경우는 두 접시가 이웃하는 경우이므로

$\{1,\ 2\},\ \{2,\ 3\},\ \{3,\ 4\},\ \{4,\ 5\},\ \{5,\ 6\},\ \{6,\ 1\}\ \Rightarrow 6$가지

$1,\ 2$가 적혀 있는 접시가 빈 접시라고 가정하자.

$1,\ 2$가 적혀 있는 접시가 빈 접시인 경우는

$(4,\ 4,\ 5),\ (4,\ 5,\ 5)$인 각각 순서쌍의 수를 일렬로

나열하는 것과 같으므로 $\dfrac{3!}{2!}+\dfrac{3!}{2!}=6$ 가지

$\therefore\ 6\times 6=36$ 가지

③ 빈 접시가 3개

빈 접시가 3개인경우는 세 접시가 이웃하는 경우이므로
$\{1,\ 2,\ 3\},\ \{2,\ 3,\ 4\},\ \{3,\ 4,\ 5\},\ \{4,\ 5,\ 6\},$

$\{5,\ 6,\ 1\},\ \{6,\ 1,\ 2\}\ \Rightarrow\ 6$가지

$1,\ 2,\ 3$가 적혀 있는 접시가 빈 접시라고 가정하자.

$1,\ 2,\ 3$가 적혀 있는 접시가 빈 접시인 경우는

$(5,\ 5,\ 5)$인 순서쌍의 수를 일렬로 나열하는 것과

같으므로 1 가지

$\therefore\ 6\times 1=6$ 가지

$P(A^c)=\dfrac{72+36+6}{6^3}=\dfrac{114}{216}=\dfrac{19}{36}$ 이므로

$P(A)=1-P(A^c)=1-\dfrac{19}{36}=\dfrac{17}{36}$ 이다.

따라서 구하고자 하는 확률은 $\dfrac{17}{36}$ 이다.

답 ②

096

$1_a,\ 1_b,\ 2_a,\ 2_b,\ 3_a,\ 3_b$

표본공간을 S 라 하면
$n(S)=6!$

$m=a_1\times 100+a_2\times 10+a_3,$

$n=a_4\times 100+a_5\times 10+a_6$

$m>n$ 인 사건을 A

$m>n$ 이려면 다음과 같은 2 가지 **case**가 가능하다.

① $a_1>a_4$

$(a_1,\ a_4)=(3,\ 2),\ (3,\ 1),\ (2,\ 1)\ \Rightarrow\ 3$가지

$(a_1,\ a_4)=(3,\ 2)$ 라고 가정하자.

$3_a,\ 3_b$ 중 선택 $_2C_1$ (3_a가 선택되었다고 가정)

$2_a,\ 2_b$ 중 선택 $_2C_1$ (2_a가 선택되었다고 가정)

나머지 $3_b,\ 2_b,\ 1_a,\ 1_b$ 배열 $4!$

$\therefore\ 3\times {}_2C_1\times {}_2C_1\times 4!=3\times 96$

② $a_1=a_4,\ a_2>a_5$

$(a_1,\ a_4)=(1,\ 1),\ (2,\ 2),\ (3,\ 3)\ \Rightarrow\ 3$가지

$(a_1,\ a_4)=(1,\ 1)$ 라고 가정하자.

$1_a,\ 1_b$ 배열 $2!$ ($a_1=1_a,\ a_4=1_b$라 가정)

$a_2=3,\ a_5=2$

$3_a,\ 3_b$ 중 선택 $_2C_1$ (3_a가 선택되었다고 가정)

$2_a,\ 2_b$ 중 선택 $_2C_1$ (2_a가 선택되었다고 가정)

나머지 $3_b,\ 2_b$ 배열 $2!$

$\therefore\ 3\times 2!\times {}_2C_1\times {}_2C_1\times 2!=48$

$\therefore\ P(A)=\dfrac{3\times 96+48}{6!}=\dfrac{7}{15}$

따라서 $p+q=22$ 이다.

답 22

이번에는 대칭성을 활용하여 구해보자.

구하고자 하는 확률은 전체확률 1 에서 $m=n$ 일 확률을

뺀 후 $\dfrac{1}{2}$ 을 곱하여 구할 수 있다.

($m>n$ 인 확률과 $m<n$ 인 확률은 서로 같으므로)

$m=n$ 일 확률을 구해보자.

$m=n$ 인 사건을 C

백의 자리, 십의 자리, 일의 자리에 $1,\ 2,\ 3$ 매칭시키기 $3!$

$(a_1,\ a_4)=(1,\ 1),\ (a_2,\ a_5)=(2,\ 2),\ (a_3,\ a_6)=(3,\ 3)$

라고 가정하자.

$1_a,\ 1_b$ 배열 $2!$, $2_a,\ 2_b$ 배열 $2!$, $3_a,\ 3_b$ 배열 $2!$

$\therefore\ P(C)=\dfrac{3!\times 2!\times 2!\times 2!}{6!}=\dfrac{1}{15}$

따라서 $m>n$ 일 확률은 $\dfrac{1}{2}\left(1-\dfrac{1}{15}\right)=\dfrac{7}{15}$ 이다.

표본공간을 S 라 하면
$n(S) = {}_{10}C_3 - {}_5C_3 = 120 - 10 = 110$
(세 개의 수의 곱이 짝수
= 전체에서 3개 선택 − 홀수만 3개 선택)

세 개의 수의 합이 3의 배수인 사건을 A

나머지 더해서 3의 배수 = 3의 배수임을 이용해서 문제를
풀어보자.

1, 2, $\cdots$, 10의 숫자들을 3으로 나누었을 때
나머지가 1이거나 2이거나 0으로 case분류하면

1(홀), 4(짝), 7(홀), 10(짝) $\Rightarrow$ 나머지가 1
2(짝), 5(홀), 8(짝) $\Rightarrow$ 나머지가 2
3(홀), 6(짝), 9(홀) $\Rightarrow$ 나머지가 0

3의 배수이려면 총 4가지로 case분류할 수 있다.

① 0, 0, 0 $\Rightarrow$ 나머지 0에서 3개 선택 ${}_3C_3 = 1$ 가지
홀×짝×홀 = 짝

② 1, 1, 1 $\Rightarrow$ 나머지 1에서 3개 선택 ${}_4C_3 = 4$ 가지
홀×홀×홀이 나올 수 없으므로 짝수

③ 2, 2, 2 $\Rightarrow$ 나머지 2에서 3개 선택 ${}_3C_3 = 1$ 가지
짝×홀×짝 = 짝

④ 1, 2, 0
나머지 1, 2, 0에서 각각 1개씩 선택
${}_4C_1 \times {}_3C_1 \times {}_3C_1 = 36$
36에서 곱이 홀수가 나오는 경우를 빼줘야 한다.
곱이 홀수가 되려면 모두 홀수가 나와야 하므로
나머지 1, 2, 0에서 각각 홀수만 1개씩 선택
${}_2C_1 \times {}_1C_1 \times {}_2C_1 = 4$
$\Rightarrow$ $36 - 4 = 32$ 가지

$\therefore \ \mathrm{P}(A) = \dfrac{1+4+1+32}{110} = \dfrac{38}{110} = \dfrac{19}{55}$

따라서 구하고자 하는 확률은 $\dfrac{19}{55}$ 이다.

답 ③

098

표본공간을 S 라 하면
$n(S) = {}_6C_4 \times 4!$
($-1'$, $-1''$, 1, 2, 3, 4 서로 다른 6개의 카드 중
4개 선택 후 배열)

$x \leq |y| \leq |z| \leq w$ 인 사건을 A

-1이 스페셜한 조건이니 -1이 들어가는 개수에 따라
case분류하면

① -1이 없을 때

순서는 1, 2, 3, 4 이므로 1가지 (자동배열)

② -1이 한 개 있을 때

(1) -1, 1, a, b
2, 3, 4 중 2개 선택 ${}_3C_2$ 가지
$-1'$, $-1''$ 중 1개 선택 ${}_2C_1$ 가지
-1, 1 배열 2! 가지
$\Rightarrow$ ${}_3C_2 \times {}_2C_1 \times 2! = 12$ 가지

> **Tip**
>
> 절댓값 때문에 -1과 1이 자리를 바꾸기 가능
> (실수 포인트!)

(2) -1, 2, 3, 4
$-1'$, $-1''$ 중 1개 선택 ${}_2C_1$ 가지
배열 1가지
$\Rightarrow$ ${}_2C_1 \times 1 = 2$ 가지

③ -1이 두 개 있을 때

(1) -1, -1, 1, a
a 선택 ${}_3C_1$ 가지
$-1'$, $-1''$, 1 배열 3! 가지
$\Rightarrow$ ${}_3C_1 \times 3! = 18$ 가지

(2) -1, -1, a, b $(a, b \neq 1)$
a, b 선택 ${}_3C_2$ 가지
$-1'$, $-1''$ 배열 2!
$\Rightarrow$ ${}_3C_2 \times 2! = 6$ 가지

$$\therefore \ \mathrm{P}(A) = \frac{1+14+24}{{}_6\mathrm{C}_4 \times 4!} = \frac{39}{15 \times 24} = \frac{13}{120}$$

따라서 $p+q=133$ 이다.

답 133

> **Tip**
>
> 이 문제를 조금 간소화해서 만약 $x \le y \le z \le w$ 라 할 때,
> -1 이 서로 같다고 가정하면 079번에서처럼 모든 근원사건의
> 발생가능성이 동일할까?
>
> 한 번 확인해보자.
>
> $(x,\ y,\ z,\ w) = (1,\ 2,\ 3,\ 4)$ 이 나올 확률은
> 분자 : 1
> 분모 : ${}_6\mathrm{C}_4 \times 4!$
> 이므로 $\dfrac{1}{{}_6\mathrm{C}_4 \times 4!} = \dfrac{1}{360}$ 이다.
>
> $(x,\ y,\ z,\ w) = (-1,\ -1,\ 1,\ 2)$ 이 나올 확률은
> 분자 : $-1_a,\ -1_b$ 자리 바꾸기 2!
> 분모 : ${}_6\mathrm{C}_4 \times 4!$
> 이므로 $\dfrac{2!}{{}_6\mathrm{C}_4 \times 4!} = \dfrac{2}{360} = \dfrac{1}{180}$ 이다.
>
> 따라서 이 경우에는 같은 것으로 보고 계산하면
> 답이 다르게 나온다.

099

표본공간을 S 라 하면
$n(S) = 4 \times 4 \times 4 \times 3 \times 3 \times 3$
(갑이 서로 다른 세 상자에서 공을 각각 1개씩 꺼낸 뒤
을이 서로 다른 세 상자에서 공을 각각 1개씩 꺼냄)

$x_k \ne y_k$ 인 k 가 존재하는 사건을 X 라 하면
모든 $k\ (k=1,\ 2,\ 3)$ 에 대하여 $x_k = y_k$ 인 사건은 X^c 이다.

서로 다른 세 상자 $A,\ B,\ C$ 에서 뽑은 공에 적힌 수를
각각 $a,\ b,\ c$ 라 하고 그 순서쌍을 $(a,\ b,\ c)$ 라 하자.

모든 $k\ (k=1,\ 2,\ 3)$ 에 대하여 $x_k = y_k$ 를 만족하는
case를 구해보자.
만약 갑이 $(1,\ 1,\ 2)$ 를 뽑았다고 가정하면 조건을 만족시키지
않는다. (꺼낸 공은 다시 넣지 않음)

만약 갑이 $(1,\ 1,\ 1)$ 을 꺼냈다고 가정하면 위와 마찬가지로
조건을 만족시키지 않는다. (꺼낸 공은 다시 넣지 않음)

즉, 갑은 세 상자에서 모두 다른 공을 뽑아야 한다.
1, 2, 3, 4 중 3개 선택 ${}_4\mathrm{C}_3$ 가지
1, 2, 3 이 선택되었다고 가정하자.
$a,\ b,\ c$ 와 1, 2, 3 매칭시키기 3! 가지

$(a,\ b,\ c) = (1,\ 2,\ 3)$ 이라고 가정하면
세 상자 $A,\ B,\ C$ 에 남아 있는 공은 다음과 같다.

A	B	C
2, 3, 4	1, 3, 4	1, 2, 4

조건을 만족시키려면 다음과 같은 2가지 경우가 가능하다.

	a	b	c
을	3	1	2
	2	3	1

$$\mathrm{P}(X^c) = \frac{{}_4\mathrm{C}_3 \times 3! \times 2}{4 \times 4 \times 4 \times 3 \times 3 \times 3} = \frac{1}{36}$$ 이므로

$$\mathrm{P}(X) = 1 - \mathrm{P}(X^c) = 1 - \frac{1}{36} = \frac{35}{36}$$ 이다.

따라서 $p+q = 71$ 이다.

답 71

조건부확률 | Guide step

1	$\dfrac{2}{3}$
2	$\dfrac{1}{15}$
3	$\dfrac{7}{13}$
4	종속
5	$\dfrac{135}{512}$

개념 확인문제 1

홀수의 눈이 나오는 사건을 A,
3의 약수인 눈의 수가 나오는 사건을 B

$A=\{1,\ 3,\ 5\}$, $B=\{1,\ 3\}$, $A\cap B=\{1,\ 3\}$ 이므로
$P(A)=\dfrac{1}{2}$, $P(A\cap B)=\dfrac{2}{6}=\dfrac{1}{3}$

따라서 구하고자 하는 확률은 사건 A가 일어났을 때의
사건 B의 조건부확률이므로

$P(B\,|\,A)=\dfrac{P(A\cap B)}{P(A)}=\dfrac{\dfrac{1}{3}}{\dfrac{1}{2}}=\dfrac{2}{3}$ 이다.

답 $\dfrac{2}{3}$

개념 확인문제 2

당첨 ○ ○ ○ 꽝 × × × × × × ×
첫 번째 꺼낸 용지에 당첨이 적혀있는 사건을 A라 하면
$P(A)=\dfrac{3}{10}$

두 번째 꺼낸 용지에 당첨이 적혀있는 사건을 B라 하면
사건 A가 일어났을 때의 사건 B의 조건부확률은
$P(B\,|\,A)=\dfrac{2}{9}$

따라서 두 용지 모두 당첨이 적혀있는 사건은 $A\cap B$이므로
구하는 확률은 $P(A\cap B)=P(A)P(B\,|\,A)=\dfrac{3}{10}\times\dfrac{2}{9}=\dfrac{1}{15}$ 이다.

답 $\dfrac{1}{15}$

개념 확인문제 3

전체 제품의 개수를 100이라고 가정하자.

	A	B
정상	24	63
불량	6	7
합계	30	70

따라서 구하고자 하는 확률은
$P(B\,|\,$불량$)=\dfrac{n(B\cap\text{불량})}{n(\text{불량})}=\dfrac{7}{13}$ 이다.

답 $\dfrac{7}{13}$

개념 확인문제 4

$A=\{1,\ 2,\ 4\}$, $B=\{2,\ 4,\ 6\}$ 이므로
$P(A)=\dfrac{1}{2}$, $P(B)=\dfrac{1}{2}$

$P(A)P(B)=\dfrac{1}{4}$

$A\cap B=\{2,\ 4\}$ 이므로
$P(A\cap B)=\dfrac{1}{3}$

$P(A\cap B)\neq P(A)P(B)$ 이므로 두 사건 A, B는 서로 종속이다.

답   종속

개념 확인문제 5

두 동전이 동시에 뒷면이 나오는 확률은 $\dfrac{1}{2}\times\dfrac{1}{2}=\dfrac{1}{4}$

동시에 뒷면이 나오지 않는 확률은 $\dfrac{3}{4}$

따라서 구하고자 하는 확률은
${}_{5}\mathrm{C}_{2}\left(\dfrac{1}{4}\right)^{2}\left(\dfrac{3}{4}\right)^{3}=\dfrac{135}{512}$ 이다.

답 $\dfrac{135}{512}$

1	②	23	30
2	①	24	②
3	③	25	③
4	①	26	④
5	⑤	27	②
6	④	28	②
7	①	29	①
8	40	30	③
9	75	31	⑤
10	③	32	③
11	②	33	②
12	②	34	3
13	5	35	100
14	④	36	②
15	41	37	③
16	32	38	307
17	④	39	189
18	31	40	275
19	11	41	47
20	40	42	⑤
21	153	43	②
22	20		

001

$$P(A) = P(B \mid A) = \frac{3}{4}$$

$$P(B \mid A) = \frac{P(B \cap A)}{P(A)} = \frac{P(B \cap A)}{\frac{3}{4}} = \frac{3}{4}$$

$$\Rightarrow P(A \cap B) = \frac{9}{16}$$

답 ②

002

$$P(A) = \frac{5}{12}, \ P(A \cap B^c) = \frac{1}{4}$$

$$P(A \cap B^c) = P(A) - P(A \cap B) = \frac{5}{12} - P(A \cap B) = \frac{1}{4}$$

$$\Rightarrow P(A \cap B) = \frac{5-3}{12} = \frac{1}{6}$$

따라서 $P(B \mid A) = \dfrac{P(A \cap B)}{P(A)} = \dfrac{\frac{1}{6}}{\frac{5}{12}} = \dfrac{12}{30} = \dfrac{2}{5}$ 이다.

답 ①

003

두 사건 A와 B가 서로 배반사건이므로 $P(A \cap B) = 0$

$$P(A) = \frac{1}{8}, \ P(A \mid B^c) = \frac{1}{4}$$

$$P(A \mid B^c)$$

$$= \frac{P(A \cap B^c)}{P(B^c)} = \frac{P(A) - P(A \cap B)}{1 - P(B)} = \frac{\frac{1}{8}}{1 - P(B)} = \frac{1}{4}$$

$$\Rightarrow \frac{1}{2} = 1 - P(B)$$

따라서 $P(B) = \dfrac{1}{2}$ 이다.

답 ③

004

$$P(A \cup B) = \frac{7}{20}, \ P(B) = \frac{1}{5}$$

$$P(A \mid B^c)$$

$$= \frac{P(A \cap B^c)}{P(B^c)} = \frac{P(A) - P(A \cap B)}{1 - P(B)} = \frac{P(A) - P(A \cap B)}{1 - \frac{1}{5}}$$

$$P(A \cup B) = P(A) + P(B) - P(A \cap B)$$

$$\Rightarrow \frac{7}{20} = \frac{1}{5} + P(A) - P(A \cap B)$$

$$\Rightarrow \frac{3}{20} = P(A) - P(A \cap B)$$

따라서

$$P(A \mid B^c) = \frac{P(A) - P(A \cap B)}{\frac{4}{5}} = \frac{\frac{3}{20}}{\frac{4}{5}} = \frac{15}{80} = \frac{3}{16}$$

이다.

답 ①

005

$$P(A) = \frac{1}{4}, \ P(B^c) = \frac{2}{3}, \ P(B \mid A) = \frac{1}{6}$$

$$P(B) = 1 - P(B^c) = 1 - \frac{2}{3} = \frac{1}{3}$$

$$P(B \mid A) = \frac{P(A \cap B)}{P(A)} = \frac{P(A \cap B)}{\frac{1}{4}} = \frac{1}{6} \implies P(A \cap B) = \frac{1}{24}$$

따라서 $P(A^c \mid B) = \dfrac{P(A^c \cap B)}{P(B)} = \dfrac{P(B) - P(A \cap B)}{P(B)}$

$$= \frac{\frac{1}{3} - \frac{1}{24}}{\frac{1}{3}} = \frac{7}{8}$$

이다.

답 ⑤

006

남학생인 사건을 A
2학년 학생인 사건을 B

따라서 구하고자 하는 확률은

$$P(B \mid A) = \frac{P(A \cap B)}{P(A)} = \frac{n(A \cap B)}{n(A)}$$

$$= \frac{70}{40 + 70} = \frac{70}{110} = \frac{7}{11}$$

이다.

답 ④

007

혈액형이 B인 사건을 A
Rh⁻형인 사건을 B

따라서 구하고자 하는 확률은

$$P(B \mid A) = \frac{P(A \cap B)}{P(A)} = \frac{n(A \cap B)}{n(A)} = \frac{8}{52 + 8} = \frac{8}{60} = \frac{2}{15}$$

이다.

답 ①

008

이어폰 단자 고장 건인 사건을 A
접수 시기가 품질보증 기간 이내인 사건을 B

$$P(B \mid A) = \frac{P(A \cap B)}{P(A)} = \frac{n(A \cap B)}{n(A)} = \frac{80}{80 + a} = \frac{4}{7} = \frac{80}{140}$$

$$\implies a = 60$$
$$a + b = 80 \implies b = 20$$

따라서 $a - b = 60 - 20 = 40$ 이다.

답 40

009

	주간	야간	합계
남	20	30	50
여	30	10	40
합계	50	40	

야간 근무를 하는 사건을 A
직원이 남성인 사건을 B

$$P(B \mid A) = \frac{P(A \cap B)}{P(A)} = \frac{n(A \cap B)}{n(A)} = \frac{30}{40} = \frac{3}{4} = p$$

따라서 $100p = 100 \times \dfrac{3}{4} = 75$ 이다.

답 75

	남학생	여학생	합계
영어	15	5	20
일본어	5	10	15
합계	20	15	

영어 수업을 받는 사건을 A
여학생인 사건을 B

따라서 구하고자 하는 확률은
$$\mathrm{P}(B \mid A)=\frac{\mathrm{P}(A \cap B)}{\mathrm{P}(A)}=\frac{n(A \cap B)}{n(A)}=\frac{5}{15+5}=\frac{5}{20}=\frac{1}{4}$$
이다.

답 ③

011

전체를 100 개라고 가정하자.

	헬스장 ○	헬스장 ×	합계
캡형 ○	10	8	18
캡형 ×	10	72	82
합계	20	80	

물티슈가 캡형인 사건을 A
물티슈가 헬스장을 홍보하기 위해 제작된 사건을 B

따라서 구하고자 하는 확률은
$$\mathrm{P}(B \mid A)=\frac{\mathrm{P}(A \cap B)}{\mathrm{P}(A)}=\frac{n(A \cap B)}{n(A)}=\frac{10}{10+8}=\frac{10}{18}=\frac{5}{9}$$
이다.

답 ②

012

전체를 100 명이라고 가정하자.

	남	여	합계
야자 ○	20	10	30
야자 ×	20	50	70
합계	40	60	

야간자율학습을 하지 않는 사건을 A
남학생인 사건을 B

따라서 구하고자 하는 확률은
$$\mathrm{P}(B \mid A)=\frac{\mathrm{P}(A \cap B)}{\mathrm{P}(A)}=\frac{n(A \cap B)}{n(A)}=\frac{20}{20+50}=\frac{20}{70}=\frac{2}{7}$$
이다.

답 ②

013

	남학생	여학생	합계
A 단말기	6	a	$a+6$
B 단말기	4	b	$b+4$
합계	10	10	

$$\mathrm{P}(\text{A 단말기} \mid \text{여학생})=\frac{n(\text{A 단말기} \cap \text{여학생})}{n(\text{여학생})}=\frac{a}{10}=p$$

$$\mathrm{P}(\text{남학생} \mid \text{B 단말기})=\frac{n(\text{남학생} \cap \text{B 단말기})}{n(\text{B 단말기})}=\frac{4}{b+4}=q$$

$a+b=10 \Rightarrow b=10-a$

$8p=9q \Rightarrow \dfrac{a}{5}=\dfrac{9}{b+4} \Rightarrow a(b+4)=45 \Rightarrow a(14-a)=45$

$\Rightarrow a^2-14a+45=0 \Rightarrow (a-5)(a-9)=0$

각 단말기를 적어도 2 명의 여학생이 이용하였으므로
$a \geq 2,\ b \geq 2$ 이다.

$a=9$ 일 때는 $b=1$ 이므로 조건에 모순된다.
즉, $a=5$

따라서 A 단말기를 이용한 여학생은 5 명이다.

답 5

014

① ① ② ② ② ❷ ❷ ❸ ❸ ❸

모두 2가 적혀있는 사건을 A
두 공이 서로 다른 색인 사건을 B

따라서 구하고자 하는 확률은
$$\mathrm{P}(B \mid A)=\frac{\mathrm{P}(A \cap B)}{\mathrm{P}(A)}=\frac{n(A \cap B)}{n(A)}=\frac{{}_3\mathrm{C}_1 \times {}_2\mathrm{C}_1}{{}_5\mathrm{C}_2}=\frac{3}{5}\ \text{이다.}$$

답 ④

$f(1) = f(2)$ 인 사건을 A
$f(k) \neq k \ (k = 1, \ 2, \ 3, \ 4)$ 인 사건을 B

① $n(A)$
$f(1) = f(2) = a$ 라 하면 1, 2, 3, 4 중 a 선택 $_4C_1$
정의역 3, 4 에게 물어본다. 1, 2, 3, 4 중 어디갈래?
각각 4 가지 $\Rightarrow$ 4^2 가지
$n(A) = {_4C_1} \times 4^2 = 64$

② $n(A \cap B)$
$f(1) = f(2) = a$ 라 하면 3, 4 중 a 선택 $_2C_1$
정의역 3 에게 물어본다. 1, 2, 4 중 어디갈래? 3 가지
정의역 4 에게 물어본다. 1, 2, 3 중 어디갈래? 3 가지
$n(A \cap B) = {_2C_1} \times 3^2 = 18$

$$\therefore \ \ P(B \mid A) = \frac{P(A \cap B)}{P(A)} = \frac{n(A \cap B)}{n(A)} = \frac{18}{64} = \frac{9}{32}$$

따라서 $p + q = 41$ 이다.

답 41

016

선택한 지역이 모두 같은 사건을 A
유럽이나 미국인 사건을 B

① $n(A)$
모두 유럽을 선택 $_6C_3 = 20$
모두 일본을 선택 $_4C_3 = 4$
모두 미국을 선택 $_5C_3 = 10$
$n(A) = 20 + 4 + 10 = 34$

② $n(A \cap B)$
모두 유럽을 선택 $_6C_3 = 20$
모두 미국을 선택 $_5C_3 = 10$
$n(A \cap B) = 20 + 10 = 30$

$$\therefore \ \ P(B \mid A) = \frac{P(A \cap B)}{P(A)} = \frac{n(A \cap B)}{n(A)} = \frac{30}{34} = \frac{15}{17}$$

따라서 $p + q = 32$ 이다.

답 32

① 주머니 A 에서 흰 공을 꺼낼 경우
주머니 A 에서 흰 공을 꺼낼 확률은 $\dfrac{3}{7}$
주머니 B : 흰 5, 검 2
주머니 B 에서 꺼낸 공이 모두 흰 공인 확률은 $\dfrac{_5C_2}{_7C_2} = \dfrac{10}{21}$

$$\therefore \ \ \frac{3}{7} \times \frac{10}{21} = \frac{30}{147}$$

② 주머니 A 에서 검은 공을 꺼낼 경우
주머니 A 에서 검은 공을 꺼낼 확률은 $\dfrac{4}{7}$
주머니 B : 흰 4, 검 3
주머니 B 에서 꺼낸 공이 모두 흰 공인 확률은 $\dfrac{_4C_2}{_7C_2} = \dfrac{6}{21}$

$$\therefore \ \ \frac{4}{7} \times \frac{6}{21} = \frac{24}{147}$$

따라서 구하고자 하는 확률은

$$\frac{\dfrac{24}{147}}{\dfrac{30}{147} + \dfrac{24}{147}} = \frac{24}{54} = \frac{4}{9} \ 이다.$$

답 ④

$|a - b| \leq 2$ 인 사건을 A
ab 가 홀수인 사건을 B

변수 2 개이니 표를 그려서 해결해보자.

$|a - b| \leq 2$ 는 색칠한 글씨
$|a - b| \leq 2$ 이고 ab 가 홀수인 경우 칸에 배경 색칠

b＼a	1	2	3	4	5	6
1	0	1	2	3	4	5
2	1	0	1	2	3	4
3	2	1	0	1	2	3
4	3	2	1	0	1	2
5	4	3	2	1	0	1
6	5	4	3	2	1	0

$n(A) = 24$, $n(A \cap B) = 7$

$$\therefore \ \mathrm{P}(B \mid A) = \frac{\mathrm{P}(A \cap B)}{\mathrm{P}(A)} = \frac{n(A \cap B)}{n(A)} = \frac{7}{24}$$

따라서 $p+q = 31$ 이다.

답   31

019

4개의 구슬에 적힌 숫자가 모두 다른 사건을 A
검은 구슬이 1개 나온 사건을 B

① ② ③ ④ ❶ ❷ ❻

검은 구슬의 개수로 case분류하면

ⅰ) 검은 구슬 0개
① ② ③ ④ 중 4개 선택 $_4\mathrm{C}_4 = 1$ 가지

ⅱ) 검은 구슬 1개
❶ ② ③ ④ $\Rightarrow$ 1가지
❷ ① ③ ④ $\Rightarrow$ 1가지
❻ $\Rightarrow$ ① ② ③ ④ 중 3개 선택 $_4\mathrm{C}_3 = 4$ 가지
총 6가지

ⅲ) 검은 구슬 2개
❶ ❷ ③ ④ $\Rightarrow$ 1가지
❶ ❻ $\Rightarrow$ ② ③ ④ 중 2개 선택 $_3\mathrm{C}_2 = 3$ 가지
❷ ❻ $\Rightarrow$ ① ③ ④ 중 2개 선택 $_3\mathrm{C}_2 = 3$ 가지
총 7가지

ⅳ) 검은 구슬 3개
❶ ❷ ❻ $\Rightarrow$ ③ ④ 중 1개 선택 $_2\mathrm{C}_1 = 2$ 가지

$$\therefore \ \mathrm{P}(B \mid A) = \frac{\mathrm{P}(A \cap B)}{\mathrm{P}(A)} = \frac{n(A \cap B)}{n(A)} = \frac{6}{1+6+7+2} = \frac{3}{8}$$

따라서 $p+q = 11$ 이다.

답   11

020

갑과 을이 서로 이웃하여 앉는 사건을 A
갑과 을이 F 열에 앉는 사건을 B

① 갑과 을이 F 열에 이웃하여 앉는 경우
$\mathrm{F}_1\mathrm{F}_2$ or $\mathrm{F}_2\mathrm{F}_3$ 선택 $_2\mathrm{C}_1$ ($\mathrm{F}_1\mathrm{F}_2$ 가 선택되었다고 가정)
F_1, F_2 자리 바꾸기 2!
남은 자리 배열 4!
$_2\mathrm{C}_1 \times 2! \times 4!$

② 갑과 을이 G 열에 이웃하여 앉는 경우
G_1, G_2 자리 바꾸기 2!
남은 자리 배열 4!
$2! \times 4!$

$$\therefore \ \mathrm{P}(B \mid A) = \frac{\mathrm{P}(A \cap B)}{\mathrm{P}(A)} = \frac{n(A \cap B)}{n(A)}$$

$$= \frac{_2\mathrm{C}_1 \times 2! \times 4!}{_2\mathrm{C}_1 \times 2! \times 4! + 2! \times 4!} = \frac{2}{3}$$

따라서 $60p = 60 \times \dfrac{2}{3} = 40$ 이다.

답   40

021

a_2 가 소수인 사건을 A
a_3 가 4 이하인 사건을 B

1, 2, 3, 4, 5, 6, 7, 8, 9, 10
$\square < \boxed{소수} < \square < \square$

소수의 값에 따라 case분류하면

① $a_2 = 2$
$\boxed{1} < \boxed{2} < \square < \square$ $\Rightarrow$ $1 \times {_8\mathrm{C}_2} = 28$ 가지

② $a_2 = 3$
$\square < \boxed{3} < \square < \square$ $\Rightarrow$ $_2\mathrm{C}_1 \times {_7\mathrm{C}_2} = 42$ 가지

③ $a_2 = 5$
$\square < \boxed{5} < \square < \square$ $\Rightarrow$ $_4\mathrm{C}_1 \times {_5\mathrm{C}_2} = 40$ 가지

④ $a_2 = 7$

$\boxed{}<\boxed{7}<\boxed{}<\boxed{} \Rightarrow {}_6C_1 \times {}_3C_2 = 18$ 가지

$\therefore n(A) = 28 + 42 + 40 + 18 = 128$

$n(A \cap B)$ 을 구해보자.

① $a_2 = 2$

$\boxed{1}<\boxed{2}<\boxed{3}<\boxed{} \Rightarrow 7$ 가지

$\boxed{1}<\boxed{2}<\boxed{4}<\boxed{} \Rightarrow 6$ 가지

② $a_2 = 3$

$\boxed{}<\boxed{3}<\boxed{4}<\boxed{} \Rightarrow {}_2C_1 \times 6 = 12$

$\therefore n(A \cap B) = 7 + 6 + 12 = 25$

$\therefore \mathrm{P}(B \mid A) = \dfrac{\mathrm{P}(A \cap B)}{\mathrm{P}(A)} = \dfrac{n(A \cap B)}{n(A)} = \dfrac{25}{128}$

따라서 $p + q = 153$ 이다.

답 153

022

주머니 A 1 2 3 4
주머니 B 1 1 2

① 주머니 A 를 선택하는 경우 $\left(\text{확률}:\dfrac{1}{2}\right)$

주머니 A 에서 꺼낸 공	차이	확률
1 2	1	$\dfrac{1}{6} \times \dfrac{2}{3}$
1 3	2	$\dfrac{1}{6} \times \dfrac{1}{3}$
1 4	3	불가능
2 3	1	$\dfrac{1}{6} \times \dfrac{2}{3}$
2 4	2	$\dfrac{1}{6} \times \dfrac{1}{3}$
3 4	1	$\dfrac{1}{6} \times \dfrac{2}{3}$

주머니 A 를 선택하여 처음 꺼낸 2 개의 공에 적힌 수의
차가 나중에 꺼낸 1 개의 공에 적힌 수와 같을 확률은

$\dfrac{2+1+2+1+2}{2 \times 6 \times 3} = \dfrac{2}{9}$

주머니 A 를 선택하여 처음 꺼낸 2 개의 공에 적힌 수의
차가 나중에 꺼낸 1 개의 공에 적힌 수와 같고
나중에 꺼낸 1 개의 공에 적힌 수가 1 일 확률은

$\dfrac{2+2+2}{2 \times 6 \times 3} = \dfrac{1}{6}$

② 주머니 B 를 선택하는 경우 $\left(\text{확률}:\dfrac{1}{2}\right)$

주머니 B 에서 꺼낸 공	차이	확률
1 1	0	불가능
1 2	1	$\dfrac{2}{3} \times \dfrac{1}{4}$

주머니 B 를 선택하여 처음 꺼낸 2 개의 공에 적힌 수의
차가 나중에 꺼낸 1 개의 공에 적힌 수와 같을 확률은

$\dfrac{2}{2 \times 3 \times 4} = \dfrac{1}{12}$

주머니 B 를 선택하여 처음 꺼낸 2 개의 공에 적힌 수의
차가 나중에 꺼낸 1 개의 공에 적힌 수와 같고
나중에 꺼낸 1 개의 공에 적힌 수가 1 일 확률은

$\dfrac{2}{2 \times 3 \times 4} = \dfrac{1}{12}$

$\therefore \dfrac{\dfrac{1}{6} + \dfrac{1}{12}}{\dfrac{2}{9} + \dfrac{1}{12}} = \dfrac{6+3}{8+3} = \dfrac{9}{11}.$

따라서 $p + q = 20$ 이다.

답 20

023

규칙에 따라 점수가 4 점 이상 나오는 경우를 찾아보자.

① 2 이하의 눈이 나온 경우 (나온 수를 3 배한 수가 점수)

$1 \Rightarrow 3$점

$2 \Rightarrow 6$점 $\left(\text{확률}:\dfrac{1}{6}\right)$

② 3 이상의 눈이 나온 경우 $\left(\text{확률}:\dfrac{2}{3}\right)$

한 번 더 던져서 4, 5, 6 이 나와야 하므로

한 번 더 던져서 4, 5, 6의 눈이 나올 확률은 $\dfrac{1}{2}$

$$\dfrac{2}{3} \times \dfrac{1}{2} = \dfrac{1}{3}$$

$$\therefore \ \dfrac{1}{6} + \dfrac{1}{3} = \dfrac{3}{6} = \dfrac{1}{2} = p$$

따라서 $60p = 60 \times \dfrac{1}{2} = 30$ 이다.

답   30

024

첫 번째와 두 번째에 나온 수의 합이 4이고
세 번째 나온 수가 2 이상일 확률을 구해보자.

① 첫 번째와 두 번째에 나온 수 1 3
   1 3 자리 바꾸기 2! (1 3순이라고 가정)

첫 번째 나온 수가 1일 확률 $\dfrac{2}{6}$

두 번째 나온 수가 3일 확률 $\dfrac{1}{6}$

세 번째 나온 수가 2 이상일 확률 $\dfrac{4}{6}$

$$2 \times \dfrac{2}{6} \times \dfrac{1}{6} \times \dfrac{4}{6} = \dfrac{2}{27}$$

② 첫 번째와 두 번째에 나온 수 2 2

첫 번째 나온 수가 2일 확률 $\dfrac{3}{6}$

두 번째 나온 수가 2일 확률 $\dfrac{3}{6}$

세 번째 나온 수가 2 이상일 확률 $\dfrac{4}{6}$

$$\dfrac{3}{6} \times \dfrac{3}{6} \times \dfrac{4}{6} = \dfrac{1}{6}$$

따라서 구하고자 하는 확률은
$\dfrac{2}{27} + \dfrac{1}{6} = \dfrac{13}{54}$ 이다.

답   ②

025

1 1 1 2 2 2 2

① 1이 적힌 공을 뽑을 경우 $\left(\text{확률} : \dfrac{3}{7}\right)$

1 1 1 2 2 2 2

꺼낸 3개의 공에 적혀있는 수의 합이 짝수이려면

$$1\ 1\ 2 \ \Rightarrow \ \dfrac{{}_4C_2 \times {}_4C_1}{{}_8C_3} = \dfrac{24}{56}$$

$$2\ 2\ 2 \ \Rightarrow \ \dfrac{{}_4C_3}{{}_8C_3} = \dfrac{4}{56}$$

$$\dfrac{24+4}{56} = \dfrac{28}{56} = \dfrac{1}{2}$$

② 2가 적힌 공을 뽑을 경우 $\left(\text{확률} : \dfrac{4}{7}\right)$

1 1 1 2 2 2 2 2

꺼낸 3개의 공에 적혀있는 수의 합이 짝수이려면

$$1\ 1\ 2 \ \Rightarrow \ \dfrac{{}_3C_2 \times {}_6C_1}{{}_9C_3} = \dfrac{18}{84}$$

$$2\ 2\ 2 \ \Rightarrow \ \dfrac{{}_6C_3}{{}_9C_3} = \dfrac{20}{84}$$

$$\dfrac{18+20}{84} = \dfrac{38}{84} = \dfrac{19}{42}$$

따라서 구하고자 하는 확률은
$\dfrac{3}{7} \times \dfrac{1}{2} + \dfrac{4}{7} \times \dfrac{19}{42} = \dfrac{63+76}{7 \times 42} = \dfrac{139}{294}$ 이다.

답   ③

026

주머니 A ○○○○○ ●●●
주머니 B 비어있음

① 흰 공이 나오는 경우
주머니 B에 있는 흰 공과 검은 공의 개수가 같으려면
주머니 A에서 ○●을 뽑아야 한다.

$$○● \Rightarrow \frac{_5C_1 \times _3C_1}{_8C_2} = \frac{15}{28}$$

② 흰 공이 나오지 않는 경우

$$●● \Rightarrow \frac{_3C_2}{_8C_2} = \frac{3}{28}$$

주머니 A ○○○○○ ●
주머니 B ●●

주머니 B에 있는 흰 공과 검은 공의 개수가 같으려면
주머니 A에서 ○○○●을 뽑아야 한다.

$$○○○● \Rightarrow \frac{_5C_3 \times _1C_1}{_6C_4} = \frac{2}{3}$$

$$\frac{3}{28} \times \frac{2}{3} = \frac{2}{28}$$

따라서 구하고자 하는 확률은 $\dfrac{15+2}{28} = \dfrac{17}{28}$ 이다.

답 ④

027

$$P(A) = \frac{3}{7}, \ P(A \cap B) = \frac{1}{7}$$

$$P(A \cap B) = P(A)P(B) = \frac{3}{7} \times P(B) = \frac{1}{7} \Rightarrow P(B) = \frac{1}{3}$$

따라서
$$P(A \cup B) = P(A) + P(B) - P(A \cap B) = \frac{3}{7} + \frac{1}{3} - \frac{1}{7} = \frac{13}{21}$$
이다.

답 ②

$$P(A) = \frac{2}{5}, \ P(A \cap B) = P(A) - P(B)$$

$$P(A)P(B) = P(A) - P(B) \Rightarrow \frac{2}{5}P(B) = \frac{2}{5} - P(B)$$

$$\Rightarrow P(B) = \frac{2}{7}$$

따라서
$$P(B \mid A) = \frac{P(A \cap B)}{P(A)} = \frac{P(A)P(B)}{P(A)} = P(B) = \frac{2}{7} \ \text{이다.}$$

답 ②

029

$$P(A) = \frac{1}{3}, \ P(A \cap B^c) = \frac{1}{4}$$

$$P(A \cap B^c) = P(A)P(B^c) = \frac{1}{3}P(B^c) = \frac{1}{4} \Rightarrow P(B^c) = \frac{3}{4}$$

따라서 $P(B) = 1 - P(B^c) = 1 - \dfrac{3}{4} = \dfrac{1}{4}$ 이다.

답 ①

> **Tip**
>
> 위 풀이가 이해가 가지 않는다면
> 개념 파악하기 (3) - 사건의 독립과 종속은
> 무엇일까?를 참고하도록 하자.

$$P(A \cup B) = \frac{3}{4}, \ P(A \mid B) = \frac{5}{12}$$

$$P(A \mid B) = \frac{P(A \cap B)}{P(B)} = \frac{P(A)P(B)}{P(B)} = P(A) = \frac{5}{12}$$

$$P(A \cup B)$$
$$= P(A) + P(B) - P(A \cap B) = P(A) + P(B) - P(A)P(B)$$
$$= \frac{5}{12} + P(B) - \frac{5}{12}P(B) = \frac{3}{4}$$

$$\Rightarrow P(B) = \frac{4}{7}$$

따라서 $\mathrm{P}(A\cap B^c)=\mathrm{P}(A)\mathrm{P}(B^c)=\mathrm{P}(A)(1-\mathrm{P}(B))$

$$=\frac{5}{12}\times\frac{3}{7}=\frac{5}{28}$$

이다.

답 ③

31

$\mathrm{P}(A\cap B)=4\mathrm{P}(A\cap B^c),\ \mathrm{P}(A^c\cap B)=\dfrac{1}{10}$

$\mathrm{P}(A\cap B)=4\mathrm{P}(A\cap B^c)\ \Rightarrow\ \mathrm{P}(A)\mathrm{P}(B)=4\mathrm{P}(A)\mathrm{P}(B^c)$

$\Rightarrow\ \mathrm{P}(B)=4\mathrm{P}(B^c)\ \Rightarrow\ \mathrm{P}(B)=4(1-\mathrm{P}(B))$

$\Rightarrow\ \mathrm{P}(B)=\dfrac{4}{5}$

$\mathrm{P}(A^c\cap B)=\mathrm{P}(A^c)\mathrm{P}(B)=\mathrm{P}(A^c)\times\dfrac{4}{5}=\dfrac{1}{10}$

$\Rightarrow\ \mathrm{P}(A^c)=\dfrac{1}{8}$

따라서 $\mathrm{P}(A)=1-\mathrm{P}(A^c)=1-\dfrac{1}{8}=\dfrac{7}{8}$ 이다.

답 ⑤

32

$\mathrm{P}(A^c\cap B)=\dfrac{2}{5},\ \mathrm{P}(A^c|B)-\mathrm{P}(B|A^c)=\dfrac{1}{15}$

$\mathrm{P}(A^c\cap B)=\mathrm{P}(A^c)\mathrm{P}(B)=\dfrac{2}{5}$

$\mathrm{P}(A^c|B)-\mathrm{P}(B|A^c)=\dfrac{\mathrm{P}(A^c\cap B)}{\mathrm{P}(B)}-\dfrac{\mathrm{P}(B\cap A^c)}{\mathrm{P}(A^c)}$

$$=\frac{\mathrm{P}(A^c)\mathrm{P}(B)}{\mathrm{P}(B)}-\frac{\mathrm{P}(B)\mathrm{P}(A^c)}{\mathrm{P}(A^c)}$$

$$=\mathrm{P}(A^c)-\mathrm{P}(B)=\frac{1}{15}$$

$\mathrm{P}(A^c)\mathrm{P}(B)=\dfrac{2}{5},\ \mathrm{P}(A^c)-\mathrm{P}(B)=\dfrac{1}{15}$ 를 연립하면

$\mathrm{P}(B)=\dfrac{3}{5}\ \text{or}\ \mathrm{P}(B)=-\dfrac{2}{3}$

$\mathrm{P}(B)>0$ 이므로 $\mathrm{P}(B)=\dfrac{3}{5}$ 이다.

답 ③

33

두 사건 A와 B가 서로 독립이기 위한 필요충분조건은

$\mathrm{P}(A\cap B)=\mathrm{P}(A)\times\mathrm{P}(B)$ (단, $\mathrm{P}(A)>0$, $\mathrm{P}(B)>0$)

카드 A를 선택할 확률은 $\dfrac{10+x}{90}$ 이고

★스티커가 붙어 있을 확률은 $\dfrac{x+40}{90}$ 이고

카드 A에 ★스티커가 붙어있을 확률은 $\dfrac{x}{90}$ 이므로

$\dfrac{10+x}{90}\times\dfrac{x+40}{90}=\dfrac{x}{90}\ \Rightarrow\ x^2+50x+400=90x$

$\Rightarrow\ x^2-40x+400=0$

$\Rightarrow\ (x-20)^2=0\ \Rightarrow\ x=20$

전체 카드가 90개이므로 $y=20$ 이다.

따라서 90개의 카드 중에서 임의로 선택한 카드가

카드 B일 때, ♥스티커가 붙어있을 확률은

$\dfrac{\frac{20}{90}}{\frac{60}{90}}=\dfrac{20}{60}=\dfrac{1}{3}$ 이다.

답 ②

34

$1,\ 2,\ 3,\ 4,\ 5,\ 6,\ 7,\ 8$

$A=\{2,\ 3,\ 5,\ 7\}\ \Rightarrow\ \mathrm{P}(A)=\dfrac{1}{2}$

$\mathrm{P}(B_n)=\dfrac{1}{4}$

$\mathrm{P}(A\cap B_n)\neq\mathrm{P}(A)\mathrm{P}(B_n)$ 이면 종속

$B_1=\{1,\ 4\}\ \Rightarrow\ \mathrm{P}(A\cap B_1)=0$ (종속)

$B_2=\{2,\ 5\}\ \Rightarrow\ \mathrm{P}(A\cap B_2)=\dfrac{1}{4}$ (종속)

$B_3=\{3,\ 6\}\ \Rightarrow\ \mathrm{P}(A\cap B_3)=\dfrac{1}{8}$ (독립)

$B_4=\{4,\ 7\}\ \Rightarrow\ \mathrm{P}(A\cap B_4)=\dfrac{1}{8}$ (독립)

$B_5=\{5,\ 8\}\ \Rightarrow\ \mathrm{P}(A\cap B_5)=\dfrac{1}{8}$ (독립)

따라서 두 사건 A와 B_n이 서로 종속이 되도록 하는

모든 n의 값의 합은 $1+2=3$ 이다.

답 3

035

$1,\ 2,\ 3,\ 4,\ 5,\ 6,\ 7,\ 8,\ 9,\ 10$

홀수 $A = \{1,\ 3,\ 5,\ 7,\ 9\}$

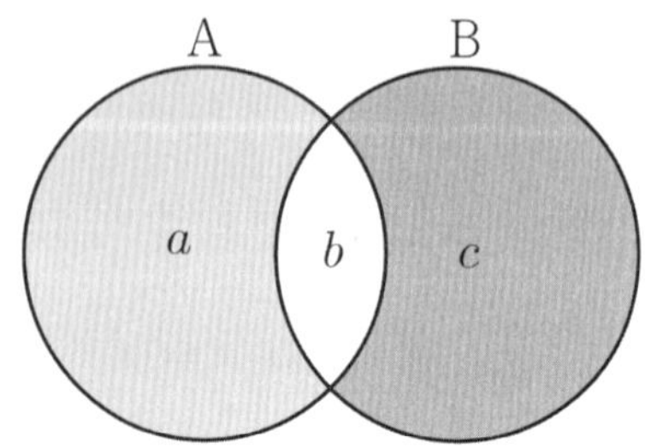

$n(A \cup B) = 8$ 이므로 $n(c) = 3$

$2,\ 4,\ 6,\ 8,\ 10$ 중 c에 들어갈 원소 3개 선택 $_5C_3$

c에 들어갈 원소를 $2,\ 4,\ 6$ 이라고 가정하자.

$$\mathrm{P}(A) = \frac{1}{2},\quad \mathrm{P}(B) = \frac{n(b)+3}{10}$$

$$\mathrm{P}(A \cap B) = \mathrm{P}(A)\mathrm{P}(B)$$

$$\Rightarrow\ \frac{n(b)}{10} = \frac{1}{2} \times \frac{n(b)+3}{10} \ \Rightarrow\ n(b) = 3$$

$1,\ 3,\ 5,\ 7,\ 9$ 중 b에 들어갈 원소 3개 선택 $_5C_3$

따라서 사건 B의 개수는 $_5C_3 \times _5C_3 = 100$ 이다.

답 100

036

① 앞앞뒤뒤 $\Rightarrow\ _4C_2 \left(\dfrac{1}{2}\right)^4 = \dfrac{6}{16}$

② 앞뒤뒤뒤 $\Rightarrow\ _4C_1 \left(\dfrac{1}{2}\right)^4 = \dfrac{4}{16}$

③ 뒤뒤뒤뒤 $\Rightarrow\ _4C_0 \left(\dfrac{1}{2}\right)^4 = \dfrac{1}{16}$

따라서 구하고자 하는 확률은 $\dfrac{6+4+1}{16} = \dfrac{11}{16}$ 이다.

답 ②

$1,\ 2,\ 3,\ 4,\ 5,\ 6$

홀수의 눈이 나올 확률 $\dfrac{1}{2}$

3의 배수의 눈이 나올 확률 $\dfrac{1}{3}$

$a = 3b$를 만족시키는 **case**는 다음과 같다.

① $a = 0,\ b = 0 \ \Rightarrow\ _4C_0 \left(\dfrac{1}{2}\right)^4 \times _3C_0 \left(\dfrac{2}{3}\right)^3 = \dfrac{1}{54}$

② $a = 3,\ b = 1 \ \Rightarrow\ _4C_3 \left(\dfrac{1}{2}\right)^4 \times _3C_1 \left(\dfrac{1}{3}\right)\left(\dfrac{2}{3}\right)^2 = \dfrac{6}{54}$

따라서 구하고자 하는 확률은 $\dfrac{1+6}{54} = \dfrac{7}{54}$ 이다.

답 ③

038

경품 받을 확률을 구해보자.

규, 토, 나머지 7개니까 경품에 당첨되려면 규, 토를 모두 뽑았다 치고 나머지 7 개 중에서 2개 뽑으면 된다.

$$\frac{_7C_2}{_9C_4} = \frac{1}{6}$$

경품을 받지 않을 확률은 $1 - \dfrac{1}{6} = \dfrac{5}{6}$ 이다.

문제에서 3명의 사람 중 적어도 한 사람이 경품을 받을 확률이니 전체에서 모두 경품을 받지 않을 확률을 빼주면 된다.

$$\therefore\ 1 - _3C_0 \left(\frac{1}{6}\right)^0 \left(\frac{5}{6}\right)^3 = \frac{216-125}{216} = \frac{91}{216}$$

따라서 $p + q = 307$ 이다.

답 307

039

지훈이가 현재 2승 3패란 말은 벌써 5일이 경과했다는
뜻이고 앞으로 4일이 남았다는 이야기다.

남은 4일 동안 지훈이가 이기려면 최소 승을 3번해야 한다.
case분류하면

① 승승승패

> **Tip**
>
> 지훈이가 승일 확률이 $\dfrac{3}{4}$으로 일정하다는 것에서 독립시행의
> 확률이라는 힌트를 얻을 수 있다.

$${}_4C_3\left(\dfrac{3}{4}\right)^3\left(\dfrac{1}{4}\right)=\dfrac{4\times27}{256}=\dfrac{108}{256}$$

② 승승승승

$${}_4C_4\left(\dfrac{3}{4}\right)^4=\dfrac{81}{256}$$

$$\therefore\ \dfrac{108+81}{256}=\dfrac{189}{256}=p$$

따라서 $256p=256\times\dfrac{189}{256}=189$ 이다.

답   189

040

6의 약수 1, 2, 3, 6

6의 약수가 나올 확률 $\dfrac{2}{3}$ $\Rightarrow$ $(+1,\ 0)$

6의 약수가 나오지 않을 확률 $\dfrac{1}{3}$ $\Rightarrow$ $(0,\ +1)$

6의 약수가 나올 때를 ○ 나오지 않을 때를 X

점 P가 원점에서 점 $(2,\ 1)$으로 이동될 확률

$\bigcirc\bigcirc X \Rightarrow {}_3C_2\times\left(\dfrac{2}{3}\right)^2\left(\dfrac{1}{3}\right)=\dfrac{4}{9}$

점 P가 점 $(2,\ 1)$에서 $(4,\ 3)$으로 이동될 확률

$\bigcirc\bigcirc XX \Rightarrow {}_4C_2\times\left(\dfrac{2}{3}\right)^2\left(\dfrac{1}{3}\right)^2=\dfrac{8}{27}$

$$\therefore\ \dfrac{4}{9}\times\dfrac{8}{27}=\dfrac{32}{243}$$

따라서 $p+q=275$ 이다.

답   275

041

앞면 $+2$, 뒷면 -1

$x_5=1$인 사건을 A
$x_8=4$인 사건을 B

① $\mathrm{P}(A)$
뒤뒤뒤앞앞 $(-1\ \ -1\ \ -1\ \ 2\ \ 2)$ 배열 ${}_5C_3$ 가지
6번째~8번째 시행에서 -1, 2선택 각각 2가지 $\Rightarrow 2^3$

$$\mathrm{P}(A)=\dfrac{{}_5C_3\times2^3}{2^8}=\dfrac{80}{256}$$

② $\mathrm{P}(B)$
뒤뒤뒤뒤앞앞앞앞 $(-1\ \ -1\ \ -1\ \ -1\ \ 2\ \ 2\ \ 2\ \ 2)$ 배열 ${}_8C_4$ 가지

$$\mathrm{P}(B)=\dfrac{{}_8C_4}{2^8}=\dfrac{70}{256}$$

③ $\mathrm{P}(A\cap B)$
뒤뒤뒤앞앞 $(-1\ \ -1\ \ -1\ \ 2\ \ 2)$ 배열 ${}_5C_3$ 가지
6번째~8번째 시행에서 뒤앞앞 $(-1\ \ 2\ \ 2)$ 배열 ${}_3C_2$ 가지

$$\mathrm{P}(A\cap B)=\dfrac{{}_5C_3\times{}_3C_2}{2^8}=\dfrac{30}{256}$$

$(x_5-1)(x_8-4)=0 \Rightarrow x_5=1$ 또는 $x_8=4$일 확률은
$\mathrm{P}(A\cup B)$와 같다.

$$\therefore\ \mathrm{P}(A\cup B)=\mathrm{P}(A)+\mathrm{P}(B)-\mathrm{P}(A\cap B)=\dfrac{80+70-30}{256}=\dfrac{15}{32}$$

따라서 $p+q=47$ 이다.

답   47

042

주사위 2 개를 동시에 던져서 두 눈의 합의 최댓값이 12
이므로 6 의 배수는 6 과 12 이다.

6 의 배수일 때와 아닐 때를 나누어 case분류하면

① 6 의 배수일 때

$6 = (1,\ 5),\ (2,\ 4),\ (3,\ 3),\ (4,\ 2),\ (5,\ 1)$
$12 = (6,\ 6)$

총 6 개니 6 의 배수일 확률은 $\dfrac{6}{36} = \dfrac{1}{6}$ 이다.

동전을 6 번 던지면

(앞 개수, 뒤 개수)
$= (6,\ 0),\ (5,\ 1),\ (4,\ 2),\ (3,\ 3),\ (2,\ 4),$
$\quad (1,\ 5),\ (0,\ 6)$

앞 개수가 뒤 개수의 2 배가 되는 것은 $(4,\ 2)$ 일 때 뿐이다.

(앞 개수 4 , 뒤 개수 2 일 확률) $= {}_6C_4 \left(\dfrac{1}{2}\right)^6$

$\therefore \dfrac{1}{6} \times \dfrac{15}{64} = \dfrac{5}{128}$

② 6 의 배수 아닐 때

6 의 배수일 때가 $\dfrac{1}{6}$ 이었으니까 여사건을 통해 구하면 $\dfrac{5}{6}$
동전을 3 번 던지면

(앞 개수, 뒤 개수) $= (3,\ 0),\ (2,\ 1),\ (1,\ 2),\ (0,\ 3)$

앞 개수가 뒤 개수의 2 배가 되는 것은 $(2,\ 1)$ 일 때 뿐이다.

(앞 개수 2 , 뒤 개수 1 일 확률) $= {}_3C_2 \left(\dfrac{1}{2}\right)^3$

$\therefore \dfrac{5}{6} \times \dfrac{3}{8} = \dfrac{5}{16}$

따라서 구하고자 하는 확률은 $\dfrac{\dfrac{5}{16}}{\dfrac{5}{16} + \dfrac{5}{128}} = \dfrac{8}{8+1} = \dfrac{8}{9}$ 이다.

답 ⑤

043

$1,\ 1,\ 3,\ 3,\ 9,\ 9$
$1 = 3^0$
$3 = 3^1$
$9 = 3^2$

$a = 3^A$ 이므로 $\sqrt{a} = \sqrt{3^A} = 3^{\frac{A}{2}} = n$ (n은 자연수)
이때 A 는 0, 1, 2 중 선택된 4 개의 수의 합으로 결정된다.

$\sqrt{a}$ 가 자연수가 되려면 A 가 짝수이어야 한다.
이때 지수 0, 1, 2 중 홀수인 1 이 A 가 짝수임을 결정하는
기준이 되고 A 가 짝수가 되려면 지수 1 이 0 개, 2 개, 4 개
나와야 한다.

지수 1 이 나올확률 $\dfrac{2}{6} = \dfrac{1}{3}$

지수 1 이 나오지 않을 확률 $\dfrac{2}{3}$
지수 1 의 개수로 case분류하면

① 0 개

X X X X $\Rightarrow \left(\dfrac{2}{3}\right)^4 = \dfrac{16}{81}$

② 2 개

1 1 X X $\Rightarrow {}_4C_2 \left(\dfrac{1}{3}\right)^2 \left(\dfrac{2}{3}\right)^2 = \dfrac{24}{81}$

③ 4 개

1 1 1 1 $\Rightarrow \left(\dfrac{1}{3}\right)^4 = \dfrac{1}{81}$

따라서 구하고자 하는 확률은 $\dfrac{16+24+1}{81} = \dfrac{41}{81}$ 이다.

답 ②

Tip

이 문제의 포인트는 지수 1 의 개수가 중요할 뿐 지수 0 과 2 의
개수는 중요하지 않다는 것이다. 만약 이러한 포인트를 느끼지
못해 지수 0 과 2 의 개수까지 고려하여 일일이 나열했다면
수많은 case에 지레 겁을 먹었을 확률이 높다.

44	④	73	43
45	③	74	120
46	⑤	75	30
47	⑤	76	④
48	④	77	⑤
49	④	78	⑤
50	⑤	79	62
51	②	80	43
52	②	81	②
53	②	82	8
54	①	83	⑤
55	①	84	③
56	④	85	①
57	①	86	①
58	②	87	①
59	③	88	②
60	③	89	①
61	③	90	34
62	137	91	25
63	③	92	③
64	④	93	③
65	④	94	50
66	④	95	28
67	①	96	⑤
68	①	97	④
69	①	98	④
70	①	99	①
71	④	100	19
72	④		

044

$$P(A \cap B) = \frac{1}{4}, \quad P(A^c) = 2P(A)$$

$$P(A^c) = 2P(A) \Rightarrow 1 - P(A) = 2P(A) \Rightarrow P(A) = \frac{1}{3}$$

$$P(A \cap B) = \frac{1}{4} \Rightarrow P(A)P(B) = \frac{1}{4} \Rightarrow P(B) = \frac{3}{4}$$

따라서 $P(B) = \frac{3}{4}$ 이다.

답 ④

045

$$P(A \mid B) = P(A) = \frac{1}{2}, \quad P(A \cap B) = \frac{1}{5}$$

$$P(A \mid B) = \frac{1}{2} \Rightarrow \frac{P(A \cap B)}{P(B)} = \frac{1}{2}$$

$$P(A \cap B) = \frac{1}{5} \text{ 이므로 } P(B) = \frac{2}{5}$$

따라서

$$P(A \cup B) = P(A) + P(B) - P(A \cap B) = \frac{1}{2} + \frac{2}{5} - \frac{1}{5} = \frac{7}{10}$$

이다.

답 ③

046

$$P(A) = \frac{13}{16}, \ P(A \cap B^c) = \frac{1}{4}$$

$$P(A) = P(A \cap B^c) + P(A \cap B) = \frac{1}{4} + P(A \cap B) = \frac{13}{16}$$

$$\Rightarrow P(A \cap B) = \frac{9}{16}$$

따라서 $P(B \mid A) = \dfrac{P(B \cap A)}{P(A)} = \dfrac{\frac{9}{16}}{\frac{13}{16}} = \dfrac{9}{13}$ 이다.

답 ⑤

047

$$\mathrm{P}(A^c)=\frac{3}{4},\ \mathrm{P}(A\cup B^c)=\frac{3}{10}$$

$$\mathrm{P}(A)=1-\mathrm{P}(A^c)=1-\frac{3}{4}=\frac{1}{4}$$

$$\mathrm{P}(A)+\mathrm{P}(B^c)-\mathrm{P}(A\cap B^c)=\mathrm{P}(A)+\mathrm{P}(B^c)-\mathrm{P}(A)\mathrm{P}(B^c)$$

$$=\frac{1}{4}+\mathrm{P}(B^c)-\frac{1}{4}\mathrm{P}(B^c)=\frac{3}{10}$$

$$\Rightarrow\frac{3}{4}\mathrm{P}(B^c)=\frac{1}{20}\ \Rightarrow\ \mathrm{P}(B^c)=\frac{1}{15}$$

따라서 $\mathrm{P}(B)=1-\mathrm{P}(B^c)=1-\frac{1}{15}=\frac{14}{15}$ 이다.

 ⑤

048

$$\mathrm{P}(B^c)=\frac{1}{3},\ \mathrm{P}(A\mid B)=\frac{1}{2}$$

$$\mathrm{P}(B)=1-\mathrm{P}(B^c)=1-\frac{1}{3}=\frac{2}{3}$$

$$\mathrm{P}(A\mid B)=\frac{\mathrm{P}(A\cap B)}{\mathrm{P}(B)}=\frac{\mathrm{P}(A)\mathrm{P}(B)}{\mathrm{P}(B)}=\mathrm{P}(A)=\frac{1}{2}$$

따라서 $\mathrm{P}(A)\mathrm{P}(B)=\frac{1}{2}\times\frac{2}{3}=\frac{1}{3}$ 이다.

 ④

049

$$\mathrm{P}(A)=\frac{2}{5},\ \mathrm{P}(B^c)=\frac{3}{10},\ \mathrm{P}(A\cap B)=\frac{1}{5}$$

$$\mathrm{P}(B)=1-\mathrm{P}(B^c)=1-\frac{3}{10}=\frac{7}{10}$$

$$\mathrm{P}(A\cup B)=\mathrm{P}(A)+\mathrm{P}(B)-\mathrm{P}(A\cap B)=\frac{2}{5}+\frac{7}{10}-\frac{1}{5}=\frac{9}{10}$$

따라서

$$\mathrm{P}(A^c\mid B^c)=\frac{\mathrm{P}(A^c\cap B^c)}{\mathrm{P}(B^c)}=\frac{\mathrm{P}((A\cup B)^c)}{\mathrm{P}(B^c)}=\frac{1-\mathrm{P}(A\cup B)}{\mathrm{P}(B^c)}$$

$$=\frac{1-\dfrac{9}{10}}{\dfrac{3}{10}}=\frac{\dfrac{1}{10}}{\dfrac{3}{10}}=\frac{1}{3}$$

이다.

 ④

050

지역 A를 희망하는 사건을 A
지역 B를 희망하는 사건을 B

따라서 구하고자 하는 확률은

$$\mathrm{P}(B\mid A)=\frac{\mathrm{P}(A\cap B)}{\mathrm{P}(A)}=\frac{n(A\cap B)}{n(A)}=\frac{140}{140+40}=\frac{7}{9}\ \text{이다.}$$

답 ⑤

051

진로활동 B를 희망하는 사건을 A
1학년 학생인 사건을 B

따라서 구하고자 하는 확률은

$$\mathrm{P}(B\mid A)=\frac{\mathrm{P}(A\cap B)}{\mathrm{P}(A)}=\frac{n(A\cap B)}{n(A)}=\frac{5}{5+4}=\frac{5}{9}\ \text{이다.}$$

답 ②

052

ab가 4의 배수인 사건을 A
$a+b$가 7 이하인 사건을 B

변수 2개이니 표를 그려서 해결해보자.

ab가 4의 배수는 색칠한 글씨
ab가 4의 배수이고 $a+b$가 7 이하인 경우 칸에 색칠하면
다음과 같다.

b \ a	1	2	3	4	5	6
1	1	2	3	4	5	6
2	2	4	6	8	10	12
3	3	6	9	12	15	18
4	4	8	12	16	20	24
5	5	10	15	20	25	30
6	6	12	18	24	30	36

$n(A)=15,\ n(A\cap B)=7$

따라서 구하고자 하는 확률은

$$\mathrm{P}(B\mid A)=\frac{\mathrm{P}(A\cap B)}{\mathrm{P}(A)}=\frac{n(A\cap B)}{n(A)}=\frac{7}{15}\ \text{이다.}$$

답 ②

053

$$P(A)=\frac{1}{6},\ P(A\cap B^c)+P(A^c\cap B)=\frac{1}{3}$$

$$P(A\cap B^c)+P(A^c\cap B)=P(A)P(B^c)+P(A^c)P(B)$$
$$=P(A)(1-P(B))+(1-P(A))P(B)$$
$$=\frac{1}{6}(1-P(B))+\frac{5}{6}P(B)$$
$$=\frac{1}{6}+\frac{4}{6}P(B)$$
$$=\frac{1}{3}$$

따라서 $P(B)=\dfrac{1}{4}$ 이다.

답 ②

생태연구를 선택하는 사건을 A
여학생인 사건을 B

따라서 구하고자 하는 확률은
$$P(B\mid A)=\frac{P(A\cap B)}{P(A)}=\frac{n(A\cap B)}{n(A)}=\frac{50}{60+50}=\frac{5}{11}$$ 이다.

답 ①

4의 눈이 나올 확률 $\dfrac{1}{6}$ ○

4의 눈이 나오지 않을 확률 $\dfrac{5}{6}$ X

○ X X

따라서 구하고자 하는 확률은
$${}_3C_1\left(\frac{1}{6}\right)^1\left(\frac{5}{6}\right)^2=\frac{25}{72}$$ 이다.

답 ①

056

① 주머니 A를 선택한 뒤 동시에 꺼낸 2개의 구슬이
모두 검은색인 경우

$$\frac{1}{2}\times\frac{{}_3C_2}{{}_3C_2}=\frac{1}{2}\times1=\frac{1}{2}$$

② 주머니 B를 선택한 뒤 동시에 꺼낸 2개의 구슬이
모두 검은색인 경우

$$\frac{1}{2}\times\frac{{}_2C_2}{{}_4C_2}=\frac{1}{2}\times\frac{1}{6}=\frac{1}{12}$$

따라서 구하고자 하는 확률은 $\dfrac{\dfrac{1}{12}}{\dfrac{1}{2}+\dfrac{1}{12}}=\dfrac{1}{7}$ 이다.

답 ④

앞 ○ 뒤 X

① ○ ○ ○ X X X $\Rightarrow {}_5C_2\left(\dfrac{1}{2}\right)^5=\dfrac{10}{32}=\dfrac{5}{16}$

② ○ ○ ○ ○ X X $\Rightarrow {}_5C_3\left(\dfrac{1}{2}\right)^5=\dfrac{10}{32}=\dfrac{5}{16}$

따라서 구하고자 하는 확률은 $\dfrac{5+5}{16}=\dfrac{10}{16}=\dfrac{5}{8}$ 이다.

답 ①

	여학생	남학생	합계
축구	30	$x=40$	70
야구	10	20	30
합계	40	60	

$$\frac{x}{100}=\frac{2}{5}\Rightarrow x=40$$

야구를 선택하는 사건을 A
여학생인 사건을 B

따라서 구하고자 하는 확률은
$$P(B\mid A)=\frac{P(A\cap B)}{P(A)}=\frac{n(A\cap B)}{n(A)}=\frac{10}{10+20}=\frac{10}{30}=\frac{1}{3}$$
이다.

답 ②

ab가 6의 배수인 사건을 A
$a+b$가 7인 사건을 B

변수 2개이니 표를 그려서 해결해보자.

ab가 6의 배수는 색칠한 글씨
ab가 6의 배수이고 $a+b$가 7인 경우 칸에 색칠하면
다음과 같다.

b＼a	1	2	3	4	5	6
1	1	2	3	4	5	6
2	2	4	6	8	10	12
3	3	6	9	12	15	18
4	4	8	12	16	20	24
5	5	10	15	20	25	30
6	6	12	18	24	30	36

$n(A)=15$, $n(A \cap B)=4$

따라서 구하고자 하는 확률은
$$\mathrm{P}(B \mid A)= \frac{\mathrm{P}(A \cap B)}{\mathrm{P}(A)} = \frac{n(A \cap B)}{n(A)} = \frac{4}{15} \ \text{이다.}$$

답 ③

060

6의 눈이 한 번도 나오지 않는 사건을 A
두 눈의 수의 합이 4의 배수인 사건을 B

변수 2개이니 표를 그려서 해결해보자.

6의 눈이 한 번도 나오지 않는 경우 색칠한 글씨
6의 눈이 한 번도 나오지 않고 두 눈의 수의 합이 4의
배수인 경우 칸에 색칠하면 다음과 같다.

b＼a	1	2	3	4	5	6
1	2	3	4	5	6	7
2	3	4	5	6	7	8
3	4	5	6	7	8	9
4	5	6	7	8	9	10
5	6	7	8	9	10	11
6	7	8	9	10	11	12

$n(A)= 25$, $n(A \cap B)= 6$
따라서 구하고자 하는 확률은
$$\mathrm{P}(B \mid A)= \frac{\mathrm{P}(A \cap B)}{\mathrm{P}(A)} = \frac{n(A \cap B)}{n(A)} = \frac{6}{25} \ \text{이다.}$$

답 ③

	A	B	합계
남학생	90	$x = 80$	170
여학생	70	120	190
합계	160	200	360

$\dfrac{x}{200} = \dfrac{2}{5} \ \Rightarrow \ x = 80$

따라서 여학생의 수는 $70+120 = 190$ 이다.

답 ③

홀수의 눈이 나올 확률 $\dfrac{1}{2}$

앞면이 나올 확률 $\dfrac{1}{2}$

$a-b = 3$

① $a = 5$, $b = 2 \ \Rightarrow \ _5\mathrm{C}_5 \left(\dfrac{1}{2} \right)^5 \times _4\mathrm{C}_2 \left(\dfrac{1}{2} \right)^4 = \dfrac{6}{2^9}$

② $a = 4$, $b = 1 \ \Rightarrow \ _5\mathrm{C}_4 \left(\dfrac{1}{2} \right)^5 \times _4\mathrm{C}_1 \left(\dfrac{1}{2} \right)^4 = \dfrac{20}{2^9}$

③ $a = 3$, $b = 0 \ \Rightarrow \ _5\mathrm{C}_3 \left(\dfrac{1}{2} \right)^5 \times _4\mathrm{C}_0 \left(\dfrac{1}{2} \right)^4 = \dfrac{10}{2^9}$

$\therefore \ \dfrac{6+20+10}{2^9} = \dfrac{36}{2^9} = \dfrac{9}{128}$

따라서 $p+q = 137$ 이다.

답 137

Tip

실수하는 포인트는 $b = 0$ 이다.
모두 뒷면이 나오는 경우도 고려해줘야 한다.

6의 약수가 나올 확률 $\dfrac{4}{6}=\dfrac{2}{3}$

6의 약수가 나오지 않을 확률 $\dfrac{1}{3}$

① 6의 약수가 나오는 경우

$\dfrac{2}{3}\times {}_3C_1\left(\dfrac{1}{2}\right)^3=\dfrac{1}{4}$

② 6의 약수가 나오지 않는 경우

$\dfrac{1}{3}\times {}_2C_1\left(\dfrac{1}{2}\right)^2=\dfrac{1}{6}$

따라서 구하고자 하는 확률은 $\dfrac{1}{4}+\dfrac{1}{6}=\dfrac{5}{12}$ 이다.

답   ③

064

주사위를 한 번 던져서 나온 눈의 수가

3의 배수일 확률 $\dfrac{1}{3}$

3의 배수가 아닐 확률 $\dfrac{2}{3}$

① 3의 배수인 경우 $\Rightarrow \dfrac{1}{3}\times \dfrac{2}{5}=\dfrac{2}{15}$

② 3의 배수가 아닌 경우 $\Rightarrow \dfrac{2}{3}\times \dfrac{3}{6}=\dfrac{1}{3}$

따라서 구하고자 하는 확률은 $\dfrac{\frac{2}{15}}{\frac{2}{15}+\frac{1}{3}}=\dfrac{2}{2+5}=\dfrac{2}{7}$ 이다.

답   ④

앞면이 나온 횟수를 a
뒷면이 나온 횟수를 b

5번 반복하므로 $a+b=5 \Rightarrow b=5-a$
점수의 합이 6 이하이므로

$2a+b\le 6 \Rightarrow 2a+5-a\le 6 \Rightarrow a\le 1 \Rightarrow a=0 \ \text{or} \ a=1$

① $a=0,\ b=5 \Rightarrow {}_5C_0\left(\dfrac{1}{2}\right)^5=\dfrac{1}{32}$

② $a=1,\ b=4 \Rightarrow {}_5C_1\left(\dfrac{1}{2}\right)^5=\dfrac{5}{32}$

따라서 구하고자 하는 확률은 $\dfrac{1+5}{32}=\dfrac{6}{32}=\dfrac{3}{16}$ 이다.

답   ④

066

① A 앞면 1 개 (B 1 번 던지고 앞면 1 개)

${}_2C_1\left(\dfrac{1}{2}\right)^2\times \dfrac{1}{2}=\dfrac{1}{4}$

② A 앞면 2 개 (B 2 번 던지고 앞면 1 개)

${}_2C_2\left(\dfrac{1}{2}\right)^2\times {}_2C_1\left(\dfrac{1}{2}\right)^2=\dfrac{1}{8}$

따라서 구하고자 하는 확률은 $\dfrac{\frac{1}{8}}{\frac{1}{4}+\frac{1}{8}}=\dfrac{1}{3}$ 이다.

답   ④

① 나온 눈의 수가 5 이상 (주머니 A 에서 흰 공 2 개)

$\dfrac{1}{3}\times \dfrac{{}_2C_2}{{}_6C_2}=\dfrac{1}{3}\times \dfrac{1}{15}=\dfrac{1}{45}$

② 나온 눈의 수가 4 이하 (주머니 B 에서 흰 공 2 개)

$\dfrac{2}{3}\times \dfrac{{}_3C_2}{{}_6C_2}=\dfrac{2}{3}\times \dfrac{1}{5}=\dfrac{2}{15}$

따라서 구하고자 하는 확률은 $\dfrac{\frac{1}{45}}{\frac{1}{45}+\frac{2}{15}}=\dfrac{1}{7}$ 이다.

답   ①

주사위 2개를 던질 때, 나오는 눈을 각각 a, b라 하고,
이들의 곱을 $a \times b$라 하자.
앞면이 나오는 동전의 개수에 따라 case분류하면 다음과 같다.

① 앞면의 개수가 1 (가능한 주사위 눈 1×1)
$$_4C_1 \times \left(\frac{1}{2}\right)^4 \times \frac{1}{36} = \frac{4}{16 \times 36}$$

② 앞면의 개수가 2 (가능한 주사위 눈 1×2, 2×1)
$$_4C_2 \times \left(\frac{1}{2}\right)^4 \times \frac{2}{36} = \frac{12}{16 \times 36}$$

③ 앞면의 개수가 3 (가능한 주사위 눈 1×3, 3×1)
$$_4C_3 \times \left(\frac{1}{2}\right)^4 \times \frac{2}{36} = \frac{8}{16 \times 36}$$

④ 앞면의 개수가 4 (가능한 주사위 눈 1×4, 4×1, 2×2)
$$_4C_4 \times \left(\frac{1}{2}\right)^4 \times \frac{3}{36} = \frac{3}{16 \times 36}$$

따라서 구하고자 하는 확률은
$$\frac{4+12+8+3}{16 \times 36} = \frac{27}{16 \times 36} = \frac{3}{64}$$
이다.

답 ①

○ ○ ○ ○ ● ● ●

069

① ○ ● (3번 던져서 앞면 2개)
$$\frac{_4C_1 \times {}_3C_1}{_7C_2} \times {}_3C_2 \left(\frac{1}{2}\right)^3 = \frac{3}{14}$$

② ○ ○ or ● ● (2번 던져서 앞면 2개)
$$\frac{_4C_2 + {}_3C_2}{_7C_2} \times {}_2C_2 \left(\frac{1}{2}\right)^2 = \frac{3}{28}$$

따라서 구하고자 하는 확률은
$$\frac{3}{14} + \frac{3}{28} = \frac{6+3}{28} = \frac{9}{28}$$ 이다.

답 ①

$(A,\ B) = (1,\ 2) \Rightarrow \frac{1}{3} \times \frac{1}{5}$

$(A,\ B) = (2,\ 1 \text{ or } 3) \Rightarrow \frac{1}{3} \times \frac{2}{5}$

$(A,\ B) = (3,\ 2 \text{ or } 4) \Rightarrow \frac{1}{3} \times \frac{2}{5}$

$$\therefore \frac{1+2+2}{15} = \frac{5}{15} = \frac{1}{3}$$

답 ①

071

6의 약수이면 $+1 \Rightarrow \frac{2}{3}$

6의 약수가 아니면 $0 \Rightarrow \frac{1}{3}$

4번 반복할 때, 4번째 시행 후 점 P의 좌표가
2 이상인 사건을 A라 하면 점 P의 좌표가 2 미만인 사건은
A^c이다.

① 점 P의 좌표가 원점인 경우 $\Rightarrow \left(\frac{1}{3}\right)^4$

② 점 P의 좌표가 1인 경우 $\Rightarrow {}_4C_1\left(\frac{2}{3}\right)\left(\frac{1}{3}\right)^3$

$$P(A^c) = \left(\frac{1}{3}\right)^4 + {}_4C_1\left(\frac{2}{3}\right)\left(\frac{1}{3}\right)^3 = \frac{1}{9}$$ 이므로
$$P(A) = 1 - P(A^c) = 1 - \frac{1}{9} = \frac{8}{9}$$ 이다.

따라서 구하고자 하는 확률은 $\frac{8}{9}$ 이다.

답 ④

072

상자 A ○ ○ ● ● ●
상자 B ○ ○ ○ ● ● ● ●

① 앞면 $\frac{1}{2}$ (상자 A를 택하고 공의 색깔이 같음)

ⅰ) ● ● $\Rightarrow \frac{_3C_2}{_5C_2} = \frac{3}{10}$

ii) ○○ $\Rightarrow \dfrac{_2C_2}{_5C_2}=\dfrac{1}{10}$

$\dfrac{1}{2}\times\left(\dfrac{3}{10}+\dfrac{1}{10}\right)=\dfrac{2}{10}=\dfrac{1}{5}$

② 뒷면 $\dfrac{1}{2}$ (상자 B를 택하고 공의 색깔이 같음)

i) ●● $\Rightarrow \dfrac{_4C_2}{_7C_2}=\dfrac{2}{7}$

ii) ○○ $\Rightarrow \dfrac{_3C_2}{_7C_2}=\dfrac{1}{7}$

$\dfrac{1}{2}\times\left(\dfrac{2}{7}+\dfrac{1}{7}\right)=\dfrac{3}{14}$

따라서 구하고자 하는 확률은 $\dfrac{\dfrac{1}{5}}{\dfrac{1}{5}+\dfrac{3}{14}}=\dfrac{14}{14+15}=\dfrac{14}{29}$ 이다.

$\boxed{\text{답}}$ ④

073

앞면 ○ 뒷면 X

① ○○○○○ X X $\Rightarrow {_6C_4}\left(\dfrac{1}{2}\right)^6$

② ○○○○○○ X $\Rightarrow {_6C_5}\left(\dfrac{1}{2}\right)^6$

③ ○○○○○○ ○ $\Rightarrow {_6C_6}\left(\dfrac{1}{2}\right)^6$

$\therefore \dfrac{15+6+1}{2^6}=\dfrac{22}{64}=\dfrac{11}{32}$

따라서 $p+q=43$ 이다.

$\boxed{\text{답}}$ 43

이번에는 대칭성을 활용하여 구해보자.
(확률의 뜻과 활용 Master Step 096번 두 번째 풀이와
같은 맥락이다.)

구하고자 하는 확률은 전체확률 1에서 앞면과 뒷면이

각각 3번 나올 확률을 뺀 후 $\dfrac{1}{2}$ 을 곱하여 구할 수 있다.

(정확히 대칭이기에)

$\therefore \left(1-{_6C_3}\left(\dfrac{1}{2}\right)^6\right)\times\dfrac{1}{2}=\left(1-\dfrac{5}{16}\right)\times\dfrac{1}{2}=\dfrac{11}{32}$

074

	남성	여성	합계
기혼	6	36	42
미혼	20	x	$20+x$
합계	26	$36+x$	

남성인 경우를 사건 A
미혼인 경우를 사건을 B

$\mathrm{P}(A)=\dfrac{26}{62+x}$, $\mathrm{P}(B)=\dfrac{20+x}{62+x}$, $\mathrm{P}(A\cap B)=\dfrac{20}{62+x}$

$\mathrm{P}(A\cap B)=\mathrm{P}(A)\mathrm{P}(B)$

$\Rightarrow \dfrac{20}{62+x}=\dfrac{26}{62+x}\times\dfrac{20+x}{62+x}$

$\Rightarrow 620+10x=260+13x$

$\Rightarrow 3x=360$

따라서 $x=120$ 이다.

$\boxed{\text{답}}$ 120

075

① 둘다 흰 구슬 $\Rightarrow \dfrac{a}{100}\times\dfrac{100-2a}{100}$

② 둘다 검은 구슬 $\Rightarrow \dfrac{100-a}{100}\times\dfrac{2a}{100}$

$\dfrac{a(100-2a)}{a(100-2a)+(100-a)2a}=\dfrac{100-2a}{300-4a}=\dfrac{50-a}{150-2a}=\dfrac{2}{9}$

$\Rightarrow 450-9a=300-4a$

$\Rightarrow 150=5a$

따라서 $a=30$ 이다.

$\boxed{\text{답}}$ 30

076

	남학생	여학생	합계
수학 ○	$0.6a$	$0.5b$	$0.6a+0.5b$
수학 X	$0.4a$	$0.5b$	$0.4a+0.5b$
합계	a	b	320

$$p_1 = \frac{0.6a}{0.6a + 0.5b} = \frac{6a}{6a + 5b}$$

$$p_2 = \frac{0.5b}{0.6a + 0.5b} = \frac{5b}{6a + 5b}$$

$$p_1 = 2p_2 \Rightarrow 6a = 10b \Rightarrow 3a = 5b$$

$a+b = 320$ 이므로 $3a + 3b = 960$

$3a = 5b$ 이므로 $8b = 960 \Rightarrow b = 120, \ a = 200$

따라서 남학생의 수는 200 이다.

답 ④

077

○○○ ●●

① 갑이 ○○ 꺼내는 경우 $\Rightarrow \dfrac{{}_3C_2}{{}_5C_2} = \dfrac{3}{10}$

남아 있는 공 ○ ●● 중 을이 뽑은 공에 대해 case분류하면

ⅰ) ○ ● $\Rightarrow \dfrac{{}_1C_1 \times {}_2C_1}{{}_3C_2} = \dfrac{2}{3}$

(갑이 꺼낸 흰 공 > 을이 꺼낸 흰 공)

ⅱ) ●● $\Rightarrow \dfrac{{}_2C_2}{{}_3C_2} = \dfrac{1}{3}$

(갑이 꺼낸 흰 공 > 을이 꺼낸 흰 공)

② 갑이 ●○ 꺼내는 경우
남아 있는 공은 ○○ ●이므로
조건(갑이 꺼낸 흰 공 > 을이 꺼낸 흰 공)을
만족시킬 수 없다.

③ 갑이 ●● 꺼내는 경우
남아 있는 공은 ○○○이므로
조건(갑이 꺼낸 흰 공 > 을이 꺼낸 흰 공)을
만족시킬 수 없다.

따라서 구하고자 하는 확률은

$$\frac{\dfrac{3}{10} \times \dfrac{1}{3}}{\dfrac{3}{10} \times \dfrac{2}{3} + \dfrac{3}{10} \times \dfrac{1}{3}} = \frac{3}{6+3} = \frac{3}{9} = \frac{1}{3}$$ 이다.

답 ⑤

078

주머니 A ○○ ●●●
주머니 B ○ ●●●

① A 흰 공 $\Rightarrow \dfrac{2}{5}$

주머니 B ○○○ ●●●

흰 공 뽑을 확률 $\dfrac{3}{6}$

$$\frac{2}{5} \times \frac{3}{6} = \frac{1}{5}$$

② A 검은 공 $\Rightarrow \dfrac{3}{5}$

주머니 B ○ ●●●●●

흰 공 뽑을 확률 $\dfrac{1}{6}$

$$\frac{3}{5} \times \frac{1}{6} = \frac{1}{10}$$

따라서 구하고자 하는 확률은

$$\frac{1}{5} + \frac{1}{10} = \frac{2+1}{10} = \frac{3}{10}$$ 이다.

답 ⑤

079

동전을 두 번 던져 앞면이 나온 횟수가 2 일 확률 $= \dfrac{1}{4}$

앞면이 나온 횟수가 0 or 1 일 확률 $= 1 - \dfrac{1}{4} = \dfrac{3}{4}$

문자 B 가 보이도록 카드가 놓이려면 뒤집는 횟수가
홀수이어야 하므로 이에 따라 case분류하면

① 앞면이 나온 횟수가 2 인 횟수가 1

$$_5C_1 \left(\frac{1}{4}\right)^1 \left(\frac{3}{4}\right)^4 = \frac{405}{4^5}$$

② 앞면이 나온 횟수가 2 인 횟수가 3

$$_5C_3 \left(\frac{1}{4}\right)^3 \left(\frac{3}{4}\right)^2 = \frac{90}{4^5}$$

③ 앞면이 나온 횟수가 2 인 횟수가 5

$$_5C_5 \left(\frac{1}{4}\right)^5 \left(\frac{3}{4}\right)^0 = \frac{1}{4^5}$$

$$\therefore \ p = \frac{405 + 90 + 1}{4^5} = \frac{31}{64}$$

따라서 $128 \times p = 128 \times \dfrac{31}{64} = 62$ 이다.

답   62

080

○ ○ ○ ● ● ● ●

$m + n = 3$

$2m \geq n$

① $m = 1$, $n = 2$ $\Rightarrow \dfrac{{}_3C_1 \times {}_4C_2}{{}_7C_3} = \dfrac{18}{35}$

② $m = 2$, $n = 1$ $\Rightarrow \dfrac{{}_3C_2 \times {}_4C_1}{{}_7C_3} = \dfrac{12}{35}$

③ $m = 3$, $n = 0$ $\Rightarrow \dfrac{{}_3C_3}{{}_7C_3} = \dfrac{1}{35}$

$$\therefore \dfrac{\dfrac{12}{35}}{\dfrac{18}{35} + \dfrac{12}{35} + \dfrac{1}{35}} = \dfrac{12}{31}$$

따라서 $p + q = 43$ 이다.

답   43

081

① $(a, 1)$ $(-3 \leq a \leq 3)$ $\Rightarrow {}_7C_2 = 21$

② $(a, 2)$ $(-2 \leq a \leq 2)$ $\Rightarrow {}_5C_2 = 10$

③ $(a, 3)$ $(-1 \leq a \leq 1)$ $\Rightarrow {}_3C_2 = 3$

따라서 구하고자 하는 확률은

$\dfrac{10}{3 + 10 + 21} = \dfrac{10}{34} = \dfrac{5}{17}$ 이다.

답   ②

082

$1,\ 2,\ 3,\ 4,\ 5,\ 6$

홀수 $1,\ 3,\ 5$

$P(A) = \dfrac{3}{6} = \dfrac{1}{2}$

$P(A)P(B) = P(A \cap B)$

① $m = 1 \Rightarrow B = \{1\}$

$P(B) = \dfrac{1}{6}$, $P(A \cap B) = \dfrac{1}{6}$ 이므로 종속

② $m = 2 \Rightarrow B = \{1,\ 2\}$

$P(B) = \dfrac{2}{6}$, $P(A \cap B) = \dfrac{1}{6}$ 이므로 독립

③ $m = 3 \Rightarrow B = \{1,\ 3\}$

$P(B) = \dfrac{2}{6}$, $P(A \cap B) = \dfrac{2}{6}$ 이므로 종속

④ $m = 4 \Rightarrow B = \{1,\ 2,\ 4\}$

$P(B) = \dfrac{3}{6}$, $P(A \cap B) = \dfrac{1}{6}$ 이므로 종속

⑤ $m = 5 \Rightarrow B = \{1,\ 5\}$

$P(B) = \dfrac{2}{6}$, $P(A \cap B) = \dfrac{2}{6}$ 이므로 종속

⑥ $m = 6 \Rightarrow B = \{1,\ 2,\ 3,\ 6\}$

$P(B) = \dfrac{4}{6}$, $P(A \cap B) = \dfrac{2}{6}$ 이므로 독립

따라서 모든 m 의 값의 합은 $2 + 6 = 8$ 이다.

답   8

083

$1,\ 2,\ 3,\ 4,\ 5,\ 6,\ 7,\ 8$

홀 : $1,\ 3,\ 5,\ 7$

짝 : $2,\ 4,\ 6,\ 8$

$a + b + c$ 가 짝수인 사건을 A

a 가 홀수인 사건을 B

$a + b + c$ 가 짝수이려면 다음과 같은 2가지 경우가 가능하다.

① 홀 홀 짝 $\Rightarrow {}_4C_2 \times {}_4C_1 = 24$

② 짝 짝 짝 $\Rightarrow {}_4C_3 = 4$

$n(A) = 24 + 4 = 28$

a 가 홀수이려면 ① case에서 짝 < 홀 < 홀 인 경우를 빼면된다.

짝수가 2 일 때, $3,\ 5,\ 7$ 중 홀수 2 개 선택 ${}_3C_2 = 3$

짝수가 4일 때, 5, 7 중 홀수 2개 선택 $_2C_2=1$
$n(A \cap B)=24-4=20$

따라서 구하고자 하는 확률은
$$P(B \mid A)=\frac{P(A \cap B)}{P(A)}=\frac{n(A \cap B)}{n(A)}=\frac{20}{28}=\frac{5}{7} \text{ 이다.}$$

답 ⑤

084

3의 배수일 확률 $\Rightarrow \dfrac{1}{3}$ (시계방향을 a라 하자.)

3의 배수가 아닐 확률 $\Rightarrow \dfrac{2}{3}$ (반시계방향을 b라 하자.)

A부터 시작하여 시행을 5번 한 후 B가 주사위를 가지려면 다음과 같은 2가지 경우가 가능하다.

① $b\ b\ b\ b\ b \Rightarrow \left(\dfrac{2}{3}\right)^5=\dfrac{32}{3^5}$

② $b\ b\ a\ a\ a \Rightarrow {}_5C_2\left(\dfrac{1}{3}\right)^3\left(\dfrac{2}{3}\right)^2=10 \times \dfrac{4}{3^5}=\dfrac{40}{3^5}$

따라서 구하고자 하는 확률은
$$\frac{32+40}{3^5}=\frac{72}{3^5}=\frac{8}{27} \text{ 이다.}$$

답 ③

085

동전 A를 세 번 던져서 나올 수 있는 경우는 다음과 같다.

$1\ 1\ 1\ =3 \Rightarrow \left(\dfrac{1}{2}\right)^3$

$1\ 1\ 2\ =4 \Rightarrow {}_3C_2\left(\dfrac{1}{2}\right)^3$

$1\ 2\ 2\ =5 \Rightarrow {}_3C_1\left(\dfrac{1}{2}\right)^3$

$2\ 2\ 2\ =6 \Rightarrow \left(\dfrac{1}{2}\right)^3$

동전 B를 네 번 던져서 나올 수 있는 경우는 다음과 같다.

$3\ 3\ 3\ 3\ =12 \Rightarrow \left(\dfrac{1}{2}\right)^4$

$3\ 3\ 3\ 4\ =13 \Rightarrow {}_4C_3\left(\dfrac{1}{2}\right)^4$

$3\ 3\ 4\ 4\ =14 \Rightarrow {}_4C_2\left(\dfrac{1}{2}\right)^4$

$3\ 4\ 4\ 4\ =15 \Rightarrow {}_4C_1\left(\dfrac{1}{2}\right)^4$

$4\ 4\ 4\ 4\ =16 \Rightarrow \left(\dfrac{1}{2}\right)^4$

7개의 수의 합이 19 또는 20인 경우는 다음과 같다.

A	B	확률
3	16	$1 \times 1 \times \left(\dfrac{1}{2}\right)^7$
4	15	$3 \times 4 \times \left(\dfrac{1}{2}\right)^7$
4	16	$3 \times 1 \times \left(\dfrac{1}{2}\right)^7$
5	14	$3 \times 6 \times \left(\dfrac{1}{2}\right)^7$
5	15	$3 \times 4 \times \left(\dfrac{1}{2}\right)^7$
6	13	$1 \times 4 \times \left(\dfrac{1}{2}\right)^7$
6	14	$1 \times 6 \times \left(\dfrac{1}{2}\right)^7$

따라서 구하고자 하는 확률은
$$\frac{1+12+3+18+12+4+6}{2^7}=\frac{56}{2^7}=\frac{7}{16} \text{ 이다.}$$

답 ①

086

첫 번째 꺼낸 두 구슬에 적혀 있는 숫자가 서로 다른 확률
1, 2, 3, 4, 5 중 2개선택 $_5C_2$ 후 배열 2!

$\Rightarrow \dfrac{{}_5C_2 \times 2!}{25}=\dfrac{20}{25}=\dfrac{4}{5}$

첫 번째 A에서 1, B에서 2를 꺼냈다고 가정하자.
주머니 A : 2, 3, 4, 5
주머니 B : 1, 3, 4, 5

두 번째 꺼낸 두 구슬에 적혀 있는 숫자가 같을 확률
$(3, 3),\ (4, 4),\ (5, 5)$

$\Rightarrow \dfrac{3}{16}$

따라서 구하고자 하는 확률은 $\dfrac{4}{5}\times\dfrac{3}{16}=\dfrac{3}{20}$ 이다.

답 ①

087

① 나온 눈의 수가 같을 확률 $\Rightarrow \dfrac{6}{36}=\dfrac{1}{6}$

한 개의 동전을 4번 던져서 앞면이 나온 횟수와 뒷면이

나온 횟수가 같을 확률 $\Rightarrow {}_4C_2\left(\dfrac{1}{2}\right)^4=\dfrac{3}{8}$

$\dfrac{1}{6}\times\dfrac{3}{8}=\dfrac{1}{16}$

② 나온 눈의 수가 다를 확률 $\Rightarrow \dfrac{5}{6}$

한 개의 동전을 2번 던져서 앞면이 나온 횟수와 뒷면이

나온 횟수가 같을 확률 $\Rightarrow {}_2C_1\left(\dfrac{1}{2}\right)^2=\dfrac{1}{2}$

$\dfrac{5}{6}\times\dfrac{1}{2}=\dfrac{5}{12}$

따라서 구하고자 하는 확률은

$\dfrac{\dfrac{1}{16}}{\dfrac{1}{16}+\dfrac{5}{12}}=\dfrac{3}{3+20}=\dfrac{3}{23}$ 이다.

답 ①

088

2가 나오는 횟수 $m \Rightarrow \dfrac{1}{4}$

2가 아닌 숫자가 나오는 횟수 $n \Rightarrow \dfrac{3}{4}$

상자를 3번 던지므로 $m+n=3$

① $m=3$, $n=0 \Rightarrow i^{|3-0|}=i^3=-i$
② $m=2$, $n=1 \Rightarrow i^{|2-1|}=i$
③ $m=1$, $n=2 \Rightarrow i^{|1-2|}=i$
④ $m=0$, $n=3 \Rightarrow i^{|0-3|}=i^3=-i$

따라서 구하고자 하는 확률은
${}_3C_3\left(\dfrac{1}{4}\right)^3+{}_3C_0\left(\dfrac{3}{4}\right)^3=\dfrac{1+27}{64}=\dfrac{28}{64}=\dfrac{7}{16}$ 이다.

답 ②

089

표본공간을 S라 하면 $n(S)=2^7$

앞면 ○ 뒷면 X

앞면의 개수로 case분류하면

① 앞면 3번 ○○○ X X X X

전체 ${}_7C_3$ 에서 앞면이 연속해서 나오지 않는 경우를

빼면 된다.

✓ X ✓ X ✓ X ✓

○가 들어갈 곳 ✓ 5개 중에 3개 선택 ${}_5C_3$

$\Rightarrow {}_7C_3-{}_5C_3=35-10=25$ 가지

② 앞면 4번 ○○○○ X X X

전체 ${}_7C_4$ 에서 앞면이 연속해서 나오지 않는 경우를

빼면 된다.

✓ X ✓ X ✓ X ✓

○가 들어갈 곳 ✓ 4개 중에 4개 선택 ${}_4C_4$

$\Rightarrow {}_7C_4-{}_4C_4=35-1=34$ 가지

③ 앞면 5번 ○○○○○ X X

$\Rightarrow {}_7C_5=21$ 가지

④ 앞면 6번 ○○○○○○ X

$\Rightarrow {}_7C_6=7$ 가지

⑤ 앞면 7번 ○○○○○○○

$\Rightarrow 1$ 가지

따라서 구하고자 하는 확률은
$\dfrac{25+34+21+7+1}{2^7}=\dfrac{88}{128}=\dfrac{11}{16}$ 이다.

답 ①

090

① 한 번 던져 나온 눈의 수가 5 이상 나올 확률

$$\frac{2}{6} = \frac{1}{3}$$

② 한 번 던져 나온 눈의 수가 5 보다 작을 확률

$$\frac{4}{6} = \frac{2}{3}$$

한 번 더 던졌을 때 5 이상 나올 확률

$$\frac{2}{6}$$

$$\Rightarrow \frac{2}{3} \times \frac{2}{6} = \frac{2}{9}$$

구하고자 하는 확률은 $\dfrac{\frac{1}{3}}{\frac{1}{3}+\frac{2}{9}} = \dfrac{3}{3+2} = \dfrac{3}{5}$ 이다.

따라서 $p^2 + q^2 = 25 + 9 = 34$ 이다.

 답 34

두 수의 곱의 모든 양의 양수의 개수가 3 이하인 사건을 A,
두 수의 합이 짝수인 사건을 B 라 하자.

사건 A 를 만족시키려면 두 수 중 하나가 1 이거나
두 수가 같은 소수이어야 한다.

① 두 수 중 하나가 1

$$\frac{_1C_1 \times _{14}C_1}{_{15}C_2} = \frac{2}{15}$$

② 두 수가 같은 소수
ⅰ) 두 수가 모두 2

$$\frac{_2C_2}{_{15}C_2} = \frac{1}{105}$$

ⅱ) 두 수가 모두 3

$$\frac{_3C_2}{_{15}C_2} = \frac{1}{35}$$

ⅲ) 두 수가 모두 5

$$\frac{_5C_2}{_{15}C_2} = \frac{2}{21}$$

$$\therefore \ \mathrm{P}(A) = \frac{2}{15} + \frac{1}{105} + \frac{1}{35} + \frac{2}{21} = \frac{28}{105} = \frac{4}{15}$$

두 사건 A 와 B 를 동시에 만족시키려면
①에서 두 수가 1, 3 or 1, 5 이거나 ②이어야 한다.

$$\therefore \ \mathrm{P}(A \cap B) = \frac{_1C_1 \times _3C_1 + _1C_1 \times _5C_1 + _2C_2 + _3C_2 + _5C_2}{_{15}C_2} = \frac{22}{105}$$

구하고자 하는 확률은

$$\mathrm{P}(B \mid A) = \frac{\mathrm{P}(A \cap B)}{\mathrm{P}(A)} = \frac{\frac{22}{105}}{\frac{4}{15}} = \frac{22 \times 15}{4 \times 105} = \frac{11}{14}$$ 이다.

따라서 $p + q = 25$ 이다.

답 25

092

①②③④ ❸❹❺❻
표본공간을 S 라 하면 $n(S) = {}_8C_4$

같은 수의 개수로 case분류하면

① 같은 수의 개수가 1 인 경우
3, 4 중에 같은 수로 선택할 수 1 개 선택 $_2C_1$ 가지
3이 선택되었다고 가정하자. ③❸

남은 공 ①②④❹❺❻에서 2 개 선택 $_6C_2$ 가지
$_6C_2$ 가지에서 ④❹뽑는 1 가지 경우를 빼주면 된다.

$$\frac{_2C_1 \times (_6C_2 - 1)}{_8C_4} = \frac{28}{70}$$

② 같은 수의 개수가 2 인 경우
③❸④❹ 1 가지

$$\frac{1}{_8C_4} = \frac{1}{70}$$

①번에서 꺼낸 4 개의 공 중 검은 공이 2 개가 되도록
case분류하면

ⅰ) ③❸
❺○ ⇒ 3 가지
❻○ ⇒ 3 가지
❹○ ⇒ 2 가지 (4를 뽑으면 안되므로)

총 $3+3+2=8$ 가지

ii) ④❹
ⅰ) 과 구조가 동일하므로 8 가지

$$\frac{8+8}{_8C_4}=\frac{8+8}{70}=\frac{16}{70}$$

따라서 구하고자 하는 확률은

$$\frac{\dfrac{16}{70}+\dfrac{1}{70}}{\dfrac{28}{70}+\dfrac{1}{70}}=\frac{17}{29}\ \text{이다.}$$

답 ③

093

앞면 ○ $(+1,\ 0)$, 뒷면 X $(0,\ +1)$

점 A 의 x 좌표 또는 y 좌표가 처음으로 3 이 되면
시행을 멈춘다.

점 A 의 y 좌표가 처음으로 3 이 되는 case를 구해보자.
① 3 번 시행하여 조건을 만족하는 경우
X X X $(0,\ 3)$

$$\left(\frac{1}{2}\right)^3=\frac{1}{8}$$

② 4 번 시행하여 조건을 만족하는 경우
4번 시행하여 조건을 만족하려면 반드시 마지막에서 뒷면이
나와야 한다. (실수하는 포인트!)

만약 마지막에서 앞면이 나온다면 조건에 의해서
4 번째 시행에서 $(1,\ 3)$ 을 만들기 전에 이미 시행이 멈춘다.

○ X X ┃ X
마지막은 고정이므로 ○ X X 만 배열 $\dfrac{3!}{2!1!}=_3C_1$ 가지

$$_3C_1\left(\frac{1}{2}\right)^4=\frac{3}{16}$$

③ 5 번 시행하여 조건을 만족하는 경우
②과 마찬가지로 조건을 만족하려면 반드시 마지막에서
뒷면이 나와야 한다.

○ ○ X X ┃ X
마지막은 고정이므로 ○ ○ X X 만 배열 $\dfrac{4!}{2!2!}=_4C_2$ 가지

$$_4C_2\left(\frac{1}{2}\right)^5=\frac{3}{16}$$

따라서 구하고자 하는 확률은

$$\frac{\dfrac{3}{16}}{\dfrac{1}{8}+\dfrac{3}{16}+\dfrac{3}{16}}=\frac{3}{2+3+3}=\frac{3}{8}\ \text{이다.}$$

답 ③

> **Tip**
>
> **Guide step**에서 독립시행의 확률
> $_nC_r\,p^r(1-p)^{n-r}$ 에서 $_nC_r$ 는
> 총 개수를 의미한다고 학습하였다.
> 이때 문제에 특별한 전제조건이 가해지면 조심해야 하고
> 관성적으로 접근하지 않도록 유의해야 한다고도 학습하였다.
> 마지막에는 뒷면밖에 올 수 없다는 것이 이 문제의 포인트이다.
> (특별한 전제조건)

094

갑이 꺼낸 카드에 적힌 수가 을이 꺼낸 카드에 적힌
수보다 큰 사건을 A 라 하고 $n(A)$ 를 구해보자.

갑	을
2	1
3	1
3	2
4	1
4	2
4	3
5	1
5	2
5	3
6	1
6	2
6	3

병은 1, 2, 3 모두 가능하므로 각각 3 가지이다.
$\Rightarrow\ n(A)=(1+2+3+3+3)\times3=12\times3=36$ 가지

갑이 꺼낸 카드에 적힌 수가 을과 병이 꺼낸 카드에 적힌
수의 합보다 큰 사건을 B 라 하고 $n(A\cap B)$ 를 구해보자.

(갑 > 을 + 병)

갑	을	병
2	1	X
3	1	1
3	2	X
4	1	1
4	1	2
4	2	1
4	3	X
5	1	1
5	1	2
5	1	3
5	2	1
5	2	2
5	3	1
6	1	1
6	1	2
6	1	3
6	2	1
6	2	2
6	2	3
6	3	1
6	3	2

$$\therefore \ \mathrm{P}(B\mid A)=\frac{\mathrm{P}(A\cap B)}{\mathrm{P}(A)}=\frac{n(A\cap B)}{n(A)}$$

$$=\frac{1+2+1+3+2+1+3+3+2}{36}=\frac{18}{36}=\frac{1}{2}=k$$

따라서 $100k=100\times\dfrac{1}{2}=50$ 이다.

답 50

095

①②③④⑤⑥

꺼낸 3 개의 공에 적힌 수의 곱이 짝수인 사건을 A 라 하고 $n(A)$ 을 구해보자.

전체 $_6\mathrm{C}_3\times 3!$ 에서 곱이 홀수인 경우를 빼면 된다.
곱이 홀수인 경우는 ①③⑤뿐이다. 배열 $3!$
$\Rightarrow n(A)=_6\mathrm{C}_3\times 3!-1\times 3!=120-6=114$

첫 번째로 꺼낸 공에 적힌 수가 홀수인 사건을 B 라 하고 $n(A\cap B)$ 를 구해보자.

홀 : ①③⑤
짝 : ②④⑥

1) 홀홀짝
$_3\mathrm{C}_2$ (홀수 2 개 선택) $\times\ 2!$ (배열) $\times\ _3\mathrm{C}_1$ (짝수 1 개 선택)
$3\times 2\times 3=18$ 가지

2) 홀짝홀
1) 과 구조가 같으므로 18 가지

3) 홀짝짝
$_3\mathrm{C}_1$ (홀수 1 개 선택) $\times\ _3\mathrm{C}_2$ (짝수 2 개 선택) $\times\ 2!$ (배열)
$3\times 3\times 2=18$ 가지

$\Rightarrow n(A\cap B)=18\times 3=54$

$$\therefore \ \mathrm{P}(B\mid A)=\frac{\mathrm{P}(A\cap B)}{\mathrm{P}(A)}=\frac{n(A\cap B)}{n(A)}=\frac{54}{114}=\frac{9}{19}$$

따라서 $p+q=28$ 이다.

답 28

096

꺼낸 공에 적힌 개수로 case분류해 보자.

① 꺼낸 공에 적힌 수가 3 인 경우

주머니에서 꺼낸 공에 적힌 수가 3 일 확률 $\dfrac{2}{5}$

주사위를 3 번 던져 나오는 눈의 수의 합이 10 인 경우는 다음과 같다.

$1,\ 3,\ 6\ \Rightarrow\ 3!=6$ 가지
$1,\ 4,\ 5\ \Rightarrow\ 3!=6$ 가지
$2,\ 2,\ 6\ \Rightarrow\ \dfrac{3!}{2!}=3$ 가지
$2,\ 3,\ 5\ \Rightarrow\ 3!=6$ 가지
$2,\ 4,\ 4\ \Rightarrow\ \dfrac{3!}{2!}=3$ 가지
$3,\ 3,\ 4\ \Rightarrow\ \dfrac{3!}{2!}=3$ 가지

$$(6+6+3+6+3+3)\times\left(\frac{1}{6}\right)^3=27\times\left(\frac{1}{6}\right)^3=\frac{1}{8}$$

$$\Rightarrow \frac{2}{5}\times\frac{1}{8}=\frac{1}{20}$$

$1 \leq a,\ b,\ c \leq 6$

$a + b + c = 10$

$a = a' + 1,\ b = b' + 1,\ c = c' + 1$

$0 \leq a',\ b',\ c' \leq 5$

$a' + b' + c' = 7 \ \Rightarrow\ {}_3H_7$

이때 범위에서 벗어난 경우를 빼줘야 한다.

$(a',\ b',\ c') = (0,\ 1,\ 6) \ \Rightarrow\ 3!$

$(a',\ b',\ c') = (0,\ 0,\ 7) \ \Rightarrow\ 3$

$\therefore\ {}_3H_7 - (3! + 3) = 36 - 9 = 27$

주사위를 4번 던져 나오는 눈의 수의 합이 10인 경우를
셀 때, 위와 마찬가지로

$0 \leq a',\ b',\ c',\ d' \leq 5$

$a' + b' + c' + d' = 6 \ \Rightarrow\ {}_4H_6$

이때 범위에서 벗어난 경우를 빼줘야 한다.

$(a',\ b',\ c',\ d') = (0,\ 0,\ 0,\ 6) \ \Rightarrow\ 4$

$\therefore\ {}_4H_6 - 4 = 84 - 4 = 80$

097

상자 B에 들어있는 공의 개수가 8인 사건을 X,
상자 B에 들어있는 검은 공의 개수가 2인 사건을 Y라
하자.

한 번의 시행에서 상자 B에 넣는 공의 개수는
1 or 2 or 3이므로 4번을 시행한 후 상자 B에
들어 있는 공의 개수가 8인 경우는 다음과 같다.
3, 3, 1, 1 / 3, 2, 2, 1 / 2, 2, 2, 2

① 3, 3, 1, 1인 경우
상자 B에 들어있는 검은 공의 개수는 2
주머니에서 숫자 1이 적힌 카드 2장, 숫자 4가 적힌
카드 2장을 꺼내야 하므로 확률은

$$\frac{4!}{2!2!} \times \left(\frac{1}{4}\right)^4 = 6 \times \left(\frac{1}{4}\right)^4$$

② 3, 2, 2, 1인 경우
상자 B에 들어있는 검은 공의 개수는 3
주머니에서 숫자 1인 적힌 카드 1장,
숫자 2 또는 3이 적힌 카드 2장, 숫자 4가 적힌

---

② 꺼낸 공에 적힌 수가 4인 경우

주머니에서 꺼낸 공에 적힌 수가 4일 확률 $\dfrac{3}{5}$

주사위를 4번 던져 나오는 눈의 수의 합이 10인 경우는
다음과 같다.

$1,\ 1,\ 2,\ 6 \ \Rightarrow\ \dfrac{4!}{2!} = 12$ 가지

$1,\ 1,\ 3,\ 5 \ \Rightarrow\ \dfrac{4!}{2!} = 12$ 가지

$1,\ 1,\ 4,\ 4 \ \Rightarrow\ \dfrac{4!}{2!2!} = 6$ 가지

$1,\ 2,\ 2,\ 5 \ \Rightarrow\ \dfrac{4!}{2!} = 12$ 가지

$1,\ 2,\ 3,\ 4 \ \Rightarrow\ 4! = 24$ 가지

$1,\ 3,\ 3,\ 3 \ \Rightarrow\ \dfrac{4!}{3!} = 4$ 가지

$2,\ 2,\ 2,\ 4 \ \Rightarrow\ \dfrac{4!}{3!} = 4$ 가지

$2,\ 2,\ 3,\ 3 \ \Rightarrow\ \dfrac{4!}{2!2!} = 6$ 가지

$(12 + 12 + 6 + 12 + 24 + 4 + 4 + 6) \times \left(\dfrac{1}{6}\right)^4 = 80 \times \left(\dfrac{1}{6}\right)^4 = \dfrac{5}{81}$

$\Rightarrow\ \dfrac{3}{5} \times \dfrac{5}{81} = \dfrac{1}{27}$

따라서 구하고자 하는 확률은 $\dfrac{1}{20} + \dfrac{1}{27} = \dfrac{27 + 20}{540} = \dfrac{47}{540}$ 이다.

답 ⑤

다른 방법으로 구해보자.

주사위를 3번 던져 나오는 눈의 수의 합이 10인 경우를
셀 때, 나온 수를 차례대로 $a,\ b,\ c$라 하면

카드 1장을 꺼내야 하므로 확률은

$$\frac{4!}{2!}\times\left(\frac{1}{4}\right)\left(\frac{2}{4}\right)^2\left(\frac{1}{4}\right)=48\times\left(\frac{1}{4}\right)^4$$

③ 2, 2, 2, 2인 경우

상자 B에 들어있는 검은 공의 개수는 4

주머니에서 숫자 2 또는 3이 적힌 카드 4장을

꺼내야 하므로 확률은

$$\left(\frac{2}{4}\right)^4=16\times\left(\frac{1}{4}\right)^4$$

$$\mathrm{P}(X)=6\times\left(\frac{1}{4}\right)^4+48\times\left(\frac{1}{4}\right)^4+16\times\left(\frac{1}{4}\right)^4=70\times\left(\frac{1}{4}\right)^4$$

$$\mathrm{P}(X\cap Y)=6\times\left(\frac{1}{4}\right)^4$$

$$\therefore\ \mathrm{P}(Y\mid X)=\frac{\mathrm{P}(X\cap Y)}{\mathrm{P}(X)}=\frac{6\times\left(\frac{1}{4}\right)^4}{70\times\left(\frac{1}{4}\right)^4}=\frac{3}{35}$$

따라서 구하고자 하는 확률은 $\dfrac{3}{35}$ 이다.

답 ④

098

보기 조건에 의해

$f(1)$ 은 $f(2)$, $f(3)$, $f(4)$ 의 약수

$f(2)$ 는 $f(4)$ 의 약수

함수 f 가 조건을 만족시키는 사건을 A 라 하고 $n(A)$ 을
구해보자.

$f(1)$ 의 값에 따라 case분류하면

① $f(1)=1$ 인 경우
   $f(2)=1\ \Rightarrow\ f(4)=1,\ 2,\ 3,\ 4\ \Rightarrow\ 4$ 가지
   $f(2)=2\ \Rightarrow\ f(4)=2,\ 4\ \Rightarrow\ 2$ 가지
   $f(2)=3\ \Rightarrow\ f(4)=3\ \Rightarrow\ 1$ 가지
   $f(2)=4\ \Rightarrow\ f(4)=4\ \Rightarrow\ 1$ 가지
   이때 $f(3)=1,\ 2,\ 3,\ 4\ \Rightarrow\ 4$ 가지
   $\therefore\ (4+2+1+1)\times4=32$

② $f(1)=2$ 인 경우
   $f(2)=2\ \Rightarrow\ f(4)=2,\ 4\ \Rightarrow\ 2$ 가지
   $f(2)=4\ \Rightarrow\ f(4)=4\ \Rightarrow\ 1$ 가지
   이때 $f(3)=2,\ 4\ \Rightarrow\ 2$ 가지

   $\therefore\ (2+1)\times2=6$

③ $f(1)=3$ 인 경우
   $f(2)=3\ \Rightarrow\ f(4)=3\ \Rightarrow\ 1$ 가지
   이때 $f(3)=3\ \Rightarrow\ 1$ 가지
   $\therefore\ 1\times1=1$

④ $f(1)=4$ 인 경우
   $f(2)=4\ \Rightarrow\ f(4)=4\ \Rightarrow\ 1$ 가지
   이때 $f(3)=4\ \Rightarrow\ 1$ 가지
   $\therefore\ 1\times1=1$

①, ②, ③, ④에 의해
$n(A)=32+6+1+1=40$

$f(4)$ 가 짝수인 사건을 B 라 하고 $n(A\cap B)$ 를 구해보자.

❶ $f(1)=1$ 인 경우
   $f(2)=1\ \Rightarrow\ f(4)=2,\ 4\ \Rightarrow\ 2$ 가지
   $f(2)=2\ \Rightarrow\ f(4)=2,\ 4\ \Rightarrow\ 2$ 가지
   $f(2)=4\ \Rightarrow\ f(4)=4\ \Rightarrow\ 1$ 가지
   이때 $f(3)=1,\ 2,\ 3,\ 4\ \Rightarrow\ 4$ 가지
   $\therefore\ (2+2+1)\times4=20$

❷ $f(1)=2$ 인 경우
   $f(2)=2\ \Rightarrow\ f(4)=2,\ 4\ \Rightarrow\ 2$ 가지
   $f(2)=4\ \Rightarrow\ f(4)=4\ \Rightarrow\ 1$ 가지
   이때 $f(3)=2,\ 4\ \Rightarrow\ 2$ 가지
   $\therefore\ (2+1)\times2=6$

❸ $f(1)=4$ 인 경우
   $f(2)=4\ \Rightarrow\ f(4)=4\ \Rightarrow\ 1$ 가지
   이때 $f(3)=4\ \Rightarrow\ 1$ 가지
   $\therefore\ 1\times1=1$

❶, ❷, ❸에 의해
$n(A\cap B)=20+6+1=27$

$$\therefore\ \mathrm{P}(B\mid A)=\frac{\mathrm{P}(A\cap B)}{\mathrm{P}(A)}=\frac{n(A\cap B)}{n(A)}=\frac{27}{40}$$

따라서 구하고자 하는 확률은 $\dfrac{27}{40}$ 이다.

답 ④

099

시행을 5번 반복한 후 4개의 동전이 모두 같은 면이
보이도록 놓여있는 사건을 A라 하고,
모두 앞면이 보이도록 놓여 있는 사건을 B라 하자.

처음 탁자 위에 놓여있는 동전을
왼쪽부터 순서대로 a, b, c, d라 하자.

① 5번 반복한 후 4개의 동전이 모두 앞면이 보이도록
　놓여있는 경우

　ⅰ) d만 5번 뒤집는 경우 $\Rightarrow$ 1가지
　ⅱ) d를 3번, a, b, c 중에서 1개를 2번 뒤집는 경우
　　　a, b, c 중 a를 선택했다고 가정하면
　　　a, a, d, d, d
　　　$\Rightarrow {}_3C_1 \times \dfrac{5!}{3!2!} = 30$

　ⅲ) d를 1번, a, b, c 중에서 1개를 4번 뒤집는 경우
　　　a, b, c 중 a를 선택했다고 가정하면
　　　a, a, a, a, d
　　　$\Rightarrow {}_3C_1 \times \dfrac{5!}{4!} = 15$

　ⅳ) d를 1번, a, b, c 중에서 서로 다른 2개를 각각
　　　2번씩 뒤집는 경우의 수
　　　a, b, c 중 a, b를 선택했다고 가정하면
　　　a, a, b, b, d
　　　$\Rightarrow {}_3C_2 \times \dfrac{5!}{2!2!} = 90$

　ⅰ), ⅱ), ⅲ), ⅳ)에 의해
　∴ $1 + 30 + 15 + 90 = 136$

② 5번 반복한 후 4개의 동전이 모두 뒷면이 보이도록
　놓여있는 경우

　ⅰ) a, b, c 중에서 1개를 3번, 나머지 2개를 각각
　　　1번씩 뒤집는 경우
　　　a, b, c 중 a를 3번 선택했다고 가정하면
　　　a, a, a, b, c
　　　$\Rightarrow {}_3C_1 \times \dfrac{5!}{3!} = 60$

　ⅱ) a, b, c를 각각 1번씩 뒤집고, d를 2번 뒤집는 경우
　　　a, b, c, d, d
　　　$\Rightarrow \dfrac{5!}{2!} = 60$

ⅰ), ⅱ)에 의해
∴ $60 + 60 = 120$

①, ②에 의해
$$P(A) = \dfrac{136 + 120}{4^5} = \dfrac{1}{4}, \ P(A \cap B) = \dfrac{136}{4^5} = \dfrac{17}{128}$$

$$\therefore \ P(B \mid A) = \dfrac{P(A \cap B)}{P(A)} = \dfrac{\dfrac{17}{128}}{\dfrac{1}{4}} = \dfrac{17}{32}$$

따라서 구하고자 하는 확률은 $\dfrac{17}{32}$ 이다.

답　①

100

주사위를 한 번 던져 나온 눈의 수가 k일 때,
$k \le 5$이면 k번째 자리의 동전을 한 번 뒤집어 제자리
$k = 6$이면 모든 동전을 한 번씩 뒤집어 제자리

앞 앞 뒤 뒤 뒤

위 상황에서 시행을 3번 반복하여 5개의 동전이
모두 앞면이 보이도록 놓여있을 확률을 구하는 문제이다.

6의 눈의 개수에 따라 case분류해 보자.

① 6의 눈이 세 번 나온 경우
　뒤 뒤 앞 앞 앞
　이므로 조건을 만족시키지 않는다.

② 6의 눈이 두 번 나오는 경우
　나올 수 있는 모든 경우는
　앞면 1개, 뒷면 4개 또는 앞면 3개, 뒷면 2개
　이므로 조건을 만족시키지 않는다.

③ 6의 눈이 한 번 나오는 경우
　조건을 만족하려면
　주사위 눈의 수 1, 2, 6이 각각 한 번씩 나와야 한다.
　1, 2, 6 자리 배열 $= 3!$
　$\therefore \ 3! \times \left(\dfrac{1}{6}\right)^3 = \dfrac{1}{36}$

④ 6의 눈이 한 번도 나오지 않는 경우
　조건을 만족하려면

주사위 눈의 수 3, 4, 5가 각각 한 번씩 나와야 한다.

3, 4, 5 자리 배열 = 3!

$$\therefore \ 3! \times \left(\frac{1}{6}\right)^3 = \frac{1}{36}$$

①, ②, ③, ④에 의해
구하고자 하는 확률은

$\dfrac{1}{36} + \dfrac{1}{36} = \dfrac{1}{18}$ 이므로 $p=18,\ q=1$

따라서 $p+q=19$ 이다.

답 19

101	53	106	125
102	131	107	48
103	41	108	191
104	③	109	49
105	135	110	9

101

세 개의 주사위를 동시에 한 번 던질 때,
나오는 눈의 수를 각각 A, B, C라 하고
A, B, C를 4로 나눈 나머지를 각각 a, b, c라 하자.

1, 2, 3, 4, 5, 6을 4로 나눈 나머지로 분류하면
다음과 같다.

나머지 0 $\Rightarrow$ 4 이므로 확률은 $\dfrac{1}{6}$

나머지 1 $\Rightarrow$ 1, 5 이므로 확률은 $\dfrac{2}{6}=\dfrac{1}{3}$

나머지 2 $\Rightarrow$ 2, 6 이므로 확률은 $\dfrac{2}{6}=\dfrac{1}{3}$

나머지 3 $\Rightarrow$ 3 이므로 확률은 $\dfrac{1}{6}$

$A+B+C$를 4로 나눈 나머지와 $a+b+c$를 4로 나눈
나머지는 서로 같다.

> **Tip**
>
> $<A+B+C$를 4로 나눈 나머지와 $a+b+c$를
> 4로 나눈 나머지가 서로 같은 이유는 무엇일까?$>$
>
> 고1때 나머지 정리를 학습한 바 있다.
> A를 Q로 나누었을 때, 몫을 P, 나머지를 R이라
> 하면 $A = Q \times P + R$로 나타낼 수 있다.
> A, B, C를 a, b, c로 표현하면 다음과 같다.
> $A = 4P_1 + a,\ B = 4P_2 + b,\ C = 4P_3 + c$
> $A+B+C = 4(P_1+P_2+P_3)+a+b+c$
> 즉, $4(P_1+P_2+P_3)$은 4로 나누어 떨어지므로
> 나머지는 $a+b+c$에서 생긴다.
> 따라서 $A+B+C$를 4로 나눈 나머지와
> $a+b+c$를 4로 나눈 나머지는 서로 같다.

이를 이용하여 $a+b+c$ 의 값에 따라 case분류해 보자.
$a+b+c \leq 9$이므로 $a+b+c$를 4로 나눈 나머지가 3 인
경우는 $a+b+c=3$, $a+b+c=7$ 이렇게 2 가지가 가능하다.

① $a+b+c=3$

$1\ 1\ 1 \Rightarrow \left(\dfrac{1}{3}\right)^3 = \dfrac{1}{27}$

$0\ 0\ 3 \Rightarrow {}_3C_2\left(\dfrac{1}{6}\right)^2\left(\dfrac{1}{6}\right) = \dfrac{1}{72}$

$0\ 1\ 2 \Rightarrow 3!\left(\dfrac{1}{6}\right)\left(\dfrac{1}{3}\right)\left(\dfrac{1}{3}\right) = \dfrac{1}{9}$

② $a+b+c=7$

$1\ 3\ 3 \Rightarrow {}_3C_1\left(\dfrac{1}{3}\right)\left(\dfrac{1}{6}\right)^2 = \dfrac{1}{36}$

$2\ 2\ 3 \Rightarrow {}_3C_2\left(\dfrac{1}{3}\right)^2\left(\dfrac{1}{6}\right) = \dfrac{1}{18}$

$\therefore \dfrac{1}{27} + \dfrac{1+8+2+4}{72} = \dfrac{1}{27} + \dfrac{5}{24} = \dfrac{53}{216} = p$

따라서 $216p = 216 \times \dfrac{53}{216} = 53$ 이다.

답 53

102

★의 개수에 따라 case분류해 보자.

① $\square\ \square \Rightarrow \dfrac{{}_3C_2}{{}_5C_2} = \dfrac{3}{10}$

첫 번째 시행 후 주머니에 있는 카드는 다음과 같다.

★ ★ ★ ★ □

두 번째 시행한다고 해서 ★ 모양의 스티커가 3 개 붙을
수 없다.

② ★ $\square \Rightarrow \dfrac{{}_2C_1 \times {}_3C_1}{{}_5C_2} = \dfrac{6}{10}$

첫 번째 시행 후 주머니에 있는 카드는 다음과 같다.

★★ ★ ★ □ □

두 번째 시행 후 ★ 모양의 스티커가 3 개 붙어 있는 카드가
들어 있으려면 ★★ 를 선택하고 다른 하나를 선택하면

된다. 이때 확률은 $\dfrac{{}_1C_1 \times {}_4C_1}{{}_5C_2} = \dfrac{4}{10}$ 이므로

$\dfrac{6}{10} \times \dfrac{4}{10} = \dfrac{24}{100}$

③ ★★ ★ $\Rightarrow \dfrac{{}_2C_2}{{}_5C_2} = \dfrac{1}{10}$

첫 번째 시행 후 주머니에 있는 카드는 다음과 같다.

★★ ★★ □ □ □

두 번째 시행 후 ★ 모양의 스티커가 3 개 붙어 있는
카드가 들어 있을 확률은 전체에서 스티커가 붙어 있지
않은 2 개의 카드를 꺼낼 확률을 빼서 구하면 된다.

이때 확률은 $1 - \dfrac{{}_3C_2}{{}_5C_2} = \dfrac{7}{10}$ 이므로

$\dfrac{1}{10} \times \dfrac{7}{10} = \dfrac{7}{100}$

$\therefore \dfrac{24+7}{100} = \dfrac{31}{100}$

따라서 $p+q = 131$ 이다.

답 131

103

● ● ● ● ○ ○

꺼낸 3 개의 공의 색깔에 따라 case분류하면 다음과 같다.

① 꺼낸 3 개의 공이 ● ● ● $\Rightarrow \dfrac{{}_4C_3}{{}_6C_3}$

첫 번째 시행 후 주머니에 남아 있는 공은 ● ○ ○

꺼낸 3 개의 공이 ● ○ ○ $\Rightarrow \dfrac{{}_1C_1 \times {}_2C_2}{{}_3C_3}$

두 번째 시행의 결과 주머니에 남아 있는 공은 ○ ○

$\therefore \dfrac{{}_4C_3}{{}_6C_3} \times \dfrac{{}_1C_1 \times {}_2C_2}{{}_3C_3} = \dfrac{1}{5}$

② 꺼낸 3 개의 공이 ● ● ○ $\Rightarrow \dfrac{{}_4C_2 \times {}_2C_1}{{}_6C_3}$

첫 번째 시행 후 주머니에 남아 있는 공은 ● ● ○ ○

꺼낸 3 개의 공이 ● ● ○ $\Rightarrow \dfrac{{}_2C_2 \times {}_2C_1}{{}_4C_3}$

두 번째 시행의 결과 주머니에 남아 있는 공은 ○ ○

$\therefore \dfrac{{}_4C_2 \times {}_2C_1}{{}_6C_3} \times \dfrac{{}_2C_2 \times {}_2C_1}{{}_4C_3} = \dfrac{3}{10}$

③ 꺼낸 3 개의 공이 ● ○ ○ $\Rightarrow \dfrac{{}_4C_1 \times {}_2C_2}{{}_6C_3}$

첫 번째 시행 후 주머니에 남아 있는 공은 ● ● ● ○ ○

꺼낸 3 개의 공이 ● ● ● $\Rightarrow$ $\dfrac{{}_3C_3}{{}_5C_3}$

두 번째 시행의 결과 주머니에 남아 있는 공은 ○ ○

$$\therefore \dfrac{{}_4C_1 \times {}_2C_2}{{}_6C_3} \times \dfrac{{}_3C_3}{{}_5C_3} = \dfrac{1}{50}$$

구하고자 하는 확률은

$$\dfrac{\dfrac{3}{10}}{\dfrac{1}{5} + \dfrac{3}{10} + \dfrac{1}{50}} = \dfrac{15}{10+15+1} = \dfrac{15}{26} \text{ 이다.}$$

따라서 $p+q = 41$ 이다.

답   41

104

① 앞면이 나오는 확률 $\dfrac{1}{2}$ (A → B)

② 뒷면이 나오는 확률 $\dfrac{1}{2}$ (B → A)

상자 B 입장에서 앞면이 나오면 $+1$, 뒷면이 나오면 -1
상자 B 에 들어 있는 공의 개수가 6 번째 시행 후
8 이 되려면 $+2$ 가 되어야 한다.
1 1 1 1 -1 -1
즉, 앞면 4 개, 뒷면 2 개가 나와야 한다.

6 번째 시행 후 처음으로 8 이 되려면 6 번째 시행에는
반드시 앞면이 나와야 한다.

뒷면의 위치로 case분류해 보자.

(앞면 ○ 뒷면 X)

1번째	2번째	3번째	4번째	5번째	6번째	가능 여부
X	X	○	○	○	○	✓
X	○	X	○	○	○	✓
X	○	○	X	○	○	✓
X	○	○	○	X	○	
○	X	X	○	○	○	✓
○	X	○	X	○	○	✓
○	X	○	○	X	○	
○	○	X	X	○	○	
○	○	X	○	X	○	
○	○	○	X	X	○	

5 개 가능하다.

따라서 구하고자 하는 확률은 $5 \times \left(\dfrac{1}{2}\right)^6 = \dfrac{5}{64}$ 이다.

답   ③

> **Tip**
>
> 직접 세는 것이 더 빠를 수 있다.
> 실전에서 분류하고 확인하는데 2 분 컷이다.
> 두려워하지 말자!

105

A ○ ○ ○ ○
B ○ ○ ○ ○

짝수일 확률 $\dfrac{1}{2}$

홀수일 확률 $\dfrac{1}{2}$

A 입장에서 추가되는 공의 개수로 case분류해 보자.

추가되는 공 0 개 $\Rightarrow$ $\dfrac{1}{4} + \dfrac{1}{4} = \dfrac{2}{4}$ (둘다 짝수, 둘다 홀수)

추가되는 공 1 개 $\Rightarrow$ $\dfrac{1}{4}$ (A 짝수, B 홀수)

추가되는 공 -1 개 $\Rightarrow$ $\dfrac{1}{4}$ (A 홀수, B 짝수)

4 번째 시행 후 센 공의 개수가 처음으로 6 이 되려면
마지막은 $+1$ 이어야 하고 2 가지 경우가 가능하다.

① -1 1 1 | 1
마지막에는 1 이 고정되어 있으므로 ${}_3C_1$ 일까?
여기서 조심해야 한다. 1, 1, -1 인 경우에는 2 번째 시행에서
공의 개수가 6 이 되기 때문에 가능하지 않다.
즉, -1, 1, 1 과 1, -1, 1 이렇게 2 가지 가능하므로

$$2 \left(\dfrac{1}{4}\right)^1 \left(\dfrac{1}{4}\right)^3 = \dfrac{2}{256}$$

② 0 0 1 | 1
마지막에는 1 이 고정되어 있으므로 0 0 1 배열 3 가지

$${}_3C_2 \left(\dfrac{2}{4}\right)^2 \left(\dfrac{1}{4}\right)^2 = \dfrac{12}{256}$$

$$\therefore \ \frac{2+12}{256} = \frac{14}{256} = \frac{7}{128}$$

따라서 $p+q=135$ 이다.

답   135

106

3의 배수이면 나온 숫자를 점수로 하고, $3 \Rightarrow 3, 6 \Rightarrow 6$
3의 배수가 아니면 나온 숫자를 3으로 나누었을 때의
나머지를 점수로 하니까 $1 \Rightarrow 1, 2 \Rightarrow 2, 4 \Rightarrow 1, 5 \Rightarrow 2$

이를 표로 나타내어보면 다음과 같다.

점수	1	2	3	6
p	$\dfrac{2}{6}$	$\dfrac{2}{6}$	$\dfrac{1}{6}$	$\dfrac{1}{6}$

첫 번째 숫자가 2 또는 3이 나왔을 때를 물어봤으니
자연스럽게 case분류해 보자.

① 첫 번째 숫자가 2

총 4번의 시행에서 나온 모든 점수의 합이 8이 되어야
하니까 나머지 3번의 시행에서의 합이 6이어야 한다.

3개 더해서 6점이 되려면 아래와 같은 case가 가능하다.

①- i) 1, 2, 3

독립시행의 확률로 처리하면

$$3! \,(1,\ 2,\ 3 \text{ 순서 배열}) \times \left(\frac{2}{6}\right)^2\left(\frac{1}{6}\right) = \frac{1}{9}$$

①- ii) 2, 2, 2

$$1 \times \left(\frac{2}{6}\right)^3 = \frac{1}{27}$$

첫 번째에 2가 나올 확률은 $\dfrac{1}{6}$ 이므로

$$\frac{1}{6} \times \left(\frac{1}{9} + \frac{1}{27}\right) = \frac{1}{6} \times \frac{4}{27}$$

② 첫 번째 숫자가 3

총 4번의 시행에서 나온 모든 점수의 합이 8이 되어야
하니까 나머지 3번의 시행에서의 합이 5이어야 한다.
3개 더해서 5점이 되려면 아래와 같은 case가 가능하다.

②- i) 1, 1, 3

$$_3C_2 \,(1,\ 1,\ 3 \text{ 순서 배열}) \times \left(\frac{2}{6}\right)^2\left(\frac{1}{6}\right) = \frac{1}{18}$$

②- ii) 1, 2, 2

$$_3C_1 \,(1,\ 2,\ 2 \text{ 순서 배열}) \times \left(\frac{2}{6}\right)^3 = \frac{1}{9}$$

첫 번째에 3이 나올 확률은 $\dfrac{1}{6}$ 이므로

$$\frac{1}{6} \times \left(\frac{1}{18} + \frac{1}{9}\right) = \frac{1}{6} \times \frac{1}{6}$$

$$\therefore \ \frac{\dfrac{1}{6} \times \dfrac{4}{27} + \dfrac{1}{6} \times \dfrac{1}{6}}{\dfrac{1}{6} + \dfrac{1}{6}} = \frac{\dfrac{1}{6}\left(\dfrac{4}{27} + \dfrac{1}{6}\right)}{\dfrac{1}{3}} = \frac{1}{2}\left(\frac{8+9}{54}\right) = \frac{17}{108}$$

따라서 $p+q=125$ 이다.

답   125

> **Tip**
>
> <문제 잘 읽기!>
> 문제에서 물어본 것은 숫자가 2 또는 3이 나왔을 때이지 점수가
> 2 또는 3이 나왔을 때가 아니다.

107

b가 3의 배수인 사건을 X
$a=b$인 사건을 Y

n에 값을 대입하면서 감을 찾아보자.

예를 들어 $n=6$ 이라고 가정해보자.
$1 \leq x \leq y \leq 6$

b가 3의 배수인 경우 $y=3,\ y=6$가 가능하다.

x	y
1	
2	3
3	
1	
2	
3	6
4	
5	
6	

이때, $a=b$인 경우는 2가지이므로 구하고자 하는 확률은

$$P(Y\mid X)=\frac{P(X\cap Y)}{P(X)}=\frac{n(X\cap Y)}{n(X)}=\frac{2}{3+6}=\frac{2}{9}$$ 이다.

예를 들어 $n=10$이라고 가정해보자.

$$1\le x\le y\le 10$$

b가 3의 배수인 경우 $y=3$, $y=6$, $y=9$가 가능하다.

x	y
1	
2	3
3	
1	
2	
3	
4	6
5	
6	
1	
2	
3	
4	
5	9
6	
7	
8	
9	

이때, $a=b$인 경우는 3가지이므로 구하고자 하는 확률은

$$P(Y\mid X)=\frac{P(X\cap Y)}{P(X)}=\frac{n(X\cap Y)}{n(X)}=\frac{3}{3+6+9}=\frac{1}{6}$$ 이다.

분자 3은 n보다 작거나 같은 3의 배수의 개수이고
분모 $3+6+9$는 n보다 작거나 같은 3의 배수들의 합과
같다. 이를 바탕으로 일반화를 시켜보자.

$$1\le x\le y\le n$$

이때 n보다 작거나 같은 제일 큰 3의 배수를 $3m$이라 하자.
n보다 작거나 같은 3의 배수를 나열하면 다음과 같다.

$$3=3\times 1$$
$$6=3\times 2$$
$$9=3\times 3$$
$$\vdots$$
$$3m=3\times m$$

n보다 작거나 같은 3의 배수의 개수는 m
n보다 작거나 같은 3의 배수들의 합은 $3+6+9+\cdots+3m$
이므로 구하고자 하는 확률은

$$P(Y\mid X)=\frac{P(X\cap Y)}{P(X)}=\frac{n(X\cap Y)}{n(X)}$$

$$=\frac{m}{3+6+9+\cdots+3m}=\frac{m}{3(1+2+3+\cdots+m)}$$

$$=\frac{m}{3\times\dfrac{m(m+1)}{2}}=\frac{2}{3(m+1)}$$

이다.

$$\frac{2}{3(m+1)}=\frac{1}{9}\ \Rightarrow\ m=5$$

제일 큰 3의 배수가 15가 되려면 가능한 n의 값은
15, 16, 17이다.

따라서 모든 자연수 n의 값의 합은 $15+16+17=48$이다.

답 48

108

나온 눈의 수가 5 이상일 확률은 $\dfrac{1}{3}$

(흰 공 2개를 주머니에 넣기)

나온 눈의 수가 4 이하일 확률은 $\dfrac{2}{3}$

(검은 공 1개를 주머니에 넣기)

$a_5+b_5\ge 7$인 사건을 A, $a_k=b_k$인 자연수 $(1\le k\le 5)$가
존재하는 사건을 B라 하자.

주사위를 한 번 던져 나온 눈의 수가 5 이상인 횟수를 X,
나온 눈의 수가 4 이하인 횟수를 Y라 하면
5번 시행할 때, $X+Y=5$이고, $a_5+b_5=2X+Y$이다.

$a_5 + b_5 \geq 7 \Rightarrow 2X + Y \geq 7$를 만족시키는 case는
다음과 같다.

① $X = 2, \; Y = 3$

$${}_5\mathrm{C}_2 \left(\frac{1}{3}\right)^2 \left(\frac{2}{3}\right)^3 = \frac{80}{243}$$

② $X = 3, \; Y = 2$

$${}_5\mathrm{C}_3 \left(\frac{1}{3}\right)^3 \left(\frac{2}{3}\right)^2 = \frac{40}{243}$$

③ $X = 4, \; Y = 1$

$${}_5\mathrm{C}_4 \left(\frac{1}{3}\right)^4 \left(\frac{2}{3}\right)^1 = \frac{10}{243}$$

④ $X = 5, \; Y = 0$

$${}_5\mathrm{C}_5 \left(\frac{1}{3}\right)^5 = \frac{1}{243}$$

$$\therefore \; \mathrm{P}(A) = \frac{80 + 40 + 10 + 1}{243} = \frac{131}{243}$$

$a_5 + b_5 \geq 7$ 이면서 $a_k = b_k$ 인 자연수 $(1 \leq k \leq 5)$ 가
존재하려면
3번째 시행까지 5 이상의 눈의 수가 1번, 4 이하의 눈의
수가 2번 일어나야 하므로 위 case 중 ①, ②이 가능하다.

① $X = 2, \; Y = 3$
$Y \; Y \; X \; | \; Y \; X$
YYX 배열 3가지
YX 배열 2가지

$$3 \times 2 \times \left(\frac{1}{3}\right)^2 \left(\frac{2}{3}\right)^3 = \frac{48}{243}$$

② $X = 3, \; Y = 2$
$Y \; Y \; X \; | \; X \; X$
YYX 배열 3가지

$$3 \times \left(\frac{1}{3}\right)^3 \left(\frac{2}{3}\right)^2 = \frac{12}{243}$$

$$\therefore \; \mathrm{P}(A \cap B) = \frac{48 + 12}{243} = \frac{60}{243}$$

구하고자 하는 확률은

$$\mathrm{P}(B \mid A) = \frac{\mathrm{P}(A \cap B)}{\mathrm{P}(A)} = \frac{\dfrac{60}{243}}{\dfrac{131}{243}} = \frac{60}{131} \;\text{이다.}$$

따라서 $p + q = 191$ 이다.

답   191

109

시행을 3번 반복한 후 6장의 카드에 보이는 모든 수의
합이 짝수인 사건을 A, 주사위의 1의 눈이 한 번만 나오는
사건을 B라 하자.

시행을 3번 반복한 후 6장의 카드에 보이는 모든 수의
합이 짝수가 나오려면 홀수가 보이는 카드의 개수가
0 또는 2이어야 하므로 주사위를 3번 던질 때
홀수의 눈이 나오는 횟수가 1 또는 3이어야 한다.

① 홀수의 눈이 1번 나오는 경우

$${}_3\mathrm{C}_1 \left(\frac{1}{2}\right) \left(\frac{1}{2}\right)^2 = \frac{3}{8}$$

② 홀수의 눈이 3번 나오는 경우

$${}_3\mathrm{C}_3 \left(\frac{1}{2}\right)^3 = \frac{1}{8}$$

$$\therefore \; \mathrm{P}(A) = \frac{1}{8} + \frac{3}{8} = \frac{1}{2}$$

홀수의 눈이 1번 나오면서 1의 눈이 한 번만 나오려면
3번의 시행 중 1의 눈이 한 번 나오고 나머지 두 번은
짝수의 눈이 나와야 한다.

ⅰ) 1, 짝수$_1$, 짝수$_2$
짝수 2, 4, 6 중 2개 선택 ${}_3\mathrm{C}_2$
2, 4가 선택되었다고 가정하면 1, 2, 4 배열 3!

$${}_3\mathrm{C}_2 \times 3! \times \left(\frac{1}{6}\right)^3 = \frac{1}{12}$$

ii) 1, 짝수$_1$, 짝수$_1$

짝수 2, 4, 6 중 1개 선택 $_3C_1$

2가 선택되었다고 가정하면 1, 2, 2 배열 3

$$_3C_1 \times 3 \times \left(\frac{1}{6}\right)^3 = \frac{1}{24}$$

홀수의 눈이 3번 나오면서 1의 눈이 한 번만 나오려면 3번의 시행 중 1의 눈이 한 번 나오고 나머지 두 번은 3 또는 5의 눈이 나와야 한다.

ⅰ) 1, 3, 5

1, 3, 5 배열 3!

$$3! \times \left(\frac{1}{6}\right)^3 = \frac{1}{36}$$

ii) 1, 홀수$_1$, 홀수$_1$

홀수 3, 5 중 1개 선택 $_2C_1$

3이 선택되었다고 가정하면 1, 3, 3 배열 3

$$_2C_1 \times 3 \times \left(\frac{1}{6}\right)^3 = \frac{1}{36}$$

$$\therefore \ \mathrm{P}(A \cap B) = \frac{1}{12} + \frac{1}{24} + \frac{1}{36} + \frac{1}{36} = \frac{13}{72}$$

구하고자 하는 확률은

$$\mathrm{P}(B \mid A) = \frac{\mathrm{P}(A \cap B)}{\mathrm{P}(A)} = \frac{\dfrac{13}{72}}{\dfrac{1}{2}} = \frac{13}{36} \ \text{이다.}$$

따라서 $p+q = 49$ 이다.

답 49

110

$b-a \geq 5$인 사건을 A, $c-a \geq 10$인 사건을 B라 하자.

$b-a \geq 5, \ a < b < c$

a	b
1	6, 7, 8, 9, 10, 11
2	7, 8, 9, 10, 11
3	8, 9, 10, 11
4	9, 10, 11
5	10, 11
6	11

$a=1$일 때 c의 개수는 $6+5+4+3+2+1=21$

$a=2$일 때 c의 개수는 $5+4+3+2+1=15$

$a=3$일 때 c의 개수는 $4+3+2+1=10$

$a=4$일 때 c의 개수는 $3+2+1=6$

$a=5$일 때 c의 개수는 $2+1=3$

$a=6$일 때 c의 개수는 1

이므로 $b-a \geq 5$를 만족시키는 모든 순서쌍 (a, b, c)의 개수는 $21+15+10+6+3+1=56$이다.

$$\therefore \ \mathrm{P}(A) = \frac{56}{_{12}C_3} = \frac{56}{220} = \frac{14}{55}$$

$b-a \geq 5$이고 $c-a \geq 10$인 경우는

$a=1, \ c=11$일 때 $b=6, 7, 8, 9, 10$

$a=1, \ c=12$일 때 $b=6, 7, 8, 9, 10, 11$

$a=2, \ c=12$일 때 $b=7, 8, 9, 10, 11$

이므로 $b-a \geq 5$이고 $c-a \geq 10$인 모든 순서쌍 (a, b, c)의 개수는 $5+6+5=16$이다.

$$\therefore \ \mathrm{P}(A \cap B) = \frac{16}{_{12}C_3} = \frac{16}{220} = \frac{4}{55}$$

구하고자 하는 확률은

$$\mathrm{P}(B \mid A) = \frac{\mathrm{P}(A \cap B)}{\mathrm{P}(A)} = \frac{\dfrac{4}{55}}{\dfrac{14}{55}} = \frac{4}{14} = \frac{2}{7} \ \text{이다.}$$

따라서 $p+q = 9$이다.

답 9

확률분포 | **Guide step**

1	(1) 풀이 참고 (2) $\dfrac{5}{9}$
2	$\dfrac{35}{18}$
3	$V(X)=\dfrac{19}{16},\ \sigma(X)=\dfrac{\sqrt{19}}{4}$
4	$V(X)=\dfrac{5}{9},\ \sigma(X)=\dfrac{\sqrt{5}}{3}$
5	(1) 37 (2) 36 (3) 9
6	(1) $P(X=x)={}_3C_x\left(\dfrac{1}{6}\right)^x\left(\dfrac{5}{6}\right)^{3-x}\ (0\le x\le 3)$ (2) $\dfrac{25}{27}$
7	25
8	$E(X)=30,\ \sigma(X)=2\sqrt{5}$
9	(1) $\dfrac{2}{9}$ (2) $\dfrac{5}{9}$
10	(1) $m_1=m_2<m_3$ (2) $\sigma_2=\sigma_3<\sigma_1$
11	0.9772
12	0.1359
13	0.0919

개념 확인문제 **1**

(1) 변수가 2개이니 표를 그려 해결해보자.

b＼a	1	2	3	4	5	6
1	1	1	1	1	1	1
2	1	2	2	2	2	2
3	1	2	3	3	3	3
4	1	2	3	4	4	4
5	1	2	3	4	5	5
6	1	2	3	4	5	6

위 표를 바탕으로 X의 확률분포를 표로 나타내면
다음과 같다.

X	1	2	3	4	5	6	합계
$P(X=x)$	$\dfrac{11}{36}$	$\dfrac{9}{36}$	$\dfrac{7}{36}$	$\dfrac{5}{36}$	$\dfrac{3}{36}$	$\dfrac{1}{36}$	1

(2) $P(X\le 2)=P(X=1)+P(X=2)=\dfrac{11}{36}+\dfrac{9}{36}=\dfrac{20}{36}=\dfrac{5}{9}$

답 (1) 풀이 참고 (2) $\dfrac{5}{9}$

개념 확인문제 **2**

변수가 2개이니 표를 그려 해결해보자.

b＼a	1	2	3	4	5	6
1	0	1	2	3	4	5
2	1	0	1	2	3	4
3	2	1	0	1	2	3
4	3	2	1	0	1	2
5	4	3	2	1	0	1
6	5	4	3	2	1	0

위 표를 바탕으로 X의 확률분포를 표로 나타내면
다음과 같다.

X	0	1	2	3	4	5	합계
$P(X=x)$	$\dfrac{6}{36}$	$\dfrac{10}{36}$	$\dfrac{8}{36}$	$\dfrac{6}{36}$	$\dfrac{4}{36}$	$\dfrac{2}{36}$	1

따라서 $E(X)=\dfrac{10+16+18+16+10}{36}=\dfrac{70}{36}=\dfrac{35}{18}$ 이다.

답 $\dfrac{35}{18}$

개념 확인문제 **3**

$E(X)=1\times\dfrac{1}{4}+2\times\dfrac{1}{2}+4\times\dfrac{1}{4}=\dfrac{1}{4}+1+1=\dfrac{9}{4}$

$E(X^2)=1\times\dfrac{1}{4}+4\times\dfrac{1}{2}+16\times\dfrac{1}{4}=\dfrac{1}{4}+2+4=\dfrac{25}{4}$

$V(X)=E(X^2)-\{E(X)\}^2=\dfrac{25}{4}-\dfrac{81}{16}=\dfrac{100-81}{16}=\dfrac{19}{16}$

$\sigma(X)=\dfrac{\sqrt{19}}{4}$

답 $V(X)=\dfrac{19}{16},\ \sigma(X)=\dfrac{\sqrt{19}}{4}$

$(1, 2), (1, 3), (1, 4), (2, 3), (2, 4), (3, 4)$

확률분포를 표로 나타내면 다음과 같다.

X	1	2	3	합계
$\mathrm{P}(X=x)$	$\dfrac{3}{6}$	$\dfrac{2}{6}$	$\dfrac{1}{6}$	1

$$\mathrm{E}(X)=\frac{3+4+3}{6}=\frac{10}{6}=\frac{5}{3}$$

$$\mathrm{E}(X^2)=\frac{1\times3+4\times2+9\times1}{6}=\frac{20}{6}=\frac{10}{3}$$

$$\mathrm{V}(X)=\mathrm{E}(X^2)-\{\mathrm{E}(X)\}^2=\frac{10}{3}-\frac{25}{9}=\frac{30-25}{9}=\frac{5}{9}$$

$$\sigma(X)=\frac{\sqrt{5}}{3}$$

답 $\mathrm{V}(X)=\dfrac{5}{9},\ \sigma(X)=\dfrac{\sqrt{5}}{3}$

$\mathrm{E}(X)=8,\ \sigma(X)=3,\ \mathrm{V}(X)=9$

(1) $\mathrm{E}(5X-3)=5\mathrm{E}(X)-3=40-3=37$
(2) $\mathrm{V}(2X+5)=4\mathrm{V}(X)=36$
(3) $\sigma(-3X-2)=|-3|\sigma(X)=9$

답   (1) 37   (2) 36   (3) 9

$\mathrm{B}\left(3,\ \dfrac{1}{6}\right)$

(1) $\mathrm{P}(X=x)={}_3\mathrm{C}_x\left(\dfrac{1}{6}\right)^x\left(\dfrac{5}{6}\right)^{3-x}\ (0 \leq x \leq 3)$

(2) $\mathrm{P}(X \leq 1)=\mathrm{P}(X=0)+\mathrm{P}(X=1)$

$$={}_3\mathrm{C}_0\left(\frac{1}{6}\right)^0\left(\frac{5}{6}\right)^3+{}_3\mathrm{C}_1\left(\frac{1}{6}\right)\left(\frac{5}{6}\right)^2$$

$$=\frac{125}{216}+\frac{75}{216}=\frac{200}{216}=\frac{25}{27}$$

답   (1) $\mathrm{P}(X=x)={}_3\mathrm{C}_x\left(\dfrac{1}{6}\right)^x\left(\dfrac{5}{6}\right)^{3-x}\ (0 \leq x \leq 3)$

(2) $\dfrac{25}{27}$

$\mathrm{B}(50,\ p)$

$$\mathrm{P}(X=2)={}_{50}\mathrm{C}_2\,p^2(1-p)^{48},\ \mathrm{P}(X=3)={}_{50}\mathrm{C}_3\,p^3(1-p)^{47}$$

이므로

$$\frac{\mathrm{P}(X=3)}{\mathrm{P}(X=2)}=\frac{{}_{50}\mathrm{C}_3\,p^3(1-p)^{47}}{{}_{50}\mathrm{C}_2\,p^2(1-p)^{48}}=\frac{{}_{50}\mathrm{C}_3\,p}{{}_{50}\mathrm{C}_2\,(1-p)}=\frac{16p}{1-p}=\frac{16}{3}$$

$$\Rightarrow\ \frac{p}{1-p}=\frac{1}{3}\ \Rightarrow\ 3p=1-p\ \Rightarrow\ p=\frac{1}{4}$$

따라서 $100p=100\times\dfrac{1}{4}=25$ 이다.

답   25

$\mathrm{B}\left(90,\ \dfrac{1}{3}\right)$

$$\mathrm{E}(X)=90\times\frac{1}{3}=30$$

$$\sigma(X)=\sqrt{90\times\frac{1}{3}\times\frac{2}{3}}=2\sqrt{5}$$

답 $\mathrm{E}(X)=30,\ \sigma(X)=2\sqrt{5}$

(1) $f(x) \geq 0$ 이어야 하므로 $a \geq 0$

$f(x)$ 의 그래프는 아래 그림과 같다.

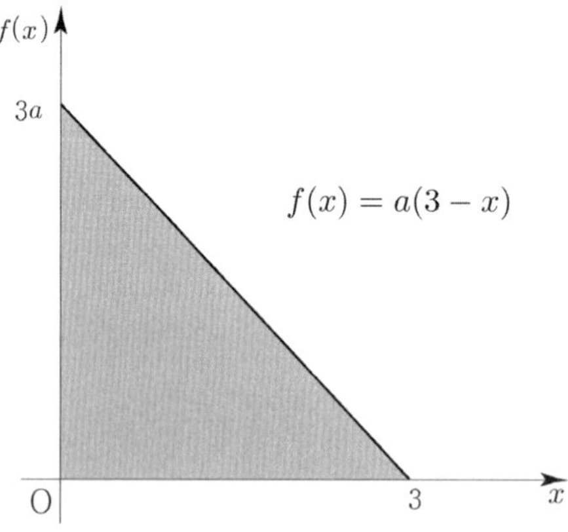

둘러싸인 부분의 넓이가 1 이어야 하므로

$$\frac{1}{2}\times 3a\times 3=\frac{9a}{2}=1\ \Rightarrow\ a=\frac{2}{9}$$

(2) $P(0 \leq X \leq 1) = \int_0^1 \frac{2}{9}(3-x)dx = \frac{2}{9}\left[3x - \frac{x^2}{2}\right]_0^1$

$$= \frac{2}{9}\left(3 - \frac{1}{2}\right) = \frac{5}{9}$$

(물론 사다리꼴 넓이로 구해도 된다.)

답 (1) $\dfrac{2}{9}$ (2) $\dfrac{5}{9}$

개념 확인문제 10

(1) 두 곡선 A, B는 대칭축이 서로 같고 곡선 C 보다 대칭축이 왼쪽에 있으므로 $m_1 = m_2 < m_3$ 이다.

(2) 곡선 C는 곡선 B를 평행이동한 것이므로 곡선의 곡률은 같다. 즉, 표준편차가 서로 같다. 곡선 A는 곡선 B보다 높이가 낮고 넓게 퍼져있으므로 곡선 A가 곡선 B보다 표준편차가 크다.

따라서 $\sigma_2 = \sigma_3 < \sigma_1$ 이다.

답 (1) $m_1 = m_2 < m_3$ (2) $\sigma_2 = \sigma_3 < \sigma_1$

개념 확인문제 11

$P(X \leq -3) = P\left(\dfrac{X-1}{2} \leq \dfrac{-3-1}{2}\right) = P(Z \leq -2)$

$= 0.5 - P(0 \leq Z \leq 2) = 0.5 - 0.4772 = 0.0228$

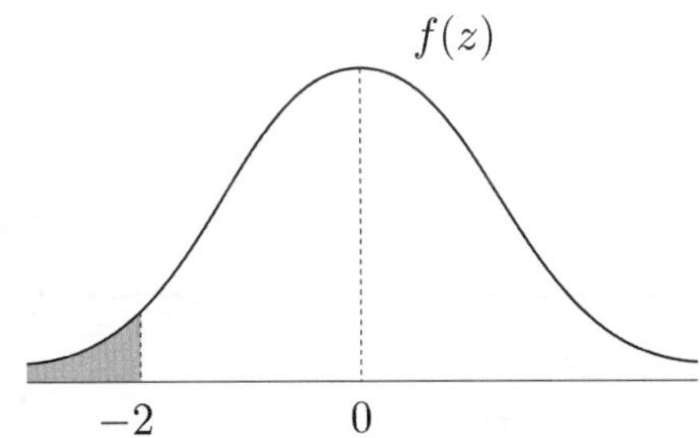

★Tip

초반에는 익숙해질 때까지 그림을 그려서 판단해 주는 것이 좋다.

$P(|X-1| \leq 4) = P\left(\left|\dfrac{X-1}{2}\right| \leq 2\right) = P(|Z| \leq 2)$

$= P(-2 \leq Z \leq 2) = 2P(0 \leq Z \leq 2)$

$= 2 \times 0.4772 = 0.9544$

따라서
$P(X \leq -3) + P(|X-1| \leq 4) = 0.0228 + 0.9544 = 0.9772$
이다.

답 0.9772

개념 확인문제 12

$N(50,\ 5^2)$

$P(55 \leq X \leq 60) = P\left(\dfrac{55-50}{5} \leq Z \leq \dfrac{60-50}{5}\right)$

$= P(1 \leq Z \leq 2)$

$= P(0 \leq Z \leq 2) - P(0 \leq Z \leq 1)$

$= 0.4772 - 0.3413 = 0.1359$

답 0.1359

개념 확인문제 13

주사위를 450회 중에서 5의 약수의 눈이 나오는 횟수를 확률변수 X라고 하면 X는 $n = 450$, $p = \dfrac{2}{6} = \dfrac{1}{3}$ 인

이항분포 $B\left(450,\ \dfrac{1}{3}\right)$ 를 따른다.

이때 $np \geq 5$, $nq \geq 5$ 이므로 n은 충분히 크고 $np = 150$, $npq = 100$ 이므로 X는 정규분포 $N(150,\ 10^2)$ 를 따른다.

따라서 구하는 확률은
$P(135 \leq X \leq 140) = P\left(\dfrac{135-150}{10} \leq Z \leq \dfrac{140-150}{10}\right)$

$= P(-1.5 \leq Z \leq -1)$

$= P(0 \leq Z \leq 1.5) - P(0 \leq Z \leq 1)$

$= 0.4332 - 0.3413 = 0.0919$

이다.

답 0.0919

1	②	27	14
2	⑤	28	48
3	35	29	②
4	③	30	④
5	②	31	71
6	15	32	③
7	⑤	33	4
8	21	34	ㄴ,ㄷ,ㄹ
9	5	35	19
10	121	36	78
11	5	37	②
12	74	38	①
13	100	39	95
14	28	40	②
15	13	41	69
16	20	42	⑤
17	55	43	②
18	16	44	④
19	40	45	76
20	152	46	84
21	128	47	45
22	17	48	14
23	③	49	①
24	①	50	④
25	39	51	③
26	75		

001

확률의 합은 1 이므로

$$7a^2 + a^2 + \frac{1}{4} + 2a - \frac{1}{4} = 1$$

$$\Rightarrow 8a^2 + 2a - 1 = 0 \Rightarrow (4a-1)(2a+1) = 0$$

$$\Rightarrow a = \frac{1}{4} \ \text{or} \ a = -\frac{1}{2}$$

$a = -\frac{1}{2}$ 이면 $P(X=2) = -\frac{5}{4} < 0$ 이므로 모순이다.

따라서 $a = \frac{1}{4}$ 이다.

 ②

002

확률의 합은 1 이므로

$$\frac{1}{16} + \frac{1}{2} + a + \frac{1}{8} + \frac{1}{16} = 1$$

$$\Rightarrow \frac{12}{16} + a = 1 \Rightarrow a = \frac{1}{4}$$

따라서
$$P(-1 \leq x < 8a) = P(-1 \leq x < 2)$$
$$= P(X=-1) + P(X=0) + P(X=1)$$
$$= \frac{1}{16} + \frac{1}{2} + \frac{1}{4} = \frac{13}{16}$$
이다.

답 ⑤

003

확률의 합은 1 이므로
$$\frac{9+8+7+6+5}{k} = \frac{35}{k} = 1$$

따라서 $k = 35$ 이다.

답 35

004

$$\frac{k}{(2x-1)(2x+1)}=\frac{k}{2}\left(\frac{1}{2x-1}-\frac{1}{2x+1}\right)$$

확률의 합은 1이므로

$$\frac{k}{2}\left(\frac{1}{1}-\frac{1}{3}+\frac{1}{3}-\frac{1}{5}+\cdots+\frac{1}{9}-\frac{1}{11}\right)=\frac{k}{2}\times\frac{10}{11}=\frac{5k}{11}=1$$

따라서 $k=\dfrac{11}{5}$ 이다.

답 ③

005

$$\mathrm{P}(X=k)=2\,\mathrm{P}(X=k+1)\quad(k=0,\ 1,\ 2)$$

$\mathrm{P}(X=0)=a$ 라 하자.

확률분포를 표로 나타내면 다음과 같다.

X	0	1	2	3	합계
$\mathrm{P}(X=k)$	a	$\dfrac{1}{2}a$	$\dfrac{1}{4}a$	$\dfrac{1}{8}a$	1

확률의 합은 1이므로

$$\left(\frac{8+4+2+1}{8}\right)a=1 \Rightarrow a=\frac{8}{15}$$

따라서 $\mathrm{P}(X\geq 2)=\mathrm{P}(X=2)+\mathrm{P}(X=3)$

$$=\frac{1}{4}a+\frac{1}{8}a=\frac{3}{8}a=\frac{3}{8}\times\frac{8}{15}=\frac{1}{5}$$

이다.

답 ②

006

$$
\begin{aligned}
(1,\ 2) &\Rightarrow 3\\
(1,\ 3) &\Rightarrow 4\\
(1,\ 4) &\Rightarrow 5\\
(1,\ 5) &\Rightarrow 6\\
(2,\ 3) &\Rightarrow 5\\
(2,\ 4) &\Rightarrow 6\\
(2,\ 5) &\Rightarrow 7\\
(3,\ 4) &\Rightarrow 7\\
(3,\ 5) &\Rightarrow 8\\
(4,\ 5) &\Rightarrow 9
\end{aligned}
$$

확률분포를 표로 나타내면 다음과 같다.

X	3	4	5	6	7	8	9	합계
$\mathrm{P}(X=x)$	$\dfrac{1}{10}$	$\dfrac{1}{10}$	$\dfrac{2}{10}$	$\dfrac{2}{10}$	$\dfrac{2}{10}$	$\dfrac{1}{10}$	$\dfrac{1}{10}$	1

$$\mathrm{P}(X^2-10X+24=0)=\mathrm{P}((X-4)(X-6)=0)$$

$$=\mathrm{P}(X=4)+\mathrm{P}(X=6)$$

$$=\frac{1}{10}+\frac{2}{10}=\frac{3}{10}$$

> **Tip**
>
> <생략된 사고과정>
>
> $\mathrm{P}((X-4)(X-6)=0)$
>
> $=\mathrm{P}(X=4\ \text{or}\ X=6)$
>
> $=\mathrm{P}(X=4\cup X=6)$
>
> $=\mathrm{P}(X=4)+\mathrm{P}(X=6)-\mathrm{P}(X=4\cap X=6)$
>
> $=\mathrm{P}(X=4)+\mathrm{P}(X=6)$
>
> $X=4$인 사건과 $X=6$인 사건은
> 서로 배반사건이므로 $\mathrm{P}(X=4\cap X=6)=0$이다.

따라서 $50\,\mathrm{P}(X^2-10X+24=0)=50\times\dfrac{3}{10}=15$ 이다.

답 15

007

흰 공 , 검은 공 ● ● ● ●

흰 공의 개수로 case분류하면

분모 $=\ _9\mathrm{C}_4=126$

① 흰 공 4개 ○ ○ ○ ○ $\Rightarrow \mathrm{P}(X=4)=\dfrac{_5\mathrm{C}_4}{_9\mathrm{C}_4}=\dfrac{5}{126}$

② 흰 공 3개 ○ ○ ○ ● $\Rightarrow \mathrm{P}(X=3)=\dfrac{_5\mathrm{C}_3\times_4\mathrm{C}_1}{_9\mathrm{C}_4}=\dfrac{40}{126}$

③ 흰 공 2개 ○ ○ ● ● $\Rightarrow \mathrm{P}(X=2)=\dfrac{_5\mathrm{C}_2\times_4\mathrm{C}_2}{_9\mathrm{C}_4}=\dfrac{60}{126}$

④ 흰 공 1개 ○ ● ● ● $\Rightarrow \mathrm{P}(X=1)=\dfrac{_5\mathrm{C}_1\times_4\mathrm{C}_3}{_9\mathrm{C}_4}=\dfrac{20}{126}$

⑤ 흰 공 0개 ● ● ● ● $\Rightarrow \mathrm{P}(X=0)=\dfrac{_4\mathrm{C}_4}{_9\mathrm{C}_4}=\dfrac{1}{126}$

따라서 $\mathrm{P}(X\leq 2)=\mathrm{P}(X=0)+\mathrm{P}(X=1)+\mathrm{P}(X=2)$

$$=\frac{1+20+60}{126}=\frac{81}{126}=\frac{9}{14}$$

이다.

답 ⑤

$P(X \geq 2) = 1 - P(X=1)$ 를 이용하여 구해보자.

분모는 $_{12}C_3 = 220$

$P(X=1)$ 을 1 의 개수로 case분류하면

① $1,\ a,\ b\ (1 < a,\ 1 < b)$

$1_1,\ 1_2,\ 1_3$ 중 1개 선택 $\times$ 나머지 9 개 중 2개 선택

$\Rightarrow\ _3C_1 \times\ _9C_2 = 108$

② $1,\ 1,\ a\ (1 < a)$

$1_1,\ 1_2,\ 1_3$ 중 2개 선택 $\times$ 나머지 9 개 중 1개 선택

$\Rightarrow\ _3C_2 \times\ _9C_1 = 27$

③ $1,\ 1,\ 1$

$\Rightarrow\ 1$ 가지

$P(X=1) = \dfrac{108+27+1}{220} = \dfrac{136}{220}$ 이므로

$P(X \geq 2) = 1 - P(X=1) = \dfrac{84}{220} = k$

따라서 $55k = 55 \times \dfrac{84}{220} = 21$ 이다.

답 21

다르게도 풀어보자.

사실 이 문제는 여사건을 쓰지 않는 것이 더 간단하다.

그냥 1을 선택하지 않고 2, 3, 4 중에서 선택하면 되니까

$\dfrac{_9C_3}{_{12}C_3} = \dfrac{21}{55}$

009

확률의 합은 1 이므로

$\dfrac{(-a+2)+2+(a+2)+(2a+2)}{10} = \dfrac{2a+8}{10} = 1$

$\Rightarrow\ a = 1$

확률분포를 표로 나타내면 다음과 같다.

X	-1	0	1	2	합계
$P(X=x)$	$\dfrac{1}{10}$	$\dfrac{2}{10}$	$\dfrac{3}{10}$	$\dfrac{4}{10}$	1

$E(X) = \dfrac{-1 \times 1 + 0 \times 2 + 1 \times 3 + 2 \times 4}{10} = \dfrac{10}{10} = 1$

따라서 $E(7X-2) = 7E(X) - 2 = 7 - 2 = 5$ 이다.

답 5

확률의 합은 1 이므로

$3k + 3^2k + 3^3k + 3^4k + 3^5k = (3 + 3^2 + 3^3 + 3^4 + 3^5)k$

$$= \frac{3(3^5-1)}{3-1}k = 363k = 1$$

$\Rightarrow k = \dfrac{1}{363}$

확률분포를 표로 나타내면 다음과 같다.

X	$\dfrac{1}{3}$	$\dfrac{1}{3^2}$	$\dfrac{1}{3^3}$	$\dfrac{1}{3^4}$	$\dfrac{1}{3^5}$	합계
$P(X=x)$	$\dfrac{3}{363}$	$\dfrac{3^2}{363}$	$\dfrac{3^3}{363}$	$\dfrac{3^4}{363}$	$\dfrac{3^5}{363}$	1

$E(X) = \dfrac{1}{3} \times \dfrac{3}{363} + \dfrac{1}{3^2} \times \dfrac{3^2}{363} + \dfrac{1}{3^3} \times \dfrac{3^3}{363}$

$\qquad + \dfrac{1}{3^4} \times \dfrac{3^4}{363} + \dfrac{1}{3^5} \times \dfrac{3^5}{363}$

$= \dfrac{1}{363} + \dfrac{1}{363} + \dfrac{1}{363} + \dfrac{1}{363} + \dfrac{1}{363}$

$= \dfrac{5}{363}$

따라서 $\dfrac{1}{E\left(\dfrac{3}{5}X\right)} = \dfrac{1}{\dfrac{3}{5} \times \dfrac{5}{363}} = \dfrac{1}{\dfrac{1}{121}} = 121$ 이다.

답 121

> **Tip**
>
> $E(X) = \displaystyle\sum_{i=1}^{n} x_i P(X=x_i)$ 이므로 $xP(X=x) = k$ 에서
>
> $E(X) = nk = 5 \times \dfrac{1}{363} = \dfrac{5}{363}$ 임을 바로 구할 수 있다.

X	0	1	2	3	합계
$\mathrm{P}(X=x)$	a	$\dfrac{1}{3}$	$\dfrac{1}{4}$	b	1

확률의 합은 1이므로

$$a+\frac{1}{3}+\frac{1}{4}+b=1 \ \Rightarrow\ a+b=\frac{5}{12}$$

$$\mathrm{E}(3X+2)=6 \ \Rightarrow\ 3\mathrm{E}(X)+2=6 \ \Rightarrow\ \mathrm{E}(X)=\frac{4}{3}$$

$$\mathrm{E}(X)=0\times a+1\times\frac{1}{3}+2\times\frac{1}{4}+3\times b=\frac{1}{3}+\frac{1}{2}+3b$$

$$=\frac{5}{6}+3b=\frac{4}{3}$$

$$\Rightarrow\ b=\frac{1}{6}$$

$a+b=\dfrac{5}{12}$ 이므로 $a=\dfrac{1}{4}$ 이다.

따라서 $120ab=120\times\dfrac{1}{6}\times\dfrac{1}{4}=5$ 이다.

답 5

X	a	$2a$	$3a$	합계
$\mathrm{P}(X=x)$	$\dfrac{1}{4}$	$\dfrac{1}{8}$	b	1

확률의 합은 1이므로

$$\frac{1}{4}+\frac{1}{8}+b=1 \ \Rightarrow\ b=\frac{5}{8}$$

$$\mathrm{E}(X)=a\times\frac{1}{4}+2a\times\frac{1}{8}+3a\times\frac{5}{8}=\frac{19}{8}a=\frac{19}{2}$$

$$\Rightarrow\ a=4$$

따라서 $16(a+b)=16\left(4+\dfrac{5}{8}\right)=64+10=74$ 이다.

답 74

013

변수가 2개이니 표를 그려서 해결해보자.

b＼a	1	2	3	4	5	6
1	1	1	1	1	1	1
2	1	2	2	2	2	2
3	1	2	3	3	3	3
4	1	2	3	4	4	4
5	1	2	3	4	5	5
6	1	2	3	4	5	6

확률분포를 표로 나타내면 다음과 같다.

X	1	2	3	4	5	6	합계
$\mathrm{P}(X=x)$	$\dfrac{11}{36}$	$\dfrac{9}{36}$	$\dfrac{7}{36}$	$\dfrac{5}{36}$	$\dfrac{3}{36}$	$\dfrac{1}{36}$	1

$$\mathrm{E}(X)=\frac{1\times11+2\times9+3\times7+4\times5+5\times3+6\times1}{36}$$

$$=\frac{91}{36}$$

따라서 $\mathrm{E}(36X+9)=36\mathrm{E}(X)+9=91+9=100$ 이다.

답 100

014

1, 1, 2, 2, 2, 3

1이 나올 확률은 $\dfrac{2}{6}$

2가 나올 확률은 $\dfrac{3}{6}$

3이 나올 확률은 $\dfrac{1}{6}$

변수가 2개이니 표를 그려서 해결해보자.

b＼a	1	2	3
1	2	3	4
2	3	4	5
3	4	5	6

$$\mathrm{P}(X=2)=\frac{2}{6}\times\frac{2}{6}=\frac{4}{36}$$

$$\mathrm{P}(X=3)=2\times\frac{2}{6}\times\frac{3}{6}=\frac{12}{36}$$

$$\mathrm{P}(X=4)=2\times\frac{2}{6}\times\frac{1}{6}+\frac{3}{6}\times\frac{3}{6}=\frac{13}{36}$$

$$\mathrm{P}(X=5)=2\times\frac{3}{6}\times\frac{1}{6}=\frac{6}{36}$$

$$\mathrm{P}(X=6)=\frac{1}{6}\times\frac{1}{6}=\frac{1}{36}$$

확률분포를 표로 나타내면 다음과 같다.

X	2	3	4	5	6	합계
$\mathrm{P}(X=x)$	$\dfrac{4}{36}$	$\dfrac{12}{36}$	$\dfrac{13}{36}$	$\dfrac{6}{36}$	$\dfrac{1}{36}$	1

$$\mathrm{E}(X)=\frac{2\times4+3\times12+4\times13+5\times6+6\times1}{36}$$

$$=\frac{132}{36}=\frac{11}{3}$$

따라서

$$\mathrm{E}(9X-5)=9\mathrm{E}(X)-5=9\times\frac{11}{3}-5=33-5=28 \text{ 이다.}$$

 28

015

$1_a,\ 1_b,\ 2_a,\ 2_b,\ 2_c,\ 3$
표본공간을 S 라 하면 $n(S)=6!$

끝에 나열된 두 카드에 적혀 있는 수로 case분류하면

① $1\mid 2\ 2\ 2\ 3\mid 1 \Rightarrow$ 평균 1
$1_a,\ 1_b$ 자리 바꾸기 2!
나머지 배열 4!
$$\frac{2!\times4!}{6!}=\frac{2}{30}=\frac{1}{15}$$

② $1\mid 1\ 2\ 2\ 3\mid 2 \Rightarrow$ 평균 $\dfrac{3}{2}$

$1_a,\ 1_b$ 중 양 끝에 놓을 1 선택 $_2\mathrm{C}_1$
$2_a,\ 2_b,\ 2_c$ 중 양 끝에 놓을 2 선택 $_3\mathrm{C}_1$
양 끝 자리 바꾸기 2!
나머지 배열 4!
$$\frac{_2\mathrm{C}_1\times _3\mathrm{C}_1\times2!\times4!}{6!}=\frac{12}{30}=\frac{6}{15}$$

③-ⅰ) $1\mid 1\ 2\ 2\ 2\mid 3 \Rightarrow$ 평균 2
$1_a,\ 1_b$ 중 양 끝에 놓을 1 선택 $_2\mathrm{C}_1$
양 끝 자리 바꾸기 2!
나머지 배열 4!
$$\frac{_2\mathrm{C}_1\times2!\times4!}{6!}=\frac{4}{30}=\frac{2}{15}$$

③-ⅱ) $2\mid 1\ 1\ 2\ 3\mid 2 \Rightarrow$ 평균 2
$2_a,\ 2_b,\ 2_c$ 중 양 끝에 놓을 2 선택 $_3\mathrm{C}_2$
양 끝 자리 바꾸기 2!
나머지 배열 4!
$$\frac{_3\mathrm{C}_2\times2!\times4!}{6!}=\frac{6}{30}=\frac{3}{15}$$

④ $2\mid 1\ 1\ 2\ 2\mid 3 \Rightarrow$ 평균 $\dfrac{5}{2}$

$2_a,\ 2_b,\ 2_c$ 중 양 끝에 놓을 2 선택 $_3\mathrm{C}_1$
양 끝 자리 바꾸기 2!
나머지 배열 4!
$$\frac{_3\mathrm{C}_1\times2!\times4!}{6!}=\frac{6}{30}=\frac{3}{15}$$

확률분포를 표로 나타내면 다음과 같다.

X	1	$\dfrac{3}{2}$	2	$\dfrac{5}{2}$	합계
$\mathrm{P}(X=x)$	$\dfrac{1}{15}$	$\dfrac{6}{15}$	$\dfrac{5}{15}$	$\dfrac{3}{15}$	1

$$\mathrm{E}(X)=1\times\frac{1}{15}+\frac{3}{2}\times\frac{6}{15}+2\times\frac{5}{15}+\frac{5}{2}\times\frac{3}{15}$$

$$=\frac{20}{15}+\frac{1}{2}=\frac{55}{30}=\frac{11}{6}$$

따라서

$$\mathrm{E}(6X+2)=6\mathrm{E}(X)+2=6\times\frac{11}{6}+2=11+2=13 \text{ 이다.}$$

 13

016

X	0	1	2	합계
$\mathrm{P}(X=x)$	a	$2a$	$3a$	1

확률의 합은 1 이므로

$$a+2a+3a=6a=1 \Rightarrow a=\frac{1}{6}$$

$$\mathrm{E}(X)=\frac{0\times1+1\times2+2\times3}{6}=\frac{8}{6}=\frac{4}{3}$$

$$\mathrm{E}(X^2)=\frac{1\times2+2^2\times3}{6}=\frac{14}{6}=\frac{7}{3}$$

$$\mathrm{V}(X)=\mathrm{E}(X^2)-\{\mathrm{E}(X)\}^2=\frac{7}{3}-\frac{16}{9}=\frac{5}{9}$$

따라서 $\mathrm{V}\!\left(\dfrac{1}{a}X\right)=\mathrm{V}(6X)=36\mathrm{V}(X)=36\times\dfrac{5}{9}=20$ 이다.

답 20

017

확률의 합은 1이므로

$$\frac{(-a+3)+3+(a+3)+(2a+3)}{14}=\frac{2a+12}{14}=1$$

$$\Rightarrow a=1$$

확률분포를 표로 나타내면 다음과 같다.

X	-1	0	1	2	합계
$\mathrm{P}(X=x)$	$\dfrac{2}{14}$	$\dfrac{3}{14}$	$\dfrac{4}{14}$	$\dfrac{5}{14}$	1

$$\mathrm{E}(X)=\frac{-1\times2+0\times3+1\times4+2\times5}{14}=\frac{12}{14}=\frac{6}{7}$$

$$\mathrm{E}(X^2)=\frac{(-1)^2\times2+0^2\times3+1^2\times4+2^2\times5}{14}=\frac{26}{14}=\frac{13}{7}$$

$$\mathrm{V}(X)=\mathrm{E}(X^2)-\{\mathrm{E}(X)\}^2=\frac{13}{7}-\frac{36}{49}=\frac{91-36}{49}=\frac{55}{49}$$

따라서 $\mathrm{V}(7X+1)=49\mathrm{V}(X)=49\times\dfrac{55}{49}=55$ 이다.

답 55

018

$(1,\ 2)\Rightarrow1$
$(1,\ 3)\Rightarrow2$
$(1,\ 4)\Rightarrow3$
$(1,\ 5)\Rightarrow4$
$(2,\ 3)\Rightarrow1$
$(2,\ 4)\Rightarrow2$
$(2,\ 5)\Rightarrow3$
$(3,\ 4)\Rightarrow1$
$(3,\ 5)\Rightarrow2$
$(4,\ 5)\Rightarrow1$

확률분포를 표로 나타내면 다음과 같다.

X	1	2	3	4	합계
$\mathrm{P}(X=x)$	$\dfrac{4}{10}$	$\dfrac{3}{10}$	$\dfrac{2}{10}$	$\dfrac{1}{10}$	1

$$\mathrm{E}(X)=\frac{1\times4+2\times3+3\times2+4\times1}{10}=\frac{20}{10}=2$$

$$\mathrm{E}(X^2)=\frac{1\times4+2^2\times3+3^2\times2+4^2\times1}{10}=\frac{50}{10}=5$$

$$\mathrm{V}(X)=\mathrm{E}(X^2)-\{\mathrm{E}(X)\}^2=5-4=1$$

따라서 $\mathrm{V}(4X)=16\mathrm{V}(X)=16\times1=16$ 이다.

답 16

019

앞면 ○ 뒷면 X

① 1점

$○○○X \Rightarrow {}_4\mathrm{C}_3\left(\dfrac{1}{2}\right)^4=\dfrac{4}{16}$

$○○○○ \Rightarrow \left(\dfrac{1}{2}\right)^4=\dfrac{1}{16}$

$\dfrac{4}{16}+\dfrac{1}{16}=\dfrac{5}{16}$

② 2점

$○○XX \Rightarrow {}_4\mathrm{C}_2\left(\dfrac{1}{2}\right)^4=\dfrac{6}{16}$

③ 3점

$○XXX \Rightarrow {}_4\mathrm{C}_3\left(\dfrac{1}{2}\right)^4=\dfrac{4}{16}$

$XXXX \Rightarrow \left(\dfrac{1}{2}\right)^4=\dfrac{1}{16}$

$\dfrac{4}{16}+\dfrac{1}{16}=\dfrac{5}{16}$

확률분포를 표로 나타내면 다음과 같다.

X	1	2	3	합계
$\mathrm{P}(X=x)$	$\dfrac{5}{16}$	$\dfrac{6}{16}$	$\dfrac{5}{16}$	1

$$\mathrm{E}(X)=\frac{1\times5+2\times6+3\times5}{16}=\frac{32}{16}=2$$

$$\mathrm{E}(X^2)=\frac{1^2\times5+2^2\times6+3^2\times5}{16}=\frac{74}{16}=\frac{37}{8}$$

$$V(X)=E(X^2)-\{E(X)\}^2=\frac{37}{8}-4=\frac{5}{8}$$

따라서 $V(8X)=64V(X)=64\times\frac{5}{8}=40$ 이다.

답   40

020

$$B\left(n,\ \frac{1}{3}\right)$$

$$E(X)=n\times\frac{1}{3}=\frac{n}{3}$$

$$V(X)=n\times\frac{1}{3}\times\frac{2}{3}=\frac{2}{9}n$$

$$V(3X)=9V(X)=9\times\frac{2}{9}n=2n=72$$

$$\Rightarrow\ n=36$$

$$E(X)=12,\ V(X)=8$$
$$V(X)=E(X^2)-\{E(X)\}^2=E(X^2)-144=8$$

따라서 $E(X^2)=152$ 이다.

답   152

021

$$E(2X-1)=2E(X)-1=15\ \Rightarrow\ E(X)=8$$
$$V(X)=E(X^2)-\{E(X)\}^2\ \Rightarrow\ V(X)=70-64=6$$

$$B(n,\ p)$$
$$E(X)=np,\ V(X)=np(1-p)$$

$$np=8,\ np(1-p)=6\ \Rightarrow\ p=\frac{1}{4},\ n=32$$

따라서 $\dfrac{n}{p}=\dfrac{32}{\frac{1}{4}}=128$ 이다.

답   128

022

$$P(X=2)={}_6C_2\,p^2(1-p)^4$$
$$P(X=3)={}_6C_3\,p^3(1-p)^3$$

$$P(X=2)=\frac{3}{8}P(X=3)$$

$$\Rightarrow\ {}_6C_2\,p^2(1-p)^4=\frac{3}{8}\,{}_6C_3\,p^3(1-p)^3$$

$$\Rightarrow\ 15(1-p)=\frac{15}{2}\,p$$

$$\Rightarrow\ 2-2p=p\ \Rightarrow\ p=\frac{2}{3}$$

$$E(X)=6\times\frac{2}{3}=4$$

따라서 $E(5X-3)=5E(X)-3=20-3=17$ 이다.

답   17

023

$P(X=x)={}_nC_x\left(\dfrac{1}{2}\right)^n$ 을 변형해보자.

$P(X=x)={}_nC_x\left(\dfrac{1}{2}\right)^n={}_nC_x\left(\dfrac{1}{2}\right)^x\left(\dfrac{1}{2}\right)^{n-x}$ 이므로

확률변수 X는 이항분포 $B\left(n,\ \dfrac{1}{2}\right)$를 따른다.

$$E(X)=n\times\frac{1}{2}=\frac{n}{2}$$

$$V(X)=n\times\frac{1}{2}\times\frac{1}{2}=\frac{n}{4}$$

$$V(X)=E(X^2)-\{E(X)\}^2=\frac{55}{2}-\frac{n^2}{4}=\frac{n}{4}$$

$$\Rightarrow\ n^2+n-110=0\ \Rightarrow\ (n+11)(n-10)=0$$
$$\Rightarrow\ n=10\ (\because n>0)$$

$$V(X)=\frac{5}{2}$$

$$V(2X)=4V(X)=4\times\frac{5}{2}=10$$ 이다.

답   ③

$$E(X) = 64 \times \frac{3}{8} = 24$$

$$V(X) = 64 \times \frac{3}{8} \times \frac{5}{8} = 15 \Rightarrow \sigma(X) = \sqrt{15}$$

$$E(X) + \sigma(X) = 24 + \sqrt{15}$$

따라서 $a + b = 39$ 이다.

답   39

확률질량함수를 독립시행의 확률처럼 변형하는 것이 핵심인
문제이다.

예를 들어 $P(X = x) = {}_3C_x \dfrac{2^x}{27} \ (x = 0,\ 1,\ 2,\ 3)$ 를
변형해보자.

$$P(X = x) = {}_3C_x \left(\frac{2}{3}\right)^x \left(\frac{1}{3}\right)^{3-x} \ (x = 0,\ 1,\ 2,\ 3)$$

이므로 확률변수 X는 이항분포 $B\left(3,\ \dfrac{2}{3}\right)$를 따른다.

024

$$B\left(4,\ \frac{1}{3}\right)$$

$|x - 2| = 2 \Rightarrow x = 0 \ \text{or} \ x = 4$ 이므로

$$P(A) = P(X = 0) + P(X = 4) = {}_4C_0 \left(\frac{2}{3}\right)^4 + {}_4C_4 \left(\frac{1}{3}\right)^4$$

$$= \frac{16 + 1}{81} = \frac{17}{81}$$

$$P(B) = P(X = 3) + P(X = 4) = {}_4C_3 \left(\frac{1}{3}\right)^3 \left(\frac{2}{3}\right)^1 + {}_4C_4 \left(\frac{1}{3}\right)^4$$

$$= \frac{8 + 1}{81} = \frac{9}{81} = \frac{1}{9}$$

$$P(A \cap B) = P(X = 4) = \frac{1}{81}$$

따라서 $P(A \mid B) = \dfrac{P(A \cap B)}{P(B)} = \dfrac{\frac{1}{81}}{\frac{1}{9}} = \dfrac{9}{81} = \dfrac{1}{9}$ 이다.

답   ①

025

앞면과 뒷면이 각각 2개씩 나오는 횟수를 확률변수 X라 하자.

64회 독립시행이고, 앞면과 뒷면이 각각 2개씩 나오는

확률은 ${}_4C_2 \left(\dfrac{1}{2}\right)^4 = \dfrac{3}{8}$ 이므로 확률변수 X는

이항분포 $B\left(64,\ \dfrac{3}{8}\right)$를 따른다.

026

$$k = 1 \Rightarrow \left|\cos\frac{\pi}{6}\right| = \frac{\sqrt{3}}{2}$$

$$k = 2 \Rightarrow \left|\cos\frac{\pi}{3}\right| = \frac{1}{2}$$

$$k = 3 \Rightarrow \left|\cos\frac{\pi}{2}\right| = 0$$

$$k = 4 \Rightarrow \left|\cos\frac{2}{3}\pi\right| = \left|-\frac{1}{2}\right| = \frac{1}{2}$$

$$k = 5 \Rightarrow \left|\cos\frac{5}{6}\pi\right| = \left|-\frac{\sqrt{3}}{2}\right| = \frac{\sqrt{3}}{2}$$

$$k = 6 \Rightarrow |\cos\pi| = |-1| = 1$$

이므로 $P(A) = \dfrac{3}{6} = \dfrac{1}{2}$

100회 독립시행이고, $P(A) = \dfrac{1}{2}$ 이므로

확률변수 X는 이항분포 $B\left(100,\ \dfrac{1}{2}\right)$를 따른다.

$$E(X) = 100 \times \frac{1}{2} = 50$$

$$V(X) = 100 \times \frac{1}{2} \times \frac{1}{2} = 25$$

따라서 $E(X) + V(X) = 75$ 이다.

답   75

027

추가로 만든 2 문제를 case분류해 보자.

① 경, 미 추가 $\Rightarrow$ 미 4, 경 4
추가된 문제 중 미적분 문제의 개수는
이항분포 $B\left(2, \dfrac{1}{3}\right)$을 따르므로

경, 미가 추가 될 확률은 $_2C_1\left(\dfrac{1}{3}\right)\left(\dfrac{2}{3}\right)=\dfrac{4}{9}$

임의로 1문제를 선택한 것이 경우의 수일 확률은 $\dfrac{4}{8}$

$\Rightarrow \dfrac{4}{9}\times\dfrac{4}{8}$

② 미, 미 추가 $\Rightarrow$ 미 5, 경 3

미, 미가 추가 될 확률은 $_2C_2\times\left(\dfrac{1}{3}\right)^2=\dfrac{1}{9}$

임의로 1문제를 선택한 것이 경우의 수일 확률은 $\dfrac{3}{8}$

$\Rightarrow \dfrac{1}{9}\times\dfrac{3}{8}$

③ 경, 경 추가 $\Rightarrow$ 미 3, 경 5

경, 경이 추가 될 확률은 $_2C_0\times\left(\dfrac{2}{3}\right)^2=\dfrac{4}{9}$

임의로 1문제를 선택한 것이 경우의 수일 확률은 $\dfrac{5}{8}$

$\Rightarrow \dfrac{4}{9}\times\dfrac{5}{8}$

$$\therefore \dfrac{\dfrac{1}{9}\times\dfrac{3}{8}}{\dfrac{4}{9}\times\dfrac{4}{8}+\dfrac{1}{9}\times\dfrac{3}{8}+\dfrac{4}{9}\times\dfrac{5}{8}}=\dfrac{3}{39}=\dfrac{1}{13}$$

따라서 $p+q=14$ 이다.

답   14

028

주사위를 두 번 던져서 나온 눈의 합이 4 의 배수인
확률을 구해보자.

변수가 2 개이므로 표를 그려서 해결해보자.

	1	2	3	4	5	6
1			4			
2		4				8
3	4				8	
4				8		
5			8			
6		8				12

4 의 배수가 나올 확률 $=$ 4 점을 받을 확률 $=\dfrac{9}{36}=\dfrac{1}{4}$

4 점을 받는 횟수를 Y 라 두면 Y 는 이항분포 $B\left(64, \dfrac{1}{4}\right)$ 를
따른다.
전체 시행 횟수가 64 회이므로 2 점을 받은 횟수는 $64-Y$
이므로 $X=\ 4Y+2(64-Y)=2Y+128$ 이다.

따라서 $V(X)=4V(Y)=4\times64\times\dfrac{1}{4}\times\dfrac{3}{4}=48$ 이다.

답   48

$f(x)=k(4-|x|)\ (-2\le x\le 2)$
$f(x)\ge 0$ 이므로 $k>0$ 이다.
(만약 $k=0$ 이면 넓이 1 을 만족시키지 않는다.)

$f(x)=k(4-|x|)\ (-2\le x\le 2)$ 를 그리면 다음과 같다.

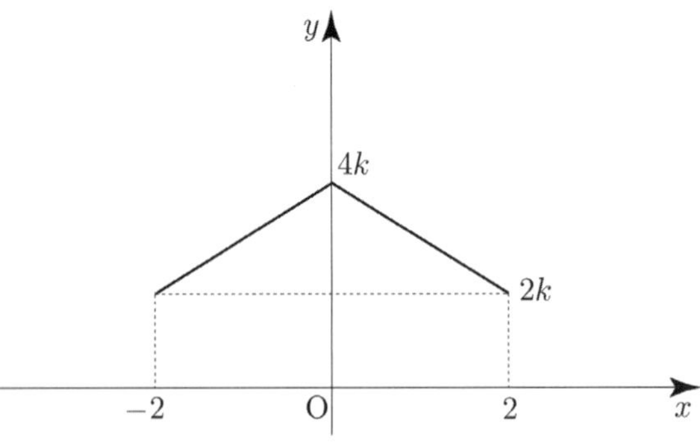

넓이가 1 이어야 하므로
$$2\times\left\{\dfrac{1}{2}\times 2\times(2k+4k)\right\}=1 \Rightarrow 12k=1 \Rightarrow k=\dfrac{1}{12}$$

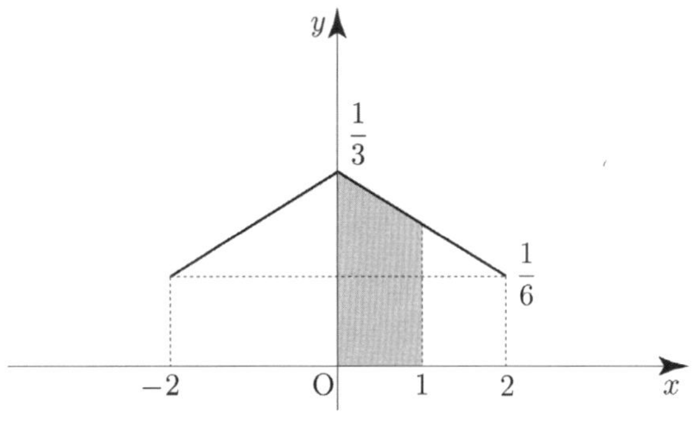

$f(x) = \dfrac{1}{12}(4 - |x|)$ 이므로 $f(1) = \dfrac{1}{4}$

따라서 $\mathrm{P}(0 \le X \le 1) = \dfrac{1}{2} \times 1 \times \left(\dfrac{1}{4} + \dfrac{1}{3} \right) = \dfrac{7}{24}$ 이다.

답 ②

30

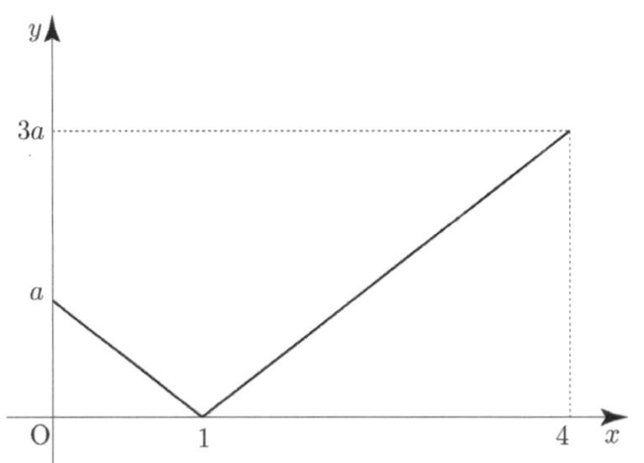

넓이가 1 이어야 하므로

$$\dfrac{1}{2} \times 1 \times a + \dfrac{1}{2} \times 3 \times 3a = 5a = 1 \implies a = \dfrac{1}{5}$$

$$f(x) = \begin{cases} \dfrac{1}{5}(1-x) & (0 \le x < 1) \\[2mm] \dfrac{1}{5}(x-1) & (1 \le x \le 4) \end{cases}$$

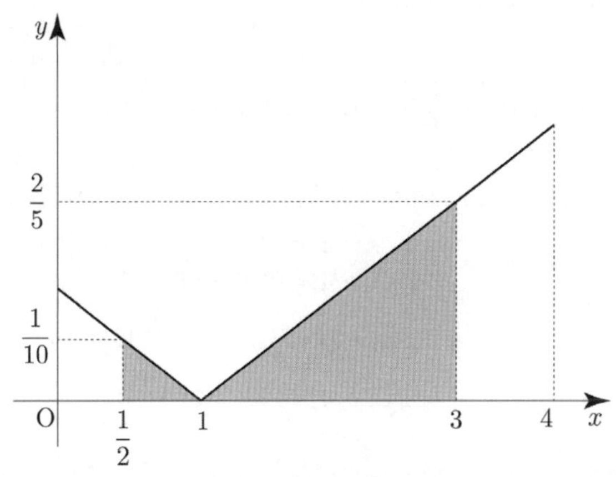

$f\left(\dfrac{1}{2}\right) = \dfrac{1}{10}, \ f(3) = \dfrac{2}{5}$

따라서

$\mathrm{P}\left(\dfrac{1}{2} \le X \le 3 \right) = \dfrac{1}{2} \times \dfrac{1}{2} \times \dfrac{1}{10} + \dfrac{1}{2} \times 2 \times \dfrac{2}{5} = \dfrac{17}{40}$ 이다.

답 ④

31

위 문제들은 그림을 통해 해결했다면
이번에는 정적분을 활용하여 구해보자.
확률의 합은 1 이므로

$$\int_0^2 f(x)\,dx = \int_0^2 \dfrac{a}{8} x^2\,dx = \left[\dfrac{a}{24} x^3 \right]_0^2 = \dfrac{a}{3} = 1$$

$$\implies a = 3$$

매회의 시행에서 사건 A 가 일어날 확률이

$$\mathrm{P}(0 \le X \le 1) = \int_0^1 \dfrac{3}{8} x^2\,dx = \dfrac{1}{8}$$ 로 일정하다고 했고

A 가 일어나는 횟수를 확률변수 Y 라 했으므로

확률변수 Y 는 이항분포 $\mathrm{B}\left(64, \dfrac{1}{8} \right)$ 를 따른다.

$\mathrm{E}(Y) = 64 \times \dfrac{1}{8} = 8$, $\mathrm{V}(Y) = 64 \times \dfrac{1}{8} \times \dfrac{7}{8} = 7$

$\mathrm{V}(Y) = \mathrm{E}(Y^2) - \{\mathrm{E}(Y)\}^2 = \mathrm{E}(Y^2) - 64 = 7$

따라서 $\mathrm{E}(Y^2) = 64 + 7 = 71$ 이다.

답 71

32

모든 실수 x 에 대하여 $f(4-x) = f(4+x)$ 를 만족시키므로
$f(x)$ 는 $x = 4$ 에 대하여 대칭이다.

$\mathrm{P}(0 \le X \le 3) = 3\mathrm{P}(3 \le X \le 5)$
$\mathrm{P}(4 \le X \le 5) = a$ 라 하면 다음 그림과 같다.

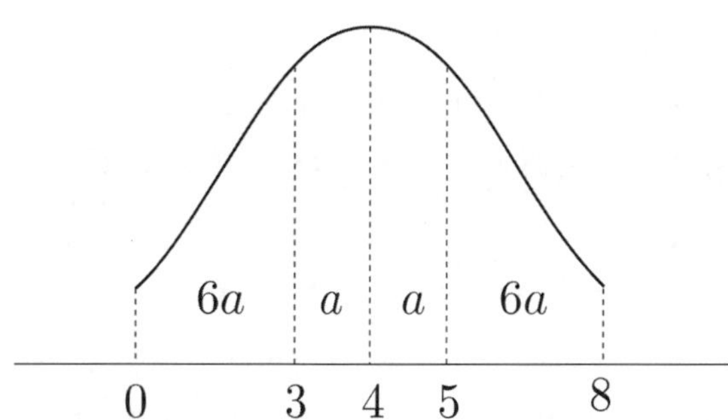

확률의 합은 1이므로

$$P(0 \leq X \leq 8) = 6a + a + a + 6a = 14a = 1 \Rightarrow a = \frac{1}{14}$$

따라서 $P(5 \leq X \leq 8) = 6a = 6 \times \dfrac{1}{14} = \dfrac{3}{7}$ 이다.

답 ③

33

$N(10, \ 3^2)$

$$P(a \leq X \leq 13) = P\left(\frac{a-10}{3} \leq Z \leq \frac{13-10}{3}\right)$$
$$= P\left(\frac{a-10}{3} \leq Z \leq 1\right) = 0.8185$$

$P(0 \leq Z \leq 1) = 0.3413$ 이므로 $P\left(\dfrac{a-10}{3} \leq Z \leq 0\right) = 0.4772$

(만약 $\dfrac{a-10}{3} > 0$ 이면 $P\left(\dfrac{a-10}{3} \leq Z \leq 1\right) < 0.5$ 이므로 모순)

$P(-2 \leq Z \leq 0) = P(0 \leq Z \leq 2) = 0.4772$ 이므로

$$\frac{a-10}{3} = -2$$

따라서 상수 $a = 4$ 이다.

답 4

34

정규분포 $N(m, \ \sigma^2)$

ㄱ. $P(X \leq m) = 1$

$P(X \leq m) = 0.5$ 이므로 ㄱ은 거짓이다.

ㄴ. $P(X \geq m+a) = P(X \leq m+b)$ 이면
$a+b = 0$

$P(X \geq m+a) = P(X \leq m+b)$ 가 성립하려면
$$P\left(Z \geq \frac{a}{\sigma}\right) = P\left(Z \leq \frac{b}{\sigma}\right)$$
$$\Rightarrow \frac{a}{\sigma} = -\frac{b}{\sigma} \Rightarrow a = -b \Rightarrow a+b = 0$$
(a가 양수, 음수, 0 일 때 모두 성립한다)
따라서 ㄴ은 참이다.

ㄷ. 모든 실수 a에 대하여 $P(X \leq a) + P(X \leq 2m - a) = 1$

$$P\left(Z \leq \frac{a-m}{\sigma}\right) + P\left(Z \leq \frac{2m-a-m}{\sigma}\right) = 1$$
$$P\left(Z \leq \frac{a-m}{\sigma}\right) + P\left(Z \leq \frac{m-a}{\sigma}\right) = 1$$
$\dfrac{a-m}{\sigma} = b$ 라 하면 $P(Z \leq b) + P(Z \leq -b) = 1$

① $b > 0$

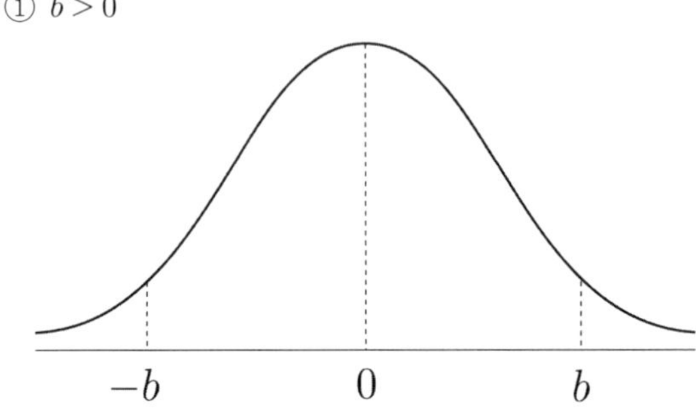

$P(Z \leq -b) = P(Z \geq b)$ 이므로 $P(Z \leq b) + P(Z \geq b) = 1$

② $b = 0$

$P(Z \leq 0) + P(Z \leq 0) = 0.5 + 0.5 = 1$

③ $b < 0$

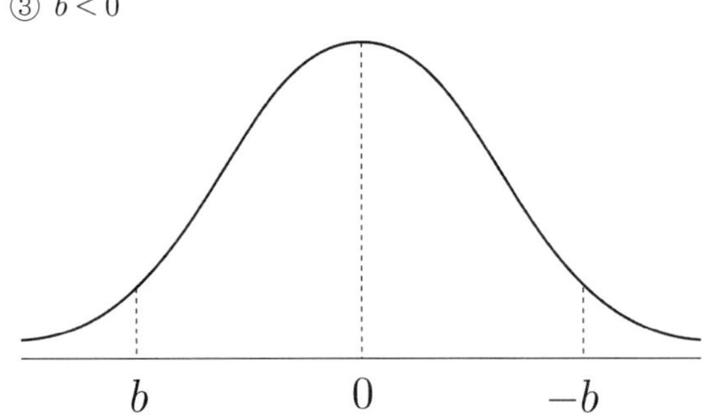

$P(Z \leq -b) = P(Z \geq b)$ 이므로 $P(Z \leq b) + P(Z \geq b) = 1$

따라서 ㄷ은 참이다.

ㄹ. $N(3, \ 1^2)$ 이면 $\displaystyle\sum_{k=1}^{5} P(X \geq k) = 2.5$

$$\sum_{k=1}^{5} P(X \geq k) = P(X \geq 1) + P(X \geq 2) + P(X \geq 3)$$
$$+ P(X \geq 4) + P(X \geq 5)$$
$$= P(Z \geq -2) + P(Z \geq -1) + P(Z \geq 0)$$
$$+ P(Z \geq 1) + P(Z \geq 2)$$

$P(Z \geq -2) + P(Z \geq 2) = 1$

$P(Z \geq -1) + P(Z \geq 1) = 1$

$P(Z \geq 0) = 0.5$

이므로 $P(Z \geq -2) + P(Z \geq -1) + P(Z \geq 0)$

$\qquad + P(Z \geq 1) + P(Z \geq 2) = 2.5$

따라서 ㄹ은 참이다.

답 ㄴ, ㄷ, ㄹ

35

$P(6 \leq X \leq 12) = P(a \leq Y \leq 28)$

$P(-1 \leq Z \leq 2) = P\left(\dfrac{a-25}{3} \leq Z \leq 1\right)$

$P(-1 \leq Z \leq 2) = P(-2 \leq Z \leq 1)$ 이므로

$\dfrac{a-25}{3} = -2 \Rightarrow a - 25 = -6$

따라서 $a = 19$ 이다.

답 19

36

(가) 조건에 의해서 $m = \dfrac{24+36}{2} = 30$

$P(|X-m| \leq 2) = P(|X-30| \leq 2) = P\left(\left|\dfrac{X-30}{\sigma}\right| \leq \dfrac{2}{\sigma}\right)$

$\qquad = P\left(|Z| \leq \dfrac{2}{\sigma}\right)$

$\qquad = P\left(-\dfrac{2}{\sigma} \leq Z \leq \dfrac{2}{\sigma}\right) = 0.56$

$\Rightarrow P\left(0 \leq Z \leq \dfrac{2}{\sigma}\right) = 0.28$

따라서 $100P(X \leq 32) = 100 \times P\left(Z \leq \dfrac{2}{\sigma}\right)$

$\qquad = 100(0.5 + 0.28) = 78$

이다.

답 78

37

$g(t) = P(t \leq X \leq t+6)$ 는 $t = 3$ 에서

최댓값 $g(3) = P(3 \leq X \leq 9)$ 을 가진다.

정규분포는 평균 m 에 대칭되어 있는 그래프이므로

넓이가 최대이려면 $m = \dfrac{3+9}{2} = 6$ 이어야 한다.

$N(6, \ 2^2)$

따라서 $g(4) = P(4 \leq X \leq 10) = P(-1 \leq X \leq 2)$

$\qquad = 0.3413 + 0.4772 = 0.8185$

이다.

답 ②

38

$P(|X-10| \leq 5) + P(|Z| \geq 1) = 1$

$P(|X-10| \leq 5) = P\left(|Z| \leq \dfrac{5}{\sigma}\right)$ 이므로

$P\left(|Z| \leq \dfrac{5}{\sigma}\right) + P(|Z| \geq 1) = 1$ 를 만족하려면

$\dfrac{5}{\sigma} = 1 \Rightarrow \sigma = 5$

$N(10, \ 5^2)$

따라서 $P(0 \leq X \leq 5) = P(-2 \leq Z \leq -1)$

$\qquad = 0.4772 - 0.3413 = 0.1359$

이다.

답 ①

39

(가) 조건에 의해서 $m = \dfrac{60+100}{2} = 80$

(나) $P(m \leq X \leq m+10) + P(Z \leq -1) = \dfrac{1}{2}$

$P(m \leq X \leq m+10) = P\left(0 \leq Z \leq \dfrac{10}{\sigma}\right)$ 이고

$P(Z \leq -1) = P(Z \geq 1)$ 이므로

$P\left(0 \leq Z \leq \dfrac{10}{\sigma}\right) + P(Z \geq 1) = \dfrac{1}{2}$ 이려면

$\dfrac{10}{\sigma} = 1 \Rightarrow \sigma = 10$

$N(80, \ 10^2)$

$$\mathrm{P}(X \geq k) = \mathrm{P}\left(Z \geq \frac{k-80}{10}\right) = 0.0668$$

$0.0668 = 0.5 - 0.4332 = 0.5 - \mathrm{P}(0 \leq Z \leq 1.5)$ 이므로

$$\frac{k-80}{10} = \frac{3}{2} \Rightarrow k = 95$$

따라서 $k = 95$ 이다.

답 95

040

(가) 조건을 해석해보자.

$H(t)$ 가 $t = 18$ 에 대해서 대칭이란 뜻이니 $m = 18$ 일까?
여기서 조심해야 하는 부분은
$H(t) = \mathrm{P}(t \leq X \leq t+4)$ 가 t 부터 $t+4$ 까지 넓이를
의미한다는 것이다.

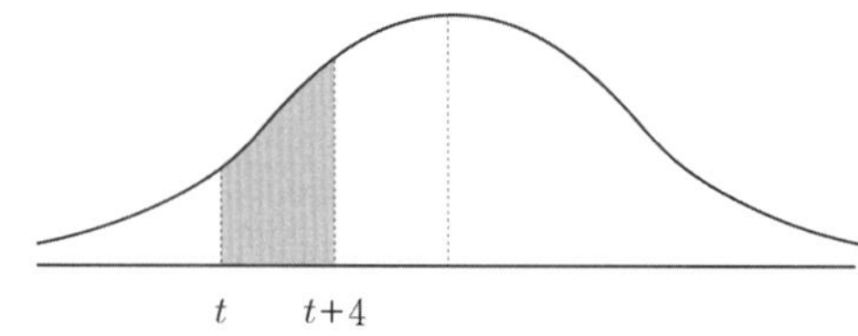

위 그림에서 t 가 조금씩 증가할 때마다 $H(t)$ 가 조금씩 증가한다.
어디까지 증가할까?
$t+2 = m$ 일 때까지 딱 증가하다가 그 다음부터 감소한다.

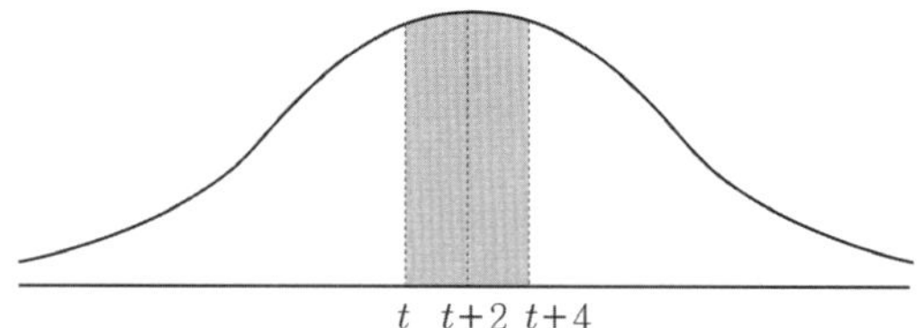

즉, 위 그림과 같을 때 $t = 18$ 이므로 $m = t+2 = 20$ 이다.

이를 바탕으로 (나) 조건을 해석해보자.
$H(16) = \mathrm{P}(16 \leq X \leq 20)$

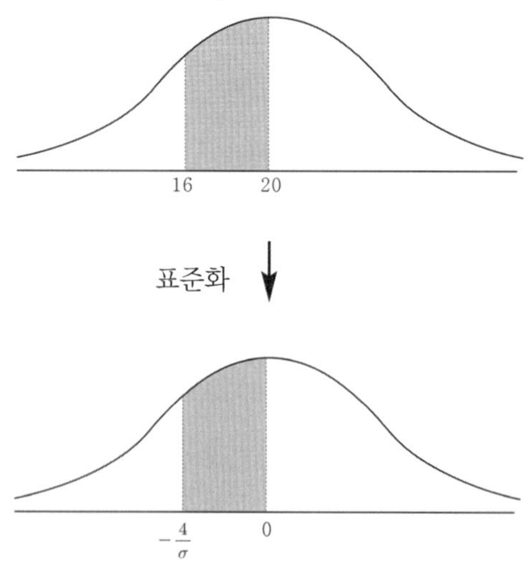

따라서
$\mathrm{P}(18 \leq X \leq 23) = \mathrm{P}(-1 \leq Z \leq 1.5)$

$\qquad\qquad = 0.3413 + 0.4332 = 0.7745$

이다.

답 ②

041

(나) 조건을 만족시키려면 $\dfrac{4}{\sigma} = 2 \Rightarrow \sigma = 2$

표준편차가 같으므로 $f(x)$ 와 $g(x)$ 의 곡선의 모양은 같다.
$f(a) = f(21) = g(21)$, $X \sim \mathrm{N}(15,\ \sigma^2)$, $Y \sim \mathrm{N}(m,\ \sigma^2)$
를 바탕으로 그림을 그리면 다음과 같다.

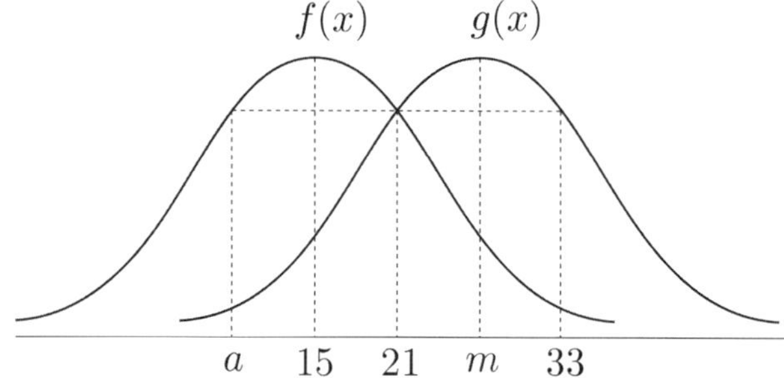

$$\frac{a+21}{2} = 15 \Rightarrow a = 9, \quad m = \frac{21+33}{2} = 27$$

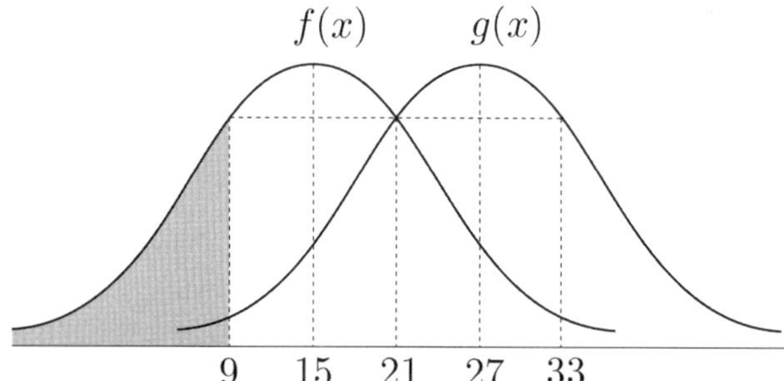

$\mathrm{P}(X \leq a) = \mathrm{P}(X \leq 9) = 0.18$ 이므로
$\mathrm{P}(9 \leq X \leq 15) = 0.32$ 이다.
대칭성에 의하여 $\mathrm{P}(21 \leq Y \leq 33) = 2 \times 0.32 = 0.64$ 이므로
$b = 33$ 이다.

따라서 $a+b+m = 9+33+27 = 69$ 이다.

답 69

042

$$D = 5 - \frac{m - 60}{\sigma}$$

$$\Rightarrow \quad 4.5 = 5 - \frac{m - 60}{\sigma}$$

$$\Rightarrow \quad -0.5\sigma = 60 - m$$

$$\mathrm{P}(|X - 60| \geq \sigma) = \mathrm{P}(X - 60 \leq -\sigma) + \mathrm{P}(X - 60 \geq \sigma)$$
$$= \mathrm{P}(X \leq 60 - \sigma) + \mathrm{P}(X \geq 60 + \sigma)$$

> **Tip**
>
> $|X| \geq a \Rightarrow X \leq -a \ \text{or} \ X \geq a$

$-0.5\sigma = 60 - m$ 이므로
$$\mathrm{P}(X \leq 60 - \sigma) = \mathrm{P}\left(\frac{X - m}{\sigma} \leq \frac{60 - m - \sigma}{\sigma} \right)$$
$$= \mathrm{P}\left(Z \leq \frac{-0.5\sigma - \sigma}{\sigma} \right) = \mathrm{P}(Z \leq -1.5)$$
$$= 0.5 - 0.4332 = 0.0668$$

$$\mathrm{P}(X \geq 60 + \sigma) = \mathrm{P}\left(\frac{X - m}{\sigma} \geq \frac{60 - m + \sigma}{\sigma} \right)$$
$$= \mathrm{P}\left(Z \geq \frac{-0.5\sigma + \sigma}{\sigma} \right) = \mathrm{P}(Z \geq 0.5)$$
$$= 0.5 - 0.1915 = 0.3085$$

따라서 $\mathrm{P}(|X - 60| \geq \sigma) = \mathrm{P}(X - 60 \leq -\sigma) + \mathrm{P}(X - 60 \geq \sigma)$
$$= \mathrm{P}(X \leq 60 - \sigma) + \mathrm{P}(X \geq 60 + \sigma)$$
$$= 0.0668 + 0.3085 = 0.3753$$
이다.

답 ⑤

043

테이블의 식사시간을 확률변수 X라 하자.
$$X \sim \mathrm{N}(40,\ 2^2)$$

$$\therefore \ \mathrm{P}(X \leq 38) = \mathrm{P}\left(Z \leq \frac{38 - 40}{2} \right)$$
$$= \mathrm{P}(Z \leq -1) = 0.5 - 0.3413 = 0.1587$$

답 ②

044

농구공 1개의 무게를 확률변수 X라 하자.
$$X \sim \mathrm{N}(600,\ 10^2)$$

$$\therefore \ \mathrm{P}(585 \leq X \leq 620) = \mathrm{P}\left(\frac{585 - 600}{10} \leq Z \leq \frac{620 - 600}{10} \right)$$
$$= \mathrm{P}(-1.5 \leq Z \leq 2)$$
$$= 0.4332 + 0.4772 = 0.9104$$

답 ④

045

200명 중 상위 32명이니 확률로 나타내면
$$\frac{32}{200} = \frac{16}{100} = 0.16 \ \text{이다. (상위 16\%)}$$

수학 점수를 확률변수 X라 하자.
$$X \sim \mathrm{N}(72,\ 4^2)$$

특별장학금을 받기 위한 최소 점수를 k라 하자.
$\mathrm{P}(X \geq k) = 0.16$ 을 만족시키는 k를 구하면 된다.

$$\mathrm{P}(X \geq k) = \mathrm{P}\left(\frac{X - 72}{4} \geq \frac{k - 72}{4} \right)$$
$$= \mathrm{P}\left(Z \geq \frac{k - 72}{4} \right) = 0.16$$

$\mathrm{P}(Z \geq 1) = 0.5 - \mathrm{P}(0 \leq Z \leq 1) = 0.5 - 0.34 = 0.16$ 이므로
$$\frac{k - 72}{4} = 1 \ \Rightarrow \ k = 76$$

따라서 특별장학금을 받기 위한 최소 점수는 76 이다.

답 76

046

키를 확률변수 X라 하자.
$$X \sim \mathrm{N}(m,\ 5^2)$$

키가 175 이하인 학생이 395명이므로 확률로 나타내면
$$\frac{395}{500} = \frac{79}{100} = 0.79 \ \text{이다.}$$

$$P(X \leq 175) = P\left(Z \leq \frac{175-m}{5}\right) = 0.79$$

$$0.79 = 0.5 + 0.29 = 0.5 + P(0 \leq Z \leq 0.8) = P(Z \leq 0.8) \text{ 이므}$$
로

$$\frac{175-m}{5} = 0.8 \Rightarrow 175 - m = 4 \Rightarrow m = 171$$

$$\therefore \ P(X \geq 166) = P(Z \geq -1) = 0.34 + 0.5 = 0.84 = p$$

따라서 $100p = 100 \times 0.84 = 84$ 이다.

답   84

047

A 과수원에서 재배되는 사과의 무게를 확률변수 X라 하고 B 과수원에서 재배되는 사과의 무게를 확률변수 Y라 하자.

$$X \sim N(m, \ 2^2), \quad Y \sim N\left(\frac{3}{2}m, \ 1^2\right)$$

$$P(X \geq a) = P(Y \leq a)$$

$$\Rightarrow P\left(Z \geq \frac{a-m}{2}\right) = P\left(Z \leq a - \frac{3}{2}m\right)$$

$$\Rightarrow \frac{a-m}{2} = -\left(a - \frac{3}{2}m\right)$$

$$\Rightarrow a - m = -2a + 3m$$

$$\Rightarrow a = \frac{4}{3}m$$

따라서 $\dfrac{60m}{a} = \dfrac{60m}{\frac{4m}{3}} = 45$ 이다.

답   45

048

서점에서 구입한 문제집이 오르비 북스에서 출판된 책인 횟수를 확률변수 X라 하자.

100 회 독립시행이고, 서점에서 구입한 문제집이 오르비 북스에서 출판된 책일 확률은 $\dfrac{20}{100} = \dfrac{1}{5}$ 이므로

확률변수 X는 이항분포 $B\left(100, \ \dfrac{1}{5}\right)$를 따른다.

$np \geq 5$ 이므로 정규분포화가 가능하다.
$$B(n, \ p) \Rightarrow N(np, \ npq)$$
$$X \sim N(20, \ 4^2)$$

$$P(X \geq a) = P\left(Z \geq \frac{a-20}{4}\right) = 0.9332$$

$$P(Z \geq -1.5) = 0.4332 + 0.5 = 0.9332 \text{ 이므로}$$

$$\frac{a-20}{4} = -1.5 \Rightarrow a = 14$$

따라서 $a = 14$ 이다.

답   14

049

$_{400}C_k \left(\dfrac{4}{5}\right)^k \left(\dfrac{1}{5}\right)^{400-k}$ 는 독립시행의 확률이므로 400 회의

독립시행에서 특정 사건이 일어나는 횟수를 확률변수 K라

하면 확률변수 K는 이항분포 $B\left(400, \ \dfrac{4}{5}\right)$를 따른다.

$\displaystyle\sum_{k=336}^{400} {}_{400}C_k \left(\dfrac{4}{5}\right)^k \left(\dfrac{1}{5}\right)^{400-k}$ 를 일일이 풀어서 더하기에는 숫자가

너무 복잡해 보인다. 어떻게 문제를 해결해야 할까?

$np \geq 5$ 이므로 정규분포화가 가능하니 이항분포를
정규분포로 변환하여 문제를 해결해보자.
$$B(n, \ p) \Rightarrow N(np, \ npq)$$
$$K \sim N(320, \ 8^2)$$

$$P(K \geq 336) = P\left(Z \geq \frac{336-320}{8}\right)$$
$$= P(Z \geq 2) = 0.5 - 0.4772 = 0.0228$$

따라서 $\displaystyle\sum_{k=336}^{400} {}_{400}C_k \left(\dfrac{4}{5}\right)^k \left(\dfrac{1}{5}\right)^{400-k} = 0.0228$ 이다.

답   ①

050

여기서 중요한 포인트는 소개팅을 150 회 독립시행한다는 점이다.
이 부분에서 이항분포 문제라는 힌트를 얻을 수 있다.
첫인상 점수 10 점을 받는 횟수를 확률변수 X로 보면

5 점을 받는 횟수는 $150-X$이므로
총 점수는 $10X+5(150-X)$ 이다.

즉, $\mathrm{P}(10X+5(150-X) \geq 1140) = \mathrm{P}(X \geq 78)$ 을 구해주면
된다.

확률변수 X가 첫인상 점수 10점을 받는 횟수이고
150 회 독립시행이고, 첫인상 점수 10 점을 받을 확률은
$\dfrac{3}{5}$ 이므로 확률변수 X는 이항분포 $\mathrm{B}\left(150,\ \dfrac{3}{5}\right)$를 따른다.

$np \geq 5$이므로 정규분포화가 가능하니 이항분포를
정규분포로 변환하여 문제를 해결해보자.
$\mathrm{B}(n,\ p) \Rightarrow \mathrm{N}(np,\ npq)$
$X \sim \mathrm{N}(90,\ 6^2)$

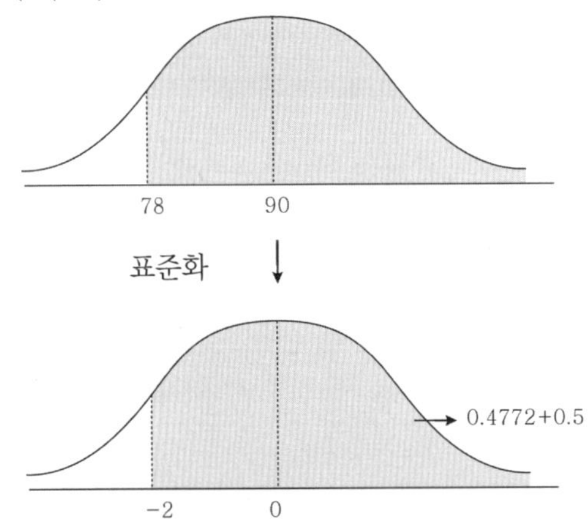

$\therefore\ \mathrm{P}(X \geq 78) = \mathrm{P}(Z \geq -2) = 0.4772+0.5 = 0.9772$

답 ④

051

소수의 눈 2, 3, 5이 나올 확률 $\dfrac{1}{2}$ $\Rightarrow$ 1 점

그 외의 눈 1, 4, 6이 나올 확률 $\dfrac{1}{2}$ $\Rightarrow$ 3 점

소수의 눈이 나오는 횟수를 확률변수 X라 하자.

64 회 독립시행이고, 소수의 눈이 나오는 확률은 $\dfrac{1}{2}$ 이므로

확률변수 X는 이항분포 $\mathrm{B}\left(64,\ \dfrac{1}{2}\right)$를 따른다.

그 외의 눈이 나오는 횟수는 $64-X$이므로
점수를 Y라 하면 $Y=X+3(64-X)=192-2X$이다.

$\mathrm{P}(Y \geq 136)=\mathrm{P}(192-2X \geq 136)=\mathrm{P}(X \leq 28)$ 이므로
$\mathrm{P}(X \leq 28)$ 를 구하면 된다.

이때, 이항분포를 이용하여 확률계산을 한다면
$\mathrm{P}(X=0)+\mathrm{P}(X=1)+ \cdots +\mathrm{P}(X=28)$ 이다.
이는 독립시행확률로 구해야 하는 만큼 매우 복잡해진다.

어떻게 문제를 해결할 수 있을까?

$np \geq 5$이므로 정규분포화가 가능하니 이항분포를
정규분포로 변환하여 문제를 해결해보자.
$\mathrm{B}(n,\ p) \Rightarrow \mathrm{N}(np,\ npq)$
$X \sim \mathrm{N}(32,\ 4^2)$

$\therefore\ \mathrm{P}(X \leq 28)=\mathrm{P}(Z \leq -1)=0.5-0.3413=0.1587$

답 ③

52	③	87	20
53	32	88	155
54	⑤	89	③
55	15	90	②
56	④	91	②
57	④	92	⑤
58	③	93	④
59	④	94	37
60	⑤	95	10
61	①	96	④
62	②	97	121
63	①	98	⑤
64	16	99	8
65	④	100	③
66	③	101	35
67	②	102	78
68	④	103	31
69	①	104	28
70	5	105	①
71	②	106	59
72	30	107	④
73	125	108	③
74	⑤	109	25
75	④	110	②
76	④	111	⑤
77	②	112	⑤
78	50	113	⑤
79	③	114	⑤
80	④	115	47
81	①	116	③
82	①	117	10
83	⑤	118	③
84	5	119	994
85	④	120	80
86	17	121	673

052

확률의 합은 1 이므로 $a+\dfrac{1}{4}+b=1 \Rightarrow a+b=\dfrac{3}{4}$

$E(X)=a+\dfrac{3}{4}+7b=5 \Rightarrow a+7b=\dfrac{17}{4}$

연립하면 $6b=\dfrac{14}{4} \Rightarrow b=\dfrac{7}{12}$ 이다.

따라서 $b=\dfrac{7}{12}$ 이다.

답 ③

053

$B\left(n,\ \dfrac{1}{4}\right)$

$V(X)=n\times\dfrac{1}{4}\times\dfrac{3}{4}=\dfrac{3}{16}n=6 \Rightarrow n=32$

따라서 $n=32$ 이다.

답 32

054

X	-1	0	1	2	합계
$P(X=x)$	$\dfrac{3-a}{8}$	$\dfrac{1}{8}$	$\dfrac{3+a}{8}$	$\dfrac{1}{8}$	1

$P(0 \leq X \leq 2)=P(X=0)+P(X=1)+P(X=2)=\dfrac{7}{8}$ 이므로

$\dfrac{1}{8}+\dfrac{3+a}{8}+\dfrac{1}{8}=\dfrac{7}{8} \Rightarrow a=2$

X	-1	0	1	2	합계
$P(X=x)$	$\dfrac{1}{8}$	$\dfrac{1}{8}$	$\dfrac{5}{8}$	$\dfrac{1}{8}$	1

따라서 $E(X)=-\dfrac{1}{8}+\dfrac{5}{8}+\dfrac{2}{8}=\dfrac{6}{8}=\dfrac{3}{4}$ 이다.

답 ⑤

055

$\mathrm{B}(80,\ p)$

$\mathrm{E}(X)=80p=20 \Rightarrow p=\dfrac{1}{4}$

따라서 $\mathrm{V}(X)=80\times\dfrac{1}{4}\times\dfrac{3}{4}=15$ 이다.

답   15

056

$\mathrm{B}\left(n,\ \dfrac{1}{3}\right)$

$\mathrm{V}(2X)=40 \Rightarrow 4\mathrm{V}(X)=40 \Rightarrow \mathrm{V}(X)=10$

$\Rightarrow n\times\dfrac{1}{3}\times\dfrac{2}{3}=10 \Rightarrow n=45$

따라서 $n=45$ 이다.

답   ④

057

$\mathrm{P}(X=k)=\mathrm{P}(X=k+2)\ \ (k=0,\ 1,\ 2)$
$\mathrm{P}(X=0)=\mathrm{P}(X=2)=\mathrm{P}(X=4)=a$
$\mathrm{P}(X=1)=\mathrm{P}(X=3)=b$
라 하면

X	0	1	2	3	4	합계
$\mathrm{P}(X=x)$	a	b	a	b	a	1

확률의 합은 1이므로 $3a+2b=1$

$\mathrm{E}(X^2)=\dfrac{35}{6}$ 이므로

$b+4a+9b+16a=\dfrac{35}{6} \Rightarrow 4a+2b=\dfrac{7}{6}$

$3a+2b=1,\ 4a+2b=\dfrac{7}{6} \Rightarrow a=\dfrac{1}{6},\ b=\dfrac{1}{4}$

따라서 $\mathrm{P}(X=0)=\dfrac{1}{6}$ 이다.

답   ④

058

X	0	1	2	합계
$\mathrm{P}(X=x)$	a	b	c	1

확률의 합은 1이므로
$a+b+c=1$

$\mathrm{E}(X)=b+2c=1$
$\mathrm{E}(X^2)=b+4c$

$\mathrm{V}(X)=\mathrm{E}(X^2)-\{\mathrm{E}(X)\}^2=b+4c-1=\dfrac{1}{4}$

$\Rightarrow b+4c=\dfrac{5}{4}$

$b+2c=1,\ b+4c=\dfrac{5}{4}$ 를 연립하면

$b=\dfrac{3}{4},\ c=\dfrac{1}{8}$

$a+b+c=1$

$\Rightarrow a+\dfrac{3}{4}+\dfrac{1}{8}=1 \Rightarrow a=\dfrac{1}{8}$

따라서 $\mathrm{P}(X=0)=a=\dfrac{1}{8}$ 이다.

답   ③

059

$\mathrm{B}(9,\ p)$
$\mathrm{E}(X)=9p,\ \mathrm{V}(X)=9p(1-p)$

$\{\mathrm{E}(X)\}^2=\mathrm{V}(X)$

$\Rightarrow 81p^2=9p(1-p)$

$\Rightarrow 9p=1-p\ (\because\ 0<p<1)$

$\Rightarrow 10p=1$

$\Rightarrow p=\dfrac{1}{10}$

따라서 $p=\dfrac{1}{10}$ 이다.

답   ④

060

$\mathrm{B}(n,\ p)$

$\mathrm{E}(2X-5)=2\mathrm{E}(X)-5=175 \Rightarrow \mathrm{E}(X)=90 \Rightarrow np=90$

$\sigma(2X-5)=2\sigma(X)=12 \Rightarrow \sigma(X)=6 \Rightarrow \sqrt{np(1-p)}=6$

$\sqrt{np(1-p)}=6 \Rightarrow np(1-p)=36 \Rightarrow 90(1-p)=36$

$$\Rightarrow p=\frac{3}{5}$$

$np=90 \Rightarrow n=\dfrac{90}{p}=90\times\dfrac{5}{3}=150$

따라서 $n=150$ 이다.

답 ⑤

061

확률의 합은 1 이므로

$k+\dfrac{2}{9}+k+\dfrac{1}{9}+k+k+\dfrac{1}{9}+k+\dfrac{2}{9}=1$

$\Rightarrow 5k+\dfrac{6}{9}=1 \Rightarrow k=\dfrac{1}{15}$

따라서 $k=\dfrac{1}{15}$ 이다.

답 ①

062

확률분포를 표로 나타내면 다음과 같다.

X	1	2	3	4	5	합계
$\mathrm{P}(X=x)$	$\dfrac{3}{7}$	$\dfrac{2}{7}$	$\dfrac{1}{7}$	0	$\dfrac{1}{7}$	1

$\mathrm{E}(X)=\dfrac{3}{7}+\dfrac{4}{7}+\dfrac{3}{7}+\dfrac{5}{7}=\dfrac{15}{7}$

따라서

$\mathrm{E}(14X+5)=14\mathrm{E}(X)+5=14\times\dfrac{15}{7}+5=35$ 이다.

답 ②

063

$\mathrm{B}\left(n,\ \dfrac{1}{2}\right)$

$\mathrm{E}(X^2)=\mathrm{V}(X)+25$ 이므로

$\mathrm{V}(X)=\mathrm{E}(X^2)-\{\mathrm{E}(X)\}^2 \Rightarrow \mathrm{V}(X)=\mathrm{V}(X)+25-\{\mathrm{E}(X)\}^2$

$$\Rightarrow \mathrm{E}(X)=5 \left(\because \ \mathrm{E}(X)=\frac{n}{2}>0\right)$$

$\mathrm{E}(X)=\dfrac{n}{2}=5 \Rightarrow n=10$

따라서 $n=10$ 이다.

답 ①

064

$\mathrm{B}\left(36,\ \dfrac{2}{3}\right)$

$\mathrm{E}(X)=36\times\dfrac{2}{3}=24$

$\mathrm{V}(X)=36\times\dfrac{2}{3}\times\dfrac{1}{3}=8$

$\mathrm{E}(2X-a)=\mathrm{V}(2X-a)$

$\Rightarrow 2\mathrm{E}(X)-a=4\mathrm{V}(X)$

$\Rightarrow 48-a=32$

$\Rightarrow a=16$

따라서 $a=16$ 이다.

답 16

065

확률의 합은 1 이므로

$\mathrm{P}(0\le X\le 2)=\dfrac{1}{2}\times\left(a-\dfrac{1}{3}+2\right)\times\dfrac{3}{4}=1$

$\Rightarrow a+\dfrac{5}{3}=\dfrac{8}{3} \Rightarrow a=1$

따라서

$\mathrm{P}\left(\dfrac{1}{3}\le X\le a\right)=\mathrm{P}\left(\dfrac{1}{3}\le X\le 1\right)=\left(1-\dfrac{1}{3}\right)\times\dfrac{3}{4}=\dfrac{1}{2}$ 이다.

답 ④

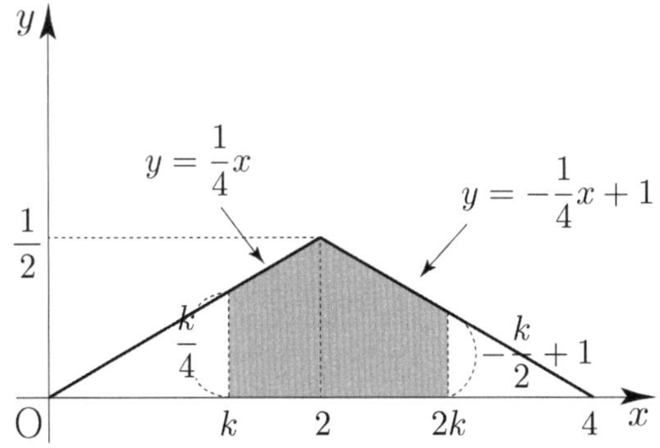

$$P(k \le X \le 2) = \frac{1}{2} \times \left(\frac{k}{4} + \frac{1}{2} \right) \times (2-k) = -\frac{k^2}{8} + \frac{1}{2}$$

$$P(2 \le X \le 2k) = \frac{1}{2} \times \left(-\frac{k}{2} + 1 + \frac{1}{2} \right) \times (2k-2)$$

$$= -\frac{k^2}{2} + 2k - \frac{3}{2}$$

이므로 $P(k \le X \le 2k) = -\dfrac{5}{8}k^2 + 2k - 1$ 이다.

$g(k) = -\dfrac{5}{8}k^2 + 2k - 1$ 라 하면

$g'(k) = -\dfrac{5}{4}k + 2 \Rightarrow g'\left(\dfrac{8}{5} \right) = 0$

$g'(k)$ 를 바탕으로 $g(k)$ 를 그리면

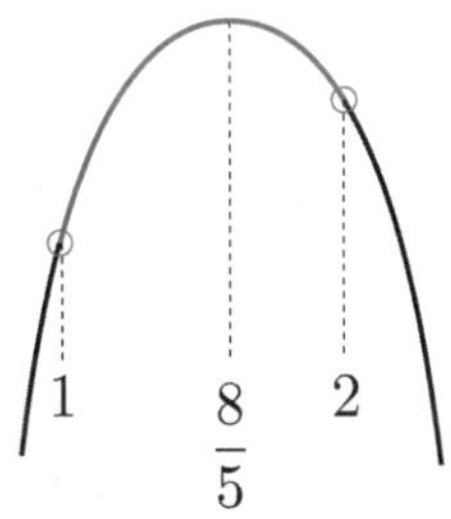

따라서 $k = \dfrac{8}{5}$ 일 때 최대이다.

답 ③

067

확률분포를 표로 나타내면 다음과 같다.

X	0	1	2	3	4	합계
$P(X=x)$	$\left(\frac{1}{2}\right)^4$	$4\left(\frac{1}{2}\right)^4$	$6\left(\frac{1}{2}\right)^4$	$4\left(\frac{1}{2}\right)^4$	$\left(\frac{1}{2}\right)^4$	1

Y	0	1	2	합계
$P(Y=y)$	$\left(\frac{1}{2}\right)^4$	$4\left(\frac{1}{2}\right)^4$	$6\left(\frac{1}{2}\right)^4 + 4\left(\frac{1}{2}\right)^4 + \left(\frac{1}{2}\right)^4$	1

따라서 $E(Y) = \dfrac{0+4+22}{16} = \dfrac{26}{16} = \dfrac{13}{8}$ 이다.

답 ②

068

$P(X=0) = a$ 라 하자.

$0 < a < 1$

$P(X=2) = 1 - P(X=0) = 1 - a$

확률분포를 표로 나타내면 다음과 같다.

X	0	2	합계
$P(X=x)$	a	$1-a$	1

$E(X) = 2 - 2a$

$E(X^2) = 4 - 4a$

$V(X) = E(X^2) - \{E(X)\}^2 = 4 - 4a - (2-2a)^2 = 4a - 4a^2$

$\{E(X)\}^2 = 2V(X)$

$\Rightarrow (2-2a)^2 = 8a - 8a^2$

$\Rightarrow 3a^2 - 4a + 1 = 0$

$\Rightarrow (3a-1)(a-1) = 0$

$\Rightarrow a = \dfrac{1}{3} \ (\because \ 0 < a < 1)$

따라서 $P(X=2) = 1 - a = 1 - \dfrac{1}{3} = \dfrac{2}{3}$ 이다.

답 ④

확률의 합은 1이므로

$$\frac{-a+2+2+a+2+2a+2}{10}=\frac{2a+8}{10}=1 \;\Rightarrow\; a=1$$

확률분포를 표로 나타내면 다음과 같다.

X	-1	0	1	2	합계
$\mathrm{P}(X=x)$	$\dfrac{1}{10}$	$\dfrac{2}{10}$	$\dfrac{3}{10}$	$\dfrac{4}{10}$	1

$$\mathrm{E}(X)=\frac{-1+3+8}{10}=1$$

$$\mathrm{E}(X^2)=\frac{1+3+16}{10}=\frac{20}{10}=2$$

$$\mathrm{V}(X)=\mathrm{E}(X^2)-\{\mathrm{E}(X)\}^2=2-1=1$$

따라서 $\mathrm{V}(3X+2)=9\mathrm{V}(X)=9$ 이다.

답 ①

확률의 합은 1이므로

$$\mathrm{P}(0 \le X \le 3)=3k+\frac{1}{2}\times(3k-k)\times 3=6k=1 \;\Rightarrow\; k=\frac{1}{6}$$

$$\mathrm{P}(0 \le X \le 2)=\frac{1}{2}\times(k+3k)\times 2=4k=\frac{2}{3}$$

따라서 $p+q=5$ 이다.

답 5

10회 독립시행이고, 남학생들만 선택되는 확률은

$\dfrac{_3\mathrm{C}_2}{_5\mathrm{C}_2}=\dfrac{3}{10}$ 이므로 확률변수 X는 이항분포 $\mathrm{B}\!\left(10,\ \dfrac{3}{10}\right)$를 따른다.

따라서 $\mathrm{E}(X)=10\times\dfrac{3}{10}=3$ 이다.

답 ②

10회 독립시행이고, 동전 2개 모두 앞면이 나오는 확률은

$\left(\dfrac{1}{2}\right)^2=\dfrac{1}{4}$ 이므로 확률변수 X는 이항분포 $\mathrm{B}\!\left(10,\ \dfrac{1}{4}\right)$를 따른다.

$$\mathrm{V}(X)=10\times\frac{1}{4}\times\frac{3}{4}=\frac{30}{16}=\frac{15}{8}$$

따라서 $\mathrm{V}(4X+1)=16\mathrm{V}(X)=16\times\dfrac{15}{8}=30$ 이다.

답 30

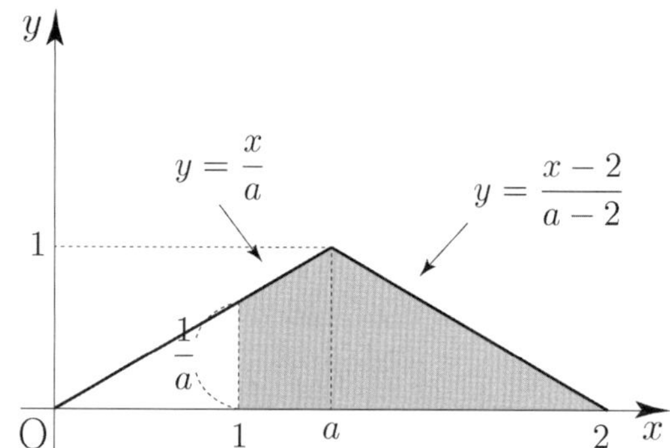

$$\mathrm{P}(1 \le X \le a)=\frac{1}{2}\times\left(\frac{1}{a}+1\right)\times(a-1)=-\frac{1}{2a}+\frac{a}{2}$$

$$\mathrm{P}(a \le X \le 2)=\frac{1}{2}\times(2-a)\times 1=1-\frac{a}{2}$$

$$\mathrm{P}(1 \le X \le 2)=-\frac{1}{2a}+\frac{a}{2}+1-\frac{a}{2}=1-\frac{1}{2a}=\frac{3}{5} \;\Rightarrow\; a=\frac{5}{4}$$

따라서 $100a=100\times\dfrac{5}{4}=125$ 이다.

답 125

$$f(1)>0,\ f(2)>0$$

15회 독립시행이고, $\mathrm{P}(A)=\dfrac{2}{6}$ 이므로

확률변수 X는 이항분포 $\mathrm{B}\!\left(15,\ \dfrac{1}{3}\right)$를 따른다.

따라서 $\mathrm{E}(X)=15\times\dfrac{1}{3}=5$ 이다.

답 ⑤

075

A 제품 1개의 중량을 X라 하자.
$X \sim N(9, (0.4)^2)$

B 제품 1개의 중량을 Y라 하자.
$Y \sim N(20, 1^2)$

$$P(8.9 \le X \le 9.4) = P\left(\frac{8.9-9}{0.4} \le Z \le \frac{9.4-9}{0.4}\right)$$

$$= P(-0.25 \le Z \le 1)$$

$$P(19 \le Y \le k) = P\left(\frac{19-20}{1} \le Z \le \frac{k-20}{1}\right)$$

$$= P(-1 \le Z \le k-20)$$

$$P(8.9 \le X \le 9.4) = P(19 \le Y \le k)$$

$$\Rightarrow P(-0.25 \le Z \le 1) = P(-1 \le Z \le k-20)$$

$$\Rightarrow 0.25 = k-20 \Rightarrow k = 20.25$$

따라서 상수 $k = 20.25$ 이다.

답 ④

076

$$X \sim N\left(m, \left(\frac{m}{3}\right)^2\right)$$

$$P\left(X \le \frac{9}{2}\right) = P\left(Z \le \frac{\frac{9}{2}-m}{\frac{m}{3}}\right) = 0.9987$$

$P(Z \le 3) = 0.5 + 0.4987 = 0.9987$ 이므로

$$\frac{\frac{9}{2}-m}{\frac{m}{3}} = 3 \Rightarrow \frac{9}{2}-m = m \Rightarrow \frac{9}{2} = 2m \Rightarrow m = \frac{9}{4}$$

따라서 $m = \frac{9}{4}$ 이다.

답 ④

어느 고등학교의 수학 시험에 응시한 수험생의 시험 점수를 확률변수 X라 하자.
$X \sim N(68, 10^2)$

$$\therefore P(55 \le X \le 78) = P\left(\frac{55-68}{10} \le Z \le \frac{78-68}{10}\right)$$

$$= P(-1.3 \le Z \le 1)$$

$$= 0.4032 + 0.3413 = 0.7445$$

답 ②

078

$B(10, p)$
$P(X=4) = {}_{10}C_4\, p^4(1-p)^6$

$P(X=5) = {}_{10}C_5\, p^5(1-p)^5$

$P(X=4) = \frac{1}{3}P(X=5)$

$$\Rightarrow {}_{10}C_4\, p^4(1-p)^6 = \frac{1}{3} \times {}_{10}C_5\, p^5(1-p)^5$$

$$\Rightarrow 210(1-p) = 12 \times 7\,p$$

$$\Rightarrow 5(1-p) = 2p$$

$$\Rightarrow p = \frac{5}{7}$$

따라서 $E(7X) = 7E(X) = 7 \times 10 \times \frac{5}{7} = 50$ 이다.

답 50

$$P(m \le X \le m+12) = P\left(0 \le Z \le \frac{12}{\sigma}\right)$$

$$P(X \le m-12) = P\left(Z \le -\frac{12}{\sigma}\right)$$

$$P\left(0 \le Z \le \frac{12}{\sigma}\right) - P\left(Z \le -\frac{12}{\sigma}\right) = 0.3664$$

$$P\left(0 \le Z \le \frac{12}{\sigma}\right) = a \text{ 라 하면}$$

$P\!\left(Z \le -\dfrac{12}{\sigma}\right) = 0.5 - a$ 이므로

$a - (0.5 - a) = 0.3664 \;\Rightarrow\; a = 0.4332$

$P(0 \le Z \le 1.5) = 0.4332$ 이므로

$\dfrac{12}{\sigma} = 1.5 \;\Rightarrow\; 120 = 15\sigma \;\Rightarrow\; \sigma = 8$

따라서 $\sigma = 8$ 이다.

답 ③

080

(가) 조건에 의해서 $m = \dfrac{56 + 64}{2} = 60$

(나) $\mathrm{E}(X^2) = 3616$

$\mathrm{V}(X) = \mathrm{E}(X^2) - \{\mathrm{E}(X)\}^2 = 3616 - 3600 = 16$

$\Rightarrow\; \sigma = 4$

표에서 $P(m \le X \le m + 2\sigma) = P(0 \le Z \le 2) = 0.4772$

따라서

$P(X \le 68) = P\!\left(Z \le \dfrac{68 - 60}{4}\right) = P(Z \le 2) = 0.5 + 0.4772$

$= 0.9772$

이다.

답 ④

081

(꺼낸 공에 적혀 있는 수) $\Rightarrow$ 두 수의 차

$(1,\ 1) \Rightarrow 0\;$ 확률은 $\dfrac{_3C_2}{_6C_2} = \dfrac{3}{15}$

$(1,\ 2) \Rightarrow 1\;$ 확률은 $\dfrac{_3C_1 \times _2C_1}{_6C_2} = \dfrac{6}{15}$

$(1,\ 3) \Rightarrow 2\;$ 확률은 $\dfrac{_3C_1 \times _1C_1}{_6C_2} = \dfrac{3}{15}$

$(2,\ 2) \Rightarrow 0\;$ 확률은 $\dfrac{_2C_2}{_6C_2} = \dfrac{1}{15}$

$(2,\ 3) \Rightarrow 1\;$ 확률은 $\dfrac{_2C_1 \times _1C_1}{_6C_2} = \dfrac{2}{15}$

확률분포를 표로 나타내면 다음과 같다.

X	0	1	2	합계
$P(X = x)$	$\dfrac{4}{15}$	$\dfrac{8}{15}$	$\dfrac{3}{15}$	1

따라서 $\mathrm{E}(X) = \dfrac{8 + 6}{15} = \dfrac{14}{15}$ 이다.

답 ①

082

$X \sim \mathrm{N}(8,\ 2^2)$

$Y \sim \mathrm{N}(12,\ 2^2)$

표준편차가 같으므로 함수 $y = f(x)$ 의 그래프를 x 축의 방향으로 4만큼 평행이동하면 함수 $y = g(x)$ 의 그래프와 일치한다.

두 함수 $y = f(x),\ g(x)$ 의 그래프가 만나는 점의 x 좌표가 a 이므로 그림을 그리면 다음과 같다.

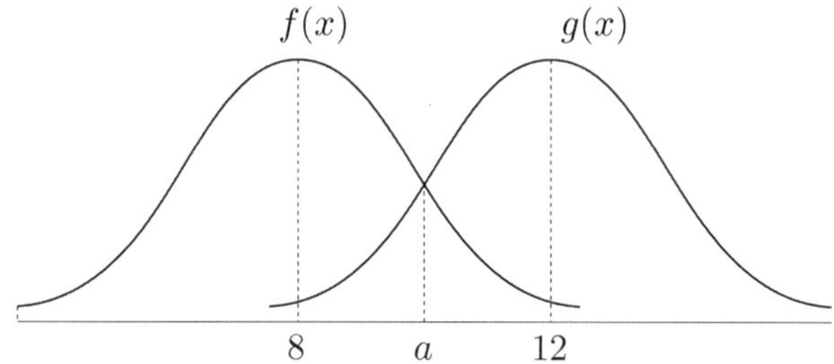

대칭성에 의해서 $\dfrac{8 + 12}{2} = a \;\Rightarrow\; a = 10$

따라서

$P(8 \le Y \le a) = P(8 \le Y \le 10)$

$= P\!\left(\dfrac{8 - 12}{2} \le Z \le \dfrac{10 - 12}{2}\right)$

$= P(-2 \le Z \le -1)$

$= P(0 \le Z \le 2) - P(0 \le Z \le 1)$

$= 0.4772 - 0.3413 = 0.1359$

이다.

답 ①

083

$$E(X) = \frac{1}{2} + \frac{2}{5}a, \ E(X^2) = \frac{1}{2} + \frac{2}{5}a^2$$

$$V(X) = E(X^2) - \{E(X)\}^2$$

$$= \frac{1}{2} + \frac{2}{5}a^2 - \left(\frac{1}{2} + \frac{2}{5}a\right)^2$$

$$= \frac{1}{4} - \frac{2}{5}a + \frac{6}{25}a^2$$

$$\sigma(X) = E(X) \ \Rightarrow \ \sqrt{\frac{1}{4} - \frac{2}{5}a + \frac{6}{25}a^2} = \frac{1}{2} + \frac{2}{5}a$$

$$\Rightarrow \ \frac{1}{4} - \frac{2}{5}a + \frac{6}{25}a^2 = \frac{1}{4} + \frac{2}{5}a + \frac{4}{25}a^2$$

$$\Rightarrow \ \frac{2}{25}a^2 - \frac{4}{5}a = 0 \ \Rightarrow \ 2a(a-10) = 0$$

$$\Rightarrow \ a = 10 \ (\because \ a > 1)$$

따라서

$$E(X^2) + E(X) = 1 + \frac{2}{5}a + \frac{2}{5}a^2 = 1 + 4 + 40 = 45 \ \text{이다.}$$

답 ⑤

084

$$P(0 \leq X \leq a) = 1 \ \Rightarrow \ ab = 1 \ \cdots \ \text{㉠}$$

$$g(x) = P(0 \leq X \leq x) = \int_0^x b\,dx = bx$$

$$P(0 \leq Y \leq a) = 1 \ \Rightarrow \ \int_0^a bx\,dx = \left[\frac{b}{2}x^2\right]_0^a = \frac{a^2 b}{2} = 1$$

$$\Rightarrow \ a^2 b = 2 \ \cdots \ \text{㉡}$$

㉠, ㉡에 의해 $a = 2, \ b = \dfrac{1}{2}$ 이다.

$$P(0 \leq Y \leq c) = \frac{1}{2} \ \Rightarrow \ \int_0^c \frac{1}{2}x\,dx = \left[\frac{1}{4}x^2\right]_0^c = \frac{1}{4}c^2 = \frac{1}{2}$$

$$\Rightarrow \ c^2 = 2$$

따라서 $(a+b) \times c^2 = \left(2 + \dfrac{1}{2}\right) \times 2 = 4 + 1 = 5$ 이다.

답 5

$$P(0 \leq X \leq a) = 1 \ \Rightarrow \ \frac{ac}{2} = 1 \ \Rightarrow \ ac = 2$$

$$P(X \leq b) - P(X \geq b) = \frac{1}{4}$$

$$\Rightarrow \ \frac{bc}{2} - \frac{(a-b)c}{2} = \frac{1}{4} \ \Rightarrow \ \frac{2bc - ac}{2} = \frac{1}{4}$$

$$\Rightarrow \ 2bc - 2 = \frac{1}{2} \ \Rightarrow \ bc = \frac{5}{4}$$

$$P(X \leq b) = \frac{bc}{2} = \frac{5}{8} > \frac{1}{2} \ \text{이므로} \ \sqrt{5} < b \ \text{이다.}$$

$$P(X \leq \sqrt{5}) = \frac{1}{2}$$

$$\Rightarrow \ \int_0^{\sqrt{5}} \frac{c}{b}x\,dx = \left[\frac{c}{2b}x^2\right]_0^{\sqrt{5}} = \frac{5c}{2b} = \frac{1}{2}$$

$$\Rightarrow \ 5c = b$$

$$bc = \frac{5}{4} \ \Rightarrow \ 5c^2 = \frac{5}{4} \ \Rightarrow \ c = \frac{1}{2} \ (\because \ c > 0)$$

$$a = 4, \ b = \frac{5}{2}$$

따라서 $a + b + c = 4 + \dfrac{5}{2} + \dfrac{1}{2} = 7$ 이다.

답 ④

● ● ● ○ ○

086

$$P(X > 3) = P(X = 4) + P(X = 5)$$

4번 시행에서 흰 공이 모두 2개가 나오는 경우는
다음과 같다. (흰 공 2개가 나올 때까지의 시행 횟수이므로
4번째 시행에는 반드시 흰 공이 나와야 한다.)

○	●	●	○
●	○	●	○
●	●	○	○

$$P(X = 4) = 3 \times \left(\frac{2}{5} \times \frac{3}{4} \times \frac{2}{3} \times \frac{1}{2}\right) = \frac{3}{10}$$

5번 시행에서 흰 공이 모두 2개가 나오는 경우는
다음과 같다. (흰 공 2개가 나올 때까지의 시행 횟수이므로
5번째 시행에는 반드시 흰 공이 나와야 한다.)

○	●	●	●
●	○	●	●
●	●	○	●
●	●	●	○

$$P(X=5)=4\times\left(\frac{2}{5}\times\frac{3}{4}\times\frac{2}{3}\times\frac{1}{2}\times\frac{1}{1}\right)=\frac{4}{10}$$

$$\therefore\ \ P(X>3)=P(X=4)+P(X=5)=\frac{3}{10}+\frac{4}{10}=\frac{7}{10}$$

따라서 $p+q=17$ 이다.

답   17

087

$$(1,\ 2)\ \Rightarrow\ 1$$
$$(1,\ 3)\ \Rightarrow\ 1$$
$$(1,\ 4)\ \Rightarrow\ 1$$
$$(1,\ 5)\ \Rightarrow\ 1$$
$$(2,\ 3)\ \Rightarrow\ 2$$
$$(2,\ 4)\ \Rightarrow\ 2$$
$$(2,\ 5)\ \Rightarrow\ 2$$
$$(3,\ 4)\ \Rightarrow\ 3$$
$$(3,\ 5)\ \Rightarrow\ 3$$
$$(4,\ 5)\ \Rightarrow\ 4$$

확률분포를 표로 나타내면 다음과 같다.

X	1	2	3	4	합계
$P(X=x)$	$\dfrac{4}{10}$	$\dfrac{3}{10}$	$\dfrac{2}{10}$	$\dfrac{1}{10}$	1

따라서 $E(10X)=10E(X)=10\left(\dfrac{4+6+6+4}{10}\right)=20$ 이다.

답   20

088

$$X\sim N\left(m,\ \sigma^2\right)$$
$$P(X\leq 3)=0.3\ \Rightarrow\ P(3\leq X\leq m)=0.2$$
$$P(3\leq X\leq 80)=0.3\ \Rightarrow\ P(m\leq X\leq 80)=0.1$$

$P(0\leq Z\leq 0.25)=0.1$ 이므로
$$P(m\leq X\leq 80)=P\left(0\leq Z\leq\frac{80-m}{\sigma}\right)=0.1$$

$$\frac{80-m}{\sigma}=0.25\ \Rightarrow\ m=80-0.25\sigma$$

$P(0\leq Z\leq 0.52)=0.2$ 이므로
$$P(3\leq X\leq m)=P\left(\frac{3-m}{\sigma}\leq Z\leq 0\right)=0.2$$

$$-\frac{3-m}{\sigma}=0.52\ \Rightarrow\ m=3+0.52\sigma$$

$$80-0.25\sigma=3+0.52\sigma\ \Rightarrow\ 77=0.77\sigma\ \Rightarrow\ \sigma=100$$
$$m=80-0.25\sigma=80-25=55$$

따라서 $m+\sigma=155$ 이다.

답   155

089

$$X\sim N\left(m,\ \sigma_1^2\right)$$
$$Y\sim N\left(m,\ \sigma_2^2\right)$$

ㄱ. $\sigma_2=2\sigma_1$

$$P(X\geq 2m)=P\left(Z\geq\frac{m}{\sigma_1}\right),\ P(Y\geq 3m)=P\left(Z\geq\frac{2m}{\sigma_2}\right)$$

$P(X\geq 2m)=P(Y\geq 3m)$ 이므로
$$\frac{m}{\sigma_1}=\frac{2m}{\sigma_2}\ \Rightarrow\ \sigma_2=2\sigma_1$$ 이다.

따라서 ㄱ은 참이다.

ㄴ. $f(m)>g(m)$

ㄱ에 의해서 $\sigma_2=2\sigma_1$ 이다.
m 의 값이 일정할 때, σ 의 값이 작아지면
곡선은 높아지면서 뾰족해진다.

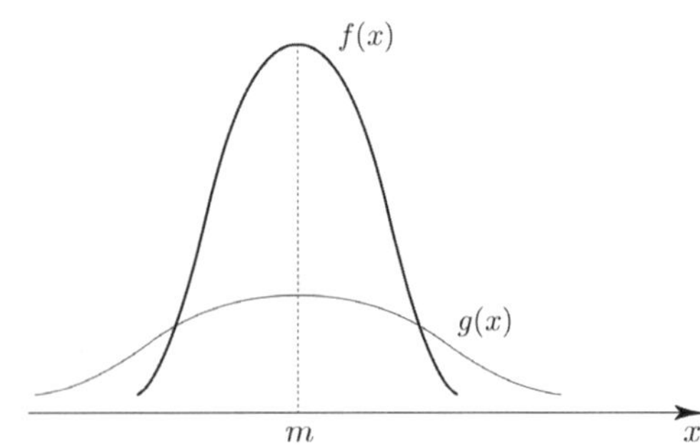

따라서 ㄴ은 참이다.

ㄷ. $P(X \leq 0) + P(Y \geq 0) = 1$

$m \neq 0$, $\sigma_1 \neq \sigma_2$ 이므로

$P(X \leq 0) + P(Y \geq 0)$

$= P\left(Z \leq -\dfrac{m}{\sigma_1}\right) + P\left(Z \geq -\dfrac{m}{\sigma_2}\right) \neq 1$

따라서 ㄷ은 거짓이다.

답 ③

090

어느 재래시장을 이용하는 고객의 집에서 시장까지의 거리를 확률변수 X라 하자.

$X \sim N(1740,\ 500^2)$

$P(X \geq 2000) = P\left(Z \geq \dfrac{2000-1740}{500}\right)$

$\qquad\qquad\qquad = P(Z \geq 0.52) = 0.5 - 0.2 = 0.3$

$P(X < 2000) = 0.7$

자가용을 이용하여 시장에 올 확률은
$P(X \geq 2000) \times 0.15 + P(X < 2000) \times 0.05$

$= 0.3 \times 0.15 + 0.7 \times 0.05$

따라서 구하고자 하는 확률은

$\dfrac{0.7 \times 0.05}{0.3 \times 0.15 + 0.7 \times 0.05} = \dfrac{35}{45+35} = \dfrac{7}{16}$ 이다.

답 ②

091

어느 과수원에서 수확한 사과의 무게를 확률변수 Y라 하자.

$Y \sim N(400,\ 50^2)$

$P(Y \geq 442) = P\left(Z \geq \dfrac{442-400}{50}\right)$

$\qquad\qquad\qquad = P(Z \geq 0.84) = 0.5 - 0.3 = 0.2 = \dfrac{1}{5}$

1등급을 받는 횟수를 확률변수 X라 하자.

100회 독립시행이고, 1등급 상품이 될 확률은 $\dfrac{1}{5}$ 이므로

확률변수 X는 이항분포 $B\left(100,\ \dfrac{1}{5}\right)$를 따른다.

$np \geq 5$ 이므로 정규분포화가 가능하다.

$B(n,\ p) \Rightarrow N(np,\ npq)$

$X \sim N(20,\ 4^2)$

$\therefore\ P(X \geq 24) = P\left(Z \geq \dfrac{24-20}{4}\right) = P(Z \geq 1)$

$\qquad\qquad\qquad = 0.5 - 0.34 = 0.16$

답 ②

092

$f(8) > f(14)$ 을 만족시키려면 평균 m 은 14보다 8에 더 가까이 있어야 한다. 거리를 나타내는 기호인 절댓값으로 표현하면 다음과 같다.

$|m-8| < |m-14|$

여기서 어떻게 m 의 범위를 구할 수 있을까?

풀이1) 양변 제곱
양수이니 양변에 제곱을 해도 부등호는 바뀌지 않는다.

$(m-8)^2 < (m-14)^2 \Rightarrow m^2 - 16m + 64 < m^2 - 28m + 196$

$\qquad\qquad\qquad \Rightarrow m < 11$

풀이2) 함수의 그래프로 접근
이번에는 두 함수 $y = |m-8|$, $y = |m-14|$ 를 이용하여
m 의 범위를 구해보자.

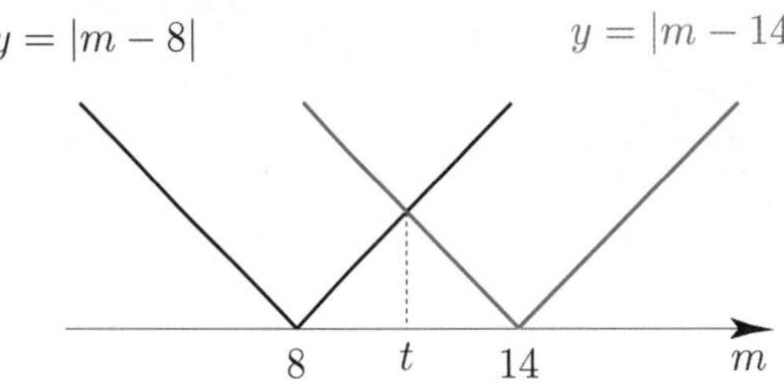

두 함수의 교점의 x 좌표를 t 라 하면
$|m-8| < |m-14|$ 의 해는
$m < t$ 이다.

두 함수 $y = m-8$, $y = -m+14$ 의 교점의 x 좌표가 t 이므로
$t - 8 = -t + 14 \Rightarrow 2t = 22 \Rightarrow t = 11$

$\therefore\ m < 11$

$f(2) < f(16)$ 을 만족시키려면 평균 m 은 2 보다 16 과 더 가까이 있어야 한다. 거리를 나타내는 기호인 절댓값으로 표현하면 다음과 같다.

$$|m-2| > |m-16|$$

위와 마찬가지 방법으로 구해주면 $m > 9$ 이다.

m 의 공통된 범위를 구해주면 $9 < m < 11$ 이므로 자연수 $m = 10$ 이다.

$$X \sim \mathrm{N}(m,\ 4^2)$$

따라서 $\mathrm{P}(X \leq 6) = \mathrm{P}\left(Z \leq \dfrac{6-10}{4}\right)$

$$= \mathrm{P}(Z \leq -1) = 0.5 - 0.3413 = 0.1587$$

이다.

답 ⑤

093

$$X \sim \mathrm{N}(8,\ 3^2)$$

$$Y \sim \mathrm{N}(m,\ \sigma^2)$$

$$\mathrm{P}(4 \leq X \leq 8) + \mathrm{P}(Y \geq 8) = \frac{1}{2}$$

$$\mathrm{P}(4 \leq X \leq 8) = \mathrm{P}\left(-\frac{4}{3} \leq Z \leq 0\right)$$

$$\mathrm{P}(Y \geq 8) = \mathrm{P}\left(Z \geq \frac{8-m}{\sigma}\right)$$

$$\mathrm{P}(4 \leq X \leq 8) + \mathrm{P}(Y \geq 8) = \frac{1}{2}$$

$$\Rightarrow \ \mathrm{P}\left(-\frac{4}{3} \leq Z \leq 0\right) + \mathrm{P}\left(Z \geq \frac{8-m}{\sigma}\right) = \frac{1}{2}$$

이므로 $\dfrac{4}{3} = \dfrac{8-m}{\sigma} \Rightarrow 4\sigma = 24 - 3m \Rightarrow m = 8 - \dfrac{4}{3}\sigma$

따라서 $\mathrm{P}\left(Y \leq 8 + \dfrac{2\sigma}{3}\right) = \mathrm{P}\left(Z \leq \dfrac{8 + \dfrac{2\sigma}{3} - m}{\sigma}\right)$

$$= \mathrm{P}\left(Z \leq \dfrac{8 + \dfrac{2\sigma}{3} - \left(8 - \dfrac{4}{3}\sigma\right)}{\sigma}\right)$$

$$= \mathrm{P}(Z \leq 2) = 0.5 + 0.4772 = 0.9772$$

이다.

답 ④

094

❶❷❸ ①②③

ⅰ) 두 공의 색이 다른 경우

❶ ① $\Rightarrow$ 1
❶ ② $\Rightarrow$ 1
❶ ③ $\Rightarrow$ 1
❷ ① $\Rightarrow$ 1
❷ ② $\Rightarrow$ 2
❷ ③ $\Rightarrow$ 2
❸ ① $\Rightarrow$ 1
❸ ② $\Rightarrow$ 2
❸ ③ $\Rightarrow$ 3

ⅱ) 두 공의 색이 같은 경우

① ② $\Rightarrow$ 1
① ③ $\Rightarrow$ 1
② ③ $\Rightarrow$ 2
❶ ❷ $\Rightarrow$ 1
❶ ❸ $\Rightarrow$ 1
❷ ❸ $\Rightarrow$ 2

확률분포를 표로 나타내면 다음과 같다.

X	1	2	3	합계
$\mathrm{P}(X=x)$	$\dfrac{9}{15}$	$\dfrac{5}{15}$	$\dfrac{1}{15}$	1

$$\therefore \ \mathrm{E}(X) = \frac{9 + 10 + 3}{15} = \frac{22}{15}$$

따라서 $p + q = 37$ 이다.

답 37

095

변수가 2 개이니 표를 그려서 해결해보자.

b \ a	1	2	3	4
1	0	1	2	3
2	-1	0	1	2
3	-2	-1	0	1
4	-3	-2	-1	0

확률분포를 표로 나타내면 다음과 같다.

X	-3	-2	-1	0	1	2	3	합계
$\mathrm{P}(X=x)$	$\dfrac{1}{16}$	$\dfrac{2}{16}$	$\dfrac{3}{16}$	$\dfrac{4}{16}$	$\dfrac{3}{16}$	$\dfrac{2}{16}$	$\dfrac{1}{16}$	1

$$\mathrm{E}(X)=\frac{-3-4-3+3+4+3}{16}=0$$

$$\mathrm{E}(X^2)=\frac{9+8+3+3+8+9}{16}=\frac{40}{16}=\frac{5}{2}$$

$$\mathrm{V}(X)=\mathrm{E}(X^2)-\{\mathrm{E}(X)\}^2=\frac{5}{2}$$

따라서 $\mathrm{V}(Y)=\mathrm{V}(2X+1)=4\mathrm{V}(X)=4\times\dfrac{5}{2}=10$ 이다.

답   10

096

표본공간을 S라 하면 $n(S)=6^2=36$

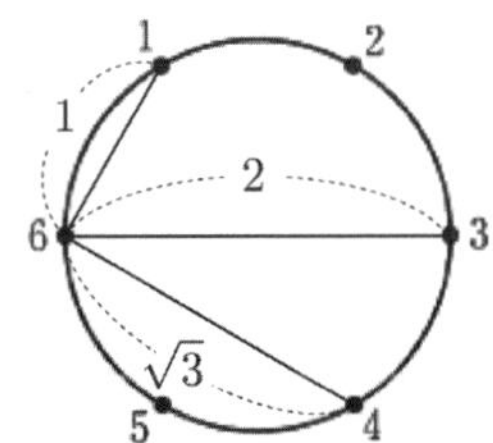

확률분포를 표로 나타내면 다음과 같다.

X	0	1	$\sqrt{3}$	2	합계
$\mathrm{P}(X=x)$	$\dfrac{6}{36}$	$\dfrac{12}{36}$	$\dfrac{12}{36}$	$\dfrac{6}{36}$	1

따라서 $\mathrm{E}(X)=\dfrac{12+12\sqrt{3}+12}{36}=\dfrac{2+\sqrt{3}}{3}$ 이다.

답   ④

097

$$\mathrm{P}(X=k)=\mathrm{P}(Y=10k+1)\quad(k=1,\ 2,\ 3,\ 4)$$
대응되는 확률이 동일하기 때문에
Y와 X의 관계식을 파악하여 구해보자.

$$\mathrm{E}(X)=2,\ \mathrm{E}(X^2)=5$$
$$\mathrm{V}(X)=\mathrm{E}(X^2)-\{\mathrm{E}(X)\}^2=5-4=1$$

$Y=10X+1$ 이므로
$$\mathrm{E}(Y)=\mathrm{E}(10X+1)=10\mathrm{E}(X)+1=21$$
$$\mathrm{V}(Y)=\mathrm{V}(10X+1)=100\mathrm{V}(X)=100$$

따라서 $\mathrm{E}(Y)+\mathrm{V}(Y)=121$ 이다.

답   121

위와 같이 풀어도 되지만 $\mathrm{P}(X)$, $\mathrm{P}(Y)$ 를 변형하면
좀 더 까다로운 문제를 제작할 수 있기 때문에
이번에는 정의를 이용하여 풀어보자.

$$\mathrm{E}(X)=\sum_{k=1}^{4}k\mathrm{P}(X=k)=2,\ \mathrm{E}(X^2)=\sum_{k=1}^{4}k^2\mathrm{P}(X=k)=5$$

$$\mathrm{E}(Y)=\sum_{k=1}^{4}(10k+1)\mathrm{P}(Y=10k+1)=\sum_{k=1}^{4}(10k+1)\mathrm{P}(X=k)$$

$$=10\sum_{k=1}^{4}k\mathrm{P}(X=k)+\sum_{k=1}^{4}\mathrm{P}(X=k)=20+1=21$$

$$\mathrm{E}(Y^2)=\sum_{k=1}^{4}(10k+1)^2\mathrm{P}(Y=10k+1)=\sum_{k=1}^{4}(10k+1)^2\mathrm{P}(X=k)$$

$$=100\sum_{k=1}^{4}k^2\mathrm{P}(X=k)+20\sum_{k=1}^{4}k\mathrm{P}(X=k)+\sum_{k=1}^{4}\mathrm{P}(X=k)$$

$$=500+40+1=541$$

$$\mathrm{V}(Y)=\mathrm{E}(Y^2)-\{\mathrm{E}(Y)\}^2=541-(21)^2=100$$

$$\therefore\ \mathrm{E}(Y)+\mathrm{V}(Y)=21+100=121$$

098

$$\sum_{k=1}^{4}k\mathrm{P}(X=k)=\mathrm{E}(X)=3$$

$$\mathrm{V}(X)=\mathrm{E}(X^2)-\{\mathrm{E}(X)\}^2$$

$$=\sum_{k=1}^{4}k^2\mathrm{P}(X=k)-9=1$$

$$\Rightarrow\sum_{k=1}^{4}k^2\mathrm{P}(X=k)=10$$

$$\mathrm{P}(X=k)=\mathrm{P}(Y=k^2)\quad(k=1,\ 2,\ 3,\ 4)$$
따라서 $\mathrm{E}(Y)=\displaystyle\sum_{k=1}^{4}k^2\mathrm{P}(Y=k^2)=\sum_{k=1}^{4}k^2\mathrm{P}(X=k)=10$ 이다.

답   ⑤

099

$X \sim \mathrm{N}(m, \sigma^2)$

$F(x) = \mathrm{P}(X \le x)$

$0.5 \le F\left(\dfrac{11}{2}\right) \le 0.6915, \quad F\left(\dfrac{13}{2}\right) = 0.8413$

$F\left(\dfrac{11}{2}\right) = \mathrm{P}\left(X \le \dfrac{11}{2}\right) = \mathrm{P}\left(Z \le \dfrac{\dfrac{11}{2} - m}{\sigma}\right)$

$\mathrm{P}(Z \le 0) = 0.5, \ \mathrm{P}(Z \le 0.5) = 0.6915$ 이므로

$0 \le \dfrac{\dfrac{11}{2} - m}{\sigma} \le \dfrac{1}{2} \ \Rightarrow \ 0 \le \dfrac{11}{2} - m \le \dfrac{1}{2}\sigma \ \cdots \ \bigcirc$

$F\left(\dfrac{13}{2}\right) = \mathrm{P}\left(X \le \dfrac{13}{2}\right) = \mathrm{P}\left(Z \le \dfrac{\dfrac{13}{2} - m}{\sigma}\right)$

$\mathrm{P}(Z \le 1) = 0.8413$ 이므로

$\dfrac{\dfrac{13}{2} - m}{\sigma} = 1 \ \Rightarrow \ \dfrac{13}{2} - m = \sigma \ \cdots \ \bigcirc\!\bigcirc$

$\bigcirc$, $\bigcirc\!\bigcirc$을 연립하면

$0 \le \dfrac{11}{2} - m \le \dfrac{13}{4} - \dfrac{m}{2} \ \Rightarrow \ m \le \dfrac{11}{2}, \ \dfrac{9}{2} \le m$

$\Rightarrow \ \dfrac{9}{2} \le m \le \dfrac{11}{2}$

$\Rightarrow \ $ 자연수 $m = 5, \ \sigma = \dfrac{3}{2}$

$F(k) = \mathrm{P}(X \le k) = \mathrm{P}\left(Z \le \dfrac{k - 5}{\dfrac{3}{2}}\right) = 0.9772$

$\mathrm{P}(Z \le 2) = 0.9772$ 이므로

$\dfrac{k - 5}{\dfrac{3}{2}} = 2 \ \Rightarrow \ k - 5 = 3 \ \Rightarrow \ k = 8$

따라서 $k = 8$ 이다.

답 8

100

어느 공장에서 생산되는 병의 내압강도를 확률변수 X라 하자.

$X \sim \mathrm{N}(m, \sigma^2)$

$\mathrm{P}(X < 40) = \mathrm{P}\left(Z < \dfrac{40 - m}{\sigma}\right)$

$G = 0.8 \ \Rightarrow \ 0.8 = \dfrac{m - 40}{3\sigma} \ \Rightarrow \ -2.4 = \dfrac{40 - m}{\sigma}$ 이다.

따라서 $\mathrm{P}(X < 40) = \mathrm{P}\left(Z < \dfrac{40 - m}{\sigma}\right) = \mathrm{P}(Z < -2.4)$

$\qquad\qquad = \mathrm{P}(Z \le -2.4) = 0.5 - 0.4918 = 0.0082$

이다.

답 ③

$X \sim \mathrm{N}(4, \ 3^2)$

확률밀도 함수는 $x = 4$ 에 대칭되어 있으므로

$\mathrm{P}(X \le 1) + \mathrm{P}(X \le 7) = 1$

$\mathrm{P}(X \le 2) + \mathrm{P}(X \le 6) = 1$

$\mathrm{P}(X \le 3) + \mathrm{P}(X \le 5) = 1$

$\mathrm{P}(X \le 4) = 0.5$

이다.

$\displaystyle\sum_{n=1}^{7} \mathrm{P}(X \le n)$

$= \mathrm{P}(X \le 1) + \mathrm{P}(X \le 2) + \mathrm{P}(X \le 3) + \mathrm{P}(X \le 4)$

$\quad + \mathrm{P}(X \le 5) + \mathrm{P}(X \le 6) + \mathrm{P}(X \le 7)$

$= 3 + 0.5 = 3.5 = a$

따라서 $10a = 10 \times 3.5 = 35$ 이다.

답 35

$$E(X) = a + 3b + 5c + 7b + 9a = 10a + 10b + 5c$$

$$V(X) = E(X^2) - \{E(X)\}^2$$

$$E(Y) = E(X) + \frac{1}{20} - \frac{5}{10} + \frac{9}{20} = E(X)$$

$$V(Y) = E(Y^2) - \{E(Y)\}^2$$

$$= E(X^2) + \frac{1}{20} - \frac{25}{10} + \frac{81}{20} - \{E(X)\}^2$$

$$= E(X^2) - \{E(X)\}^2 + \frac{8}{5} = V(X) + \frac{8}{5}$$

$$= \frac{31}{5} + \frac{8}{5} = \frac{39}{5}$$

따라서 $10 \times V(Y) = 10 \times \dfrac{39}{5} = 78$ 이다.

$$\boxed{\text{답}} \quad 78$$

$f(x) + g(x) = k \Rightarrow g(x) = k - f(x)$ 이므로
$y = g(x)$ 의 그래프는 $y = f(x)$ 의 그래프를 x 축에 대하여
대칭이동한 후 y 축의 방향으로 k 만큼 평행이동하여
구할 수 있다.

$y = g(x)$ 의 그래프를 그리면 다음과 같다.

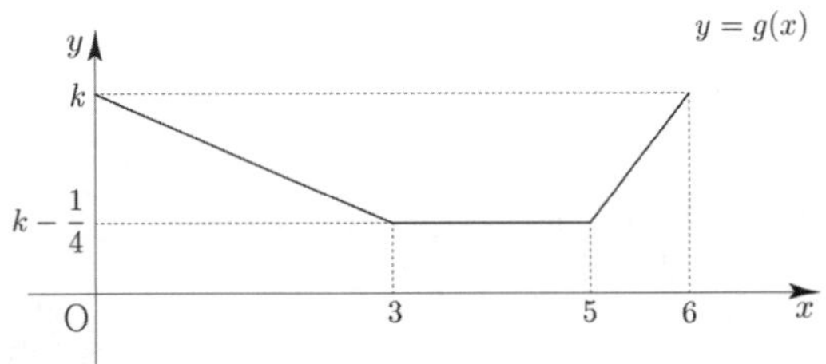

확률의 합은 1 이므로
$$P(0 \le Y \le 6) = \frac{3}{2}\left(k - \frac{1}{4} + k\right) + 2\left(k - \frac{1}{4}\right) + \frac{1}{2}\left(k - \frac{1}{4} + k\right)$$

$$= 2\left(2k - \frac{1}{4}\right) + 2\left(k - \frac{1}{4}\right)$$

$$= 4k - \frac{1}{2} + 2k - \frac{1}{2}$$

$$= 6k - 1 = 1$$

$$\Rightarrow 6k = 2 \Rightarrow k = \frac{1}{3}$$

$$P(6k \le Y \le 15k) = P(2 \le Y \le 5)$$

$g(x) = -\dfrac{1}{12}x + \dfrac{1}{3}$ $(0 \le x \le 3)$ 이므로 $g(2) = \dfrac{1}{6}$

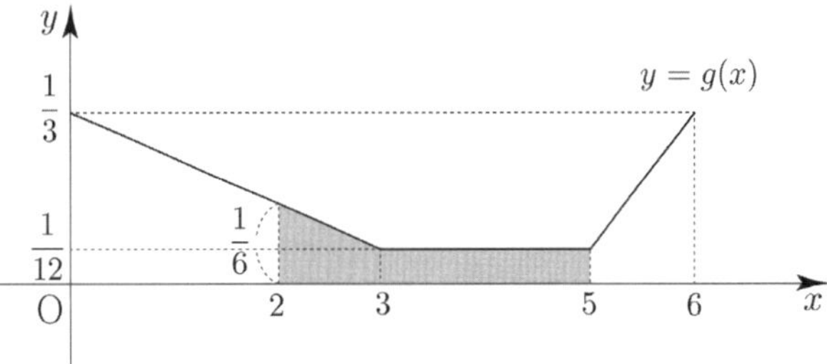

$$P(2 \le Y \le 5) = \frac{1}{2}\left(\frac{1}{12} + \frac{1}{6}\right) + 2 \times \frac{1}{12}$$

$$= \frac{1}{8} + \frac{1}{6} = \frac{7}{24}$$

따라서 $p + q = 31$ 이다.

$$\boxed{\text{답}} \quad 31$$

104

$$E(X) = \sum_{k=1}^{5} k P(X = k) = 4$$

$$P(Y = k) = \frac{1}{2}P(X = k) + \frac{1}{10} \quad (k = 1,\ 2,\ 3,\ 4,\ 5) \text{ 이므로}$$

$$E(Y) = \sum_{k=1}^{5} k P(Y = k) = \sum_{k=1}^{5} k\left(\frac{1}{2}P(X = k) + \frac{1}{10}\right)$$

$$= \frac{1}{2}\sum_{k=1}^{5} k P(X = k) + \frac{1}{10}\sum_{k=1}^{5} k$$

$$= \frac{1}{2} \times 4 + \frac{1}{10} \times 15 = 2 + \frac{3}{2} = \frac{7}{2} = a$$

따라서 $8a = 8 \times \dfrac{7}{2} = 28$ 이다.

$$\boxed{\text{답}} \quad 28$$

105

어느 회사 직원들의 어느 날의 출근 시간을 확률변수 X 라 하자.
$X \sim N(66.4,\ 15^2)$

① 출근 시간이 73 분 이상인 직원
$$P(X \ge 73) = P\left(Z \ge \frac{73 - 66.4}{15}\right) = P(Z \ge 0.44)$$

$$= 0.5 - 0.17 = 0.33$$

출근 시간이 73분 이상인 직원들 중에서 40%가
지하철을 이용하였으므로 확률을 구하면
0.33×0.4

② 출근 시간이 73분 미만인 직원
$P(X < 73) = 0.67$

출근 시간이 73분 미만인 직원들 중에서 20%가
지하철을 이용하였으므로 확률을 구하면
0.67×0.2

따라서 구하고자 하는 확률은
$0.33 \times 0.4 + 0.67 \times 0.2 = 0.132 + 0.134 = 0.266$ 이다.

답 ①

106

$X \sim \mathrm{N}(50,\ \sigma^2),\ \ Y \sim \mathrm{N}(65,\ (2\sigma)^2)$

$P(X \geq k) = P\left(Z \geq \dfrac{k-50}{\sigma}\right) = 0.1056$

$P(Z \geq 1.25) = 0.5 - 0.3944 = 0.1056$ 이므로

$\dfrac{k-50}{\sigma} = \dfrac{125}{100} \cdots \ㄱ$

$P(Y \leq k) = P\left(Z \leq \dfrac{k-65}{2\sigma}\right) = 0.1056$

$P(Z \leq -1.25) = 0.5 - 0.3944 = 0.1056$ 이므로

$\dfrac{k-65}{2\sigma} = -\dfrac{125}{100} \cdots \ㄴ$

ㄱ, ㄴ을 연립하면

$\dfrac{k-50}{\sigma} = -\dfrac{k-65}{2\sigma} \Rightarrow 2k - 100 = -k + 65$

$\Rightarrow 3k = 165 \Rightarrow k = 55$

$\dfrac{k-50}{\sigma} = \dfrac{125}{100} \Rightarrow \dfrac{5}{\sigma} = \dfrac{5}{4} \Rightarrow \sigma = 4$

따라서 $k + \sigma = 59$ 이다.

답 59

107

$X \sim \mathrm{N}(m,\ 2^2),\ \ Y \sim \mathrm{N}(2m,\ \sigma^2)$

$P(Y \leq m+4) = P\left(Z \leq \dfrac{m+4-2m}{\sigma}\right) = P\left(Z \leq \dfrac{4-m}{\sigma}\right)$

$\qquad\qquad = 0.3085$

$P(Z \leq -0.5) = 0.5 - 0.1915 = 0.3085$ 이므로

$\dfrac{4-m}{\sigma} = -0.5 \ \cdots \ ㉠$

$P(X \leq 8) + P(Y \leq 8) = 1$

$P(X \leq 8) = P\left(Z \leq \dfrac{8-m}{2}\right)$

$P(Y \leq 8) = P\left(Z \leq \dfrac{8-2m}{\sigma}\right)$

$P\left(Z \leq \dfrac{8-m}{2}\right) + P\left(Z \leq \dfrac{8-2m}{\sigma}\right) = 1$ 이므로

$\dfrac{8-m}{2} = -\dfrac{8-2m}{\sigma} \ \cdots \ ㉡$

㉠에 의해서

$-\dfrac{8-2m}{\sigma} = -\dfrac{2(4-m)}{\sigma} = 1$ 이므로

위 식을 ㉡에 대입하면

$\dfrac{8-m}{2} = 1 \Rightarrow m = 6$

$m = 6$ 을 ㉠에 대입하면 $\dfrac{-2}{\sigma} = -0.5 \Rightarrow \sigma = 4$

따라서 $P(X \leq \sigma) = P(X \leq 4) = P\left(Z \leq \dfrac{4-6}{2}\right)$

$\qquad\qquad = P(Z \leq -1) = 0.5 - 0.3413 = 0.1587$

이다.

답 ④

108

근무 기간이 n 개월인 직원의 하루 생산량을 확률변수 X라
하자.
$X \sim \mathrm{N}(an + 100,\ 12^2)$

근무 기간이 16개월인 직원의 경우
$X \sim \mathrm{N}(16a + 100,\ 12^2)$

$$P(X \le 84) = P\left(Z \le \frac{84-(16a+100)}{12}\right) = P\left(Z \le \frac{-16a-16}{12}\right)$$
$$= 0.0228$$

$P(Z \le -2) = 0.5 - 0.4772 = 0.0228$ 이므로
$$\frac{-16a-16}{12} = -2 \implies a = \frac{1}{2}$$

근무 기간이 36 개월인 직원의 경우
$$X \sim N(118,\ 12^2)$$

$$P(100 \le X \le 142) = P\left(\frac{100-118}{12} \le Z \le \frac{142-118}{12}\right)$$
$$= P(-1.5 \le Z \le 2)$$
$$= 0.4332 + 0.4772 = 0.9104$$

답 ③

109

$$P(X \le x) = P(X \ge 40 - x)$$
$$\implies \frac{x + 40 - x}{2} = m_1 \implies m_1 = 20$$

$$P(Y \le x) = P(X \le x + 10)$$
$$\implies P\left(Z \le \frac{x - m_2}{\sigma_2}\right) = P\left(Z \le \frac{x - 10}{\sigma_1}\right)$$
$$\implies \frac{x - m_2}{\sigma_2} = \frac{x - 10}{\sigma_1}$$
$$\implies \sigma_1 x - m_2 \sigma_1 = \sigma_2 x - 10\sigma_2$$

모든 실수 x 에 대하여 만족해야 하므로
$$\sigma_1 = \sigma_2,\ m_2 \sigma_1 = 10\sigma_2 \implies m_2 = 10$$

$$P(15 \le X \le 20) + P(15 \le Y \le 20)$$
$$= P\left(\frac{15-20}{\sigma_1} \le Z \le \frac{20-20}{\sigma_1}\right) + P\left(\frac{15-10}{\sigma_1} \le Z \le \frac{20-10}{\sigma_1}\right)$$
$$= P\left(-\frac{5}{\sigma_1} \le Z \le 0\right) + P\left(\frac{5}{\sigma_1} \le Z \le \frac{10}{\sigma_1}\right)$$
$$= P\left(0 \le Z \le \frac{10}{\sigma_1}\right) = 0.4772$$

$P(0 \le Z \le 2) = 0.4772$ 이므로 $\dfrac{10}{\sigma_1} = 2 \implies \sigma_1 = 5$

따라서 $m_1 + \sigma_2 = 20 + 5 = 25$ 이다.

답 25

110

$$X \sim N(m_1,\ \sigma_1^2),\ \ Y \sim N(m_2,\ \sigma_2^2)$$

$\sigma_1 = \sigma_2$ 이므로 확률밀도함수의 곡선의 모양은 서로 같다.

$f(24) = g(28)$ 이므로 m_1 과 24 사이의 거리와 m_2 와 28 사이의 거리는 서로 같다.

$$|m_1 - 24| = |m_2 - 28|$$

(가) 조건에 의해서 $m_1 < 24,\ 28 < m_2$

이를 바탕으로 $f(x),\ g(x)$ 를 그리면 다음과 같다.

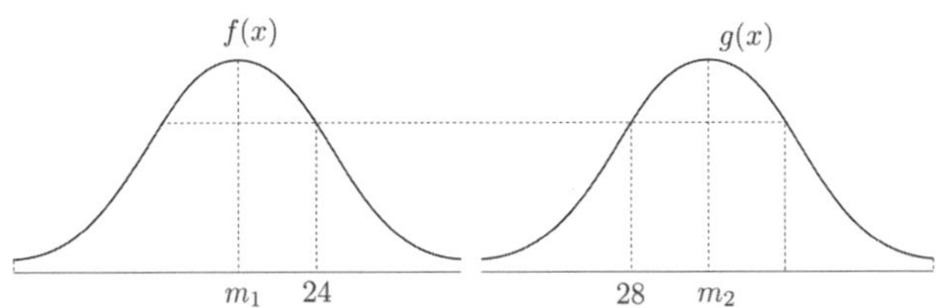

$$P(m_1 \le X \le 24) + P(28 \le Y \le m_2) = 0.9544$$
$$P(m_1 \le X \le 24) = P(28 \le Y \le m_2) \text{ 이므로}$$
$$P(m_1 \le X \le 24) = 0.4772$$

(나) 조건을 만족시키려면 $|m_2 - 36| = |m_1 - 24|$ 이어야 하므로 이를 바탕으로 $f(x),\ g(x)$ 을 다시 그리면 다음과 같다.

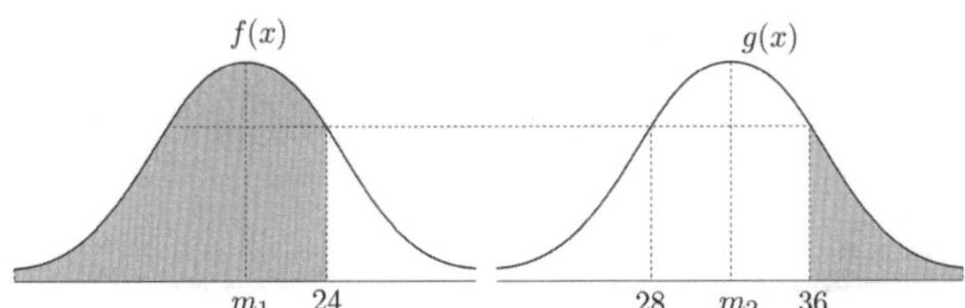

$m_2 = \dfrac{28 + 36}{2} = 32$ 이므로 $24 - m_1 = 4 \implies m_1 = 20$

$$P(m_1 \le X \le 24) = P\left(0 \le Z \le \frac{4}{\sigma_1}\right) = 0.4772$$

$P(0 \le Z \le 2) = 0.4772$ 이므로 $\dfrac{4}{\sigma_1} = 2 \implies \sigma_1 = 2$

따라서 $P(18 \le X \le 21) = P(-1 \le Z \le 0.5)$
$$= 0.3413 + 0.1915 = 0.5328$$
이다.

답 ②

111

어느 학교 3학년의 A 과목 시험 점수를 확률변수 X라 하고
B 과목의 시험 점수를 확률변수 Y라 하자.
$$X \sim \mathrm{N}(m,\ \sigma^2),\ \ Y \sim \mathrm{N}(m+3,\ \sigma^2)$$

A 과목 시험 점수가 80 점 이상인 학생의 비율이 9% 이므로
$$\mathrm{P}(X \geq 80) = \mathrm{P}\!\left(Z \geq \frac{80-m}{\sigma}\right) = 0.09$$

$\mathrm{P}(Z \geq 1.34) = 0.5 - 0.41 = 0.09$ 이므로
$$\frac{80-m}{\sigma} = 1.34 \ \cdots \ \text{㉠}$$

B 과목 시험 점수가 80 점 이상인 학생의 비율이 15% 이므로
$$\mathrm{P}(Y \geq 80) = \mathrm{P}\!\left(Z \geq \frac{77-m}{\sigma}\right) = 0.15$$

$\mathrm{P}(Z \geq 1.04) = 0.5 - 0.35 = 0.15$ 이므로
$$\frac{77-m}{\sigma} = 1.04 \ \cdots \ \text{㉡}$$

㉠, ㉡을 연립하면 $\sigma = 10,\ m = 66.6$

따라서 $m + \sigma = 76.6$ 이다.

 ⑤

112

$$X \sim \mathrm{N}(m,\ 8^2)$$
(가) 조건에 의해서 $\dfrac{k+100+k}{2} = m \Rightarrow k = m - 50$

(나) $\mathrm{P}(X \geq 2k) = 0.0668$

$$\mathrm{P}(X \geq 2k) = \mathrm{P}\!\left(Z \geq \frac{2k-m}{8}\right) = \mathrm{P}\!\left(Z \geq \frac{m-100}{8}\right)$$
$$= 0.0668$$

$\mathrm{P}(Z \geq 1.5) = 0.5 - 0.4332 = 0.0668$ 이므로
$$\frac{m-100}{8} = 1.5 \Rightarrow m = 112$$

따라서 $m = 112$ 이다.

답 ⑤

$$X \sim \mathrm{N}(10,\ 5^2),\ \ Y \sim \mathrm{N}(m,\ 5^2)$$
$$f(k) = g(k) \text{ 이므로 } \frac{10+m}{2} = k \Rightarrow m + 10 = 2k$$

따라서 $\mathrm{P}(Y \leq 2k) = \mathrm{P}(Y \leq m+10) = \mathrm{P}\!\left(Z \leq \frac{10+m-m}{5}\right)$
$$= \mathrm{P}(Z \leq 2) = 0.5 + 0.4772 = 0.9772$$
이다.

답 ⑤

114

동물 A 의 특정 부위의 길이를 확률변수 X라 하고
동물 B 의 특정 부위의 길이를 확률변수 Y라 하자.
$$X \sim \mathrm{N}(10,\ 0.4^2),\ \ Y \sim \mathrm{N}(12,\ 0.6^2)$$

동물 A 의 화석을 동물 A 의 화석으로 판단할 확률은
$$\mathrm{P}(X < d) = \mathrm{P}(X \leq d) = \mathrm{P}\!\left(Z \leq \frac{d-10}{0.4}\right)$$

동물 B 의 화석을 동물 B 의 화석으로 판단할 확률은
$$\mathrm{P}(Y \geq d) = \mathrm{P}\!\left(Z \geq \frac{d-12}{0.6}\right)$$

두 확률이 같아지려면
$$-\frac{d-10}{0.4} = \frac{d-12}{0.6} \Rightarrow 54 = 5d \Rightarrow d = 10.8$$
따라서 $d = 10.8$ 이다.

답 ⑤

$m^2 + n^2 \leq 25$ 가 되는 사건을 E
$\mathrm{P}(E)$ 를 구해보자.

변수가 2 개이니 표를 그려서 해결해보자.

n \ m	1 (1)	2 (4)	3 (9)	4 (16)	5 (25)	6 (36)
1 (1)	○	○	○	○	X	X
2 (4)	○	○	○	○	X	X
3 (9)	○	○	○	○	X	X
4 (16)	○	○	○	X	X	X
5 (25)	X	X	X	X	X	X
6 (36)	X	X	X	X	X	X

$$P(E) = \frac{15}{36} = \frac{5}{12}$$

12회 독립시행이고, $P(E) = \dfrac{15}{36} = \dfrac{5}{12}$ 이므로

확률변수 X는 이항분포 $B\left(12, \dfrac{5}{12}\right)$를 따른다.

$$\therefore \ V(X) = 12 \times \frac{5}{12} \times \frac{7}{12} = \frac{35}{12}$$

따라서 $p+q = 47$이다.

답   47

116

$$2 \text{ 이하 } (3,\ 0) \ \Rightarrow \ \frac{2}{6} = \frac{1}{3}$$

$$3 \text{ 이상 } (0,\ 1) \ \Rightarrow \ \frac{4}{6} = \frac{2}{3}$$

2 이하가 나오는 횟수를 확률변수 Y라 하자.

15번 독립시행이고, 2 이하가 나올 확률은 $\dfrac{1}{3}$이므로

확률변수 Y는 이항분포 $B\left(15, \dfrac{1}{3}\right)$을 따른다.

$$E(Y) = 15 \times \frac{1}{3} = 5$$

15번 반복하였을 때,
3 이상이 나오는 횟수는 $15 - Y$이므로
이동된 점 P의 좌표는 $(3Y,\ 15 - Y)$이다.

점 P $(3Y,\ 15 - Y)$와
직선 $3x + 4y = 0$ 사이의 거리를 구하면

$$\frac{|9Y + 60 - 4Y|}{\sqrt{3^2 + 4^2}} = \frac{|5Y + 60|}{5} = Y + 12 = X$$

따라서
$E(X) = E(Y + 12) = E(Y) + 12 = 5 + 12 = 17$이다.

답   ③

117

$$P(x \le X \le 3) = a(3 - x) \ \ (0 \le x \le 3)$$

이 문제는 연속확률변수라는 것에 유의해야 한다.
연속확률변수에서는 넓이가 곧 확률이 되므로
확률밀도함수를 $f(x)$라 하면

$$P(x \le X \le 3) = \int_x^3 f(t)\,dt = a(3 - x)$$

이지 $f(x) = a(3 - x)$라고 판단하면 안 된다.

확률의 합은 1이므로

$$P(0 \le X \le 3) = 3a = 1 \ \Rightarrow \ a = \frac{1}{3}$$

$$\therefore \ P(0 \le X < a) = P\left(0 \le X < \frac{1}{3}\right) = 1 - P\left(\frac{1}{3} \le X \le 3\right)$$

$$= 1 - \frac{1}{3}\left(3 - \frac{1}{3}\right) = 1 - \frac{8}{9} = \frac{1}{9}$$

따라서 $p + q = 10$이다.

답   10

이번에는 $f(x)$를 직접 구해서 문제를 풀어보자.

$$\int_x^3 f(t)\,dt = \frac{1}{3}(3 - x)$$

$$\Rightarrow F(3) - F(x) = \frac{1}{3}(3 - x)$$

양변을 x에 대하여 미분하면

$$-f(x) = -\frac{1}{3} \ \Rightarrow \ f(x) = \frac{1}{3}$$

$$\therefore \ P\left(0 \le X < \frac{1}{3}\right) = \int_0^{\frac{1}{3}} \frac{1}{3}\,dx = \left[\frac{1}{3}x\right]_0^{\frac{1}{3}} = \frac{1}{9}$$

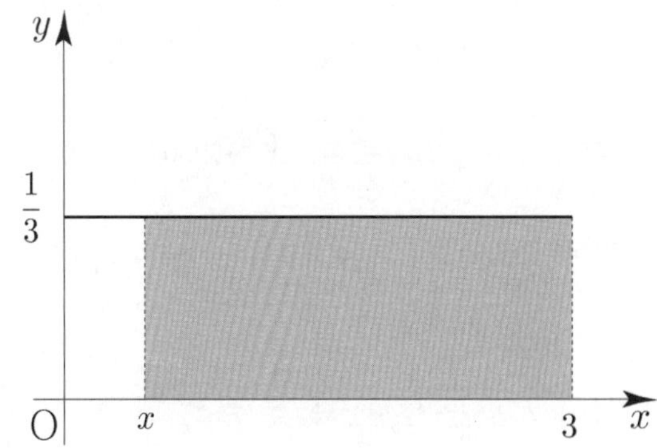

$\displaystyle\int_x^3 \frac{1}{3}\,dx$ 는 직사각형의 넓이 $\dfrac{1}{3}(3 - x)$ 인 것이 자명하다.

118

092번에서 배운 풀이를 바로 적용시켜 보자.

(가) $f(10) > f(20) \Rightarrow |m-10| < |m-20|$

$\Rightarrow m^2 - 20m + 100 < m^2 - 40m + 400$

$\Rightarrow 20m < 300 \Rightarrow m < 15$

(나) $f(4) < f(22) \Rightarrow |m-4| > |m-22|$

$\Rightarrow m^2 - 8m + 16 > m^2 - 44m + 484$

$\Rightarrow 36m > 468$

$\Rightarrow m > 13$

두 조건을 동시에 만족하는 m 의 범위를 구하면
$13 < m < 15$ 이므로 자연수 $m = 14$ 이다.

$X \sim \mathrm{N}(14,\ 5^2)$

따라서 $\mathrm{P}(17 \leq X \leq 18) = \mathrm{P}\!\left(\dfrac{17-14}{5} \leq Z \leq \dfrac{18-14}{5}\right)$

$= \mathrm{P}(0.6 \leq Z \leq 0.8)$

$= 0.288 - 0.226 = 0.062$

이다.

답 ③

119

시행을 16200 회 반복할 때,
나오는 눈의 수가 4 이하인 횟수를 확률변수 X라 하면
나오는 눈의 수가 5 이상인 횟수는 $16200 - X$이다.

점 A 의 위치는 $X - (16200 - X) = 2X - 16200$ 이다.

총 시행 횟수가 16200 회이고, 주사위의 눈이 4 이하가
나올 확률은 $\dfrac{2}{3}$ 이므로 확률변수 X는

이항분포 $\mathrm{B}\!\left(16200,\ \dfrac{2}{3}\right)$를 따른다.

$np \geq 5$ 이므로 정규분포화가 가능하다.
$\mathrm{B}(n,\ p) \Rightarrow \mathrm{N}(np,\ npq)$
$X \sim \mathrm{N}(10800,\ 60^2)$

점 A의 위치가 5700 이하인 확률은
$\mathrm{P}(2X - 16200 \leq 5700) = \mathrm{P}(X \leq 10950)$

$= \mathrm{P}\!\left(Z \leq \dfrac{10950 - 10800}{60}\right)$

$= \mathrm{P}(Z \leq 2.5) = 0.5 + 0.494$

$= 0.994 = k$

따라서 $1000 \times k = 994$ 이다.

답 994

120

시행을 4 회 반복할 때,
나오는 눈의 수가 3 이상인 횟수를 x 라 하면
나오는 눈의 수가 3 보다 작은 횟수는 $4 - x$ 이다.

화살표 방향을 $+$, 화살표 반대방향을 $-$ 라 하면
최종 화살표 이동방향 및 칸수는 $x - (4 - x) = 2x - 4$ 이다.

이를 바탕으로 x 에 따라 확률변수 X를 구하면 다음과 같다.
(예를 들어 $x = 0$ 일 때, 최종 화살표 이동방향 및 칸수는 -4
이므로 화살표 반대방향으로 4 칸이므로 $X = 4$ 이다.)

x	0	1	2	3	4
X	4	6	0	2	4

나오는 눈의 수가 3 이상일 확률은 $\dfrac{2}{3}$ 이고,

나오는 눈의 수가 3 보다 작을 확률은 $\dfrac{1}{3}$ 이므로

$x = 0$ 일 확률은 $_4\mathrm{C}_0 \times \left(\dfrac{1}{3}\right)^4 = \dfrac{1}{81}$

$x = 1$ 일 확률은 $_4\mathrm{C}_1 \times \left(\dfrac{2}{3}\right)^1\!\left(\dfrac{1}{3}\right)^3 = \dfrac{8}{81}$

$x = 2$ 일 확률은 $_4\mathrm{C}_2 \times \left(\dfrac{2}{3}\right)^2\!\left(\dfrac{1}{3}\right)^2 = \dfrac{24}{81}$

$x = 3$ 일 확률은 $_4\mathrm{C}_3 \times \left(\dfrac{2}{3}\right)^3\!\left(\dfrac{1}{3}\right)^1 = \dfrac{32}{81}$

$x = 4$ 일 확률은 $_4\mathrm{C}_4 \times \left(\dfrac{2}{3}\right)^4 = \dfrac{16}{81}$

$\mathrm{P}(X=0) = \dfrac{24}{81},\ \ \mathrm{P}(X=2) = \dfrac{32}{81},$

$\mathrm{P}(X=4) = \dfrac{1+16}{81} = \dfrac{17}{81},\ \ \mathrm{P}(X=6) = \dfrac{8}{81}$

이므로 이를 바탕으로 표를 그리면 다음과 같다.

X	0	2	4	6	합계
$\mathrm{P}(X=x)$	$\dfrac{24}{81}$	$\dfrac{32}{81}$	$\dfrac{17}{81}$	$\dfrac{8}{81}$	1

$$\therefore \ \mathrm{E}(X)=0\times\frac{24}{81}+2\times\frac{32}{81}+4\times\frac{17}{81}+6\times\frac{8}{81}$$

$$=\frac{64+68+48}{81}=\frac{180}{81}=\frac{20}{9}$$

따라서 $\mathrm{E}(36X)=36\times\mathrm{E}(X)=36\times\dfrac{20}{9}=80$ 이다.

답 80

121

$X\sim\mathrm{N}(1,\ t^2)$

$$\mathrm{P}(X\le 5t)=\mathrm{P}\!\left(Z\le\frac{5t-1}{t}\right)\ge\frac{1}{2}$$

$$\Rightarrow\ \frac{5t-1}{t}\ge 0\ \Rightarrow\ 5t-1\ge 0\ (\because\ t>0)$$

$$\Rightarrow\ t\ge\frac{1}{5}$$

$$\mathrm{P}\!\left(t^2-t+1\le X\le t^2+t+1\right)$$

$$=\mathrm{P}(t-1\le Z\le t+1)$$

구간의 길이가 t에 상관없이 $t+1-(t-1)=2$로 일정하므로
t의 값이 확률변수 Z의 평균인 0에 가까울수록
$\mathrm{P}(t-1\le Z\le t+1)$의 값은 증가한다.

$t\ge\dfrac{1}{5}$ 이므로 $t=\dfrac{1}{5}$ 일 때,

$\mathrm{P}(t-1\le Z\le t+1)$는 최댓값을
가진다.

$$k=\mathrm{P}\!\left(\frac{1}{5}-1\le Z\le\frac{1}{5}+1\right)$$

$$=\mathrm{P}(-0.8\le Z\le 1.2)$$

$$=0.288+0.385=0.673$$

따라서 $1000\times k=673$ 이다.

답 673

122	③	**127**	41
123	②	**128**	233
124	②	**129**	221
125	①	**130**	③
126	③		

122

$X\sim\mathrm{N}(20,\ t^2)$

$$H(t)=\mathrm{P}(X\le 15)=\mathrm{P}\!\left(Z\le\frac{15-20}{t}\right)=\mathrm{P}\!\left(Z\le\frac{-5}{t}\right)$$

ㄱ. $H(2.5)=\mathrm{P}(Z\ge 2)$

$$H(2.5)=\mathrm{P}\!\left(Z\le\frac{-5}{2.5}\right)=\mathrm{P}(Z\le -2)$$

대칭성에 의하여 $\mathrm{P}(Z\ge 2)=\mathrm{P}(Z\le -2)$ 이므로
ㄱ은 참이다.

ㄴ. $H(2)<H(2.5)$

$$H(2)=\mathrm{P}\!\left(Z\le\frac{-5}{2}\right)=\mathrm{P}(Z\le -2.5)$$

$$H(2.5)=\mathrm{P}\!\left(Z\le\frac{-5}{2.5}\right)=\mathrm{P}(Z\le -2)$$

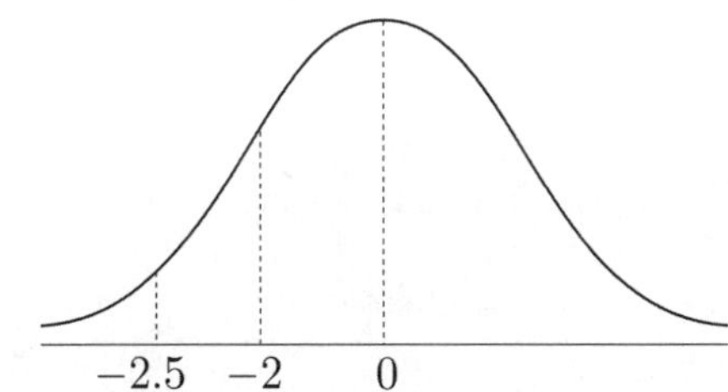

$\mathrm{P}(Z\le -2.5)<\mathrm{P}(Z\le -2)$ 이므로 ㄴ은 참이다.

ㄷ. $H(5)<5H(2)$

$\mathrm{P}(0\le Z\le 1)=0.3413$ 이므로

$$H(5)=\mathrm{P}\!\left(Z\le\frac{-5}{5}\right)=\mathrm{P}(Z\le -1)$$

$$=0.5-0.3413=0.1587$$

$$5H(2)=5\mathrm{P}\!\left(Z\le\frac{-5}{2}\right)=5\mathrm{P}(Z\le -2.5)\ \text{이므로}$$

$H(5) < 5H(2)$

$\Rightarrow 0.1587 < 5P(Z \leq -2.5) \Rightarrow 0.03174 < P(Z \leq -2.5)$

$P(0 \leq Z \leq 2) = 0.4772$ 이므로

$P(Z \leq -2) = 0.5 - 0.4772 = 0.0228$

ㄴ에 의해서 $P(Z \leq -2.5) < P(Z \leq -2)$ 이므로

$P(Z \leq -2.5) < 0.0228$

이는 $0.03174 < P(Z \leq -2.5)$ 와 모순이다.

따라서 ㄷ은 거짓이다.

답 ③

123

$X \sim N(10,\ 4^2),\ Y \sim N(m,\ 4^2)$

표준편차가 같으므로 확률밀도함수의 모양은 서로 같다.

$f(12) = g(26),\ P(Y \geq 26) \geq 0.5$ 인 것을 바탕으로
$f(x),\ g(x)$ 를 그리면 다음과 같다.

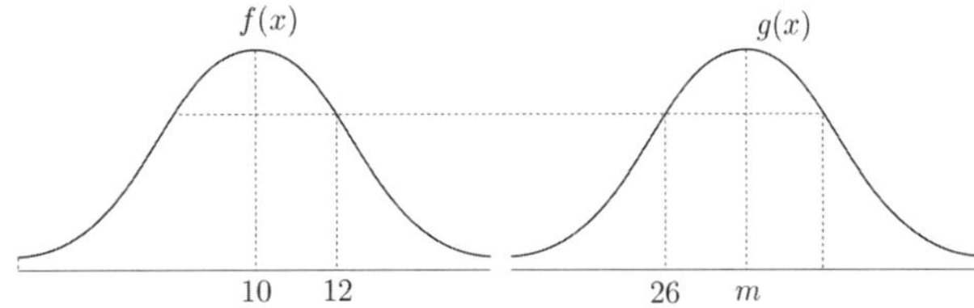

$12 - 10 = m - 26 \Rightarrow 2 = m - 26 \Rightarrow m = 28$

$Y \sim N(28,\ 4^2)$

따라서

$P(Y \leq 20) = P\left(Z \leq \dfrac{20-28}{4}\right) = P(Z \leq -2)$

$= 0.5 - 0.4772 = 0.0228$

이다.

답 ②

124

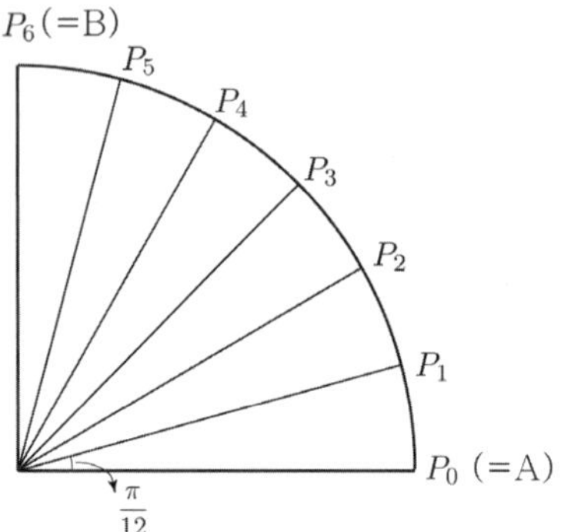

부채꼴의 넓이는 $\dfrac{1}{2}r^2\theta = \dfrac{\theta}{2}$

$|$부채꼴 OP_kB의 넓이 $-$ 부채꼴 OP_kA의 넓이$|$ 를
P_k 에 따라 case분류하면 다음과 같다.

$P_1 \Rightarrow \left| \dfrac{5\pi}{24} - \dfrac{\pi}{24} \right| = \dfrac{4}{24}\pi = \dfrac{2}{12}\pi$

$P_2 \Rightarrow \left| \dfrac{4\pi}{24} - \dfrac{2\pi}{24} \right| = \dfrac{2}{24}\pi = \dfrac{1}{12}\pi$

$P_3 \Rightarrow \left| \dfrac{3\pi}{24} - \dfrac{3\pi}{24} \right| = 0$

$P_4 \Rightarrow \left| \dfrac{2\pi}{24} - \dfrac{4\pi}{24} \right| = \dfrac{2}{24}\pi = \dfrac{1}{12}\pi$

$P_5 \Rightarrow \left| \dfrac{\pi}{24} - \dfrac{5\pi}{24} \right| = \dfrac{4}{24}\pi = \dfrac{2}{12}\pi$

확률분포를 표로 나타내면 다음과 같다.

X	0	$\dfrac{\pi}{12}$	$\dfrac{2}{12}\pi$	합계
$P(X=x)$	$\dfrac{1}{5}$	$\dfrac{2}{5}$	$\dfrac{2}{5}$	1

따라서 $E(X) = 0 \times \dfrac{1}{5} + \dfrac{\pi}{12} \times \dfrac{2}{5} + \dfrac{2}{12}\pi \times \dfrac{2}{5} = \dfrac{6\pi}{60} = \dfrac{\pi}{10}$ 이다.

답 ②

125

$X \sim N(10,\ 2^2),\ Y \sim N(m,\ 2^2)$

표준편차가 같으므로 확률밀도함수의 모양은 서로 같다.

$f(12) \leq g(20) \Rightarrow |m-20| \leq |12-10| \Rightarrow |m-20| \leq 2$

$\Rightarrow -2 \leq m - 20 \leq 2 \Rightarrow 18 \leq m \leq 22$

대칭성에 의해서 $m = \dfrac{21+24}{2} = 22.5$ 일 때,

$P(21 \leq Y \leq 24)$ 은 최댓값을 갖는다.

즉, $m = 22.5$ 와 가장 가까운 $m = 22$ 일 때, 최댓값을 갖는다.

따라서 $P(21 \leq Y \leq 24) = P\left(\dfrac{21-22}{2} \leq Z \leq \dfrac{24-22}{2}\right)$

$$= P(-0.5 \leq Z \leq 1)$$

$$= 0.1915 + 0.3413 = 0.5328$$

이다.

답 ①

126

$X \sim \mathrm{N}\left(t, \left(\dfrac{1}{t^2}\right)^2\right)$

$G(t) = P\left(X \leq \dfrac{3}{2}\right) = P\left(Z \leq \dfrac{\frac{3}{2}-t}{\frac{1}{t^2}}\right) = P\left(Z \leq \dfrac{3}{2}t^2 - t^3\right)$ 이므로

$\dfrac{3}{2}t^2 - t^3 \ (t > 0)$ 가 최댓값을 가질 때,

함수 $G(t)$ 가 최댓값을 갖는다.

$f(t) = \dfrac{3}{2}t^2 - t^3$ 라 하면

$f'(t) = 3t - 3t^2 = -3t(t-1)$

$f'(t)$ 를 바탕으로 $f(t)$ 를 그리면

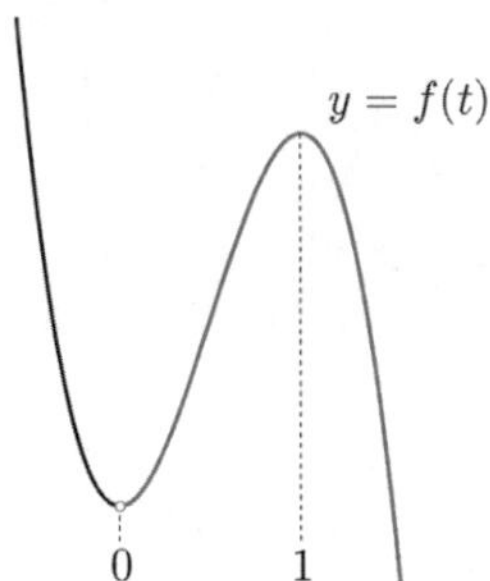

$f(t)$ 는 $t = 1$ 에서 최댓값 $f(1) = \dfrac{3}{2} - 1 = \dfrac{1}{2}$ 을 갖는다.

따라서 함수 $G(t)$ 의 최댓값은

$G(1) = P\left(Z \leq \dfrac{1}{2}\right) = 0.5 + 0.1915 = 0.6915$ 이다.

답 ③

127

$P(Y = 3k-1) = \dfrac{1}{2}P(X = k) + a \quad (k = 1, \ 2, \ 3, \ 4)$

확률의 합은 1 이므로

$$\sum_{k=1}^{4} P(Y = 3k-1) = 1$$

$$\Rightarrow \sum_{k=1}^{4} \dfrac{1}{2}P(X=k) + \sum_{k=1}^{4} a = \dfrac{1}{2} + 4a = 1 \ \Rightarrow \ a = \dfrac{1}{8}$$

$E(X) = \sum_{k=1}^{4} k\,P(X=k) = \dfrac{7}{6}$

$E(Y) = \sum_{k=1}^{4} (3k-1)\,P(Y=3k-1)$

$$= \sum_{k=1}^{4} (3k-1)\left(\dfrac{1}{2}P(X=k) + \dfrac{1}{8}\right)$$

$$= \dfrac{3}{2}\sum_{k=1}^{4} k\,P(X=k) - \dfrac{1}{2}\sum_{k=1}^{4} P(X=k) + \dfrac{1}{8}\sum_{k=1}^{4}(3k-1)$$

$$= \dfrac{3}{2} \times \dfrac{7}{6} - \dfrac{1}{2} + \dfrac{1}{8} \times \dfrac{4(2+11)}{2}$$

$$= \dfrac{7}{4} - \dfrac{1}{2} + \dfrac{13}{4}$$

$$= \dfrac{18}{4} = \dfrac{9}{2}$$

따라서

$E\left(\dfrac{1}{a}Y + 5\right) = E(8Y+5) = 8E(Y) + 5 = 8 \times \dfrac{9}{2} + 5 = 41$

이다.

답 41

> **Tip**
>
> 097번 해설에도 언급했듯이 127번에서는 대응되는
> 확률 ($P(X)$, $P(Y)$)이 서로 다르기 때문에 정의를 이용하여
> 풀어야 한다.
>
> **Guide step** "개념파악하기 - (4) 이산확률변수
> $aX+b$ 의 평균과 표준편차는 어떻게 구할까"에서도
> 학습했듯이 $Y = aX+b$ 라 할 때,
> $E(Y) = E(aX+b) = aE(X) + b$ 이 성립하는 이유는
> $P(Y = y_i) = P(X = x_i)$ 이기 때문이다.

128

1 이 적혀 있는 공을 뽑는 횟수를 확률변수 X라 하자.

64 회 독립시행이고, 1 이 적혀 있는 공을 뽑을 확률은
$\dfrac{1}{4}$ 이므로 확률변수 X는 이항분포 $\mathrm{B}\left(64,\ \dfrac{1}{4}\right)$ 을 따른다.

$$\mathrm{P}(X=k)=\mathrm{P}(k)={}_{64}\mathrm{C}_k\left(\frac{1}{4}\right)^k\left(\frac{3}{4}\right)^{64-k}\quad(k=0,\ 1,\ 2,\ \cdots,\ 64)$$

$$\mathrm{E}(X)=64\times\frac{1}{4}=16$$
$$\mathrm{V}(X)=64\times\frac{1}{4}\times\frac{3}{4}=12$$
$$\mathrm{V}(X)=\mathrm{E}(X^2)-\{\mathrm{E}(X)\}^2$$
$$\Rightarrow\ 12=\mathrm{E}(X^2)-256\ \Rightarrow\ \mathrm{E}(X^2)=268$$

$$\mathrm{E}(X)=\sum_{k=0}^{64}k\,\mathrm{P}(X=k)=16$$
$$\mathrm{E}(X^2)=\sum_{k=0}^{64}k^2\,\mathrm{P}(X=k)=268$$

따라서 $\displaystyle\sum_{k=0}^{64}(k+1)(k-3)\,\mathrm{P}(k)$

$$=\sum_{k=0}^{64}(k+1)(k-3)\,\mathrm{P}(X=k)$$
$$=\sum_{k=0}^{64}(k^2-2k-3)\mathrm{P}(X=k)$$
$$=\sum_{k=0}^{64}k^2\mathrm{P}(X=k)-2\sum_{k=0}^{64}k\mathrm{P}(X=k)-3\sum_{k=0}^{64}\mathrm{P}(X=k)$$
$$=\mathrm{E}(X^2)-2\mathrm{E}(X)-3$$
$$=268-32-3=233$$

이다.

답 233

129

어느 지역 고3 학생들의 모의고사 수학 점수를 확률변수
Y라 하자.
$$Y\sim\mathrm{N}(72,\ 10^2)$$

고3 학생 가운데 규토 자작문제를 풀 확률은 모의고사에서
수학점수를 92 이상 받을 확률로 일정하다.

이 지역 고3 학생 가운데 10000 명을 임의로 추출할 때,
규토 자작문제를 푸는 학생이 x 명 이상일 확률이 0.07 이다.

색칠한 글씨를 힌트로 이항분포 문제라는 것을 알 수 있다.

규토의 자작문제를 푸는 학생 수를 확률변수 X라 하자.
10000 번 독립시행이고, 모의고사에서 수학점수를 92 이상
받을 확률이므로 확률변수 X는 이항분포 $\mathrm{B}(10000,\ p)$ 를
따른다.

$$p=\mathrm{P}(Y\geq 92)=\mathrm{P}\left(Z\geq\frac{92-72}{10}\right)=\mathrm{P}(Z\geq 2)$$
$$=0.5-0.48=0.02$$
$$\therefore\ \mathrm{B}(10000,\ 0.02)$$

$np\geq 5$ 이므로 정규분포화가 가능하다.
$$\mathrm{B}(n,\ p)\ \Rightarrow\ \mathrm{N}(np,\ npq)$$
$$X\sim\mathrm{N}(200,\ 14^2)$$

$$\mathrm{P}(X\geq x)=\mathrm{P}\left(Z\geq\frac{x-200}{14}\right)=0.07$$
$$\mathrm{P}(Z\geq 1.5)=0.5-0.43=0.07\ \text{이므로}$$
$$\frac{x-200}{14}=1.5\ \Rightarrow\ x-200=21\ \Rightarrow\ x=221$$

따라서 $x=221$ 이다.

답 221

130

$G(t)=\mathrm{P}(2\leq X\leq t^4-4t^3+4t^2+20)$ 를 해석하기 위해서
$f(t)=t^4-4t^3+4t^2+20$ 라 하면
$f'(t)=4t^3-12t^2+8t=4t(t-1)(t-2)$

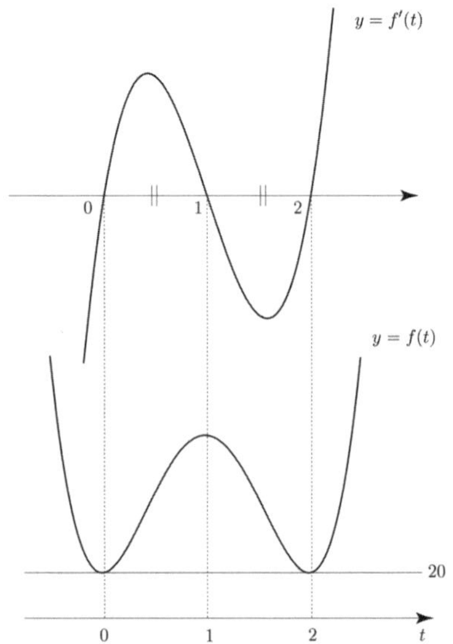

$f'(t)$ 가 $(1,\ 0)$ 에 점대칭되어 있으므로
$f(t)$ 는 $t=1$ 에 대칭되어 있는 그래프가 그려진다.
즉, 최솟값은 $f(0)=f(2)=20$ 이다.

결국 $G(t)$ 의 최솟값은 $G(0)$ 일 때와 $G(2)$ 일 때로
case분류할 수 있다.

① $G(2)$ 일 때는 $a=2$ 이므로
$m=0.8664-2=-1.1336$ 이다.
이때 $m=\mathrm{P}(2\le X\le 20)>0$ 이므로 모순이다.

② $G(0)$ 일 때는 $a=0$ 이므로 $m=0.8664$ 이다.
$m=\mathrm{P}(2\le X\le 20)=0.8664$

$\mathrm{P}(2\le X\le 20)$

$=\mathrm{P}\left(\dfrac{2-11}{\sigma}\le Z\le \dfrac{20-11}{\sigma}\right)=\mathrm{P}\left(\dfrac{-9}{\sigma}\le Z\le \dfrac{9}{\sigma}\right)$

$=2\,\mathrm{P}\left(0\le Z\le \dfrac{9}{\sigma}\right)=0.8664$

$\Rightarrow \mathrm{P}\left(0\le Z\le \dfrac{9}{\sigma}\right)=0.4332$

$\mathrm{P}(0\le Z\le 1.5)=0.4332$ 이므로 $\dfrac{9}{\sigma}=1.5 \Rightarrow \sigma=6$

따라서 $G(a-1)=G(-1)=\mathrm{P}(2\le X\le 29)$

$\qquad =\mathrm{P}\left(\dfrac{2-11}{6}\le Z\le \dfrac{29-11}{6}\right)$

$\qquad =\mathrm{P}(-1.5\le Z\le 3)$

$\qquad =0.4332+0.4987=0.9319$

이다.

답   ③

1	$\mathrm{E}(\overline{X})=50,\ \sigma(\overline{X})=2$
2	0.0228
3	$28.04\le m\le 31.96$

개념 확인문제　1

$\mathrm{E}(\overline{X})=m,\ \sigma(\overline{X})=\dfrac{\sigma}{\sqrt{n}}$ 이므로

$\mathrm{E}(\overline{X})=50,\ \sigma(\overline{X})=\dfrac{8}{\sqrt{16}}=\dfrac{8}{4}=2$

답 $\mathrm{E}(\overline{X})=50,\ \sigma(\overline{X})=2$

개념 확인문제　2

농장에서 재배되는 가지의 길이를 확률변수 X 라 하자.
$X\sim \mathrm{N}\left(25,\ 2.5^2\right)$

임의추출한 가지 25 개의 길이의 평균을 $\overline{X}$ 라고 하면

$\sigma(\overline{X})=\dfrac{\sigma}{\sqrt{n}}=\dfrac{2.5}{\sqrt{25}}=\dfrac{\frac{25}{10}}{\frac{5}{1}}=\dfrac{25}{50}=\dfrac{1}{2}$

$\overline{X}\sim \mathrm{N}\left(25,\ \left(\dfrac{1}{2}\right)^2\right)$

따라서 $\mathrm{P}(\overline{X}\ge 26)=\mathrm{P}\left(Z\ge \dfrac{26-25}{\frac{1}{2}}\right)$

$\qquad =\mathrm{P}(Z\ge 2)=0.5-0.4772=0.0228$

이다.

답   0.0228

개념 확인문제　3

표본의 크기는 $n=16$, 표본평균은 $\overline{x}=30$,
모표준편차는 $\sigma=4$ 이므로 이 식당에서 기다리는 한 팀의
평균 대기 시간 m 에 대한 신뢰도 95% 의 신뢰구간은
$$30-1.96\times \dfrac{4}{\sqrt{16}}\le m\le 30+1.96\times \dfrac{4}{\sqrt{16}}$$
따라서 구하는 신뢰구간은 $28.04\le m\le 31.96$ 이다.

답 $28.04\le m\le 31.96$

1	116	**17**	②
2	25	**18**	25
3	5	**19**	④
4	④	**20**	ㄴ, ㄷ, ㄹ
5	①	**21**	ㄱ, ㄴ, ㄷ, ㄹ, ㅂ
6	20	**22**	196
7	②	**23**	①
8	①	**24**	64
9	②	**25**	10
10	①	**26**	③
11	③	**27**	①
12	39	**28**	45
13	①	**29**	10
14	16	**30**	성민, 민수, 혜민, 진아
15	⑤	**31**	풀이 참고
16	100		

001

$X \sim \mathrm{N}(10,\ 8^2)$

$\sigma(\overline{X}) = \dfrac{\sigma}{\sqrt{n}} = \dfrac{8}{\sqrt{4}} = 4$ 이므로

$\overline{X} \sim \mathrm{N}(10,\ 4^2)$

$\mathrm{E}(\overline{X}) = 10,\ \mathrm{V}(\overline{X}) = 16$

$\mathrm{V}(\overline{X}) = \mathrm{E}(\overline{X}^2) - \{\mathrm{E}(\overline{X})\}^2$

$\Rightarrow 16 = \mathrm{E}(\overline{X}^2) - 100$

$\Rightarrow \mathrm{E}(\overline{X}^2) = 116$

따라서 $\mathrm{E}(\overline{X}^2) = 116$ 이다.

답 116

002

$\sigma(\overline{X}) = \dfrac{\sigma}{\sqrt{n}} = \dfrac{15}{\sqrt{n}} = 3 \ \Rightarrow \ \sqrt{n} = 5 \ \Rightarrow \ n = 25$

따라서 $n = 25$ 이다.

답 25

003

확률의 합은 1 이므로

$\dfrac{1}{6} + a + b = 1 \ \Rightarrow \ a + b = \dfrac{5}{6} \ \Rightarrow \ 6a + 6b = 5$

$\mathrm{E}(X) = \mathrm{E}(\overline{X}) = 4$ 이므로 $3a + 6b = 4$

$3a + 6b = 4,\ 6a + 6b = 5$ 를 연립하면

$a = \dfrac{1}{3},\ b = \dfrac{1}{2}$ 이다.

따라서 $30ab = 30 \times \dfrac{1}{6} = 5$ 이다.

답 5

004

확률분포를 표로 나타내면 다음과 같다.

X	1	2	3	4	합계
$\mathrm{P}(X=x)$	$\dfrac{1}{k}$	$\dfrac{2}{k}$	$\dfrac{3}{k}$	$\dfrac{4}{k}$	1

확률의 합은 1 이므로 $\dfrac{1+2+3+4}{k} = \dfrac{10}{k} = 1 \ \Rightarrow \ k = 10$

X	1	2	3	4	합계
$\mathrm{P}(X=x)$	$\dfrac{1}{10}$	$\dfrac{2}{10}$	$\dfrac{3}{10}$	$\dfrac{4}{10}$	1

$\mathrm{E}(X) = \dfrac{1+4+9+16}{10} = \dfrac{30}{10} = 3$

$\mathrm{E}(X^2) = \dfrac{1+8+27+64}{10} = \dfrac{100}{10} = 10$

$\mathrm{V}(X) = \mathrm{E}(X^2) - \{\mathrm{E}(X)\}^2 = 10 - 9 = 1$

$\mathrm{E}(\overline{X}) = \mathrm{E}(X) = 3$

$\mathrm{V}(\overline{X}) = \dfrac{\mathrm{V}(X)}{n} = \dfrac{1}{3}$.

따라서 $\mathrm{E}(\overline{X}) - \mathrm{V}(\overline{X}) = 3 - \dfrac{1}{3} = \dfrac{8}{3}$ 이다.

답 ④

X	1	2	3	합계
$\mathrm{P}(X=x)$	$\dfrac{1}{4}$	$\dfrac{1}{2}$	$\dfrac{1}{4}$	1

이 모집단에서 크기가 2인 표본을 복원추출하여
추출한 표본을 각각 X_1, X_2라고 하자.

$\overline{X}=\dfrac{X_1+X_2}{2}$ 의 값을 구하기 위해서

변수가 2개이니 표를 그려서 해결해보자.

X_1 \ X_2	1	2	3
1	1	1.5	2
2	1.5	2	2.5
3	2	2.5	3

따라서
$$\mathrm{P}(\overline{X}=2)=2\mathrm{P}(X=1)\mathrm{P}(X=3)+\mathrm{P}(X=2)\mathrm{P}(X=2)$$
$$=2\times\frac{1}{4}\times\frac{1}{4}+\frac{1}{2}\times\frac{1}{2}=\frac{1}{8}+\frac{1}{4}=\frac{3}{8}$$
이다.

답 ①

$\mathrm{E}(X)=2,\ \mathrm{E}(X^2)=14$

$\mathrm{V}(X)=\mathrm{E}(X^2)-\{\mathrm{E}(X)\}^2=14-4=10$

$\mathrm{E}(X)=\mathrm{E}(\overline{X})=2,\ \mathrm{V}(\overline{X})=\dfrac{\sigma^2}{n}=\dfrac{10}{n}$ 이므로

$\mathrm{V}(\overline{X})=\mathrm{E}(\overline{X}^2)-\{\mathrm{E}(\overline{X})\}^2$

$\Rightarrow \dfrac{10}{n}=\mathrm{E}(\overline{X}^2)-4 \Rightarrow \mathrm{E}(\overline{X}^2)=\dfrac{10}{n}+4$

$\mathrm{E}(\overline{X}^2)$ 의 값이 자연수가 되려면 n은 10의 약수이어야 한다.
n은 2 이상의 자연수이므로 가능한 n의 값은 2, 5, 10이다.

$n=2 \Rightarrow \mathrm{E}(\overline{X}^2)=9$
$n=5 \Rightarrow \mathrm{E}(\overline{X}^2)=6$
$n=10 \Rightarrow \mathrm{E}(\overline{X}^2)=5$

따라서 모든 $\mathrm{E}(\overline{X}^2)$ 의 값의 합은 $9+6+5=20$ 이다.

답 20

X	0	1	3	합계
$\mathrm{P}(X=x)$	$\dfrac{1}{5}$	a	b	1

이 모집단에서 크기가 3인 표본을 복원추출하여
추출한 표본을 각각 X_1, X_2, X_3라고 하자.

$\overline{X}=\dfrac{X_1+X_2+X_3}{3}=3$ 이 되려면

$(X_1,\ X_2,\ X_3)=(3,\ 3,\ 3)$ 일 때이므로

$\mathrm{P}(\overline{X}=3)=\dfrac{27}{125} \Rightarrow b^3=\left(\dfrac{3}{5}\right)^3 \Rightarrow b=\dfrac{3}{5}$

확률의 합은 1이므로

$\dfrac{1}{5}+a+\dfrac{3}{5} \Rightarrow a=\dfrac{1}{5}$

$\overline{X}=\dfrac{X_1+X_2+X_3}{3}=1$ 이 되려면

$(X_1,\ X_2,\ X_3)=(0,\ 0,\ 3),\ (1,\ 1,\ 1)$

따라서
$$\mathrm{P}(\overline{X}=1)={}_3\mathrm{C}_2\left(\dfrac{1}{5}\right)^2\left(\dfrac{3}{5}\right)+\left(\dfrac{1}{5}\right)^3$$
$$=\dfrac{9}{125}+\dfrac{1}{125}=\dfrac{10}{125}=\dfrac{2}{25}$$
이다.

답 ②

주머니에서 임의로 1개의 공을 꺼낼 때 공에 적힌 숫자를
확률변수 X라 하자.
확률변수를 표로 나타내면 다음과 같다.

X	0	1	2	4	합계
$\mathrm{P}(X=x)$	$\dfrac{8}{20}$	$\dfrac{4}{20}$	$\dfrac{3}{20}$	$\dfrac{5}{20}$	1

$\mathrm{E}(X)=\dfrac{4+6+20}{20}=\dfrac{30}{20}=\dfrac{3}{2}$

$\mathrm{E}(X^2)=\dfrac{4+12+80}{20}=\dfrac{96}{20}=\dfrac{24}{5}$

$\mathrm{V}(X)=\mathrm{E}(X^2)-\{\mathrm{E}(X)\}^2=\dfrac{24}{5}-\dfrac{9}{4}=\dfrac{96-45}{20}=\dfrac{51}{20}$

표본의 크기가 3 이므로

$$\mathrm{E}(\overline{X})=\mathrm{E}(X)=\frac{3}{2}$$

$$\mathrm{V}(\overline{X})=\frac{\mathrm{V}(X)}{3}=\frac{17}{20}$$

따라서

$$\mathrm{E}(\overline{X})+\mathrm{V}(\overline{X})=\frac{3}{2}+\frac{17}{20}=\frac{30+17}{20}=\frac{47}{20}$$

이다.

답 ①

009

$$X\sim\mathrm{N}(25,\ 6^2)$$

$$n=9\,\text{이므로}$$

$$\overline{X}\sim\mathrm{N}(25,\ 2^2)$$

따라서

$$\mathrm{P}(\overline{X}\geq 23)=\mathrm{P}\left(Z\geq\frac{23-25}{2}\right)=\mathrm{P}(Z\geq -1)$$

$$=0.5+0.3413=0.8413$$

이다.

답 ②

010

야간 자율학습 시간을 확률변수 X 라 하자.

$$X\sim\mathrm{N}(80,\ 12^2)$$

$$n=16\,\text{이므로}$$

$$\overline{X}\sim\mathrm{N}(80,\ 3^2)$$

따라서

$$\mathrm{P}(\overline{X}\leq 74)=\mathrm{P}\left(Z\leq\frac{74-80}{3}\right)=\mathrm{P}(Z\leq -2)$$

$$=0.5-0.4772=0.0228$$

이다.

답 ①

011

과수원에서 재배되는 귤의 무게를 확률변수 X 라 하자.

$$X\sim\mathrm{N}(65,\ 4^2)$$

$$n=4\,\text{이므로}$$

$$\overline{X}\sim\mathrm{N}(65,\ 2^2)$$

따라서 $\mathrm{P}(61\leq\overline{X}\leq 68)=\mathrm{P}\left(\dfrac{61-65}{2}\leq Z\leq\dfrac{68-65}{2}\right)$

$$=\mathrm{P}(-2\leq Z\leq 1.5)$$

$$=0.4772+0.4332=0.9104$$

이다.

답 ③

012

$$X\sim\mathrm{N}(30,\ \sigma^2)$$

$$n=25\,\text{이므로}$$

$$\overline{X}\sim\mathrm{N}\left(30,\ \left(\frac{\sigma}{5}\right)^2\right)$$

(가) $\mathrm{P}(X\geq 35)=\mathrm{P}(\overline{X}\leq k)$

$$\Rightarrow \mathrm{P}\left(Z\geq\frac{5}{\sigma}\right)=\mathrm{P}\left(Z\leq\frac{k-30}{\dfrac{\sigma}{5}}\right)$$

$$\Rightarrow \frac{5}{\sigma}=-\frac{k-30}{\dfrac{\sigma}{5}}\Rightarrow 1=-k+30\Rightarrow k=29$$

(나) $\mathrm{P}(|\overline{X}-30|\leq k-26)=0.8664$

$$\Rightarrow \mathrm{P}\left(\left|\frac{\overline{X}-30}{\dfrac{\sigma}{5}}\right|\leq\frac{3}{\dfrac{\sigma}{5}}\right)=\mathrm{P}\left(|Z|\leq\frac{15}{\sigma}\right)=0.8664$$

$$\mathrm{P}(|Z|\leq 1.5)=2\times\mathrm{P}(0\leq Z\leq 1.5)=2\times 0.4332=0.8664$$

이므로 $\dfrac{15}{\sigma}=1.5\Rightarrow \sigma=10$

따라서 $\sigma+k=10+29=39$ 이다.

답 39

> **Tip**
>
> 표본평균의 표준편차 $\dfrac{\sigma}{\sqrt{n}}$ 를 사용해야 하는데 모표준편차 σ 를 사용하는 실수를 하기 쉬우니 X 와 $\overline{X}$ 가 같이 나올 때는 혼동하지 않도록 유의하자.

13

$X \sim \mathrm{N}\left(45,\ 4^2\right)$

$n = 64$이므로

$\overline{X} \sim \mathrm{N}\left(45,\ \left(\dfrac{1}{2}\right)^2\right)$

$\mathrm{P}(X \geq 49) = \mathrm{P}\left(Z \geq \dfrac{49-45}{4}\right) = \mathrm{P}(Z \geq 1)$

$\mathrm{P}(\overline{X} \geq k) = \mathrm{P}\left(Z \geq \dfrac{k-45}{\frac{1}{2}}\right) = \mathrm{P}(Z \geq 2k-90)$

$\mathrm{P}(X \geq 49) + \mathrm{P}(\overline{X} \geq k) = 1$

$\Rightarrow \mathrm{P}(Z \geq 1) + \mathrm{P}(Z \geq 2k-90) = 1$

$\Rightarrow 1 = -(2k-90) \Rightarrow k = 44.5$

따라서

$$\mathrm{P}\left(\left|\overline{X}-k\right| \geq \dfrac{1}{2}\right) = \mathrm{P}\left(\overline{X}-k \geq \dfrac{1}{2}\right) + \mathrm{P}\left(\overline{X}-k \leq -\dfrac{1}{2}\right)$$

$$= \mathrm{P}\left(\overline{X} \geq k+\dfrac{1}{2}\right) + \mathrm{P}\left(\overline{X} \leq k-\dfrac{1}{2}\right)$$

$$= \mathrm{P}\left(\overline{X} \geq 45\right) + \mathrm{P}\left(\overline{X} \leq 44\right)$$

$$= 1 - \mathrm{P}\left(44 \leq \overline{X} \leq 45\right)$$

$$= 1 - \mathrm{P}(-2 \leq Z \leq 0)$$

$$= 1 - 0.4772 = 0.5228$$

이다.

답 ①

14

공장에서 생산된 볼펜 한 개의 길이를 확률변수 X라 하자.

$X \sim \mathrm{N}\left(14,\ 2^2\right)$

표본의 크기는 n이므로

$\overline{X} \sim \mathrm{N}\left(14,\ \left(\dfrac{2}{\sqrt{n}}\right)^2\right)$

$$\mathrm{P}(\overline{X} \leq 13.5) = \mathrm{P}\left(Z \leq \dfrac{13.5-14}{\frac{2}{\sqrt{n}}}\right) = \mathrm{P}\left(Z \leq \dfrac{-0.5}{\frac{2}{\sqrt{n}}}\right)$$

$$= \mathrm{P}\left(Z \leq -\dfrac{\sqrt{n}}{4}\right) = 0.1587$$

$\mathrm{P}(Z \leq -1) = 0.5 - 0.3413 = 0.1587$ 이므로

$-\dfrac{\sqrt{n}}{4} = -1 \Rightarrow n = 16$

따라서 $n = 16$ 이다.

답 16

15

정육점에서 판매하는 삼겹살 1인분의 무게를 확률변수 X라 하자.

$X \sim \mathrm{N}\left(200,\ 12^2\right)$

$n = 9$이므로

$\overline{X} \sim \mathrm{N}\left(200,\ 4^2\right)$

9명이 구매한 삼겹살 무게의 총합이 1872 이하일 확률은
$\mathrm{P}(X_1 + X_2 + \cdots + X_9 \leq 1872)$ 이다.

여기서 어떻게 해결해야 할까?

우리는 표본의 합에 대한 분포를 배운 적이 없다.
따라서 우리가 분포를 알고 있는 표본평균으로 변환하기 위해
부등호 양변을 9로 나누어 해결해 자.

$$\therefore\ \mathrm{P}\left(\dfrac{X_1 + X_2 + \cdots + X_9}{9} \leq \dfrac{1872}{9}\right)$$

$$= \mathrm{P}\left(\overline{X} \leq 208\right)$$

$$= \mathrm{P}\left(Z \leq \dfrac{208-200}{4}\right)$$

$$= \mathrm{P}(Z \leq 2) = 0.5 + 0.4772$$

$$= 0.9772$$

따라서 구하고자 하는 확률은 0.9772 이다.

답 ⑤

016

고등학생들의 월 사교육비를 확률변수 X라 하자.

$X \sim \mathrm{N}(50, \ 15^2)$

표본의 크기는 n 이므로

$$\overline{X} \sim \mathrm{N}\!\left(50, \ \left(\frac{15}{\sqrt{n}}\right)^2\right)$$

$$\mathrm{P}\left(\overline{X} \le 47\right) = \mathrm{P}\!\left(Z \le \frac{47-50}{\frac{15}{\sqrt{n}}}\right) = \mathrm{P}\!\left(Z \le -\frac{\sqrt{n}}{5}\right) \le 0.0228$$

$\mathrm{P}(Z \le -2) = 0.5 - 0.4772 = 0.0228$ 이므로

$$-\frac{\sqrt{n}}{5} \le -2 \ \Rightarrow \ \sqrt{n} \ge 10 \ \Rightarrow \ n \ge 100$$

따라서 n 의 최솟값은 100 이다.

답 100

017

공장에서 생산된 HB 샤프심의 굵기를 확률변수 X라 하자.

$X \sim \mathrm{N}(0.5, \ 0.05^2)$

$n = 25$ 이므로

$\overline{X} \sim \mathrm{N}(0.5, \ 0.01^2)$

시스템을 점검하게 될 확률은 $\mathrm{P}\left(\left|\overline{X}-0.5\right| \ge k\right)$ 이므로
$\mathrm{P}\left(\left|\overline{X}-0.5\right| \ge k\right) \le 0.1336$ 이 되도록 하는 k 의 최솟값을
구하면 된다.

$$\mathrm{P}\left(\left|\overline{X}-0.5\right| \ge k\right) = \mathrm{P}\!\left(|Z| \ge \frac{k}{0.01}\right) = \mathrm{P}\left(|Z| \ge 100k\right) \le 0.1336$$

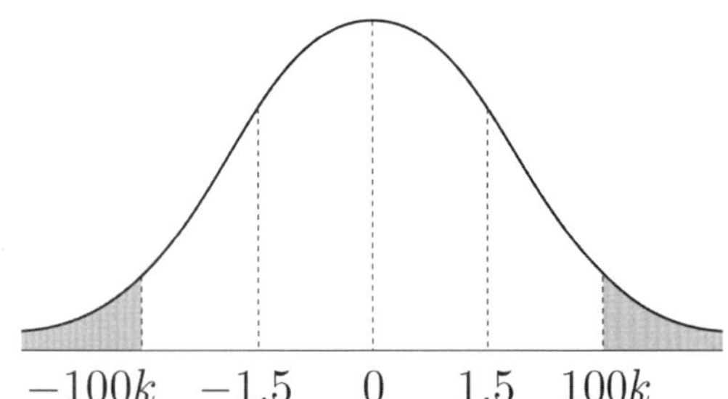

$\mathrm{P}(|Z| \le 1.5) = 0.8664 \ \Rightarrow \ \mathrm{P}(|Z| \ge 1.5) = 0.1336$ 이므로
$100k \ge 1.5 \ \Rightarrow \ k \ge 0.015$

따라서 k 의 최솟값은 0.015 이다.

답 ②

018

$X \sim \mathrm{N}(8, \ 2^2)$

표본의 크기가 m 이므로

$$\overline{X} \sim \mathrm{N}\!\left(8, \ \left(\frac{2}{\sqrt{m}}\right)^2\right)$$

$Y \sim \mathrm{N}(2, \ 3^2)$

표본의 크기가 n 이므로

$$\overline{Y} \sim \mathrm{N}\!\left(2, \ \left(\frac{3}{\sqrt{n}}\right)^2\right)$$

$$\mathrm{P}\left(\overline{X} \le 12\right) = \mathrm{P}\!\left(Z \le \frac{12-8}{\frac{2}{\sqrt{m}}}\right) = \mathrm{P}\left(Z \le 2\sqrt{m}\right)$$

$$\mathrm{P}\left(-1 \le \overline{Y} \le 2\right) = \mathrm{P}\!\left(\frac{-1-2}{\frac{3}{\sqrt{n}}} \le Z \le 0\right) = \mathrm{P}\left(-\sqrt{n} \le Z \le 0\right)$$

이므로

$$\mathrm{P}\left(\overline{X} \le 12\right) - \mathrm{P}\left(-1 \le \overline{Y} \le 2\right) = 0.5$$
$$\Rightarrow \ \mathrm{P}\left(Z \le 2\sqrt{m}\right) - \mathrm{P}\left(-\sqrt{n} \le Z \le 0\right) = 0.5$$
$$\Rightarrow \ 2\sqrt{m} = -(-\sqrt{n}) \ \Rightarrow \ 2\sqrt{m} = \sqrt{n} \ \Rightarrow \ 4m = n$$

$m, \ n$ 은 100 이하의 자연수이므로 $4m = n$ 을 만족시키는
순서쌍은 다음과 같다.

$(m, \ n) = (1, \ 4), \ (2, \ 8), \ (3, \ 12), \ \cdots, \ (25, \ 100)$

따라서 조건을 만족시키는 모든 순서쌍 (m, n) 의 개수는
25 이다.

답 25

$X \sim \mathrm{N}(m, \ 2^2)$

$n = 16$ 이므로

$$\overline{X} \sim \mathrm{N}\!\left(m, \ \left(\frac{1}{2}\right)^2\right)$$

$$\mathrm{P}(X \le k-m) = \mathrm{P}\!\left(Z \le \frac{k-m-m}{2}\right)$$
$$= \mathrm{P}\!\left(Z \le \frac{k-2m}{2}\right) = 0.9772$$

$\mathrm{P}(Z \le 2) = 0.5 + 0.4772 = 0.9772$ 이므로

$$\frac{k-2m}{2}=2 \implies k-2m=4$$

따라서 $\mathrm{P}\left(\overline{X} \geq \dfrac{k-3}{2}\right)=\mathrm{P}\left(Z \geq \dfrac{\dfrac{k-3}{2}-m}{\dfrac{1}{2}}\right)$

$$=\mathrm{P}(Z \geq k-3-2m)$$
$$=\mathrm{P}(Z \geq 1) \ (\because \ k-2m=4)$$
$$=0.5-0.3413=0.1587$$

이다.

답 ④

020

$X \sim \mathrm{N}(55,\ 5^2)$
$n=25$ 이므로
$\overline{X} \sim \mathrm{N}(55,\ 1^2)$

$\mathrm{P}(|Z-k| \leq k)=\mathrm{P}(-k \leq Z-k \leq k)$
$$=\mathrm{P}(0 \leq Z \leq 2k)=0.3$$

ㄱ. $\mathrm{P}(X \leq 55+k) > \mathrm{P}(\overline{X} \leq 55+k)$

$\mathrm{P}(X \leq 55+k)=\mathrm{P}\left(Z \leq \dfrac{k}{5}\right)$

$\mathrm{P}(\overline{X} \leq 55+k)=\mathrm{P}(Z \leq k)$

k는 양수이므로 $\mathrm{P}\left(Z \leq \dfrac{k}{5}\right) < \mathrm{P}(Z \leq k)$

따라서 ㄱ은 거짓이다.

ㄴ. $\mathrm{P}(|\overline{X}-55| \leq 2k)=0.6$

$\mathrm{P}(|\overline{X}-55| \leq 2k)=0.6$

$\implies \mathrm{P}\left(|Z| \leq \dfrac{2k}{1}\right)=\mathrm{P}(-2k \leq Z \leq 2k)$
$$=2 \times \mathrm{P}(0 \leq Z \leq 2k)$$
$$=2 \times 0.3=0.6$$

따라서 ㄴ은 참이다.

ㄷ. $\mathrm{P}(Z \leq -a)=0.1$인 상수 a에 대하여 $\dfrac{a}{2} > k$이다.

$\mathrm{P}(0 \leq Z \leq 2k)=0.3$ 이므로

$\mathrm{P}(Z \leq -2k)=0.5-0.3=0.2$

$\mathrm{P}(Z \leq -a)=0.1$ 이려면

$-a < -2k \implies a > 2k \implies \dfrac{a}{2} > k$

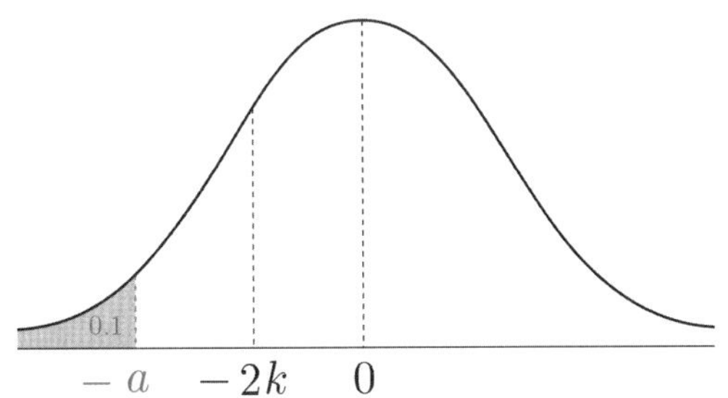

따라서 ㄷ은 참이다.

ㄹ. $\mathrm{P}(\overline{X} \geq 55+k) > 0.2$

$\mathrm{P}(\overline{X} \geq 55+k)=\mathrm{P}\left(Z \geq \dfrac{55+k-55}{1}\right)$
$$=\mathrm{P}(Z \geq k)$$

$\mathrm{P}(Z \geq 2k)=0.5-0.3=0.2$ 이므로 $\mathrm{P}(Z \geq k) > 0.2$ 이다.

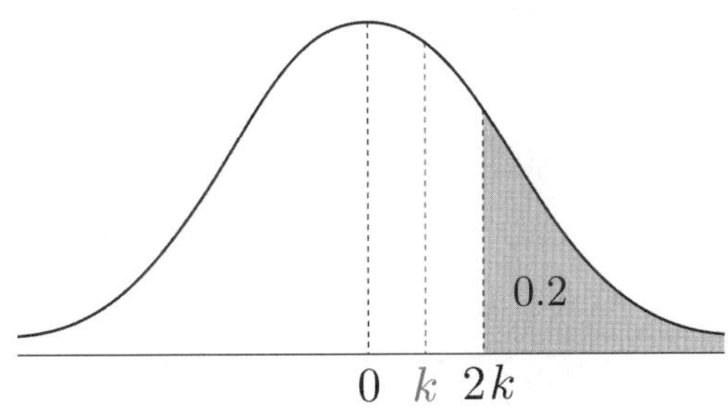

따라서 ㄹ은 참이다.

ㅁ. $\mathrm{P}(55-k \leq \overline{X} \leq b)=0.6$인 상수 b에 대하여 $2k < b$이다.

$\mathrm{P}(55-k \leq \overline{X} \leq b)=\mathrm{P}\left(\dfrac{55-k-55}{1} \leq Z \leq \dfrac{b-55}{1}\right)$
$$=\mathrm{P}(-k \leq Z \leq b-55)=0.6$$

$\mathrm{P}(-k \leq Z \leq 0)=p$ 라 하면 $0 < p < 0.3$ 이다.

$\mathrm{P}(-k \leq Z \leq b-55)$
$=\mathrm{P}(-k \leq Z \leq 0)+\mathrm{P}(0 \leq Z \leq b-55)$
$=p+\mathrm{P}(0 \leq Z \leq b-55)$
$=0.6$

가 성립하려면 $p < 0.3$ 이므로 $\mathrm{P}(0 \leq Z \leq b-55) > 0.3$
이어야 한다.

$\mathrm{P}(0 \leq Z \leq 2k) = 0.3$ 이므로
$2k < b-55 \ \Rightarrow \ 2k+55 < b$

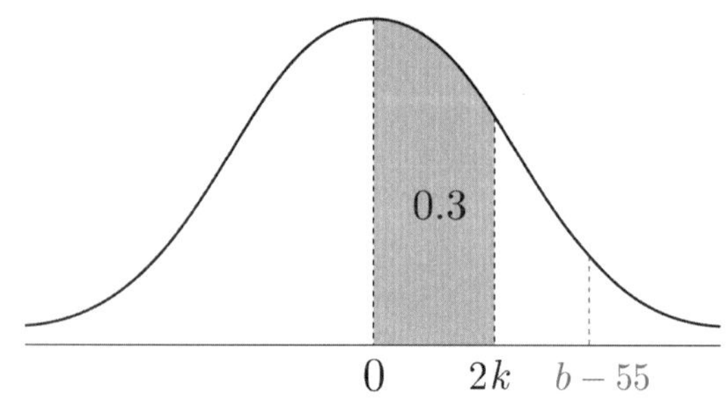

따라서 ㅁ은 거짓이다.

답 ㄴ, ㄷ, ㄹ

21

$$\overline{X} \sim \mathrm{N}\!\left(m, \left(\frac{\sigma}{4}\right)^2\right), \quad \overline{Y} \sim \mathrm{N}\!\left(20, \left(\frac{\sigma+2}{5}\right)^2\right)$$

두 함수 $y = f(x)$, $y = g(x)$ 의 그래프가 직선 $x = 30$ 에
대하여 서로 대칭이다.
$f(x)$ 와 $g(x)$ 의 평균은 $x = 30$ 에 대하여 대칭이고
$$\frac{m+20}{2} = 30 \ \Rightarrow \ m = 40$$

"곡선의 모양은 서로 동일하다."는 것을 알 수 있다.
$$\sigma(\overline{X}) = \sigma(\overline{Y}) \ \Rightarrow \ \frac{\sigma}{4} = \frac{\sigma+2}{5} \ \Rightarrow \ \sigma = 8$$

$$\therefore \ \overline{X} \sim \mathrm{N}(40, \ 2^2), \quad \overline{Y} \sim \mathrm{N}(20, \ 2^2)$$

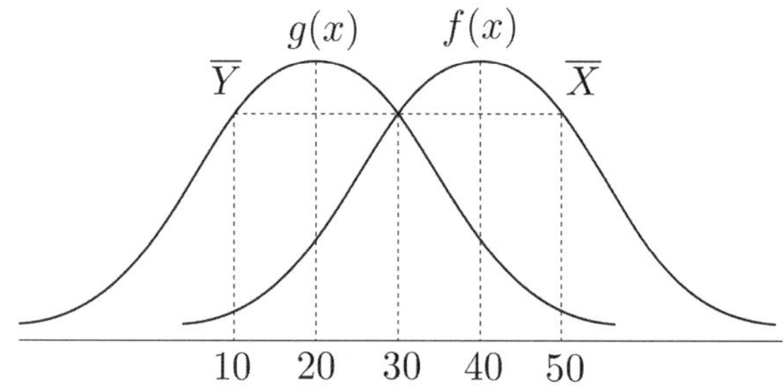

ㄱ. $m + \sigma = 48$

$m + \sigma = 40 + 8 = 48$
따라서 ㄱ은 참이다.

ㄴ. $g(m-5) < f(m-5)$

$$g(m-5) < f(m-5) \ \Rightarrow \ g(35) < f(35) \ \ (\because \ m = 40)$$

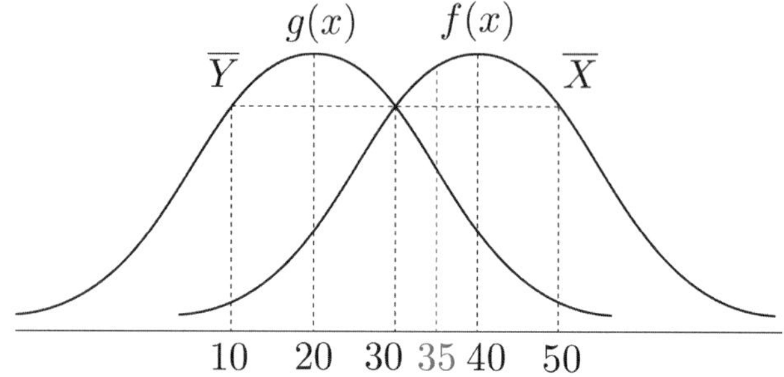

따라서 ㄴ은 참이다.

ㄷ. $\mathrm{P}(\overline{X} \geq 50) = \mathrm{P}(\overline{Y} \leq 10)$

$$\mathrm{P}(\overline{X} \geq 50) = \mathrm{P}\!\left(Z \geq \frac{50-40}{2}\right) = \mathrm{P}(Z \geq 5)$$

$$\mathrm{P}(\overline{Y} \leq 10) = \mathrm{P}\!\left(Z \leq \frac{10-20}{2}\right) = \mathrm{P}(Z \leq -5)$$

$\mathrm{P}(Z \geq 5) = \mathrm{P}(Z \leq -5)$
따라서 ㄷ은 참이다.

(대칭성을 이용하면 굳이 표준화를 하지 않아도
$\mathrm{P}(\overline{X} \geq 50) = \mathrm{P}(\overline{Y} \leq 10)$ 임이 자명하다.)

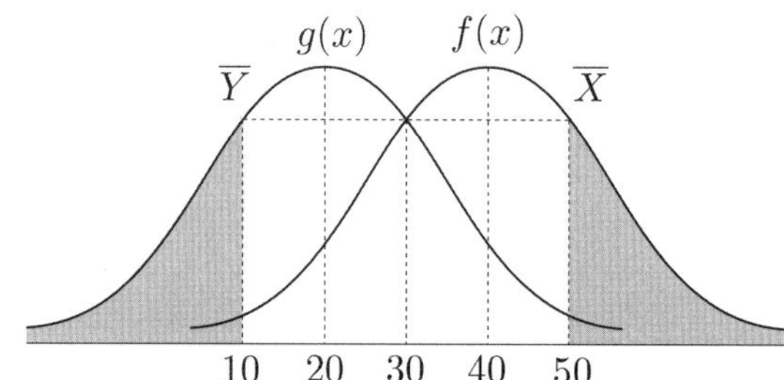

ㄹ. $\mathrm{P}(20 \leq \overline{X} \leq 30) < \mathrm{P}(20 \leq \overline{Y} \leq 30)$

그림으로 판단해보자.

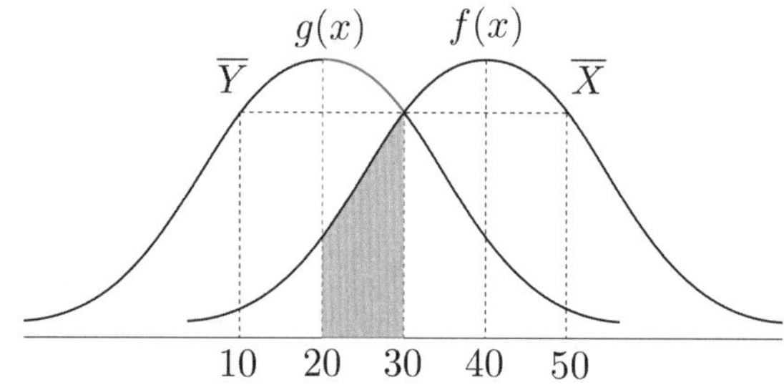

$$P\left(20 \le \overline{X} \le 30\right) < P\left(20 \le \overline{Y} \le 30\right)$$

따라서 ㄹ은 참이다.

ㅁ. $P\left(40 \le \overline{X} \le 50\right) = a$ 이면 $P\left(\left|\overline{Y}-20\right| \ge 15\right) > 1-2a$ 이다.

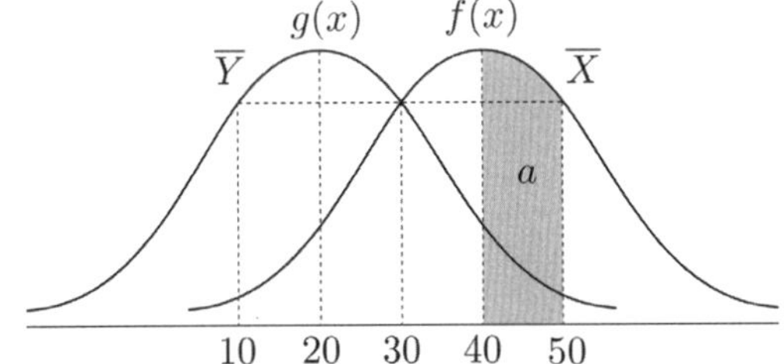

대칭성에 의해서

$$P\left(40 \le \overline{X} \le 50\right) = a \Rightarrow P\left(10 \le \overline{Y} \le 30\right) = 2a$$

$$P\left(\left|\overline{Y}-20\right| \ge 15\right)$$

$$= P\left(\overline{Y}-20 \le -15\right) + P\left(\overline{Y}-20 \ge 15\right)$$

$$= P\left(\overline{Y} \le 5\right) + P\left(\overline{Y} \ge 35\right)$$

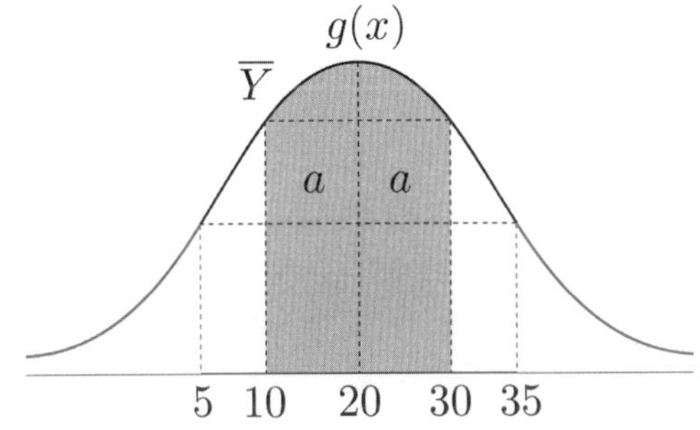

$$P\left(\overline{Y} \le 5\right) + P\left(\overline{Y} \ge 35\right) < 1-2a$$

따라서 ㅁ은 거짓이다.

ㅂ. $P\left(\overline{X} \le 42\right) + P\left(\overline{Y} \ge 18\right) = 1.6826$

$$P\left(\overline{X} \le 42\right) = P\left(Z \le \frac{42-40}{2}\right) = P\left(Z \le 1\right)$$

$$= 0.5 + 0.3413 = 0.8413$$

$$P\left(\overline{Y} \ge 18\right) = P\left(Z \ge \frac{18-20}{2}\right) = P\left(Z \ge -1\right)$$

$$= 0.3413 + 0.5 = 0.8413$$

$$P\left(\overline{X} \le 42\right) + P\left(\overline{Y} \ge 18\right) = 2 \times 0.8413 = 1.6826$$

따라서 ㅂ은 참이다.

답 ㄱ, ㄴ, ㄷ, ㄹ, ㅂ

$X \sim \mathrm{N}\left(m, (0.5)^2\right)$, $n = 25$, 신뢰도 95% $(k = 1.96)$

신뢰구간의 일반형은

$$\overline{x} - k\frac{\sigma}{\sqrt{n}} \le m \le \overline{x} + k\frac{\sigma}{\sqrt{n}}$$

$$\frac{c}{1000} = k \times \frac{\sigma}{\sqrt{n}} = 1.96 \times \frac{0.5}{\sqrt{25}} = 1.96 \times 0.1 = 0.196$$

따라서 $c = 196$ 이다.

답 196

$X \sim \mathrm{N}\left(m, \sigma^2\right)$, $n = 64$, $\overline{x} = 449$, 신뢰도 95% $(k = 1.96)$

신뢰구간의 일반형은

$$\overline{x} - k\frac{\sigma}{\sqrt{n}} \le m \le \overline{x} + k\frac{\sigma}{\sqrt{n}}$$

신뢰구간이 $a \le m \le b$ 일 때,

ⅰ) $a + b = 2\overline{x}$

ⅱ) $b - a = 2 \times k\frac{\sigma}{\sqrt{n}}$

이 성립하므로 이를 이용하여 구해보자.

$$448.51 \le m \le c$$

ⅰ) $a + b = 2\overline{x}$

$$448.51 + c = 2\overline{x} \Rightarrow 448.51 + c = 898 \Rightarrow c = 449.49$$

ⅱ) $b - a = 2 \times k\frac{\sigma}{\sqrt{n}}$

$$c - 448.51 = 2 \times k\frac{\sigma}{\sqrt{n}}$$

$$\Rightarrow 449.49 - 448.51 = 2 \times 1.96 \times \frac{\sigma}{\sqrt{64}}$$

$$\Rightarrow 0.98 = 0.49\sigma \Rightarrow \sigma = 2$$

따라서 $c - \sigma = 449.49 - 2 = 447.49$ 이다.

답 ①

$X \sim \mathrm{N}(m, \, 12^2)$, 신뢰도 95% $(k = 1.96)$

신뢰구간의 일반형은 $\overline{x} - k\dfrac{\sigma}{\sqrt{n}} \leq m \leq \overline{x} + k\dfrac{\sigma}{\sqrt{n}}$

신뢰구간이 $a \leq m \leq b$ 일 때,

$b - a = 2 \times k\dfrac{\sigma}{\sqrt{n}}$ 이 성립하므로 이를 이용하여 구해보자.

$24.34 \leq m \leq 30.22$

$30.22 - 24.34 = 2 \times k\dfrac{\sigma}{\sqrt{n}} \;\Rightarrow\; 5.88 = 2 \times 1.96 \times \dfrac{12}{\sqrt{n}}$

$\Rightarrow \; \sqrt{n} = 8 \;\Rightarrow\; n = 64$

따라서 $n = 64$ 이다.

답 64

025

$X \sim \mathrm{N}(m, \, \sigma^2)$

① $\overline{x} = 19$, $n = 16$, 신뢰도 95% $(k = 1.96)$

신뢰구간의 일반형은 $\overline{x} - k\dfrac{\sigma}{\sqrt{n}} \leq m \leq \overline{x} + k\dfrac{\sigma}{\sqrt{n}}$ 이므로

$19 - 1.96\dfrac{\sigma}{\sqrt{16}} \leq m \leq 19 + 1.96\dfrac{\sigma}{\sqrt{16}}$

$\Rightarrow \; 19 - 0.49\sigma \leq m \leq 19 + 0.49\sigma$

신뢰구간이 $a \leq m \leq b$ 이므로 $a = 19 - 0.49\sigma$ 이다.

② $\overline{x} = 21$, $n = 16$, 신뢰도 99% $(k = 2.58)$

신뢰구간의 일반형은 $\overline{x} - k\dfrac{\sigma}{\sqrt{n}} \leq m \leq \overline{x} + k\dfrac{\sigma}{\sqrt{n}}$ 이므로

$21 - 2.58\dfrac{\sigma}{\sqrt{16}} \leq m \leq 21 + 2.58\dfrac{\sigma}{\sqrt{16}}$

$\Rightarrow \; 21 - 0.645\sigma \leq m \leq 21 + 0.645\sigma$

신뢰구간이 $c \leq m \leq d$ 이므로 $d = 21 + 0.645\sigma$ 이다.

$a + d = 41.55$

$\Rightarrow \; 19 - 0.49\sigma + 21 + 0.645\sigma = 41.55$

$\Rightarrow \; 40 + 0.155\sigma = 41.55$

$\Rightarrow \; 0.155\sigma = 1.55$

$\Rightarrow \; \sigma = 10$

따라서 $\sigma = 10$ 이다.

답 10

026

$X \sim \mathrm{N}(m, \, \sigma^2)$, $n = 49$, 신뢰도 95% $(k = 1.96)$

신뢰구간의 일반형은 $\overline{x} - k\dfrac{\sigma}{\sqrt{n}} \leq m \leq \overline{x} + k\dfrac{\sigma}{\sqrt{n}}$

신뢰구간이 $a \leq m \leq b$ 일 때,

ⅰ) $b - a = 2 \times k\dfrac{\sigma}{\sqrt{n}}$

ⅱ) $a + b = 2\overline{x}$

이 성립하므로 이를 이용하여 구해보자.

$6.06 \leq m \leq 6.34$

ⅰ) $b - a = 2 \times k\dfrac{\sigma}{\sqrt{n}}$

$6.34 - 6.06 = 2 \times k\dfrac{\sigma}{\sqrt{n}} \;\Rightarrow\; 0.28 = 2 \times 1.96 \times \dfrac{\sigma}{\sqrt{49}}$

$\Rightarrow \; 0.28 = 0.56\sigma \;\Rightarrow\; \sigma = \dfrac{1}{2}$

ⅱ) $a + b = 2\overline{x}$

$6.06 + 6.34 = 2\overline{x} \;\Rightarrow\; 12.4 = 2\overline{x} \;\Rightarrow\; \overline{x} = 6.2$

따라서 $\dfrac{\overline{x}}{\sigma} = \dfrac{6.2}{\dfrac{1}{2}} = 12.4$ 이다.

답 ③

$X \sim \mathrm{N}(m, \, \sigma^2)$, $n = 16$, 신뢰도 95% $(k = 1.96)$

신뢰구간의 일반형은 $\overline{x} - k\dfrac{\sigma}{\sqrt{n}} \leq m \leq \overline{x} + k\dfrac{\sigma}{\sqrt{n}}$

신뢰구간이 $[4 - a, \, 4 + a]$ 이므로

$a = k \times \dfrac{\sigma}{\sqrt{n}} = 1.96 \times \dfrac{\sigma}{4} \;\Rightarrow\; \dfrac{a}{\sigma} = 0.49$

따라서

$\mathrm{P}(X \geq m + 2a) = \mathrm{P}\left(Z \geq \dfrac{m + 2a - m}{\sigma}\right)$

$= \mathrm{P}\left(Z \geq \dfrac{2a}{\sigma}\right) = \mathrm{P}(Z \geq 0.98) \left(\because \; \dfrac{a}{\sigma} = 0.49\right)$

$= 0.5 - 0.3365 = 0.1635$

이다.

답 ①

$X \sim \mathrm{N}(m,\ \sigma^2),\ n = 49$

신뢰구간의 일반형은 $\overline{x} - k\dfrac{\sigma}{\sqrt{n}} \leq m \leq \overline{x} + k\dfrac{\sigma}{\sqrt{n}}$

신뢰구간이 $a \leq m \leq b$일 때,

ⅰ) $b - a = 2 \times k\dfrac{\sigma}{\sqrt{n}}$

ⅱ) $a + b = 2\overline{x}$

이 성립하므로 이를 이용하여 구해보자.

$2\overline{x} - 1.87 \leq m \leq 2\overline{x} - 1.73$

ⅰ) $b - a = 2 \times k\dfrac{\sigma}{\sqrt{n}}$

$\left(2\overline{x} - 1.73\right) - \left(2\overline{x} - 1.87\right) = 2 \times 1.96 \times \dfrac{\sigma}{7}$

$\Rightarrow 0.14 = 2 \times 0.28 \times \sigma$

$\Rightarrow \sigma = \dfrac{1}{4}$

ⅱ) $a + b = 2\overline{x}$
$2\overline{x} - 1.87 + 2\overline{x} - 1.73 = 2\overline{x} \Rightarrow 2\overline{x} = 3.6 \Rightarrow \overline{x} = 1.8$

따라서
$100 \times \overline{x} \times \sigma = 100 \times 1.8 \times \dfrac{1}{4} = 180 \times \dfrac{1}{4} = 45$ 이다.

답 45

029

$X \sim \mathrm{N}(m,\ 5^2)$, 신뢰도 95% $(k = 1.96)$

신뢰구간의 일반형은 $\overline{x} - k\dfrac{\sigma}{\sqrt{n}} \leq m \leq \overline{x} + k\dfrac{\sigma}{\sqrt{n}}$

신뢰구간이 $a \leq m \leq b$일 때,

ⅰ) $b - a = 2 \times k\dfrac{\sigma}{\sqrt{n}}$

ⅱ) $a + b = 2\overline{x}$

이 성립하므로 이를 이용하여 구해보자.

① 표본평균 $\overline{x}$, 표본의 크기 n, 신뢰도 95% $(k = 1.96)$

$5.55 \leq m \leq 10.45$

ⅰ) $b - a = 2 \times k\dfrac{\sigma}{\sqrt{n}}$

$10.45 - 5.55 = 2 \times 1.96 \times \dfrac{5}{\sqrt{n}}$

$\Rightarrow 4.9 = 19.6 \times \dfrac{1}{\sqrt{n}} \Rightarrow \sqrt{n} = 4 \Rightarrow n = 16$

ⅱ) $a + b = 2\overline{x}$
$5.55 + 10.45 = 2\overline{x}$

$\Rightarrow 16 = 2\overline{x} \Rightarrow \overline{x} = 8$

② 표본평균 $\overline{x} + B$, 표본의 크기 An,
  신뢰도 95% $(k = 1.96)$

$6.8 \leq m \leq 9.25$

ⅰ) $b - a = 2 \times k\dfrac{\sigma}{\sqrt{n}}$

$9.25 - 6.8 = 2 \times 1.96 \times \dfrac{5}{\sqrt{16A}}$

$\Rightarrow 2.45 = 4.9 \times \dfrac{1}{\sqrt{A}} \Rightarrow \sqrt{A} = 2 \Rightarrow A = 4$

ⅱ) $a + b = 2\overline{x}$
$6.8 + 9.25 = 2(\overline{x} + B)$

$\Rightarrow 16.05 = 2(8 + B) \Rightarrow 8 + B = 8.025$

$\Rightarrow B = 0.025$

따라서 $\dfrac{1}{AB} = \dfrac{1}{4 \times 0.025} = \dfrac{1}{0.1} = 10$ 이다.

답 10

030

[성민] 연속확률변수 X에 대하여 $\mathrm{P}(X = x) = 0$ 이야. (○)

Guide step에서 연속확률변수일 때,
$f(a)$ 와 $\mathrm{P}(x = a)$ 가 서로 같지 않다고 학습하였다.

[지원] 확률변수 X가 정규분포 $\mathrm{N}(5,\ 4)$를 따를 때,
확률변수 $Z = \dfrac{X - 5}{4}$ 는 표준정규분포 $\mathrm{N}(0,\ 1)$
를 따르지. (✕)

표준편차가 2 이므로 $Z=\dfrac{X-5}{2}$ 이다.

[민수] 표본평균 $\overline{X}$ 는 추출한 표본에 따라 다른 값을
　　　가질 수 있어. (O)

　　　Guide step p249 Tip 4에서 $\overline{X}$ 는 추출한 표본에
　　　따라 다른 값을 가질 수 있다고 학습하였다.

[영하] 표본평균 $\overline{X}$ 의 표준편차는 모표준편차와 같아. (X)

　　　모표준편차 σ, 표본의 크기 n 에 대하여
　　　표본평균 $\overline{X}$ 의 표준편차 $\sigma(\overline{X})=\dfrac{\sigma}{\sqrt{n}}$ 이다.

[지혜] 표본표준편차는 기호로 σ 라고 써. (X)

　　　표본표준편차(오르비의 표준편차)는 기호로
　　　S 이다.

[유진] 이항분포와 정규분포는 모두 이산확률변수야. (X)

　　　이항분포는 이산확률변수이고
　　　정규분포는 연속확률변수이다.

[혜민] 정규분포 $\mathrm{N}(m,\ \sigma^2)$ 을 따르는 모집단에서 크기가
　　　n 인 표본을 임의추출할 때, 모집단 m 에 대한
　　　신뢰도 99% 의 신뢰구간은 신뢰도 95% 의
　　　신뢰구간을 포함해. (O)

　　　① 신뢰도 95% 의 신뢰구간
　　　$\overline{x}-1.96\dfrac{\sigma}{\sqrt{n}} \le m \le \overline{x}+1.96\dfrac{\sigma}{\sqrt{n}}$

　　　② 신뢰도 99% 의 신뢰구간
　　　$\overline{x}-2.58\dfrac{\sigma}{\sqrt{n}} \le m \le \overline{x}+2.58\dfrac{\sigma}{\sqrt{n}}$

[진아] 정규분포 $\mathrm{N}(m,\ \sigma^2)$ 을 따르는 모집단에서
　　　크기가 n 인 표본을 임의추출하여 구한
　　　표본평균을 $\overline{X}$ 라 할 때,
　　　$\overline{X}$ 는 정규분포 $\mathrm{N}\!\left(m,\ \dfrac{\sigma^2}{n}\right)$ 을 따라. (O)

[강혁] 이산확률변수 X 에 대하여
　　　$\mathrm{V}(2X+1)=2\mathrm{V}(X)$ 이야. (X)
　　　$\mathrm{V}(2X+1)=4\mathrm{V}(X)$ 이다.

[수아] 확률변수 X 가 정규분포 $\mathrm{N}(m,\ \sigma^2)$ 을 따를 때,
　　　그 그래프는 m 의 값이 일정할 때, σ 의 값이
　　　커지면 대칭축의 위치는 변하지 않지만
　　　곡선의 모양은 높이가 높아져. (X)

　　　m 의 값이 일정할 때, σ 의 값이 커지면
　　　대칭축의 위치는 변하지 않지만
　　　곡선의 모양은 높이가 낮아진다.

　　　답 성민, 민수, 혜민, 진아

031

Chapter 1) 확률변수와 확률분포

확률변수에는 (ㄱ: 이산확률변수)와 (ㄴ: 연속확률변수)가
있다. <단, ㄱ은 셀 수 있고, ㄴ은 셀 수 없다.>

(ㄱ: 이산확률변수)가 이루는 분포를 함수로 나타낸 것을
(ㄷ: 확률질량함수)라 한다.

(ㄴ: 연속확률변수)가 이루는 분포를 함수로 나타낸 것을
(ㄹ: 확률밀도함수)라 한다.

(ㄷ: 확률질량함수)의 성질

$\mathrm{P}(X=x_i)=p_i\ (i=1,\ 2,\ 3,\ \cdots,\ n)$ 일 때,
① $(\ 0\ \le p_i \le\ 1\ )$
② $\displaystyle\sum_{i=1}^{n} p_i = (\ 1\ )$
③ $\mathrm{P}(1 \le X \le 3) = (\ \mathrm{P}(X=1)+\mathrm{P}(X=2)+\mathrm{P}(X=3)\ )$
　　(X 는 자연수)

(ㄹ: 확률밀도함수) $f(x)$ 의 성질

① $(\ f(x)\ \ge\ 0\ )$
② $\displaystyle\int_\alpha^\beta f(x)dx= (\ 1\ )$ (단, $[\alpha,\ \beta]$ 에서 정의)
③ $\mathrm{P}(1 \le X \le 3)= \left(\ \displaystyle\int_1^3 f(x)dx\ \right)$ (단, $\alpha \le 1,\ 3 \le \beta$)

Chapter 2) 이산확률변수의 기댓값과 표준편차

이산확률변수 X의 확률분포가 다음 표와 같다고 하자.

X	x_1	x_2	x_3	$\cdots$	x_n	합계
$\mathrm{P}(X=x_i)$	p_1	p_2	p_3	$\cdots$	p_n	1

기댓값(= 평균)은 기호로 ($\mathrm{E}(X)$)이고

정의는 ($x_1 p_1 + x_2 p_2 + x_3 p_3 + \cdots + x_n p_n = \displaystyle\sum_{i=1}^{n} x_i p_i$)이다.

분산은 기호로 ($\mathrm{V}(X)$)이고
정의는 이산확률변수 X의 기댓값을 m 이라 할 때,
($(X-m)^2$)의 기댓값이다.

시그마로 표현하면 ($\displaystyle\sum_{i=1}^{n} (x_i - m)^2 p_i$)이다.

또한 분산의 다른 공식은 ($\mathrm{V}(X) = \mathrm{E}(X^2) - \{\mathrm{E}(X)\}^2$)이다.

표준편차는 기호로 ($\sigma(X)$)이고
정의는 분산의 양의 (제곱근)이다. ($\sigma(X) = \sqrt{\mathrm{V}(X)}$)

이산확률변수 $aX+b$의 평균, 분산, 표준편차

> 이산확률변수 X와 임의의 두 상수 a, $b(a \neq 0)$ 에 대하여
> $\mathrm{E}(aX+b) = (\ a\mathrm{E}(X)+b \ )$
> $\mathrm{V}(aX+b) = (\ a^2\,\mathrm{V}(X) \ )$
> $\sigma(aX+b) = (\ |a|\sigma(X) \ )$

Chapter 3) 이항분포

이항분포의 확률변수는 (이산)확률변수이다.

① 정의 : 사건 A 가 일어날 확률이 p 로 일정할 때,
　n 번의 독립시행에서 사건 A 가 일어나는
　(횟수)를 확률변수 X 라 하였을 때,
　확률질량함수는
　$\mathrm{P}(X=x) = (\ {}_n\mathrm{C}_x p^x (1-p)^{n-x} \ )$이다.
　(단, $x = 0, \ 1, \ 2, \ \cdots \ n$)

이러한 확률분포를 이항분포라 한다.

② 기호: $\mathrm{B}(a : n \ , \ b : p)$

($a : n$)는 (총 시행 횟수)이고
($b : p$)는 (각 시행에서 사건 A 가 일어날 확률)이다.

이항분포의 평균 = (np)
이항분포의 분산 = ($np(1-p)$)
이항분포의 표준편차 = ($\sqrt{np(1-p)}$)

③ $X \sim \mathrm{B}\!\left(5, \ \dfrac{1}{3}\right)$ 일 때,

$$\mathrm{P}(X=2) = \left(\ {}_5\mathrm{C}_2 \left(\frac{1}{3}\right)^2 \left(\frac{2}{3}\right)^3 \ \right)$$

$$\mathrm{P}(X \geq 2) = (\ \mathrm{P}(X=2)+\mathrm{P}(X=3)+\mathrm{P}(X=4)+\mathrm{P}(X=5) \ )$$
$$= 1 - (\ \mathrm{P}(X=0)+\mathrm{P}(X=1) \ )$$

Chapter 4) 정규분포

정규분포의 확률변수는 (연속)확률변수이다.

① 정의 : 실수 전체의 집합에서 정의된 연속확률변수 X의
　확률밀도함수 $f(x)$ 가 두 상수 m, $\sigma(\sigma > 0)$ 에
　대하여
　$$f(x) = \frac{1}{\sqrt{2\pi}\,\sigma} e^{-\frac{(x-m)^2}{2\sigma^2}} \quad \text{일 때,}$$
　X의 확률분포를 정규분포라 한다.

② 기호: $\mathrm{N}(a : m \ , \ b : \sigma^2)$

($a : m$)는 (평균)이고
($b : \sigma^2$)는 (분산)이다.
정규분포의 확률밀도함수의 그래프의 성질

> ① 직선 $x = m$ 에 대하여 (대칭)이고,
> 　x 축이 (점근선)인 종 모양의 곡선이다.
>
> ② 곡선과 x 축 사이의 넓이는 (1) 이다.
>
> ③ σ 의 값이 일정할 때, m 의 값이 달라지면
> 　대칭축의 위치는 (바뀌지만)
> 　곡선의 모양은 (같다.)
>
> ④ m 의 값이 일정할 때, σ 의 값이 클수록
> 　가운데 부분의 높이는 (낮아지고)
> 　양쪽으로 (퍼진다.)
> 　양쪽으로 (퍼지)는 이유는
> 　(곡선과 x 축 사이의 넓이가 1 로 일정해야 하기 때문에
> 　높이가 낮아지면서 손실된 넓이를 보상해주기) 위해서이다.

평균이 (0), 분산이 (1)인
정규분포를 표준정규분포라 한다.

표준정규분포를 따르는 확률변수는 보통 ($c : Z$)로 나타낸다.

정규분포 $N(a : m , b : \sigma^2)$을 따르는 확률변수 X를
표준정규분포 $N(e : 0 , f : 1)$을 따르는
확률변수($c : Z$)로 바꾸는 변환을 (d : 표준화)라 한다.

확률변수 X를 확률변수($c : Z$)로 변환 방법

> 확률변수 ($c : Z$)를 확률변수 X과 m, σ로 나타내면
> $(c : Z) = (\dfrac{X - m}{\sigma})$이다.

이항분포와 정규분포의 관계는 다음과 같다.

확률변수 X가 이항분포 $B(n , p)$를 따를 때,
(n)이 충분히 크면 X는 근사적으로 정규분포
$N(np , np(1-p))$를 따른다.

n이 충분히 크다는 것은 일반적으로 (np) $\geq$ (5)
일 때를 뜻한다.

Chapter 5) 모집단과 표본

통계조사에서 조사하고자 하는 대상 전체를 (a : 모집단)이라
하고, (a : 모집단)전체를 조사하는 것을 (b : 전수조사)라
한다.

통계 조사를 하기 위해 뽑은 모집단의 일부분을 (c : 표본)
이라고 하고, 표본에 포함된 대상의 개수를 (표본의 크기),
모집단에서 표본을 뽑는 것을 (d : 추출)이라고 한다.
또한 조사하려는 모집단에서 (c : 표본)을 (d : 추출)하여
그 자료의 특성을 조사하는 것을 (표본조사)라 한다.

모집단에 속하는 각 대상이 같은 확률로 추출되도록 하는
방법을 (임의)추출이라 한다. 또 한 개의 자료를 뽑은 후
되돌려 놓고 다시 뽑는 것을 (복원추출)이라 하고
되돌려 놓지 않고 뽑는 것을 (비복원추출)이라 한다.

Chapter 6) 표본평균과 분포

모집단에서 조사하고자 하는 특성을 나타내는 확률변수를
X라 할 때, X의 평균, 분산, 표준편차를 각각
모평균, 모분산, 모표준편차라 한다.
이것을 기호로 나타내면

모평균은 (m)
모분산은 (σ^2)
모표준편차는 (σ)
이다.

모집단에서 임의추출한 크기가 n인 표본을
$X_1, X_2, X_3, \cdots, X_n$ 이라 할 때,
표본의 평균, 분산, 표준편차를 각각
(d : 표본평균), (e : 표본분산), (f : 표본표준편차)라 한다.

> 이때 (d : 표본평균), (f : 표본표준편차)는
> 오르비의 평균과 표준편차일까?
> 수험생 전체의 평균과 표준편차일까?
> 답은 (오르비)의 평균과 표준편차이다.

이것을 기호로 나타내면
(d : 표본평균)는 (ㄱ : $\overline{X}$)
(e : 표본분산)는 (ㄴ : S^2)
(f : 표본표준편차)는 (ㄷ : S)
이고 다음과 같이 정의한다.

① (ㄱ : $\overline{X}$) $= (\dfrac{1}{n}(X_1 + X_2 + \cdots + X_n))$

② (ㄴ : S^2)
$$= \dfrac{1}{n-1}\left\{ (X_1 - \overline{X})^2 + (X_2 - \overline{X})^2 + \cdots + (X_n - \overline{X})^2 \right\}$$

③ (ㄷ : S) $= (\sqrt{S^2})$

(d : 표본평균)의 평균은 기호로 나타내면 (g : $E(\overline{X})$)
(d : 표본평균)의 분산은 기호로 나타내면 (h : $V(\overline{X})$)
(d : 표본평균)의 표준편차는 기호로 나타내면
(i : $\sigma(\overline{X})$)이다.

모평균이 m, 모분산이 σ^2인 모집단에서 크기가 n인 표본을
임의추출할 때, (d : 표본평균)(ㄱ : $\overline{X}$)에 대하여
다음이 성립한다.

$(g : E(\overline{X})) = (m)$

$$(h : \mathrm{V}(\overline{X})) = \left(\frac{\sigma^2}{n} \right)$$

$$(i : \sigma(\overline{X})) = \left(\frac{\sigma}{\sqrt{n}} \right)$$

Chapter 7) 모평균의 추정

정규분포 $\mathrm{N}(m, \sigma^2)$ 을 따르는 모집단에서 임의추출한 크기가
n 인 표본의 표본평균 $\overline{X}$ 의 값이 $\overline{x}$ 일 때,
모평균 m 에 대한 신뢰도 95 % 의 신뢰구간은
$$\left(\overline{x} - 1.96 \frac{\sigma}{\sqrt{n}} \leq m \leq \overline{x} + 1.96 \frac{\sigma}{\sqrt{n}} \right) \text{이다.}$$
(단, $\mathrm{P}(|Z| \leq 1.96) = 0.95$ 로 계산한다.)

신뢰구간을 일반화하면 $\left(\overline{x} - k \dfrac{\sigma}{\sqrt{n}} \leq m \leq \overline{x} + k \dfrac{\sigma}{\sqrt{n}} \right)$ 이고,
이때 k 는 (%)를 결정하고 (%)는 k 를 결정한다.

신뢰구간이 $a \leq m \leq b$ 일 때,
① $b - a = \left(2 \times k \dfrac{\sigma}{\sqrt{n}} \right)$
$b - a$ 를 신뢰구간의 (길이)라 한다.
② $a + b = (2\overline{x})$

> **Tip**
>
> 통계에 대한 개념이 흐려질 때마다 빈칸을 채우면서
> 상기시키도록 하자.

32	⑤	54	26
33	②	55	④
34	③	56	①
35	②	57	12
36	⑤	58	25
37	①	59	③
38	①	60	25
39	10	61	⑤
40	③	62	②
41	③	63	23
42	①	64	③
43	②	65	②
44	③	66	①
45	②	67	⑤
46	④	68	⑤
47	②	69	③
48	①	70	③
49	④	71	②
50	②	72	249
51	④	73	⑤
52	②	74	④
53	175	75	⑤

032

$$\sigma = 14$$

$$\sigma(\overline{X}) = \frac{\sigma}{\sqrt{n}} = \frac{14}{\sqrt{n}} = 2$$

$$\Rightarrow \sqrt{n} = 7 \Rightarrow n = 49$$

따라서 $n = 49$ 이다.

답 ⑤

033

$N(20,\ 5^2)$, $n=16$

따라서
$$E(\overline{X})+\sigma(\overline{X})=m+\frac{\sigma}{\sqrt{n}}=20+\frac{5}{\sqrt{16}}=\frac{80+5}{4}=\frac{85}{4}$$
이다.

답 ②

$X\sim N(m,\ \sigma^2)$, $n=16$, $\overline{x}=12.34$, 신뢰도 95% $(k=1.96)$

신뢰구간의 일반형은 $\overline{x}-k\dfrac{\sigma}{\sqrt{n}}\leq m\leq \overline{x}+k\dfrac{\sigma}{\sqrt{n}}$ 이므로

$$12.34-1.96\frac{\sigma}{\sqrt{16}}\leq m\leq 12.34+1.96\frac{\sigma}{\sqrt{16}}$$

$$12.34-0.49\sigma\leq m\leq 12.34+0.49\sigma$$

신뢰구간은 $11.36\leq m\leq a$ 이므로

$$12.34-0.49\sigma=11.36 \Rightarrow 0.98=0.49\sigma \Rightarrow \sigma=2$$

$$12.34+0.49\sigma=a \Rightarrow 12.34+0.98=a \Rightarrow a=13.32$$

따라서 $a+\sigma=13.32+2=15.32$ 이다.

답 ③

035

이 지역의 1 인 가구의 월 식료품 구입비를 확률변수 X 라 하자.

$X\sim N(45,\ 8^2)$

$n=16$ 이므로

$\overline{X}\sim N(45,\ 2^2)$

따라서
$$P(44\leq \overline{X}\leq 47)=P\left(\frac{44-45}{2}\leq Z\leq \frac{47-45}{2}\right)$$
$$=P(-0.5\leq Z\leq 1)$$
$$=0.1915+0.3413=0.5328$$
이다.

답 ②

이 공장에서 생산하는 화장품 1 개의 내용량을 확률변수 X 라 하자.

$X\sim N(201.5,\ (1.8)^2)$

$n=9$ 이므로

$\overline{X}\sim N(201.5,\ (0.6)^2)$

따라서
$$P(\overline{X}\geq 200)=P\left(Z\geq \frac{200-201.5}{0.6}\right)$$
$$=P(Z\geq -2.5)$$
$$=0.4938+0.5=0.9938$$
이다.

답 ⑤

이 공장에서 생산하는 군용 위장크림 1 개의 무게를 확률변수 X 라 하자.

$X\sim N(m,\ \sigma^2)$

$n=4$ 이므로

$$\overline{X}\sim N\left(m,\ \left(\frac{\sigma}{2}\right)^2\right)$$

이 공장에서 생산하는 군용 위장크림 중에서 임의로 택한 1 개의 무게가 50 이상일 확률은 0.1587 이므로 이를 식으로 나타내면 $P(X\geq 50)=0.1587$ 이다.

Tip

이때 이 공장에서 생산하는 군용 위장크림 중에서 임의로 택한 1 개의 무게이므로 확률변수를 X 라고 해야지 관성적으로 접근하여 $\overline{X}$ 라고 하면 안 된다. (실수하는 포인트!)

$P(X\geq 50)=0.1587$

$$\Rightarrow P\left(Z\geq \frac{50-m}{\sigma}\right)=0.1587$$

$P(Z\geq 1)=0.5-0.3413=0.1587$ 이므로 $\dfrac{50-m}{\sigma}=1$

이 공장에서 생산하는 군용 위장크림 중에서 임의추출한 4 개의 무게의 평균이 50 이상일 확률은 $P(\overline{X}\geq 50)$ 이다.

따라서 $\mathrm{P}\left(\overline{X} \geq 50\right) = \mathrm{P}\left(Z \geq \dfrac{50-m}{\frac{\sigma}{2}}\right)$

$$= \mathrm{P}\left(Z \geq 2 \times \dfrac{50-m}{\sigma}\right)$$

$$= \mathrm{P}(Z \geq 2) \ \left(\because \ \dfrac{50-m}{\sigma} = 1\right)$$

$$= 0.5 - 0.4772 = 0.0228$$

이다.

답 ①

38

$X \sim \mathrm{N}\left(m,\ 2^2\right),\ n = 256,$ 신뢰도 95% $(k = 1.96)$

신뢰구간의 일반형은 $\overline{x} - k\dfrac{\sigma}{\sqrt{n}} \leq m \leq \overline{x} + k\dfrac{\sigma}{\sqrt{n}}$

신뢰구간이 $a \leq m \leq b$ 일 때,

$b - a = 2 \times k\dfrac{\sigma}{\sqrt{n}}$ (= 신뢰구간의 길이)

이 성립하므로 이를 이용하여 구해보자.

따라서 $b - a = 2 \times 1.96 \times \dfrac{2}{\sqrt{256}} = 0.49$ 이다.

답 ①

39

$X \sim \mathrm{N}\left(m,\ \sigma^2\right),\ n = 64,$ 신뢰도 95% $(k = 1.96)$

신뢰구간의 일반형은 $\overline{x} - k\dfrac{\sigma}{\sqrt{n}} \leq m \leq \overline{x} + k\dfrac{\sigma}{\sqrt{n}}$

신뢰구간이 $a \leq m \leq b$ 일 때,

$b - a = 2 \times k\dfrac{\sigma}{\sqrt{n}}$ (= 신뢰구간의 길이)

이 성립하므로 이를 이용하여 구해보자.

$a \leq m \leq b$

$b - a = 4.9 \ \Rightarrow \ 2 \times 1.96 \times \dfrac{\sigma}{\sqrt{64}} = 4.9$

$\Rightarrow \ 0.49\sigma = 4.9 \ \Rightarrow \ \sigma = 10$

따라서 $\sigma = 10$ 이다.

답 10

40

$X \sim \mathrm{N}\left(0,\ 4^2\right)$

$n = 9$ 이므로

$\overline{X} \sim \mathrm{N}\left(0,\ \left(\dfrac{4}{3}\right)^2\right)$

$Y \sim \mathrm{N}\left(3,\ 2^2\right)$

$n = 16$ 이므로

$\overline{Y} \sim \mathrm{N}\left(3,\ \left(\dfrac{1}{2}\right)^2\right)$

$\mathrm{P}\left(\overline{X} \geq 1\right) = \mathrm{P}\left(Z \geq \dfrac{1-0}{\frac{4}{3}}\right) = \mathrm{P}\left(Z \geq \dfrac{3}{4}\right)$

$\mathrm{P}\left(\overline{Y} \leq a\right) = \mathrm{P}\left(Z \leq \dfrac{a-3}{\frac{1}{2}}\right) = \mathrm{P}(Z \leq 2a-6)$

$\mathrm{P}\left(\overline{X} \geq 1\right) = \mathrm{P}\left(\overline{Y} \leq a\right)$ 이므로

$-(2a-6) = \dfrac{3}{4} \ \Rightarrow \ 2a - 6 = -\dfrac{3}{4} \ \Rightarrow \ a = \dfrac{21}{8}$

따라서 $a = \dfrac{21}{8}$ 이다.

답 ③

41

$X \sim \mathrm{N}\left(m,\ 6^2\right),\ n = 9$ 이므로 $\overline{X} \sim \mathrm{N}\left(m,\ 2^2\right)$

$Y \sim \mathrm{N}\left(6,\ 2^2\right),\ n = 4$ 이므로 $\overline{Y} \sim \mathrm{N}\left(6,\ 1^2\right)$

$\mathrm{P}\left(\overline{X} \leq 12\right) + \mathrm{P}\left(\overline{Y} \geq 8\right) = 1$

$\Rightarrow \ \mathrm{P}\left(Z \leq \dfrac{12-m}{2}\right) + \mathrm{P}\left(Z \geq \dfrac{8-6}{1}\right) = 1$

$\Rightarrow \ \mathrm{P}\left(Z \leq \dfrac{12-m}{2}\right) + \mathrm{P}(Z \geq 2) = 1$

$\Rightarrow \ \dfrac{12-m}{2} = 2 \ \Rightarrow \ m = 8$

따라서 $m = 8$ 이다.

답 ③

042

$X \sim \mathrm{N}(m,\ 10^2)$, 신뢰도 95% $(k=1.96)$

신뢰구간의 일반형은 $\overline{x}-k\dfrac{\sigma}{\sqrt{n}} \leq m \leq \overline{x}+k\dfrac{\sigma}{\sqrt{n}}$

신뢰구간이 $a \leq m \leq b$ 일 때,

$b-a=2\times k\dfrac{\sigma}{\sqrt{n}}$ ($=$ 신뢰구간의 길이)

이 성립하므로 이를 이용하여 구해보자.

$38.08 \leq m \leq 45.92$

$45.92-38.08=2\times 1.96\dfrac{10}{\sqrt{n}} \ \Rightarrow\ 7.84=\dfrac{39.2}{\sqrt{n}}$

$\Rightarrow\ \sqrt{n}=5 \ \Rightarrow\ n=25$

따라서 $n=25$ 이다.

답 ①

043

$X \sim \mathrm{N}(m,\ (1.4)^2)$, $n=49$, 신뢰도 95% $(k=1.96)$

신뢰구간의 일반형은 $\overline{x}-k\dfrac{\sigma}{\sqrt{n}} \leq m \leq \overline{x}+k\dfrac{\sigma}{\sqrt{n}}$

신뢰구간이 $a \leq m \leq b$ 일 때,

$b-a=2\times k\dfrac{\sigma}{\sqrt{n}}$ ($=$ 신뢰구간의 길이)

이 성립하므로 이를 이용하여 구해보자.

$a \leq m \leq 7.992$

$7.992-a=2\times 1.96\dfrac{1.4}{\sqrt{49}}$

$\Rightarrow\ 7.992-a=0.784 \ \Rightarrow\ a=7.208$

따라서 $a=7.208$ 이다.

답 ②

044

X	1	3	5	7	9	합계
$\mathrm{P}(X=x)$	$\dfrac{1}{5}$	$\dfrac{1}{5}$	$\dfrac{1}{5}$	$\dfrac{1}{5}$	$\dfrac{1}{5}$	1

$\mathrm{V}(a\overline{X}+6)=24 \ \Rightarrow\ a^2\mathrm{V}(\overline{X})=24$

$\mathrm{V}(X)=\mathrm{E}(X^2)-\{\mathrm{E}(X)\}^2$

$\qquad =\dfrac{1+9+25+49+81}{5}-\left(\dfrac{1+3+5+7+9}{5}\right)^2$

$\qquad =33-25=8$

$\mathrm{V}(\overline{X})=\dfrac{\mathrm{V}(X)}{n}=\dfrac{8}{3}$

$a^2\mathrm{V}(\overline{X})=24 \ \Rightarrow\ a^2=24\times\dfrac{3}{8}=9 \ \Rightarrow\ a=3 \ (\because\ a>0)$

따라서 양수 a 의 값은 3 이다.

답 ③

045

이 도시에서 공용 자전거의 1회 이용 시간을 X라 하자.

$X \sim \mathrm{N}(60,\ 10^2)$

$n=25$ 이므로

$\overline{X} \sim \mathrm{N}(60,\ 2^2)$

25회 이용 시간의 총합이 1450분 이상일 확률은

$\mathrm{P}(X_1+X_2+\cdots+X_{25} \geq 1450)$ 이다.

여기서 어떻게 해결해야 할까?

우리는 표본의 합에 대한 분포를 배운 적이 없다.
따라서 우리가 분포를 알고 있는 표본평균으로 변환하기 위해
부등호 양변을 25로 나누어 해결해 보자.

> **Tip**
>
> 015번(삼겹살 문제)에서 이미 학습한 적이 있는 유형이다.

$\therefore\ \mathrm{P}\left(\dfrac{X_1+X_2+\cdots+X_{25}}{25} \geq \dfrac{1450}{25}\right)$

$=\mathrm{P}(\overline{X} \geq 58)$

$=\mathrm{P}\left(Z \geq \dfrac{58-60}{2}\right)$

$=\mathrm{P}(Z \geq -1)=0.3413+0.5$

$=0.8413$

따라서 구하고자 하는 확률은 0.8413 이다.

답 ②

046

$X \sim \mathrm{N}(m,\ 50^2)$, $\overline{x} = 1740$, 신뢰도 95% $(k=1.96)$

신뢰구간의 일반형은 $\overline{x} - k\dfrac{\sigma}{\sqrt{n}} \le m \le \overline{x} + k\dfrac{\sigma}{\sqrt{n}}$

$1720.4 \le m \le a$

$\overline{x} - k\dfrac{\sigma}{\sqrt{n}} = 1720.4$ 이므로

$1740 - 1.96\dfrac{50}{\sqrt{n}} = 1720.4 \ \Rightarrow\ 19.6 = \dfrac{19.6 \times 5}{\sqrt{n}}$

$\Rightarrow\ \sqrt{n} = 5 \ \Rightarrow\ n = 25$

$\overline{x} + k\dfrac{\sigma}{\sqrt{n}} = a$ 이므로

$1740 + 1.96\dfrac{50}{\sqrt{25}} = 1740 + 19.6 = 1759.6 = a$

따라서 $n + a = 25 + 1759.6 = 1784.6$ 이다.

답 ④

047

확률의 합은 1이므로

$\dfrac{1}{3} + a + b = 1 \ \Rightarrow\ a + b = \dfrac{2}{3}$

$\mathrm{E}(\overline{X}) = \mathrm{E}(X) = \dfrac{5}{6}$ 이므로 $\mathrm{E}(X) = \dfrac{5}{6}$

$\mathrm{E}(X) = a + 2b = \dfrac{5}{6}$

$a + b = \dfrac{2}{3}$, $a + 2b = \dfrac{5}{6}$ 를 연립하면

$a = \dfrac{3}{6}$, $b = \dfrac{1}{6}$ 이다.

따라서 $ab = \dfrac{3}{6} \times \dfrac{1}{6} = \dfrac{1}{12}$ 이다.

답 ②

확률의 합은 1이므로

$\dfrac{1}{4} + a + \dfrac{1}{2} = 1 \ \Rightarrow\ a = \dfrac{1}{4}$

X	-2	0	1	합계
$\mathrm{P}(X=x)$	$\dfrac{1}{4}$	$\dfrac{1}{4}$	$\dfrac{1}{2}$	1

$\mathrm{E}(X) = -\dfrac{1}{2} + \dfrac{1}{2} = 0$

$\mathrm{E}(X^2) = 1 + \dfrac{1}{2} = \dfrac{3}{2}$

모분산 $\sigma^2 = \mathrm{V}(X) = \mathrm{E}(X^2) - \{\mathrm{E}(X)\}^2 = \dfrac{3}{2}$ 이므로

모표준편차 $\sigma = \sqrt{\dfrac{3}{2}} = \dfrac{\sqrt{6}}{2}$ 이다.

$n = 16$

따라서 표본평균 $\overline{X}$ 의 표준편차 $\sigma(\overline{X}) = \dfrac{\sigma}{\sqrt{n}} = \dfrac{\frac{\sqrt{6}}{2}}{\sqrt{16}} = \dfrac{\sqrt{6}}{8}$

이다.

답 ①

049

확률의 합은 1이므로

$\dfrac{1}{6} + a + b = 1 \ \Rightarrow\ a + b = \dfrac{5}{6}$

$\mathrm{E}(X^2) = 4a + 16b = \dfrac{16}{3} \ \Rightarrow\ a + 4b = \dfrac{4}{3}$

$a + b = \dfrac{5}{6}$, $a + 4b = \dfrac{4}{3}$ 를 연립하면 $a = \dfrac{4}{6}$, $b = \dfrac{1}{6}$ 이다.

X	0	2	4	합계
$\mathrm{P}(X=x)$	$\dfrac{1}{6}$	$\dfrac{4}{6}$	$\dfrac{1}{6}$	1

$\mathrm{E}(X) = \dfrac{8+4}{6} = 2$

$\mathrm{E}(X^2) = \dfrac{16}{3}$

모분산 $\sigma^2 = \mathrm{V}(X) = \mathrm{E}(X^2) - \{\mathrm{E}(X)\}^2 = \dfrac{16}{3} - 4 = \dfrac{4}{3}$

$n = 20$

따라서 $\mathrm{V}(\overline{X}) = \dfrac{\sigma^2}{n} = \dfrac{\frac{4}{3}}{20} = \dfrac{4}{60} = \dfrac{1}{15}$ 이다.

답 ④

050

$X \sim \mathrm{N}(m,\ 5^2)$, $n = 49$, 신뢰도 95% $(k = 1.96)$

신뢰구간의 일반형은 $\overline{x} - k\dfrac{\sigma}{\sqrt{n}} \leq m \leq \overline{x} + k\dfrac{\sigma}{\sqrt{n}}$

$\mathrm{P}(|Z| \leq c) = 0.95$ 이므로 $c = k$ 이다.

(k는 %를 결정하고 %는 k를 결정한다.)

신뢰구간이 $a \leq m \leq \dfrac{6}{5}a$ 일 때,

$\dfrac{6}{5}a - a = 2 \times k\dfrac{\sigma}{\sqrt{n}}$ $\ (=$신뢰구간의 길이$)$

이 성립하므로 이를 이용하여 구해보자.

$\dfrac{1}{5}a = 2 \times 1.96\dfrac{5}{\sqrt{49}}$

$\Rightarrow a = 10 \times 1.4 = 14$

신뢰구간이 $a \leq m \leq \dfrac{6}{5}a$ 일 때,

$\dfrac{6}{5}a + a = 2\overline{x} \ \Rightarrow \ \dfrac{11}{5}a = 2\overline{x} \ \Rightarrow \ \dfrac{11 \times 14}{5} = 2\overline{x}$

$\Rightarrow \overline{x} = \dfrac{154}{10} = 15.4$

따라서 $\overline{x} = 15.4$ 이다.

답 ②

051

$X \sim \mathrm{N}(42,\ 4^2)$
$n = 4$ 이므로
$\overline{X} \sim \mathrm{N}(42,\ 2^2)$

따라서

$\mathrm{P}(\overline{X} \geq 43) = \mathrm{P}\left(\dfrac{\overline{X} - 42}{2} \geq \dfrac{43 - 42}{2}\right)$

$\qquad = \mathrm{P}(Z \geq 0.5) = 0.5 - \mathrm{P}(0 \leq Z \leq 0.5)$

$\qquad = 0.5 - 0.1915 = 0.3085$

이다.

답 ④

052

$X \sim \mathrm{N}(m,\ \sigma^2)$, $n = 16$, 신뢰도 95% $(k = 1.96)$

신뢰구간의 일반형은 $\overline{x} - k\dfrac{\sigma}{\sqrt{n}} \leq m \leq \overline{x} + k\dfrac{\sigma}{\sqrt{n}}$

신뢰구간이 $a \leq m \leq b$ 일 때,

$b - a = 2 \times k\dfrac{\sigma}{\sqrt{n}}$ $\ (=$신뢰구간의 길이$)$

이 성립하므로 이를 이용하여 구해보자.

$746.1 \leq m \leq 755.9$ 이므로

$9.8 = 2 \times 1.96 \times \dfrac{\sigma}{\sqrt{16}} \ \Rightarrow \ \sigma = 10$

n개를 임의추출하여 얻은 표본평균을 이용하여
구하는 m에 대한 신뢰도 99%의 신뢰구간이 $a \leq m \leq b$
이므로

$b - a \leq 6 \ \Rightarrow \ 2 \times 2.58 \times \dfrac{10}{\sqrt{n}} \leq 6$

$\Rightarrow 8.6 \leq \sqrt{n} \ \Rightarrow \ 73.96 \leq n$
따라서 조건을 만족시키는 자연수 n의 최솟값은 74 이다.

답 ②

053

$\overline{X} = \dfrac{11}{4} \ \Rightarrow \ X_1 + X_2 + X_3 + X_4 = 11$

$1,\ 1,\ 3,\ 6 \ \Rightarrow \ \dfrac{4!}{2!} = 12$

$1,\ 1,\ 4,\ 5 \ \Rightarrow \ \dfrac{4!}{2!} = 12$

$1,\ 2,\ 2,\ 6 \ \Rightarrow \ \dfrac{4!}{2!} = 12$

$1,\ 2,\ 3,\ 5 \ \Rightarrow \ 4! = 24$

$1,\ 2,\ 4,\ 4 \ \Rightarrow \ \dfrac{4!}{2!} = 12$

$1,\ 3,\ 3,\ 4 \ \Rightarrow \ \dfrac{4!}{2!} = 12$

$2,\ 2,\ 2,\ 5 \ \Rightarrow \ 4$

$2,\ 2,\ 3,\ 4 \ \Rightarrow \ \dfrac{4!}{2!} = 12$

$2,\ 3,\ 3,\ 3 \ \Rightarrow \ 4$

$$\mathrm{P}\left(\overline{X}=\frac{11}{4}\right)=\frac{12\times 6+24+4\times 2}{6^4}=\frac{104}{6^4}=\frac{13}{162}$$

따라서 $p+q=175$ 이다.

답   175

> **Tip**
>
> 빠지지 않게 세는 법은 조건부확률 Training-2step 096번에서 학습하였다.

054

이 주머니에서 1개의 공을 꺼낸 후 공에 적혀 있는 수를 확률변수 X라 하자.

확률분포를 표로 나타내면 다음과 같다.

X	1	3	합계
$\mathrm{P}(X=x)$	$\dfrac{1}{n+1}$	$\dfrac{n}{n+1}$	1

이 모집단에서 크기가 2인 표본을 복원추출하여 추출한 표본을 각각 X_1, X_2 라고 하자.

이때 $\overline{X}=\dfrac{X_1+X_2}{2}=1 \Rightarrow X_1+X_2=2$ 이려면

$(X_1,\ X_2)=(1,\ 1)$ 이어야 하므로

$$\mathrm{P}(\overline{X}=1)=\mathrm{P}(X=1)\times \mathrm{P}(X=1)=\left(\frac{1}{n+1}\right)^2=\frac{1}{49}$$

$\Rightarrow n=6\ (\because n>0)$

X	1	3	합계
$\mathrm{P}(X=x)$	$\dfrac{1}{7}$	$\dfrac{6}{7}$	1

여기서 $\mathrm{E}(\overline{X})$ 을 어떻게 구해야 할까?

물론 $\overline{X}$ 의 확률분포를 표로 나타내어 구해도 되지만
$\mathrm{E}(\overline{X})=\mathrm{E}(X)$ 의 개념을 활용해보자.
(표본평균의 평균은 모평균과 같다.)

$$\mathrm{E}(\overline{X})=\mathrm{E}(X)=\frac{1+18}{7}=\frac{19}{7}\ \text{이다.}$$

따라서 $p+q=26$ 이다.

답   26

055

$X\sim \mathrm{N}(m,\ 40^2),\ n=64,\ $ 신뢰도 99% $(k=2.58)$

신뢰구간의 일반형은 $\overline{x}-k\dfrac{\sigma}{\sqrt{n}}\leq m\leq \overline{x}+k\dfrac{\sigma}{\sqrt{n}}$

$\overline{x}-c\leq m\leq \overline{x}+c$

$c=k\dfrac{\sigma}{\sqrt{n}}$

$\Rightarrow c=2.58\dfrac{40}{\sqrt{64}}=2.58\times 5=12.9$

따라서 $c=12.9$ 이다.

답   ④

056

$X\sim \mathrm{N}(m,\ 4^2)$
$n=16$ 이므로
$\overline{X}\sim \mathrm{N}(m,\ 1^2)$

$\mathrm{P}(m\leq X\leq a)=0.3413$

$\Rightarrow \mathrm{P}(m\leq X\leq a)=\mathrm{P}\left(0\leq Z\leq \dfrac{a-m}{4}\right)=0.3413$

$\mathrm{P}(0\leq Z\leq 1)=0.3413$ 이므로

$\dfrac{a-m}{4}=1 \Rightarrow a-m=4$

따라서 $\mathrm{P}(\overline{X}\geq a-2)=\mathrm{P}\left(Z\geq \dfrac{a-2-m}{1}\right)$

$$=\mathrm{P}(Z\geq 2)\ (\because\ a-m=4)$$

$$=0.5-0.4772=0.0228$$

이다.

답   ①

057

$X \sim \mathrm{N}(m,\ \sigma^2)$

① $\overline{x}=75$, $n=16$, 신뢰도 95% $(k=1.96)$

신뢰구간의 일반형은 $\overline{x}-k\dfrac{\sigma}{\sqrt{n}} \leq m \leq \overline{x}+k\dfrac{\sigma}{\sqrt{n}}$ 이므로

$75-1.96\dfrac{\sigma}{\sqrt{16}} \leq m \leq 75+1.96\dfrac{\sigma}{\sqrt{16}}$

$\Rightarrow 75-0.49\sigma \leq m \leq 75+0.49\sigma$

신뢰구간이 $a \leq m \leq b$ 이므로 $b=75+0.49\sigma$ 이다.

② $\overline{x}=77$, $n=16$, 신뢰도 99% $(k=2.58)$

신뢰구간의 일반형은 $\overline{x}-k\dfrac{\sigma}{\sqrt{n}} \leq m \leq \overline{x}+k\dfrac{\sigma}{\sqrt{n}}$ 이므로

$77-2.58\dfrac{\sigma}{\sqrt{16}} \leq m \leq 77+2.58\dfrac{\sigma}{\sqrt{16}}$

$\Rightarrow 77-0.645\sigma \leq m \leq 77+0.645\sigma$

신뢰구간이 $c \leq m \leq d$ 이므로 $d=77+0.645\sigma$ 이다.

$d-b=3.86$

$\Rightarrow 77+0.645\sigma-(75+0.49\sigma)=3.86$

$\Rightarrow 2+0.155\sigma=3.86$

$\Rightarrow 0.155\sigma=1.86$

$\Rightarrow \sigma=12$

따라서 $\sigma=12$ 이다.

답 12

058

$X \sim \mathrm{N}(8,\ (1.2)^2)$

표본의 크기 n 이므로 $\overline{X} \sim \mathrm{N}\left(8,\ \left(\dfrac{1.2}{\sqrt{n}}\right)^2\right)$

$\mathrm{P}(7.76 \leq \overline{X} \leq 8.24)=\mathrm{P}\left(\dfrac{7.76-8}{\dfrac{1.2}{\sqrt{n}}} \leq Z \leq \dfrac{8.24-8}{\dfrac{1.2}{\sqrt{n}}}\right)$

$\qquad\qquad = \mathrm{P}(-0.2\sqrt{n} \leq Z \leq 0.2\sqrt{n}) \geq 0.6826$

$\mathrm{P}(-1 \leq Z \leq 1)=2 \times 0.3413=0.6826$ 이므로

$0.2\sqrt{n} \geq 1 \Rightarrow \sqrt{n} \geq 5 \Rightarrow n \geq 25$

따라서 n 의 최솟값은 25 이다.

답 25

059

$X \sim \mathrm{N}(m,\ \sigma^2)$

$\mathrm{P}(X \geq 3.4)=\dfrac{1}{2} \Rightarrow m=3.4$

$\mathrm{P}(X \leq 3.9)+\mathrm{P}(Z \leq -1)$

$=\mathrm{P}\left(Z \leq \dfrac{3.9-3.4}{\sigma}\right)+\mathrm{P}(Z \leq -1)$

$=\mathrm{P}\left(Z \leq \dfrac{0.5}{\sigma}\right)+\mathrm{P}(Z \leq -1)=1$

$\mathrm{P}(Z \leq 1)+\mathrm{P}(Z \leq -1)=1$ 이므로

$\dfrac{0.5}{\sigma}=1 \Rightarrow \sigma=0.5$

$X \sim \mathrm{N}(3.4,\ (0.5)^2)$

$n=25$ 이므로

$\overline{X} \sim \mathrm{N}(3.4,\ (0.1)^2)$

따라서 $\mathrm{P}(\overline{X} \geq 3.55)=\mathrm{P}\left(Z \geq \dfrac{3.55-3.4}{0.1}\right)$

$\qquad\qquad\qquad = \mathrm{P}(Z \geq 1.5)=0.5-0.4332=0.0668$

이다.

답 ③

060

$X \sim \mathrm{N}(m,\ \sigma^2)$, $n=49$, 신뢰도 95% $(k=1.96)$

신뢰구간의 일반형은 $\overline{x}-k\dfrac{\sigma}{\sqrt{n}} \leq m \leq \overline{x}+k\dfrac{\sigma}{\sqrt{n}}$

신뢰구간이 $a \leq m \leq b$ 일 때,

ⅰ) $b-a=2 \times k\dfrac{\sigma}{\sqrt{n}}$

ⅱ) $a+b=2\overline{x}$

이 성립하므로 이를 이용하여 구해보자.

$1.73 \leq m \leq 1.87$

ⅰ) $b-a=2 \times k\dfrac{\sigma}{\sqrt{n}}$

$1.87-1.73=2 \times 1.96 \times \dfrac{\sigma}{\sqrt{49}} \Rightarrow 0.14=0.56\sigma \Rightarrow \sigma=\dfrac{1}{4}$

ii) $a+b=2\overline{x}$

$1.73+1.87=2\overline{x} \Rightarrow \overline{x}=1.8$

$$\frac{\sigma}{\overline{x}}=\frac{\dfrac{1}{4}}{1.8}=\frac{\dfrac{1}{4}}{\dfrac{18}{10}}=\frac{10}{72}=\frac{5}{36}=k$$

따라서 $180k=180\times\dfrac{5}{36}=25$ 이다.

답   25

061

$X\sim\mathrm{N}(220,\ \sigma^2)$

$\overline{X}\sim\mathrm{N}\!\left(220,\ \left(\dfrac{\sigma}{\sqrt{n}}\right)^{\!2}\right)$

$Y\sim\mathrm{N}\!\left(240,\ \left(\dfrac{3}{2}\sigma\right)^{\!2}\right)$

$\sigma(\overline{Y})=\dfrac{\dfrac{3}{2}\sigma}{\sqrt{9n}}=\dfrac{\sigma}{2\sqrt{n}}$

$\overline{Y}\sim\mathrm{N}\!\left(240,\ \left(\dfrac{\sigma}{2\sqrt{n}}\right)^{\!2}\right)$

$\mathrm{P}(\overline{X}\le 215)=\mathrm{P}(Z\le -1)=0.1587$

$\Rightarrow \mathrm{P}(\overline{X}\le 215)=\mathrm{P}\!\left(\overline{X}\le \dfrac{215-220}{\dfrac{\sigma}{\sqrt{n}}}\right)$

$\qquad\qquad =\mathrm{P}\!\left(Z\le \dfrac{-5}{\dfrac{\sigma}{\sqrt{n}}}\right)$

$\Rightarrow \dfrac{\sigma}{\sqrt{n}}=5$

따라서 $\mathrm{P}(\overline{Y}\ge 235)=\mathrm{P}\!\left(Z\ge \dfrac{235-240}{\dfrac{\sigma}{2\sqrt{n}}}\right)$

$\qquad\qquad =\mathrm{P}(Z\ge -2)$

$\qquad\qquad =0.4772+0.5=0.9772$

이다.

답   ⑤

062

어느 자동차 회사에서 생산하는 전기 자동차의 1회 충전 주행거리를 확률변수 X라 하자.

$X\sim\mathrm{N}(m,\ \sigma^2)$, $n=100$, 신뢰도 : 95% $(k=1.96)$

$n=400$, 신뢰도 : 99% $(k=2.58)$

신뢰구간의 일반형은 $\overline{x}-k\times\dfrac{\sigma}{\sqrt{n}}\le m\le \overline{x}+k\times\dfrac{\sigma}{\sqrt{n}}$

$a=\overline{x_1}-1.96\times\dfrac{\sigma}{10}$

$b=\overline{x_1}+1.96\times\dfrac{\sigma}{10}$

$c=\overline{x_2}-2.58\times\dfrac{\sigma}{20}=\overline{x_2}-1.29\times\dfrac{\sigma}{10}$

$d=\overline{x_2}+2.58\times\dfrac{\sigma}{20}=\overline{x_2}+1.29\times\dfrac{\sigma}{10}$

$a=c \Rightarrow \overline{x_1}-1.96\times\dfrac{\sigma}{10}=\overline{x_2}-1.29\times\dfrac{\sigma}{10}$

$\qquad \Rightarrow \overline{x_1}-\overline{x_2}=0.67\times\dfrac{\sigma}{10}$

$\overline{x_1}-\overline{x_2}=1.34 \Rightarrow 0.67\times\dfrac{\sigma}{10}=1.34$

$\qquad\qquad \Rightarrow \sigma=20$

따라서 $b-a=2\times1.96\times\dfrac{20}{10}=7.84$ 이다.

답   ②

063

$\mathrm{E}(\overline{X})=\dfrac{8+9+11+12+15}{5}=11$

숫자가 크니 $\mathrm{V}(\overline{X})=\mathrm{E}(\overline{X}^2)-\{\mathrm{E}(\overline{X})\}^2$ 보다는 분산의 원래 정의를 이용하여 구해보자.

($\mathrm{V}(X)$ 는 $(X-m)^2$ 의 기댓값)

$\mathrm{V}(\overline{X})$

$=\dfrac{(8-11)^2+(9-11)^2+(11-11)^2+(12-11)^2+(15-11)^2}{5}$

$=\dfrac{9+4+1+16}{5}=\dfrac{30}{5}=6$

$n = 24$

$\mathrm{E}\left(\overline{X}\right) = m \implies m = 11$

$\mathrm{V}\left(\overline{X}\right) = \dfrac{\sigma^2}{n} \implies 6 = \dfrac{\sigma^2}{24} \implies \sigma = 12 \ (\because \ \sigma > 0)$

따라서 $m + \sigma = 23$ 이다.

답   23

064

$X \sim \mathrm{N}\left(m, \ 30^2\right)$
$n = 9$ 이므로
$\overline{X} \sim \mathrm{N}\left(m, \ 10^2\right)$

$G(k) = \mathrm{P}\left(X \leq m + 30k\right)$

$H(k) = \mathrm{P}\left(\overline{X} \geq m - 30k\right)$

ㄱ. $G(0) = H(0)$

    $G(0) = \mathrm{P}\left(X \leq m\right) = 0.5$

    $H(0) = \mathrm{P}\left(\overline{X} \geq m\right) = 0.5$

    $\implies \ G(0) = H(0) = 0.5$
따라서 ㄱ은 참이다.

ㄴ. $G(3) = H(1)$

    $G(3) = \mathrm{P}\left(X \leq m + 90\right) = \mathrm{P}\left(Z \leq \dfrac{m + 90 - m}{30}\right)$

          $= \mathrm{P}\left(Z \leq 3\right)$

    $H(1) = \mathrm{P}\left(\overline{X} \geq m - 30\right) = \mathrm{P}\left(Z \geq \dfrac{m - 30 - m}{10}\right)$

          $= \mathrm{P}\left(Z \geq \ -3\right)$

    $\implies \ \mathrm{P}\left(Z \leq 3\right) = \mathrm{P}\left(Z \geq \ -3\right)$
따라서 ㄴ은 참이다.

ㄷ. $G(1) + H(-1) = 1$

    $G(1) = \mathrm{P}\left(X \leq m + 30\right) = \mathrm{P}\left(Z \leq \dfrac{m + 30 - m}{30}\right)$

          $= \mathrm{P}\left(Z \leq 1\right)$

$H(-1) = \mathrm{P}\left(\overline{X} \geq m + 30\right) = \mathrm{P}\left(Z \geq \dfrac{m + 30 - m}{10}\right)$

        $= \mathrm{P}\left(Z \geq 3\right)$

   $\implies \ \mathrm{P}\left(Z \leq 1\right) + \mathrm{P}\left(Z \geq 3\right) < 1$
따라서 ㄷ은 거짓이다.

답   ③

065

$X \sim \mathrm{N}\left(m, \ 5^2\right)$

신뢰구간의 일반형은 $\overline{x} - k\dfrac{\sigma}{\sqrt{n}} \leq m \leq \overline{x} + k\dfrac{\sigma}{\sqrt{n}}$

① 표본평균 $\overline{x}_1$, 표본의 크기 25, 신뢰도 95% $(k = 1.96)$

$\overline{x}_1 - 1.96\dfrac{5}{\sqrt{25}} \leq m \leq \overline{x}_1 + 1.96\dfrac{5}{\sqrt{25}}$

$\implies \overline{x}_1 - 1.96 \leq m \leq \overline{x}_1 + 1.96$

$80 - a \leq m \leq 80 + a$ 이므로 $\overline{x}_1 = 80, \ a = 1.96$

② 표본평균 $\overline{x}_2$, 표본의 크기 n 신뢰도 95% $(k = 1.96)$

$\overline{x}_2 - 1.96\dfrac{5}{\sqrt{n}} \leq m \leq \overline{x}_2 + 1.96\dfrac{5}{\sqrt{n}}$

$\dfrac{15}{16}\overline{x}_1 - \dfrac{5}{7}a \leq m \leq \dfrac{15}{16}\overline{x}_1 + \dfrac{5}{7}a$ 이므로

$\dfrac{15}{16}\overline{x}_1 = \overline{x}_2 \implies \overline{x}_2 = \dfrac{15}{16} \times 80 = 75$

$\dfrac{5}{7}a = 1.96\dfrac{5}{\sqrt{n}} \implies \dfrac{1.96}{7} = \dfrac{1.96}{\sqrt{n}} \implies n = 49$

따라서 $n + \overline{x}_2 = 49 + 75 = 124$ 이다.

답   ②

066

$X \sim \mathrm{N}\left(50, \ 8^2\right)$
$n = 16$ 이므로
$\overline{X} \sim \mathrm{N}\left(50, \ 2^2\right)$

$Y \sim \mathrm{N}\left(75, \ \sigma^2\right)$
$n = 25$ 이므로
$\overline{Y} \sim \mathrm{N}\left(75, \ \left(\dfrac{\sigma}{5}\right)^2\right)$

$$P(\overline{X} \le 53) = P\left(Z \le \dfrac{53-50}{2}\right) = P(Z \le 1.5)$$

$$P(\overline{Y} \le 69) = P\left(Z \le \dfrac{69-75}{\frac{\sigma}{5}}\right) = P\left(Z \le -\dfrac{30}{\sigma}\right)$$

$$P(\overline{X} \le 53) + P(\overline{Y} \le 69) = 1$$

$$\Rightarrow P(Z \le 1.5) + P\left(Z \le -\dfrac{30}{\sigma}\right) = 1$$

$$P(Z \le 1.5) + P(Z \le -1.5) = 1 \text{ 이므로}$$

$$\dfrac{30}{\sigma} = 1.5 \Rightarrow \sigma = 20$$

$$\overline{Y} \sim N(75,\ 4^2)$$

따라서 $P(\overline{Y} \ge 71) = P\left(Z \ge \dfrac{71-75}{4}\right) = P(Z \ge -1)$

$$= 0.3413 + 0.5 = 0.8413$$

이다.

답 ①

067

$$X \sim N(10,\ 2^2)$$

표본의 크기가 n 이므로

$$\overline{X} \sim N\left(10,\ \left(\dfrac{2}{\sqrt{n}}\right)^2\right)$$

ㄱ. $V(\overline{X}) = \dfrac{4}{n}$

$$V(\overline{X}) = \left(\dfrac{2}{\sqrt{n}}\right)^2 = \dfrac{4}{n}$$

따라서 ㄱ은 참이다.

ㄴ. $P(\overline{X} \le 10-a) = P(\overline{X} \ge 10+a)$

$$P(\overline{X} \le 10-a) = P\left(Z \le \dfrac{10-a-10}{\frac{2}{\sqrt{n}}}\right) = P\left(Z \le \dfrac{-a\sqrt{n}}{2}\right)$$

$$P(\overline{X} \ge 10+a) = P\left(Z \ge \dfrac{10+a-10}{\frac{2}{\sqrt{n}}}\right) = P\left(Z \ge \dfrac{a\sqrt{n}}{2}\right)$$

$$\Rightarrow P\left(Z \le -\dfrac{a\sqrt{n}}{2}\right) = P\left(Z \ge \dfrac{a\sqrt{2}}{2}\right)$$

따라서 ㄴ은 참이다.

ㄷ. $P(\overline{X} \ge a) = P(Z \le b)$ 이면 $a + \dfrac{2}{\sqrt{n}}b = 10$ 이다.

$$P(\overline{X} \ge a) = P\left(Z \ge \dfrac{a-10}{\frac{2}{\sqrt{n}}}\right)$$

$$= P\left(Z \ge \dfrac{(a-10)\sqrt{n}}{2}\right) = P(Z \le b)$$

$$\Rightarrow -b = \dfrac{(a-10)\sqrt{n}}{2} \Rightarrow -\dfrac{2}{\sqrt{n}}b = a-10$$

$$\Rightarrow a + \dfrac{2}{\sqrt{n}}b = 10$$

따라서 ㄷ은 참이다.

답 ⑤

068

이 주머니에서 꺼낸 공에 적힌 수를 확률변수 X라 하자.
확률변수 X의 분포를 표로 나타내면 다음과 같다.

X	1	2	3	합계
$P(X=x)$	$\dfrac{1}{8}$	$\dfrac{2}{8}$	$\dfrac{5}{8}$	1

이 모집단에서 크기가 2 인 표본을 복원추출하여
추출한 표본을 각각 $X_1,\ X_2$ 라고 하자.

$\overline{X} = \dfrac{X_1+X_2}{2}$ 의 값을 구하기 위해서

변수가 2 개이니 표를 그려서 해결해보자.

X_1 \ X_2	1	2	3
1	1	1.5	2
2	1.5	2	2.5
3	2	2.5	3

따라서
$$P(\overline{X}=2) = 2P(X=1)P(X=3) + P(X=2)P(X=2)$$

$$= 2 \times \dfrac{1}{8} \times \dfrac{5}{8} + \dfrac{2}{8} \times \dfrac{2}{8} = \dfrac{5}{32} + \dfrac{2}{32} = \dfrac{7}{32}$$

이다.

답 ⑤

069

모집단 $A : \mathrm{N}\!\left(m_1,\ \sigma^2\right)$

표본의 크기 $n_1,\ \overline{X_A}$

모집단 $B : \mathrm{N}\!\left(m_2,\ \left(\dfrac{\sigma}{2}\right)^{\!2}\right)$

표본의 크기 $n_2,\ \overline{X_B}$

ㄱ. $m_1 = m_2$ 이면 $\mathrm{E}\!\left(\overline{X_A}\right) = \mathrm{E}\!\left(\overline{X_B}\right)$ 이다.

$m_1 = \mathrm{E}\!\left(\overline{X_A}\right),\ m_2 = \mathrm{E}\!\left(\overline{X_B}\right)$ 이므로

$m_1 = m_2 \ \Rightarrow\ \mathrm{E}\!\left(\overline{X_A}\right) = \mathrm{E}\!\left(\overline{X_B}\right)$

따라서 ㄱ은 참이다.

ㄴ. 표본평균 $\overline{X_B}$ 는 정규분포 $\mathrm{N}\!\left(m_2,\ \left(\dfrac{\sigma}{2}\right)^{\!2}\right)$ 을 따른다.

$\mathrm{E}\!\left(\overline{X_B}\right) = m_2,\ \mathrm{V}\!\left(\overline{X_B}\right) = \dfrac{\left(\dfrac{\sigma}{2}\right)^{\!2}}{n_2} = \left(\dfrac{\sigma}{2\sqrt{n_2}}\right)^{\!2}$ 이므로

표본평균 $\overline{X_B}$ 는 정규분포 $\mathrm{N}\!\left(m_2,\ \left(\dfrac{\sigma}{2\sqrt{n_2}}\right)^{\!2}\right)$ 을

따른다. 이때 $n_2 > 1$ 이므로 $\dfrac{\sigma}{2\sqrt{n_2}} < \dfrac{\sigma}{2}$ 이다.

따라서 ㄴ은 거짓이다.

ㄷ. $n_1 = 4n_2$ 일 때, m_1 에 대한 신뢰도 95% 의 신뢰구간이 $[a,\ b]$ 이고, m_2 에 대한 신뢰도 95% 의 신뢰구간이 $[c,\ d]$ 이면, $b - a = d - c$ 이다.

신뢰구간의 길이를 이용해보자.

$b - a = 2 \times k \dfrac{\sigma}{\sqrt{n_1}} = 2 \times k \dfrac{\sigma}{\sqrt{4n_2}}$

$\qquad = 2 \times k \dfrac{\sigma}{2\sqrt{n_2}} \quad (\because\ n_1 = 4n_2)$

$d - c = 2 \times k \dfrac{\dfrac{\sigma}{2}}{\sqrt{n_2}} = 2 \times k \dfrac{\sigma}{2\sqrt{n_2}}$

$\Rightarrow\ b - a = d - c$

따라서 ㄷ은 참이다.

답 ③

070

이 나라에서 작년에 운행된 택시의 연간 주행거리를 확률변수 X라 하자.

$X \sim \mathrm{N}\!\left(m,\ \sigma^2\right)$, $n = 16$, 신뢰도 $95\%\,(k = 1.96)$

신뢰구간의 일반형은 $\overline{x} - k\dfrac{\sigma}{\sqrt{n}} \le m \le \overline{x} + k\dfrac{\sigma}{\sqrt{n}}$

$\overline{x} - c \le m \le \overline{x} + c$

$c = k\dfrac{\sigma}{\sqrt{n}} = 1.96\dfrac{\sigma}{\sqrt{16}} = 0.49\sigma$

037번과 마찬가지로

이 나라에서 작년에 운행된 택시 중에서 임의로 1 대를 선택할 때, 라고 했으니 확률변수는 X를 택해야 한다.

택시의 주행거리가 $m + c$ 이하일 확률은 $\mathrm{P}(X \le m + c)$

따라서 $\mathrm{P}(X \le m + c) = \mathrm{P}\!\left(Z \le \dfrac{m + c - m}{\sigma}\right)$

$\qquad\qquad = \mathrm{P}\!\left(Z \le \dfrac{0.49\sigma}{\sigma}\right)\ (\because\ c = 0.49\sigma)$

$\qquad\qquad = \mathrm{P}(Z \le 0.49) = 0.1879 + 0.5 = 0.6879$

이다.

답 ③

$\mathrm{N}\!\left(m,\ 10^2\right)$

모든 실수 x 에 대하여 $f(x) = f(100 - x)$ 를 만족하므로 $f(x)$ 는 $x = 50$ 에 대하여 대칭이다.

정규분포는 $x = m$ 에 대하여 대칭이므로 $m = 50$ 이다.

$n = 25$ 이므로
$\overline{X} \sim \mathrm{N}\!\left(50,\ 2^2\right)$

그림에서 $m = 50$ 이므로

$\mathrm{P}(50 \le X \le 60) = \mathrm{P}\!\left(0 \le Z \le \dfrac{60 - 50}{10}\right)$

$\qquad\qquad = \mathrm{P}(0 \le Z \le 1) = 0.3413$

$\mathrm{P}(50 \le X \le 70) = \mathrm{P}\!\left(0 \le Z \le \dfrac{70 - 50}{10}\right)$

$\qquad\qquad = \mathrm{P}(0 \le Z \le 2) = 0.4772$

$$P(50 \leq X \leq 80) = P\left(0 \leq Z \leq \frac{80-50}{10}\right)$$
$$= P(0 \leq Z \leq 3) = 0.4987$$

이다.

따라서 $P(44 \leq \overline{X} \leq 48) = P\left(\frac{44-50}{2} \leq Z \leq \frac{48-50}{2}\right)$
$$= P(-3 \leq Z \leq -1)$$
$$= 0.4987 - 0.3413 = 0.1574$$

이다.

답 ②

072

$N\left(m, \left(\dfrac{1}{1.96}\right)^2\right)$, $n = 10$, 신뢰도 95% $(k = 1.96)$

신뢰구간의 일반형은 $\overline{x} - k\dfrac{\sigma}{\sqrt{n}} \leq m \leq \overline{x} + k\dfrac{\sigma}{\sqrt{n}}$

$\alpha \leq m \leq \beta$

α, β가 이차방정식 $10x^2 - 100x + k = 0$의 두 근이므로 근과 계수의 관계를 사용하면

$\alpha + \beta = 10$, $\alpha\beta = \dfrac{k}{10}$

$\Rightarrow (\beta - \alpha)^2 = (\alpha + \beta)^2 - 4\alpha\beta$

$\Rightarrow (\beta - \alpha)^2 = 100 - \dfrac{2k}{5} = \dfrac{500 - 2k}{5}$

$\Rightarrow \sqrt{(\beta - \alpha)^2} = \sqrt{\dfrac{500 - 2k}{5}}$

$\Rightarrow |\beta - \alpha| = \sqrt{\dfrac{500 - 2k}{5}}$

$\Rightarrow \beta - \alpha = \sqrt{\dfrac{500 - 2k}{5}} \quad (\because \ \beta > \alpha)$

신뢰구간의 길이를 이용하면

$\beta - \alpha = 2 \times k\dfrac{\sigma}{\sqrt{n}} = 2 \times 1.96 \dfrac{\frac{1}{1.96}}{\sqrt{10}} = \dfrac{2}{\sqrt{10}}$

$\sqrt{\dfrac{500 - 2k}{5}} = \dfrac{2}{\sqrt{10}} \Rightarrow \dfrac{500 - 2k}{5} = \dfrac{4}{10} \Rightarrow 500 - 2k = 2$

$\Rightarrow 2k = 498 \Rightarrow k = 249$

따라서 $k = 249$이다.

답 249

073

$N(m, 2^2)$

표본의 크기 7, $\overline{X_A}$

표본의 크기 10, $\overline{X_B}$

ㄱ. $\overline{X_A}$의 분산은 $\overline{X_B}$의 분산보다 크다.

$V\left(\overline{X_A}\right) = \dfrac{4}{7}$, $V\left(\overline{X_B}\right) = \dfrac{4}{10}$ 이므로 $V\left(\overline{X_A}\right) > V\left(\overline{X_B}\right)$
따라서 ㄱ은 참이다.

ㄴ. $P\left(\overline{X_A} \leq m + 2\right) < P\left(\overline{X_B} \leq m + 2\right)$

$P\left(\overline{X_A} \leq m + 2\right) = P\left(Z \leq \dfrac{m + 2 - m}{\frac{2}{\sqrt{7}}}\right)$
$$= P(Z \leq \sqrt{7})$$

$P\left(\overline{X_B} \leq m + 2\right) = P\left(Z \leq \dfrac{m + 2 - m}{\frac{2}{\sqrt{10}}}\right)$
$$= P(Z \leq \sqrt{10})$$

$\Rightarrow P(Z \leq \sqrt{7}) < P(Z \leq \sqrt{10})$
따라서 ㄴ은 참이다.

ㄷ. $d - c < b - a$

신뢰구간의 길이를 이용하면
$(P(|Z| \leq k) = 0.95)$

$b - a = 2 \times k\dfrac{2}{\sqrt{7}} = \dfrac{4k}{\sqrt{7}}$

$d - c = 2 \times k\dfrac{2}{\sqrt{10}} = \dfrac{4k}{\sqrt{10}}$

$\Rightarrow d - c < b - a$
따라서 ㄷ은 참이다.

답 ⑤

X	10	20	30	합계
$\mathrm{P}(X=x)$	$\dfrac{1}{2}$	a	$\dfrac{1}{2}-a$	1

$$\mathrm{E}(\overline{X})=\mathrm{E}(X)=5+20a+15-30a=20-10a=18$$

$$\Rightarrow 2=10a \Rightarrow a=\frac{1}{5}$$

X	10	20	30	합계
$\mathrm{P}(X=x)$	$\dfrac{1}{2}$	$\dfrac{1}{5}$	$\dfrac{3}{10}$	1

이 모집단에서 크기가 2인 표본을 복원추출하여
추출한 표본을 각각 X_1, X_2라고 하자.

$\overline{X}=\dfrac{X_1+X_2}{2}$의 값을 구하기 위해서

변수가 2개이니 표를 그려서 해결해보자.

X_1 \ X_2	10	20	30
10	10	15	20
20	15	20	25
30	20	25	30

따라서
$$\mathrm{P}(\overline{X}=20)=2\mathrm{P}(X=10)\mathrm{P}(X=30)+\mathrm{P}(X=20)\mathrm{P}(X=20)$$
$$=2\times\frac{1}{2}\times\frac{3}{10}+\frac{1}{5}\times\frac{1}{5}=\frac{3}{10}+\frac{1}{25}=\frac{17}{50}$$
이다.

답 ④

① 주사위에서 나온 눈의 수가 3의 배수인 경우

주사위에서 3의 배수가 나올 확률은 $\dfrac{1}{3}$

주머니 A에서 꺼낸 2개의 공을 순서쌍으로 표현하면
$(1,\ 2),\ (1,\ 3),\ (2,\ 3)$ 이므로

주머니 A에서 꺼낸 2개의 공에 적혀 있는 수의
차가 1일 확률은 $\dfrac{1}{3}\times\dfrac{2}{3}=\dfrac{2}{9}$

차가 2일 확률은 $\dfrac{1}{3}\times\dfrac{1}{3}=\dfrac{1}{9}$

② 주사위에서 나온 눈의 수가 3의 배수가 아닌 경우

주사위에서 3의 배수가 나오지 않을 확률은 $\dfrac{2}{3}$

주머니 B에서 꺼낸 2개의 공을 순서쌍으로 표현하면
$(1,\ 2),\ (1,\ 3),\ (1,\ 4),\ (2,\ 3),\ (2,\ 4),\ (3,\ 4)$ 이므로

주머니 B에서 꺼낸 2개의 공에 적혀 있는 수의
차가 1일 확률은 $\dfrac{2}{3}\times\dfrac{3}{6}=\dfrac{3}{9}$

차가 2일 확률은 $\dfrac{2}{3}\times\dfrac{2}{6}=\dfrac{2}{9}$

차가 3일 확률은 $\dfrac{2}{3}\times\dfrac{1}{6}=\dfrac{1}{9}$

이 시행에서 기록한 두 개의 수의 차를 확률변수 X라 하자.
확률변수 X의 분포를 표로 나타내면 다음과 같다.

X	1	2	3	합계
$\mathrm{P}(X=x)$	$\dfrac{5}{9}$	$\dfrac{3}{9}$	$\dfrac{1}{9}$	1

이 모집단에서 크기가 2인 표본을 복원추출하여
추출한 표본을 각각 X_1, X_2라고 하자.

$\overline{X}=\dfrac{X_1+X_2}{2}$의 값을 구하기 위해서

변수가 2개이니 표를 그려서 해결해보자.

X_1 \ X_2	1	2	3
1	1	1.5	2
2	1.5	2	2.5
3	2	2.5	3

따라서
$$\mathrm{P}(\overline{X}=2)=2\mathrm{P}(X=1)\mathrm{P}(X=3)+\mathrm{P}(X=2)\mathrm{P}(X=2)$$
$$=2\times\frac{5}{9}\times\frac{1}{9}+\frac{3}{9}\times\frac{3}{9}=\frac{10}{81}+\frac{9}{81}=\frac{19}{81}$$
이다.

답 ⑤

76	71	**79**	15
77	③	**80**	①
78	④	**81**	73

076

A : 1, 2 B : 3, 4, 5

선택된 주머니에 따라 case분류하면

① 주머니 A

주머니 A를 선택할 확률은 $\dfrac{1}{2}$

1이 적힌 공을 꺼낼 확률은 $\dfrac{1}{2}$

이므로 주머니 A를 선택 후 꺼낸 공에 1이 적혀 있을

확률은 $\dfrac{1}{2}\times\dfrac{1}{2}=\dfrac{1}{4}$ 이다.

주머니 A를 선택할 확률은 $\dfrac{1}{2}$

2가 적힌 공을 꺼낼 확률은 $\dfrac{1}{2}$

이므로 주머니 A를 선택 후 꺼낸 공에 2가 적혀 있을

확률은 $\dfrac{1}{2}\times\dfrac{1}{2}=\dfrac{1}{4}$ 이다.

② 주머니 B

주머니 B를 선택할 확률은 $\dfrac{1}{2}$

3이 적힌 공을 꺼낼 확률은 $\dfrac{1}{3}$

이므로 주머니 B를 선택 후 꺼낸 공에 3이 적혀 있을

확률은 $\dfrac{1}{2}\times\dfrac{1}{3}=\dfrac{1}{6}$ 이다.

주머니 B를 선택할 확률은 $\dfrac{1}{2}$

4가 적힌 공을 꺼낼 확률은 $\dfrac{1}{3}$

이므로 주머니 B를 선택 후 꺼낸 공에 4가 적혀 있을

확률은 $\dfrac{1}{2}\times\dfrac{1}{3}=\dfrac{1}{6}$ 이다.

주머니 B를 선택할 확률은 $\dfrac{1}{2}$

5가 적힌 공을 꺼낼 확률은 $\dfrac{1}{3}$

이므로 주머니 B를 선택 후 꺼낸 공에 5가 적혀 있을

확률은 $\dfrac{1}{2}\times\dfrac{1}{3}=\dfrac{1}{6}$ 이다.

공에 적혀있는 수를 확률변수 X 라 하자.

X의 확률분포를 표로 나타내면 다음과 같다.

X	1	2	3	4	5	합계
$\mathrm{P}(X=x)$	$\dfrac{1}{4}$	$\dfrac{1}{4}$	$\dfrac{1}{6}$	$\dfrac{1}{6}$	$\dfrac{1}{6}$	1

이 모집단에서 크기가 3인 표본을 복원추출하여

추출한 표본을 각각 X_1, X_2, X_3 라고 하자.

이때 $\overline{X}=\dfrac{X_1+X_2+X_3}{3}=2 \Rightarrow X_1+X_2+X_3=6$ 이므로

$(X_1,\ X_2,\ X_3)=(1,\ 1,\ 4),\ (1,\ 2,\ 3),\ (2,\ 2,\ 2)$ 이다.

> **Tip**
>
> 빠지지 않게 세는 법은 조건부확률 Training-2step 096번에서
> 학습하였다.

i) $(1,\ 1,\ 4) \Rightarrow {}_3\mathrm{C}_2\left(\dfrac{1}{4}\right)^2\left(\dfrac{1}{6}\right)=\dfrac{1}{32}$

ii) $(1,\ 2,\ 3) \Rightarrow 3!\left(\dfrac{1}{4}\right)^2\left(\dfrac{1}{6}\right)=\dfrac{1}{16}$

iii) $(2,\ 2,\ 2) \Rightarrow \left(\dfrac{1}{4}\right)^3=\dfrac{1}{64}$

$\mathrm{P}(\overline{X}=2)=\dfrac{1}{32}+\dfrac{1}{16}+\dfrac{1}{64}=\dfrac{2+4+1}{64}=\dfrac{7}{64}$

따라서 $p+q=71$ 이다.

답 71

$X \sim \mathrm{N}(60, \ 5^2)$

무게가 $50\,\mathrm{g}$ 이하인 제품은 불량품으로 판정되므로
불량품으로 판정될 확률을 구하면 다음과 같다.

$$P(X \leq 50) = P\left(Z \leq \frac{50-60}{5}\right)$$

$$= P(Z \leq -2) = 0.5 - 0.48 = 0.02$$

이 공장에서 생산된 제품 중에서 2500 개를 임의추출할 때,
2500 개 무게의 평균을 $\overline{X}$, 불량품의 개수를 Y 라고 하였다.

$n = 2500$ 이므로
$\overline{X} \sim \mathrm{N}\left(60, \ (0.1)^2\right)$

2500 회 독립시행이고, 불량품이 나올 확률은 0.02 이므로
확률변수 Y 는 이항분포 $\mathrm{B}(2500, \ 0.02)$ 을 따른다.

Tip

개수(횟수)와 같은 표현에서 확률변수 Y 가
이항분포라는 힌트를 얻을 수 있다.

이때 $np \geq 5$ 이므로 정규분포화가 가능하다.
$\mathrm{B}(n, \ p) \Rightarrow \mathrm{N}(np, \ npq)$
$Y \sim \mathrm{N}\left(50, \ 7^2\right)$

ㄱ. $P\left(\overline{X} \geq 60\right) = \dfrac{1}{2}$

    $\overline{X} \sim \mathrm{N}\left(60, \ (0.1)^2\right)$

    ($\overline{X}$ 의 평균이 60 이므로 굳이 표준화를 하지 않아도

    대칭성을 이용하면 $P\left(\overline{X} \geq 60\right) = \dfrac{1}{2}$ 임이 자명하다.)

    따라서 ㄱ은 참이다.

ㄴ. $P(Y \geq 57) = P\left(\overline{X} \leq 59.9\right)$

    $P(Y \geq 57) = P\left(Z \geq \dfrac{57-50}{7}\right) = P(Z \geq 1)$

                $= 0.5 - 0.34 = 0.16$

    $P\left(\overline{X} \leq 59.9\right) = P\left(Z \leq \dfrac{59.9-60}{0.1}\right) = P(Z \leq -1)$

                $= 0.5 - 0.34 = 0.16$

$\Rightarrow P(Y \geq 57) = P\left(\overline{X} \leq 59.9\right)$
따라서 ㄴ은 참이다.

ㄷ. 임의의 양수 k 에 대하여
    $P(60-k \leq X \leq 60+k) > P\left(60-k \leq \overline{X} \leq 60+k\right)$

    $P(60-k \leq X \leq 60+k)$

    $= P\left(\dfrac{60-k-60}{5} \leq Z \leq \dfrac{60+k-60}{5}\right)$

    $= P\left(-\dfrac{k}{5} \leq Z \leq \dfrac{k}{5}\right)$

    $P\left(60-k \leq \overline{X} \leq 60+k\right)$

    $= P\left(\dfrac{60-k-60}{0.1} \leq Z \leq \dfrac{60+k-60}{0.1}\right)$

    $= P(-10k \leq Z \leq 10k)$

    임의의 양수 k 에 대하여 $\dfrac{k}{5} < 10k$ 이므로

    $P\left(-\dfrac{k}{5} \leq Z \leq \dfrac{k}{5}\right) < P(-10k \leq Z \leq 10k)$ 이다.

    $\Rightarrow P(60-k \leq X \leq 60+k) < P\left(60-k \leq \overline{X} \leq 60+k\right)$

따라서 ㄷ은 거짓이다.

답 ③

이 블로그의 하루 방문자수
$X \sim \mathrm{N}\left(295, \ \sigma^2\right)$, $n = 25$, 신뢰도 $a\%$

신뢰구간의 일반형은 $\overline{x} - k\dfrac{\sigma}{\sqrt{n}} \leq m \leq \overline{x} + k\dfrac{\sigma}{\sqrt{n}}$

k 는 %를 결정하고 %는 k 를 결정하므로
a 의 값을 구하기 위해서는 k 를 구해야 한다.

신뢰구간이 $\left[\overline{x}-6, \ \overline{x}+6\right]$ 이므로
$k\dfrac{\sigma}{\sqrt{25}} = 6 \Rightarrow k = \dfrac{30}{\sigma}$

9 일 동안 총 방문자 수가 2700 명 이상일 확률이
0.1587 이라고 했기 때문에 이를 기호로 표현하면
$P\left(X_1 + X_2 + \cdots + X_9 \geq 2700\right) = 0.1587$ 이다.

015, 045번에서 이미 학습했던 유형이니 바로 양변을 9로

나누어서 표본평균 $\overline{X} = \dfrac{X_1 + X_2 + \cdots + X_9}{9}$ 으로

변환하여 해결해보자.

$$P(X_1 + X_2 + \cdots + X_9 \geq 2700)$$

$$= P\left(\dfrac{X_1 + X_2 + \cdots + X_9}{9} \geq 300\right)$$

$$= P(\overline{X} \geq 300) = 0.1587$$

$X \sim \mathrm{N}(295,\ \sigma^2)$

$n = 9$이므로

$$\overline{X} \sim \mathrm{N}\left(295,\ \left(\dfrac{\sigma}{3}\right)^2\right)$$

$$P(\overline{X} \geq 300) = P\left(Z \geq \dfrac{300 - 295}{\dfrac{\sigma}{3}}\right) = P\left(Z \geq \dfrac{15}{\sigma}\right) = 0.1587$$

$P(Z \geq 1) = 0.5 - 0.3413 = 0.1587$ 이므로

$$\dfrac{15}{\sigma} = 1 \implies \sigma = 15$$

$$k = \dfrac{30}{\sigma} = \dfrac{30}{15} = 2$$

$a\,(\%)$ 값은 k에 따라 달라지므로

$P(|Z| \leq 2) = 0.9544 \implies$ 신뢰도 $95.44\,\%$

따라서 $a = 95.44$ 이다.

답 ④

079

1의 숫자가 적혀 있는 카드 n개

2의 숫자가 적혀 있는 카드 $n+5$개

상자에서 카드를 뽑아 확인한 수를 확률변수 X라 하자.

확률변수의 분포를 표로 나타내면 다음과 같다.

X	1	2	합계
$P(X=x)$	$\dfrac{n}{2n+5}$	$\dfrac{n+5}{2n+5}$	1

이 모집단에서 크기가 3인 표본을 복원추출하여

추출한 표본을 각각 $X_1,\ X_2,\ X_3$라고 하자.

$$\overline{X} = \dfrac{X_1 + X_2 + X_3}{3}$$

순서쌍 $(X_1,\ X_2,\ X_3)$으로 나타내면 다음과 같다.

$\overline{X} = 1 \implies (1,\ 1,\ 1)$

$\overline{X} = \dfrac{4}{3} \implies (1,\ 1,\ 2)\ (1,\ 2,\ 1)\ (2,\ 1,\ 1)$

$\overline{X} = \dfrac{5}{3} \implies (1,\ 2,\ 2)\ (2,\ 1,\ 2)\ (2,\ 2,\ 1)$

$\overline{X} = 2 \implies (2,\ 2,\ 2)$

$P(\overline{X} > 1) = \dfrac{26}{27}$ 이므로 $P(\overline{X} = 1) = \dfrac{1}{27}$ 이다.

$$P(\overline{X} = 1) = \left(\dfrac{n}{2n+5}\right)^3 = \dfrac{1}{27} \implies n = 5$$

이제 위의 표에 n을 대입하면 다음과 같다.

X	1	2	합계
$P(X=x)$	$\dfrac{1}{3}$	$\dfrac{2}{3}$	1

$$\mathrm{E}(4\overline{X}) = 4\mathrm{E}(\overline{X}) = 4\mathrm{E}(X) = 4\left(\dfrac{1+4}{3}\right) = \dfrac{20}{3}$$

> **Tip**
>
> 054번에서 학습했듯이. 물론 $\overline{X}$의 분포를 표로
> 나타낸 후 구해도 되지만 출제의도는
> $\mathrm{E}(\overline{X}) = \mathrm{E}(X)$ 임을 이용하는 것이다.

$\overline{X} = \dfrac{5}{3} \implies (1,\ 2,\ 2)\ (2,\ 1,\ 2)\ (2,\ 2,\ 1)$

$$P\left(\overline{X} = \dfrac{5}{3}\right) = {}_3\mathrm{C}_1 \left(\dfrac{1}{3}\right)^1 \left(\dfrac{2}{3}\right)^2 = \dfrac{4}{9}$$

따라서 $\dfrac{\mathrm{E}(4\overline{X})}{P\left(\overline{X} = \dfrac{5}{3}\right)} = \dfrac{\dfrac{20}{3}}{\dfrac{4}{9}} = \dfrac{180}{12} = 15$

답 15

> **Tip**
>
> 이때까지 복습을 잘했다면 깔끔하게 풀려야 정상이다.
> 만약 문제를 풀 때, 조금이라도 매끄럽지 않았다면
> Training-1step, 2step에 있는 표본평균에 대한 문제를 찾아
> 다시 복습하도록 하자.

$X \sim \mathrm{N}(m, \ 4^2)$

$n = 16$ 이므로

$\overline{X} \sim \mathrm{N}(m, \ 1^2)$

(가) $\mathrm{P}(X \leq -11) = \mathrm{P}(X \geq 13) = 0.0013$

$$\mathrm{P}(X \leq -11) = \mathrm{P}(X \geq 13) \ \Rightarrow \ m = \frac{-11 + 13}{2} = 1$$

$X \sim \mathrm{N}(1, \ 4^2)$, $\overline{X} \sim \mathrm{N}(1, \ 1^2)$ 이므로

$$\mathrm{P}(X \geq 13) = \mathrm{P}\left(Z \geq \frac{13 - 1}{4}\right)$$
$$= \mathrm{P}(Z \geq 3) = 0.0013$$

$$\Rightarrow \ \mathrm{P}(0 \leq Z \leq 3) = 0.5 - 0.0013 = 0.4987$$

(나) $\mathrm{P}(\overline{X} \geq -2) = 1.9759 - \mathrm{P}(X \geq -7)$

$$\mathrm{P}(\overline{X} \geq -2) = \mathrm{P}\left(Z \geq \frac{-2 - 1}{1}\right)$$
$$= \mathrm{P}(Z \geq -3) = 0.4987 + 0.5 = 0.9987$$

이므로

$$\mathrm{P}(\overline{X} \geq -2) = 1.9759 - \mathrm{P}(X \geq -7)$$
$$\Rightarrow \ 0.9987 = 1.9759 - \mathrm{P}(X \geq -7)$$
$$\Rightarrow \ \mathrm{P}(X \geq -7) = 0.9772$$
$$\Rightarrow \ \mathrm{P}(Z \geq -2) = 0.9772$$
$$\Rightarrow \ \mathrm{P}(0 \leq Z \leq 2) = 0.9772 - 0.5 = 0.4772$$

(가), (나) 조건에서 얻은 식은 다음과 같다.

$\mathrm{P}(0 \leq Z \leq 3) = 0.4987$, $\mathrm{P}(0 \leq Z \leq 2) = 0.4772$

따라서
$$\mathrm{P}(\overline{X}^2 - 7\overline{X} + 12 \leq 0) = \mathrm{P}((\overline{X} - 3)(\overline{X} - 4) \leq 0)$$
$$= \mathrm{P}(3 \leq \overline{X} \leq 4)$$
$$= \mathrm{P}\left(\frac{3 - 1}{1} \leq Z \leq \frac{4 - 1}{1}\right)$$
$$= \mathrm{P}(2 \leq Z \leq 3)$$
$$= 0.4987 - 0.4772 = 0.0215$$

이다.

답 ①

081

$X \sim \mathrm{N}(m, \ 3^2)$

표본의 크기가 n 이므로

$$\overline{X} \sim \mathrm{N}\left(m, \ \left(\frac{3}{\sqrt{n}}\right)^2\right)$$

$$G(m) = \mathrm{P}\left(\overline{X} \leq \frac{6}{\sqrt{n}}\right) = \mathrm{P}\left(Z \leq \frac{\frac{6}{\sqrt{n}} - m}{\frac{3}{\sqrt{n}}}\right)$$
$$= \mathrm{P}\left(Z \leq 2 - \frac{m\sqrt{n}}{3}\right)$$

이므로 $m = 0$, $m = 0.5$ 를 대입하면 다음과 같다.

$$G(0) = \mathrm{P}(Z \leq 2) = 0.4772 + 0.5 = 0.9772$$
$$G(0.5) = \mathrm{P}\left(Z \leq 2 - \frac{\sqrt{n}}{6}\right)$$

$$1.6687 \leq G(0) + G(0.5) \leq 1.9104$$

$$\Rightarrow \ 1.6687 \leq 0.9772 + \mathrm{P}\left(Z \leq 2 - \frac{\sqrt{n}}{6}\right) \leq 1.9104$$

$$\Rightarrow \ 0.6915 \leq \mathrm{P}\left(Z \leq 2 - \frac{\sqrt{n}}{6}\right) \leq 0.9332$$

$$\mathrm{P}(Z \leq 1.5) = 0.4332 + 0.5 = 0.9332$$

$$\mathrm{P}(Z \leq 0.5) = 0.1915 + 0.5 = 0.6915$$

이므로 $0.5 \leq 2 - \dfrac{\sqrt{n}}{6} \leq 1.5$

$$\Rightarrow \ -1.5 \leq -\frac{\sqrt{n}}{6} \leq -0.5$$
$$\Rightarrow \ 3 \leq \sqrt{n} \leq 9$$
$$\Rightarrow \ 9 \leq n \leq 81$$

따라서 $1.6687 \leq G(0) + G(0.5) \leq 1.9104$ 을 만족시키는 자연수 n 의 개수는 $81 - 9 + 1 = 73$ 이다.

답 73